AF410837

DICTIONNAIRE

DES

SCIENCES NATURELLES.

TOME XXXIII.

MORG – MYC.

DICTIONNAIRE

DES

SCIENCES NATURELLES,

DANS LEQUEL

ON TRAITE MÉTHODIQUEMENT DES DIFFÉRENS ÊTRES DE LA NATURE, CONSIDÉRÉS SOIT EN EUX-MÊMES, D'APRÈS L'ÉTAT ACTUEL DE NOS CONNOISSANCES, SOIT RELATIVEMENT A L'UTILITÉ QU'EN PEUVENT RETIRER LA MÉDECINE, L'AGRICULTURE, LE COMMERCE ET LES ARTS.

SUIVI D'UNE BIOGRAPHIE DES PLUS CÉLÈBRES NATURALISTES.

Ouvrage destiné aux médecins, aux agriculteurs, aux commerçans, aux artistes, aux manufacturiers, et à tous ceux qui ont intérêt à connoître les productions de la nature, leurs caractères génériques et spécifiques, leur lieu natal, leurs propriétés et leurs usages.

PAR

Plusieurs Professeurs du Jardin du Roi, et des principales Écoles de Paris.

TOME TRENTE-TROISIÈME.

F. G. LEVRAULT, Editeur, à STRASBOURG,
et rue des Fossés M. le Prince, n.º 31, à PARIS.

LE NORMANT, rue de Seine, N.º 8, à PARIS.

1824.

Liste des Auteurs par ordre de Matières.

Physique générale.

M. LACROIX, membre de l'Académie des Sciences et professeur au Collége de France. (L.)

Chimie.

M. CHEVREUL, professeur au Collége royal de Charlemagne. (Ch.)

Minéralogie et Géologie.

M. BRONGNIART, membre de l'Académie des Sciences, professeur à la Faculté des Sciences. (B.)

M. BROCHANT DE VILLIERS, membre de l'Académie des Sciences. (B. DE V.)

M. DEFRANCE, membre de plusieurs Sociétés savantes. (D. F.)

Botanique.

M. DESFONTAINES, membre de l'Académie des Sciences. (DESF.)

M. DE JUSSIEU, membre de l'Académie des Sciences, professeur au Jardin du Roi. (J.)

M. MIRBEL, membre de l'Académie des Sciences, professeur à la Faculté des Sciences. (B. M.)

M. HENRI CASSINI, membre de la Société philomatique de Paris. (H. CASS.)

M. LEMAN, membre de la Société philomatique de Paris. (LEM.)

M. LOISELEUR DESLONGCHAMPS, Docteur en médecine, membre de plusieurs Sociétés savantes. (L. D.)

M. MASSEY. (MASS.)

M. POIRET, membre de plusieurs Sociétés savantes et littéraires, continuateur de l'Encyclopédie botanique. (POIR.)

M. DE TUSSAC, membre de plusieurs Sociétés savantes, auteur de la Flore des Antilles. (DE T.)

Zoologie générale, Anatomie et Physiologie.

M. G. CUVIER, membre et secrétaire perpétuel de l'Académie des Sciences, prof. au Jardin du Roi, etc. (G. C. ou CV. ou C.)

M. FLOURENS. (F.)

Mammifères.

M. GEOFFROI SAINT-HILAIRE, membre de l'Académie des Sciences, prof. au Jardin du Roi. (G.)

Oiseaux.

M. DUMONT DE S.TE CROIX, membre de plusieurs Sociétés savantes. (CH. D.)

Reptiles et Poissons.

M. DE LACÉPÈDE, membre de l'Académie des Sciences, prof. au Jardin du Roi. (L. L.)

M. DUMERIL, membre de l'Académie des Sciences, prof. à l'École de médecine. (C. D.)

M. CLOQUET, Docteur en médecine. (H. C.)

Insectes.

M. DUMERIL, membre de l'Académie des Sciences, professeur à l'École de médecine. (C. D.)

Crustacés.

M. W. E. LEACH, membre de la Société roy. de Londres, Correspond. du Muséum d'histoire naturelle de France. (W. E. L.)

M. A. G. DESMAREST, membre titulaire de l'Académie royale de médecine, professeur à l'école royale vétérinaire d'Alfort, etc.

Mollusques, Vers et Zoophytes.

M. DE BLAINVILLE, professeur à la Faculté des Sciences. (DE B.)

M. TURPIN, naturaliste, est chargé de l'exécution des dessins et de la direction de la gravure.

MM. DE HUMBOLDT et RAMOND donneront quelques articles sur les objets nouveaux qu'ils ont observés dans leurs voyages, ou sur les sujets dont ils se sont plus particulièrement occupés. M. DE CANDOLLE nous a fait la même promesse.

M. F. CUVIER est chargé de la direction générale de l'ouvrage, et il coopérera aux articles généraux de zoologie et à l'histoire des mammifères. (F. C.)

DICTIONNAIRE

DES

SCIENCES NATURELLES.

MORG

MORGANIE, *Morgania.* (*Bot.*) Genre de plantes dicotylédones, à fleurs complètes, monopétalées, de la famille des
personnées, de la *didynamie angiospermie* de Linnæus; offrant
pour caractère essentiel : Un calice à cinq découpures égales;
une corolle en masque; la lèvre supérieure à deux lobes;
l'inférieure à trois lobes presque égaux, en cœur; quatre
étamines didynames, non saillantes; les lobes des anthères
mutiques, écartés; un stigmate à deux lames; un ovaire supérieur; un style; une capsule à deux loges, à deux valves
bifides; une cloison formée par le bord des valves courbées
en dedans.

Ce genre a été établi par M. Rob. Brown : il est très-rapproché des *Herpestis*, dont il diffère par les divisions de son
calice, toutes égales; par la corolle plus irrégulière; par le
caractère des cloisons.

MORGANIE A FLEURS BLEUES : *Morgania cærulea*, Poir., Enc.,
var. *α*; *Morgania glabra*, R. Brown, *Nov. Holl.*, 1, pag. 441,
var. *β*; *Morgania pubescens*, Brown, *l. c.* Je réunis sous une
même dénomination deux plantes dont M. Brown a formé
deux espèces, mais si peu distinctes qu'elles ne me paroîs-
sent être que des variétés. Leur tige est droite, tétragone,
herbacée, garnie de feuilles opposées, glabres, linéaires, à
peine dentées dans la variété *α*; linéaires-lancéolées, pubescentes et dentées, dans la variété *β*. Les fleurs sont bleues,
solitaires, axillaires; les pédoncules, de la longueur du calice, plus courts dans la variété *β*. Cette plante croît à la
Nouvelle-Hollande. (POIR.)

MORGELINE (*Bot.*), *Alsine*, Linn. Genre de plantes dicotylédones polypétales, de la famille des *caryophyllées*, Juss., et de la *pentandrie trigynie* du système sexuel, qui présente pour caractères : Un calice de cinq folioles concaves, oblongues, acuminées; une corolle de cinq pétales égaux; cinq étamines; un ovaire supère, surmonté de trois styles à stigmates obtus; une capsule ovale, à une loge, à trois valves, et contenant un grand nombre de petites graines attachées à un placenta central.

Les morgelines sont de petites plantes herbacées, à feuilles simples, opposées, et dont les fleurs sont axillaires et terminales. On en connoît sept à huit espèces. Les trois suivantes croissent en France.

Morgeline intermédiaire; vulgairement Mouron des oiseaux, Mouron blanc : *Alsine media*, Linn., *Spec.*, 389; *Flor. Dan.*, fig. 525. Sa racine est fibreuse, menue, annuelle; elle produit plusieurs tiges cylindriques, grêles, rameuses, étalées, diffuses, longues de six pouces à un pied, garnies de feuilles ovales, pointues; les inférieures brièvement pétiolées, les supérieures sessiles. Ses fleurs sont blanches, assez petites, portées sur de longs pédoncules solitaires dans la bifurcation de la tige ou des rameaux; leurs pétales sont profondément bifides. Cette plante est très-commune dans les champs, les jardins et les lieux cultivés; elle fleurit depuis le commencement du printemps jusqu'aux gelées.

La morgeline est émolliente et rafraîchissante. Sa décoction a été conseillée pour remédier à l'état inflammatoire dans certaines maladies des yeux. Pilée et appliquée en cataplasme, on l'a aussi recommandée pour calmer la douleur occasionée par les hémorroïdes; mais aujourd'hui on n'en fait plus que peu ou point d'usage en médecine. Dans quelques cantons on la mange cuite et apprêtée comme herbe potagère. Tous les bestiaux la broutent volontiers. Les petits oiseaux, et surtout les serins, aiment beaucoup ses graines; sous ce dernier rapport, pendant tous les jours de la belle saison, on en apporte une assez grande quantité à la halle de Paris. [1]

---

1 On a calculé à 500,000 fr. par an la consommation qu'on fait de cette plante, à Paris, pendant le cours de presque toute l'année.

Morgeline des moissons : *Alsine segetalis*, Linn., *Spec.*, 390 ; *Alsine segetalis*, etc., Vaill., Bot. Par., 8, t. 3, fig. 3. Sa tige est rameuse dès sa base, articulée, grêle, haute de trois à quatre pouces, garnie de feuilles linéaires-subulées, accompagnées à leur base de stipules engainantes, membraneuses, transparentes, déchirées en leurs bords. Ses fleurs sont blanches, petites, portées sur des pédicelles capillaires, et disposées dans le haut de la tige en une sorte de panicule lâche. Cette plante fleurit en Mai et Juin. On la trouve dans les moissons.

Morgeline mucronée : *Alsine mucronata*, Linn., *Spec.*, 389 ; *Alsine foliis filiformibus pungentibus*, etc., Hall., *Helv.*, n.° 870, t. 17. Sa tige est souvent divisée dès sa base en rameaux étalés, roides, légèrement velus, longs de trois à quatre pouces, garnis de feuilles linéaires-subulées, très-aiguës, évasées à leur base par un rebord membraneux. Ses fleurs sont blanches, petites, portées sur de courts pédicelles, la plupart rapprochés en faisceau au sommet des tiges et des rameaux. Cette plante, qui paroît être bisannuelle, croît dans les lieux pierreux dans le Midi de la France. (L. D.)

MORGELINE D'ÉTÉ. (*Bot.*) C'est le mouron des champs. (L. D.)

MORGELINE DU PRINTEMPS. (*Bot.*) Nom vulgaire de l'holostée en ombelle. (L. D.)

MORGENILLE. (*Bot.*) Voyez Morgeline. (L. D.)

MORGSANI. (*Bot.*) La plante que l'on nommoit ainsi dans la Syrie, et que C. Bauhin prenoit pour un câprier, est la fabagelle ordinaire, *zygophyllum fabago*. Linnæus a employé le même mot comme spécifique d'une autre fabagelle, *zygophyllum morgsana* ? (J.)

MORICHE, MURICHI. (*Bot.*) Noms du *mauritia flexuosa*, genre de palmier, à l'embouchure de l'Orénoque. (J.)

MORILANDIA. (*Bot.*) Necker, sous ce nom, sépare du genre *Cliffortia* les espèces à feuilles ternées. (J.)

MORILLE. (*Conchyl.*) Nom marchand du *murex hystrix*, Linn., ainsi nommé sans doute à cause des tubercules dont il est hérissé ; c'est maintenant une espèce de pourpre pour M. de Lamarck. Il paroît que ce nom a aussi été employé quelquefois pour désigner quelques espèces de madrépores de Linnæus, entre autres la M. *areola*. (De B.)

MORILLES. (*Bot.*) Les champignons auxquels ce nom appartiennent spécialement, sont décrits à l'article Morchella; cependant on l'applique encore à d'autres champignons, ce qui nous oblige à les citer ici. Le docteur Paulet, dans son Traité des champignons, ouvrage dans lequel nous puisons les citations que nous allons indiquer, forme dans les champignons un ordre des Morilles, qu'il divise en deux genres, celui de la *Morille* et celui du *Phallus*. Son genre Morille est formé de deux familles, savoir : la famille des morilles simples et celle des morilles caverneuses, qui comprennent toutes deux des espèces des genres *Helvella* et *Morchella*. La famille des morilles simples renferme :

La Morille en coupe ou en calice (Paul., Tr., 1, p. 578, et 2, p. 411, pl. 189, fig. 1) est une espèce d'*helvella*, figurée dans Battara (*Fung.*, tab. 3, p. 25) sous le nom de *boletus calyciformis*, qui appartiendroit à la division des *helvella* à stipe sillonné. Il se peut que ce soit une espèce nouvelle, voisine de l'*helvella pezizoides*, Fries, qui se trouve en Suisse. Elle est haute de trois pouces, grise ; son stipe est lacuneux, comme treillissé, et son chapeau en forme de coupe.

La Morille a pans ou a lambeaux (Paulet, *l. c.*, fig. 2) est encore une *helvella* peu connue, figurée par Battara sous le nom de *boletus albus*, tab. 2, fig. 11. Elle a deux à trois pouces de hauteur; son stipe est blanc, et son chapeau brun, découpé en quatre portions rabattues. Ces deux espèces croissent aux environs de Rimini et sont bonnes à manger.

La Morille en bonnet, ou en capuchon, ou en champignon (Paulet, *l. c.*, fig. 3), qui est le *verpa patula*, Fries, placé parmi les *helvella* par Persoon, et que nous ferons connoître à l'article Verpa.

La Morille a chapeau (Paul., Trait., 1, p. 560 *bis*, et 2, p. 411, pl. 189, fig. 4, *A*) est le *morchella gigas*, Pers. et Fries, c'est-à-dire une vraie morille. Paulet en distingue trois variétés, qui semblent être autant d'espèces : une fauve, décrite par Gleditsch; une brune, qui est le *morchella* que nous venons de citer, ou *phallo boletus*, Mich., *Gener.*, tab. 84, fig. 1; et une, d'un gris verdâtre, qui croit en Italie, et voisine de la précédente. (Voyez Morchella géante.)

La Morille en mitre (Paul., *l. c.*, fig. 5). Sous ce nom

Paulet réunit quatre espéces (vol. 1, p. 553) : une brune, qui est l'*helvella mitra*, Linn.; une seconde, l'*helvella fuliginosa*, Schæff., *Fung. Bav.*, tab. 1, 320; une troisième, blanche ou pâle, ou *helvella palescens*, Schæff., tab. 522; et une quatrième, grise, le *boletus leucophœus*, Battar., *Arim.*, tab. 3, fig. *B*, ou une variété de l'*helvella sulcata* de Fries, comme la troisième espéce.

La Morille en arbre ou en buisson (Paulet, 1, p. 557, 2, p. 412, pl. 189, fig. 6), ou l'*Helvella ramosa*, Schæff., 2, pl. 164, voisine de l'*helvella crispa*, Fries.

La Morille ordinaire ou éponge (Paul., *l. c.*, fig. 7, 8, 9, 10 et 11), ou *Morchella esculenta*. (Voyez Morchella.) Paulet en distingue des variétés (peut-être espéces différentes) dans sa Synonymie des espéces, sous les noms de Morilles rousses, ou blondes, ou blanches, blanches de Brandebourg, noires ou ordinaires, bleues, etc.

La seconde famille des morilles de Paulet est celle des morilles caverneuses, dites *morilles de moines*, qui contient : La Morille de moine ou Morille lichen (Paulet, Trait., 2, p. 412, pl. 190, fig. 1 et 2), et la Morille oreille- d'ours (Paul., *l. c.*, fig. 3). Ce sont deux variétés de l'*helvella mitra* ou *helvella nigricans*, Schæff., tab. 154 (voyez l'article Helvella), bonnes à manger. Il y a des pays où l'on donne le nom d'oreille-d'âne et de petite religieuse à la morille oreille-d'ours. Dans sa Synonymie des espéces, Paulet joint à cette famille les *helvella pallida* et *spadicea*, Schæff., tab..282 et 283, et le *boletus*, Batt., fig. 6, tab. 24.

Le second genre des Morilles de Paulet est celui des *Phallus*, qui se compose d'une seule famille, celle des *Morilles molles* ou *morilles phallus*, qui répond à notre genre *Phallus* ou *Satyre*. (Voyez Phallus.)

On nomme encore

Morille branchue, le *clathrus cancellatus*, Linn., que Tournefort et Réaumur ont en effet classé avec les morilles. (*Boletus*, Tourn.)

Morille a étuis ou peaux de morilles, les *Peziza*.

Morille gluante. Un champignon figuré par Œder, *Fl. Dan.*, 3, tab. 560.

Morille oreille-d'homme, l'*helvella aurita*, Rouss. et Cimel.

Morille oreille-de-lièvre ou de-cochon, l'*helvella auricula*, Schæff., tab. 156.

Morille plate ou en écu, le *fungus numismatalis*, Batt., tab. 3, fig. 11.

Morille a pilier, le *peziza rhizophora*, Willd.

Morille en sabot, l'*helvella clavata*, Schæff.

Morille a plis de boyeaux, le *fungus porosus*, Mentz., *Pugill.*, tabl. 6, etc. (Lem.)

MORILLON. (*Ornith.*) Cette espèce de canard est l'*anas fuligula*, Linn. Dans Albin c'est le canard tadorne, *anas tadorna*, Linn., et le petit morillon rayé est le canard milouinan, *anas marila*, Linn. (Ch. D.)

MORILLON BLANC, MORILLON HATIF et MORILLON NOIR (*Bot.*) : noms de trois variétés de raisin. (L. D.)

MORINDE, *Morinda*. (*Bot.*) Genre de plantes dicotylédones, à fleurs agrégées, de la famille des *rubiacées*, de la *pentandrie monogynie* de Linnæus; offrant pour caractère essentiel : Des fleurs agrégées ; un calice supérieur urcéolé, persistant; une corolle infundibuliforme; le tube barbu à son orifice; le limbe étalé, à cinq divisions, quelquefois la cinquième manque; cinq étamines non saillantes; un ovaire inférieur; un style; plusieurs drupes agrégés, ombiliqués; les noyaux cartilagineux, à une ou deux loges monospermes.

Morinde royoc : *Morinda royoc*, Linn.; Lamk., *Ill. gen.*, tab. 153, fig. 1 ; Jacq., *Hort.*, 1, tab. 16; Pluken., *Almag.*, tab. 212, fig. 4. Arbrisseau d'environ dix pieds de haut, dont la tige est foible, pliante; les rameaux courts, sarmenteux; les feuilles glabres, ovales, opposées; les pétioles courts; les fleurs axillaires, presque terminales, réunies sur un réceptacle commun en une petite tête arrondie, pédonculée; la corolle est blanche, le tube grêle; le limbe à quatre ou cinq divisions aiguës, réfléchies; les étamines sont également au nombre de quatre ou cinq; le stigmate à deux divisions; de petits drupes; les noyaux à deux loges monospermes, formant par leur ensemble une baie charnue, arrondie, d'une odeur un peu désagréable, d'une saveur âcre et piquante. Cette plante croît à la Chine, à la Cochinchine. Aublet l'a également observée à la Guyane française. On se sert de sa racine pour faire de l'encre.

Morinde ombellée : *Morinda umbellata*, Linn.; Lamk., *Ill. gen.*, tab. 153, fig. 3. Cet arbrisseau s'élève à la hauteur de six pieds ; ses rameaux sont opposés, étalés, garnis de feuilles pétiolées, opposées, très-entières, rudes au toucher, lancéolées, aiguës ; ses pédoncules presque en ombelles, supportant des fleurs blanches, réunies en une tête globuleuse ; la corolle est tubulée, à cinq divisions en son limbe. Le fruit est un petit drupe à noyaux charnus, de couleur jaunâtre. Cette plante croit aux Moluques et dans les forêts de la Cochinchine. Son bois est blanc, jaunâtre dans le cœur ; il devient rouge à la partie inférieure du tronc qui approche de la racine : cette dernière est beaucoup plus rouge. Les naturels du pays font bouillir cette racine, et en obtiennent une teinture qui donne aux toiles une assez belle couleur de safran. Si on y ajoute du bois de sappan (*cæsalpinia*, Linn.), ou tout autre bois propre à teindre en rouge, ce mélange produit une très-belle couleur rouge, qui ne s'altère que difficilement. La pulpe du fruit est aromatique, d'une saveur amère, un peu acerbe. On donne aux enfans de ces fruits fraîchement cueillis pour les délivrer des vers.

Morinde de Turbaco ; *Morinda turbacensis*, Kunth *in* Humb., *Nov. gen.*, 3, pag. 380. Arbrisseau dont les rameaux sont blancs, opposés, glabres, pubescens et sarmenteux dans léur jeunesse ; les feuilles opposées, pétiolées, ovales-oblongues, aiguës, très-entières, hérissées et pubescentes dans leur jeunesse, longues de trois pouces ; les stipules conniventes à leur base, persistantes ; les pédoncules courts, pubescens, opposés aux feuilles, soutenant une tête de fleurs sessiles, très-serrées ; le calice est à cinq dents peu marquées ; la corolle velue en dehors ; les étamines, à peine saillantes, ont les filamens courts, les anthères droites ; l'ovaire, à demi globuleux, est velu. Cette plante croit à Turbaco et aux environs de Carthagène.

Morinde émoussée ; *Morinda retusa*, Poir., Encycl. Cette espèce a ses tiges divisées en rameaux noueux, inégaux, dichotomes, garnis de feuilles très-rapprochées, un peu courantes sur des pétioles courts, ovales-arrondies, émoussées à leur sommet, aiguës à leur base, lisses et luisantes, d'un vert foncé ; les stipules en forme d'écailles blanchâtres, membraneuses, disposées circulairement sur les rameaux ; les fleurs terminales, disposées en une tête arrondie et sessile ; la corolle petite ; le limbe partagé en cinq découpures ovales, réfléchies. Cette plante a été découverte par J. Martin, à l'île de Madagascar. (Poir.)

MORINE, *Morina*. (*Bot.*) Genre de plantes dicotylédones, à fleurs agrégées, de la famille des *dipsacées*, de la *diandrie monogynie* de Linnæus ; offrant pour caractère essentiel : Un calice double ; l'extérieur inférieur, tubulé, à dents épineuses ; l'intérieur supérieur, persistant, à deux lobes ; la corolle à deux lèvres, la supérieure bilobée, l'inférieure à trois lobes ; le tube alongé ; deux étamines saillantes ; un ovaire inférieur ; un style ; un stigmate en tête ; une semence ovale, couronnée par le calice intérieur.

Morine de Perse : *Morina persica*, Linn. ; Lamk., *Ill. gen.*, tab. 21 ; Tournef., *Itin.*, 3, pag. 132, *Icon.* Très-belle plante, découverte dans le Levant par Tournefort, à laquelle il a donné le nom du docteur Morin, célèbre médecin de Paris. Ses racines sont longues et grosses ; elles produisent une tige haute d'environ trois pieds, lisse et purpurine à sa partie inférieure, verte et velue vers le sommet, garnie de distance en distance de trois ou quatre feuilles épineuses, presque verticillées, sessiles, lancéolées, d'un vert luisant, longues de quatre à cinq pouces. Ses fleurs sont grandes, axillaires, disposées par verticilles, formant, par leur ensemble, un bel épi terminal : leur calice est double ; l'extérieur surmonté de dents droites, subulées, dont deux opposées, plus longues ; l'intérieur à deux lobes obtus, échancrés au sommet. La corolle est blanche ou légèrement purpurine ; le tube long, un peu grêle, courbé, légèrement velu, son orifice nu ; le limbe à deux lèvres obtuses, inégales ; une semence renfermée dans le calice intérieur, couronnée par son limbe. (Poir.)

MORINELLUS. (*Ornith.*) L'oiseau ainsi nommé par Gesner et Aldrovande est le petit pluvier ou guignard, *charadrius morinellus*, Linn. Le *morinellus varius* de Brown est, dans Willughby, le tournepierre, *tringa interpres*, Linn., et *strepsilas*, Illiger. (Ch. D.)

MORINGA. (*Bot.*) Voyez Ben. (Poir.)

MORIN - JALMA. (*Mamm.*) Nom calmouk, qui signifie *equinum jaculum*, et qui appartient, suivant Pallas, à une de ses grandes variétés de l'alactaga, du genre Gerboise. (F. C.)

MORIO. (*Conchyl.*) Dénomination latine attribuée par Denys de Montfort au genre de coquilles univalves qu'il a formé sous le nom françois de HÉAULME. Voyez ce mot. (DESM.)

MORIO. (*Entom.*) C'est le nom que Geoffroy donne en françois à l'espèce de papillon appelée *Antiopa* par Linnæus. Voyez PAPILLON. (C. D.)

MORION. (*Bot.*) Clusius croit que la plante ainsi nommée par Pline est son *solanum somniferum*, qui est aussi nommé *orualé* aux environs de Malaga, en Espagne. On ne la confondra pas avec le *morio*, espèce d'*orchis*. (J.)

MORION, *Morio.* (*Entom.*) Nom donné par M. Latreille à quelques petites espèces de carabes, réunies en un genre voisin de celui des scarites. (C. D.)

MORION. (*Min.*) Cette pierre, citée par Pline, étoit d'un brun approchant du noir, sans cependant être opaque. C'est le résultat de tout ce qu'en dit ce naturaliste. Il est bien difficile de déterminer l'espèce minérale à laquelle on peut rapporter cette substance, et l'opinion des savans qui la considèrent comme une sardoine très-foncée, paroît assez vraisemblable. (B.)

MORIQUE ou MOROXILIQUE [ACIDE]. (*Chim.*)

Klaproth découvrit cet acide en 1803, dans une concrétion saline que le Dr Thomson avoit recueillie sur l'écorce du mûrier blanc; cette concrétion étoit formée de morate de chaux et de matières organiques.

Préparation de l'acide.

On traite les concrétions du mûrier blanc par l'eau bouillante; le morate calcaire est dissous : on filtre, on fait évaporer la liqueur, et on obtient le sel cristallisé.

On décompose le morate de chaux par l'acide sulfurique foible; on fait concentrer la liqueur, et, en appliquant l'alcool au résidu, on sépare le sulfate de chaux et on dissout l'acide morique, qu'on obtient ensuite cristallisé par évaporation.

On peut également décomposer le morate de chaux par l'acétate de plomb, et décomposer ensuite le morate de plomb par l'acide sulfurique.

Propriétés. L'acide morique a une saveur analogue à celle de l'acide succinique.

Il cristallise en petites aiguilles.

Il est inaltérable à l'air.

Il est très-soluble dans l'eau et l'alcool ; il ne précipite aucune des dissolutions métalliques que le morate de chaux précipite.

Distillé dans une petite cornue de verre, une partie se sublime sans altération en petits prismes, et l'autre partie est réduite en eau acide, en gaz et en charbon.

MORATES.

On ne connoît que le morate de chaux et le morate d'ammoniaque.

MORATE DE CHAUX.

Il cristallise en petites aiguilles.

Il est inaltérable à l'air.

100 p. d'eau froide dissolvent 1,5 de ce sel ; 100 p. d'eau bouillante, 3,5 p.

La solution de ce sel précipite les acétates de fer et de plomb, les nitrates d'argent, de mercure, de cuivre, de fer, de cobalt et d'urane ; elle agit à peine sur l'eau de baryte, le nitrate de baryte, les hydrochlorates d'étain, le nitrate de nickel, le chlorure d'or.

MORATE D'AMMONIAQUE.

On l'obtient en décomposant le morate de chaux par le sous-carbonate d'ammoniaque.

Le morate d'ammoniaque cristallise en longs prismes déliés. (CH.)

MORISONIA. (*Bot.*) Voyez MABOUIER. (POIR.)

MORMARO. (*Ichthyol.*) Voyez MORMIROT et SPARE. (H. C.)

MORME. (*Ichthyol.*) Voyez MORMIROT, PAGRE et SPARE. (H. C.)

MORMILLO. (*Ichthyol.*) A Rome on appelle ainsi le *spare morme* ou *mormyre* des auteurs. Voyez PAGRE et SPARE. (H. C.)

MORMIRO. (*Ichthyol.*) A Venise, c'est le nom du *sparus mormyrus* des auteurs. Voyez PAGRE et SPARE. (H. C.)

MORMIROT. (*Ichthyol.*) Nom vulgaire d'un poisson que l'on a rapporté au genre des Spares de Linnæus. Voyez PAGRE et SPARE. (H. C.)

MORMO. (*Ichthyol.*) Nom espagnol du *spare morme*. Voyez
Pagre et Spare. (H. C.)

MORMON. (*Ornith.*) Nom générique substitué par Illiger
à celui de *fratercula*, que Brisson avoit donné au macareux.
(Ch. D.)

MORMON ou MAIMON. (*Mamm.*) Un des noms du man-
drill. (F. C.)

MORMOOPS. (*Mamm*). Genre de chauve-souris, établi
par M. Leach, *Trans. Linn.*, t. 13, d'après une espèce de
l'île de Java, dont les caractères, et surtout les formes de la
tête, sont fort particuliers. Ses dents sont au nombre de trente-
six, dix-huit supérieures et dix-huit inférieures. Les premières consistent en quatre incisives; deux moyennes, très-
larges, en rapport par leur tranchant avec la base interne
des canines inférieures, et deux latérales correspondantes
avec la pointe de ces mêmes canines; deux canines fort
écartées des inférieures, et douze molaires, six fausses et
six vraies. Les dents inférieures consistent en quatre incisives petites, de grandeur à peu près égale, trilobées et
tout-à-fait inutiles, deux canines, et en douze molaires,
six fausses et six vraies.

Aucune autre chauve-souris n'égale celle-ci par la com-
plication des tégumens accessoires des organes des sens. Les
oreilles, réunies aux membranes du nez, présentent un vaste
appareil propre à recevoir les sons et les odeurs, et la
bouche elle-même participe à cette richesse d'organisation;
mais ce qui passe toute mesure, c'est que les os du crâne
s'élèvent perpendiculairement au-dessus de ceux de la face,
de sorte que ces deux parties principales de la tête forment
un angle droit. Les organes du mouvement ne présentent aucune modification importante. La queue est entièrement enveloppée dans la membrane interfémorale. Ce genre, comme
nous l'avons dit, ne renferme qu'une espèce, le Mormoops
de Blainville, *M. Blainvilii*, dont le corps avec la tête
a environ deux pouces de longueur, et dont l'envergure est
de dix pouces. Sa couleur est d'un brun uniforme. (F. C.)

MORMYRA. (*Ichthyol.*) Nom que les Grecs modernes
donnent au Mormirot. Voyez ce mot, et Pagre et Spare.
(H. C.)

MORMYRE, *Mormyrus*. (*Ichthyol.*) On donne ce nom, d'origine évidemment grecque, et qui servoit très-probablement primitivement à désigner le *sparus mormyrus* de Linnæus, poisson marin littoral, à un genre de poissons osseux, à branchies sans opercules et pourvues seulement d'une membrane, lequel fait partie de l'ordre et de la famille des crypto-branches de M. Duméril, et est placé par M. Cuvier à la suite de la famille des ésoces, parmi les malacoptérygiens abdominaux. On le reconnoît d'ailleurs aux caractères suivans :

Corps comprimé, oblong, écailleux; queue mince à la base, renflée vers la nageoire; tête couverte d'une peau nue et épaisse, qui enveloppe les opercules et les rayons des ouies, et ne laisse, pour l'ouverture de celles-ci, qu'une fente verticale; ouverture de la bouche étroite et à l'extrémité d'un museau alongé; dents menues et échancrées au bout; catopes abdominales; une seule nageoire dorsale.

Le genre Mormyre a été créé par Linnæus, d'après Forskal ; il se distingue de celui des Styléphores, en ce que ceux-ci sont apodes ou manquent de catopes. (Voyez Cryptobranches et Styléphore.)

Il renferme une assez grande quantité d'espèces, parmi lesquelles nous citerons :

Le Kannumé; *Mormyrus kannume*, Forskal, Linnæus. Museau arqué ; nageoire caudale fourchue; dorsale très-longue, mais fort basse; mâchoire inférieure un peu plus avancée que la supérieure : teinte générale blanchâtre.

Ce poisson habite le Nil. Les Égyptiens, qui en mangent la chair avec plaisir, le nomment *kachoué ommou bouette*, c'est-à-dire, *mormyre, mère du baiser*.

L'Oxyrhinque ; *Mormyrus oxyrhinchus*, Lacép. Museau cylindrique, pointu et droit; mâchoire inférieure un peu plus avancée que la supérieure ; nageoire dorsale régnant dans toute l'étendue du dos ; nageoire caudale couverte d'écailles à sa base : teinte générale d'un gris bleuâtre, plus foncée le long du dos et pâle vers le ventre; museau rouge; des points bleus sur la tête.

Cet animal, qui est figuré à la planche VI des Poissons d'Égypte, dans le grand ouvrage des savans françois sur ce pays, qui paroit être le *centriscus niloticus* de M. Schneider, et qui a de grands rapports avec le *mormyre de Belbeys* ou *mormyrus dorsalis* du professeur Geoffroy, a été souvent confondu avec le brochet, auquel il ressemble beaucoup. P. Belon, qui n'a point évité cette erreur, l'a cependant, avec raison, regardé comme le véritable *oxyrhinque* des anciens, lequel étoit en vénération dans une partie de l'Égypte, tandis que, dans d'autres cantons, il étoit un objet d'horreur. Aujourd'hui, dans ce pays, où on lui donne le nom de *kaschoué*, il est, dit Sonnini, du goût de tout le monde. On le pêche fréquemment dans le haut Nil, et il est l'une des espèces les plus abondantes dans les marchés du Caire. Paul Lucas, qui en a donné une médiocre figure, dit qu'il est un des meilleurs produits du grand fleuve.

Le Caschive ; *Mormyrus caschive*, Hasselquist. Nageoire caudale fourchue ; museau cylindrique ; nageoire dorsale très-longue ; dos carené, arqué ; écailles petites : teinte générale du dos d'un vert glauque ; ventre d'un rose blanchâtre ; nuque dorée. Du Nil également.

Le Hersé : *Mormyrus dendera* ou *Mormyrus anguilloides*, Linnæus ; *Mormyrus herse*, Sonnini. Museau obtus, cylindrique ; mâchoire supérieure plus avancée que l'inférieure ; nageoire dorsale courte ; dents droites, peu serrées, oblongues ; lèvres épaisses ; yeux ronds et petits : dos et dessus de la tête d'un noirâtre luisant, ponctué de gris ; côtés gris ; ventre plus clair ; la plupart des nageoires obscures. Taille de six à huit pouces.

Ce poisson, qu'on a confondu à tort avec le caschive d'Hasselquist, habite le Nil, de même que les précédens. Son nom arabe de *hersé* est aussi celui de la belette, à laquelle il ressemble par la forme alongée de sa tête.

Le Mormyre bané ; *Mormyrus cyprinoides*, L. Museau obtus ; front saillant en avant d'une bouche reculée ; nageoires dorsale et anale de longueur égale ; un seul orifice à chaque narine ; nageoire caudale bifurquée.

Il habite le Nil, comme les autres mormyres. Il paroît que c'est à tort que Sonnini a fait deux espèces distinctes du *mormyrus cyprinoides* de Linnæus et de son *bané*. M. Geoffroy l'a fait représenter dans l'ouvrage cité, pl. VIII, fig. 2.

Le Mormyre de Sallheyeh : *Mormyrus labiatus*, Geoffroy ;

Mormyrus salahie, Sonnini. Museau obtus; mâchoire inférieure avancée; nageoire dorsale un peu plus courte que l'anale.

M. le professeur Geoffroy-Saint-Hilaire a, pour la première fois, parlé de ce poisson, qu'il a vu dans le désert auprès de Sallheych, en Égypte, où un grand nombre d'individus de cette espèce, apportés par une inondation, avoient été laissés à sec sur le sable. (H. C.)

MORO. (*Ichthyol.*) Les pêcheurs de la mer de Nice donnent ce nom à un poisson couvert de grandes écailles, d'un blanc argenté, voilées de noir violet, avec des nuances d'un azur argenté sur le ventre; ayant la bouche ample, le museau court et arrondi; la mâchoire supérieure un peu plus longue que l'inférieure, et garnie, comme elle, de plusieurs rangs de dents petites, aiguës et crochues. Ce poisson, qui parvient à 12 ou 15 pouces de longueur et au poids de 3 à 4 livres, a été rangé par M. Risso dans le grand genre des gades, où il constitue une section à part, à cause de ses deux nageoires dorsales, de ses deux nageoires anales, et du barbillon qu'il a au bout du museau.

Il vit à d'extrêmes profondeurs. On le prend au mois d'Août. Sa chair, quoique d'une forte odeur, est blanche, tendre et savoureuse. Voyez GADE et MUSTELLE. (H. C.)

MORO, SONORO-MOOTS. (*Bot.*) Noms japonois cités par Kæmpfer, d'un genévrier, *juniperus virginica*. (J.)

MOROC. (*Ornith.*) Espèce de Coucou. Voyez ce mot. (Ch. D.)

MOROCARPUS. (*Bot.*) Ce nom qui signifie fruit du mûrier, avoit été donné par Ruppius au *blitum* de Linnæus, parce que l'assemblage en tête de ses calices charnus recouvrant les graines présente la forme d'une mûre : il a été adopté par Adanson et Scopoli. Voyez BLETTE. (J.)

MOROCHEN. (*Bot.*) Nom d'une variété de maïs dans la Virginie, à fruit plus petit, mentionné par C. Bauhin. (J.)

MOROCHITE, MOROCHTUS, MOROCHTON, *Galaxia*, *Galactia* et *Leucograpida*. (*Min.*) Terre blanche que les anciens tiroient de l'Égypte et dont ils faisoient usage pour blanchir les toiles et les vêtemens. On l'employoit encore en médecine pour arrêter les flux de ventre, l'écoulement des larmes, etc. Il est à présumer qu'il s'agit d'une espèce de terre à foulon ou d'une terre magnésienne. (LEM.)

MOROCHTUS. (*Min.*) Voyez Morochite. (Lem.)

MOROGASI. (*Bot.*) Voyez Louvourou. (J.)

MOROIS. (*Bot.*) Voyez Fulful. (J.)

MOROMORO [Moromori]. (*Mamm.*) Un des noms d'une des espèces du genre Lama chez les Brasiliens. (F. C.)

MORO-MUKI. (*Bot.*) Nom japonois du *pteris semi-pinnata*, espèce de fougère, citée par M. Thunberg. (J.)

MORON. (*Bot.*) Voyez Mouron et Morgeline. (L. D.)

MORONGUE. (*Bot.*) Dans l'Inde on donne ce nom aux feuilles du ben. Le *morongue-mariage* est l'érythrine des Indes, dont les belles fleurs sont offertes en bouquet les jours de mariage. (Lem.)

MORONOBEA. (*Bot.*) Voyez Mani. (Poir.)

MOROPHORUM. (*Bot.*) Necker nomme ainsi le mûrier, *morus.* (J.)

MORO-SPHINX. (*Entom.*) Nom d'un Sphinx donné par Geoffroy à une espèce qui, sous la forme de chenille, se nourrit des feuilles du caille-lait et des autres plantes dites étoilées. (C. D.)

MOROTOTONI. (*Bot.*) Les Galibis de la Guiane nomment ainsi le *panax Morototoni* d'Aublet. (J.)

MOROU. (*Ichthyol.*) A Nice on appelle ainsi, suivant M. Risso, le sagre, poisson de la famille des plagiostomes, que nous avons décrit à la page 93 du Supplément du 1.er volume de ce Dictionnaire. (H. C.)

MOROUDE. (*Ichthyol.*) Voyez Morrude. (H. C.)

MOROXITE. (*Min.*) Variété de chaux phosphatée bleu-verdâtre, qu'on trouve en prismes ou en grains guttulaires, à Arendal, en Norwége. (Lem.)

MORPHÉ. (*Entom.*) Sous ce nom M. Latreille réunit, comme formant un genre, de grandes espèces de papillons étrangers, à antennes presque filiformes : telles sont les espèces dites *Ménélas*, *Achille*, *Idomenée*, *Hécube*, etc. (C. D.)

MORPHINE et NARCOTINE. (*Chim.*)

Morphine. Principe immédiat alcalin, découvert dans l'opium par M. Sertuerner.

Composition. La morphine est formée d'oxigène, d'azote, de carbone et d'hydrogène. (Sertuerner.)

Suivant MM. Dumas et Pelletier, elle est formée de :

	Poids.	Atômes.
Oxigène.............	14,84	5
Azote..............	5,53	2
Carbone ....,....	72,02	60
Hydrogène	7,61	40

Propriétés physiques.

Elle cristallise en parallélipipèdes réguliers, à faces obliques ou en aiguilles prismatiques ; elle est incolore ; elle se fond et cristallise par refroidissement ; elle est inodore et insipide quand elle n'est pas dissoute dans un liquide.

Propriétés chimiques.

a) *Cas où la morphine n'éprouve point d'altération.*

Elle n'attire point l'oxigène et l'humidité de l'atmosphère, mais elle en absorbe le gaz acide carbonique.

Elle verdit la teinture des violettes , fait passer au pourpre l'hématine, rougit le curcuma, et bleuit le papier rouge de tournesol.

Elle est pour ainsi dire insoluble dans l'eau froide; l'eau bouillante n'en dissout qu'une très-foible portion.

Elle est très-soluble dans l'alcool, surtout à chaud; la solution est très-amère.

La morphine est insoluble ou peu soluble dans l'éther hydratique.

Elle s'unit aux acides, et forme des sels.

b) *Cas où la morphine est altérée.*

Suivant M. Sertuerner, elle donne à la distillation les produits qu'on obtient des substances azotées.

Elle brûle vivement comme les résines; si on la chauffe avec du soufre jusqu'à la fondre, elle dégage de l'acide hydro-sulfurique.

DES SELS DE MORPHINE.

Ils sont assez solubles dans l'eau ; leur saveur est amère, leur éclat micacé ; ils s'effleurissent promptement à l'air; ils sont neutres.

Les sels de morphine sont décomposés par l'ammoniaque et la magnésie.

La morphine décompose la plupart des sels métalliques des

3.ᵉ, 4.ᵉ, 5.ᵉ sections, entre autres le sulfate, l'hydrochlorate, l'acétate de fer, plusieurs sels de mercure, de plomb et de cuivre.

On prépare les sels de morphine en unissant directement la base avec les acides.

On peut préparer, suivant M. Pelletier, le chlorate et l'hydrochlorate de morphine en faisant réagir le chlore sur cette base délayée dans l'eau; l'iodate et l'hydriodate de morphine se préparent avec l'iode et l'eau.

La morphine est de toutes les bases salifiables organiques celle qui sature le plus d'acide.

SULFATE DE MORPHINE.

Il est formé, suivant MM. Pelletier et Caventou :

    Acide sulfurique.................. 100
    Morphine....................... 3o2,24o2

Il se présente sous la forme de ramifications nacrées.

Sa saveur est légèrement amère; il est très-soluble dans l'eau.

SURSULFATE DE MORPHINE.

Ce sel contient deux fois autant d'acide que le précédent.

HYDROCHLORATE DE MORPHINE.

                            Pelletier et Caventou.
    Acide hydrochlorique............ 8,6235
    Morphine...................... 100,0000

Ce sel est plus soluble que le sulfate, il cristallise en aiguilles rayonnées.

NITRATE DE MORPHINE.

Ce sel ne cristallise pas, suivant MM. Pelletier et Caventou; suivant M. Sertuerner, il cristallise en aiguilles radiées.

MM. Pelletier et Caventou ont observé qu'en traitant la morphine par l'acide nitrique concentré, il se développe une belle couleur rouge de sang; en faisant chauffer la liqueur, elle passe au jaune, et si alors on y ajoute beaucoup d'acide nitrique, cette couleur disparoît : quand la liqueur est jaune, le protochlorure d'étain la précipite en jaunâtre.

Lorsqu'on traite la dissolution nitrique rouge de morphine par le protochlorure d'étain, le protosulfate de fer, l'acide

33.   2

sulfureux, la couleur rouge disparoît : l'acide nitrique la fait reparoitre.

MM. Pelletier et Caventou pensent que la liqueur rouge est un nitrate de morphine oxigénée.

SOUS-CARBONATE DE MORPHINE.

Il est en prismes courts.

ACÉTATE DE MORPHINE.

Il cristallise en petites aiguilles rayonnées.
Il est très-soluble.

TARTRATE DE MORPHINE.

Il cristallise en prismes.

MÉCONATE DE MORPHINE.

M. Robiquet, qui a préparé ce sel avec beaucoup de soin, lui a reconnu les propriétés suivantes :

Il est incristallisable.

Il est très-soluble dans l'eau et l'alcool.

Il colore très-fortement en rouge la dissolution du péroxide de fer dans les acides.

Il est décomposé par l'ammoniaque, qui en précipite la morphine.

Histoire. Les premières notions exactes que nous ayons eues sur la nature de l'opium, datent de l'époque où M. Derosnes publia un travail sur cette matière. Auparavant on regardoit l'opium, d'après les recherches de Neumann, de Wedelius, de Hoffmann, de Tralles, de Proust, et surtout d'après celles de Baumé, comme un extrait formé, 1.° d'une matière cristalline qui passoit pour le *sel essentiel de l'opium*; 2.° *d'une matière gommeuse, extractive*; 3.° *d'une matière résineuse*; 4.° *d'une huile essentielle épaisse*; 5.° *d'un acide*; 6.° enfin, *de débris de végétaux insolubles dans l'eau et l'alcool.*

M. Derosnes, ayant traité l'opium successivement par l'eau et l'alcool, a obtenu deux extraits et un résidu insoluble dans l'eau et l'alcool.

1. *Extrait aqueux.*

a) Il étoit formé d'une matière cristallisable, ou *sel essentiel d'opium, d'extractif* et de *résine.*

b) L'eau qui avoit macéré sur l'opium, a été concentrée en sirop. L'extrait concentré et refroidi a été mêlé à l'eau, il s'est déposé du sel d'opium retenant de l'extractif et de la résine : on a séparé le dépôt par le filtre.

c) *Dépôt.* L'eau bouillante lui a enlevé de l'extractif et de la résine. Le résidu a été dissous par l'alcool bouillant; celui-ci a laissé déposer par le refroidissement beaucoup de cristaux de sel d'opium, et a retenu une petite quantité de sel avec la plus grande partie de la résine.

d) *Liqueur séparée du dépôt* (*c*) par la concentration. Elle a déposé de la *résine* pure, et a retenu une sorte de *matière extractive.*

e) *Matière extractive* (*d*). L'alcool lui a enlevé de l'*extractif* et un peu de *résine.* Le résidu dissous a cédé à l'eau bouillante des *sulfates de chaux et de potasse*, et a été réduit à de l'*extractif oxigéné.*

II. *Extrait alcoolique.*

f) Il étoit formé de *résine*, de *sel d'opium*, d'*huile* contenant l'odeur vireuse de l'opium.

III. *Marc d'opium épuisé par l'eau et l'alcool.*

g) Il étoit formé de débris de végétaux, mêlés de sable et de petits cailloux.

M. **Derosnes** a reconnu ensuite les propriétés suivantes au *sel d'opium*, purifié par des dissolutions et des cristallisations successives dans l'alcool.

Il est blanc, insipide, inodore : il cristallise en prismes droits, à bases rhomboïdales.

Il ne rougit pas le tournesol; il est insoluble dans l'eau froide; 1 p. est soluble dans 400 p. d'eau bouillante ; dans 100 p. d'alcool froid, dans 24 p. d'alcool bouillant : la solution alcoolique précipite par l'eau.

Tous les acides le dissolvent; les alcalis le précipitent de ces dissolutions; l'acide nitrique bouillant le convertit en acide oxalique et en matière amère.

Les solutions alcalines le dissolvent un peu.

L'éther et les huiles volatiles le dissolvent à chaud.

Il donne à la distillation un produit huileux, de l'eau, du sous-carbonate d'ammoniaque, de l'hydrogène carburé, de l'acide carbonique et du charbon retenant un peu de potasse;

Il brûle à la manière des corps gras.

M. Derosnes a observé en outre que le précipité produit par le sous-carbonate alcalin dans l'extrait aqueux d'opium que M. Proust avoit dit être une sorte de résine pure, est en grande partie formé de *sel d'opium ;* mais il a observé des différences entre *ce sel* et le *sel obtenu sans l'intermède des alcalis.*

Le sel obtenu par l'alcali verdit le sirop de violette ; sa solution alcoolique ne précipite pas par l'eau en blanc opaque ; mais, après quelques momens, de petits cristaux se forment dans la liqueur. M. Derosnes pense que le sel d'opium, préparé par la potasse, retient un peu d'alcali, qui lui donne la propriété de verdir le sirop de violette ; *cependant toutes les tentatives qu'il a faites pour le dépouiller de cette propriété, ont été infructueuses ;* et il y a plus, *c'est qu'en unissant le sel d'opium, préparé sans l'intermède de la potasse, à des acides précipitant sa dissolution par un alcali, il est tout aussi pur qu'auparavant ; sa dissolution ne verdit pas le sirop de violette, et elle précipite abondamment par l'eau.*

M. Armand Séguin, dans un mémoire lu à l'Institut le 24 Décembre 1804, et imprimé dans le cahier de Décembre 1814 des Annales de chimie, exposa plusieurs observations importantes sur l'opium.

Il prépara le *sel d'opium* en précipitant l'extrait aqueux d'opium par l'ammoniaque ; et, après *l'avoir purifié,* il observa qu'il verdit légèrement le sirop de violette, qu'il se dissout dans les acides, auxquels il donne de l'amertume, et qu'il en est précipité par tous les alcalis, dont aucun ne jouit de la propriété de le dissoudre. Quoiqu'il eût constaté que les propriétés des bases salifiables appartiennent au sel d'opium, cependant il conclut que cette substance simple devoit être considérée comme une *nouvelle matière végéto-animale toute particulière.*

M. Séguin reconnut l'existence d'un acide nouveau, qui jouit de propriétés particulières (par exemple de donner une couleur rouge à la dissolution de sulfate de fer vert) ; mais il pensa que cet acide ne pourroit bien n'être que de l'acide acéteux, ou de l'acide malique modifié par quelque combinaison ou quelque autre circonstance. M. A. Séguin observa en outre que le sel d'opium est dissous dans l'extrait aqueux par ce même acide.

Il est évident que M. A. Séguin a été plus près de connoître la véritable nature du sel d'opium que M. Derosnes; cependant, comme il n'a pas dit expressément que cette matière est une base salifiable, il faut rapporter à M. Sertuerner, pharmacien à Eimbeck, l'honneur d'avoir prononcé le premier *que l'alcalinité appartient aux produits de l'organisation, en prouvant que le sel d'opium a les propriétés caractéristiques des bases salifiables.* M. Sertuerner annonça cette découverte peu de temps après le travail de M. Derosnes. Mais elle étoit si éloignée des idées qu'on avoit alors, et les expériences de l'auteur furent jugées si peu concluantes par ses compatriotes, que cette découverte resta inconnue aux chimistes étrangers à l'Allemagne : ce ne fut qu'en 1817 que M. Sertuerner, ayant repris son travail, prouva l'exactitude de ce qu'il avoit avancé.

Voici le résumé de son dernier mémoire.

L'extrait d'opium est essentiellement composé de *méconate de morphine*, neutre ou peu acide, *d'extractif soluble dans l'eau*, et *d'extractif sans doute oxigéné, insoluble dans l'eau;* il y a en outre une résine et d'autres substances qui n'ont pas d'action sur l'économie animale, et peut-être encore un acide libre, différent du méconique.

Quand on applique l'eau froide à l'opium, on obtient;

1.° Une dissolution formée de *méconate de morphine avec excès d'acide*, *d'extractif* et peut-être *d'un acide libre*, autre que le méconique.

M. Sertuerner précipite la morphine de cette solution par l'ammoniaque; il la purifie ensuite en l'unissant à l'acide sulfurique, la précipitant par l'ammoniaque, et la faisant cristalliser au moyen de l'alcool.

Quant à la liqueur d'où la morphine a été séparée, elle contient un peu de morphine, de l'extractif et du méconate d'ammoniaque. M. Sertuerner la fait concentrer et refroidir, il y ajoute de l'ammoniaque; il y a précipitation de morphine : il filtre, étend d'eau, fait bouillir, et, en ajoutant de l'hydrochlorate de baryte, il obtient un précipité formé d'acide méconique, de morphine, d'extractif oxigéné et de baryte; il s'empare de la baryte par l'acide sulfurique, et il obtient ainsi un acide méconique qu'il purifie en le sublimant.

2.° Un résidu formé *de sous-méconate, de morphine, d'extractif origéné, et des autres substances de l'opium.*

M. Sertuerner le traite par l'acide hydrochlorique, qui dissout principalement la morphine et l'acide méconique ; il précipite la première par l'ammoniaque, et l'acide méconique par l'hydrochlorate de baryt

Le résidu indissous dans l'acide hydrochlorique cède à l'alcool une substance brune, grasse, non vénéneuse, et du caoutchouc. Il reste des débris de végétaux.

M. Sertuerner constata que la morphine est la partie active de l'opium, et il affirma que le sel d'opium de Derosnes étoit du méconate de morphine.

M. Robiquet, à la sollicitation de M. Gay-Lussac, reprit le travail de M. Sertuerner, et tout en confirmant l'existence de la morphine comme base salifiable organique, ainsi que l'existence de l'acide méconique comme acide particulier, il prouva que le *sel d'opium, obtenu par M. Derosnes sans l'intermède d'un alcali*, est une substance différente de la morphine ; je la désignerai dorénavant par le nom de *narcotine*, généralement adopté par les chimistes françois qui se sont occupés de l'opium depuis M. Sertuerner. J'exposerai maintenant le procédé suivi par M. Robiquet pour préparer *la narcotine, la morphine et l'acide méconique ;* ce procédé est d'autant plus important à connoître, qu'il est applicable à la préparation de toutes les bases salifiables organiques actuellement connues.

a) On met l'opium en contact avec l'éther hydratique : on agite, on décante, on répète le traitement jusqu'à ce que l'éther n'ait plus d'action. Les liqueurs éthérées, décantées, sont troubles ; mais à la longue elles s'éclaircissent et déposent une *matière azotée*, qui est insoluble dans l'eau, l'alcool et l'éther.

b) Les liqueurs éthérées, filtrées, évaporées, donnent, 1.° des cristaux de narcotine ; 2.° une huile fixe, visqueuse ; 3.° du caoutchouc nageant dans l'huile. On sépare celui-ci de l'huile au moyen d'un petit tube de verre. On décante le liquide huileux de dessus la narcotine : on purifie cette dernière en la faisant dissoudre et cristalliser dans l'alcool bouillant.

c) L'opium traité par l'éther doit être épuisé par l'eau; on fait bouillir ensuite les lavages concentrés avec de la magnésie : le poids de cette base doit être à celui de l'opium traité :: 1 : 16. Après un quart d'heure d'ébullition, on jette les matières sur un filtre. Le résidu est formé de morphine, de méconate de magnésie, de matière colorante, et d'une autre matière organique, indéterminée; on le lave avec de l'eau froide; on le fait sécher pour le traiter ensuite par de l'alcool foible et chaud : celui-ci enlève peu de morphine, et beaucoup de matière colorante. On filtre de nouveau; on lave avec de l'alcool froid; puis on épuise le résidu de sa morphine par l'alcool bouillant. La morphine se dépose par le refroidissement, elle ne retient pas de magnésie, et n'est presque pas colorée : on la purifie en la redissolvant dans l'alcool bouillant.

d) Le dépôt magnésien épuisé de morphine par l'alcool bouillant, est traité par l'acide sulfurique foible. Celui-ci dissout la magnésie, l'acide méconique et une matière organique particulière. On ajoute de l'hydrochlorate de baryte, on obtient un précipité de méconate et de sulfate de baryte; mêlé de la matière organique particulière. On traite ce précipité par l'acide sulfurique, afin de neutraliser la baryte du méconate, et on épuise le tout par l'eau : celle-ci dissout l'acide méconique et la matière particulière; on fait évaporer et on obtient l'acide du résidu par la sublimation.

Exposons maintenant les propriétés *de la narcotine.*

NARCOTINE.

La narcotine, comme la morphine, donne à la distillation les produits d'une substance azotée.

Suivant MM. Dumas et Pelletier, elle est formée de

	Poids.	Atômes.
Oxigène.............	18,00	2
Azote...............	7,21	1
Carbone	68,88	20
Hydrogène	5,91	10

La narcotine perd par la fusion 0,02 ou 0,03; refroidie lentement, elle cristallise en lames ou en aiguilles radiées qui forment des mamelons ou des sphéroïdes; si on la refroidit brusquement en plaçant la capsule qui la contient sur un corps froid, elle se prend en une masse transparente comme une résine, et se fendille immédiatement.

Elle est très-soluble dans l'éther, tandis que la morphine ne l'est pas ou presque pas.

La narcotine, traitée par l'acide nitrique, jaunit sans devenir rouge, comme cela arrive à la morphine traitée par le même acide.

La narcotine se dissout dans les acides, mais elle ne les neutralise pas.

Elle n'est ni alcaline ni acide aux réactifs colorés.

D'un autre côté elle ne peut être confondue avec le méconate de morphine, puisqu'elle n'a aucune action sur les sels de péroxide de fer, qu'elle cristallise facilement, et qu'elle est peu soluble dans l'eau. (Voyez Méconate de morphine.)

Action de la morphine sur l'économie animale.

Pour que la morphine exerce toute l'action qu'elle est susceptible d'avoir sur l'économie animale, il faut qu'elle ait été préalablement dissoute dans l'alcool ou dans un acide.

M. Sertuerner décrit ainsi les effets produits sur l'homme par $\frac{1}{2}$ grain de morphine dissous dans 36 grains d'alcool étendus dans quelques onces d'eau. *Rougeur de la face, les forces vitales semblent exaltées ;* $\frac{1}{2}$ grain de morphine pris une demi-heure après le premier, *augmente les effets précédens, donne une envie passagère de vomir, et occasionne un étourdissement plus ou moins marqué ;* $\frac{1}{2}$ grain de morphine en poudre grossière, mis avec quelques gouttes d'alcool et un demi-verre d'eau, pris un quart d'heure après le second $\frac{1}{2}$ grain, produit *subitement de vives douleurs dans l'estomac, un affoiblissement, un engourdissement général, et une disposition à s'évanouir.*

A ces observations de M. Sertuerner nous ajouterons celles de M. Orfila.

1.° Douze grains de morphine peuvent être introduits dans l'estomac des chiens les plus foibles, sans produire aucun effet ; douze grains d'extrait aqueux d'opium déterminent un empoisonnement violent, suivi quelquefois de la mort.

2.° Les sels de morphine, solubles dans l'eau, agissent avec la même intensité que l'extrait aqueux d'opium, et déterminent exactement les mêmes symptômes.

3.º L'extrait aqueux d'opium dont on a séparé la morphine, ne produit aucun effet délétère.

4.º Six grains de morphine, dissous dans l'huile d'olive,
produisent le même effet que douze grains d'extrait aqueux
d'opium. Cela prouve que les acides neutralisent une partie
de l'action délétère de la morphine.

5.º La morphine injectée dans les veines agit beaucoup plus
fortement que dans le cas où elle est appliquée sur le tissu
cellulaire, ou introduite dans le canal digestif.

6.º L'empoisonnement déterminé par la morphine doit être
traité comme l'empoisonnement déterminé par l'opium,
c'est-à-dire qu'on administre d'abord des vomitifs, ensuite les
acides végétaux affoiblis, l'infusion de café, etc.; quelquefois
il est nécessaire de saigner à la veine jugulaire ou au bras. (Ch.)

MORPHNOS. (*Ornith.*) L'oiseau auquel Belon et Aldrovande appliquent cette dénomination, est le gerfault, *falco
candicans*, *cinereus* et *sacer*, Gm.; mais, suivant Buffon, le
vrai morphnos des Grecs est le petit aigle ou aigle tacheté,
falco nævius et *maculatus*, Gmel., que, selon le même auteur, Aldrovande, et, d'après lui, Jonston, Willughby, Ray
et Charleton appellent mal à propos *morphno congener*. (Ch.D.)

MORPHNUS. (*Ornith.*) M. Cuvier, en formant un petit
sous-genre des aigles-autours, lui a donné cette dénomination
tirée du grec. (Desm.)

MORPHON ou MORPHNÉ. (*Entom.*) Genre de lépidoptères diurnes retiré du grand genre Papillon de Linnæus par
Fabricius, et renfermant les espèces connues sous les noms
de *Papilio Menelaus*, *Telemachus*, *Achilles*, *Teucer*, *Idomeneus*,
Laerte, etc. (Desm.)

MORPION. (*Entom.*) Nom vulgaire d'une espèce de pou
dite du pubis. Voyez Pou. (C. D.)

MORREIR. (*Bot.*) Voyez Myrreir. (J.)

MORRÈNE. (*Bot.*) Voyez Morène. (L. D.)

MORRHUE. (*Ichthyol.*) Voyez Morue. (H. C.)

MORRUDE. (*Ichthyol.*) Un des noms vulgaires du grondin, *trigla cuculus*. Voyez Trigle. (H. C.)

MORS, *Morsus*. (*Bot.*) Ce nom, préposé à d'autres, désigne diverses plantes. *Le morsus gallinæ* de Lobel est le *veronica he-deræfolia*; le *morsus diaboli* de Tragus est le *scabiosa succisa*; le *morsus ranæ* de Dodoens est l'*hydrocharis*. (J.)

MORS, MORSS. (*Mamm.*) Nom russe du morse. (F. C.)

MORS DU DIABLE, *Morsus diaboli*. (*Bot.*) Nom vulgaire de la scabieuse succise. (L. D.)

MORSEGO. (*Bot.*) Rumph, dans son *Herb. Amboin.*, vol. 7, p. 17, tab. 10, décrit et figure sous ce nom un petit arbre très rameux, à feuilles opposées et dentées, dont il n'a pas vu les fleurs, et dont les fruits, disposés en espèce de grappe terminale, ont des baies sèches ou capsules s'ouvrant d'un seul côté et renfermant une noix ou un noyau qui se partage obliquement en deux segmens. Ce fruit est fort recherché des chauve-souris; ce qui l'a fait nommer *caju morsego*, arbre des chauve-souris. L'arbre a le port de quelques genres de la famille des verbenacées; mais on ne peut rien déterminer sur ses affinités tant qu'on ne connoîtra pas sa fleur. (J.)

MORSES; *Trichecus*, Linn. (*Mamm.*) Nom russe, adopté en françois, et qui est celui d'un mammifère marin, voisin des phoques par ses organes du mouvement, mais fort éloigné de ces animaux par les organes de la digestion et surtout par les dents.

Les morses, encore assez peu connus, comme tous les mammifères qui habitent la mer, rappellent par leur tête celle des dugongs ou des hippopotames, et leur taille approche de la taille de ces derniers. On en a trouvé du poids de deux mille livres. Ils vivent dans le voisinage des côtes peu habitées, descendent souvent à terre, où les femelles viennent mettre bas au printemps; et l'on dit qu'elles portent neuf mois, et qu'elles ne mettent jamais au monde plus de deux petits. Leur nourriture principale consiste en coquillages, et la structure de leurs dents semble en effet annoncer qu'ils recherchent ces alimens : leur odorat paroît être fort subtil. Ils vivent en troupes nombreuses, et l'on assure que dans une seule chasse on parvient quelquefois à en tuer 12 à 1500. Ils donnent une grande quantité de graisse ; leur peau est aussi employée, et leurs défenses se travaillent comme l'ivoire, mais jaunissent plus vîte.

Ils ont quatre incisives à la mâchoire supérieure; les deux

moyennes sont très-petites et tombent avec l'âge. Viennent ensuite deux défenses ou canines, arquées, dirigées en bas, et qui n'ont point de racines. Les mâchelières sont au nombre de quatre à chaque maxillaire : la dernière n'est qu'une dent rudimentaire cachée dans les gencives et tout-à-fait inutile; les trois autres sont larges, dures, arrondies et marquées sur leur couronne d'un ou deux creux circulaires. La mâchoire inférieure n'a que des mâchelières, qui sont aussi de chaque côté au nombre de quatre. Ces dents, de forme elliptique, sont unies, plus étroites à leur base qu'à leur sommet, qui est arrondi et qui correspond aux creux des dents opposées : on diroit un pilon agissant dans un mortier; disposition tout-à-fait propre, en effet, à la mastication des coquillages qui peuvent en outre être arrachés des rochers par les canines, dirigées pour cet effet dans le sens le plus convenable. L'estomac est simple. Les membres antérieurs, très-courts, ont cinq doigts réunis par une membrane et armés d'ongles assez forts : ceux de derrière, renversés parallèlement au corps, ont aussi cinq doigts onguiculés, et ces ongles, aux deux pieds, sont soutenus par un prolongement particulier de la phalange, qui doit leur donner une force que des ongles plus grands, privés de cet appui, pourroient ne pas avoir. La queue est courte.

Je ne puis rien dire des organes des sens, ni de ceux de la génération, qui n'ont, je crois, jamais été décrits.

Ce genre paroît renfermer deux espèces, l'une des mers glaciales, l'autre des mers équatoriales; mais elles n'ont jamais été décrites comparativement, de sorte qu'on ne peut indiquer les caractères qui sont propres à chacune d'elles. L'une paroît être plus grande que l'autre et avoir de plus fortes défenses, et toutes deux sont d'un brun uniforme et revêtues d'un pelage court, serré, tout-à-fait analogue à celui des phoques.

Le morse du Nord est connu des peuples germaniques sous le nom de *Wallross* et de *Rossmar;* c'est lui qui est plus particulièrement désigné dans les Catalogues méthodiques sous celui de Rosmarus et que Shaw nomme Arctic Walrus. Nous lui donnons encore en françois le nom de *Vache marine.* (F. C.)

MORSIO. (*Ichthyol.*) Un des noms de pays par lesquels on désigne la *loche de mer* ou le *gobie aphye*, poisson que nous avons décrit dans ce Dictionnaire, tom. XIX, p. 142, et dont quelques auteurs ont parlé sous cette dénomination. (H. C.)

MORSKA. (*Ornith.*) Nom illyrien des mouettes, selon Aldrovande. (Ch. D.)

MORSQUERA. (*Bot.*) Le *croton peltoideum* de la Flore équinoxiale est ainsi nommé sur les cordillères du Pérou. (J.)

MORSURE DE GRENOUILLES. (*Bot.*) Nom vulgaire de la morène. (L. D.)

MORSURE DE PUCES. (*Conchyl.*) Espèce de coquille du genre Cône, *Conus pulicarius*. (Desm.)

MORSUS GALLINÆ, *Morsure de poule*. (*Bot.*) Les *veronica hederæfolia*, *arvensis* et *agrestis*; l'*arenaria serpillifolia*, l'*androsace maxima*, le *lamium amplexicaule*, le *stellaria holostea*, et surtout l'*alsine media*, connu sous le nom de mouron blanc, mouron des oiseaux, sont appelés *morsus gallinæ* dans les anciens ouvrages de botanique. L'*alsine media* est également appelé *morgeline*, qui n'est que le nom de *morsus gallinæ* altéré. (Lem.)

MORT. (*Anat. et Phys.*) Cessation totale des fonctions qui entretiennent la *vie*. Voyez Vie. (F.)

MORT. (*Ichthyol.*) Sur plusieurs des côtes boréales de l'Europe on donne ce nom au sey, lorsqu'il n'a encore que l'âge d'un an. Voyez Merlan et Sey. (H. C.)

MORT AU CHANVRE. (*Bot.*) Nom vulgaire de l'orobanche rameuse. (L. D.)

MORT AUX CHIENS, MORT-CHIEN. (*Bot.*) Noms vulgaires du colchique d'automne. (L. D.)

MORT DE FROID et PIPIO. (*Bot.*) Noms qu'on donne dans la ci-devant province de Guienne à l'*agaricus procerus*, Pers. : excellente espèce, reconnue partout pour un champignon de très-bonne qualité. Voyez Fonge. (Lem.)

MORT AUX POULES. (*Bot.*) Nom vulgaire de la jusquiame noire. (L. D.)

MORT DU SAFRAN ou MORT AU SAFRAN. (*Bot.*) Voyez Sclérotium. (Lem.)

MORT AUX VACHES. (*Bot.*) Nom vulgaire de la renoncule scélérate. (L. D.)

MORTAH. (*Bot.*) Nom arabe d'un pourpier, *portulaca lini-folia*, cité par Forskal. Voyez KORAAT. (J.)

MORT-AND. (*Ornith.*) Voyez FISK-AND. (CH. D.)

MORTEFÉRIE. (*Ornith.*) Un des noms que porte, au Groënland, le grand plongeon, *colymbus immer*, Linn., suivant Othon-Fréd. Müller. (CH. D.)

MORTELLER. (*Ornith.*) Nom anglois du traquet, *motacilla rubicola*, qui est aussi appelé *moor-tilling*. Linn. (CH. D.)

MORTIER. (*Chim.*) Sorte de vase dans lequel on met des matières solides que l'on veut diviser par une percussion ou une trituration qu'on opère au moyen d'un *pilon*. Le pilon est en général un prisme alongé, cylindroïde dont les bases sont en segmens de sphère.

Les mortiers sont en bronze, en fonte, en acier, en silex, en verre, en marbre. Les pilons dont on se sert pour les mortiers de marbre sont en bois ; les pilons dont on se sert pour les autres mortiers sont faits avec la même substance que celle du mortier. Les mortiers de marbre sont en général destinés à la division des matières organiques, succulentes, alcalines, neutres, ou d'une acidité telle que les matières ne peuvent agir sur le marbre.

Les mortiers de verre sont seulement destinés à la division par trituration des sels solubles, des matières organiques solubles; souvent on triture les matières avec leur dissolvant.

Les mortiers de silex servent à broyer par trituration les pierres dures qu'on veut analyser. Lorsque ces pierres sont en gros morceaux, avant de les triturer, on les concasse dans un petit mortier d'acier trempé.

Enfin les mortiers de bronze, de fonte ne s'emploient que pour pulvériser des matières qui ne sont pas destinées à être l'objet d'une analyse soignée : par exemple, c'est dans les mortiers de fonte, qu'on bat le lut gras, qu'on divise le sulfure de fer, le tungstate de fer, la mine de chrôme, destinés aux préparations de l'acide hydrosulfurique, de l'acide tungstique, de l'oxide de chrôme. Les mortiers de bronze servent à des usages analogues, et dans les cas où l'on veut éviter de mélanger du fer avec la matière qu'on se propose de diviser, et où l'on ne craint pas d'y mélanger du cuivre. (CH.)

MORTIER, CIMENT, BÉTON. (*Chim.*) *Ciment* a deux

acceptions; l'une générale, l'autre particulière : suivant la première, il signifie une matière propre à lier des pièces distinctes qui sont ordinairement de nature inorganique ; suivant la seconde, il s'applique à la brique pilée, ou à une matière argileuse cuite, réduite en poudre.

Mortier désigne, à proprement parler, le ciment avec lequel on réunit les pierres, les briques des édifices ; il se compose essentiellement de chaux et de sable. Le mortier qui est employé plus spécialement pour les fondations, et qui a la propriété de se durcir dans la terre ou dans l'eau, est souvent appelé *béton*.

Enfin on donne encore le nom de mortier,

1.º Au mélange d'argile et de sable, avec lequel on construit les fourneaux.

2.º A un mélange d'argile, de sable et de foin ou de bourre, propre à lier ensemble, soit des briques *crues*, soit des morceaux de bois recouverts de paille tordue, qui sont destinés à construire des murs de clôture, des maisons, dans les pays où la pierre à bâtir est rare.

Dans le langage ordinaire, les matières auxquelles on applique le nom de *ciment* diffèrent de celles qu'on appelle *mortier*, en ce qu'elles sont moins grossières, qu'elles présentent un mélange plus intime, plus homogène à l'œil ; elles sont aussi d'un prix plus élevé.

Dans cet article nous ne traiterons que des phénomènes chimiques que présentent les mortiers à base de chaux.

Il existe trois sortes de *pierre à chaux*, relativement à la nature du produit qu'elles donnent par la calcination.

1.º La première est du sous-carbonate de chaux pur, ou presque pur : elle donne un produit que l'on nomme *chaux grasse*, toutes les fois qu'on l'a calcinée assez fortement pour en chasser tout l'acide carbonique. Un excès de calcination ne change pas la nature du produit.

La chaux grasse est en général blanche ; mise en contact avec l'eau, elle fuse, foisonne baucoup, forme une pâte qui peut se conserver des siècles dans la terre humide, ou sous l'eau, sans éprouver de changement. Cette même pâte, réduite en petits morceaux et exposée à l'air, s'y dessèche, absorbe de l'acide carbonique, devient très-dure et susceptible de recevoir un beau poli.

2.° La seconde est du sous-carbonate de chaux, mêlé de sable siliceux plus ou moins grossier : elle donne un produit qu'on nomme *chaux maigre non hydraulique.* Cette chaux foisonne moins avec l'eau que la chaux grasse : la pâte qu'elle forme peut se conserver sous l'eau ; mais quand elle est durcie à l'air, elle n'est point susceptible de recevoir le poli.

3.° La troisième sorte de pierre à chaux est essentiellement formée de sous-carbonate de chaux, et d'une certaine proportion de silice extrêmement divisée. Elle peut contenir en outre de l'alumine, de la magnésie, des oxides de fer et de manganèse ; par une calcination ménagée, elle donne un produit qu'on nomme *chaux maigre hydraulique.*

Dans la calcination, l'acide carbonique est chassé, et la silice se combine avec la chaux. Cette combinaison est prouvée par la dissolution de la chaux maigre hydraulique dans les acides nitrique et hydrochlorique étendus.

La calcination de cette pierre à chaux demande plus de précaution que la calcination des pierres précédentes ; car, si on chauffe au-delà du point qui est nécessaire pour déterminer l'union de la silice avec la chaux, la matière se réduit en une sorte de fritte qui ne peut servir à la préparation du mortier.

La chaux maigre hydraulique est en général colorée ; avec l'eau elle foisonne peu, forme une pâte qui se durcit dans l'eau, ou dans la terre humide, et qui à la longue devient une sorte de pierre tendre qu'on ne peut diviser qu'au moyen d'un pic : cette pâte, exposée à l'air, prend la consistance de la craie, sans devenir susceptible de recevoir le poli. *La chaux maigre hydraulique,* en s'unissant à l'eau, n'augmente pas de volume.

La silice seule, très-divisée et en quantité suffisante, rend la pierre à chaux susceptible de donner de la chaux maigre hydraulique ; mais on a remarqué que la silice mêlée d'alumine, et surtout de magnésie, augmente la qualité hydraulique de la chaux maigre, plus que ne le feroit la silice pure ; les oxides de fer et de manganèse ne paroissent pas avoir d'influence pour augmenter la qualité *hydraulique de la chaux maigre,* suivant les observations de M. Vicat et de M. Berthier.

D'après M. Berthier, une pierre calcaire qui contient 0,06

d'argile , donne une *chaux maigre sensiblement hydraulique ;* celle qui contient 0,15 à 0,20 d'argile, donne une *chaux maigre très-hydraulique ;* enfin . celle qui contient 0,25 à 0,30 d'argile, donne la *chaux maigre hydraulique* connue sous le nom de *ciment romain.*

D'après ce qui précède on doit considérer les chaux maigres hydrauliques comme essentiellement formées de *sous-silicate de chaux ;* mais une observation que nous devons à M. Vicat , et qui a été confirmée par M. Minard, c'est qu'en ne calcinant que médiocrement le sous-carbonate de chaux pur, de manière à n'en chasser qu'une portion de son acide carbonique, on obtient une matière représentée par *chaux -+- sous-carbonate de chaux, anhydres,* qui possède plusieurs des propriétés d'une *chaux maigre hydraulique,* lorsqu'on la mêle avec l'eau. D'après M. Minard, une pierre à chaux qui ne contient que 0.01 d'argile, devient chaux maigre hydraulique, si elle ne perd par une calcination lente que 0,08, 0,12, ou 0,20.

Pour faire du mortier avec de la chaux grasse ou de la chaux maigre, il faut y ajouter de l'eau et une matière solide, grenue, qui est en général, ou du sable siliceux, ou de la pouzzolane , ou de l'argile qui a été fortement calcinée. M. John appelle cette matière solide grenue un *alliage.* L'addition de l'alliage a pour objet :

1.º De prévenir dans le mortier appliqué sur des pierres , les solutions de continuité, qui ne manqueroient pas de se produire par le retrait que le ciment éprouve en perdant son excès d'eau, une fois qu'il est exposé à l'action de l'air. L'alliage, en rendant le retrait plus uniforme, occasionne par là des interstices dans le mortier, qui, trop petits pour nuire beaucoup à sa solidité , ont l'avantage de faciliter le jeu des parties du mortier lorsqu'elles sont soumises à des alternatives de condensation ou de dilatation ; elles produisent, pour ainsi dire, l'effet de compensateurs.

2.º De diminuer le prix du mortier en diminuant la quantité de chaux qui entre dans sa composition.

3.º Enfin, d'augmenter la solidité du mortier. Pour que cette condition soit remplie, il faut que la force d'adhésion de la chaux à la surface du grain de l'alliage soit plus forte que la cohésion des particules de la chaux éteinte. Il faut en outre que la cohésion des particules de l'alliage soit au moins égale à celles des particules de la chaux éteinte.

Pour une même quantité de chaux et pour un même alliage, l'état de division de ce dernier, le plus propre à faire le ciment le plus solide et à la fois le plus économique, est celui où cet alliage est en partie pulvérulent, et en partie en grains de grosseurs diverses.

La solidité des mortiers de chaux grasse est due, 1.° à la cohésion des particules de l'hydrate de chaux; cohésion qui ne s'effectue que dans les circonstances où l'excès d'eau qu'on a ajouté à la chaux pour réduire l'hydrate en pâte, a pu s'évaporer; 2.° à ce que l'hydrate de chaux absorbe peu à peu l'acide carbonique de l'air, et reproduit du sous-carbonate.

Descotils est le premier qui ait remarqué que dans la cuisson des pierres à chaux argileuse, susceptibles de former de la chaux maigre, la silice se combine à la chaux. M. Vicat, ensuite, a généralisé ce résultat de la manière la plus heureuse, et l'a rendu utile en donnant les moyens de faire *des chaux maigres hydrauliques* avec des mélanges artificiels d'argile ou de pouzzolane et de pierre à chaux. Les principaux résultats de M. Vicat ont été confirmés, et par un ouvrage de M. John, et par M. Berthier, auteur d'excellentes recherches chimiques sur les combinaisons inorganiques. M. Berthier a ajouté lui-même des faits très-importans à la théorie des mortiers. C'est aux travaux de ces chimistes que nous avons emprunté la matière de cet article. (Ch.)

MORTON. (*Bot.*) Voy. *Agaric meurtrier*, à l'article Fonge. (Lem.)

MORUDE. (*Ichthyol.*) Voyez Morrude. (H. C.)

MORUE, Morrhua. (*Ichthyol.*) Lorsque, vers le commencement du 16.° siècle, Gaspard de Corte Real, gentilhomme portugais, jaloux des Espagnols et leur émule dans l'envie de faire la découverte de nouvelles contrées, jetoit l'ancre au milieu des brouillards sur les côtes sauvages d'une île stérile, en abordant pour la première fois à Terre-Neuve, il ne croyoit pas, sans doute, ouvrir pour l'Europe une source de richesses plus profitables, aussi assurées et bien moins inépuisables, que celles que tiroient les orgueilleux rivaux de sa nation de ces mines du Potose dont la conquête avoit été pour eux le prix du sang et des larmes. Le fait est cependant réel; il ne tarda même pas à être pleinement démontré par les expéditions de nos industrieux pêcheurs de la Bretagne et de la Normandie, entre les mains desquels un poisson, que rien d'ailleurs ne rendoit remarquable, devint l'origine du plus certain et tout à la fois du plus lucratif de tous les commerces. Ce poisson, dont les légions innombrables semblent, de toutes les parties de l'univers, se donner rendez-vous autour d'une montagne sous-marine qui occupe, près de cette île désolée, une étendue de 150 lieues; ce poisson, connu de tout le monde généralement, qui mérite de notre part une attention soutenue, qui a rendu le nom de Terre-Neuve si célèbre, est lui-même, sous le nom de Morue, le type d'un genre dans la famille des auchénoptères parmi les holobranches jugulaires : genre que Linnæus avoit confondu dans celui des gades, si subdivisé aujourd'hui, et renfermant tant d'autres espèces d'une haute importance pour plusieurs peuples des deux mondes.

Avec les ichthyologistes les plus récens, nous assignerons au genre des Morues les caractères suivans :

Corps lisse, fusiforme, et médiocrement alongé; catopes attachés sous la gorge, couverts d'une peau épaisse et aiguisés en pointe; écailles molles et petites; yeux latéraux; opercules non dentelées; tête alépidote; mâchoires et devant du vomer armés de dents pointues, inégales, médiocres, sur plusieurs rangs, et faisant la carde ou la râpe; ouies grandes, à sept rayons, à trous latéraux; deux nageoires anales; trois nageoires dorsales tronquées; un barbillon au bout de la mâchoire inférieure.

A l'aide de ces notes et du tableau que nous avons fait imprimer à l'article Auchénoptères, dans le Supplément du cinquième volume de ce Dictionnaire (page 125), on distinguera sans peine les Morues des Merlans, qui n'ont point de barbillons; des Merluches, des Lottes, des Mustelles, qui n'ont que deux nageoires dorsales; des Callionymes, qui ont les trous des branchies sur la nuque; des Uranoscopes, des Batrachoïdes et des Trichionotes, qui ont les yeux très-verticaux, des Vives, qui n'ont qu'une seule nageoire anale; des Brosmes, qui n'en ont qu'une dorsale; des Chrysostromes et des Kurtes, qui ont le corps ovale, comprimé; des Phycis, des Blennies, des Oligopodes, des Murénoïdes, qui n'ont, à la place de chaque catope, qu'un seul ou deux rayons au plus; des Lépidolèpres, qui ont les catopes autant thoraciques que jugulaires, etc. (Voyez ces différens noms de genres, et Auchénoptères et Gade.)

Parmi les espèces qui composent ce genre intéressant, nous distinguerons particuliérement les suivantes.

La Morue ou Cabeliau : *Morrhua vulgaris*, N.; *Gadus morrhua*, Linn.; *Asellus major*, Schoneveldt, Willughby, Ray; *Morue franche*, Duhamel. Màchoire supérieure plus avancée que l'inférieure, premier rayon de la première nageoire anale\ non articulé et épineux ; tête grosse et comprimée; ouverture de la bouche énorme ; barbillon de la longueur du doigt ; yeux très-gros et voilés par une membrane transparente; plusieurs des dents maxillaires de la première rangée très-mobiles, simplement implantées dans les parties molles, et, comme celles des squales, susceptibles d'être couchées et relevées sous différens angles à la volonté de l'animal; écailles de grandes dimensions; dos d'un gris jaunâtre tacheté de jaunâtre et de brun ; ventre blanc ou rougeâtre, avec des taches dorées chez les jeunes individus : nageoires pectorales jaunàtres, tandis que les catopes et la seconde anale sont gris, et que toutes les autres nageoires sont tachetées de jaune, excepté pourtant les anales.

L'estomac de la morue, poisson que Camper et Monro surtout ont examiné sous le rapport de l'anatomie, est robuste et vaste, a la forme d'un grand sac, et est suivi, vers le pylore, de six cœcums branchus. Son canal intestinal est assez court; il se dilate en proportion directe de son rapprochement de l'anus et n'offre des rides qu'aux endroits où il se courbe, laissant voir d'ailleurs des fibres longitudinales dans la portion qui répond au rectum. Son foie, très-gros, est divisé en trois lobes alongés. Sa vésicule du fiel est d'un volume médiocre. Ses ovaires renferment une énorme quantité d'œufs, avant le frai; car alors le nombre de ceux-ci peut, suivant l'assertion du micrographe Leuwenhoëck, s'élever à 9,344,000 par individu. Sa vessie natatoire, qui est grande, a des parois robustes et fortifiées encore par un plan musculaire à fibres très-prononcées; elle est assez profondément lobée sur ses bords.

La morue, habituellement longue de deux à trois pieds, peut cependant, comme celle qu'a observée Pennant sur les côtes d'Angleterre, arriver à la taille de cinq pieds et demi de longueur sur environ cinq pieds de circonférence à l'endroit le plus gros du corps.

Son poids se balance entre douze et quatre-vingts ou cent livres. On cite un de ces poissons qui avoit six pieds de longueur et qui pesoit soixante-dix-huit livres.

Elle est très-vorace, et se nourrit de poissons, de harengs surtout, de mollusques, de vers et de crustacés. La puissance digestive de ses sucs gastriques est telle, qu'en moins de six heures la proie qu'elle a avalée a subi toutes les élaborations nécessaires pour l'achèvement de l'acte de la digestion, et que le test des crabes rougit sous leur influence, comme celui des écrevisses, par l'action de l'eau bouillante, et avant même que leur chair soit réduite en chyme. Telle est d'ailleurs sa gloutonnerie, qu'elle mange les petits de sa propre espèce, et qu'elle avale des morceaux de bois ou d'autres substances qui ne peuvent point servir à son alimentation, mais qu'elle a la faculté singulière de rejeter, comme le font également les squales et les vautours, lorsqu'elle vient à être incommodée par leur présence dans ses viscères. (Voyez Poisson.)

Ce poisson, dont la croissance paroît des plus rapides, quoique rien n'en constate néanmoins la progression, et qui meurt dès qu'il est hors de son élément naturel, fréquente uniquement l'eau salée et se tient habituellement dans la profondeur des mers, ne remontant jamais dans les fleuves et les rivières, et ne s'approchant même des rivages, au moins ordinairement, que dans le temps du frai. On le rencontre particulièrement dans la portion de l'Océan septentrional comprise entre le 40.ᵉ et le 66.ᵉ degré de latitude; il ne sauroit être compté au nombre des habitans de la mer Méditerranée ou des autres mers intérieures, dont l'entrée se trouve plus rapprochée de l'équateur que le 40.ᵉ degré, et est, par conséquent, située hors de la limite des plages qu'il visite.

On pêche, en effet, la morue dans les eaux du Groënland, de l'Islande, de la Norwége, du Danemarck, de la Russie, du Kamtschatka, de l'Allemague, de la Hollande, de la

Suède, de la Prusse, de la Manche, de l'est et du nord de la Grande-Bretagne, de l'Écosse, de l'Irlande, des Orcades, de la Nouvelle-Angleterre, du cap Breton, du banc de Dogger, de la Nouvelle-Écosse, et surtout de l'île de Terre-Neuve, dernier lieu, où, comme nous l'avons déjà dit, sur une sorte de montagne sous-marine qui, à la profondeur de soixante et même de cent pieds au-dessous de la surface de l'Océan, occupe une étendue de plus de cent lieues de longueur sur environ soixante de largeur, il y a un tel rassemblement de morues que le pêcheur émerveillé n'a, pour recueillir dans un seul jour trois ou quatre centaines de ces poissons, d'autre peine que celle de plonger sans cesse et de retirer sans cesse sa ligne.

Quoique les morues ne soient pas fort communes sur le littoral de la France, on ne laisse point cependant d'y en prendre quelques-unes, et souvent, dans les marchés de Paris, il en vient de Calais, de Boulogne, de Saint-Valéry; mais elles ne sont ni aussi grosses ni aussi multipliées dans ces lieux qu'elles le sont sur les côtes de la Belgique qui ne nous appartiennent plus, et vers l'embouchure de la Meuse en particulier.

Lorsque le besoin de se débarrasser des œufs ou de les féconder, lorsque la nécessité de pourvoir à leur subsistance, chasse vers les côtes les morues pélagiennes, c'est constamment vers le temps où le printemps commence à régner, et, par conséquent, à une époque très-variable, suivant les contrées qu'elles habitent, tant en Europe que dans l'Amérique septentrionale, au mois de Février, par exemple, pour la Norwége, le Danemarck, l'Écosse, l'Angleterre, etc.; à celui de Mars pour l'île de Terre-Neuve. D'après cela, il n'est donc pas étonnant que les morues n'aient point, comme beaucoup d'autres poissons, une marche invariablement fixée; qu'on les voie arriver tantôt plus tôt, tantôt plus tard; enfin, qu'elles abondent une année dans un parage, qu'elles semblent abandonner l'année suivante, et réciproquement.

En général, cependant, comme elles fraient à peu près en même temps que les harengs et qu'elles se nourrissent à leurs dépens, elles les suivent pour l'ordinaire, et là où il y a eu abondance de harengs on peut espérer une heureuse pêche de morues.

La chair de ces poissons, très-abondante, blanche, feuilletée, ferme et d'une excellente saveur, fait que, pour notre espèce, ils sont fort précieux. Elle se prête plus facilement que celle de la plupart des autres, aux opérations propres à la conserver long-temps mangeable, et sa consommation s'étend, par suite, dans les quatre parties du monde. Mais les muscles des morues ne sont pas les seules parties de ces animaux dont l'utilité soit généralement reconnue ; presque tous leurs organes peuvent servir à la nourriture de l'homme ou des animaux, ou à l'économie domestique.

Leur langue, fraîche et même salée, passe, par exemple, pour un mets des plus délicats.

Leurs branchies sont mises soigneusement en réserve, pour être employées comme appâts dans la pêche.

Leur foie, qui peut généralement être mangé avec plaisir, comme un aliment de bon goût, et qui est d'un volume proportionnel considérable, fournit une énorme quantité d'une huile propre à remplacer celle de baleine et très-recherchée dans le commerce, tant pour brûler dans les lampes que pour conserver la souplesse des cuirs.

Leur vessie natatoire fournit une ichthyocolle qui ne le cède guère à celle que nous donne le grand esturgeon (voyez ICHTHYOCOLLE), et peut être, d'ailleurs, mangée fraîche ou salée.

Leur tête nourrit, sur les lieux, les pêcheurs et leurs familles. Les Norwégiens la donnent, avec des plantes marines, à leurs vaches, afin d'obtenir du lait en plus grande proportion, et chez nous les riches ne peuvent point se la procurer aussi souvent qu'ils le désirent.

Avec leurs vertèbres, leurs côtes et leurs os en général, les Islandois nourrissent les bestiaux, et les Kamtschadales les chiens. Ces mêmes parties, séchées au degré convenable, sont d'ailleurs employées à faire du feu dans les steppes désolées des bords de la mer glaciale.

Leurs intestins même ne sont point négligés ; c'est avec eux qu'on prépare ces mets nommés *noues* ou *nos* dans plusieurs contrées, et leurs œufs, apprêtés avec soin, sont servis sur la table sous le nom de *rougues* ou de *raves*.

Telles sont les inépuisables ressources que la morue offre à nos besoins. Il n'y a donc, d'après cela, rien d'étonnant que sa pêche soit devenue un art véritable et compliqué, avec ses lois, ses priviléges ; qu'elle occupe une foule immense d'hommes, et que, chaque année, des flottes entières, sur lesquelles on a compté jusqu'à vingt mille matelots d'une seule nation, dans le seul dessein de s'y livrer, c'est-à-dire, de prendre, de saler, de sécher, de rapporter le poisson qui en fait l'objet, se rendent dans les parages septentrionaux, où il abonde surtout, et principalement à l'époque du frai, celle que l'on a dû choisir pour ces importantes et fameuses expéditions, si favorables à l'accroissement des subsistances, du commerce, de l'industrie, de la population, de la marine, de la puissance, du bonheur des peuples.

Il est évident aussi, en conséquence, que, selon le lieu où l'on doit s'occuper de cette pêche, le moment de l'opération est très-variable, et qu'il existe, selon les diverses nations qui s'y livrent, des différences notables dans le mode d'exécution. Nous allons successivement étudier ces diverses parties de notre sujet.

Dès le quatorzième siècle, les Anglois et les habitans d'Amsterdam s'adonnoient déjà à la pêche de la morue, pour laquelle on a vu plus tard les Islandois, les Norwégiens, les François et les Espagnols rivaliser avec eux plus ou moins heureusement. En 1533, François I.ᵉʳ ayant envoyé J. Verazzano, puis Jacques Cartier, pour explorer les environs de Terre-Neuve, nos pêcheurs marchèrent sur leurs traces et rapportèrent ainsi des morues de ces contrées lointaines dès le commencement du seizième siècle. C'est ce que semble d'ailleurs prouver un passage de P. Gontier, qui écrivoit en 1668, que depuis plus de cent ans avant lui les François tiroient parti de la pêche de la morue, et y trouvoient un grand avantage.

On n'a pas, au reste, employé de tous les temps les moyens les plus propres à atteindre le but que l'on se proposoit en cela. Dans l'origine, par exemple, sur les côtes de la froide Norwége, on se servoit de filets tellement fabriqués, qu'en détruisant les jeunes morues on eût bientôt dépeuplé les plages affectionnées par ces poissons, en sorte qu'un bateau monté de quatre hommes ne put, au bout de quelque temps, rapporter que six à sept cents morues, de tel endroit où . quelques années auparavant, il en auroit pris jusqu'à six mille.

On ne tarda donc point à sentir qu'ici, comme en toute autre chose, il falloit écouter les conseils de la raison. La France, en particulier, en cherchant à mettre à profit l'heureuse découverte du grand banc de Terre-Neuve, fut sur le point de contre-balancer la puissance que donnoit alors à l'Espagne la possession des richesses du Pérou et du Mexique. Malheureusement la langueur où se trouvoit l'État, influa d'abord sur ce commerce si propre à le faire prospérer, et il ne fut favorisé que quand Sully l'eut mis sous la protection directe du Gouvernement, et que lorsque, dans le Canada, il put s'établir une colonie dont le voisinage le fit valoir. Mais on n'avoit point tardé à sentir l'importance de cette branche de notre industrie, et déjà avant la Ligue d'Augsbourg, en 1687, la seule ville de Honfleur envoyoit annuellement quarante vaisseaux à la pêche de la morue, à laquelle le Hâvre en consacra ensuite quatre-vingts, et ainsi de nos autres ports de Bretagne et de Normandie, jusqu'à la ruine d'un commerce si florissant par les malheurs attachés à deux guerres malheureuses et par le Traité d'Utrecht, en vertu duquel la propriété du grand Banc fut cédée à l'Angleterre.

Quoi qu'il en soit, après s'être, pendant une longue suite d'années, disputé à qui prendroit le plus de morues, tant dans l'Ancien que dans le Nouveau Monde, les peuples maritimes de l'Europe, durant les dix-septième et dix huitième siècles, ne négligèrent rien pour porter au plus haut degré de splendeur les pêcheries de Terre-Neuve, pour multiplier les observations, pour perfectionner les procédés, pour améliorer les produits, pour assurer les moyens de conservation.

C'est à dater de cette époque, en effet, que l'on pensa à rechercher avec le plus grand soin les temps favorables à l'opération, et le résultat des observations fit concevoir que, dans les parages de Terre-Neuve, il convient de cesser la poursuite des morues après le mois de Juin, parce qu'alors elles s'éloignent pour chercher une nourriture plus abondante et se soustraire à la dent meurtrière des tyrans de la mer, en même temps qu'il apprit que, malgré l'apparition nouvelle de ces poissons vers le mois de Septembre, il faut de nécessité ne se livrer à leur recherche que le printemps suivant, au risque d'avoir une pêche incertaine et dangereuse, à cause des tempêtes de l'équinoxe d'automne et des frimats de l'hiver, si rigoureux et si précoce dans l'Amérique septentrionale.

En conséquence, de nos jours, on entreprend rarement la pêche sur le banc de Terre-Neuve avant le mois d'Avril, et ce n'est, le plus souvent, qu'à la mi-Mai qu'on peut la pratiquer sur l'île de sable, encore ensevelie sous les glaces et les brouillards qui en rendent l'abord périlleux et qui font que les pêcheurs prudens abandonnent l'Europe de manière à arriver au grand Banc dans les premiers jours de Juin seulement.

Les vaisseaux ordinairement destinés à cette espèce de pêche, pour l'examen de laquelle Cassini fit, en 1758, un voyage exprès à l'île de Saint-Pierre, par ordre du Roi, sont du port de quarante à cent cinquante tonneaux, et montés au plus par trente hommes d'équipage, munis de vivres pour plusieurs mois, de bois pour aider au desséchement des morues, de sel pour les conserver, de tonnes et de barils pour les renfermer.

Chaque division des vaisseaux pêcheurs est de plus accompagnée de bateaux destinés à faire provision de mollusques et de poissons propres à servir d'appâts, objet de première importance dans l'expédition. Lorsque le hareng donne de bonne heure, il est de la sagesse du capitaine de commencer d'en faire, avec cette intention, une grande provision, et de la conserver à mi-sel; car, par ce moyen, il peut espérer d'attirer à lui toutes les morues des fonds voisins de celui où il s'est fixé.

Le bâtiment étant arrivé à sa destination, chaque pêcheur, chaudement vêtu, enveloppé dans un tablier de cuir de vache ou de toile goudronnée qui lui monte jusqu'au cou, les mains garnies de gants ou de mitaines de même sorte, s'établit, le long du bordage, dans un baril dont l'entrée est garnie d'un bourrelet de paille, qui offre une échancrure du côté de la mer, et que surmonte une sorte d'abri ou de toit couvert de toile goudronnée. C'est de là qu'il laisse plus ou moins filer sa ligne, en raison composée de la profondeur de l'eau et de la force du courant : car rarement on cherche à s'emparer des morues avec des filets.

La corde qui fait la base de cette ligne, n'a pas beaucoup moins d'un pouce de circonférence, et est longue de 400 à 500 pieds environ ; elle doit être fabriquée d'un très-bon chanvre et composée de fils très-fins. A son extrémité est attachée une masse de plomb pyriforme ou cylindroide du poids de sept à huit livres, et destinée à la faire descendre aussi verticalement que possible au fond de l'eau.

Quant aux haims ou hameçons consacrés à armer les lignes, ils doivent être fabriqués les uns avec un fer bien liant, les autres avec de l'acier, et cela afin de ne point rester au dépourvu si ceux-ci, qui d'ailleurs sont préférables, viennent à se casser contre les rochers, ainsi que cela arrive souvent. Il convient aussi, afin de les préserver plus long-temps de la rouille, de les étamer exactement, et il est important que leur pointe et celle du barbillon soient très-aiguës. On les garnit avec du bœuf et du lard salés et altérés, avec des harengs ou des maquereaux hors de vente, avec le cœur, les mâchoires, les entrailles des morues qu'on a déjà prises ; mais surtout avec des grondins, des sardines, des capelans, des éperlans frais ou salés, des fragmens de crustacés, des sèches, des lambeaux de chair d'oiseaux aquatiques, etc., et toute la *menuisaille* dont on a eu soin de se fournir en route ou au moment de l'arrivée. Telle est d'ailleurs la gloutonnerie stupide des poissons auxquels on s'adresse, qu'on les trompe aussi en ne leur présentant que des appâts figurés en plomb ou en étain, ou des morceaux d'un drap rouge, qui simulent des muscles ensanglantés.

Nous devons remarquer encore que, dans certains lieux et dans certains momens, les morues sont tellement accumulées au fond de la mer, qu'elles se touchent toutes, et que l'on peut espérer d'en accrocher quelques-unes en laissant tomber au milieu d'elles une ligne lestée et armée de gros hameçons à double, triple ou quadruple crochet, ou garnie de plusieurs hameçons simples agglomérés. C'est ce qu'on appelle *pêcher à la faux*; et cette méthode est quelquefois fructueuse, quoique la plupart du temps on ne fasse que blesser les morues, ce qui les éloigne des parages où l'on est arrêté, et ce qui fait que les pêcheurs expérimentés pensent qu'un pareil procédé doit, par suite, être prohibé.

Les lignes, étant amorcées et jetées, sont abandonnées par quelques pêcheurs au seul effet de la dérive du bâtiment, tandis que d'autres les remuent et les soulèvent fréquemment, méthode qui est suivie par les Hollandois, et que l'expérience et le raisonnement démontrent devoir être la meilleure.

Un certain mouvement, que l'habitude a bientôt appris à connoître, annonce que le poisson a mordu, et la ligne est tirée directement, jusqu'au moment où la morue, arrivée à fleur d'eau, est amenée à bord par le *preneur*, qui la saisit par les ouïes et l'attache par la tête à un instrument appelé *élangueur*. Il l'éventre aussitôt, et, avec ce qu'il trouve dans l'estomac de sa proie, il réamorce son hameçon et le rejette immédiatement à l'eau ; ensuite, avec un couteau courbe, il détache la langue et la met dans son baril.

A la fin de la journée, on compte les langues ainsi mises à part, et l'on sait de cette manière combien chaque homme a pris de morues dans la journée, ce qui ne laisse point que d'être de quelque importance pour tous, lorsque l'équipage est intéressé dans les profits, et même, dans les circonstances les plus communes, puisqu'il est d'usage de punir celui qui en a pris le moins, en lui imposant la tâche de vider le parc où sont réunies les têtes, et de les jeter à la mer pendant que les autres soupent et se reposent.

Lorsqu'un bateau monté de quatre hommes et suffisamment approvisionné d'appâts est favorisé par un beau temps, il peut, dans l'espace de vingt-quatre heures, s'emparer ainsi de cinq à six cents morues.

C'est ici d'ailleurs que se terminent les opérations des pêcheurs, et que commencent celles qui ont pour but la conservation du produit de la pêche ; celles où, soit à terre, soit sur les vaisseaux, l'on sale ou l'on sèche les morues que l'on a prises.

Celles-ci, fixées par la tête à l'élangueur et privées de la langue, sont enlevées par des mousses, qui les portent, au milieu ou aux extrémités du pont, sur une table garnie de rebords et nommée *étale*. Aux deux bouts de cette table sont deux personnes habillées comme les pêcheurs, et placées comme eux dans un petit tonneau. L'une, ou l'*éteteur*, saisit d'abord l'animal, en place la tête à faux sur le bord de la table, la cerne avec un couteau à deux tranchans, la sépare du tronc en cassant l'épine, et la jette dans un espace entouré de planches, qui est derrière lui, et qu'on appelle le *parc*; enlevant ensuite toutes les entrailles, mettant à part le foie dans un tonneau à ce destiné et qu'on appelle *foissière*, il place la résure ou les ovaires de la femelle chargés d'œufs dans un autre, et conserve dans un troisième, pour servir d'appât, le cœur et la rate. L'autre personne, ou l'*habilleur*, s'empare alors du corps, l'ouvre, depuis la bouche jusqu'à l'anus, avec un couteau carré par le bout; ôte la colonne épinière, à laquelle la vessie hydrostatique reste attachée; le fait couler dans l'entrepont par un trou nommé *éclaire*, et remet l'arête à un mousse, qui en détache la vessie et la pose dans un panier en même temps qu'il jette l'os à la mer.

Arrivés dans l'entrepont, les corps des morues sont ramassés par le *saleur*, qui fait entrer dans leur cavité autant de sel que possible; qui les entasse les uns sur les autres, en les recouvrant chacun encore d'une couche de sel, pour les changer de place, et en former, au plus tôt au bout de deux jours, de nouvelles piles, établies sur des branches de fagots ou sur des perches couvertes de nattes, supportant elles-mêmes une couche épaisse de sel, sur laquelle on étend d'abord les langues et les vessies natatoires ou *noues* avant les corps eux-mêmes.

On suit absolument la même marche lorsqu'on a eu l'avantage de former sur la côte un établissement où l'on peut se livrer à toutes ces opérations, sans avoir, comme sur mer, à redouter les effets nuisibles des vicissitudes de l'atmosphère.

Dans tous les cas, on doit savoir qu'il est certaines circonstances que la puissance de l'homme ne peut changer, et qui influent beaucoup sur les bonnes qualités et la conservation de la morue. Ainsi, dans le fort du frai, sa chair est mollasse et de mauvaise qualité ; elle est moins blanche et paroît d'une difficile conservation quand on la prépare durant les chaleurs ; elle est d'une saveur inférieure quand le poisson qui l'a fournie s'est nourri long-temps et exclusivement de mollusques gélatineux, de radiaires pulpeux, de zoophytes sans consistance, comme les clios, les tritonies, les béroës, les méduses, les éolides, etc.

Le choix du sel mérite aussi la plus grande attention, car celui qui est trop récent, ou qui a été fabriqué dans les pays chauds, noircit la chair du poisson, et lui communique une saveur âcre et amère. Celui qui est blanc manque, au contraire, de force, et il convient généralement de n'employer que celui qui est bien sec, parce qu'il absorbe plus rapidement les humeurs aqueuses, et donne ainsi à la chair de la morue une blancheur qui en fait un des premiers mérites aux yeux des consommateurs. Enfin, sans qu'il soit possible de dire au juste pourquoi, les pêcheurs préfèrent constamment le sel à gros grains à celui qui est pulvérisé.

Quand, au lieu de saler les morues, on veut les faire sécher, on les soumet, a terre et non sur le bâtiment pêcheur, à la série des divers procédés que nous avons fait connoître, jusqu'au moment où l'on commence à les saler. Alors on les lave, puis on les étend séparément sur la grève ou sur les rochers littoraux, en ayant l'attention de diriger vers le haut leur côté ouvert, et de les retourner au bout de quelques heures. On recommence cette opération plusieurs jours de suite, et on dispose les morues par piles, dont on accroît successivement la hauteur, de telle sorte que le sixième jour les masses pèsent déjà trois, quatre et dix mille livres. A dater de ce moment, on empile de nouveau les morues, mais à des intervalles de temps beaucoup plus grands, et qui croissent successivement, quoique proportionnés d'ailleurs à la nature du vent, à la sécheresse de l'air, à la chaleur de l'atmosphère, à la force du soleil.

Habituellement, avant chacune de ces opérations, on étend les morues, une à une, durant quelques heures seulement, et on désigne les diverses époques de la dessiccation de ces poissons, en disant qu'ils sont à *leur premier*, à *leur second*, à *leur troisième soleil*, suivant qu'on les empile pour la première, la seconde ou la troisième fois. Le travail n'est terminé le plus ordinairement qu'au dixième soleil.

Lorsqu'on redoute la pluie, on les porte sur des tas de pierres élevés dans des cabanes où sont des hangars ouverts à tous les vents. C'est de cette particularité que paroît dériver le nom allemand de *Klippfisch*, par lequel on désigne les morues sèches, et qui signifie *poisson de rocher*.

Il est important, au reste, pour former une *sécherie*, de choisir un point de la côte couvert de rochers nus, de grosses pierres brisées, de galets et même de gravier, exposé aux vents, et soustrait, autant que possible, à l'action directe du soleil, qui noircit la chair des morues et en détermine souvent même la décomposition.

Cette opération, qu'exécutent en grand les Hollandois, les François, les Anglois, paroît avoir été pratiquée d'abord par les Islandois, qui ont appris à tous les peuples du Nord ce moyen de procéder à la conservation des morues sans employer le sel.

On voit en effet les Islandois, dans de très-petits bateaux, montés de trois ou de cinq hommes, et quelquefois d'un seul, aller, à quelques lieues de leurs côtes, à la recherche de ces poissons, et revenir chaque jour à terre apporter le produit de leur pêche et chercher des vivres. A leur arrivée, ces pêcheurs jettent les poissons sur le rivage et vont se reposer, tandis que leurs femmes coupent la tête de ceux qu'ils ont rapportés, leur ouvrent le ventre, leur enlèvent les entrailles, leur ôtent la grosse arête, mettent de côté les foies pour en tirer de l'huile; les ouïes et le cœur, pour en faire des appâts; les vessies natatoires et les têtes, pour en préparer de la soupe à leurs maris; les os, pour entretenir le feu et nourrir les bestiaux, et spécialement les vaches, chez lesquelles cette nourriture paroît rendre le lait plus abondant et meilleur.

Cela fait, ces femmes actives lavent leur poisson dans de l'eau de mer, et l'étendent sur des rochers ou sur des pierres, après avoir transversalement fiché les extrémités d'un bâton pointu sur les bords du ventre, pour le tenir ouvert. L'air en opère la dessiccation, et quand il souffle un bon vent du nord, en trois ou quatre jours tout est fini ; tandis que, par un temps ordinaire, l'opération ne s'achève guère qu'en un mois, pourvu encore qu'on ait la précaution de rassembler les morues en tas, en tournant leur peau en-dessus toutes les fois que le temps est humide et menace de pluie.

Chez d'autres peuplades on suspend les morues à des branches d'arbres, ou à des perches disposées horizontalement à quelques pieds de la surface du sol.

Au reste, la morue ainsi préparée acquiert une dureté égale à celle du bois, et porte, dans le commerce, le nom de *Stockfisch*, c'est-à-dire, de *poisson-bâton*, soit à raison de cette consistance, soit parce que, pour l'attendrir afin de la manger, on est obligé de la battre avec un bâton ; soit, enfin, parce que, pendant le temps de la dessiccation, on la tient ouverte avec un morceau de bois, comme nous l'avons dit.

Comme il est impossible de faire surveiller les opérations de la salaison ou de la dessiccation de la morue dans les contrées lointaines où l'on se livre à ces opérations, les diverses puissances de l'Europe ont assujetti à des réglemens sévères et à des expertises exactes la vente de ce poisson au moment de son arrivée dans leurs ports.

En France, par exemple, lorsqu'un bâtiment revient de la pêche, le capitaine n'en peut faire décharger la cargaison qu'après une déclaration préalable, et qu'après avoir été autorisé à appeler un juré-crieur, qui en fait l'examen, qui sépare les pièces en lots, suivant leur qualité, et qui fait jeter à la mer celles dont l'altération rendroit l'ingestion dangereuse.

La morue salée, qu'on nomme encore *morue verte*, doit, pour être considérée comme de *première qualité*, avoir au moins deux pieds de longueur, et c'est ce que l'expert commence par constater. Après cette première qualité, on en distingue encore généralement deux autres, la *moyenne*, et le *raguet* ou *rebut*, composé des petites morues et de celles qui sont maigres et plates ; mais les usages et les noms varient à cet égard dans chaque port pour ainsi dire.

La morue salée, de première et de seconde qualité, peut se conserver pendant tout l'hiver sans s'altérer ; mais il faut avoir l'attention de la déposer dans des magasins frais sans être humides. Les chaleurs de l'été lui font constamment du tort, et il est rare qu'elle arrive dans nos colonies des pays chauds sans être presque complétement décomposée ou au moins fort détériorée.

Quant à la morue sèche ou au *Stockfisch*, dont la consommation est beaucoup plus étendue que celle de la morue verte, et dont la conservation est plus sûre et plus prolongée, on la range, pour l'apporter en Europe, sur des branchages bien secs, dans la cale ou dans l'entrepôt du navire, comme on l'avoit rangée dans les piles; et lorsqu'elle est accumulée jusqu'à une certaine hauteur, on la couvre d'une voile.

A son arrivée au port, le capitaine doit la faire visiter par un juré-crieur, et on la renferme ensuite dans des magasins, où elle est rangée comme dans le vaisseau et également recouverte d'une toile à voile.

Nous savons déjà que la chair de la morue n'est point la seule partie de ce poisson qui contribue à notre alimentation ou à d'autres usages. Nous avons dit que son foie et ses ovaires étoient mis en réserve par les pêcheurs. Voyons maintenant à quelle intention.

Chaque soir, un mousse va, dans un tonneau défoncé, fixé vers le gaillard d'avant, verser les foies des morues qui ont été prises dans le cours de la journée. Là ces foies laissent suinter une quantité d'huile plus ou moins considérable, mais qui s'élève constamment à la moitié de leur poids au moins. Avec des vases de cuivre on s'empare de cette huile qui gagne les parties supérieures du tonneau, lequel, d'ailleurs, un peu au-dessus de son fond, est percé de trous par où s'écoulent le sang et la lymphe, à la volonté du préparateur; et l'on peut ainsi, dans une campagne heureuse, rassembler jusqu'à huit barils de cette huile, que l'on brûle, et qui sert à apprêter des cuirs, préférablement même à l'huile de baleine. Aussi ce liquide devient-il un objet de quelque importance pour les entrepreneurs de la pêche des morues.

Quant à la résure, que l'on nomme vulgairement *rogue*, *graine*, *robe*, *rave*, *rève*, *rèbe*, et qui n'est, comme nous l'avons annoncé, rien autre chose que les œufs des morues femelles, avec les tissus membraneux qui les maintiennent en place dans leurs ovaires, on la sale, on la renferme dans des tonneaux, et on la vend particulièrement aux pêcheurs du golfe de Gascogne et des côtes d'Espagne, qui s'en servent pour attirer les sardines vers les lieux où ils ont tendu leurs filets.

Il n'entre pas dans notre sujet de parler des préparations auxquelles, dans des laboratoires plus ou moins somptueux, les ministres de la gastronomie soumettent la chair des morues qui doit briller sur les tables les mieux servies. Nous ne dirons point comme on dessale la morue verte, comment on bat le stockfisch avec un maillet ou un bâton, comment on fait cuire ce poisson; comment, suivant les pays et les goûts individuels, on varie les sauces dont on l'arrose, les assaisonnemens avec lesquels on accroît, on modifie sa saveur: mais nous devons rappeler que, quelque agréables que soient au goût les diverses préparations de la morue séchée ou de la morue salée, on aime mieux assez généralement la manger fraîche; et c'est pour cela que, sur plusieurs points des côtes de France et d'Angleterre, on est parvenu à garder en vie des morues prises sur le banc de Terre-Neuve, et à les avoir ainsi constamment à sa disposition, en les tenant dans de grands vases fermés, quoique troués, attachés aux navires et plongés dans la mer, dont ils reçoivent l'eau dans leur intérieur.

Depuis bien des siècles l'homme s'est emparé annuellement d'une prodigieuse quantité de morues, et sans l'immense étendue des moyens de reproduction que lui a accordés la Nature, l'espèce, depuis long-temps déjà, seroit anéantie. Ou conçoit même difficilement comment elle a pu se conserver jusqu'à présent, quand on sait que, dès 1368, les habitans d'Amsterdam avoient élevé des pêcheries sur les côtes de Suède; que dans le premier semestre de 1792, ainsi qu'il conste du rapport fait par le ministre Roland à la Convention nationale, il sortit des ports de France, pour la pêche de la morue uniquement, deux cent dix vaisseaux, portant ensemble 191,153 tonneaux; qu'on compte chaque année plus de six mille navires de toutes nations occupés à cette pêche, qui verse dans le commerce des peuples civilisés plus de 36,000,000 de morues salées ou séchées; qu'on joigne à cela les dégâts opérés dans les légions de ces poissons par les grands squales et certains cétacés, la destruction d'une multitude de jeunes individus par les autres habitans des eaux et par les oiseaux de mer, le défaut de fécondation d'un grand nombre d'œufs, les accidens qui arrivent à beaucoup d'autres, et l'on auroit lieu d'être étonné de voir encore des morues, si l'on ne savoit que chaque mère peut, par année, donner le jour à plus de neuf millions de petits.

D'après une lettre écrite par Noël de la Morinière à M. le comte de Lacépède, il paroîtroit que, dans les environs de l'île de Man, entre l'Angleterre et l'Irlande, on rencontre une variété de la morue commune, nommée par les habitans *red-cod* ou *rock-cod*, c'est-à-dire, *morue rouge* ou *morue de roche*, parce que sa peau est d'un rouge vif de vermillon. La chair de ce poisson est des plus estimées, et passe pour meilleure que celle de la morue grise ou ordinaire, qui, du reste, n'a pas été uniquement recherchée sous le rapport de ses qualités alimentaires, mais a été aussi autrefois préconisée comme possédant certaines propriétés médicamenteuses utiles dans la thérapeutique des maladies qui sévissent contre notre espèce. C'est ainsi que, d'après des théories plus ou moins erronées, des opinions plus ou moins absurdes, on a, comme le rapportent Arnauld de Nobleville et Salerne, célèbres médecins d'Orléans dans le siècle dernier, recommandé la poudre porphyrisée des dents de ce poisson comme absorbante et comme propre à combattre l'hémoptysie, à la dose de 10, 20 et 3o grains; vanté les osselets de son oreille dans les mêmes cas; employé sa saumure comme résolutive et dessiccative à l'extérieur, comme laxative en lavemens, etc. Nous nous arrêterons ici, et nous ne rappellerons pas toutes les rêveries du même genre qui sont consignées dans les répertoires antidotaires du moyen âge. De pareilles sottises ne sauroient mériter de fixer l'attention.

L'ÆGLEFIN ou ÉGREFIN : *Morrhua Æglefinus*, N.; *Gadus Æglefinus* Linn.; *Asellus minor*, Schoneveld. Nageoire de la queue fourchue; mâchoire supérieure plus avancée que l'inférieure ; teinte générale blanchâtre ; ligne latérale noire ; ouverture de la bouche peu dilatée ; yeux grands ; écailles petites, arrondies, assez solidement fixées dans les *tégumens* communs ; première nageoire du dos triangulaire et bleuâtre comme les autres nageoires ; corps et queue brillans de l'éclat de l'argent et des nuances irisées de la nacre de perles : dos brun. Taille d'un pied environ.

Ce poisson, qu'en Norwége on appelle *Kollie*, en Islande *Isa*, en Laponie *Dinckso*, et que les Anglois nomment *Hadock*, a les plus grands rapports avec l'espéce précédente, et se trouve, comme elle, dans le vaste Océan septentrional, où il voyage en grandes troupes, qui couvrent des espaces de l'étendue de plusieurs centaines de milliers de toises carrées, mais sans passer le Sund ; car il n'a pas encore été vu dans la Baltique.

Il s'approche annuellement, vers les mois de Février et de Mars, des rivages de l'Europe boréale pour la ponte ou la fécondation de ses œufs, et, au moment des tempêtes, il cherche, dans le sable des profondeurs de l'Océan ou dans les plantes marines qui tapissent celles-ci, un asile contre la violence des élémens bouleversés.

Pendant l'hiver, un certain nombre d'æglefins demeurent près des rivages, où ils trouvent plus aisément que dans les grandes eaux la nourriture qui leur convient ; parfois même ils choisissent cette saison pour s'approcher des côtes, où ils reparoissent annuellement presque à jour fixe. Depuis 1766, par exemple, les pêcheurs du pays d'York ont noté que vers le 10 Décembre ils peuvent attaquer avec avantage ces poissons, qui, au moment de leur arrivée, forment un banc de trois milles en largeur, à compter de la côte, et de quatre-vingts milles en longueur, depuis Flamborough-Head jusqu'a l'embouchure de la Fine, au-dessous de Newcastle. Pennant confirme cette assertion ; car, suivant ce véridique écrivain, les æglefins se montrent en troupes si nombreuses que, dans l'espace d'un mille d'Angleterre, trois pêcheurs peuvent en remplir leur chaloupe deux fois par jour ; ce qui paroît avoir lieu aussi, mais en automne, sur le littoral de la Hollande et de l'Ost-Frise, ainsi que près de Heiligeland, d'où on les transporte à Hambourg.

En général, dans chaque pays, l'endroit de la mer occupé par ces poissons est bien connu des pêcheurs, qui ne jettent jamais leur ligne hors des limites qui le circonscrivent, sous peine de ne prendre que des squales, qui se réunissent aux environs pour dévorer sans peine une proie qui ne sauroit leur échapper.

Quand, auprès du rivage, la surface de la mer est gelée, ces poissons se rassemblent au-dessous des crevasses qui séparent les glaçons, et les habitans des côtes voisines du cercle polaire savent si bien profiter du penchant dont il s'agit, qu'on les voit chaque jour casser la glace et produire, dans cette enveloppe de l'Océan, les solutions de continuité qui leur conviennent. C'est ainsi que les Groënlandois viennent à bout de saisir les æglefins à la main.

Du reste on voit, autour de ces vides, tant naturels qu'artificiels, les phoques se donner rendez-vous, et chercher à dévorer les æglefins pendant la saison rigoureuse, et les isatis, aussi fins, aussi rusés que nos renards, venir agiter l'eau de ces lacunes avec leurs pattes, et dévorer les premiers de ces poissons qui arrivent au bruit. C'est un fait que Fabricius a consigné dans sa Faune du Groënland, de même qu'Anderson nous apprend que, vers l'embouchure de l'Elbe, les æglefins deviennent la proie des grandes morues.

Quoique beaucoup plus petits que celles-ci, les æglefins sont aussi goulus et aussi destructeurs qu'elles. Ils se nourrissent de serpules, de mollusques, de crustacés, de poissons foibles et surtout de harengs.

Pendant presque toute l'année les æglefins fréquentent nos côtes ; mais on n'en pêche de gros qu'en hiver. Les petits se prennent le plus souvent dans les filets destinés aux autres espèces de poissons, et spécialement aux harengs : on se procure les gros en suivant la même marche que s'il s'agissoit de la morue, ou plutôt en employant des lignes de fond armées d'un grand nombre d'hameçons, et qu'on a l'attention de jeter le soir pour les relever le matin.

La qualité de la chair de ces poissons varie selon les parages où on les trouve, leur âge, leur sexe et l'époque de l'année : leur chair est, en général, blanche. ferme, très-agréable au goût et très-facile à faire cuire ; mais c'est surtout en Mai et en Juin qu'elle est remarquable par son extrême délicatesse. On peut, du reste, la saler et la sécher comme celle des morues ; mais alors elle devient dure et se resserre sur elle-même durant les préparations auxquelles on la soumet.

Les jeunes æglefins s'apprêtent, dans les cuisines, comme les merlans, et sont employés comme appâts dans la pêche de la morue.

Le Dorsch : *Morhua callarias*, N.; *Gadus callarias*, Linn. Nageoire caudale en croissant ; mâchoire supérieure plus avancée que l'inférieure ; ligne latérale large et tachetée.

Lorsque, retenu sur le continent et fixé par devoir ou par goût au sein d'une grande ville, l'homme ne réfléchit point à toutes les circonstances dans lesquelles il peut se trouver un jour, il ne pense point qu'il pourra faire tourner tôt ou tard au profit de ses semblables, dans des occasions tout-à-fait imprévues, dans des lieux souvent bien éloignés de ceux qu'il habite ordinairement, certaines connoissances qui lui paroissent totalement inutiles et dont il ne voit point l'avantage immédiat : il ne sauroit s'imaginer, par exemple, que tel poisson, sorti des profondeurs des mers boréales, et n'ayant qu'une taille médiocre, doive mériter son intérêt ; et cependant ce poisson peut nourrir les pauvres habitans du littoral stérile d'une mer glaciale, et devenir un aliment aussi agréable que sain pour les hardis marins dont le navire sillonne les mers polaires, pour les infortunés qu'une tempête a repoussés, loin du reste du monde, dans des parages abandonnés ; il peut même devenir l'objet d'une branche de commerce plus ou moins lucrative. Tel est le cas dans lequel se trouve le Dorsch, que l'ordre des matières nous appelle à faire connoître ici en peu de mots.

Ce poisson, qui atteint rarement plus de onze à douze pouces de longueur, et qui ne pèse presque jamais plus de deux livres, se reconnoît à ses catopes implantés sous la gorge et aiguisés en pointe ; à son corps alongé, peu comprimé, couvert d'écailles minces, molles et petites ; à sa tête manifestement comprimée, alépidote ; à ses mâchoires armées, comme le devant de son vomer, de dents pointues, inégales, disposées en carde sur plusieurs rangs ; à ses oper-

cules bordées d'une membrane non ciliée ; au nombre de
ses nageoires dorsales, qui est de trois ; à celui de ses nageoires anales, qui est de deux ; au barbillon assez long qui
pend au bout de sa mâchoire inférieure, plus avancée d'ailleurs que la supérieure ; à sa nageoire caudale échancrée en
croissant. Il a la tête et le dos gris avec des taches brunes qui
deviennent noires pendant l'hiver ; le ventre d'un blanc
argentin ; toutes les nageoires plus ou moins brunâtres, plusieurs de ces teintes changeant d'ailleurs avec l'âge ou avec
les saisons, ce qui lui a valu l'épithète de *variable*, que lui
ont donnée plusieurs auteurs, et entre autres Willughby,
J. Ray, Schoneveldt, Jonston, Laurent Roberg.

Le dorsch fréquente habituellement les eaux de l'Océan,
vers les côtes de l'Europe boréale, et est surtout commun
dans la Mer baltique, se tenant le plus ordinairement à
l'embouchure des grands fleuves, dans le lit desquels il remonte même quelquefois avec l'eau salée. Pendant toute
l'année, mais plus particulièrement au mois de Juin, on le
prend en Poméranie, près de Rugenwalde. On le pêche
aussi en grande quantité non loin de Travemunde, d'Aland,
de Bornholm, de Lubeck, en Prusse et en Livonie. On le
connoît aussi fort bien à Dantzick, à Hambourg, où on le
désigne par le nom de *Scheibendorsch*, en Courlande, en
Estonie, en Norwége, en Laponie, en Islande, au Groënland, et, quoiqu'il y soit plus rare, dans le golfe de Finlande,
et vers Saint-Pétersbourg, en Russie, où les habitans l'appellent *Nawaga*. Dans tous ces lieux il se nourrit de vers
marins, de crustacés, de mollusques et de jeunes poissons.

Sa chair, assez analogue à celle du merlan et du cabliau,
est plus agréable à manger fraîche que celle d'aucune autre
espèce de gade. Quoique communément elle soit très-blanche, elle a quelquefois une teinte manifestement verte, ce
qui, suivant Ascagne, est attribué dans le pays au séjour
que le dorsch fait souvent près des rivages au-dessus de ces
sortes de prairies sous-marines, formées par des algues qui
poussent en foule sur un fond vaseux et sablonneux.

Les Islandois salent et font sécher ce poisson, qui, ainsi
préparé, porte chez eux le nom de *titteling* ou *tittling*, et les
habitans du Groënland, non contens de cette manière de le

conserver, qu'ils ont aussi adoptée, le mangent souvent encore à demi pourri, et regardent son foie, apprêté avec les baies de la bruyère à fruits noirs ou camarine (*empetrum nigrum*), comme un fort bon mets, ainsi que nous l'apprend l'exact observateur Othon Fabricius.

Pour nous, dont le pays est impropre à la propagation du dorsch, et qui ne le voyons jamais figurer dans nos poissonneries, nous nous contenterons de l'avoir signalé ici, et nous renvoyons le lecteur curieux à l'histoire du merlan et de la morue fraîche, dont il partage toutes les qualités et les propriétés.

Les Anglois nomment ce poisson *cod* ou *cod fish*; les Suédois, *sma torsk*; les Danois, *græs torsk*; les Prussiens, *pamuchel* ou *graspamuchel*. Du temps de Rondelet, on l'appeloit *léopard*.

Le Tacaud : *Morhua barbata*, N.; *Gadus barbatus*, Linn.; *Gadus tacaud*, Lacépède. Nageoire de la queue en croissant : mâchoire supérieure plus avancée que l'inférieure; hauteur du corps égale, ou à peu près, au tiers de la longueur totale de l'animal. Mâchoire inférieure présentant neuf ou dix points de chaque côté; yeux grands et saillans; ouvertures des branchies étendues; écailles petites et fortement attachées; anus voisin de la gorge; ligne latérale infléchie au-dessous de la seconde nageoire dorsale.

Le tacaud, qui parvient à la longueur de dix-huit pouces ou de deux pieds, a le dos d'un verdâtre foncé; les flancs et la nageoire caudale d'un blanc rougeâtre; toutes les autres nageoires olivâtres et bordées de noir; une tache noire à la base des pectorales; la ligne latérale d'une teinte très-foncée; l'iris argenté ou couleur de citron. Il habite l'Océan de l'Europe septentrionale, à des profondeurs souvent très-considérables. Il s'approche des rivages à l'époque du frai, c'est-à-dire, en Février et Mars, et se nourrit de crustacés et de petits poissons, comme les blennies.

On prend le tacaud dans les parcs, dans les filets, les tramaux, les manches, les verveux, dans les nasses et bouragues qu'on emploie pour la pêche des crustacés; on s'en empare aussi à l'aide de lignes amorcées, comme s'il s'agissoit du merlan.

Sa chair est blanche et d'une saveur agréable, quoique souvent elle paroisse molle et sèche. Les Groënlandois la mangent comme celle du dorsch et recueillent ses œufs, qui sont très-nombreux et d'un jaune rougeâtre, pour les faire sécher et les manger ensuite cuits.

Il sert aussi d'appât pour la morue.

Le Capelan : *Morrhua minuta*, N.; *Gadus minutus*, Linn.; *Gadus Capellanus*, Lacép. Nageoire de la queue arrondie; mâchoire supérieure plus avancée que l'inférieure; ventre fort caréné; anus à une égale distance de la tête et de la queue.

Le capelan a le dos d'un jaune brunâtre, et tout le reste du corps d'une couleur d'argent, parsemée de points noirs plus ou moins multipliés. Il a l'iris argenté ou doré, la pupille noire, et il ne s'élève que rarement à la taille de plus de sept à huit pouces.

Ce poisson vit dans les mêmes eaux que les deux espèces précédentes; mais il habite aussi la Méditerranée, qu'il parcourt en troupes extrêmement nombreuses, occupant les profondeurs pendant l'hiver et se rapprochant des rivages au printemps, pour déposer ou féconder ses œufs au milieu des galets, des graviers ou des fucus, et pour chercher sa nourriture, qui consiste en petits crustacés, en coquillages, en jeunes poissons. Les capelans, dont le nom est languedocien, sont d'ailleurs quelquefois très-abondamment répandus dans les eaux de cette mer, où, en 1545 spécialement, les pêcheurs des côtes en prirent, selon Rondelet, une assez grande quantité pour avoir été obligés de les employer à l'engrais des terres.

Le péritoine du capelan est, comme l'a noté Bloch, d'un assez beau noir. Sa chair, peu estimée, est, plus fréquemment que celle de tout autre poisson, employée comme appât dans la pêche de la morue sur les côtes de l'Amérique septentrionale, où des barques vont journellement, sans autre but, à la recherche spéciale des capelans, et s'en emparent dans les anses avec des seines, et en pleine mer avec des filets à harengs. Ces poissons ont en effet tant d'attraits pour les autres grands gades, comme les morues, les æglefins, les dorschs, qu'ils sont, même à l'état de liberté, constamment poursuivis par eux, ce qui leur a fait souvent donner les noms de *conducteurs*, de *guides* ou de *pilotes* des *æglefins*, des *morues*, des *dorschs*. Ils se trouvent d'ailleurs en si grande abondance dans ces parages qu'ils couvrent la surface de la mer, et qu'on peut les prendre parfois à la main.

On sale quelquefois les capelans pour les apporter en Europe, mais ce n'est que lorsque la pêche de la morue ne donne pas, et que les pêcheurs ne savent comment employer leur temps d'une manière plus fructueuse.

Le capelan s'appelle aussi quelquefois en françois vulgaire *l'officier*; à Malte on le nomme *munkana*; à Dantzick, *jægerchen*; en Norwége, *ulfs-skreppe*; à Venise, *mollo*; dans le comté de Cornouailles, *poor* et *power*.

C'est encore au genre ou au sous-genre des Morues qu'il faut rapporter la *wachina*, ou le *gadus macrocephalus*, décrit et figuré par Tilesius, dans les Actes de Saint-Pétersbourg (II, pl. 16), et quelques autres espèces moins importantes que celles dont il vient d'être fait mention, comme :

Le Bib : *Morrhua Bib*, N.; *Gadus luscus*, Linn.; *Gadus Bib*, Lacépède; *Asellus fuscus*, Ray. Nageoire de la queue fourchue; premier rayon de chaque catope terminé par un long filament; anus plus voisin de la tête que de la queue; seconde nageoire dorsale très-longue; écailles larges et fort adhérentes; dos olivâtre; ventre argenté.

Ce poisson, qui habite l'Océan d'Europe, et dont la taille ne dépasse jamais un pied, a une chair exquise pour la saveur.

Le Saïda : *Morrhua Saida*, N.; *Gadus Saida*, Linn. Nageoire de la queue fourchue; mâchoire inférieure un peu plus avancée que la supérieure; second rayon de chaque catope terminé par un long filament, de même que le quatrième de la troisième dorsale, et le cinquième de la première anale; nageoires dorsales et anales triangulaires. Dos d'une teinte obscure, avec des points noirâtres irrégulièrement distribués; opercules argentées; flancs bleuâtres; ventre blanc; vertex noir. Taille de sept à onze pouces.

Il a été découvert par Lepéchin, dans la mer Blanche, au Nord de l'Europe. On mange sa chair, quoiqu'elle soit peu succulente.

Le Blennioïde: *Morrhua blennioides*, N.; *Gadus blennioides.*
Linn. Nageoire de la queue fourchue ; premier rayon de
chaque catope bifurqué et plus long que les autres ; écailles
petites ; dos et queue argentés ; des reflets dorés sur les nageoires ; ventre blanc. Aspect général du merlan ; taille d'un
pied au plus.

Ce poisson habite la Mer méditerranée, et, sous le nom
de *capelan*, est confondu à Nice avec une des espèces dont
nous avons précédemment parlé. Sa chair est peu estimée.
(H. C.)

MORUE BARBUE. (*Ichthyol.*) On a parfois ainsi appelé
la *lingue.* Voyez Lotte. (H. C.)

MORUE BLANCHE. (*Ichthyol.*) Dans le commerce, on
appelle de ce nom la morue qui, après avoir été salée et
séchée, est couverte d'une efflorescence blanche. Voyez Morue. (H. C.)

MORUE FOURILLON. (*Ichthyol.*) C'est pour les marchands
une morue sèche de médiocre qualité. (H C.)

MORUE GAFFET. (*Ichthyol.*) Les négocians donnent ce
nom aux morues salées de la plus grande dimension. (H. C.)

MORUE GRISE. (*Ichthyol.*) A Nantes on donne ce nom à
la morue sèche de seconde qualité. (H. C.)

MORUE LIGUE. (*Ichthyol.*) Dans la même ville on connoît
sous ce nom la morue salée de rebut. (H. C.)

MORUE LONGUE. (*Ichthyol.*) Un des noms vulgaires de la
lingue. Voyez Lotte. (H. C.)

MORUE MARCHANDE. (*Ichthyol.*) Dans les ports de mer
on donne généralement ce nom à la morue salée ou séchée
qui a toutes les conditions requises pour être mise en vente.
(H. C.)

MORUE MOLLE. (*Ichthyol.*) On a parfois ainsi appelé le
tacaud. Voyez Morue. (H. C.)

MORUE NOIRE. (*Ichthyol.*) Un des noms vulgaires du
colin ou *charbonnier.* Voyez Merlan. (H. C.)

MORUE [PETITE]. (*Ichthyol.*) C'est le *tacaud.* Voyez Morue.
(H. C.)

MORUE PINNÉE. (*Ichthyol.*) Les commerçans donnent
ce nom à la morue à laquelle on a fait, à dessein, subir un
principe de fermentation pendant sa dessiccation. (H. C.)

MORUE PIVÉE. (*Ichthyol.*) Voyez Morue grise. (H. C.)

MORUE DE SAINT-PIERRE. (*Ichthyol.*) Un des noms de l'*œglefin.* Voyez Morue. (H. C.)

MORUE VALIDE. (*Icht.*) Voyez Morue marchande. (H. C.)

MORUE VERTE. (*Ichthyol.*) Nom marchand de la morue salée. Voyez Morue. (H. C.)

MORUO. (*Ichthyol.*) Voyez Myre. (H. C.)

MORUS. (*Bot.*) Voyez Murier. (L. D.)

MORUS. (*Ornith.*) Ce terme avoit été proposé par M. Vieillot, dans son Analyse d'une nouvelle Ornithologie, p. 63. n.° 252, comme dénomination générique du fou, *sula,* Briss.; mais il n'a plus reparu dans la 2.ᵉ édition de cet ouvrage, ni dans le Nouveau Dictionnaire d'histoire naturelle. (Ch. D.)

MORVAN. (*Mamm.*) Race de Mouton. Voyez ce mot. (Desm.)

MORVEQUE. (*Bot.*) C'est une variété de raisin. (L. D.)

MORVRAN. (*Ornith.*) Nom bas breton du Corbeau. (Desm.)

MORYSIE, *Morysia.* (*Bot.*) Ce nouveau genre de plantes, que nous proposons, appartient à l'ordre des synanthérées, à notre tribu naturelle des anthémidées, à la section des anthémidées - prototypes, et au groupe des santolinées, dans lequel nous le plaçons entre les deux genres *Lonas* et *Diotis.* Voici ses caractères :

Calathide oblongue, incouronnée, équaliflore, multiflore, régulariflore, androgyniflore. Péricline oblong, un peu inférieur aux fleurs ; formé de squames imbriquées, appliquées, ovales-oblongues, obtuses, concaves, coriaces. Clinanthe petit, planiuscule, garni de squamelles inférieures aux fleurs, planes, sublancéolées, presque membraneuses, diaphanes, irrégulièrement denticulées. Ovaires oblongs, glabres, munis d'environ dix côtes longitudinales saillantes ; aigrette absolument nulle. Corolles à tube cylindrique, droit, articulé sur l'ovaire, nullement prolongé par sa base sur le sommet de l'ovaire ; à limbe presque aussi long que le tube, à cinq divisions privées de bosse derrière le sommet.

Nous ne connoissons jusqu'à présent qu'une seule espèce de ce genre.

Morysie a feuilles diverses : *Morysia diversifolia,* H. Cass. ; *Athanasia dentata,* Linn., *Sp. pl.,* édit. 5, pag. 1181. C'est un arbuste inodore, haut de près de trois pieds, et dont toutes les parties vertes sont glabres, luisantes, roides ; sa tige est épaisse, grisâtre, tortueuse, très-rameuse ; les rameaux sont verts, garnis de feuilles peu distantes, et comme un peu ailés par les décurrences de ces feuilles ; les feuilles inférieures sont sessiles, décurrentes, longues de plus d'un pouce, larges de trois à quatre lignes, contournées, oblongues-lancéolées, dentées sur les bords, épaisses, coriaces-charnues ; les feuilles supérieures sont sessiles, à peine décurrentes, courtes, larges, arquées, subcordiformes, à bords un peu denticulés ou presque entiers ; les calathides, longues de près de trois lignes, et composées d'environ quinze ou seize fleurs jaunes, sont nombreuses, rapprochées, comme agglomérées, en petits corymbes terminaux, serrés, arrondis, dont les ramifications sont très-courtes, et dont les pédoncules propres à chaque calathide sont presque nuls.

Nous avons observé les caractères génériques et spécifiques de cette anthémidée sur un individu vivant cultivé au Jardin du Roi, où il fleurissoit à la fin du mois de Juillet ; elle est indigène au cap de Bonne-Espérance.

Si l'on consulte notre tableau des anthémidées, inséré dans l'article Maroute, on y verra que les anthémidées à clinanthe garni de squamelles, et à calathide non radiée, forment le groupe des santolinées, composé des sept genres *Hymenolepis*, *Athanasia*, *Lonas*, *Diotis*, *Santolina*, *Lasiospermum*, *Anacyclus*. Le *Morysia*, qui doit nécessairement entrer dans ce groupe, ne peut se confondre avec aucun des sept genres précédemment admis, et il se place convenablement entre le *Lonas* et le *Diotis*. En effet, il se distingue des *Hymenolepis*, *Athanasia*, *Lonas*, en ce que ses fruits sont absolument privés d'aigrette, et des *Lasiospermum*, *Anacyclus*, en ce que sa calathide est incouronnée, c'est-à-dire privée de fleurs femelles marginales. Ces deux caractères lui sont communs avec les *Diotis* et *Santolina* ; mais il diffère du *Diotis* par sa corolle qui n'est point décurrente sur l'ovaire ; il s'éloigne encore plus des *Santolina*, qui ont un port très-différent, la calathide subglobuleuse, composée de fleurs très-nombreuses, le péricline hémisphérique, très-inférieur aux fleurs, les squames pourvues d'une bordure scarieuse, lacérée, les ovaires subtétragones, les corolles à divisions portant chacune derrière le sommet une énorme bosse, à tube long, très-arqué en dehors, un peu prolongé par le bas en un petit anneau qui ceint le sommet de l'ovaire, le clinanthe large, hémisphérique. Voyez nos articles MAROUTE, HYMÉNOLÈPE, LONADE, DIOTIS, LASIOSPERME.

Nous profitons de l'occasion qui se présente pour donner un supplément à notre article HYMÉNOLÈPE, en décrivant une nouvelle espèce de ce genre.

Hymenolepis elegans, H. Cass. (*Tanacetum canariense*, Decand., *Cat. pl. hort. bot. Monsp.*) Arbuste haut d'environ cinq pieds. Tige dressée, rameuse, épaisse, à écorce grisâtre. Jeunes rameaux épais, cylindriques, couverts d'un duvet blanchâtre, très-court. Feuilles alternes, très-élégantes, longues de près de six pouces, larges de près de deux pouces, couvertes dans leur jeunesse d'un duvet blanchâtre, glabres dans un âge plus avancé, pétiolées, presque pinnées ou très-profondément pinnatifides, à pinnules oblongues, profondément découpées sur les deux côtés en dents longues, inégales, linéaires, pointues; le pétiole commun bordé entre les pinnules par deux ailes, ou décurrences, larges, profondément dentées. Calathides nombreuses, petites, disposées en corymbes terminaux, odorantes lorsqu'elles sont froissées. Chaque calathide oblongue, haute d'environ deux lignes et demie, incouronnée, composée de dix à quatorze fleurs égales, semblables, régulières, hermaphrodites. Péricline oblong, glabre, inférieur aux fleurs, formé de squames imbriquées, appliquées, oblongues-lancéolées, concaves, coriaces. Clinanthe étroit, un peu élevé, garni de squamelles un peu inférieures aux fleurs, oblongues-lancéolées, demi-embrassantes, subcoriaces. Ovaires oblongs, à cinq côtes; aigrette courte, composée d'environ cinq squamellules paléiformes, unisériées, entre-greffées à la base, inégales, irrégulières, ordinairement lancéolées, entières, membraneuses. Corolles jaunes, à cinq divisions.

Cette anthémidée, fort mal placée par M. de Candolle dans le genre *Tanacetum*, et qui appartient indubitablement à notre genre *Hymenolepis*, a été observée par nous sur un individu vivant cultivé au Jardin du Roi, où il fleurissoit dans le mois de Juillet.

M. de Saint-Morys, à la mémoire duquel nous dédions le nouveau genre décrit dans cet article, avoit entrepris l'étude importante et difficile du genre des saules : après avoir rassemblé à grands frais, de toutes les parties de l'Europe, une multitude d'espèces de ce genre, et les avoir soigneusement cultivées dans sa terre d'Hondainville, il se préparoit à mettre en ordre ses nombreuses observations, et à rédiger une précieuse monographie, lorsque, victime d'un préjugé barbare, il fut enlevé aux sciences, aux lettres, aux arts, à l'amitié. (H. Cass.)

MOSAÏQUE. (*Conchyl.*) Une espèce de cône porte ce nom vulgaire. (Desm.)

MOSAÏQUE. (*Ichthyol.*) Nom spécifique d'un poisson du genre Raie. Voyez ce mot. (H. C.)

MOSAMBÉ, *Cleome*. (*Bot.*) Genre de plantes dicotylédones, à fleurs complètes, polypétalées, irrégulières, de la famille des *capparidées*, de la *tétradynamie siliqueuse* de Linnæus; offrant pour caractère essentiel : Un calice caduc, à quatre divisions; une corolle à quatre pétales; les deux du milieu plus petits, plus rapprochés; environ six étamines inclinées; un ovaire supérieur, pédicellé; un stigmate sessile; une silique bivalve, à une seule loge, polysperme; les semences attachées sur un placenta filiforme apposé aux valves et qui s'en séparent ensuite.

Mosambé géante : *Cleome gigantea*, Linn., *Mant.*; Jacq., *Obs.*, 4, pag. 1, tab. 76. Plante de Cayenne, d'une odeur forte et désagréable, d'une saveur caustique. Sa tige est ligneuse, haute de plus de six pieds, droite, pubescente, divisée en rameaux simples, étalés, garnis de feuilles alternes, pétiolées, composées de sept folioles lancéolées, trèsentières, pubescentes, soyeuses en-dessus, aiguës, ciliées à leurs bords, sessiles, ouvertes en main. Les fleurs sont disposées en une grappe terminale, longue de deux pieds; les pédoncules glutineux; les folioles du calice ciliées; les pétales oblongs, verdâtres, ondulés; les étamines, au nombre de six, plus longues que les pétales. Le réceptacle du fruit porte, à l'extrémité du pédicelle, à la base des onglets, quelques glandes qui distillent une liqueur mielleuse. Cette plante est cultivée au Jardin du Roi.

Mosambé a cinq feuilles : *Cleome pentaphylla*, Linn.; Lamk., *Ill. gen.*, tab. 567, fig. 1; Jacq., *Hort.*, tab. 24; *Lagansa alba*, Rumph, *Amb.*, 5, tab. 96, fig. 3; *Capa veela*, Rhéed., *Malab.*, 9, tab. 24. Sa tige est herbacée, haute d'environ deux pieds, à rameaux velus, étalés, garnis de feuilles composées de cinq folioles un peu pédicellées, ovales, arrondies, pointues, ciliées à leur contour; les fleurs sont disposées en un épi clair, terminal, muni à sa base de trois petites folioles sessiles, ovales; la corolle est blanche, à pétales inégaux, arrondis, et à onglets longs, filiformes; l'ovaire est porté sur un long pédicelle capillaire; les siliques sont velues, cylindriques et subulées. Cette plante croit dans les Indes orientales. Elle passe pour sudorifique. Les naturels du pays s'en frottent le corps, la tête et les pieds, pour ranimer la circulation. On prétend que les feuilles, froissées et placées dans les oreilles, guérissent les maux de tête.

Mosambé a trois feuilles : *Cleome triphylla*, Linn.; Herm., *Lugd. Bat.*, pag. 564, tab. 565. Cette espèce se distingue de la précédente par ses feuilles, qui n'ont constamment que trois folioles. Sa tige est droite, presque glabre, munie de quelques branches latérales; les feuilles ont leurs folioles presque sessiles, celle du milieu beaucoup plus grande. Les fleurs forment un épi court, garni de bractées linéaires-lancéolées; la corolle est couleur de chair; les siliques sont oblongues, arrondies, obtuses à leur sommet. Cette plante croît dans les Indes orientales.

Mosambé icosandre : *Cleome icosandra*, Linn.; Burm., *Zeyl.*, tab. 99; *Lagansa rubra*, Rumph, *Amb.*, vol. 5, tab. 96, fig. 2. Cette plante se distingue par ses étamines au nombre de dix-huit à vingt et plus. Sa tige est herbacée, velue, haute d'environ deux pieds; ses rameaux sont ascendans; ses feuilles palmées, à cinq folioles sessiles, ovales-lancéolées, un peu rudes; ses fleurs disposées en épis axillaires, solitaires, à corolle jaunâtre, une fois plus grande que le calice; à pétales ovales-oblongs, presque égaux; à ovaire presque sessile. Les siliques sont cylindriques, alongées, subulées, striées. Cette plante croît à la Chine et à la Cochinchine. On la cultive au Jardin du Roi. Elle a une saveur âcre et piquante, approchant de celle de la moutarde; pilée et appliquée sur la peau, elle y occasionne une légère inflammation. Les naturels du pays mangent les feuilles crues en salade , mêlées avec d'autres herbes.

Mosambé visqueuse : *Cleome viscosa*, Linn. ; Martin. , *Centur.*, tab. 25 ; *Aria veela*, Rhéed., *Malab.*, 9, tab. 23. Cette plante est très-visqueuse ; sa tige, haute de trois ou quatre pieds, roide, presque ligneuse, anguleuse, chargée de poils visqueux, porte des feuilles composées de cinq folioles, dont trois seulement vers l'extrémité, glabres, ovales, aiguës ; les pétioles sont très-velus ; les fleurs, axillaires et solitaires le long des rameaux, se réunissent ensuite en grappe ; la corolle est jaune ; les onglets sont courts ; les siliques longues d'un pouce, très-velues, visqueuses, striées. Cette plante croît dans les Indes. Ses semences pilées sont employées dans les alimens comme celles de notre moutarde.

Mosambé violette : *Cleome violacea* , Linn. ; Lamk. , *Ill. gen.*, tab. 567, fig. 2 et 3 ; Barrel., *Icon. rar.*, tab. 865 et 866. Cette plante croît en Espagne. Sa tige est droite ou un peu tortueuse, pubescente et visqueuse ; ses rameaux sont étalés ; ses feuilles ternées, à longs pétioles ; à folioles presque égales, linéaires, alongées, presque glabres , ciliées ; ses feuilles florales simples et sessiles ; ses fleurs solitaires, disposées, le long des branches, en un long épi lâche ; le calice est jaunâtre, teint de pourpre au sommet ; les deux pétales supérieurs sont d'un pourpre violet avec quelques petites taches jaunes ; les deux autres en cœur, onguiculés, arrondis, un peu crénelés ; l'ovaire, courbé en corne, est muni autour de sa base de trois petites glandes jaunes. On cultive cette plante au Jardin du Roi.

Mosambé épineuse : *Cleome spinosa*, Linn. ; *Tarenaya*, Marcgr., *Bras.*, tab. 34 ; Jacq., *Amer.*, 190. Cette espèce a des tiges velues, herbacées, rameuses, hautes de cinq à six pieds ; les rameaux épineux, garnis de feuilles pétiolées, digitées, composées de sept folioles entières, lancéolées, un peu pubescentes et visqueuses ; à la base de chaque pétiole naissent deux petites épines courtes, opposées, recourbées ; les fleurs sont disposées en un épi terminal, long de six pouces ; les pédoncules velus ; les folioles du calice linéaires, lancéolées ; les pétales ascendans ; les quatre petites glandes sphériques ; les étamines au nombre de six ; l'ovaire est porté sur un pédoncule filiforme ;

les siliques sont longues de trois ou quatre pouces, visqueuses, pubescentes. Cette plante croît dans l'Amérique méridionale. On la cultive au Jardin du Roi.

Mosambé pied-d'oiseau : *Cleome ornithopodioides*, Linn.; Dillen., *Eltham.*, tab. 266, fig. 345; Buxb., *Centur.*, 1, tab. 9, fig. 2, vulgairement Moutarde du Levant. Cette plante, qui offre le port d'un ornitropode, pousse une tige droite et courte, d'environ deux pouces de haut, divisée en rameaux pileux. Les feuilles sont ternées, glabres, médiocrement pétiolées, un peu rudes, d'un vert pâle; les folioles un peu pédicellées, ovales, oblongues, obtuses; celle du milieu plus grande; les fleurs solitaires, axillaires, d'un blanc jaunâtre; les étamines, au nombre de six, inclinées; les siliques minces, longues de deux pouces, noueuses, renflées aux divisions, où chaque semence est renfermée. Cette plante répand une odeur de bouc; elle a été découverte dans le Levant par Tournefort. Elle est cultivée au Jardin du Roi.

Mosambé d'Arabie : *Cleome arabica*, Linn., *Dec.*, 3, tab. 8; Shaw, *Itin.*, *Spec.*, n.° 557, *Icon.*; Desf., *Fl. Atl.*, 2, p. 98. Plante très-fétide, visqueuse, herbacée, couverte de poils glanduleux. Sa tige est droite, striée, haute de trois à quatre pieds et plus, chargée de rameaux paniculés. Les feuilles sont alternes, ternées, pétiolées; les supérieures simples; les folioles lancéolées, obtuses; les fleurs petites, axillaires; les folioles du calice linéaires, un peu obtuses; les pétales jaunes, d'un pourpre foncé sur le bord, les deux intérieurs plus grands; les étamines au nombre de six. La silique est plane, pendante, comprimée, rude, un peu enflée, et contient des semences velues et arrondies. Cette plante croît dans l'Arabie et la Barbarie. On la cultive au Jardin du Roi.

La plupart de ces espèces sont cultivées dans les jardins de botanique plutôt pour l'instruction que pour l'ornement. Il en existe beaucoup d'autres mentionnées dans différens auteurs. MM. de Humboldt et Bonpland en ont découvert plusieurs espèces dans l'Amérique méridionale, décrites par M. Kunth, dans leur *Nova genera*, etc. (Poir.)

MOSCAIRE, *Moscaria*. (*Bot.*) Genre de plantes dicotylédones, jusqu'ici peu connu, à fleurs composées, de la famille des *chicoracées*, de la *syngénésie polygamie égale* de Linnæus, dont le caractère essentiel consiste dans un calice à six folioles égales; une corolle composée uniquement de demi-fleurons; cinq étamines syngénèses; un réceptacle plan, garni de paillettes; les semences de la circonférence couronnées d'une aigrette courte et plumeuse, celles du centre nues.

Ce genre a été établi par Ruiz et Pavon dans le *Systema veget. Fl. Per.*, pag. 186, pour une seule espèce, découverte au Chili, dans les lieux arides et sablonneux, qu'ils ont nommée *moscaria pinnatifida* : plante herbacée, annuelle, dont les feuilles sont amplexicaules, pinnatifides; les découpures profondes et laciniées. (Poir.)

MOSCATELLINE; *Adoxa*, Linn. (*Bot.*) Genre de plantes dicotylédones, de la famille des *saxifragées*, Juss., et de l'*octandrie tétragynie*, Linn., dont les principaux caractères sont les suivans : Calice de deux à trois folioles persistantes; corolle monopétale, supérieure, à quatre ou cinq découpures plus longues que le calice; huit à dix étamines, à filamens subulés, portant des anthères presque rondes; ovaire infère, surmonté de quatre à cinq styles à stigmates simples; une baie globuleuse, ombiliquée à quatre ou cinq loges monospermes. Ce genre ne renferme qu'une seule espèce.

MOSCATELLINE PRINTANNIÈRE ; vulgairement MOSCATELLE , HERBE DU MUSC, PETITE-MUSQUÉE, etc.; *Adoxa moschatellina*, Linn., *Spec.*, 527; *Moschatella*, *Fl. Dan.*, t. 94. Sa racine est vivace, alongée, blanchâtre, un peu charnue, munie de petites écailles écartées et de fibres menues; elle produit une ou plusieurs tiges simples, hautes de trois à six pouces, munies, vers les deux tiers de leur hauteur, de deux feuilles opposées, qui, ainsi qu'une ou deux autres, partent immédiatement des racines, sont pétiolées, d'un vert glauque, une ou deux fois ternées, à folioles elles-mêmes incisées ou lobées. Les fleurs sont d'une couleur herbacée, réunies, au nombre de quatre à cinq, en une petite tête placée au sommet des tiges. La fleur terminale est quinquéfide et a dix étamines; les latérales ne sont que quadrifides et à huit étamines. Cette plante fleurit de bonne heure au printemps; elle croît dans les bois, les haies et les lieux ombragés, en

France et dans plusieurs parties de l'Europe. Ses fleurs répandent une odeur de musc très-prononcée et fort agréable ; ses racines, ses feuilles et ses tiges n'ont pas de saveur bien distincte. On a attribué à ses racines une propriété détersive, résolutive et vulnéraire ; mais elles n'ont été employées que rarement en médecine, et toujours à l'extérieur. (L. D.)

MOSCHALANTHUS. (*Bot.*) Voyez MASCHALANTHUS. (LEM.)

MOSCHARIA. (*Bot.*) Trois genres ont reçu ce nom : le *Moscharia* d'Heister, qui est le même que le *Rhaponticum*, fait aux dépens du grand genre *Centaurea* : il comprend le *centaurea moschata*, Linn. ; le *Moscharia* de Forskal, qui diffère du *Teucrium* (voyez GERMANDRÉE) par l'absence de la corolle ; enfin, le *Moscharia* de Ruiz et Pavon, appartenant à la famille des chicoracées, et caractérisé ainsi : Calathide ovale, à six folioles presque membraneuses ; réceptacle garni de paillettes, les extérieures au nombre de huit et carénées, les autres linéaires ; demi-fleurons hermaphrodites ; graines extérieures au nombre de huit, munies d'aigrettes plumeuses : graines intérieures nues. La plante qui forme ce genre, est une herbe qui croît au Chili, où on lui donne le nom d'*almazatilla*, et qui se fait remarquer par son odeur musquée. Voyez MOSCAIRE. (LEM.)

MOSCHATELLA. (*Bot.*) Ce nom générique, donné par Cordus à une plante dont la racine a une odeur de musc, a été changé par Linnæus en celui d'*adoxa* : on en a seulement déduit son nom françois moscatelle. Voyez MOSCATELLINE. (J.)

MOSCHELAPHUS, proprement CERF MUSQUÉ. (*Mamm.*) Caïus donne ce nom comme étant un de ceux de son buselaphe, qui paroît être le bubale. (F. C.)

MOSCHETUS. (*Ornith.*) L'épervier, *falco nisus*, Linn., est désigné sous ce nom dans la 6.ᵉ édition du *Systema naturæ*. (CH. D.)

MOSCHITA. (*Ornith.*) Cetti, page 219, désigne ce petit oiseau de Sardaigne comme un de ceux dans le nid desquels le coucou a l'habitude de déposer un de ses œufs. (CH. D.)

MOSILLE. (*Entom.*) Nom donné par M. Latreille à un petit genre de diptères, voisin des mouches. (C. D.)

MOSINA. (*Bot.*) Nom donné par Adanson à l'*ortegia* de Læfling et Linnæus. (J.)

MOSQUERA. (*Bot.*) Nom du *croton pettoideus* de la Flore équinoxiale dans les cordillères du Pérou. (J.)

MOSQUILLES ou MOSQUILES, MOSQUITES ou MOUS-QUITES et MOUSTIQUES, et MARINGOUINS. (*Entom.*) Noms divers, sous lesquels on désigne différentes espèces de diptères et que l'on croit appartenir au genre Cousin. Voyez ce dernier article, tom. XI, pag. 278, 1.ᵉʳ alinéa. (C. D.)

MOSQUILLON. (*Ornith.*) L'oiseau que, suivant M. Guys, on nomme ainsi en Provence, est la bergeronnette grise, *motacilla alba* et *cinerea*, Linn., c'est-à-dire la lavandière dans son jeune âge. (Ch. D.)

MOSQUITE. (*Entom.*) Voyez Mosquilles. (C. D.)

MOSSE. (*Mamm.*) Laët parle de l'élan d'Amérique sous ce nom, qu'il a tiré de l'anglois *Moose*. (F. C.)

MOSSELINA. (*Bot.*) Burmann cite ce nom employé dans la Chine et à Java pour le *sigesbeckia orientalis*. (J.)

MOSS-KUH. (*Ornith.*) Le héron butor, *ardea stellaris*, L., porte, en allemand, ce nom et celui de *moss-ochs*. (Ch. D.)

MOTACILLES. (*Ornith.*) On a exposé, au mot Hoche-queue, que Linnæus avoit compris sous la dénomination de *motacilla*, non-seulement les bergeronnettes, auxquelles Bechstein a depuis restreint cette dénomination, mais les fauvettes et beaucoup d'autres becs-fins, qui ont aussi, quoique d'une manière moins sensible, l'habitude de hausser et baisser la queue, et qu'on a distribués en plusieurs genres particuliers. A l'égard des premières on peut observer qu'elles marchent et ne sautent pas, ainsi que le font beaucoup d'autres petits oiseaux, et cette différence dans le mode de progression est due, sans doute, à la nature du terrain qu'elles sont destinées à fréquenter. Si, en effet, elles sautoient sur les terres fangeuses où elles trouvent les insectes qui leur conviennent, elles s'éclabousseroient sans cesse, et mouilleroient les plumes de leur ventre, qui ne sont pas lustrées comme celles des oiseaux véritablement aquatiques; il est même probable que c'est pour obvier à cet inconvénient qu'elles ont les tarses plus élevés, et que leur longue queue est douée d'un mouvement oscillatoire qui l'empêche de traîner dans la boue. (Ch. D.)

MOTELLE. (*Ichthyol.*) Nom de la lotte de rivière dans quelques départemens de la France. Voyez Lotte. (H. C.)

MOTÈNE. (*Ichthyol.*) Nom que l'on donne à Genève à la lotte de rivière. Voyez Lotte. (H. C.)

MOTERELLE. (*Ornith.*) Voyez Motterelle. (Ch. D.)

MOTHUTU. (*Bot.*) La plante de Java citée sous ce nom par Hermann, est, selon Burmann, le *panicum dimidiatum* de Linnæus. (J.)

MOTJIGUSU, JAMOGI, GAI. (*Bot.*) Noms japonois de l'armoise ordinaire. (J.)

MOTJI-NO-KI. (*Bot.*) Nom japonois du *prunus paniculata* de M. Thunberg. (J.)

MOTSI, KO, URUSJINE. (*Bot.*) Noms japonois du riz, *oryza*, cités par Kæmpfer. (J.)

MOTTAJ, TOM ERNEB. (*Bot.*) Noms arabes du *conyza tomentosa* de Forskal, reporté par Vahl au *conyza rupestris* de Linnæus. (J.)

MOTTA-PULLU. (*Bot.*) Nom malabare cité par Rhéede, du *scirpus capillaris* de Linnæus. (J.)

MOTTENGA. (*Bot.*) Nom malabare d'un choin, *schœnus tuberosus*, suivant Burmann. (J.)

MOTTEREAU. (*Ornith.*) A Nantes on donne ce nom à l'hirondelle de rivage, *hirundo riparia*, Linn., probablement parce qu'elle niche dans la terre. (Ch. D.)

MOTTERELLE. (*Ornith.*) Un des noms vulgaires du motteux proprement dit, *motacilla œnanthe*, Linn. (Ch. D.)

MOTTEUX. (*Ornith.*) On a déjà donné, au tome IV de ce Dictionnaire, sous le mot *Becs-fins*, sect. 7 et 9, la description du traquet commun, du tarier et des motteux ordinaire, roussâtre et du Sénégal. On pourroit compléter ici cet article, à l'exemple de M. Vieillot, qui, conservant à ces oiseaux le nom générique latin *œnanthe*, déjà employé par Gesner, Willughby, Ray, leur a généralement appliqué la dénomination de *motteux*; mais les naturalistes modernes, à qui l'on doit la connoissance des espèces nouvelles, les ont appelées *traquets*, et, au lieu de maintenir à leur égard une nomenclature reçue, ce seroit y introduire des changemens, que d'en faire des motteux : on croit donc devoir renvoyer les additions au mot Traquet.

Labillardière dit, dans son Voyage à la recherche de La Pérouse, tom. 1, p. 59, que, se trouvant à 9 degrés 6 minutes de latitude nord et 21 degrés de longitude occidentale, un motteux ordinaire, *motacilla œnanthe*, Linn., a été pris à bord du vaisseau l'Espérance. (Ch. D.)

MOUC-BANH-HU. (*Bot.*) Voyez Mui. (Lem.)

MOUC-DA. (*Bot.*) En Cochinchine on donne ce nom à une sorte de moisissure que Loureiro croit être le *mucor sphærocephalus*, et qui nous paroit en être différente. (Lem.)

MOUC-TAC. (*Bot.*) Nom cochinchinois de la *Prèle d'hiver.* Voyez Mô-ce. (Lem.)

MOUC-XANH-TLAI-HU. (*Bot.*) En Cochinchine on nomme ainsi une moisissure que Loureiro rapporte au *mucor glaucus*, Linn., ou *monilia glauca*, Pers. Voyez Monilia. (Lem.)

MOUCELETS. (*Bot.*) Nom provençal du *thlaspi perfoliatum* et du *thlaspi alpestre*, que l'on mange quelquefois en salade, selon Garidel. (J.)

MOUCET. (*Ornith.*) Ce nom, qui est donné par Belon au moineau, désigne aussi la fauvette d'hiver, autrement mouchet, *motacilla modularis*, Linn. (Ch. D.)

MOUCHARA. (*Ichthyol.*) Nom spécifique d'un Glyphisodon. Voyez ce mot. (H. C.)

MOUCHAT. (*Ornith.*) On nomme ainsi le moineau franc en patois lorrain. (Ch. D.)

MOUCHE, *Musca.* (*Entom.*) Genre d'insectes à deux ailes, à bouche charnue, en trompe rétractile; à antennes munies d'un poil isolé, latéral, plumeux; de la famille des diptères chétoloxes ou latérisètes.

Ce nom de mouche est des plus anciens dans la science : il a été donné d'abord à un grand nombre d'insectes ailés, comme on peut le voir dans la série des articles de renvoi que nous indiquons plus bas. Cependant il a été appliqué, depuis Mouffet, Linnæus, Geoffroy, Degéer, etc., à un groupe d'insectes à deux ailes qui ne constituoient d'abord qu'un seul genre, qu'on a divisé depuis en plus de vingt-quatre autres.

Nous ignorons la véritable étymologie du mot latin *musca*, qu'on trouve dans Plaute, dans Varron, et qui est certainement la traduction du mot grec μυῖα, employé souvent par Aristote pour indiquer les mêmes diptères.

Dans l'état actuel de la science entomologique, le genre Mouche ayant été divisé en un très-grand nombre d'autres qui offroient des caractères bien distincts, il est arrivé, ce qui s'observe souvent dans les nomenclatures, que le nom primitif n'a été laissé qu'à quelques espèces restées réunies, parce qu'on n'a pu les placer avec les autres; de sorte que ce sont précisément celles qui sont le moins bien caractérisées.

En effet, les insectes à deux ailes sont partagés en trois grandes sections primitives : ceux dont la bouche est à peine distincte, comme dans les oëstres ou les astomes ; ceux qui ont la bouche cornée, saillante, en suçoir ou en museau, comme les sclérostomes et les hydromyes; enfin, en ceux qui ont la bouche charnue, en trompe rétractile, tels que les aplocères et les chétoloxes.

C'est à cette dernière famille des *chétoloxes* ou *latérisètes* qu'on rapporte le genre Mouche, parce que les antennes sont garnies latéralement d'un poil isolé; et comme ce poil est plumeux ou barbu, il sert de note distinctive pour les faire reconnoître d'avec les dix autres genres de la même famille, qui ont ce poil simple comme les échinomyes, les tétanocères, les syrphes, les mulions, les ceyx, les cosmies, etc.

Le seul genre Cénogastre offre la même conformation plumeuse du poil isolé, latéral ; mais les espèces de ce genre ont presque toutes, ainsi que leur nom l'indique, l'abdomen boursouflé et rendu transparent par la non-coloration de quelques segmens, etc.; toutes ont le front gonflé, formant, en avant, une sorte de proéminence en forme de corne courte : tandis que dans les mouches on n'observe ni l'une ni l'autre de ces dispositions, le ventre étant opaque et le front lisse.

Les mœurs des mouches sont absolument les mêmes que celles de toutes les espèces de la même famille. (Voyez l'article Diptère, en particulier le grand alinéa de la page 327.)

Nous avons fait figurer une espèce de ce genre dans l'atlas de ce Dictionnaire, planche 50, n.° 12 ; mais par erreur on a désigné l'espèce qui y est représentée sous le nom de domestique, tandis que c'est celle décrite par Linnæus sous le nom de Cæsar. Nous commencerons par cette espèce la description que nous allons faire de celles de ce genre.

1.º Mouche cæsar, *Musca Cæsar.* C'est la mouche dorée commune, décrite par Geoffroy.

Car. Corps d'un vert doré cuivreux ; à poils noirs, isolés ; pattes noires ; yeux d'un brun rougeâtre.

Sa larve se développe dans les cadavres et dans les matières animalisées qui se pourrissent, où la mère va déposer ses œufs.

2.º Mouche des cadavres, *Musca cadaverina*, Linn.

Car. Dorée ; à ventre vert ; tête et corselet bleus.

3.º Mouche vomisseuse, *Musca vomitoria.* C'est la mouche bleue de la viande de Geoffroy, figurée par Réaumur, t. IV de ses Mémoires, pl. 24, n.º 13 — 14.

Car. Tête noire ; yeux bruns ; front blanchâtre ; corselet noir, à bandes cendrées ; abdomen bleu ; pattes noires.

4.º Mouche de la viande, *Musca carnaria.* Elle est figurée, avec tous les détails de sa métamorphose, dans le tome IV des Mémoires de Réaumur, pl. 29, page 403.

Car. Grise ; corselet à lignes longitudinales grises ; abdomen gris, soyeux ; une tache brune à l'anus.

Cette espèce pond des larves toutes vivantes.

5.º La Mouche commune ou domestique, *Musca domestica,* Linn.

Car. Noire ; corselet à cinq lignes longitudinales grises ; abdomen gris, soyeux, plus pâle à la base en-dessous.

C'est l'espèce qui est la plus commune dans nos maisons. Elle ressemble beaucoup au stomoxe, avec lequel on la confond ; mais les espèces de ce dernier genre ont un suçoir corné, et notre mouche a une trompe charnue.

Mouche a deux ailes. Voyez Diptères.

Mouche a quatre ailes. Voyez Hyménoptères, Névroptères.

Mouche aphidivore ou mangeur de puceron. Voyez Syrphe du groseillier, du prunelier, et l'article Hémérobe.

Mouche apiforme ou abeilliforme. Voyez Syrphe tenace.

Mouche aquatique. Voyez Phrygane, Ephémère, Tipule.

Mouche araignée. Voyez Hippobosque, Nyctéribie, Ornithomyzon.

Mouche asile. Voyez Asile, Taon.

Mouche d'automne ou piquante. Voyez Stomoxe.

Mouche a corselet armé. Voyez Stratiome.

Mouche baliste. Insecte trouvé, dit-on, auprès de Lisieux, et qui, selon l'abbé Preaux, auroit la propriété de lancer des œufs avec force. Il seroit long de dix-sept lignes, et auroit la tête brune, le dos olivâtre et le ventre rouge avec une ligne jaune longitudinale. D'après ces données, il est impossible de reconnoitre non-seulement le genre, mais encore l'ordre dans lequel cet insecte devroit être placé.

Mouche bateau. Voyez Notonecte.

Mouche a bec. Voyez Rhingie.

Mouche bipile. Voyez Éphémère.

Mouche bleue de la viande. Voyez ci-dessus Mouche de la viande.

Mouche bombardière. Voyez Carabe peteur et Brachyne.

Mouche bourdon. Voyez Syrphe.

Mouche bretonne. Voyez Hippobosque.

Mouche cantharide. Voyez Cantharide.

Mouche du cerisier. Voyez Cosmie.

Mouche du chardon. Voyez Cosmie.

Mouche a chien. Voyez Hippobosque.

Mouche cimiciforme. Voyez Réduve.

Mouche cornue, Mouche taureau volant. Ce nom a été donné au scarabée hercule par quelques voyageurs.

Mouche a corselet armé. Voyez Stratiome.

Mouche a coton. Nom donné aux petits ichneumons qui vivent dans le corps des chenilles et des chrysalides, et dont les larves se filent, après en être sortis, de petits cocons de soie jaune ou blanche.

Mouche éphémère. Voyez Éphémère.

Mouche d'Espagne. On a ainsi nommé les Cantharides et les Méloës.

Mouche a faux. Voyez Raphidie.

Mouche a feu. Voyez Fulgore, Lampyre, Taupin.

Mouche de feu, Mouche a drague. Une espèce de guêpe porte ce nom à Cayenne.

Mouche du fourmilion. Voyez Myrméléon.

Mouche gallinsecte et Progallinsecte. Voyez Cochenille et Kermès.

Mouche géant. Voyez Échinomye.

Mouche de la gorge du cerf. Voyez Oestre.

Mouche-guêpe. Voyez Conops.

Mouche ichneumone. Voyez Ichneumon.

Mouche des intestins des chevaux Voyez Oestre.

Mouche jaune. Une espèce de guêpe porte ce nom à l'île de Bourbon, d'après M. Bory de Saint-Vincent.

Mouche du kermès. Voyez Kermès.

Mouche des latrines. Voyez Scatopse.

Mouche du lion des pucerons. Voyez Hémerobe.

Mouche-loup. Voyez Asile.

Mouche luisante et Mouche lumineuse. Voyez Fulgore, Lampyre, Taupin.

Mouche merdivore ou stercoraire. Voyez Scatophage.

Mouche a miel. Voyez Abeille a miel.

Mouche de l'olivier. Voyez Téphrite.

Mouche a ordure. Voyez Scatopse.

Mouche papilionacée ou papilionaire. Voyez Phrygane ou Frigane.

Mouche piqueuse et Mouche piquante. Voyez Stomoxe.

Mouche plante. Voyez ci-après Mouche végétante.

Mouche pourceau. Voyez Syrphe tenace.

Mouche punaise. Voyez Réduve.

Mouche de rivières. Voyez Éphémère.

Mouche de la saint-jean. Voyez Cantharide.

Mouche de saint-marc. Voyez Bibion.

Mouche sauteuse. Voyez Psille.

Mouche a scie. Voyez Tenthrède.

Mouche scorpion. Voyez Panorpe.

Mouche a tarrière. Voyez Uropristes.

Mouche taureau volant. Voyez Scarabée hercule.

Mouche des teignes aquatiques. Voyez Frigane.

Mouches tripiles ou a trois poils. Voyez Ichneumon.

Mouche des tumeurs des bêtes a cornes. Voyez Oestre du bœuf.

Mouche végétante. On donne à Saint-Domingue ce nom à des chrysalides de Cigales desséchées et sur lesquelles croit, à l'aide de l'humidité, une espèce de champignon du genre Clavaire.

Mouche du ver du nez des moutons. Voyez Oestre du mouton.

Mouche vibrante ou a antennes vibrantes. Voyez Sphége et Ichneumon. (C. D. et Desm.)

MOUCHE. (*Ichthyol.*) Nom vulgaire d'un poisson de Surinam, que Linnæus a décrit sous le nom de *salmo notatus*, et M. de Lacépède sous celui de *characinus notatus*. Voyez CHARACIN et SAUMON. (H. C.)

MOUCHE. (*Ornith.*) Ce nom générique a été proposé par M. de Lacépède pour les oiseaux-mouches, *orthorynchus*; mais il auroit eu l'inconvénient de se confondre avec celui de la mouche, insecte. (CH. D.)

MOUCHEROLLES et GOBE-MOUCHES. (*Ornith.*) Ces dénominations et celle de TYRANS ont été données à des oiseaux qui vivent principalement de mouches, mais qui sont si nombreux en espèces, que les divers ornithologistes n'ont pas cherché à dissimuler l'embarras qu'ils ont éprouvé pour les distribuer d'une manière convenable. Presque tous les ont regardés comme devant être naturellement placés à la suite des oiseaux carnassiers; mais ils sont peu d'accord sur les subdivisions.

Buffon a appliqué plus particulièrement le nom de *gobe-mouches* aux espèces moins grandes que le rossignol, celui de *moucherolles* aux espèces d'une taille égale ou supérieure, et la dénomination de *tyrans* aux espèces qui sont de la grandeur de l'écorcheur, *lanius collurio*, Linn., ou qui l'excèdent.

Ces oiseaux, qui présentent des variations considérables dans leur conformation et surtout dans celle de leur queue, tantôt carrée, tantôt étagée, tantôt fourchue ou garnie de filets très-alongés, etc., n'ont pas de caractères beaucoup plus tranchés dans les parties qui servent à l'établissement des genres, et ils tiennent de si près à beaucoup d'autres, que souvent il est très-difficile d'éviter des confusions. Aussi M. Levaillant s'est-il borné à diviser en deux sections les gobe-mouches, qu'il a décrits dans les tomes 3 et 4 de son Ornithologie d'Afrique, après avoir assigné pour caractères à ceux de la première, un bec plat, s'élargissant beaucoup à la base, et dont la mandibule supérieure, triangulaire, a une vive-arête qui forme au bout un croc pareil à celui des oiseaux carnassiers; les bords des deux mandibules garnis de longs poils roides, et dirigés les uns en bas, les autres en haut, pour mieux saisir leur proie. Le même auteur observe que chez les espèces de la seconde section le bec est moins large, à sa base surtout; que les mandibules manquent des longs poils qui facilitent aux autres les moyens d'attraper les mouches au vol; que leur taille est plus courte, plus ramassée; que leur tête est plus grosse; leur queue moins longue, et peu ou même point étagée.

Les vrais gobe-mouches ont le naturel sauvage des pie-grièches proprement dites. Ils sont, comme elles, querelleurs et vindicatifs; ils vivent isolés dans un canton, d'où ils excluent les autres insectivores, ne laissant pas même passer des individus de leur propre espèce sans se mesurer avec eux et tâcher de les expulser de leur domaine, pour lequel ils font choix de clairières, et se perchent sur les arbres les plus élevés, où ils construisent leur nid. Les autres se rencontrent souvent en plaine sur les buissons, dans l'épaisseur desquels ils nichent; et quand on les trouve dans les forêts, c'est sur les arbres les plus bas, où ils cherchent des chenilles, des chrysalides, et les petits insectes qui s'attachent aux branches et sur les feuilles. Leur naturel est plus sociable, et, réunis dans le même buisson, ils cherchent souvent leur nourriture ensemble, et s'appellent même réciproquement lorsque l'un d'eux a fait une capture susceptible d'être partagée.

Les espèces de la première section que M. Levaillant a décrites et figurées, sont le tchitrec, le tchitrecbé blanc et varié, le schet roux, le schet noir, le nébuleux, le cordonnoir, les gobe-mouches mantelé et à lunettes, l'azur à calotte et à collier noirs, le mignard, l'oranor. Ceux de la seconde section sont l'ondulé, l'étoilé, l'azurou, le capuchon blanc, le molenar, le pririt; après quoi viennent les échenilleurs et les drongos.

M. Cuvier, dans son Règne animal, publié en 1816, a divisé le genre Gobe-mouches, *Muscicapa*, en trois sous-genres; savoir : les tyrans, les moucherolles et les gobe-mouches proprement dits. Il a donné pour caractères généraux à la famille entière, un bec déprimé horizontalement, garni de poils à sa base, ayant la pointe plus ou moins crochue et échancrée, en ajoutant que les plus foibles passent insensiblement à la forme des bec-fins, et observant, pour

leurs mœurs, qu'elles sont, en général, les mêmes que celles
des pie-grièches, et que, suivant leur taille, ils vivent de
petits oiseaux ou d'insectes.

Le même auteur assigne au premier sous-genre (les tyrans,
tyrannus) un bec droit, long, très-fort, ayant l'arête supérieure droite, mousse, et la pointe subitement crochue.
Ces oiseaux d'Amérique sont de la taille de nos pie-grièches,
et aussi braves qu'elles. Ils défendent leurs petits, même
contre les grands oiseaux de proie, qu'ils parviennent à
éloigner de leur nid. Les plus grands, qui prennent de
petits oiseaux, ne dédaignent pas toujours les cadavres. Les
espèces citées par M. Cuvier sont : 1.º le bentaveo ou tyran
à bec en cuiller, pl. enl. de Buffon, 212, *lanius pitangua*,
Gmel.;

2.º Le tyran à ventre jaune, *lanius subfurascens*, Gmel.,
pl. de Buffon, 296, le même que le *garlu* ou geai à ventre
jaune de Cayenne (*corvus flavus*, Gmel.), pl. enl., 249;

3.º Le tyran à ventre blanc (*lanius tyrannus*, Gmel.), pl.
enl., 537 et 676;

4.º Le tyran à queue rousse (*muscicapa audax*, Gmel.),
pl. enl., 453, fig. 2;

5.º Le petit tyran (*muscicapa ferox*, Gmel.), pl. enl., 571 — 1;

6.º Le tyran à queue fourchue de Cayenne (*muscicapa tyrannus*, Gmel.), pl. enl., 571 — 2;

7.º Le tyran à queue fourchue du Mexique (*muscicapa
forficata*, Gmel.), pl. enl., 677.

M. Cuvier, qui donne aux moucherolles le nom de *muscipeta*, les distingue par un bec long, très-déprimé, deux
fois plus large que haut, même à sa base, ayant l'arête
très-obtuse et cependant vive; les bords un peu en courbe
ovale; la pointe et l'échancrure foibles, et de longues soies ou
moustaches à la base du bec. Ces oiseaux, tous étrangers,
sont la plupart d'Afrique ou des Indes; plusieurs sont ornés
de longues plumes à la queue, de belles huppes sur la tête,
ou, au moins, de couleurs vives sur leur plumage : tels
sont le moucherolle à huppe transverse ou roi des gobe-
mouches, Buffon (*todus regius*, Gmel.), pl. enl., 289, la femelle; — le moucherolle de paradis (*muscicapa paradisi* et
todus paradisiacus, Gmel.), pl. enl., 234, la femelle; — le

petit moucherolle de paradis ou schet de Madagascar, *mus-cicapa mutata*, que Buffon décrit ailleurs sous le nom de vardiole ou pie de paradis ; — le *muscicapa borbonica*, pl. enl., 573, n.° 1 ; — le *muscicapa cristata*, pl. enl., 573, n.° 2, et *tchitrec*, Lev., Afr., tom. 3, pl. 142, n.° 1 ; — le *muscicapa cærulea*, pl. enl., 666, 1 ; le *todus leucocephalus*, Pall., *Spicil.*, VI, pl. 3, 2 ; le *muscicapa melanoptera*, pl. enl., 567, fig. 3 ; — le *muscicapa barbata*, pl. enl., 830, 1 ; — le *muscicapa coronata*, pl. enl., 675, 1 ; — le *muscicapa ruticilla*, pl. enl., 576, 2 ; — le mantelé, Lev., Afr., IV, pl. 151, 1 ; — le *molenar*, id., pl. 160, 1 et 2 ; le gobe-mouches à lunettes, id., pl. 152, 1, etc.

Il y a quelques espèces dont le bec est plus élargi et plus déprimé, telles que le *muscicapa aurantia*, pl. enl., 881, 1, et d'autres qui, à l'exemple de Pallas, ont été mal à propos placées parmi les todiers, comme on l'a déjà vu, quoique l'échancrure du bec et la séparation du doigt externe s'y opposassent. Ce sont le *todus macrorhyncos*, Lath., *Synops.*, I, pl. 30, et surtout le *todus platyrhyncos*, Pallas, *Spicileg.*, VI, pl. 3.

D'autres espèces ont aussi le bec large et déprimé, mais elles se distinguent par des jambes hautes et une queue courte ; et comme elles se nourrissent de fourmis, on avoit réuni aux fourmiliers ces deux ou trois oiseaux d'Amérique, qui sont le *pipra leucotis*, le *pipra nævia*, pl. enl., 823, fig. 2, et le *turdus auritus*, Gmel., pl. enl. 822, dont M. Vieillot a fait des *conopophages*.

Les gobe-mouches proprement dits, auxquels M. Cuvier réserve le nom de *muscicapa*, ont les moustaches plus courtes et le bec plus étroit que les moucherolles ; mais le bec est encore déprimé en vive-arête en-dessus, ses bords sont droits et sa pointe est aussi un peu crochue. Outre les deux espèces d'Europe, *muscicapa grisola* et *atricapilla*, pl. enl., 565, 1, 2, 3, on compte parmi les oiseaux de ce sous-genre, que le bec, de plus en plus grêle, rapproche des figuiers, le gillit, *muscicapa bicolor*, pl. enl., 675, fig. 1 ; le pririt, *muscicapa senegalensis*, Gmel., pl. enl., 567, 1 et 2, et de Levaillant, 161 ; l'azourou, Lev., pl. 158.

Il y a aussi quelques espèces dont l'arête, un peu plus relevée, se courbe en arc vers la pointe, ce qui conduit

aux formes des traquets; et parmi elles M. Cuvier cite l'o-
ranor de M. Levaillant, tom. IV, pl. 155; le *turdus specio-
sus*, Lath.; le *gobe-mouches étoilé*, Lev., tom. IV, pl. 157, fig.
2, et le *muscicapa multicolor*, Gmel. et Lath., *Synops.*, II,
p. 1, que M. Cuvier trouve tellement intermédiaire entre les
gobe-mouches et le rossignol de muraille, qu'il hésite à lui
fixer une place.

M. Vieillot a isolé génériquement les tyrans, et, conservant sans distinction, pour les gobe-mouches, la dénomination latine *muscicapa*, il a seulement placé les moucherolles
et les gobe-mouches proprement dits dans deux sections
particulières.

Enfin, M. Temminck, dans le Système d'ornithologie imprimé en 1820, à la tête du premier volume de la seconde
édition de son Manuel, où l'on ne trouve pas le genre *Tyran*,
en a formé deux, différens des moucherolles et des gobe-
mouches, et a adopté pour le premier le nom latin de *muscipeta*, Cuv., et pour le second celui de *muscicapa*, Linn.
Les caractères du premier genre consistent en un bec très-
déprimé, plus large que haut, souvent un peu dilaté sur les
côtés, lequel a la base garnie de longs poils qui le dépassent fréquemment, et dont la mandibule supérieure, ordinairement échancrée, a une arête vive, crochue et courbée sur
l'inférieure, qui est pointue vers le bout. Les narines, baséales, sont en partie cachées par les poils; les pieds, foibles,
sont médiocres ou courts; les doigts latéraux sont inégaux;
l'externe est uni à celui du milieu jusqu'à la seconde articulation, et l'interne est soudé à la base; les ailes, qui
sont médiocres, ont les trois premières pennes étagées, et la
quatrième ou la cinquième est la plus longue. Le second
genre a pour caractères : un bec médiocre, robuste, angulaire, déprimé à sa base, qui est garnie de poils longs et
roides, et comprimé vers la pointe, qui est forte, dure, courbée et très-échancrée; les narines baséales, latérales, ovoïdes,
couvertes en partie et à claire-voie par des poils dirigés en
avant; les tarses de la grandeur du doigt du milieu ou un
peu plus longs; les doigts latéraux presque toujours égaux,
et l'extérieur soudé à sa base au doigt du milieu; l'ongle
postérieur très-arqué; la première rémige fort courte, et la

seconde moins longue que les troisième et quatrième, qui sont les plus longues.

Les espèces du genre *Moucherolle* habitent les parties les plus chaudes des deux mondes, et l'on n'en trouve point dans les contrées boréales. Celles qu'indique M. Temminck, sont les *todus plumbeus*, *maculatus*, *regius*; — l'*upupa paradisea*; — les *muscicapa borbonica*, *flabellifera*, *paradisi*, *mutata*, *flavigaster*. Mais il y en a une foule d'autres et beaucoup de nouvelles dans ce genre, comme parmi les *gobe-mouches*, où, après avoir ajouté aux deux espèces d'Europe, le gobe-mouches bec-figue, *muscicapa luctuosa*, Temm., et le gobe-mouches rougeàtre, *muscicapa parva*, Bechst., il cite parmi les autres, qui sont répandues dans tous les pays et sous presque toutes les latitudes, le *corvus flavus* ou *lanius sulphuratus*, — le *todus cinereus* ou *moloxantha*, — le *sitta chloris*, — le *pipra papuensis* et les *muscicapa olivacea*, *noveboracensis*, *flammea*, *cucullata*.

On ne sera pas surpris, sans doute, que, pour un pareil article, on ait cru plus convenable d'entrer, sur les caractères génériques adoptés par les divers auteurs, dans des détails propres à faire connoître la nécessité de nouvelles études, et à faciliter l'établissement d'une monographie plus complète et plus exacte, que de se livrer à de longues descriptions d'espèces dont souvent la place n'est pas encore suffisamment déterminée.

Comme les gobe-mouches d'Europe font partie des gobe-mouches proprement dits, c'est par cette section que l'on va commencer l'histoire des espèces les plus intéressantes; on passera ensuite à la section des moucherolles, et l'on renverra les tyrans à leur place dans l'ordre alphabétique.

Suivant MM. Levaillant et Cuvier, on ne voit dans notre pays, et seulement en été, que deux espèces de *muscicapa*, désignées par les épithètes de *grisola* et d'*atricapilla*, Gmel., lesquelles sont représentées sur la 565.ᵉ planche de Buffon, savoir, la première sous le n.° 1 et la seconde sous les n.ᵒˢ 2 et 3. Celle-là, grise en-dessus et blanchâtre en-dessous, a quelques mouchetures grisâtres sur la poitrine. Le mâle, semblable à la femelle dans cette espèce, change plusieurs fois de plumage dans la seconde, qui a été bien connue des anciens sous les noms de *sycalis* et de *ficedula* avec son plumage ordinaire , et sous celui de *melanorhynchos* dans son beau plumage ; mais , selon Bechstein , Meyer et M. Vieillot, on a observé dans un grand nombre d'individus de cette dernière espèce des différences constantes, d'après lesquelles les gobe-mouches noirs devroient être considérés comme formant deux espèces distinctes ou , au moins, deux races. M. Temminck a même appliqué à l'une d'elles le nom de *gobe-mouches bec-figue*, et donné par là une apparence de réalité au bec-figue de Buffon, que d'autres naturalistes regardent comme une espèce imaginaire, formée, d'après un des états particuliers du *muscicapa atricapilla*, dans des pays où l'on étend, au surplus, la même dénomination à diverses fauvettes et farlouses. Bechstein a, de plus, présenté comme quatrième espèce un gobe-mouches un peu plus petit, qu'on a trouvé en Allemagne, où, de son aveu, il est fort rare.

§. 1.er Gobe-mouches.

Europe.

Gobe - mouches gris ; *Muscicapa grisola* , Linn. Cette espèce , qui est le gobe-mouches proprement dit de Brisson et de Buffon, pl. enl., 565, fig. 1, et le gobe-mouches tacheté de Lewin, pl. 93, a environ cinq pouces et demi de longueur. L'aile, pliée, s'étend jusqu'au milieu de la queue, qui est longue de deux pouces ; le bec est de couleur de plomb foncée ; le dessus de la tête est varié de gris et de brun ; le dos est de cette dernière couleur, ainsi que les ailes, dont les pennes sont bordées de blanc ; la gorge et la poitrine sont blanchâtres, avec une tache brune, longitudinale, au centre de chaque plume ; le ventre et l'anus sont blancs ; le front du mâle est, en général, plus varié de brun et son ventre est moins blanc, mais il ne diffère de la femelle que par des signes fort peu saillans.

Ces oiseaux, qui ne muent qu'une fois dans l'année, arrivent au printemps en France et en Angleterre, et quittent au mois de Septembre ces contrées, où ils ne peuvent rester qu'autant qu'ils y trouvent les insectes diptères dont ils se nourrissent et qu'ils prennent en volant. Leur air est triste ; leur naturel sauvage ; ils n'ont pas de chant , mais seule-

33.   6

ment un petit cri aigu et désagréable, et ils vivent solitaires dans les forêts et les vergers, où ils nichent sur les arbres, dans le creux d'une branche cariée, ou dans les trous des vieux murs et quelquefois dans les buissons. Leur nid est composé de mousse et de laine ou de poils, et entrelacé de racines; ils y pondent quatre à cinq œufs d'un blanc bleuàtre avec des taches rousses, lesquels sont figurés dans le troisième volume de Lewin, pl. 21, n.° 4.

Gobe-mouches noir a collier : *Muscicapa atricapilla*, Gmel., var. *B*, pl. enl. de Buffon, 565, n.° 2; *Muscicapa collaris*, Bechstein, et *albicollis*, Temm. (pour éviter le double emploi de l'épithète *collaris*, déjà appliquée par Latham à une espèce exotique). Cet oiseau, qui est aussi connu sous le nom de *gobe-mouches de Lorraine*, où on l'appelle encore *mûrier*, et vulgairement *petit pinson des bois*, est regardé par MM. Vieillot et Temminck comme une espèce différente du *muscicapa atricapilla* ou traquet d'Angleterre. M. Vieillot entre à cet égard dans d'assez grands détails; mais, comme il n'a pas établi deux espèces aussi positivement que M. Temminck, et n'a insisté que sur l'existence de deux races, ce sont les descriptions isolées de ce dernier que l'on croit devoir suivre plus particulièrement, pour prévenir des confusions en exposant leurs observations respectives. Or, d'après l'auteur hollandois, le vieux mâle, dans sa livrée parfaite, est long de onze pouces; le sommet de sa tête, les joues, le dos, les petites couvertures des ailes et *toutes les pennes de la queue* sont d'un noir profond ; le front, un large collier sur la nuque et toutes les parties inférieures sont d'un blanc pur; le croupion est mêlé de noir et de blanc; un miroir blanc se remarque sur l'origine des rémiges; les moyennes et les grandes couvertures des ailes sont blanches, et les dernières sont terminées de noir sur les barbes intérieures.

La vieille femelle diffère du vieux mâle du printemps, en ce que le front présente un petit espace d'un cendré blanchàtre, et que toutes les autres parties supérieures sont d'un gris cendré, à l'exception des grandes couvertures des ailes, qui sont blanches extérieurement, et des *deux pennes latérales* de la queue, qui sont lisérées de blanc; le dessous du corps est d'un blanc pur, et le collier blanc qui entoure la nuque *du mâle en plumage du printemps*, n'est que très-foiblement indiqué chez la femelle par du cendré plus clair que le reste des parties supérieures.

Les jeunes de l'année ressemblent aux femelles ; mais ils n'ont point de blanchâtre au front, et les deux pennes latérales de la queue portent *de larges bords blancs*. Dès la première mue du printemps et à mesure qu'il avance en âge, le jeune mâle devient noir partout où la femelle est cendrée. Les bords blancs, quoique moins larges, continuent d'exister sur une *ou sur les deux pennes* latérales de sa queue, qui est alors noire ; mais à l'âge de deux ans il n'en reste plus de traces, et *en hiver il n'existe aucune différence entre les mâles et les femelles.*

Cette espèce, qu'il ne faut pas confondre avec le *muscicapa torquata*, Gmel., oiseau propre à l'Afrique, habite plus particulièrement les contrées du centre de l'Europe ; elle est moins abondante en Allemagne et dans le Nord de la France, et elle est rare, selon M. Temminck, dans le Midi de l'Italie, où l'autre est très-commune. Elle habite dans les forêts les plus touffues et les plus vastes, et elle fait dans des trous d'arbres, qu'elle dispute avec avantage aux mésanges bleues et aux sittelles, un nid composé de mousse et de poils d'animaux, où elle pond quatre à six œufs d'un vert bleuâtre, tachetés de brun au gros bout.

Gobe-mouches noir sans collier ou Traquet d'Angleterre ; *Muscicapa atricapilla*, Linn. et Lath., pl. 3o d'Edwards, fig. 1 et 2, le mâle prenant sa livrée parfaite, et le jeune de l'année ; pl. 94 de Lewin, tom. 3, en anglois, *pied flycatcher*, et pl. 22, tom. 2, de Donovan.

M. Temminck, qui nomme cet oiseau Gobe-mouches bec-figue, *Muscicapa luctuosa*, cite, parmi les synonymes, l'*emberiza luctuosa*, en renvoyant à la planche enluminée 668, fig. 1, qui représente le bec-figue de Buffon, de Scopoli, *Ann.*, 1, n.° 215, et de Gmelin, p. 935 ; et il décrit le *vieux mâle*, dans son plumage d'été ou de noces, comme long de cinq pouces et ayant toutes les parties supérieures du corps et les pennes de la queue d'un noir profond ; le front et toutes les parties inférieures d'un blanc pur ; les ailes noires, avec les grandes et les moyennes couvertures en partie blanches. La *vieille femelle*, privée du miroir, a les parties supérieures d'un brun uniforme, et les trois *pennes latérales* de la queue blanches sur leurs bords : ce sont là aussi les seules différences qui caractérisent les jeunes.

Cette espèce, si c'en est réellement une, habite en grand nombre, dit M. Temminck, dans les pays méridionaux, le long de la Méditerranée : elle se trouve aussi dans le centre de la France et de l'Allemagne ; mais elle est plus rare en Angleterre et ne se voit jamais en Hollande. Elle vit le plus habituellement dans les bois en plaine, dans les parcs, les vergers, et en Italie dans les plantations d'oliviers et de figuiers : elle place son nid dans les rameaux unis de deux arbres voisins, ou dans les trous naturels des branches, et elle y pond cinq à six œufs d'un bleu verdâtre très-clair. Sa nourriture consiste, suivant le même naturaliste, en mouches et autres petits insectes, qu'elle enlève de dessus les fruits mous et les feuilles ; mais M. Vieillot, qui en a élevé chez lui, a observé que c'est bien la pulpe des fruits que ces oiseaux attaquent, et dont ils se nourrissent pendant leur maturité.

A l'égard du Gobe-mouches rougeatre ; *Muscicapa parva* de Bechstein et de M. Temminck, les doutes sur l'existence réelle de cette espèce dans le genre Gobe-mouches sont encore plus naturels que relativement à la précédente, et les auteurs cités avouent que cet oiseau est fort rare dans les forêts de la Thuringe, et qu'on n'en a point vu ailleurs. Au reste, il est annoncé comme étant long de quatre pouces cinq lignes, et ayant toutes les parties supérieures d'une seule nuance de cendré rougeâtre ; les pennes des ailes d'un cendré brun ; les pennes caudales blanches à l'origine et noirâtres à l'extrémité ; la gorge, la poitrine et le devant du cou roux ; le ventre blanc.

Asie.

Gobe-mouches a tête bleuatre de l'île de Luçon ; *Muscicapa cyanocephala*, Gmel. et Lath. Suivant Sonnerat, qui l'a fait figurer dans son Voyage à la Nouvelle-Guinée, pl. 26, n.º 1, cet oiseau est de la taille de la linotte commune ;

sa queue est fourchue ; sa tête d'un bleu foncé presque noir ; sa gorge et les parties supérieures de son corps sont d'un rouge foncé et les inférieures d'un brun clair.

GOBE-MOUCHES VERDATRE de la Chine ; *Muscicapa sinensis*, Gmel. et Lath. Sonnerat a décrit au tome 2.ᵉ, p. 151, de son Voyage aux Indes, cette espèce, dont la taille excède peu celle du moineau franc, et qui se fait remarquer par la bande blanche partant de l'angle de la mandibule supérieure et entourant le noir du sommet de la tête.

GOBE-MOUCHES NOIR ET JAUNE de Ceilan ; *Muscicapa melanictera*, Gmel. Cet oiseau, de la taille de notre chardonneret, porte le nom de *malkala kourla* à Ceilan, où on l'élève en cage, à cause de la douceur de son chant. Cette circonstance est propre à faire douter s'il s'agit réellement ici d'une espèce de gobe-mouches, quoique l'oiseau soit décrit et peint sous ce nom dans les Illustrations de Brown, page 79, pl. 32. Au reste, il a la tête et les joues noires ; la poitrine jaune ; le dos d'un cendré jaunâtre ; les pennes alaires et caudales noirâtres, et les jambes d'un bleu pâle.

GOBE-MOUCHES A LONGUE QUEUE DE JAVA ; *Muscicapa javanica*, Gmel. Sparrman a fait figurer, sur la 75.ᵉ pl. de son *Museum carlsonianum*, cette espèce, de la taille du gobe-mouches commun, et qui a le bec, les pieds, le haut de la gorge et les pennes caudales noirs, à l'exception de leur extrémité, qui est blanche, ainsi que le ventre. La queue, fort longue, a le bout arrondi.

GOBE-MOUCHES MUSICIEN ; *Muscicapa aëdon*, Gmel. Cet oiseau, de la Daourie, qui habite de préférence les rochers et les vallées découvertes de la Tartarie orientale, est encore une des espèces de ce genre auxquelles on attribue une voix mélodieuse, puisque Pallas compare au chant du rossignol celui qu'elle fait entendre pendant la nuit. Ce gobe-mouches est de la taille de la grive rousserolle. Le dessus du corps est d'un brun ferrugineux, le dessous blanc. La queue, d'un brun cendré, a les pennes centrales de la même longueur et les autres plus courtes.

GOBE-MOUCHES ORANOR ; *Muscicapa subflava*, Vieill. M. Levaillant, qui a donné dans le 4.ᵉ volume de son Ornithologie d'Afrique, pl. 159, n.ᵒˢ 1 et 2, la figure du mâle et de la femelle de cette espéce, de l'île de Ceilan, dit qu'elle est à peu près de la taille de notre chardonneret, mais qu'elle a le corps plus alongé et la queue très-longue. La gorge, la tête et toutes les parties supérieures du corps sont d'un noir glacé de gris bleuâtre; le dessous du corps, le croupion et les plumes latérales de la queue sont d'une couleur aurore très-vive; le bec, les pieds et les ongles sont d'un brun noir.

GOBE-MOUCHES ROSÉ; *Muscicapa rosea*, Vieill. Le naturaliste Macé a trouvé au Bengale cette espèce, qui a été déposée dans les galeries du Muséum de Paris, et qui a la tête, le dos et les couvertures des ailes gris; le croupion et le dessus de la queue d'un gris lavé de rose. Le menton est blanc et la gorge, le devant du cou et la poitrine sont de couleur rose; plusieurs pennes de l'aile sont d'un brun rouge, qui se remarque surtout lorsque l'aile est fermée; la queue est étagée et les barbes externes sont en partie rouges. Un jaune jonquille remplace le rouge sur les individus regardés comme femelles.

GOBE-MOUCHES A GORGE BLEUE; *Muscicapa hyacinthina*, Temm. Cette espèce, de l'île de Timor, dans l'Archipel des Indes, est figurée sur la 50.ᵉ pl. des Oiseaux coloriés de MM. Temminck et Laugier. Elle a cinq pouces de longueur totale. On peut la comparer, pour les formes, au gobe-mouches commun d'Europe. Le mâle a le tour du bec et le lorum d'un beau noir; le front, la gorge et la poitrine d'un bleu d'azur très-brillant; le sommet de la tête, la nuque et toutes les autres parties supérieures, d'un beau bleu légèrement cendré; les pennes des ailes et de la queue brunes, bordées de bleuâtre; le ventre et le surplus des parties inférieures d'un roux vif. Chez la femelle on voit des teintes d'un vert cendré sur les parties supérieures du corps et aux ailes, et une nuance rose au-dessous.

GOBE-MOUCHES VERMILLON; *Muscicapa miniata*, Temm., pl. color. 156. Cette espèce a été trouvée par M. Reinwardt sur les montagnes de l'intérieur de l'île de Java, et elle existe au Musée des Pays-Bas et à celui de Paris. Le sommet de la tête et la gorge du mâle sont d'un noir lustré à reflets d'acier. Le haut du dos et les scapulaires sont d'un rouge

mordoré; le bas du dos, le croupion, la poitrine, le ventre
et le dessous des ailes sont d'un vermillon très-vif; les pennes
alaires, en partie de la même couleur, sont noires à l'extrémité, et les pennes caudales le sont dans le sens inverse :
ces dernières pennes sont légèrement étagées. Les couleurs
sont plus ternes chez la femelle.

On doit au même voyageur la connoissance d'une autre
espèce, sous le nom de GOBE-MOUCHES VÉLOCE, *Muscicapa hi-
rundinacea*, Temm., pl. color., 119, dont le croupion et le
dessous du corps sont blancs et les parties supérieures d'un
noir à reflets bleus, comme aux hirondelles, chez le mâle,
tandis que la femelle a le dessus du corps d'un brun foncé
et noirâtre.

GOBE-MOUCHES CHANTEUR; *Muscicapa cantatrix*, Temm.,
Oiseaux color., pl. 226. Cet oiseau, long de cinq pouces sept
ou huit lignes, a été trouvé dans les bois de l'île de Java,
où il fait entendre des chants très-agréables. Il a le bec plat
et en forme de cône alongé à sa surface supérieure. Sa
queue, longue, a les pennes égales; les ailes n'en couvrent
que le tiers. On voit au front du mâle un bandeau étroit
d'un bleu d'azur, et dont les extrémités atteignent le dessus
des yeux; le tour du bec et le lorum sont d'un noir velouté;
le sommet de la tête, la nuque, le dos, les ailes et la queue
sont blancs; les rémiges et le dessous de la queue sont noirs;
la gorge, le devant du cou et les parties inférieures, d'un
roux clair. Le bandeau, le lorum et le tour de l'œil sont
blanchâtres chez la femelle, qui a la tête et la nuque cendrées et le dos olivâtre.

GOBE-MOUCHES FLAMMÉA; *Muscicapa flammea*, Forster. L'espèce ainsi nommée par Forster dans sa Zoologie des Indes,
où le mâle est bien figuré, et dont les deux sexes ont été
représentés depuis sur la planche 263 des Oiseaux coloriés
de M. Temminck, ne diffère point du *parus malabaricus*,
Lath., ni du *parus peregrinus*, figuré pl. 48 et 49 du *Museum
carlsonianum*, Sparrm. On la trouve à Java, à Banda, à Sumatra, à Ceilan, etc. La forme de la queue et la manière
dont les pennes sont étagées, établissent aussi des rapports
avec le gobe-mouches oranor de M. Levaillant et le gobe-
mouches vermillon dont on vient de parler. Un noir à reflets

couvre la tête, la nuque, le dos, une partie des ailes, les quatre pennes centrales et le commencement des pennes latérales de la queue du mâle adulte. Le reste de la queue, une partie des pennes alaires, la poitrine et le dessous du corps sont d'une couleur orangée. La femelle a le front et le croupion d'un jaune olivâtre; le sommet et le derrière de la tête, la nuque et le dos d'un cendré noirâtre, et toutes les parties inférieures jaunes.

D'autres espèces des Indes sont encore citées dans les journaux et recueils d'histoire naturelle, comme le *muscicapa carinata*, décrit et peint dans la 5o.ᵉ livraison des Illustrations zoologiques de Swainson et les *muscicapa obscura, indigo, banyamas*, dans les Recherches zoologiques faites par Horsfield à l'île de Java et aux îles voisines.

Afrique.

C'est à M. Levaillant qu'on doit la connoissance de la plupart des gobe-mouches de cette partie du monde. Mais, comme quelques espèces, telles que les *schet* et les *tchitrec*, ont été rangées par d'autres naturalistes avec les platyrhynques, on se bornera à les indiquer ici, en suivant l'ordre dans lequel M. Levaillant en a parlé au tome 3.ᵉ de son Ornithologie d'Afrique.

Le premier est le *tchitrec*, dont le mâle, dans son habit d'hiver, avoit déjà été figuré par Brisson, tome 2, pl. 59, n.° 2, sous le nom de gobe-mouches huppé du Sénégal, et par Buffon, sous le même nom, pl. 373, n.° 2 ; mais dont M. Levaillant a donné de meilleures figures, tant du mâle que de la femelle, en y ajoutant celle du nid (pl. 142 et 143).

Le deuxième est le *tchitrecbé*, que Brisson avoit aussi figuré, pl. 41, n.° 1, sous le nom de gobe-mouches huppé du cap de Bonne-Espérance, et Buffon, pl. 234, n.° 1, sous celui de moucherolle huppé à tête de couleur d'acier poli. M. Levaillant a consacré trois planches, les 144.ᵉ, 145.ᵉ et 146.ᵉ, aux deux sexes des tchitrecbé roux, blanc et varié.

Le troisième est le *schet roux*, pl. 27 et 3o de Brisson, n.ᵒˢ 1, 2 et 3; pl. enl., 224, n.ᵒˢ 1 et 2, et pl. 147 de Levaillant, n.ᵒˢ 1 et 2.

Le quatrième, enfin, est le *schel noir*, pl. 148 de Levaillant, n.ᵒˢ 1 et 2.

Ces divers gobe-mouches ont de longues queues.

A la suite des quatre oiseaux qu'on vient de désigner, le savant naturaliste en décrit deux autres, dont il donne les figures, pl. 49 et 50, sous les noms de *nébuleux* et de *cordon noir*; mais il avoue lui-même que ce sont plutôt des fauvettes à longue queue que des gobe-mouches. On trouve dans le tome 4.ᵉ l'histoire et les figures des gobe-mouches suivans :

Gobe-mouches mantelé; *Muscicapa cyanomelas*, Vieill. Les deux sexes sont représentés dans l'Ornithologie d'Afrique, pl. 151. Ils ont tous deux une huppe et une longue queue; mais le mâle n'a, en aucun temps, les deux pennes plus alongées dont le tchitrec est orné dans la saison des amours. La huppe et le cou de ce mâle sont d'un noir brillant, avec une teinte bleue; le manteau et le croupion sont d'un gris bleuâtre; l'aile est traversée d'une bande blanche; les parties inférieures sont nuancées d'un gris bleuâtre sur un fond blanc; le bec, garni de longs poils, est, ainsi que les pieds, d'un noir bleuâtre, et l'iris d'un brun cannelle. La femelle a les scapulaires, les ailes et la queue d'un brun clair. La huppe du gobe-mouches mantelé forme une belle crête, qu'il relève en même temps qu'il épanouit sa queue, en lui faisant faire la roue comme le coq d'Inde. On trouve ces oiseaux au cap de Bonne-Espérance, dans les forêts d'Auteniquoi, et dans les bois de mimosas du pays des Cafres. Le mâle a un petit cri aigre et grasseyant, *schrret, schrret*.

Le Gobe-mouches a lunettes, dont M. Levaillant parle immédiatement après et dont les deux sexes sont figurés pl. 152, possède une faculté analogue à celle du précédent; il étale sa queue et en forme un éventail ouvert qu'il ramène sur son dos. Cet oiseau a le dessus du corps brun; ses yeux sont entourés de petits poils blancs qui présentent l'apparence de lunettes, et le mâle a de plus un hausse-col noir, qui se détache sur le fond blanc des parties inférieures.

Gobe-mouches petit-azur; *Muscicapa cærulea*, Lath. Cette espèce, qui est figurée sur la planche enluminée de Buffon, 666. n.° 1, sous le nom de *gobe-mouches bleu des Philippines*, a environ cinq pouces de longueur. La tête, le dos et tout le devant du corps sont d'un bleu d'azur, à l'exception de deux taches noires, l'une sur la nuque et l'autre sur la poitrine. Le ventre est blanc ; la femelle, d'un bleu moins foncé, n'a pas de taches noires.

Le même oiseau se trouve en Afrique dans les grands bois de la côte de Natal ou du pays des Cafres, et fait au sommet des grands arbres, entre les rameaux les plus touffus, un nid composé de mousse en dehors et de brins chevelus intérieurement, dans lequel il pond cinq œufs d'un gris roussâtre. M. Levaillant a fait figurer le mâle et la femelle dans le 4.ᵉ volume de son Ornithologie d'Afrique, pl. 153, sous le nom de *gobe-mouches azur à calotte et à collier noirs.*

GOBE-MOUCHES MIGNARD ; *Muscicapa scita*, Vieill. Ce joli petit oiseau, figuré sur la planche 154 de M. Levaillant, n.ᵒˢ 1 et 2, a la taille et la forme svelte et alongée de la mésange à longue queue, et cette partie, dont le milieu est noir, est étagée et frangée de blanc de chaque côté. Le plumage est, en général, d'un gris bleuâtre en-dessus et blanc sous le corps ; une tache noire part du devant du bec et s'étend jusqu'à l'oreille ; le milieu de la gorge et du sternum est teint légèrement d'une couleur rougeâtre qui sembleroit provenir d'une blessure, et qu'on ne remarque chez la femelle qu'en écartant les plumes. Cette espèce, qu'on trouve chez les Cafres et surtout chez les grands Namaquois et sur les bords de la rivière d'Orange, se décèle par son petit cri *zizizit*, parmi les feuillages touffus, où elle se tient en embuscade pour saisir les moucherons qui se trouvent à sa portée, et lorsqu'il en passe une colonne près d'elle, elle la traverse avec agilité et en tout sens.

M. Levaillant regarde l'oiseau dont il s'agit comme intermédiaire entre les gobe-mouches et les figuiers : il a le tarse plus alongé que ceux-là ; mais son bec est plus triangulaire et plus aplati que celui des figuiers. Le même auteur forme des gobe-mouches qui vont suivre une division particulière, à laquelle, selon lui, appartiennent les gobe-mouches d'Europe.

GOBE-MOUCHES ONDULÉ ; *Muscicapa undulata*, Gmel. L'oiseau figuré sous ce nom par M. Levaillant, pl. 156, n.ᵒˢ 1 et 2, et auquel cet auteur a trouvé tant de ressemblance avec le gobe-mouches commun d'Europe, que, de son aveu, il seroit facile de les confondre, a paru, d'un autre côté, à M. Vieillot avoir tant de rapports avec le gobe-mouches décrit par Buffon comme venant de l'île de France, qu'il l'a jugé de la même espèce. Dans ces circonstances on se bornera ici à indiquer les signes distinctifs que M. Levaillant a cités dans son rapprochement, et qui consistent surtout en ce que la queue du gobe-mouches d'Europe est un peu fourchue, tandis que chez l'africain les pennes latérales sont les moins longues, et que l'aile du premier a dix-sept pouces et celle du dernier quatorze seulement. L'oiseau d'Afrique est très-abondant dans le pays d'Auteniquoi et sur la côte de Natal. Le ramage du mâle exprime *tzirer chrest*, et la femelle pond cinq œufs d'un gris roussâtre dans un nid garni de poils et revêtu de mousse, qui est placé sur les taillis et dans les buissons.

GOBE-MOUCHES ÉTOILÉ ; *Muscicapa stellata*, Vieill., pl. de Lev., 157, fig. 1 et 2. La tête de cet oiseau est entourée d'une sorte de capuchon d'un gris bleuàtre, sur lequel tranche une petite étoile blanche, placée, de chaque côté du front, entre le bec et l'œil ; il y a au bas du cou un petit collier de la même couleur. Le dessus du corps est d'un vert olivâtre, et le dessous jaune. Le mâle fait entendre au printemps un ramage à peu près semblable à celui du pinson. Ces oiseaux font leur nid sur les arbres, dans une enfourchure à l'extrémité des branches basses. Ce nid, composé d'herbes entrelacées et revêtu de lichen, est garni intérieurement de racines minces, et l'on y trouve quatre œufs d'un gris verdàtre avec des points roux.

GOBE-MOUCHES AZUROU ; *Muscicapa aurea*, Vieill. Le mâle et la femelle de cette espèce sont figurés pl. 158, n.ᵒˢ 1 et 2 de M. Levaillant. L'un et l'autre sont d'un bleu d'azur sur le corps ; mais la gorge, la poitrine et le ventre du mâle sont d'un roux orangé, et les mêmes parties sont blanches chez la femelle. Le cri d'appel de celui-là exprime *pict-pict-piereret, piereret*. Ces oiseaux, peu sauvages, qui se nourrissent de chenilles et d'araignées, font sur les mimosas un nid posé dans une enfourchure, qui tient très-solidement à toutes les branches dont il est entouré, qui est fort profond, et renferme cinq ou six œufs d'un vert olivâtre avec des points roux, surtout vers le gros bout, où ils forment une sorte de cordon circulaire. Cet oiseau paroît avoir du rapport avec le gobe-mouches à gorge bleue de M. Temminck.

Gobe-mouches môlenar ; *Muscicapa pristrinaria*, Vieill. Le nom donné à cet oiseau par les colons hollandois, et que, selon M. Levaillant, ils écrivent *moolenar*, signifie *meunier* : il vient de ce que le ramage du mâle imite le bruit que produit la pierre des moulins à bras, c'est-à dire *grerrrrar*, *grerrrrar*, *grerrrrar*, bruit sourd, qu'il répète continuellement, et qui fait reconnoître sa présence dans les buissons épais et touffus qu'il fréquente. Le mâle, à peu près de la taille de la mésange charbonnière, est d'un brun roussâtre, avec des nuances olivâtre sur la tête et les parties supérieures du corps ; les ailes et la queue sont noirâtres et lisérées de blanc; une tache noire traverse les yeux en s'élargissant; la gorge est noire et séparée par un espace blanc du plastron noir qui ceint la poitrine; les flancs sont roux, et le reste des parties inférieures est d'un blanc pur. La femelle, un peu plus petite, a la gorge, la poitrine et le ventre d'un roux ferrugineux. M. Levaillant a vu des couples de ces oiseaux depuis la rivière de Duyvvenhoc jusqu'au pays d'Auteniquoi.

Gobe-mouches pririt ; *Muscicapa pririt*, Vieill. Ces oiseaux, figurés par M. Levaillant, pl. 61, n.ᵒˢ 1 et 2, sont communs sur les côtes est et ouest d'Afrique; ils sont de la même taille que le précédent, et la poitrine du mâle est aussi enveloppée par un large plastron noir; le blanc de la gorge et du devant du cou s'étend des deux côtés et forme une sorte de collier; le dessus de la tête et du corps est d'un gris ardoisé, et les parties inférieures sont blanches; son cri est *pririt*, *pririt*. Il y a de l'analogie entre cette espèce et la précédente, qui toutes deux se rapprochent des traquets.

Amérique.

Gobe-mouches cendré du Canada ; *Muscicapa canadensis*, Lath. On trouve sur la planche 26, n.º 2, de l'Ornithologie américaine de Wilson, la figure de cet oiseau, qui n'a que quatre pouces et demi de longueur. Les plumes du sommet de sa tête sont noires au centre et cendrées sur l'occiput ; le dos, les couvertures supérieures de la queue et les parties inférieures du corps, sont jaunes, avec quelques taches noires sur le devant du cou ; les plumes anales sont blanchâtres, et les pennes alaires et caudales d'un gris brunâtre.

GOBE-MOUCHES HUPPÉ A VENTRE GRIS. Cette espèce, longue de quatre pouces, habite à la Guiane dans les lieux découverts : c'est le *motacilla cristata* de Gmelin, le *sylvia cristata* de Latham et le *muscicapa cristata* de M. Vieillot, qui a été figuré dans la planche enluminée de Buffon, 391, n.° 1, sous le nom de *figuier huppé*. Sa huppe est composée de petites plumes arrondies et frangées de blanc sur un fond brunâtre ; le dessus du corps est d'un gris blanchâtre, et le dessous d'un brun tirant sur le vert.

GOBE-MOUCHES OLIVATRE DE LA NOUVELLE-YORK ; *Muscicapa atra*, Gmel. Les Anglo-Américains nomment cet oiseau *mangeur d'abeilles*, parce que c'est surtout à ces insectes qu'il fait la chasse. La tête est noirâtre, ainsi que les pennes des ailes, dont la bordure est blanche ; la poitrine est cendrée et le ventre d'un jaune pâle ; les pieds sont noirs.

GOBE-MOUCHES OLIVE DE CAYENNE ; *Muscicapa agilis*, Gmel. et Lath., planches enluminées de Buffon, n.° 574, fig. 2. Cette espèce, dont la longueur totale n'excède pas quatre pouces et demi, a la taille et les couleurs du pouillot d'Europe ; mais son bec est aplati. Les numéros 1 et 3 de la même planche représentent le GOBE-MOUCHES BRUN et le GOBE-MOUCHES TACHETÉ, aussi de Cayenne, *Muscicapa fuliginosa* et *Muscicapa virgata*, Gmel. et Lath., dont le premier est brun en-dessus et blanchâtre en-dessous, à l'exception de la poitrine, qui est fauve, et dont le second a le dessus de la tête jaunâtre, les parties supérieures brunes, les ailes traversées de deux bandes rousses, et les parties inférieures cendrées, avec de petites taches longitudinales brunes.

GOBE-MOUCHES dit le PETIT-NOIR AURORE ; *Muscicapa ruticilla*, Gmel. et Lath., pl. 35 et 36 de Wilson, Oiseaux de l'Amérique septentrionale. Cette espèce, qui habite les États-Unis pendant l'été, le Mexique et les grandes Antilles pendant l'automne et jusqu'au printemps, est longue d'environ quatre pouces et demi; elle a la tête, la gorge, les parties supérieures du corps et la queue noires; l'origine des pennes caudales, le milieu des pennes alaires et les côtés de la poitrine d'un jaune aurore; la poitrine, le ventre et les plumes anales blanches: la teinte aurore est remplacée par une simple couleur jaune chez la femelle, et le noir par du gris foncé et du brun noirâtre.

Gobe-mouches petit-coq; *Muscicapa alector*, P. Max. Cette espèce fait partie du groupe désigné par d'Azara sous la dénomination de *queues-rares*, et qui est décrit sous le numéro 225 des Oiseaux du Paraguay et de la Plata. Sonnini en a fait graver une mauvaise figure dans l'Atlas dont il a accompagné sa traduction de l'auteur espagnol, et M. Vieillot en a fait un genre particulier sous le nom de Gallite, *Alectrurus*. Le prince Maximilien de Neuwied a depuis trouvé le même oiseau au Brésil, et, ayant reconnu qu'il appartenoit au genre Gobe-mouches, il lui a donné le nom spécifique de *muscicapa alector*, sous lequel l'oiseau est figuré dans les planches coloriées de MM. Temminck et Laugier, n.° 155. M. Natterer, de Vienne, en a postérieurement rapporté plusieurs individus par lui tués dans la même contrée. On va rectifier, d'après ces voyageurs, la description du petit-coq imprimée dans le tome 18, pag. 112, de ce Dictionnaire, verb. Gallite.

Le mâle a le front et les joues marbrés de blanc et de noir; le sommet de la tête, la nuque, le dos, les scapulaires et un demi-ceinturon sur les côtés de la poitrine, d'un noir profond, sans aucune tache chez les adultes dont la mue a eu lieu depuis long-temps, mais varié de brun lorsque la mue est récente. Les épaulettes, la base des pennes alaires et une partie de leurs barbes extérieures sont blanches, ainsi que la gorge et le dessous du corps; les pennes caudales sont noires et forment deux plans verticaux; les deux du centre ont leur tige prolongée en un fil très-délié et long d'environ six lignes. La femelle a la queue toujours pendante, un peu voûtée et en forme d'une gouttière renversée; le dessus du corps est d'un brun sombre; la gorge est blanche, le demi-ceinturon roussâtre, et tout le reste des parties inférieures d'un blanc roussâtre. Ces oiseaux, dont le bec est garni de poils comme celui des gobe-mouches, en ont aussi les formes et les habitudes.

Gobe-mouches double-œil; *Muscicapa diops*, Temm., pl. color., 144, fig. 1. Cette espèce du Brésil, longue de quatre pouces, a une tache d'un blanc jaunâtre entre le bec et l'œil; la mandibule supérieure est brune et l'inférieure blanche; le dessus du corps est d'un vert clair et un peu olivâtre, laquelle couleur borde aussi les pennes alaires et caudales; la gorge et la poitrine sont d'un gris cendré; le ventre est blanc : la femelle ne diffère point du mâle.

La figure 2 de la même planche représente le mâle du Gobe-mouches distingué, *Muscicapa eximia*, Temm., qui a le sommet de la tête d'un cendré bleuâtre, les yeux surmontés d'une bande blanche, le lorum et la gorge variés de blanchâtre et de verdâtre, le devant du cou et la poitrine d'un vert jaunâtre, et chez lequel un vert clair couvre les mêmes parties, qui ont cette couleur dans l'espèce précédente.

Le mâle du Gobe-mouches flamboyant; *Muscicapa flammiceps*, Temm., est aussi figuré sur la planche 144, n.° 3. Le sommet de la tête est garni de plumes un peu longues, et celles du centre sont d'une couleur de feu chez le mâle et rousses chez les femelles; le front, la nuque, le dos, le croupion, sont d'un brun mordoré, couleur dont on voit des taches longitudinales sur le cou et à la poitrine, qui a le fond blanchâtre; la queue est brune; les ailes sont d'un brun noir et leurs couvertures sont traversées de petites bandes roussâtres.

Les trois espèces ci-dessus décrites, habitent toutes le Brésil, et n'ont chacune que quatre pouces de longueur.

Gobe-mouches plombé; *Muscicapa cæsia*, P. Max. C'est le prince Maximilien de Neuwied, déjà nommé, qui, dans son ouvrage intitulé, *Tableaux de l'histoire naturelle du Brésil*, a donné la description et la figure de cette espèce, qu'on retrouve sur la planche 17 des Oiseaux coloriés de M. Temminck. Ce dernier auteur, après avoir reconnu qu'il existe une variation presque infinie dans les formes des petites espèces d'oiseaux insectivores, avoue que le gobe-mouches plombé seroit aussi bien placé au dernier échelon du genre Pie - grièche ou avec les fourmiliers. Il a les tarses un peu moins longs que ceux de la plupart des. fourmiliers et le bec moins fort que celui de certaines pie-grièches. Le plumage du mâle est presque partout d'un cendré bleuàtre; le bec est noir. La femelle a la tête, le cou et le dos d'un brun fauve; le menton est blanchâtre; le ventre est d'un roux foncé; les ailes et la queue sont d'un roux brun. Ces oiseaux habitent la Guiane, ainsi que le Brésil.

GOBE-MOUCHES GORGERET : *Muscicapa gularis*, Natterer; Oiseaux coloriés, pl. 167, fig. 1. Ce petit gobe-mouches du Brésil paroît à M. Temminck devoir former le passage des gobe-mouches aux todiers. Le sommet de la tête et la nuque sont d'un cendré noiràtre; les joues sont d'un roux clair, couleur qui s'étend au-dessus des yeux et sur les côtés du cou; la gorge et les parties inférieures sont cendrées; le dos et les pennes alaires et caudales sont verdàtres.

On voit sur la même planche, fig. 2, le GOBE-MOUCHES PAILLE, *Muscicapa straminea*, Natt., dont le mâle a le bec plus large que celui d'un tyranneau, et plus déprimé que ne l'ont ces oiseaux, qui diffèrent si peu des mésanges par la forme du bec, qu'on hésite sur la place qu'ils doivent occuper. Le mâle de cette espèce, qui n'a que trois pouces sept lignes de longueur, porte une petite huppe couchée, qui est blanche au centre et noiràtre sur les côtés. Les joues sont de couleur de plomb, la nuque est d'un cendré pur, le dos d'un cendré olivàtre; les ailes sont noiràtres et bordées de blanc; la queue est de la même couleur; la gorge et la poitrine sont légèrement cendrées et les parties inférieures d'une couleur paille.

Enfin, la troisième figure de la même planche est celle du GOBE-MOUCHES A QUEUE GRÊLE; *Muscicapa sternera*, Temm. Cet oiseau du Brésil, long de quatre pouces, n'est placé que provisoirement avec les gobe-mouches par M. Temminck, qui lui trouve de grands rapports avec les mérions d'après la surface plane de ses mandibules, et qui se distingue de ses congénères par la brièveté de ses ailes et la longueur de sa queue, étagée et composée de plumes très-grêles. Le front, le lorum et la bande au milieu de laquelle les yeux se trouvent placés, sont d'un blanc pur; la tête et

la nuque sont couvertes de plumes noires, bordées de blanc.
La couleur dominante du plumage est d'un roux de rouille,
avec des mèches noires sur les parties supérieures; la queue,
qui est noirâtre, a son extrémité blanche; la gorge et le
milieu du ventre sont d'un blanc jaunâtre; le bec et les
pieds sont noirs.

Océanie.

GOBE-MOUCHES A AILES ET QUEUE ROSES; *Muscicapa rhodoptera*,
Lath. Cette espèce, de la Nouvelle-Galles du Sud, a le bec
et les pieds bruns, ainsi que le dos; les plumes de la tête
effilées et tachetées de noir; le milieu des pennes alaires et
la plus grande partie des pennes caudales de couleur rose,
et le dessous du corps blanc.

GOBE-MOUCHES BURRIL; *Muscicapa rufifrons*, Lath. On connoît à la Nouvelle-Galles, sous le nom de *burril*, cet oiseau,
qui n'y paroît qu'au mois de Novembre et dont la taille est
celle du rossignol. Un roux foncé et rougeâtre colore le
front, les joues, la région dorsale et l'origine des pennes
de la queue; un brun pâle règne sur le haut de la tête; les
couvertures des ailes, une partie des pennes caudales, le
ventre et les plumes anales, la gorge, le devant du cou et
la poitrine sont d'un blanc jaunâtre avec des taches noires.

GOBE-MOUCHES A POITRINE ROSE; *Muscicapa rhodogastra*, Lath.
La couleur qui règne en général sur le plumage de cet oiseau
est un brun plus pâle sous le corps; mais il se distingue par
une belle plaque rose sur la poitrine et quelques taches
pareilles sur les couvertures des ailes.

GOBE-MOUCHES A POITRINE ET VENTRE ROUGES; *Muscicapa coc-
cinigastra*, Lath. Cette espèce qui, comme la précédente,
se trouve à la Nouvelle-Galles du Sud, a cinq pouces un
quart de longueur. Le bec et les pieds sont bruns chez l'une
ainsi que chez l'autre; mais celle-ci a la poitrine et le ventre
d'un rouge foncé, et une large tache noire lui couvre le
front et enveloppe les yeux; le menton et les côtés du cou
sont blancs; le dessus du corps est olivâtre. Les ailes sont
en partie blanches et en partie noires; la queue est longue;
ses pennes latérales, noires à la base, sont blanches dans le
reste, et les deux intermédiaires sont en totalité de la première de ces couleurs.

33.　　　　　　　　　　　　　　　　　　7

On trouve encore à la Nouvelle-Galles méridionale,

1.º Le Gobe-mouches a croupion orangé; *Muscicapa melano-cephala*, Lath. Tout le dessous du corps est blanc, avec des stries longitudinales noires sur la poitrine; la tête et le cou sont noirs.

2.º Le Gobe-mouches aux joues noires; *Muscicapa barbata*, Lath., dont la queue est très-longue, le dessus du corps brun et le dessous jaune.

3.º Le Gobe-mouches gris-jaune; *Muscicapa flavigastra*, Lath., qui est de la taille du moineau, et a le bec, les pennes alaires et caudales noires; le dos et les couvertures des ailes d'un gris ardoisé, et le dessous du corps d'un jaune pâle.

4.º Le Gobe-mouches a capuchon noir; *Muscicapa cucullata*, Lath., dont la tête paroît fort grosse d'après la quantité de plumes noires qui la recouvre; le dessus du corps est de la même couleur et le dessous est blanc.

Les îles de la mer du Sud sont aussi habitées, 1.º par un Gobe-mouches noir, *Muscicapa nigra*, Gmel., dont Sparrman a donné la figure dans le *Museum carlsonianum*, pl. 25, et qui, long de cinq pouces et demi, a le plumage entière-ment noir, et habite à Otahiti et aux îles de la Société; 2.º par le Gobé-mouches booddang, *Muscicapa multicolor*, Gmel. et *Muscicapa erythrogastra*, Lath., dont la figure se trouve planche 50 du *Synopsis* de ce dernier auteur. Cette espèce, dont les tarses sont longs, a la tête, le cou, le dos, les ailes et la queue noirs; le front et les moyennes couvertures des ailes blancs; la poitrine et le ventre d'un rouge de carmin; le bas-ventre et les plumes anales rougeâtres. Les parties qui sont noires dans le mâle, sont brunes chez la femelle, dont la poitrine et le ventre sont d'un orangé pâle, et dont les flancs et les plumes anales sont d'un blanc jaunâtre.

On a aussi rapporté de la Nouvelle-Hollande un Gobe-mouches d'un brun cendré, *Muscicapa australis*, Lath., qui a les parties supérieures d'un brun cendré, les inférieures jaunes; et des îles Sandwich une autre espèce, *Muscicapa obscura*, Lath., qui a près de sept pouces de longueur; dont le bec, large à la base, est un peu échancré à la pointe; dont la queue est longue d'environ trois pouces, et dont la couleur dominante est un brun qui devient roussâtre sur le ventre.

M. Vieillot avoit déjà désigné sous le nom de gobe-moucherons, *muscicapa minuta*, Lath., une espèce de gobe-mouches de l'Amérique méridionale, plus petite que le roitelet, dont le plumage est, en général, d'un gris olive, ayant une foible teinte de verdâtre au bas du dos et sur le ventre, et des lignes d'un blanc jaunâtre sur les couvertures des ailes, dont les pennes sont noirâtres. M. Temminck a depuis appliqué, mais d'une manière provisoire, la dénomination de Gobe-moucherons à un petit groupe, le plus voisin des mésanges et formant le dernier échelon des gobe-mouches. Il en a fait figurer, sur sa 275.ᵉ planche coloriée, trois espèces : l'une sous le nom de gobe-moucherons passegris, *muscicapa obsoleta*, Natterer, laquelle a beaucoup de rapports avec celle ci-dessus indiquée, et les deux autres sous les noms de gobe-moucherons ventru, *muscicapa ventralis*, Natt., et gobe-moucherons verdin, *M. virescens*, Natt. Il cite comme espèces analogues ou voisines, le *sylvia elata*, Latham, *Index ornithologicus*, tom. 2, p. 549; le roitelet mésange de Buffon, et la mésange huppée du même, pl. enl., 708, fig. 2 et 3.

§. 2. MOUCHEROLLES.

On a déjà exposé quels étoient les caractères particuliers assignés aux moucherolles par les auteurs, qui en font un genre distinct des gobe-mouches sous le nom de *Muscipeta*. Il n'en existe pas en Europe, mais on en a trouvé dans les autres parties du monde.

Asie.

Moucherolle des Philippines ; *Muscicapa philippensis*, Gmel. Cet oiseau, de la taille du rossignol, a les yeux surmontés d'une ligne blanche ; on voit aux angles du bec des poils longs et divergens ; le plumage est d'un gris brun sur le corps et blanchâtre en-dessous.

Moucherolle noir de l'ile de Luçon ; *Muscicapa luzoniensis*, Gmel., et *lucionensis*, Lath. Cette espèce, que Sonnerat a figurée, pl. 27, n.° 2, de son Voyage à la Nouvelle-Guinée, se trouve aussi à Madagascar, où les Madécasses la nomment *testa courbé*. La tête, la gorge, le dessus du cou, le dos, les ailes et la queue sont d'un noir changeant en violet ; la poitrine, le ventre et les flancs sont d'un gris noirâtre ; on voit une tache blanche au milieu de chaque aile; le bec et les pieds sont noirs.

Moucherolle a cou jaune ; *Muscicapa flavicollis*, Gmel. Cet oiseau de la Chine, long d'environ six pouces, a le bec rouge et le front noir, avec une moustache de la même couleur sur les joues; les yeux sont entourés d'un cercle jaunâtre, qui s'étend en pointe au-delà; le devant du cou est d'un jaune qui prend une teinte rougeâtre sur les côtés de la poitrine; le dessus du corps est vert, et le ventre, de la même couleur, est marqué de trois taches jaunâtres; les ailes et la queue sont noirâtres et ont une bordure jaune. Celle-ci est très-fourchue.

Moucherolle bleu ; *Muscicapa cyanea*, Vieill. Cette espèce, de la taille du motteux, a été apportée de Timor par M. Lesueur : elle a le bec noir et les pieds bruns; le ventre et les plumes anales sont roux, et le reste du corps est d'un beau bleu foncé. Chez la femelle les parties supérieures sont d'un gris bleu, la gorge, le devant du cou et la poitrine roux.

Afrique.

Moucherolle jaune tacheté; *Muscicapa afra*, Gmel. Cette espèce, qui a sept pouces et demi de longueur, se trouve au cap de Bonne-Espérance. Le dessus de la tête, de couleur rousse, est rayé de noir; les ailes et la queue sont de la première de ces couleurs et le reste du corps est varié de taches noirâtres irrégulières sur un fond d'un jaune sale.

Moucherolle des déserts ; *Muscicapa deserti*, Gmel. et Lath. Cet oiseau a été décrit et figuré, sous le nom de *Muscicapa fuliginosa*, dans le *Museum carlsonianum*, pl. 47, par Sparrman, qui l'a trouvé dans les déserts de l'Afrique, le long de la rivière Hévi et vers la source du Quamodacka. Le bec est d'un jaune pâle; les pieds sont noirs, et tout le plumage est de couleur de suie; la queue est une fois et demie aussi longue que le corps, et l'oiseau présente les formes sveltes de la mésange à longue queue.

Amérique.

Moucherolle brun de la Martinique; *Muscicapa petechia*, Linn. et Lath., pl. de Buffon, 568, fig. 2. Cet oiseau, qui a six pouces et demi de longueur, est de la taille du cochevis; un brun foncé, uniforme, lui couvre la tête, les ailes, la queue et tout le dessus du corps; on voit sur les parties inférieures des ondulations transversales blanches et grises, avec des teintes d'un brun roux, qui deviennent rougeâtres aux couvertures de la queue, laquelle est carrée.

Moucherolle a bracelets; *Muscicapa armillata*, Vieill. Cette espèce des Antilles, et qu'on trouve le plus communément à la Martinique, est figurée par M. Vieillot dans ses Oiseaux de l'Amérique septentrionale, pl. 42. Elle a un peu plus de six pouces de longueur; son bec est noirâtre et ses pieds sont bruns; l'œil est entouré de blanc, couleur dont il existe une tache sur chaque côté de la gorge; la tête et les parties supérieures du corps sont d'un gris ardoisé; les pennes des ailes sont noirâtres, ainsi que celles de la queue, dont les trois latérales sont en partie blanches; le devant du corps est d'un brun roux, et la circonstance qui lui a fait donner son nom, est qu'on voit sur les plumes du bas de la jambe une sorte de bracelet d'un beau jaune.

Moucherolle a croupion jaune de Cayenne; *Muscicapa spadicea*, Gmel. et Lath. Sa longueur est de six pouces sept lignes; la tête et le dessus du corps sont d'un brun rougeâtre: le croupion est jaune, et les parties inférieures sont d'un brun obscur. Il existe dans le même pays un Moucherolle fauve, *Muscicapa cinamomea*, Lath., dont le plumage a beaucoup d'analogie avec celui du précédent.

On trouve aussi à la Guiane et aux grandes Antilles : 1.° le Moucherolle jaune, *Muscicapa cayanensis*, Lath., et *M. flava*, Vieill., lequel est figuré dans les Oiseaux de l'Amérique septentrionale sous le numéro 41. La femelle est représentée sur les planches enluminées de Buffon, 569, n.° 2. L'occiput du mâle est garni de plumes longues et d'un bel orangé; sa gorge est blanche et les autres parties inférieures sont d'un jaune jonquille. 2.° Le Moucherolle a huppe blanche, *Muscicapa martinica*, Gmel., et *M. albicapilla*, Vieill., pl. 36 des Oiseaux de l'Amérique septentrionale, dont la huppe, formée de plumes blanches à la base et brunes vers le bout, n'est sensible qu'au moment où l'oiseau les hérisse. L'espèce, d'ailleurs, est brune aux parties supérieures et cendrée sur les inférieures.

Moucherolle pewit : *Muscicapa fusca*, Gmel. et Lath.; pl. 40 des Oiseaux de l'Amérique septentrionale. On nomme *pewit* aux États-Unis cette espèce, qui s'y trouve pendant l'été : elle a le bec et le dessus de la tête noirâtres; le dessus du corps et les côtés de la poitrine d'un gris sombre ; le centre de cette dernière partie et le dessous du corps blancs. La femelle est d'un gris sombre sur la tête.

Moucherolle a queue fourchue du Mexique : *Muscicapa forficata*, Linn.; pl. enl. de Buffon, n.° 677. Cette espèce, de la taille de l'alouette commune, a dix pouces de longueur, en y comprenant pour moitié la queue, dont les pennes extérieures sont les plus longues et vont en se raccourcissant jusqu'à celles du milieu. La tête et le dos sont d'un gris très-clair avec une teinte rougeâtre. Les petites couvertures des ailes, dont le fond est cendré, et les grandes, qui sont noirâtres, sont frangées de blanc en forme d'écailles; les pennes alaires, tout-à-fait noires, ont la bordure roussâtre; les pennes caudales sont d'un noir velouté; le dessous du corps est blanc.

Les oiseaux que d'Azara a décrits sous le nom de *suiriris* dans son Ornithologie du Paraguay, forment la plus grande partie des moucherolles de l'Amérique méridionale auxquels M. Vieillot a appliqué des noms méthodiques.

Moucherolle a tête rousse : *Muscicapa ruficapilla*, Vieill.; n.° 178 de d'Azara. Cet oiseau, qui a cinq pouces trois quarts de longueur, a la tête d'un roux foncé et les parties supérieures presque en totalité roussâtres et brunes. Le dessous du corps présente une suite de taches longitudinales blanchâtres et noirâtres. Il vit au Paraguay dans les endroits couverts de buissons; il ne voyage point et n'est pas farouche.

Moucherolle colon : *Muscicapa colonus*, Vieill.; d'Azara, n.° 180. Cette espèce a huit pouces trois quarts jusqu'à l'extrémité des deux pennes intermédiaires de la queue, qui excèdent les autres de trois pouces et demi. Ces pennes, totalement dénuées de barbes dans leur milieu, n'en ont que de courtes à l'origine et à l'extrémité : les cinq pennes de chaque côté, égales entre elles, sont bien fournies de barbes. Le plumage de ces oiseaux est presque entièrement noir. D'Azara n'a vu qu'assez rarement, et toujours en hiver,

le mâle et la femelle, qui ne se quittent pas et restent constamment dans les grands bois du Paraguay , où ils ne se
cachent jamais et guettent les insectes de dessus les branches
élevées des arbres desséchés.

Moucherolle a bec bleu : *Muscicapa cyanirostris*, Vieill.;
n.º 181 de d'Azara. Cet oiseau, dont le plumage est noir,
a cinq pouces dix lignes de longueur : il se tient seul sur la
lisière des bois, et c'est du milieu ou du bas des buissons
qu'il saisit les insectes ou descend à terre pour les prendre.

Moucherolle noiratre du Paraguay : *Muscicapa nigricans*,
Vieill.; *Suriri tacheté* de d'Azara , traduction de Sonnini,
n.º 182. Les dimensions de cette espèce sont les mêmes que
celles de la précédente. La tête, le cou et le dos sont noirâtres; la gorge et le ventre blancs; le devant du cou, la
poitrine , les flancs et les plumes anales sont parsemés de
taches longitudinales noirâtres et d'un blanc roussâtre; les
tarses sont noirs.

Moucherolle a sourcils jaunes : *Muscicapa icterophrys* ,
Vieill.; n.º 183 de d'Azara, sous le nom de *Suriri noirâtre
et jaune*. Il a six pouces un quart de longueur; son bec est
légèrement rétréci à la base , ce qui l'éloigne des caractères
généraux des suriris, et ses tarses sont assez longs ; le dessus
du corps est d'un vert foncé, et le dessous d'un jaune vif; une
bandelette de la même couleur s'étend sur les côtés de la tête
et couvre la paupière supérieure. C'est du haut des buissons
qu'il épie les insectes, et il ne montre aucune défiance.

Moucherolle pointillé : *Muscicapa punctata*, Vieill.; d'A-
zara, n.º 184. Cet oiseau, pointillé de blanc sur le corps, a
les pennes alaires frangées de vert, leurs couvertures supérieures frangées de blanc et les pennes caudales extérieures
frangées de blanchâtre en dehors.

Moucherolle tacheté du Paraguay : *Muscicapa varia* ,
Vieill.; d'Azara, n.º 187. Les plumes du dessus de la tête sont
noirâtres; mais, en les soulevant, on aperçoit du jaune vif,
de l'orangé et du blanc. Les parties supérieures sont noirâtres. Le ventre et les couvertures du dessous des ailes sont
d'un jaune pâle; aux autres parties inférieures elles sont
noirâtres au centre avec une bordure blanche sur le devant
du cou et d'un jaune pâle sur le reste.

Moucherolle rouge : *Muscicapa rubra*, Vieill.; d'Azara, n.° 188. Cet oiseau est cramoisi sur le corps, d'un roux blanchâtre sur le devant du cou et d'un blanc mêlé de jaune sur la poitrine et le ventre.

Moucherolle siffleur : *Muscicapa sibilator*, Vieill.; d'Azara, n.° 191. Cet oiseau, long de sept pouces un quart, a les plumes du sommet de la tête noires et celles du dessus du cou et du dos brunes au milieu ; leurs bords et le croupion d'un vert foncé : la queue est presque noire, et les pennes alaires noirâtres avec une bordure blanchâtre.

Moucherolle bleu et blanc : *Muscicapa phœnoleuca*, Vieill.; d'Azara, n.° 192. Une couronne jaune, entourée de blanc, se voit sur la tête, dont le surplus est noir, ainsi que la queue ; le dos et les autres parties supérieures sont de couleur brune, et le dessous du corps est blanc.

Outre les moucherolles tirés des suriris de d'Azara, M. Vieillot, d'après l'observation de Sonnini, en a formé un du troupiale *yipéru* de d'Azara, n.° 75, sous le nom de Moucherolle yipéru, *Muscicapa yetapa*, Vieill. Cet oiseau, long de quinze pouces trois quarts, et dont la langue est petite et fourchue à son extrémité, a reçu le nom d'*yetapa*, qui signifie *ciseaux*, de la faculté qu'il possède de suspendre son vol, en ouvrant fortement, puis resserrant sa très-longue queue. Les plumes qui couvrent la tête de cet oiseau, sont dénuées de barbes à leur bout et rudes au toucher; elles sont de couleur de plomb, ainsi que celles du cou et de la poitrine ; il y a sur l'oreille une tache d'un roux vif qui, en descendant, forme une sorte de cravate ; le dos et les couvertures supérieures de l'aile sont noirâtres; les pennes alaires et caudales offrent un mélange de brun et de blanchâtre, avec une tache rougeâtre sur les premières. L'yipéru fréquente en petites troupes les marais et les terres qui les avoisinent, et fait entendre un petit sifflement : il se pose sur les joncs et les arbustes, cherche les vers par terre et saisit les insectes qui passent à sa portée; mais, au total, on a pu remarquer, dans ses formes et ses habitudes, plusieurs circonstances étrangères aux autres moucherolles. Le mâle et la femelle du *muscicapa yetapa* sont figurés dans les planches coloriées sous les n.°ˢ 286 et 296.

Le même auteur a aussi rangé parmi ces derniers deux autres oiseaux, que d'Azara avoit placés dans des groupes différens. Ce sont :

1.° Le lindo brun à huppe jaune, de la traduction de Sonnini, n.° 101; MOUCHEROLLE MELANOPS, *Muscicapa melanops*, Vieill., dont le mâle a une huppe formée de plumes soyeuses et fort longues; les côtés et le derrière de la tête, le dessus du cou et du corps bruns et les parties inférieures d'un roux blanchâtre. Cet oiseau du Paraguay ne se montre dans les lieux découverts que pour passer d'un bois à l'autre.

2.° MOUCHEROLLE A QUEUE EN AIGUILLE : *Muscicapa caudacuta*, Vieill.; Queue-en-aiguille de d'Azara, n.° 227, dont la taille n'excède point quatre pouces un quart, et qui a les plumes du sommet de la tête noirâtres, avec quelques raies brunes sur leurs bords; celles du cou et du dos aussi noirâtres, mais bordées de roussâtre; les parties inférieures d'un blanc doré mêlé de roux; le bec et les tarses noirs.

Océanie.

MOUCHEROLLE A HUPPE JAUNE D'OTAHITI ; *Muscicapa lutea*, Lath. Cette espèce, qu'on nomme à Otahiti *oo mamao pooahoa*, est longue de cinq pouces et demi; elle a le bec et les yeux de couleur de plomb, les pieds cendrés, les ongles noirs, et son plumage est, en général, d'une couleur d'ocre, avec des teintes noirâtres sur les ailes et la queue.

MOUCHEROLLE NOIR DE L'ÎLE DE TANNA ; *Muscicapa passerina*, Lath. L'auteur anglois n'a décrit cet oiseau que d'après un dessin qui le représentoit comme étant d'un noir sombre aux parties supérieures et blanchâtre aux inférieures.

MOUCHEROLLE DE LA NOUVELLE-HOLLANDE ; *Muscicapa Novæ Hollandiæ*, Lath. Si cet oiseau et les MOUCHEROLLES DE LA NOUVELLE-CALÉDONIE, *Muscicapa caledonica*, et TACHETÉ de la même contrée, *Muscicapa nævia*, Lath., ne différoient par la taille, on pourroit hésiter à les regarder comme des espèces réelles et distinctes : mais le premier a sept pouces de longueur, le second six seulement, et le troisième huit et demi. La couleur du plumage est, du reste, peu tranchée sur ces oiseaux. Le premier, brun en-dessus et blanchâtre en-dessous, a une raie jaune, qui va de l'œil à l'oreille; le second, d'un vert olivâtre sur le corps, est d'un blanc sale et jaunâtre aux parties inférieures; et le troisième, dont le dos présente des ondulations de blanchâtre et de noir, est plus blanc sous le corps.

MOUCHEROLLE A QUEUE EN ÉVENTAIL; *Muscicapa flabellifera*, Lath. et Gmel. Cet oiseau, figuré dans le *Synopsis de Latham*, pl. 49, et que les habitans de la Nouvelle-Zélande appellent *diggo wagh-wagh*, a six pouces et demi de longueur. Son plumage est en grande partie olivâtre; il a un collier noir qui tranche sur le blanc du cou; les parties inférieures, d'une teinte de rouille, deviennent blanches au bas-ventre; la queue, en forme de coin, a les pennes latérales blanches; il les étale en forme d'éventail lorsqu'il vole et pirouette en l'air, et il est si familier qu'il poursuit les moucherons jusque sur la tête des hommes.

MOUCHEROLLE A TÊTE D'UN JAUNE DORÉ; *Muscicapa ochrocephala*, Lath. Cette espèce, de cinq pouces un quart de longueur, et qui se trouve aussi dans la Nouvelle-Zélande près de la baie de la reine Charlotte, a la tête, le cou et la poitrine d'un jaune doré; le dessus du corps d'un vert jaunâtre, à l'exception du croupion, qui est cendré, et les parties inférieures blanches.

MOUCHEROLLE A FACE NOIRE; *Muscicapa melanopsis*, Vieill. Un beau noir velouté couvre le front et la face de cette espèce, longue de six pouces et qui se trouve à la Nouvelle-Galles du Sud : elle est d'un gris foncé sur le devant du cou et le dessus du corps, et d'un roux très-vif par-dessous; le bec est verdâtre et sa base est bleue.

MOUCHEROLLE A MOUSTACHES; *Muscicapa barbata*, Lath. Cet oiseau, de la même contrée que le précédent, a huit à neuf pouces de longueur. Son plumage est presque en totalité d'un vert pâle; mais, ce qui le fait remarquer, c'est la large moustache noire qui, partant des coins de la bouche, s'étend au-dessus des yeux et jusque derrière la tête, où elle est frangée de jaune.

MOUCHEROLLE A POITRINE NOIRE; *Muscicapa pectoralis*, Lath. C'est encore à la Nouvelle-Galles méridionale qu'on trouve cette espèce, de sept pouces et demi de longueur, qui a une partie de la tête, les côtés du cou et la poitrine noirs, la gorge et le devant du cou blancs, et le reste du corps jaune.

Enfin, ce pays est habité par un oiseau que les indigènes appellent Djou, et dont Latham a fait son *Muscicapa crepitans*, à cause du chant, qui imite le bruit aigu et éclatant d'un fouet de cocher. Mais il est douteux que cet oiseau, qui se nourrit principalement de miel, et qui, toujours prêt à combattre, sait se faire craindre des autres, même des perroquets, soit véritablement un moucherolle. Au reste, il est de la taille d'une grive; son plumage est en grande partie noir, avec des lignes transversales d'un blanc sombre sur la gorge, et son bec est robuste. (Ch. D.)

MOUCHERONS. (*Entom.*) On appelle ainsi tous les petits diptères ou insectes à deux ailes. (C. D.)

MOUCHET. (*Ornith.*) Les fauconniers appellent ainsi le tiercelet ou mâle de l'épervier. C'est aussi le nom vulgaire de la fauvette d'hiver, *motacilla modularis*, Linn. (Ch. D.)

MOUCHETÉ. (*Bot.*) Paulet donne ce nom à deux champignons, qu'il désigne l'un de l'autre par *petit moucheté et moucheté verdâtre*. Ils forment, dans la famille des *cèpes mousseur*, le groupe des *mousseux mouchetés*.

Le *Moucheté verdâtre*, Paulet, Tr., 2, pag. 375, pl. 173, fig. 1, 2, est une espèce du genre Bolet de Linnæus, dont la chair change de couleur lorsqu'on la coupe. Son chapeau est brun et moucheté ou tigré par l'effet de gerçures. Ses tubes sont d'un vert grisâtre lavé de rouge.

Le *Petit moucheté*, Paulet, *l. c.*, fig. 3, 4, diffère du précédent par son stipe en forme de cheville rougeâtre à sa partie supérieure. Il paroît suspect et se rencontre dans les bois des environs de Paris, en automne et au printemps.

On donne aussi le nom de Moucheté à la Fausse-Oronge. Voy. Grivelé. (Lem.)

MOUCHETÉ. (*Ichthyol.*) Nom spécifique, selon quelques auteurs, d'un poisson que nous avons décrit dans ce Dictionnaire, tom. IX, p. 557, sous la dénomination de Coffre tigré. (H. C.)

MOUCIEU. (*Actinoz.*) Selon M. Bosc on donne ce nom à la physalide. (Desm.)

MOUCLE. (*Malacoz.*) Mauvaise prononciation du mot Moule. (De B.)

MOUCLIER. (*Ornith.*) Un des noms vulgaires du canard morillon, *anas fuligula*, Linn. (Cʜ. D.)

MOUCOU-MOUCOU. (*Ornith.*) Ce nom est celui d'un grand arum qui croît dans les lieux inondés de la Guiane, *arum arborescens*, Linn., et Aublet, Plantes de la Guiane, part. 2, p. 835; mais M. Virey dit à l'article de l'onoré des bois, tom. 57 de l'édition de Buffon donnée par Sonnini, p. 313, que, suivant une note à lui fournie par ce dernier, les Indiens appliquent le nom de la plante à un onoré qu'on trouve dans les endroits où elle abonde. (Cʜ. D.)

MOUETTES et GOÉLANDS; *Larus*, Linn. (*Ornith.*) Ces oiseaux ont les mêmes caractères génériques, et les deux noms pourroient être indistinctement employés pour désigner la totalité des espèces; mais depuis Buffon l'on est dans l'usage d'appliquer le nom de *goélands* à celles qui sont plus grandes que le canard, et le nom de *mouettes* à celles dont la taille est inférieure. Outre le nom latin *larus*, ils portent, dans la même langue, la dénomination de *gavia*, d'où est venue celle de *gabian* en provençal. On les appelle aussi *mauves*, d'après l'allemand *mew*, *meuwen* (miauleurs); mais, comme ce nom de *mauve* appartient aussi à une plante très-connue, il est convenable de l'exclure du règne animal.

Les mouettes ont le bec de médiocre longueur, lisse, tranchant, comprimé latéralement; la mandibule supérieure est courbée vers le bout; l'inférieure est renflée et forme près de la pointe un angle saillant (on en trouve la figure dans le *Taschenbuch der deutschen Vögelkunde* de Meyer et Wolf); les narines latérales, placées au milieu du bec et percées à jour, sont en général linéaires et plus larges en devant, mais chez une grande espèce qui a le bec plus court et très-gros, elles sont plus ou moins arrondies; la langue, un peu fendue, est aiguë à l'extrémité; le tarse est long et nu au-dessus du genou; les trois doigts antérieurs sont entièrement palmés, et les latéraux sont extérieurement bordés d'une petite membrane; le doigt de derrière, fort petit, est élevé de terre et privé d'ongle chez une espèce; les ongles sont falculaires; les ailes, dont les deux premières pennes sont les plus longues, ont beaucoup d'ampleur et dépassent la queue.

La tête de ces oiseaux est grosse ; leur cou est court. Dans l'état de repos ils ont l'air triste, le cou renfoncé, le port ignoble : leur plumage étant serré et épais, ce sont de bons nageurs ; mais ils volent presque continuellement et savent braver les plus fortes tempêtes. Buffon appelle ces oiseaux voraces et criards les *vautours de la mer*, qu'ils nettoient des cadavres de toute espèce flottant à sa surface ou rejetés sur les rivages. Ils fourmillent sur les bords de la mer, où ils recherchent surtout le poisson frais ou gâté, la chair récente ou corrompue, des vers, des coquillages et tout ce que leur estomac peut digérer. Répandus sur tout le globe, ils couvrent par leur multitude les plages, les écueils et les rochers, qu'ils font retentir de leurs clameurs. Il y a même des espèces qui fréquentent les eaux douces ; on en rencontre en mer à plus de cent lieues de distance ; et d'Azara, qui les a vus en quantités innombrables auprès des tueries de Monte-Video, de Buenos-Ayres et sur les places de ces villes, où ils ramassent les débris des boucheries et se posent quelquefois sur les toits, prétend qu'ils s'enfoncent beaucoup dans les terres lorsqu'ils sont attirés par les animaux morts ; il ajoute même que dans les plantations ils se posent sur les figuiers pour en manger les fruits, ce qui ne paroît guère s'accorder avec leur appétit carnassier. Au reste, partout ils s'épient mutuellement, et si l'un d'eux saisit quelque morceau, les autres l'entourent et l'étourdissent de leurs cris jusqu'à ce qu'il ait lâché sa proie. Mais, tandis que d'Azara n'a jamais observé qu'ils s'attaquassent entre eux, suivant d'autres naturalistes ils se battent avec une fureur que redouble la vue du sang, et celui qui est blessé devient une victime qu'ils immolent à leur voracité. Ces faits ne paroissent pas vraisemblables chez des oiseaux lâches et bien mal armés pour se livrer de pareils combats. Comme les goélands, qui sont infiniment multipliés, ne peuvent subsister que d'une pâture offerte par le hasard, ou de la proie qu'ils réussissent à enlever, ils sont doués de la faculté de supporter la faim pendant long-temps, et feu Baillon père en a gardé un qui a vécu neuf jours sans prendre aucune nourriture. Mais le besoin d'alimens et la crainte d'en manquer ne doivent pas moins causer des agitations perpétuelles à ces oiseaux, qui fondent sur leur proie avec une violence telle qu'ils avalent l'amorce et l'hameçon, et s'enferrent sur la pointe placée par un pêcheur sous le poisson qu'il leur présente comme appât. Il est donc fort naturel qu'ils poursuivent les individus de leur espèce en la possession desquels ils voient des alimens; c'est même ce que font journellement sous nos yeux les moineaux, les poules, etc.; mais il y a loin de là à des attaques du genre de celles des animaux féroces.

C'est surtout pendant les ouragans que les goélands sont livrés aux horreurs de la faim; et Mauduyt, qui a eu occasion de les considérer à Naples durant une tempête, y a fait à leur sujet des observations intéressantes. Les goélands qui s'abattoient de temps en temps sur l'eau, étoient trop légers pour que les vagues, qui les emportoient et les ballottoient, pussent les submerger. Aussi, après avoir paru engloutis, les revoyoit-on bientôt à la cime des flots, d'où ils s'élançoient sans peine, malgré la longueur de leurs ailes. Mauduyt a conclu de ces faits que les oiseaux dont il s'agit et ceux d'une conformation semblable, qui s'éloignent à de si grandes distances, se reposent sur la mer quand ils en ont besoin, et se relèvent sans peine de sa surface toujours sillonnée par des vagues plus ou moins hautes.

Les navigateurs ont trouvé des goélands partout; mais ils sont plus nombreux et plus grands dans les pays du Nord, où les cadavres des gros poissons et des baleines leur offrent une pâture plus abondante, et c'est sur les îles désertes des deux zones polaires, où ils ne sont pas inquiétés, qu'ils préfèrent de nicher. Un trou creusé dans le sable leur suffit pour y faire leur ponte, qui s'effectue aussi dans les crevasses des rochers; mais, dans les contrées moins désertes, les petites espèces recherchent les rivages des étangs ou de la mer qui sont couverts d'herbes. Le nombre de leurs œufs n'est pas toujours le même, et l'on en trouve tantôt deux, tantôt quatre : ces œufs, dit-on, sont bons à manger. La chair des goélands est dure, coriace, de mauvais goût, et les peuples qui se trouvent dans la nécessité d'en faire usage, les accrochent d'abord par les pieds, afin que l'huile sorte de leur corps. Suivant le P. Dutertre, Hist. génér. des Antilles, tom. 2, p. 274, les sauvages des Antilles jettent ces oiseaux tout entiers dans

le feu sans les vider ni leur enlever les plumes, qui forment
une croûte sur la peau, et lorsqu'ils veulent les manger, ils
ôtent cette croûte et ouvrent le corps par le milieu.

Leurs couleurs sont les mêmes dans les divers pays, et consistent dans le blanc, le cendré bleuâtre, le brun noirâtre
et le gris, dont les distributions varient tellement, selon l'âge
des individus, qu'on en a trop multiplié les espèces. Les
jeunes ne prennent leur plumage parfait qu'à la seconde où
à la troisième année, et jusqu'à cette époque ils vivent en
petites troupes, séparés des vieux, surtout à l'époque des
couvées. On a observé chez toutes les espèces connues que
la mue étoit double; et les signes auxquels on peut reconnoître les individus dont la livrée est parfaite, sont l'absence de taches ou bandes noires sur la queue, alors tout-
à-fait blanche. La longueur comparative du tarse et des
ailes est aussi un moyen à employer pour distinguer les
jeunes et les vieux. La taille des femelles est inférieure à
celle des mâles. Suivant Lewin, tom. 7, pag. 19, elles ont
la queue terminée de noir, tandis qu'elle est blanche chez
les mâles. Une autre différence chez celles-là consiste à avoir
un rang de plumes de couleur foncée sur les couvertures
des ailes, et quelquefois le plumage tacheté ou varié; ce
qui réduiroit le nombre des espèces du genre et feroit trouver dans chacune la femelle, qu'on ne connoît pas, dit le
même auteur, dans des espèces fort communes.

Il existe parmi les goélands et les mouettes une si grande
confusion, et les divers auteurs sont si peu d'accord entre
eux, qu'on hésite à assigner une place fixe aux espèces et
à leur appliquer des synonymes. M. Cuvier est celui qui les
réduit au plus petit nombre. M. Vieillot, qui en a admis
davantage, a terminé son article dans le nouveau Dictionnaire d'histoire naturelle, par proposer lui-même ses doutes
sur les synonymes. Mais M. Temminck, le dernier qui ait
décrit ces oiseaux, annonce que sa nomenclature est fondée
sur des vérifications ultérieures que lui et ses amis et cor-
respondans ont eu occasion de faire; et c'est la seconde
édition de son Manuel que l'on va suivre plus particulièrement dans l'ordre méthodique et les descriptions. Comme
il y est fait un assez grand nombre de corrections, afin de

ne pas occasioner de nouvelles erreurs , on sera même obligé de se conformer plus strictement à ces descriptions, où sont indiqués les motifs qui ont fait donner la préférence à certains caractères sur d'autres.

§. 1.*er* Goélands.

Goéland bourgmestre : *Larus glaucus*, Brunn., *Ornith. bor.*, n.° 148; *Larus ichtyætus* , Pallas , Lath., *Index*, pag. 811 , n.° 1; *Larus leuceretes*, Schleep. et pl. 35 de Naumann. M. Temminck, dans la première édition de son Manuel, pag. 490, avoit d'abord proposé la dénomination de *giganteus* pour cette espèce, qu'il avoit désigné dès-lors comme identique avec le *larus ichthyætus* de Pallas ; et l'une ou l'autre de ces épithètes auroit peut-être été plus convenable que celle de *glaucus*, qu'il a adoptée dans la seconde édition du même ouvrage, puisqu'elle n'auroit nécessité aucun autre changement dans la nomenclature de Gmelin et de Latham, citée dans tous les ouvrages postérieurs, et qu'il auroit suffi d'extraire des synonymies le *larus glaucus* de Brunnich, plus particulièrement applicable au *grand goéland* dont il s'agit ici. A l'égard du nom françois de bourgmestre, employé par Buffon d'après Martens, dans son Voyage au Spitzberg, s'il appartient plutôt à cette espèce qu'au *larus glaucus* de Gmelin, n.° 17, et de Latham, n.° 7, l'inconvénient de la transposition est moins important que pour la nomenclature latine des méthodistes.

Cet oiseau, long de vingt-six pouces environ et dont la grosseur égale celle de la bernache, *anas erythropus*, Linn., c'est-à-dire le plus grand des goélands, a dans son état parfait le bec d'un beau jaune et l'angle de la mandibule inférieure d'un rouge vif; un cercle nu, de la même couleur, entoure les yeux, dont l'iris est jaune; la tête, le cou, le dessous du corps, la queue et plus de deux pouces de l'extrémité des rémiges, sont d'un blanc pur, et cette couleur, qui est aussi celle des baguettes, termine toutes les autres pennes des ailes; le manteau est d'un cendré bleuâtre et moins foncé que chez le bleu-manteau ordinaire; les pieds sont livides, et les tarses ont dix à onze pouces de longueur.

On distingue, pendant la première année, les jeunes de cette espèce de ceux du goéland à manteau noir par leur bec plus long et plus fort, par les tiges des pennes alaires, qui sont toujours blanchâtres , tandis que chez les autres espèces elles sont noires; par les nuances générales des teintes grises et brunes, qui sont toujours plus claires, et par les pennes primaires et secondaires des ailes, qui sont d'un brun sale et non noirâtre.

Cet oiseau, qui habite les contrées les plus septentrionales, et qu'on trouve plus fréquemment vers l'Orient, sur les grandes mers et sur les golfes , est plus rare sur les côtes de l'Océan, où les jeunes se montrent dans l'automne. Il fait entendre en volant un cri rauque, assez semblable à celui du corbeau. Il se nourrit, à ce qu'il paroît, de charognes de cétacés, de jeunes pingouins et de poissons. Les uns disent qu'il niche sur le sable ; les autres , dans des crevasses de rochers. La femelle pond des œufs verdâtres, d'une forme ovale alongée, et marqués de quelques taches noires.

GOÉLAND A MANTEAU NOIR; *Larus marinus*, Linn. et Lath. M. Temminck décrit les vieux comme étant à peu près de la même taille que le précédent, et ayant, dans leur plumage parfait d'hiver, le sommet de la tête, la région des yeux, l'occiput et la nuque blancs, avec une raie longitudinale d'un brun clair au centre de toutes les plumes; le front , la gorge, le cou, le dessous du corps et la queue d'un blanc parfait; le haut du dos, les scapulaires et toute l'aile d'un noir foncé, paroissant nuancé de bleuâtre ; les rémiges, vers le bout, d'un noir profond et terminées par un grand espace blanc, couleur qui se remarque aussi à l'extérieur des scapulaires et des pennes secondaires ; le bec d'un jaune blanchâtre ; l'angle de la mandibule inférieure et le tour des yeux rouges; l'iris d'un jaune brillant, marbré de brun; les pieds d'un blanc mat, et les tarses de la même longueur qu'au précédent.

Les jeunes de l'année ont la tête et le devant du cou d'un blanc grisâtre avec des taches brunes; les plumes des parties supérieures sont d'un brun noirâtre dans le milieu, et les bords d'un blanc roussâtre, ce qui forme des bandes transversales sur les couvertures des ailes. Le dessous du corps est d'un gris sale, rayé de taches et de larges zigzags bruns. Les pennes du milieu de la queue ont plus de noir que de blanc; les latérales sont noires vers le bout et blanchâtres à l'extrémité; les rémiges, qui sont noirâtres, ont un peu de blanc à la pointe. Le bec est d'un noir profond; l'iris et le tour des yeux sont bruns et les pieds d'un brun livide.

Depuis la première année jusqu'à l'âge de deux ans, les parties brunes passent au blanc et la tête devient d'un blanc pur; la pointe et la base du bec prennent une teinte livide. A deux ans, dans la mue d'automne, le manteau est d'un noirâtre varié de taches irrégulières, brunes et grises; le blanc n'offre plus que quelques mouchetures clair-semées, et l'on voit sur la queue des marbrures noires; le bec prend la tache rouge avec du noir au milieu, et le reste est d'un jaune livide avec des taches noires. Enfin, le plumage est parfait à la troisième mue d'automne. Le *larus nævius*, Gmel., le *larus marinus junior*, Lath., sont des jeunes qui n'ont pas encore un an, et le *goéland varié* ou *grisard* de Buffon, pl. enl., 266, est un individu parvenu à cet âge. Il en est de même de la pl. 210 de Lewin. Les vieux, en plumage d'été ou de noces, ont le sommet de la tête, la région des yeux, l'occiput et la nuque d'un blanc parfait sans aucune tache, et c'est alors le *larus marinus*, Gmel., le goéland noir-manteau, Buff., pl. enl., 990 et Lewin, pl. 209. Cette espèce, la seconde en grosseur, est décrite par M. d'Azara, Oiseaux du Paraguay, n.° 409. Elle est assez rare sur la Méditerranée, et on ne la trouve qu'accidentellement dans l'intérieur des terres ou sur les eaux douces. Elle quitte rarement les rivages de la mer; elle est très-abondante dans le Nord, aux Orcades et aux Hébrides, et elle se montre, dans son double passage, sur les côtes de Hollande, de France et d'Angleterre. Elle se nourrit de poissons vivans ou morts, de frai, rarement de coquillages bivalves, et elle fait sur les rochers, dans les régions du cercle arctique, un nid dans lequel la femelle pond trois ou quatre œufs, que M. Temminck dit être d'un vert olivâtre très-foncé, avec quelques taches plus ou moins grandes d'un brun noirâtre, et qui ont été figurés par Lewin avec une teinte différente, pl. 45, n.° 2.

Goéland a manteau bleu ; *Larus argentatus*, Brunn., et *Larus glaucus*, Gmel. Le mâle de cette espèce a vingt-deux à vingt-trois pouces de longueur, et la femelle seulement vingt-un a vingt-deux pouces. Les vieux, en plumage parfait d'hiver, ont le sommet de la tête, la région des yeux, l'occiput, la nuque et les côtés du cou blancs, avec une raie longitudinale d'un brun clair au milieu ; le front, la gorge, le dessous du corps, le croupion et la queue très-blancs ; le haut du dos, les scapulaires et les ailes d'un cendré bleuâtre ; les rémiges noires vers le bout, qui dépasse de très-peu celui de la queue, et terminées par un grand espace blanc avec les baguettes noirâtres ; le bec d'un jaune d'ocre ; l'angle de la mandibule inférieure rouge ; le tour des yeux et l'iris jaunes ; les pieds de couleur de chair livide, et les tarses longs de deux pouces cinq à six lignes.

Les jeunes de l'année ont la tête, le cou et le dessus du corps d'un gris foncé avec des taches d'un brun clair ; cette dernière couleur occupe le centre des plumes dorsales, qui sont bordées de roussâtre : les pennes caudales sont brunes, blanchâtres à la base et terminées par du jaune roussâtre ; les rémiges sont d'un brun noirâtre, ainsi que le bec. Ces couleurs deviennent plus pâles, et le blanc s'étend davantage pendant la seconde année. Le manteau, d'un bleu cendré, se dessine à la deuxième mue du printemps, et le plumage a acquis sa perfection à la troisième année après la mue d'automne. Le *goéland à manteau gris et blanc*, de Buffon, est un individu décrit pendant cette dernière mue. Les vieux, en plumage d'été ou de noces, ont la tête et le cou tout-a-fait blancs, comme on le voit chez le *goéland à manteau gris ou cendré*, de Buffon, pl. 253.

Goéland a pieds jaunes : *Larus fuscus*, Gmel. et Lath.; *Larus flavipes*, Meyer, *Taschenbuch*, vol. 2, pl. du frontispice ; Naumann, *Vög.*, tab. 36, fig. 31. Le mâle de cette espèce a dix-neuf à vingt pouces de longueur, et la femelle un pouce de moins. Le tarse a deux pouces une à deux lignes ; les ailes dépassent d'environ deux pouces l'extrémité de la queue, et le bec, proportion gardée, est moins gros et plus court que dans les espèces précédentes. Le sommet, les côtés, le derrière de la tête et le cou sont blancs, avec une raie longitudinale d'un brun clair au centre de chaque plume; le front, la gorge, le dessous du corps, le bas du dos et la queue sont d'un blanc parfait; le manteau est d'un noir d'ardoise; les rémiges sont presque entièrement noires; le bec et les pieds sont jaunes. Tels sont, dans leur plumage parfait d'hiver, les vieux, qui, en été, ont la tête et le cou tout-à-fait blancs.

Cet oiseau, qui dans l'hiver habite les bords de la mer et n'est que de passage sur les fleuves des parties orientales de l'Europe, se trouve en été sur les parties septentrionales; il est même commun en Angleterre et sur la Baltique : il est de passage en automne sur les côtes de Hollande et de France. On trouve aussi dans l'Amérique septentrionale la même espèce, qui fait son nid sur les dunes, les rochers ou dans le sable, et dont la ponte consiste, suivant Meyer, en deux œufs d'un gris brun, tachetés de noir.

M. Temminck reconnoît en outre l'existence, sur les côtes de la Nouvelle-Hollande, d'une espèce longue de vingt-trois pouces, qu'il propose, d'après M. Vieillot, de nommer *larus leucomelas*, et qui peut être caractérisée par un bec court, très-fort, subitement renflé vers le bout; des narines ovoïdes; le tarse long de trois pouces; le manteau et les ailes noirs; le reste du plumage blanc, avec une large bande noire à l'extrémité de la queue; le bec et les pieds jaunes. Cet oiseau a été trouvé par M. de Labillardière à l'île Maria, près de la terre de Diémen.

Latham parle, dans le second supplément du *Synopsis*, pag. 332, d'un autre goéland, qui habite la Nouvelle-Galles méridionale et auquel il donne, à la page 68 du Supplément de l'*Index ornithologicus*, le nom de *larus pacificus*; mais, comme il trouve beaucoup d'analogie entre cet oiseau et le goéland à manteau noir, que l'on voit aussi dans la même contrée, il se borne à dire que sa couleur générale est un brun foncé, qui devient blanchâtre aux parties supérieures du corps; que sa queue est courte et arrondie à l'extrémité; que le bec, d'un orangé sale, a le crochet noir, et que ses pieds sont noirâtres. D'un autre côté, la brièveté et l'arrondissement de la queue paroissent à M. Vieillot un caractère distinctif et spécifique.

Le capitaine Krusenstern décrit aussi, dans son Voyage autour du monde, un goéland trouvé par lui à Nangasaki, lequel a un bec long et fort gros, dont la mandibule supérieure, jaune à sa base et rouge au bout, est traversée entre les narines par une bande noire, et dont l'inférieure, d'abord jaune, est ensuite rouge, et noire à l'extrémité. Cet oiseau, qui a la tête, le cou, les épaules et le ventre blancs, les couvertures des ailes ardoisées, les pennes alaires et caudales noires avec un bord blanc, et les pieds rouges, plus élevés que chez les autres espèces, paroît à M. Vieillot n'être qu'un individu de son goéland à bec varié, c'est-à-dire du *larus ichthyœtus*, Pall., ou *glaucus*, Temm. et Brunn.

§. 2. Mouettes.

M. Cuvier n'indique, dans son Règne animal, comme véritables espèces de mouettes, que la mouette à pieds bleus, pl. enl. de Buff., n.° 977, *larus cyanorhynchus*, Meyer, qui devient quelquefois toute blanche, et est alors le *larus eburneus*, Gmel.; la mouette à pieds rouges, pl. enl. 969 et 970, dont les *larus canus, ridibundus, hybernus, atricillus, erythropus*, Gmel., ne sont que des synonymes; la mouette à trois doigts, *larus tridactylus et rissa*[1], pl. enl. 367, Linn. Les nombreux changemens de plumage doivent, en effet, mettre en garde contre l'extension des espèces admises par certains auteurs; mais, pour ne pas changer la marche suivie à l'égard des goélands, on va prendre ici pour type les dénominations et l'ordre adoptés par M. Temminck.

Mouette blanche ou sénateur; *Larus eburneus*, Gmel. On vient de voir que M. Cuvier regardoit cet oiseau comme une variété albine de la mouette à pieds bleus; mais M. Temminck trouve des motifs pour combattre cette opinion dans la circonstance que ses pieds sont noirs, que ses tarses n'ont qu'un pouce cinq lignes de longueur, que la partie nue du tibia est très-petite et que les membranes qui séparent les doigts sont un peu découpées. Les vieux, dont la

---

1 Des auteurs écrivent, par erreur, *riga*.

longueur est de dix-neuf pouces, sont, dans leur plumage parfait d'été, entièrement blancs; leur bec, gros et fort, est d'un cendré bleuâtre à sa base, d'un jaune d'ocre sur le reste; l'iris est brun et les pieds sont très-noirs. La planche de Buff., n.° 994, représente assez exactement cet oiseau sous le nom de *goéland blanc du Spitzberg.*

M. Temminck dit que, dans le dernier voyage de découvertes au pôle, on a trouvé cette mouette en grand nombre vers les côtes du Groënland et dans la baie de Baffin, et il ajoute que, les mers glaciales étant son séjour le plus habituel, on ne le voit qu'accidentellement sur les côtes de Hollande et en Suisse.

Mouette a pieds bleus; *Larus canus*, Linn. (*sed non auctorum*). Les caractères distinctifs de cet oiseau, qui a seize pouces à seize pouces six lignes de longueur, sont, d'après M. Temminck, d'avoir le bec petit, le tarse long de deux pouces, les ailes dépassant la queue et les deux rémiges extérieures à baguettes noires. Les caractères ordinaires sont, pour les vieux en plumage parfait d'hiver, d'avoir la tête et le cou blancs, avec de nombreuses taches d'un brun noirâtre; la gorge, le dessous du corps, le croupion et la queue très-blancs; le dos, les scapulaires et les pennes secondaires des ailes d'un cendré bleuâtre; les rémiges noires, avec un espace blanc sur les deux extérieures; le bec d'un bleu verdâtre à la base et d'un jaune d'ocre à la pointe; les pieds d'un cendré bleuâtre, maculé de jaunâtre.

L'auteur hollandois, qui cite la planche 977 de Buffon comme très-exacte, annonce que le *larus cyanorhynchus* de Meyer n'est qu'une espèce nominale, et que M. Cuvier a néanmoins reproduit cette dénomination sans prévenir que c'est la livrée d'hiver du *larus canus* de Linné. M. Temminck cite les noms de *larus hybernus*, Gmel., et *larus procellosus*, Bechst., comme applicables à des individus encore jeunes.

Cette espèce, qui habite les bords de la mer, se répand en troupes dans les terres à l'approche des ouragans; elle est commune en été dans les régions du cercle arctique, et en hiver sur les côtes de France et de Hollande, où elle se nourrit de poissons vivants, de vers et d'insectes marins, et de coquillages bivalves. Elle fait, vers les régions arctiques, dans les herbes, près de l'embouchure des fleuves et des bords de la mer, un nid où la femelle pond trois œufs d'une teinte ocracée blanchâtre, et marqués irrégulièrement de taches cendrées et noires.

Mouette tridactyle ; *Larus tridactylus*, Linn., et *Larus rissa*, Brunn. Cette espèce, de quinze pouces de longueur, se distingue surtout par un tarse d'un pouce quatre lignes et un moignon dépourvu d'ongle au lieu de doigt postérieur. Dans son plumage d'hiver c'est la mouette cendrée de Brisson, tom. 6, pag. 1-5, et pl. 16, fig. 1. Elle a alors la tête et le cou d'un cendré bleuâtre uniforme, avec des raies noires très-fines en avant des yeux ; le front, le dessous du corps, le croupion et la queue très-blancs ; les rémiges en partie noires et en partie blanches ; le bec d'un jaune verdâtre ; le tour des yeux d'un beau rouge, l'iris et les pieds bruns.

L'absence de l'ongle au pouce dispense de détails sur la livrée des jeunes jusqu'à l'âge de deux ans, époque durant laquelle on peut consulter la pl. 387 de Buffon et la pl. 17 du tome 6 de Brisson, n.° 2, sous les dénominations de *mouette cendrée tachetée* ou *kutgeghef*. Naumann, tab. 36, fig. 71, a représenté le même oiseau dans son plumage d'été ou de noces, état dans lequel on peut en rapprocher le *kittiwake* de Lath., *Synops.*, 6, pag. 593 ; mais non celui de la Zoologie arctique de Pennant, qui est un jeune de l'année.

Cet oiseau habite les lacs salés, les mers intérieures et les golfes : on le trouve moins souvent sur les bords de l'Océan. En automne il se répand sur les lacs et les fleuves, et en été dans les régions du cercle arctique ; il n'est que de passage en automne et en hiver dans les pays froids. Sa nourriture consiste en poissons frais et insectes. Il niche dans les régions du cercle arctique sur les rochers, et pond trois œufs d'un blanc olivâtre, avec de petites taches cendrées.

Mouette a capuchon noir ; *Larus melanocephalus*, Natt. M. Temminck, qui décrit cette espèce, de quinze pouces trois lignes de longueur, conmme nouvellement découverte par M. Natterer, commissaire du cabinet impérial de Vienne, lui donne pour caractères particuliers : un bec gros et fort ; le tarse long de deux pouces ; le manteau d'un cendré clair, et toutes les pennes terminées par un grand espace blanc. L'oiseau a d'ailleurs la tête, le cou, les parties inférieures, la queue et la dernière moitié des rémiges d'un beau blanc; le dos, les scapulaires, les pennes secondaires des ailes et la base des rémiges d'un cendré bleuâtre; le bec d'un rouge vermillon; les pieds orangés; l'iris et le tour des yeux bruns.

Le plumage des jeunes est varié de brun foncé, de brun et de blanc sur la tête, et il est noir sur les bords extérieurs de toutes les rémiges, qui sont blanches intérieurement; la queue est terminée par une bande noire. Dans le plumage d'été ou de noces le même oiseau a toute la tête et la partie supérieure du cou noires; les rémiges dans leur dernière moitié blanches; le devant du cou et le ventre d'un beau rose, qui disparoît peu après l'empaillement; le bec d'un rouge de carmin vif, et les pieds d'un vermillon éclatant. On trouve sur les côtes de la mer adriatique cet oiseau, qui est très-commun dans les marais de la Dalmatie, et qui ne paroît à Trieste que dans les gros temps.

Mouette a capuchon plombé; *Larus atricilla*, Linn. et Lath. Les caractères distinctifs de cette espèce, qui a environ quatorze pouces de longueur et qui est rapportée par M. Temminck au *Langhing* de Pennant, de Latham, de Catesby, pl. 89, et à la mouette rieuse de Brisson, tom. 6, pag. 192, pl. 18, fig. 1, sont d'avoir le bec et les pieds d'un rouge de laque foncé; le manteau d'un cendré bleuâtre; les rémiges noires, dépassant la queue de deux pouces, et le tarse d'un pouce neuf lignes de longueur. Cet oiseau, dans son plumage de noces, a la tête couverte d'un capuchon, qui s'étend plus sur le devant du cou que sur la nuque. On voit une tache blanche au-dessus et au-dessous des yeux; la partie inférieure du cou, la poitrine, le ventre et la queue sont blancs; le dos et les pennes secondaires des ailes de couleur de plomb; l'extrémité de celles-ci blanche; les rémiges, qui dépassent de beaucoup la queue, entièrement noires, et le bec, ainsi que les pieds, d'un rouge de laque très-foncé.

Cette espèce a été trouvée par M. Natterer dans le détroit de Gibraltar et le long des côtes d'Espagne, et M. Temminck dit qu'elle est très-commune sur les côtes de Sicile et celles de l'Amérique septentrionale, où elle vit de voieries et de débris de poissons ou de crustacés et d'insectes marécageux. Wilson, qui a donné la figure de cet oiseau dans le septième volume de son Ornithologie américaine, pl. 74, n.° 4, dit qu'il fait dans les marais un nid où la femelle pond trois œufs de couleur de terre glaise, avec de petites taches irrégulières d'un pourpre et d'un brun clairs.

Cette espèce se rapporte à celle qui est décrite dans le nouveau Dictionnaire d'histoire naturelle sous la dénomination de *mouette rieuse de l'Amérique*, et pour laquelle on renvoie à une *mouette à tête cendrée* dont la description se trouve à la fin de cet article.

Mouette rieuse ou a capuchon brun ; *Larus ridibundus*, Leisler. Le manteau d'un cendré clair ; un grand espace blanc sur le milieu des premières rémiges ; le tarse long d'un pouce huit à neuf lignes, sont les signes distinctifs attribués par M. Temminck à cette espèce, de quatorze pouces de longueur, et dont les vieux ont la tête, le cou et la queue blancs, à l'exception d'une tache noire en avant des yeux et d'une grande tache noirâtre sur les oreilles ; les parties inférieures blanches ; le dos et les couvertures des ailes d'un cendré bleuâtre ; le bec et les pieds d'un rouge vermillon. C'est alors le *larus cinereus*, Gmel.; le *larus procellosus*, Bechst.; la petite mouette cendrée de Brisson, tom. 6, pag. 178, et pl. 17, fig. 1, ainsi que le petit goéland de la pl. enl. de Buffon, n.° 969. La petite mouette grise de Brisson, le *larus erythropus* de Gmelin, et le *larus canescens* de Bechstein, sont des jeunes en mue et en hiver, et le *larus ridibundus*, Gmel., ainsi que la mouette rieuse de Buffon, pl. enl., 970, sont des individus en plumage de noces.

Ces oiseaux, qui habitent les rivières et les lacs salés et d'eau douce, ne se trouvent qu'en hiver sur les bords de la mer : ils ne sont que de passage en Allemagne et en France ; mais il y en a beaucoup en Hollande dans toutes les saisons de l'année. Ils se nourrissent d'insectes, de vers, de frai et de petits poissons, et ils nichent dans le voisinage de la mer et près de l'embouchure des rivières. Leur ponte consiste en trois œufs, dont le fond, olivâtre, est ordinairement parsemé de grandes taches brunes et noirâtres, mais qui sont sujets à varier.

M. Temminck indique, à l'occasion de l'espèce dont il s'agit ici, une nouvelle espèce du Brésil, qu'il désigne sous le nom de mouette à capuchon cendré, *larus poliocephalus*.

Mouette a masque brun; *Larus capistratus*, Temm. La nouvelle espèce nommée ainsi par M. Temminck a un masque d'un brun clair qui aboutit à l'occiput; le tarse est long d'un pouce six lignes, et les rémiges extérieures ont leurs baguettes blanches. Son plumage d'hiver ressemble à celui de la mouette rieuse; mais elle n'a que treize pouces quatre lignes de longueur; son bec est aussi plus court et plus grêle, et les tarses et les doigts, constamment plus courts, ont une teinte d'un brun rougeâtre. M. Temminck pense que cette espèce a été confondue avec la mouette rieuse; mais il fait observer que son masque brun ne descend pas sur la nuque et ne recouvre point la partie supérieure du devant du cou; que sa taille tient le milieu entre celle de la mouette rieuse et de la mouette pygmée, et que la partie intérieure des ailes n'est jamais d'un cendré noirâtre, mais toujours d'un cendré clair.

Cette espèce, commune aux Orcades et en Écosse, se trouve aussi dans la baie de Baffin et au détroit de Davis. On n'a point de données positives sur sa nourriture et sa propagation; mais des œufs présentés à M. Temminck comme provenant d'elle, étoient d'un cendré verdâtre avec des taches plus foncées, et leur grosseur étoit moindre que celle des œufs de la mouette rieuse.

Mouette pygmée; *Larus minutus*, Pallas. Cette espèce, qui est le *larus minutus* de Gmelin et de Latham, le *larus atricilloides* de Falk, est figurée dans Naumann, tab. 56, n.º 72. Elle a dix pouces six lignes de longueur; le tarse n'a que onze lignes; les baguettes des rémiges sont brunes et la pointe de toutes les pennes alaires est blanche; les jambes, étendues, n'atteignent qu'environ les trois quarts de la queue; le doigt postérieur, qui est très-petit, porte un ongle droit et peu apparent. Le front, la région des yeux, la queue et toutes les parties inférieures, sont blancs, chez les femelles comme chez les mâles, dans leur plumage parfait d'hiver. Le dessus du corps est d'un cendré bleuâtre, et toutes les pennes alaires sont terminées par un grand espace blanc; les pieds sont d'un rouge vermillon. Dans le plumage d'été la tête et le dessus du cou sont enveloppés par un capuchon noir; il y a un croissant blanc derrière les yeux; le bas du cou et les parties inférieures sont d'un blanc aurore, qui fait place au blanc pur quand l'oiseau a été monté; les parties supérieures sont d'un cendré bleuâtre; le bec et les pieds sont rouges.

Les lacs, les fleuves et les mers des contrées orientales de l'Europe sont les lieux qu'habite cette espèce, qui est de passage accidentel en Hollande et en Allemagne, qui abonde en Russie, et qui parfois s'égare sur les lacs de la Suisse. Elle se nourrit d'insectes et de vers, et elle niche dans les régions orientales et méridionales.

Outre ces mouettes, les naturalistes en mentionnent, sous des noms différens, quelques autres qui, après un plus mûr examen, seroient peut-être reconnues appartenir à des espèces ci-devant décrites. Telles sont :

1.° La MOUETTE PULO-CONDOR, *Larus pulocondor*, Lath. et Sparrman, pl. 83, laquelle se trouve sur les mers de la Chine, et a la tête variée de blanc et de cendré; le dessus du corps de cette dernière couleur, avec un mélange de jaunâtre et de brun; le dessous blanc. On lit au tome 21 du nouveau Dictionnaire d'histoire naturelle, pag. 497 et 500, une double description de cet oiseau, que M. Vieillot croit être un jeune individu dont le plumage n'a pas encore atteint sa perfection.

2.° La MOUETTE A TÊTE CENDRÉE, *Larus cirrocephalus*, Vieill., laquelle a été apportée du Brésil par M. Delalande fils. Cet oiseau a treize à quatorze pouces de longueur; son bec et ses pieds sont d'un rouge de corail; la tête, la gorge, le haut du cou. le dos et le dessus du corps sont d'un cendré bleuâtre; le bas du cou. le dessous du corps, le croupion et la queue, blancs. Cette mouette paroît être la même que celle de Buenos-Ayres, qui est décrite par M. d'Azara sous le n.° 410.

Enfin, l'on voit au Muséum d'histoire naturelle de Paris une mouette étiquetée *Larus sabini* et *Xema sabini*, Leach.

Le bec de cet oiseau est noir, blanc à l'extrémité ; la tête et le cou sont de la première de ces couleurs; le dessus du corps est gris, et les grandes pennes alaires sont noires ; les parties inférieures sont blanches. Cette espèce a été trouvée à la baie de Baffin par le capitaine anglois Sabine, qui a récemment fait insérer dans les Transactions linnéennes une notice intéressante sur les oiseaux de ces contrées. (CH. D.)

MOUFETTE (*Bot.*), un des noms vulgaires du tabouret, bourse à pasteur. (L. D.)

MOUFFETTE. (*Mamm.*) Mot latin (*mephitis*) francisé, et appliqué par Buffon, comme nom générique, à des animaux carnassiers, voisins des gloutons, des loutres et des blaireaux, et qui, lorsqu'ils sont menacés, répandent, ainsi que plusieurs autres mammifères de la famille des martes, une odeur excessivement puante, au moyen de laquelle ils cherchent à éloigner leurs ennemis.

Les voyageurs ont désigné par des noms différens des animaux pourvus de cette propriété remarquable, et, les descriptions qu'ils en ont données différant aussi, les naturalistes ont été conduits à faire plusieurs espèces de mouffettes. Cependant un examen attentif a conduit mon frère à penser que ces divers noms, ainsi que les descriptions qui les accompagnent, ne se rapportent qu'à une seule espèce, et que toutes les différences que les observations annoncent, ne sont que des différences accidentelles et propres uniquement à caractériser des variétés. Mais il résulteroit de là que cette espèce éprouveroit dans les couleurs de son pelage seize modifications différentes, ce qui seroit encore sans exemple parmi les animaux sauvages.

Ce qui est plus vraisemblable, c'est que ces animaux, qui ont encore besoin d'être étudiés, conduiront à la connoissance de plusieurs espèces nouvelles, et peut-être même de plusieurs genres jusqu'à présent inconnus. Mais il n'en est pas moins certain qu'on ne peut guère faire plus d'une ou deux espèces des quinze à seize descriptions d'animaux puans, approchans des mouffettes, que la science possède, car on n'a pu étudier, à notre connoissance, avec quelques détails, que les dépouilles de deux de ces animaux.

Les mouffettes ont le système de dentition des martes, seulement, chez elles, les dents tuberculeuses acquièrent un développement beaucoup plus considérable. Elles ont à la mâchoire supérieure six incisives, deux canines et huit mâchelières, qui se composent de quatre fausses molaires, deux carnassières et deux tuberculeuses très-larges. A la mâchoire inférieure le nombre de leurs dents est de dix-huit : six incisives, deux canines et dix mâchelières, lesquelles se partagent en six fausses molaires, deux carnassières et deux tuberculeuses, bien moins larges que celles de la mâchoire opposée.

Malgré le grand nombre de mouffettes qui ont été décrites, on ignore encore leur organisation ; ainsi nous ne pouvons rien dire de détaillé sur la structure de leurs sens. Il paroît que leurs yeux sont simples ; les oreilles ont une conque arrondie et assez petite ; le museau est terminé par un mufle qui s'étend inférieurement jusqu'à la partie externe des narines ; la langue est douce. On ne connoît pas la structure des organes de la génération, mais on s'est assuré qu'elles n'ont point de poche anale. Les pieds paroissent être en partie plantigrades, et à cet égard ils ressemblent à ceux des mangoustes ; ils ont cinq doigts armés d'ongles fouisseurs, beaucoup plus longs et plus forts aux pieds de devant qu'à ceux de derrière ; la queue, non prenante, se relève en panache sur le dos. Le pelage est très-fourni et fort long, et il se compose de poils soyeux et de poils laineux ; de longues moustaches garnissent le museau. Le blanc et le brun-noir sont les couleurs des mouffettes, qui jusqu'à présent ne paroissent différer spécifiquement que par la distribution de ces couleurs. Elles sont entièrement dépourvues de cœcum, et toutes sont originaires de l'Amérique. Ce sont des animaux nocturnes, qui vivent de proie et se cachent dans des terriers. L'espèce sur laquelle on a les notions les plus exactes, est

Le Chinche, Buffon, tom. XIII, pl. 39 : *Viverra mephitis*, Gmel.; F. Cuv. Hist. nat. des mamm., Mai 1821. Sa taille est celle du chat domestique. La tête, les épaules, les côtés du corps et les parties inférieures et postérieures, les membres, et une ligne qui naît entre les épaules et s'avance sur la queue en s'élargissant, sont noirs ; le blanc commence entre les deux yeux, s'élargit sur le sommet de la tête, continue à s'étendre sur les côtés du corps, et vient finir à la queue, où il se mêle avec beaucoup de poils noirs. On voit en outre deux taches blanches, l'une sur les membres antérieurs, et l'autre sur les cuisses. L'individu qui a servi à cette description venoit de la Louisiane.

La Mouffette du Chili, Buffon, Suppl., VII, pl. 57 ; *Mephitis Chilensis*, Geoff. Nous indiquons encore cet animal parce que sa tête, qui est au Cabinet d'anatomie, ne laisse aucun doute sur le genre auquel il appartient. Cette tête a la plus grande ressemblance avec celle du chinche, d'où l'on ne pourroit cependant pas conclure que ces deux animaux ne sont que des individus d'une même espèce; car dans les genres très-naturels, parmi les mammifères, les têtes des espèces peuvent ne présenter que de fort légères différences.

Cette mouffette avoit un pied sept pouces trois lignes depuis le bout du museau jusqu'à l'anus, et la queue étoit longue de sept pouces, en y comprenant la longueur du poil. Le fond du pelage étoit d'un brun noirâtre, mais la queue étoit blanche avec quelques poils bruns; et il en étoit de même de deux lignes qui partoient du sommet de la tête, où elles étoient unies, et s'avancoient le long du dos en se rétrécissant jusque sur les hanches.

Quant aux autres animaux qui ont été rapportés aux mouffettes, comme nous ignorons s'ils appartiennent en effet à ce genre, nous en parlerons sous leurs noms propres. Ainsi voyez Conepatl, Mapurito, Orthula, Polecat, Puant, Tepemoxta, Yagouare, Ysquiepatl, Zorille. (F. C.)

MOUFFLON, de l'italien *Mufione*. (Mamm.) Nom d'une espèce du genre Mouton. Voyez ce mot. (F. C.)

MOUFFO. (*Bot.*) Suivant Garidel, *l'hypnum triquetrum*, espèce de mousse très-commune, est ainsi nommé par les Provençaux. (J.)

MOUFLE. (*Chim.*) Sorte de petit four en terre cuite, qui sert à la coupellation. Voyez tome XV, pag. 354. (CH.)

MOUGE. (*Bot.*) En Languedoc on donne ce nom au ciste de Montpellier. Voyez Mougès. (L. D.)

MOUGEOTIA. (*Bot.*) Genre de plantes dicotylédones, à fleurs complètes, de la famille des *bitnériacées*, de la *monadelphie pentandrie* de Linnæus; offrant pour caractère essentiel : Un calice persistant à cinq divisions, souvent muni de trois bractées; cinq pétales soudés par leurs onglets; cinq étamines monadelphes; un ovaire supérieur, à cinq loges; cinq styles libres ou soudés à leur base ; les stigmates en massue ; une capsule presque globuleuse, à cinq coques; une ou deux semences dans chaque coque; les cotylédons foliacés; la radicule inférieure.

Ce genre, établi par M. Kunth, est très-voisin des *Melochia*; il en diffère principalement par une capsule à cinq coques, au lieu de cinq capsules à cinq loges, caractère qui rappelle dans ce genre plusieurs espèces de *melochia*, telles que le *melochia tomentosa, hirsuta, borbonica, concatenata, odorata, corchorifolia, caracasana, nodiflora*, etc. (voyez MÉLOCHIE). Ces espèces sont des herbes ou des arbrisseaux pubescens, à feuilles alternes, à stipules géminées; les fleurs blanches ou jaunes, terminales, en ombelle ou verticillées, quelquefois en grappes paniculées.

MOUGEOTIA A PLUSIEURS ÉPIS; *Mougeotia polystachia*, Kunth *in* Humb., *Nov. gen.*, 5, pag. 328, tab. 483, fig. *A, B.* Plante herbacée, hérissée et pileuse, haute de deux à trois pieds. Les feuilles sont alternes, pétiolées, oblongues, aiguës, arrondies à leur base, vertes et pubescentes en-dessus, pileuses et blanchâtres en-dessous, longues d'un pouce et demi; les stipules linéaires-subulées; les fleurs disposées en grappes solitaires, géminées ou quaternées, en forme d'épis, munies de bractées subulées; les fleurs forment une panicule terminale, réunies en grappes, munies de bractées; le calice campanulé; la corolle jaune; les pétales ovales-oblongs, en coin à leur base; l'ovaire tomenteux; une capsule presque globuleuse, à cinq coques. Cette plante croît sur les rives du fleuve de la Magdeleine, proche Honda.

MOUGEOTIA ENFLÉ; *Mougeotia inflata*, Kunth, *l. c.*, p. 330, tab. 484. Cette plante a ses tiges purpurines et pileuses; les feuilles ovales, médiocrement acuminées, un peu en cœur, à doubles dentelures, couvertes de poils couchés; les stipules linéaires, géminées; les pédoncules courts, axillaires, trifides, chargés de plusieurs fleurs; le calice blanchâtre et tomenteux; la corolle blanche, jaune à sa base; les pétales oblongs, spatulés; les capsules verdâtres, hérissées. Cette plante croît dans la Nouvelle-Grenade, à l'embouchure du fleuve Sinu.

Mougeotia mou; *Mougeotia mollis*, Kunth, *l. c.*, pag. 528. Arbrisseau à tige pubescente, dont les feuilles sont ovales, aiguës, arrondies à leur base, presque en cœur, soyeuses et pubescentes en-dessus, tomenteuses, molles et blanchâtres en-dessous; les pédoncules solitaires, axillaires, chargés de fleurs presque en ombelle; la corolle blanche, jaune à son milieu, à peine plus longue que le calice; les pétales oblongs, onguiculés, arrondis au sommet; l'ovaire oblong, pubescent, à cinq loges; deux ovules dans chaque loge; le fruit un peu globuleux, pentagone. Cette plante croît à la Nouvelle-Grenade, proche Honda et Santanna. (Poir.)

MOUGÈS. (*Bot.*) Clusius dit que de son temps on nommoit ainsi le *cistus salvifolius* aux environs de Narbonne : c'est encore le nom qu'il porte à Montpellier, selon Gouan. (J.)

MOUGETAS. (*Bot.*) Dans le Languedoc, selon Gouan, on nomme ainsi le haricot ordinaire. (J.)

MOUICHAGATKA. (*Ornith.*) C'est ainsi que le nom de ce macareux du Kamtschatka, figuré dans les pl. enl. n.° 761, est écrit, d'après Steller, dans l'Histoire génér. des voyages, tom. 19, in-4.°, p. 270, quoique, dans une note du tome 9, in-4.°, de Buffon, p. 368, on ait substitué une *n* à l'*u*, et que cette erreur ait, depuis, été répétée par d'autres naturalistes. On trouve aussi *mouichagatka* sur la liste des oiseaux de la même contrée qui est insérée dans la Description de Krascheninnikow, faisant suite au Voyage en Sibérie de l'abbé Chappe d'Auteroche, p. 505. Cet oiseau, dont le nom est écrit *moüichatka* dans les Voyages de Laharpe, tom. 17, pag. 430, est appelé Eroubirga par les Kouriles. Voyez ce mot. (Ch. D.)

MOUILLE-BOUCHE. (*Bot.*) C'est le nom d'une variété de poire. (L. D.)

MOUKSOUN. (*Ichthyol.*) Les Russes appellent ainsi un petit poisson qui remonte, au printemps, les rivières de la

Sibérie, et qui paroît appartenir au genre Saumon. Voyez
ce mot. (H. C.)

MOULE, *Mytilus*. (*Malacoz.*) Genre de mollusques établi
par Linnæus, mais d'une manière si vague, qu'il put y réunir
des animaux extrêmement différens, comme des huîtres, des
anodontes, et d'autres qui, quoique plus rapprochés, n'en
diffèrent pas moins assez pour en être distingués génériquement, comme des avicules : aussi a-t-il été successivement
réduit depuis Bruguière, qui, le premier, en a retiré les
espèces d'huîtres, d'anodontes, d'avicules, jusqu'à MM. de
Lamarck et Cuvier, qui ont cru devoir en séparer, celui-là les
modioles, et celui-ci les lithodomes, mais évidemment avec
moins de raison ; car l'organisation et même les habitudes des
modioles et des véritables moules sont absolument les mêmes.
Les caractères de ce genre, ainsi circonscrit, peuvent être
exprimés de la manière suivante : Corps ovale ou alongé,
assez peu comprimé, enveloppé dans un manteau à bords
épais, non papillaires, adhérens, et séparés dans toute leur
partie inférieure, plus épais et réunis en arrière par une bride
transverse, de manière à former un orifice dorsal distinct et
un ventral incomplet; abdomen comprimé, pourvu en avant
d'un pied linguiforme et canaliculé, à la partie postérieure
duquel est un byssus plus ou moins considérable ; bouche
grande, transverse, à lèvres simples, prolongées en appendices labiaux, étroits et fort développés ; branchies grandes,
ovales, alongées, presque égales. Coquille solide, épidermée, subnacrée, régulière, libre, close, ovale ou quelquefois subcylindrique, ou subrhomboïdale, équivalve, très-
inéquilatérale ; le sommet en forme de crochet, étant tout-
à-fait ou presque antérieur; charnière sans dents, ou formée
par quelques très-petites dents cardinales ; ligament antéro-
dorsal épais, simple, subintérieur et longitudinal; impressions musculaires multiples : l'antérieure des muscles adducteurs extrêmement petite, comparativement avec la postérieure; celles des muscles rétracteurs du pied également
multiple, l'antérieure simple, la postérieure complexe et
formant une avance considérable au-devant de l'impression
du muscle adducteur postérieur; impression abdominale
étroite, et partout parallèle au bord de la coquille.

33.   9

L'organisation des moules a été étudiée par un assez grand nombre d'auteurs, depuis Heyde jusqu'à Poli, qui a nommé ce genre CALLITRICHE; elle est en effet plus facile à examiner que celle des autres acéphales lamellibranches. La peau n'est pas plus distincte de la couche musculaire sousposée que dans les autres animaux de cette classe; en la regardant au microscope, on voit qu'elle est composée par une espèce de tissu aréolaire, dans les mailles duquel est une autre substance, plus transparente; l'enveloppe ou le manteau qu'elle forme est partagé en deux lobes bien semblables, l'un à droite et l'autre à gauche, et qui sont séparés dans toute la longueur du côté ventral et même de l'extrémité postérieure : ce n'est que vers la partie postérieure du bord dorsal que l'on remarque un orifice ovale complet et produit par une bande transverse étroite. Les bords non réunis de ce manteau sont lisses, non papillaires et assez épais, surtout en arrière, où ils sont festonnés et forment une disposition rudimentaire de l'orifice postérieur abdominal; ils ne sont pas libres ou complétement rétractiles, comme dans les huîtres, et en effet ils sont attachés dans toute la longueur du limbe de la coquille, et leur bord externe se continue même avec son épiderme. C'est dans l'intervalle compris entre cette double adhérence que sont les muscles marginaux nombreux et bien distincts, depuis la fin du ligament jusqu'au muscle adducteur antérieur.

La coquille des moules est donc dans une connexion immédiate avec la peau elle-même par son épiderme qui la borde : sa structure est en outre assez particulière; les lames qui la composent sont fort serrées, très-dures, et il résulte de leur réunion un tissu fibreux, oblique, fort solide, et pouvant supporter le feu sans se desquamer. On y reconnoît cependant toujours fort bien les stries d'accroissement, qui toutes sont terminées par un liséré d'épiderme : c'est ainsi que celui-ci semble couvrir la coquille, et peut quelquefois se relever en poils ou en espèces d'écailles. La face externe est ordinairement d'une couleur bleue foncée, noirâtre ou brune, plus ou moins claire, tandis que l'interne, le plus souvent blanche, est aussi quelquefois nacrée et irisée de la manière la plus brillante. Quant à la forme

de cette coquille, elle est réellement assez caractéristique
pour qu'elle seule suffise à distinguer les véritables moules.
On ne peut cependant nier que quelques espéces d'avicules
se rapprochent un peu des moules à sommet non terminal,
ou des modioles, et que quelques moules radiées ont une
certaine ressemblance avec plusieurs cardites. Quoi qu'il en
soit, la coquille des moules est presque toujours plus longue
que haute, et assez épaisse, surtout en avant. L'extrémité antérieure, plus épaisse et plus étroite que la postérieure, si ce
n'est dans les lithodomes, est formée par les sommets peu
marqués, quelquefois tout-à-fait terminaux et en crochets,
comme dans les moules proprement dites, d'autres fois plus
ou moins dorsaux et obtus, comme dans les modioles et les
lithodomes : l'extrémité postérieure, toujours plus mince, est
aussi presque constamment bien plus large ; elle clôt toujours complétement. Le bord dorsal ou supérieur (antérieur
pour les conchyliologues linnéens) est occupé en partie par le
ligament ; souvent bombé assez uniformément dans toute sa
longueur, il est quelquefois droit jusqu'à la fin du ligament
et élevé dans le reste ; enfin, il arrive qu'il se relève, se dilate subitement, de manière à former un rudiment de l'aile
supérieure des avicules : c'est ce qui se voit dans plusieurs
modioles. Le bord ventral ou inférieur (postérieur pour les
conchyliologues linnéens) est au contraire le plus souvent
excavé, et même un peu bâillant pour la sortie du byssus :
dans les lithodomes, et surtout dans les modioles, il s'élargit
un peu à son extrémité antérieure, de manière à dépasser
les sommets et à simuler l'aile inférieure des avicules. La
surface de la coquille des moules est le plus souvent lisse,
ou au moins n'offre que des stries d'accroissement ; mais
dans certaines espéces, à sommets terminaux ou non, on
remarque en outre des stries rayonnantes du sommet à la
circonférence, et quelquefois assez profondes pour denticuler
le bord des valves : c'est une disposition des cardites. Le
système de coloration de la coquille des moules est presque
toujours uniforme et foncé, du moins en-dessus : quelques
espèces offrent cependant plusieurs bandes colorées rayonnantes du sommet à la circonférence.
    Le système d'engrenage ou d'articulation des deux pièces

dé la coquille des moules est très-incomplet : en effet, souvent il n'y en a aucune trace, et d'autres fois il est constitué par un ou deux ou même trois très-petites dents situées au-dessous du sommet et qui s'engrènent entre elles.

Le ligament qui réunit les deux valves de la coquille de ce genre est presque intérieur, et inséré dans une fossette assez longue de leur bord dorsal ; ses fibres composantes sont courtes, nombreuses et ne forment qu'un seul faisceau.

Le système des muscles adducteurs commence à se compliquer et à prendre la disposition qu'il a dans la plupart des bivalves, c'est-à-dire qu'il est formé de deux faisceaux. Le postérieur est cependant encore beaucoup plus considérable que l'antérieur, qui est fort petit et presque immédiatement sous les sommets.

L'appareil réellement locomoteur des moules est formé par une masse qui occupe la partie médiane et un peu antérieure de l'abdomen ; il est composé de deux parties : 1.° d'un organe en forme de langue, comprimé d'avant en arrière et canaliculé dans toute la longueur de sa face postérieure. On voit aisément qu'il est entièrement composé de fibres musculaires transverses ; il est porté dans différens sens par des faisceaux musculaires distincts, qui se confondent avec lui à sa base : une première paire antérieure va d'arrière en avant s'attacher à la coquille sous le ligament ; trois autres paires médianes, plus ou moins distinctes, se portent de bas en haut, et se terminent sur les côtés de la partie dorsale de celle-ci ; enfin, une paire postérieure se fixe à la coquille au-devant du muscle adducteur postérieur, et se porte d'arrière en avant à la base du pied. C'est à la base de ce même organe, en arrière, qu'est la 2.° partie de l'appareil locomoteur : c'est une sorte de capsule musculaire creuse, d'où sort le faisceau de soies désigné sous le nom de byssus. En y regardant attentivement, on voit qu'il est formé par une partie médiane évidemment musculaire, et prolongée par deux racines de la masse du pied même, de la circonférence de laquelle naissent irrégulièrement des filamens plus ou moins longs. Ces filamens ne sont eux-mêmes que des fibres musculaires sorties du faisceau qui constitue la masse abdominale, et qui se sont desséchées et noircies dans une partie plus ou moins considérable de leur étendue. L'extrémité de chaque filament se sépare en deux parties, qui se croisent et qui s'appliquent sur une petite plaque écailleuse, par le moyen de laquelle se fait l'adhérence.

L'appareil digestif des moules ne diffère guère de ce qu'il est dans les autres acéphales lamellibranches. La bouche, située immédiatement derrière le muscle adducteur antérieur, est médiocre et transverse ; ses appendices labiaux sont étroits, fort longs et striés à la manière des branchies dans toute l'étendue de leur face interne. La paire inférieure est un peu plus petite que l'autre ; l'œsophage est ample et fort court. L'estomac, assez irrégulier, à cause des trous ou lacunes biliaires, est formé par une membrane que l'on peut aisément détacher, et qui a tous les caractères d'une membrane muqueuse : elle est blanche, mince, comme opaline ; elle offre des plis ou rugosités longitudinales, qui sont plus sensibles aux approches des méats du foie. Comme dans la plupart et peut-être dans toutes les espèces de lamellibranches, on trouve, communiquant de chaque côté avec l'estomac, un sinus aveugle ou espèce de cœcum qui se porte en arrière, au-dessous et le long de la série des muscles rétracteurs du pied, ou mieux, au-dessous de la terminaison de l'oviducte, en se prolongeant dans la partie postérieure de la masse abdominale sous le grand muscle adducteur : ce sinus contient un stylet cristallin de même forme que lui et qui commence à son orifice dans l'estomac. Le foie, composé, comme dans tous les animaux de la même classe, de grains d'un vert plus ou moins foncé, contenus dans des mailles d'un tissu blanc, forme une couche assez peu épaisse, qui entoure l'estomac, plutôt cependant sur les côtés qu'en-dessus. Le canal intestinal, né du foie, comme à l'ordinaire, se porte en haut dans la ligne médiane et dorsale, s'applique au-dessous du cœur, se recourbe en arrière du grand muscle adducteur, et se termine par un petit appendice flottant dans la cavité du manteau, vis-à-vis le milieu de son orifice dorsal.

Les organes branchiaux de la moule sont formés par deux longues lames branchiales, étroites, dont l'externe est un peu plus large que l'interne ; adhérentes par leur extrémité antérieure sur les côtés de la masse hépatique, elles sont libres par l'autre et prolongées jusqu'au-dessous du muscle adducteur postérieur. Elles sont du reste composées comme à l'ordinaire.

Le cœur est aussi disposé, comme dans la plupart des lamellibranches, dans le milieu du dos. Les oreillettes, étroites, alongées, communiquent avec le ventricule par un pédicule étroit. Celui-ci est fort grand, plus large en avant qu'en arrière, où il est plus fusiforme. L'aorte antérieure est aussi d'un diamètre beaucoup plus considérable que la postérieure.

Il faut sans doute regarder comme l'organe de la dépuration urinaire, une masse ovale aplatie, située en avant du muscle adducteur postérieur, entre la série des rétracteurs du pied et l'oreillette ; mais nous n'avons pas vu sa communication avec la cavité du manteau.

Les organes de la génération sont formés par un double ovaire très-distinct en avant, où il est immédiatement appliqué sur l'estomac lui-même, et qui se développe sur les côtés du manteau ; et par un double oviducte un peu flexueux, qui se place de chaque côté de la racine de l'abdomen, en suivant la série des muscles rétracteurs du pied, et qui, se dirigeant d'avant en arrière, se termine un peu avant le muscle adducteur dans la cavité du manteau.

Le système nerveux est aussi plus aisé à voir dans les moules que dans beaucoup d'autres lamellibranches d'une taille cependant bien plus grande. Il est formé de trois paires de ganglions. Le premier est antérieur, placé sous l'œsophage, ou, mieux, sous le muscle antérieur du pied, outre son cordon de commissure, il fournit des filets très-fins à ce muscle et sans doute à l'œsophage, et un gros cordon qui se porte en arrière de chaque côté de la racine de l'abdomen, pour s'unir au ganglion postérieur. Le second ganglion est appliqué au-dessus du muscle rétracteur antérieur dans le milieu de sa longueur, au-dessous du foie, contre lequel il est collé. Il est bigéminé, son aspect est plus pulpeux ; on en voit aisément sortir un filet externe, que nous ne voudrions pas assurer aller au ganglion antérieur, et un postérieur, qui se distribue aux muscles de l'abdomen. Enfin, le troisième ganglion est postérieur, situé au-dessous de la partie antérieure du muscle adducteur; il est bien double : outre son cordon de commissure et celui de communication avec le ganglion antérieur, il fournit un gros rameau qui pénètre dans le muscle, et deux filets pour les bords postérieurs du manteau.

Les moules paroissent ne pas avoir une sensibilité générale et spéciale plus grande que les autres lamellibranches; peut-être même le toucher est-il moins fin, à cause de l'absence de filamens tentaculaires aux bords du manteau.

Leur locomotion est nulle ou très-peu étendue, suivant quelques observateurs, qui prétendent même que la moule ne change réellement pas de place en totalité, et que, comme dit M. Dupati, de la Rochelle, l'appendice linguiforme de leur masse abdominale ne sert qu'à filer les différens brins du byssus (dans l'hypothèse de Réaumur et de Mlle Le Masson Legolph, qui veut qu'ils soient formés par un muscle visqueux, moulé dans la filière de cet appendice), ou à placer, a fixer ces brins aux corps submergés, dans l'opinion plus rationnelle que ce sont des fibres musculaires, comme le soutient aussi M. Dupati. Suivant Réaumur, au contraire, la moule peut changer de place quand elle a été détachée par accident par la section des fibres du byssus. En effet, il cite que, dans les marais salans des côtes de l'Océan où les pêcheurs jettent les moules au hasard, on les trouve, au bout de quelque temps, réunies par paquets : en les mettant dans des vases de verre, il a vu que leur mode de locomotion consiste à tirer leur appendice linguiforme hors de la coquille, à le recourber, en s'accrochant à quelques corps, et à se tirer vers le point d'appui. Ce qu'il y a de certain, c'est que dans les circonstances ordinaires la moule n'en change pas, fixée qu'elle est par le moyen d'un plus ou moins grand nombre de ses fibres à tous les corps environnans, de quelque nature qu'ils soient. En cherchant comment cette fixation a lieu, on voit très-bien que c'est par agglutination, chaque fibre étant souvent un peu élargie à son extrémité. L'appendice linguiforme du pied sert-il à cet usage? c'est ce que nous croyons même après les expériences de Mlle Le Masson Legolph, qui a coupé cet organe jusqu'à trois fois sur une moule, et où il a repoussé.

Les moules se nourrissent sans doute de très-petits animaux, ou de leur frai, comme sembleroit le prouver la propriété qu'elles acquièrent d'être vénéneuses, quand elles ont mangé de celui des astéries.

Il est certain que les moules sont hermaphrodites, comme tous les autres lamellibranches, c'est-à-dire que tous les individus sont semblables ou qu'un seul constitue l'espèce.

Le produit femelle de la génération ne sort pas de sa mère à l'état parfait ; mais il est rejeté sous forme de glaire ou de substance gélatineuse, dans laquelle sont contenus les germes des jeunes moules. Celles-ci, n'étant pas encore plus grosses qu'un grain de millet, ont déjà leur byssus, qui naît, nous croyons, avec elles, et qui sert à les attacher probablement à l'aide de l'appendice linguiforme de la mère.

Les espèces de ce genre vivent en troupes plus ou moins nombreuses, ordinairement placées d'une manière serrée les unes contre les autres, fixées plus ou moins solidement par leur byssus, dans une situation oblique, le sommet en bas et en arrière ; la base de la coquille ou sa partie la plus large est en haut et en arrière, les deux valves étant un peu entr'ouvertes. Par cette entr'ouverture sort en arrière la frange, qui borde le manteau, et par l'échancrure du bord ventral passent les filamens du byssus.

Des espèces sont ainsi à la superficie des corps ; d'autres recherchent de préférence les excavations qui peuvent y exister ; enfin, quelques espèces se creusent elles-mêmes une loge, comme les autres bivalves lithophages : c'est ce qui a lieu pour les lithodomes. Il paroît que quelques espèces vivent fixées dans la vase, à la manière des jambonneaux. Il est probable qu'elles ont un byssus plus épais, au contraire des espèces lithodomes, chez lesquelles il est très-petit et n'existe même que dans le jeune âge. Comme leur coquille clôt exactement, elles peuvent très-bien supporter l'alternative du flux et du reflux sur nos côtes, et vivent ainsi pendant six heures hors de l'eau, mais le plus ordinairement elles sont constamment submergées.

On trouve presque toujours les moules dans les eaux salées ou au moins dans les eaux saumâtres. D'après les observations d'Adanson, quelques espèces peuvent être pendant six mois de l'année dans l'eau salée, et pendant les autres six mois dans l'eau douce. Enfin, il paroit certain qu'il y a de véritables moules qui existent constamment dans les eaux fluviatiles : on en cite en effet une du Danube et une des lacs de l'Amérique septentrionale. M. Beudant est parvenu à faire vivre la moule ordinaire dans l'eau tout-a-fait douce, en prenant les précautions convenables.

On connoit des moules dans toutes les zones glaciales tempérées ou brûlantes. Les plus grosses paroissent appartenir à celles-ci.

Partout ces mollusques sont employés à la nourriture de l'homme, et mangés soit crus, soit cuits, et assaisonnés de différentes manières.

Les anciens les connoissoient et les mangeoient comme nous ; de l'aveu de tous les naturalistes et commentateurs, l'identité de la moule et du *mus* d'Aristote est certaine.

Cette nourriture, qui plait assez, quoiqu'elle soit en général moins agréable que celle que nous fournissent les huîtres et certaines espèces de vénus, détermine assez souvent (mais, à ce qu'il paroît, plus dans des endroits et à certaines époques de l'année que dans d'autres) des accidens assez graves, mais surtout très-effrayans. En voici le tableau d'après un médecin de Bruxelles, M. Du Rondeau : les signes qui annoncent les effets nuisibles des moules cuites, sont un malaise ou un engourdissement universel, qui prend ordinairement trois ou quatre heures après le repas : ces symptômes sont suivis d'une constriction à la gorge ; d'un sentiment d'ardeur, de gonflement dans toute la tête, et surtout aux yeux; d'une soif inextinguible ; de nausées et quelquefois de vomissemens. Si le malade n'a pas le bonheur de vomir en tout ou en partie les moules ingérées, la constriction de la gorge, le gonflement du visage, des lèvres, des yeux et de la langue augmentent au point de rendre la parole difficile. La couleur de ces parties devient si rouge qu'elles semblent excoriées, et elle s'étend extérieurement, d'abord au visage, puis au cou, à la poitrine, au ventre et enfin sur tout le corps. Cette éruption est le symptôme le plus caractéristique de la maladie ; elle est constamment accompagnée de délire, d'une inquiétude singulière, d'une démangeaison insupportable, et quelquefois d'une grande difficulté de respirer, ainsi que d'une extrême roideur, comme dans la catalepsie. Elle ne peut être comparée à aucune autre éruption cutanée. Quoique la peau soit plus rouge que dans ces maladies, elle est parsemée de points d'un rouge encore plus foncé, qui sont infiniment plus petits qu'un grain de millet, et qui, vus à la loupe, paroissent distinctement être les ouvertures ou pores de la peau, laissant voir à découvert l'engorgement du tissu sousjacent.

Quelquefois, et suivant l'idiosyncrasie des sujets qui en sont atteints, cette maladie est accompagnée de phénomènes nerveux, comme de convulsions, de spasmes et de douleurs insupportables; d'autres fois l'inflammation de la gorge est si violente que la gangrène survient.

Si ces symptômes sont affreux, ils ne sont cependant pas aussi redoutables qu'on le croiroit, et si les remèdes convenables sont administrés, la guérison a lieu au bout de trois ou quatre heures, quoique l'engourdissement subsiste quelque-fois pendant plusieurs jours. On a des exemples de personnes qui ont souffert horriblement pendant trois ou quatre jours, et même de malades qui en sont morts.

La cause de cette singulière maladie a été successivement attribuée à la couleur orangée des moules, à leur corruption, à leur maigreur, aux phases de la lune, à une maladie par-ticulière de l'animal, aux petits animaux qui s'introduisent entre ses valves, et surtout à une espèce de petit crabe du genre Pinnothère; mais il semble que c'est à tort : du moins M. de Beunie, dans un Mémoire inséré dans le tom. 14, pag. 384, du Journal de physique, prétend que la moule ne pro-duit cet effet que lorsqu'elle s'est nourrie du frai des étoiles de mer, qu'il nomme *qual*. Ce frai, observé au microscope, ne paroît d'abord qu'une masse morte et informe de gelée; mais, au bout de quelques jours de chaleurs, elle paroît vivante et remplie d'animalcules, qui se développent et se métamor-phosent en petites étoiles marines : c'est depuis la fin d'Avril ou le commencement de Mai jusqu'à la mi-Juillet ou au com-mencement d'Août que les astéries fraient, ce qui explique assez bien l'opinion vulgaire que les moules ne sont vénéneuses que pendant les mois dans le nom desquels il n'entre pas d'R.

Ce frai est si vénéneux, si caustique, d'après M. de Beunie,
qu'il fait gonfler et enflammer, avec une démangeaison insupportable, la main de la personne qui le touche immédiatement, et qu'il roidit à tel point cette partie, qu'il semble
qu'elle va tomber en gangrène ; mais cet accident n'a point
de suites, surtout si l'on fait des frictions avec du vinaigre.

Ce n'est pas seulement aux hommes et aux quadrupèdes
que ce frai est nuisible ; il l'est aussi à quelques poissons, et
entre autres aux esturgeons, aux saumons, etc. Les très-
petites étoiles de mer sont également vénéneuses, du moins
d'après des expériences de M. de Beunie : plusieurs de ces
animaux crus et enveloppés de viande ayant été donnés à des
chiens et à des chats, ceux-ci en sont morts ou au moins ont
été fort malades, si ce n'est quand on leur avoit fait avaler
beaucoup de vinaigre, ou lorsque les étoiles étoient cuites.

D'après toutes ces considérations, M. de Beunie pense
que les moules doivent la qualité malfaisante qu'on leur
remarque quelquefois, au frai des étoiles de mer, très-abondant, pendant les mois de Mai, Juin, Juillet et Août, sur les
bancs de moules qui se trouvent sur les côtes de la Flandre,
et qu'en effet c'est à cette époque seulement qu'il a vu la
maladie des moules, surtout à Anvers, où elle paroît plus
fréquente, parce que tout le monde, jusqu'aux enfans de trois
ans, mangent des moules crues. Il pense, en effet, que la cuisson ôte à ces mollusques leur propriété malfaisante, ce qui
malheureusement n'est pas vrai. Du moins M. Durondeau,
médecin dans le même pays, rapporte, dans le recueil cité,
qu'il a vu à Bruxelles la maladie des moules produite presque
constamment par l'ingestion de ces animaux. Il en cite
des exemples dans les mois d'Avril et de Septembre, et
même dans le reste de l'année ; en sorte que l'opinion de
M. de Beunie n'est pas encore hors de doute. Il nous semble
que cet accident est plus commun dans les pays froids et
humides que dans les climats chauds et secs, et plus commun
en Flandre que partout ailleurs ; du moins nous ne nous rap-
pelons pas d'exemple rapporté par les voyageurs sur les côtes
de la Méditerranée : cela tient peut-être à ce que les bancs
de moules de la Flandre sont plus en rapport avec les astéries
et leur frai, comme étant moins profondément situées dans la

mer. Il faut aussi que cela dépende un peu de l'idiosyncrasie ou de la disposition individuelle, puisque, parmi plusieurs individus qui ont mangé du même plat de moules et en même quantité à peu près, les uns éprouveront des accidens graves, tandis que d'autres n'en éprouveront aucun. Quoi qu'il en soit, les moyens curatifs sont bien simples; ils consistent à faire vomir le malade à l'aide de l'ipécacuanha ou de l'émétique en lavage, et ensuite, après avoir eu quelquefois recours à une saignée générale, à lui faire boire en grande quantité une tisane rafraîchissante et trois onces de vinaigre un peu étendu d'eau par heure : il en résulte une sueur abondante; au bout de cinq à six heures tous les symptômes ont ordinairement disparu, et il ne reste plus qu'un peu d'engourdissement. Le vinaigre paroît être essentiellement l'antidote de cet effet vénéneux : aussi toutes les personnes qui l'ont observé, s'accordent-elles à dire que les moules crues sont plus dangereuses que les moules cuites, mais qu'elles causent rarement des accidens, lorsque, dans l'un comme dans l'autre de ces états, elles ont été assaisonnées avec du vinaigre seul ou avec du vinaigre mêlé d'un peu de poivre.

Les moules étant un objet de nourriture pour l'espèce humaine, on a dû s'occuper de rechercher les moyens de les faire multiplier et de leur donner quelques qualités qu'elles n'ont pas habituellement.

La pêche des moules n'offre aucune difficulté : ce sont ordinairement des femmes et des enfans qui s'en occupent sur nos côtes de la Manche : un mauvais couteau leur suffit, et ils les *cueillent* en brisant les filamens du byssus qui les attachent aux corps submergés, ou entre elles. Dans les endroits où les bancs de moules sont sur des rochers ouverts à toutes les mers, elles sont rarement un peu belles; elles sont bien plus grosses et même d'un goût bien plus délicat, lorsqu'elles proviennent de bancs qui ne se découvrent qu'aux grandes marées mensuelles ou annuelles. Malgré la grande destruction qui s'en fait, la multiplication des moules est si considérable, que nous ne nous sommes pas aperçus qu'il y eût aucune diminution sensible dans l'étendue des bancs de moules sur nos côtes, surtout dans ceux qui ne sont pas explorés tous les jours.

Sur les côtes de l'Océan l'industrie est plus avancée sous ce rapport que sur celles de la Manche, et l'on y parque les moules, un peu à la manière des huîtres. De même que pour ce genre de mollusques, il paroît qu'on les attendrit, et qu'on donne plus de qualité à leur chair en les mettant dans des lieux où la salure de l'eau de la mer est tempérée par les pluies ou par l'eau de rivière, comme Pline l'avoit déjà fait observer pour l'espèce de bivalve qu'il nomme *myas*, en disant qu'elle étoit meilleure en automne, parce qu'une plus grande quantité d'eau de pluie se mêle à l'eau salée : aussi, sur les côtes de l'Océan, les pêcheurs jettent dans les marais salans les moules prises dans la mer. Dans le port de Tarente, dans le royaume de Naples, on enfonce au mois de Mars dans la vase de longues perches, sur lesquelles se fixe le frai des moules. Au mois d'Août, époque à laquelle elles sont grosses comme des amandes, on transporte les perches à l'embouchure des ruisseaux qui tombent dans le golfe. En Octobre on les remet dans le port, et ce n'est qu'au printemps suivant qu'on les mange, quoiqu'elles ne soient pas encore arrivées à toute leur grosseur. Dans les environs de la Rochelle on dépose les moules pêchées à la mer dans des espèces de fossés ou d'étangs, auxquels on donne le nom de *bouchots* et dans lesquels l'eau salée est stagnante, et où l'on peut introduire une plus ou moins grande quantité d'eau douce. Les bouchots sont formés par deux rangs de pieux entrelacés de perches et réunis de manière à former un angle dont le sommet est opposé à la mer. Ils sont situés sur un fond de vase d'une grande profondeur à l'embouchure de la Sèvre et à l'occident de l'Aunis. Les moules qui y sont attachées y déposent leur frai, qui est mis à l'abri dans les branches d'une espèce de coralline très-abondante sur les bois des bouchots. Au bout de quelques mois on détache une partie des moules parmi celles qui sont trop entassées et on les distribue dans les endroits qui sont dégarnis. Pour en faciliter l'adhérence, on a soin de les engager dans le clayonnage, et même, pour plus de précaution, de les envelopper d'un filet, sans quoi elles seroient bientôt emportées par les vagues. Les moules se multiplient dans ces bouchots dans la proportion de dix pour une dans le cours de la même année. On fait la récolte depuis la fin de Juillet, pendant plus de six mois, soit à mer basse, soit à l'aide d'une espèce de machine nommée *acon*. Les produits de ces bouchots seroient assez considérables, si les frais d'entretien des bois, rongés par les tarets depuis l'année 1720, où un vaisseau échoué en apporta le germe, n'en diminuoient beaucoup l'étendue.

Outre l'espèce humaine, les moules ont un assez grand nombre d'ennemis. Beaucoup d'oiseaux de mer les détachent, en brisent la coquille et s'en nourrissent. Plusieurs espèces de mollusques céphalés, et entre autres le *turbo littoralis*, d'après l'observation de Réaumur, percent la coquille avec leur trompe et en sucent ensuite les parties molles.

Les espèces de moules sont, à ce qu'il paroît, assez nombreuses; malheureusement elles sont difficiles à caractériser. On en trouve cinquante-huit dans Gmelin, divisées en trois sections, les parasites, les planes et les ventrues, mais celles de la première sont de véritables huîtres; celles de la seconde, des avicules ou pintadines, et parmi celles de la troisième il faut en retrancher les n.ºs 15, 16, 34, 47, 50, 51 et 56, qui sont des anodontes; 52, qui est une huître; 57, qui est une pintadine; 38, 39, 40, 41, qui sont très-probablement des espèces de tellines; 31, qui est une espèce de cypricarde; 22, 18 et 48, qui sont des avicules; 23, qui est le type du genre Byssonie de M. Cuvier; 49, qui nous paroît une espèce d'hiatelle, en sorte qu'il en reste au plus trente-six espèces, dont plusieurs sont encore assez douteuses. M. De Lamarck, dans la seconde édition des Animaux sans vertèbres, caractérise 35 espèces de véritables moules, 23 modioles et lithodomes, en tout 58 : mais malheureusement les caractères n'étant pas accompagnés de descriptions, il est souvent difficile de reconnoître les véritables espèces, et d'établir la synonymie avec les auteurs précédens. Nous allons cependant présenter ici le tableau de celles qu'il a établies.

Les espèces de moules se subdivisent d'après la forme de la coquille et surtout d'après la situation des sommets, et ensuite d'après l'état lisse ou strié de la surface extérieure.

Sect. I. Espèces dont les sommets ne sont pas terminaux, Genre MODIOLE, de M. de Lamarck. (Voyez ce mot.)

Sect. II. Espèces dont les sommets ne sont pas terminaux et dont la forme générale est cylindrique ; les MODIOLES LITHODOMES, de M. De Lamarck. Genre LITHODOME de M. Cuvier. (Voyez ce mot.)

Sect. III. Espèces dont les sommets sont terminaux et la coquille élargie et aplatie en arrière. Les MOULES proprement dites.

Coquille lisse ou non sillonnée dans sa longueur.

La M. ALONGÉE : *M. elongatus*, Chemn., Enc. méth., pl. 219, fig. 2. Coquille étroite, alongée, presque droite, bidentée vers son extrémité antérieure, déprimée à l'autre ; couleur d'un beau violet, si ce n'est inférieurement en avant. Des îles Malouines.

La M. LARGE ; *M. latus*, Lamck., Enc. méth., pl. 216, fig. 4. Grande coquille ovale, alongée, droite à son côté inférieur ; à stries d'accroissement nombreuses et serrées ; une dent sous chaque sommet : couleur d'un violet grisâtre sous l'épiderme et blanche au sommet. Patrie inconnue.

La M. ZONAIRE ; *M. zonarius*, Lamck., Enc. méth., pl. 217, fig. 1. Coquille un peu plus petite que la précédente, plus étroite, plus arquée, avec ses stries d'accroissement beaucoup plus saillantes : couleur violette en dehors, blanche en dedans, avec le limbe postérieur violet. Patrie inconnue.

La M. A CANAL ; *M. canalis*, Lamck., Enc. méth., pl. 215. Grande coquille oblongue, presque lisse, bâillante dans son bord inférieur ; le supérieur droit ; sommets un peu divergens : couleur d'un bleu très-foncé. Des mers de la Jamaïque.

La M. EN SABOT ; *M. ungulatus*, Humboldt ; Gualt., *Test.*, 91, fig. E. Très-grande coquille semi-ovale, courbe au bord inférieur, droite au postérieur ; une ou deux dents sous les sommets : couleur d'un violet noirâtre à l'extérieur, blanche à l'intérieur, si ce n'est au limbe postérieur, qui est violet. Des mers de l'Amérique méridionale.

M. de Lamarck rapporte avec doute à cette espèce le *M. ungulatus* de Gmelin, que celui-ci dit provenir de la mer Méditerranée, du cap de Bonne-Espérance et même de la Nouvelle-Zélande, sans parler de l'Amérique méridionale.

La M. violette ; *M. violaceus*, Lamck. , Enc. méth., pl. 216, fig. 1. Coquille fort rapprochée de la précédente, mais plus arquée au bord inférieur et plus dilatée au supérieur ; trois dents sous les sommets : couleur violette, si ce n'est aux sommets et au côté supérieur, qui sont blancs. Océan atlantique.

M. de Lamarck rapporte à cette espèce le *M. ungulatus* de Linnæus.

La M. opale : *M. opalus*, Lamck.; Lister, *Conch.*, t. 363, fig. 204 ? Très-grande coquille (190 centimètres), alongée, courbée, sinueuse au côté dorsal; une seule dent aux sommets : couleur de l'épiderme brune, verdâtre en dehors ; l'intérieur irisé en opale très-brillante. Les mers australes ?

La M. opaline; *M. smaragdinus*, Gmel., Chemn., *Conch.*, 8, t. 83, fig. 745. Coquille un peu moins grande que la précédente, à laquelle elle ressemble beaucoup par la beauté de sa nacre et même par la couleur de l'épiderme ; mais qui en diffère, parce que sa forme est subtrigone et un peu déprimée : deux petites dents cardinales. Les mers de l'Inde.

La M. Perne : *M. Perna*, Lamck.; Schrœter, *Einl. in Conch.*, 2, pag. 608, tab. 7, fig. 4. Coquille oblongue, droite, déprimée à son bord supérieur, avec une petite dent cardinale sur une valve et deux sur l'autre : couleur blanche sous un épiderme brunâtre, avec le limbe vert. Côtes de la Barbarie et Amérique méridionale.

La M. d'Afrique; *M. afer*, Gmel., Enc. méth., pl. 218, fig. 1. Coquille oblongue, subtrigone, dilatée à son extrémité postérieure, renflée vers la partie antérieure du bord dorsal ; deux dents sur une valve et une seule sur l'autre : couleur blanchâtre, arborisée de brun sous un épiderme d'un vert jaunâtre. Des côtes de la Barbarie.

M. De Lamarck regarde comme variété de cette espèce une coquille de l'Australasie qui est plus étroite et qui n'est pas arborisée.

Cette espèce a donné lieu a une observation curieuse. Comme l'animal est très-bon à manger, un bâtiment d'Alger en ayant apporté quelques-uns attachés à sa carène à Marseille, on les sema, et elles se multiplièrent promptement.

Le banc qui en résulta fut soigné et exploité pendant plusieurs années, jusqu'à ce que l'avidité d'un marchand d'histoire naturelle, qui avoit acheté la moulière par spéculation,
la détruisit entièrement.

La M. AGATHINE; *M. achatinus*, Lamck., Enc. méth., pl.
218, fig. 3. Coquille un peu mince, oblongue, trigone, un
peu anguleuse et comprimée au bord antérieur, renflée au
postérieur; couleur quelquefois arborisée; épiderme brun,
roussàtre en dehors; nacre irisée, très-brillante en dedans.
Côtes du Brésil.

M. de Lamarck distingue deux variétés dans cette espèce;
l'une plus alongée, moins anguleuse, et l'autre plus courte
et plus anguleuse. C'est cette dernière variété qui est figurée
dans l'Encyclopédie.

La M. ONGULAIRE; *M. ungularis*, Lamck., Enc. méth., pl.
216, fig. 3 ? Coquille mince, demi-ovale, à sommets petits,
dilatée en dessus, presque droite en dessous et un peu
renflée antérieurement; couleur de l'épiderme presque noire,
quelquefois en partie fauve. Mer de l'Inde et de la Nouvelle-
Hollande.

La M. PLANULÉE; *M. planulatus*, Lamck. Coquille ovale,
rhomboïdale, subdéprimée, aiguë au sommet, anguleuse
au milieu du bord dorsal; couleur en partie bleue et en
partie blanche.

La M. BORÉALE; *M. borealis*, Lamck. Coquille ressemblant
à la moule comestible, mais en différant par sa taille beaucoup plus grande, par ses sommets tombans, divariqués, et
par le défaut du renflement de l'extrémité antérieure. Côtes
de New-York.

La M. AUGUSTANE; *M. augustanus*, Lamck. Coquille ayant
l'aspect de la moule commune, oblongue, étroite, un peu
arquée, subanguleuse; les sommets infléchis; deux petites
dents cardinales; couleur bleuàtre. Du Voyage de Péron.

La M. CORNÉE; *M. corneus*, Lamck. Coquille mince, oblongue, courbée d'un côté, droite de l'autre; de couleur
de corne jaunàtre, obscurément rayonnée. Du Voyage de
Péron. Patrie inconnue.

La M. DE PROVENCE; *M. gallo-provincialis*, Lamck. Coquille
assez grande, oblongue, ovale, dilatée et comprimée à l'ex-

trémité postérieure; l'angle dorsal assez antérieur; la partie antérieure du bord dorsal un peu renflée; dents cardinales nulles; couleur bleue. Les côtes de Provence.

La M. POLYMORPHE; *M. polymorphus*, Gmel., Pall., Voyag., 1, Append., n.° 91. Coquille semi-ovale ou un peu plus oblongue que la M. comestible, un peu plus carénée vers les sommets, qui sont aigus, courts ou plans et excavés au côté inférieur; cinq petites cloisons d'accroissement intérieures vers les sommets : couleur brune ou variée de cercles ondulés d'un gris-brun à la partie supérieure, blanchâtre à la partie antérieure et inférieure. Cette espèce, que Pallas a trouvée en Russie, est toute singulière, parce qu'elle habite la mer et les eaux douces, avec cette différence que, dans les eaux salées, elle est quatre fois plus grande, plus large et toute brunâtre.

La M. COMESTIBLE; *M. edulis*, Lamck., Enc. méth., pl. 228, fig. 2. Coquille oblongue, courbe et un peu anguleuse au bord dorsal, renflée à la partie antérieure du bord ventral; trois ou quatre dents cardinales : couleur bleue. Des mers d'Europe.

Une variété est bleuâtre sans rayons; une autre est pellucide et radiée de violet, et son angle est plus élevé.

La M. ACCOURCIE; *M. abbreviatus*, Lamck. Coquille courte, ventrue, un peu courbe, rétuse et un peu sinuée à son côté antérieur; les sommets courbés et obtus : couleur bleue, obscurément rayonnée. La Manche, à l'embouchure de la Somme, où elle vit très-profondément.

La M. RÉTUSE; *M. retusus*, Lamck. Coquille oblongue, cunéiforme, ventrue, tronquée à son extrémité postérieure; le bord ventral subsinueux. Les côtes de la Manche, près Caen.

La M. FONET: *M. lœvigatus*, Gmel.; Adans., Sénég., t. 15, fig. 4. Coquille assez grande (trois pouces et demi de long), assez courte, élargie et arrondie en arrière, très-comprimée, entièrement lisse; deux ou trois dents aux sommets : couleur de la coquille d'un beau rose sous un périoste fauve au dehors, nacrée à l'intérieur. Mer du Sénégal.

Adanson rapporte à cette espèce le *M. saxatilis* de Rumphius; tab. 46, fig. D, dont Gmelin fait une espèce particulière avec raison.

La M. HESPÉRIENNE : *M. hesperianus*, Lamck.; Lister, *Conch.*, t. 562, fig. 202? Coquille étroite, alongée, arrondie postérieurement, à côtés presque égaux ; les sommets aigus, subcourbés, de couleur blanche ; le reste bleu. Les côtes d'Espagne, de la Méditerranée.

La M. COURBÉE; *M. incurvatus*, Penn., *Zool. brit.*, 4, t. 64, fig. 74. Coquille courte, dilatée postérieurement, obliquement arrondie, déprimée ; les sommets aigus ; des stries longitudinales très-courtes coupant celles d'accroissement. Océan européen.

La M. VÉNITIENNE; *M. lineatus*, Gmel., Enc. méth., pl. 218, fig. 4. Coquille oblongue, trigone, dilatée en arrière, avec des linéoles obliques, coupant des stries transverses ; couleur intérieure argentée. Mer Adriatique, près Venise.

La M. A FOSSE ; *M. lacunatus*, Lamck. Coquille courbée, dilatée en arrière ; une fossette au milieu du bord ventral ; les sommets pointus. Mer de la Nouvelle-Hollande.

La M. CANALICULÉE : *M. canaliculatus*, Gmel.; Martin., *Univ. conch.*, 2, t. 78. Coquille assez lisse, brune en dehors, irisée intérieurement, avec un canal en dedans des sommets. Mers de la Nouvelle-Hollande.

**** *Coquille sillonnée dans sa longueur.***

La M. DE MAGELLAN ; *M. magellanicus*, Lamck., Enc. méth., pl. 217, fig. 2. Grande coquille oblongue, à sommets aigus, presque droits et un peu canaliculés à leur face interne ; ridée longitudinalement par des sillons grossiers ; couleur blanche en avant, d'un pourpre violet en arrière. Des mers de l'Amérique méridionale.

La M. RONGÉE; *M. erosus*, Lamck. Coquille oblongue, anguleuse, comme difforme, à peine dilatée en arrière, déprimée en avant, treillissée par des sillons longitudinaux et par des stries transverses, comme rongée ou usée à sa partie postérieure; couleur pourpre, noirâtre en dehors comme en dedans. Mer de la Nouvelle-Hollande.

La M. CRÉNELÉE; *M. crenatus*, Lamck. Enc. méth., pl. 217, fig. 5. Coquille à peu près de même forme que la moule de Magellan, mais plus mince, plus élargie, et dont le bord interne est violet et crénelé. Des côtes de la Caroline.

La M. treillissée : *M. decussatus*, Lamck.; Fav., *Conch.*, pl. 5o, fig. R., 1. Coquille ovale, trigone, sillonnée longitudinalement et inégalement, treillissée par des stries transverses, inégales; les sommets aigus, courbés, canaliculés du côté interne; couleur pourpre livide sous un épiderme noiràtre. Mers d'Amérique.

La M. velue ; *M. hirsutus*, Lamck. Coquille subtrigone, couverte d'un épiderme brun roussàtre, très-hérissé, cachant des sillons longitudinaux très-fins, crénelant tout le bord; une ouverture particulière au bord ventral; ligament large. Les mers de la Nouvelle-Hollande.

Ne faut-il pas rapporter à cette espèce le *M. saxatilis* de Gmelin, Rumph., *Mus.*, t. 46, fig. D, qui est auriforme, ou mieux triangulaire, rugueux, granulaire, barbu, quoiqu'il soit plus petit? Il est des rivières d'Amboine.

La M. rôtie ; *M. exustus*, Linn., Enc. méth., pl. 220, fig. 3 et 4. Coquille oblongue, sillonnée longitudinalement, le bord supérieur, non crénelé intérieurement, étant renflé et anguleux ; couleur ferrugineuse ou brune en dehors, bleuàtre en dedans. Mers d'Amérique.

Faut-il rapporter à cette espèce celle que Gmelin nomme *striatulus* et qui paroît principalement en différer par sa forme semi-lunaire et son peu d'épaisseur ? Elle vient de l'océan du Nord et de l'Inde.

La M. septifère ; *M. bilocularis*, Linn., Enc. méth., pl. 218, fig. 5, *a*, *b*, et pl. 220, fig 1, *a*, *b*. Coquille ovale, trigone, striée longitudinalement par des sillons fins et subgranuleux, avec une lame septiforme vers les sommets; couleur bleue et d'un violet noiràtre sous un épiderme d'un vert très-brun ou brune en dehors comme en dedans, ou, enfin, ferrugineuse en dehors et blanche en dedans; ce qui forme trois des quatre variétés de M. de Lamarck. La quatrième, représentée par Chemnitz, *Conch.*, 8, t. 82, fig. 757, ne diffère de la première que parce qu'elle est plus petite. Mers de l'Inde et de la Nouvelle-Hollande.

La M. ovale ; *M. ovalis*, Lamck., Enc. méth., pl. 219, fig. 3, *a*, *b*. Coquille petite, ovale, striée dans sa longueur par des sillons crénelés; les sommets abaissés, divariqués, un peu comme dans les modioles; couleur d'un violet rembruni. Mers du Pérou.

La M. ERULÉE ; *M. ustulatus*, Lamck. Coquille petite, ovale, anguleuse, sillonnée ; les sillons supérieurs divariqués obliquement ; sommets courts et un peu obtus ; le bord dorsal anguleux ; couleur d'un brun fauve. Mers du Brésil. .

La M. DE SAINT-DOMINGUE ; *M. domingensis*, Lamck. Coquille petite, ovale - oblongue, déprimée au bord ventral ; les sommets abaissés et obtus ; couleur violette pourprée. Mers de Saint-Domingue.

La M. DU SÉNÉGAL ; *M. senegalensis*, Lamck. Petite coquille étroite, déprimée et sinueuse au bord ventral ; les sommets courbés, divariqués ; couleur d'un pourpre violet, si ce n'est en avant et vers le côté ventral, où elle est blanche. Des mers du Sénégal.

La M. RUGUEUSE : *M. rugosus*, Gmel. ; Schrœt. , *Einl. in Conch.*, 3, t. 9, fig. 14, *a*, *b*. Très-petite coquille ovale-rhomboïdale, très-obtuse aux deux extrémités, striée par des stries très-fines, longitudinales, croisant des rugosités transverses : couleur d'un bleuâtre sale en dehors, bleue et blanche en dedans. Des lacs de la Norwège, sur les bords de la mer.

La M. BIDENTÉE : *M. bidens*, Gmel. ; Chemn., *Conch.*, 8, t. 83, fig. 742, 743. Petite coquille de neuf à dix lignes de long, un peu courbée, striée longitudinalement, infléchie au bord ventral ; deux dents sous les sommets ; couleur cendrée, brune, bleue ou noire. Mers Méditerranée, Éthiopique, Atlantique et Magellanique.

La M. FÉVE : *M. Faba*, Gmel. ; Chemn., *Conch.*, 8, t. 85, fig. 761. Coquille ovale, renflée, semi - pellucide, striée longitudinalement, à bords crénelés ; de couleur blanche, sous un épiderme brun en dehors, très-glabre et nacré en dedans. Mer du Groënland.

La M. ABER : *M. puniceus*, Gmel.; *Aber*, Adans., Sénég., t. 15, fig. 2. Petite coquille d'un pouce environ de long, très-bombée ou gibbeuse, avec une petite poche en dedans des sommets, qui sont pointus ; cinquante cannelures du sommet à la circonférence qui est crénelée ; couleur d'un violet ou ponceau éclatant sous un épiderme fauve. Afrique occidentale.

Adanson rapporte à cette espèce la coquille figurée par Dargenville, t. 22, fig. H, et dont Gmelin fait son *M. azureus*. Est-ce le *M. senegalensis* de M. de Lamarck ?

La M. DOTEL : *M. niger*, Gmel.; Adans., Sénég., t. 15, fig. 3. Petite coquille très-mince, fragile, aplatie, striée finement et sillonnée par cent cannelures presque insensibles, denticulant le bord des valves; une ou deux petites dents sous les sommets, sans cloison; couleur générale d'un très-beau blanc sous un épiderme fin et de couleur noire. Très-commune sur les rochers de la côte du Sénégal et entassée par paquets sur les huîtres attachées aux mangliers du fleuve Gambie.

Nous ajouterons aux espèces de moules que nous venons de caractériser, l'indication de quelques autres, trop mal connues pour être définitivement distinguées : 1.° La M. CHORUS ; *M. albus*, Gmel., d'après Molina ; coquille de sept pouces de long sur trois et demi de large, striée transversalement, avec les sommets saillans, et dont la couleur est d'un blanc luisant tirant sur le bleu, sous un épiderme d'un bleu foncé : 2.° la M. NOIRE, *M. ater*, Gmel., d'après Molina ; presque aussi grande que la précédente, et dont la superficie est sillonnée et raboteuse comme celle des jamboneaux, d'un bleu obscur : 3.° la M. VULGAIRE, *M. vulgaris*, Gmel., d'après Chemn., *Conch.*, 8, t. 82, fig. 732 : 4.° la M. PLISSÉE, *M. plicatus*, Gmel., d'après Chemn., *Conch.*, 8, t. 82, fig. 733 : 5.° la M. BLANCHE, *M. niveus*, Gmel.; Chemn., *Conch.*, 8, tab. 82, fig. 734, des îles de Nicobar, ainsi que la précédente : 6.° la M. LINÉÉE, *M. linealus*, Gmel.; Chemn., *ibid.*, fig. 753 : 7.° la M. BRUNE, *M. fuscus*, Gmel.; Lister, *Conch.*, t. 359, fig. 197 : 8.° la M. MANUSSAIRE, *M. manussarius*, Gmel.; Lister, t. 361, fig. 199, *b* : 9.° la M. FULGIDE, *M. fulgidus*, Gmel.; Argenv., *Conch.*, t. 22, fig. D, qui n'est peut-être que la moule de Magellan polie : 10.° la M. AZURÉE, *M. azureus*, Gmel.; Argenv., *ibid.*, fig. H; peut-être la *M. agathinus* de M. de Lamarck : 11.° la M. SOURIS, *M. murinus*, Gmel.; Argenv., *ibid.*, fig. K : 12.° la M. TESTACÉE, *M. testaceus*, Gmel., Knorr, *Vergn.*, 4, t. 15, fig. 4, voisine de la modiole radiée? (DE B.)

MOULE. (*Foss.*) Les moules, ainsi que les huîtres et les térébratules, qui ont conservé leur test dans presque toutes les localités où les coquilles solubles ont disparu, se trouvent dans les couches antérieures à la craie, dans cette dernière substance, dans les couches plus nouvelles, et à l'état vivant; cependant je n'ai vu aucun exemple que des moules se soient trouvées dans les couches les plus anciennes, telles que celles où l'on rencontre des trilobites.

Le nombre des espèces à l'état fossile est beaucoup moins considérable que celui des espèces à l'état vivant, et parmi celles-ci il n'en est peut-être aucune que l'on puisse regarder comme identique avec celles qu'on trouve fossiles.

Moule a crevasses; *Mytilus rimosus*, Lam., Ann. du Mus. d'hist. nat., tom. 9, pl. 17, fig. 9. Coquille lisse, à bord supérieur arrondi et tranchant, renflée vers sa base. Sa charnière n'offre aucune dent, et la gouttière qui reçoit le ligament est beaucoup plus courte que dans le *mytilus ungulatus* de Linnæus, auquel elle ressemble presque entièrement. Elle est ovale-oblongue, dilatée et aplatie dans les deux tiers supérieurs de sa longueur, et rétrécie brusquement dans sa partie inférieure en une pointe courte et oblique. Longueur, deux pouces deux lignes; largeur, quinze lignes : lieu natal, Grignou, département de Seine - et - Oise, dans les couches inférieures du calcaire grossier. Elle est rare, et il est difficile de s'en procurer qui soient entières. On trouve aussi cette espèce à Meudon, dans la couche au-dessus de l'argile plastique.

Moule dentelée; *Mytilus denticulatus*, Lam., *loc. cit.* Coquille petite, un peu trigone ou deltoïde, pointue à la base, dilatée et oblique dans sa partie supérieure; sa surface extérieure étant chargée de sillons longitudinaux qui vont en s'élargissant et en divergeant vers le bord supérieur, et qui paroissent légèrement crénelées; le bord des valves étant dentelé vers les crochets ou la charnière; chaque valve ayant un petit diaphragme vers son crochet, comme la moule septifère, que l'on trouve à l'état frais dans les mers de l'Inde et la Nouvelle-Hollande, et avec une variété de laquelle elle a de très-grands rapports. Longueur, cinq lignes; lieu natal, Longjumeau, département de Seine - et - Oise, dans la couche du grès marin supérieur.

Moule lisse; *Mytilus lævis*, Def. Un seul échantillon de cette espèce, et en mauvais état, qui a été trouvé dans la couche de craie de Bougival, près de Paris, est figuré dans la Description géologique des environs de Paris, par M. Brongniart, pl. 4, fig. 4. Cette coquille est lisse et pouvoit avoir neuf à dix lignes de longueur.

Moule brulée; *Mytilus corrugatus*, A. Brong., Mém. sur les terrains de sédiment sup., pl. V, fig. 6. Cette espèce a les plus grands rapports avec le *mytilus denticulatus* ci-dessus décrit, par les sillons bifurqués dont elle est couverte; mais il paroit qu'elle est plus grande : on la trouve dans les couches des environs des volcans éteints de Ronca.

M. Brongniart (*loc. cit.*) dit qu'à Ronca on trouve encore deux autres espèces de moules, dont l'une est plate, lisse, unie, et ressemble au *mytilus antiquorum* de Sowerby, dont il sera question ci-après. L'autre est lisse aussi, mais à carène courbée, à crochets très-pointus, et ressemble beaucoup à certaines variétés du *mytilus edulis*. Le mauvais état des échantillons ne lui a pas permis de les décrire.

Moule de Faujas : *Mytilus Faujasii*, A. Brong., *loc. cit.*, pl. VI, fig. 13; Faujas, Ann. du Mus., tom. VIII, pl. LVIII, fig. 13 et 14. Coquille lisse, aplatie, un peu courbée et légèrement carinée, à crochets peu saillans; longueur, un pouce et demi. Le renflement de la partie antérieure de cette coquille pourroit faire soupçonner qu'elle appartient au genre Modiole; mais M. Brongniart a cru devoir la placer provisoirement parmi les moules, jusqu'à ce que l'on ait pu déterminer exactement ses caractères. Lieu natal, Weissenau et les autres collines du calcaire grossier des environs de Mayence.

Moule de Brard : *Mytilus Brardii*, A. Brong., *loc. cit.*, pl. VI, fig. 14; Faujas, Ann. du Mus., tom. VIII, pl. LVIII, fig. 11 et 12. Coquille bombée, droite, pyriforme et à crochets pointus, placés à l'extrémité de l'axe; longueur, six à sept lignes : lieu natal, les mêmes lieux que celle qui précède.

Moule épaisse; *Mytilus antiquorum*, Sow., *Min. conch.*, tab. 275, fig. 1, 2 et 3. Coquille à test épais, lisse, ovale-oblongue, subcarinée et à sommets obtus et dentés; longueur, trois pouces et demi. Lieu natal, le Plaisantin, Woodbridge et Ipswich, en Angleterre.

M. Brocchi annonce (*Conch. foss. subapp.*, tom. II, pag. 584) que, dans le Plaisantin, dans le Piémont et dans d'autres endroits de l'Italie, on trouve fossile le *mytilus edulis*, qui, d'après Linné et autres savans, se trouve à l'état vivant dans la mer Baltique, dans la mer Caspienne, dans la Méditerranée, l'océan d'Europe, de l'Inde et la mer Adriatique.

L'on peut croire que dans ces pays, de climats différens, il existe des moules qui peuvent représenter à peu près la même espèce; mais des observations répétées nous démontrent que les productions de ces pays ne sont pas précisément identiques. Le *mytilus antiquorum* est d'une forme moins aplatie et plus droite que des individus du *M. edulis* de la Manche et de la Méditerranée, que nous avons sous les yeux, et son test est beaucoup plus épais, en sorte qu'il y auroit lieu de croire que ce n'est pas de cette espèce que M. Brocchi a entendu parler.

MOULE AILÉE; *Mytilus alæformis*, Sow., *loc. cit.*, même pl., fig. 4. Coquille ovale, à sommets pointus et recourbés, aplatie, lisse, à charnière dentée; longueur, dix lignes. Lieu natal, Holywels, près Ipswich, en Angleterre.

MOULE GÉANTE; *Mytilus amplus*, Sow., *loc. cit.*, tab. 7. Coquille oblongue, couverte de légères stries, à bord postérieur anguleux, à base pointue, à sommets droits, à charnière sans dents. Quelques individus de cette espèce antique ont jusqu'à sept pouces et demi de longueur sur près de cinq pouces de largeur. On la trouve à Milford, en Angleterre, et en France dans les couches anciennes de la Bourgogne.

MOULE PECTINÉE; *Mytilus pectinatus*, Sow., *loc. cit.*, pl. 282. Coquille quadrangulaire, oblongue, bossue, couverte de fines stries longitudinales, légèrement courbée, à sommets écartés, à côté antérieur droit et à bord antérieur tronqué. Cette espèce porte sur chaque valve deux carènes longitudinales, quelquefois fort aiguës; les stries qui se trouvent entre ces carènes, vont en ligne droite du sommet au bord antérieur; mais celles qui rencontrent les carènes, descendent en rayonnant vers les autres bords. On trouve cette espèce dans une glaise noirâtre, aux environs de Weymouth, dans le Vicentin, à Talant, près de Dijon, dans des couches à encrines et à cornes d'ammon. Comme ces coquilles sont toujours remplies d'une pâte pétrifiée et que leur test est fort mince, on n'a pas encore pu voir clairement leur charnière, et on n'est pas très-assuré qu'elles dépendent du genre des Moules.

MOULE SCAPULAIRE ; *Mytilus scapularis*, Lamk., Anim. sans vert., tom. VI, 1.re part., pag. 128. Coquille subtrigone, ovale, en forme de coin, à bord antérieur arrondi obliquement, à bord postérieur émoussé et couvert de stries longitudinales. Lieu natal, Coulaines, près du Mans.

Je possède une moule de cette localité qui a près de six pouces de longueur, et à laquelle les caractères ci-dessus assignés par M. de Lamarck pourroient convenir ; mais elle n'est pas striée longitudinalement.

MOULE NACRÉE : *Mytilus margaritaceus*, Lamk., *loc. cit.* ; *an Modiola elegans?* Sow., Min. conch., tab. 9. Coquille oblongue, mince, brillante par sa nacre, renflée du côté du ventre par une côte longitudinale, et couverte en dedans de stries longitudinales ; longueur dix-huit lignes. Lieu natal, le Devonshire, en Angleterre. Cette espèce a beaucoup de rapports avec le *mytilus exutus*, qui vit dans les mers de l'Amérique.

MOULE SIMPLE, *Mytilus simplex*, Def. Cette espèce a beaucoup de rapports avec l'espèce qui précède ; mais elle n'est point nacrée et ne porte point de stries : on la trouve dans le carreau de Valogne. On trouve aussi dans une glaise bleuâtre, du même lieu, des empreintes de moules qui ont été détruites et qui paroissent dépendre de la même espèce. On rencontre auprès de Dijon, dans des couches très-anciennes de vase durcie, des empreintes pareilles de moules plus grandes.

On a trouvé des moules fossiles à Memelsdorf, près de Cobourg ; à Maëstricht, en Thuringe, dans le pays de Brunswic ; en Russie, sur les bords de l'Oko, où quelques lits paroissent entièrement formés de leurs débris (Pallas). Dans son voyage au pôle nord, M. de Buch a trouvé près de Drontheim des couches d'argile, au-dessous desquelles on rencontre des moules avec des anomies, des huîtres et d'autres coquilles fossiles. (D. F.)

MOULE. (*Ichthyol.*) Nom vulgaire de la tanche de mer. Voyez PHYCIS. (H. C.)

MOULE ARBORISÉE (*Conchyl.*), *Mytilus pictus* de Born,

Modiola picta de M. de Lamarck, ainsi nommée parce qu'elle paroit arborisée à son extrémité postérieure. (De B.)

MOULE DE BOUTON ou GRAND MOULE DE BOUTON (*Bot.*), Paulet, Tr., chap. 2, pag. 202, pl. 93, fig. 4, 5. Petit agaric, qui croît dans les bois aux environs de Paris. Il est entièrement d'un blanc de lait. Lorsqu'il sort de terre, il est bombé; il s'aplatit ensuite, au point de représenter en quelque sorte un moule de bouton. Il ne paroît point mal-faisant. (Lem.)

MOUL-ELAVOU. (*Bot.*) Nom malabare d'un fromager, *bombax ceiba*, suivant Rhéede. (J.)

MOULE D'ÉTANG. (*Conchyl.*) Ce nom est vulgairement employé, aussi bien pour indiquer les anodontes que les mulettes, à cause d'une certaine ressemblance avec les véritables moules, mais plutôt pour les premières. (De B.)

MOULE FLUVIATILE. (*Conchyl.*) Quoique ce nom serve le plus souvent à indiquer les espèces de mulettes, il est aussi employé indifféremment pour les anodontes. (De B.)

MOULE FLUVIATILE DU MISSISSIPI ou LA MISSISSI-PIENNE. (*Conchyl.*) Espèce de mulette, probablement l'*unio crassidens* de M. de Lamarck. (De B.)

MOULE OPALE. (*Conchyl.*) C'est le *mytilus smaragdinus*, auquel on a enlevé l'épiderme, et dont la surface, polie par l'art, reflète les couleurs brillantes de l'opale. Cette coquille jouissoit autrefois d'une grande faveur auprès des amateurs. (Lem.)

MOULE DE LA TERRE DES PAPOUS (*Conchyl.*) : *Mytilus modiolus* de Linnæus, *Modiola papuana* de M. de Lamarck. (De B.)

MOULES. (*Foss.*) On appelle moule extérieur, le vide qu'a laissé le test du corps fossile qui a disparu dans les localités où il y a eu pétrification; et on donne le nom de moule intérieur, à la pâte qui s'est moulée et pétrifiée, soit dans les coquilles univalves, ou dans les coquilles bivalves. Si ce mot n'étoit pas déjà consacré pour désigner ce qui a rempli les coquilles avant leur dissolution, celui de modèle conviendroit peut-être mieux; mais, outre que ce n'est point le modèle de l'animal, mais seulement de la place qu'il occupoit, nous pensons qu'il est toujours dangereux, pour l'avancement de la science, de tenter de nouvelles

dénominations quand on peut s'entendre avec les anciennes.
Voyez au mot Pétrification. (D. F.)

MOULETE. (*Ichthyol.*) A Marseille on appelle ainsi le
callionyme dragon. Voyez Callionyme. (H. C.)

MOULGO. (*Ornith.*) On appelle ainsi, à la Nouvelle-Galles
du sud, le cygne noir, *anas atrata*, Lath. (Ch. D.)

MOUL-TOU-ROU-GOU. (*Bot.*) Espèce de muscadier sauvage de Madagascar, ainsi nommé dans un herbier donné par
Poivre. (J.)

MOUMIMERAM. (*Bot.*) Nom de l'*urtica candicans* de Burmann, dans l'île de Java. (J.)

MOUNGE. (*Ichthyol.*) Nom nicéen du Griset. Voyez ce
mot et Squale. (H. C.)

MOUNGE CLAVELAT. (*Ichthyol.*) Nom nicéen d'un poisson que nous avons décrit, dans ce Dictionnaire, tom. XXV,
p. 434, sous l'appellation de *Liche bouclée*. (H. C.)

MOUNGE GRIS. (*Ichthyol.*) Nom que, suivant M. Risso,
on donne, dans le patois de Nice, au *Squale perlon* de Brous-
sonnet, poisson dont nous avons parlé dans ce Dictionnaire,
tom. VII, p. 69, sous la dénomination de Carcharias perlon.
(H. C.)

MOUNIER. (*Ornith.*) Un des noms vulgaires du martin-
pêcheur d'Europe, *alcedo ispida*, Linn. (Ch. D.)

MOUNTAIN-COOK. (*Ornith.*) Dénomination angloise du
grand tétras, ou coq de bruyère, *tetrao urogallus*, L. (Ch. D.)

MOUNTAIN-FINCK. (*Ornith.*) C'est en anglois le pinson
d'Ardennes, *fringilla montifringilla*. Le *mountain - sparrow*
est, dans la même langue, le friquet, *fringilla montana*, Linn.
Dans Albin, le *mountain lesser pied* est l'ortolan de neige; le
mountain tit mouse, le remiz, et le *mountain owl* de Browne est
le *guira querea*, espèce d'engoulevent de la Jamaïque. (Ch. D.)

MOURA. (*Ornith.*) Ce nom et celui de *grand maroton* se
donnent, dans le département des Deux-Sèvres, au canard
souchet, *anas cypeata*, Linn. (Ch. D.)

MOURALIOUS et MOURILIOUS. (*Bot.*) Noms languedociens du mouron des champs. (L. D.)

MOURAOU. (*Bot.*) Nom languedocien de l'olivier cité par
Gouan. (J.)

MOURE AGUT. (*Ichthyol.*) Sur la côte des Alpes maritimes, selon M. Risso, on donne ce nom au sparaillon, *sparus annularis* de Linnæus. Voyez SARGUE et SPARE. (H. C.)

MOUREAU. (*Ornith.*) Un des noms vulgaires du rouge-gorge, *motacilla rubecula*, Linn. (CH. D.)

MOUREAU DES LANGUEDOCIENS. (*Bot.*) Nom d'une variété d'olive. (L. D.)

MOUREILLER, *Malpighia*. (*Bot.*) Genre de plantes di-cotylédones, à fleurs complètes, polypétalées, régulières, de la famille des *malpighiacées*, de la *décandrie trigynie*; offrant pour caractère essentiel : Un calice à cinq divisions, très-souvent glanduleux en dehors; cinq pétales onguiculés, très-ouverts; dix étamines réunies à la base des filamens; un ovaire supérieur, à trois loges; trois styles; un drupe globuleux, rempli par trois noyaux, quelquefois quatre, monospermes.

Ce genre renferme des arbrisseaux ou des arbres à feuilles opposées, quelquefois ternées, entières ou à dentelures épineuses; les pétioles accompagnés de deux stipules; les fleurs rarement solitaires, plus souvent réunies en ombelles simples; les pédoncules ordinairement munis de deux bractées. Les moureillers sont, la plupart, d'un effet fort agréable, lorsqu'ils sont en fleurs; il en est même dont on mange les fruits. On en cultive plusieurs espèces dans les jardins, mais il faut les tenir dans la serre pendant les temps froids. Une grande chaleur et beaucoup de lumière leur sont nécessaires pendant toute l'année, d'où vient que pendant l'été on les tient contre un mur exposé au midi. On les multiplie par graines semées sur couche et sous châssis, par boutures faites dans le courant de l'été, et on leur donne une terre substantielle renouvelée tous les ans : il faut les tailler avec ménagement, si on veut les conserver en belle végétation. Ce genre a éprouvé plusieurs réformes dans ses espèces, dont on a formé d'autres genres, tels que les *Byrsonima* et *Bunchosia* de Richard et Kunth, *Galphinia* de Cavanilles, etc.

MOUREILLER GLABRE : *Malpighia glabra*, Linn.; Commel., *Hort.*, 1, tab. 75; Sloan., *Hist.*, 2, tab. 207, fig. 2; vulgairement CERISIER DES ANTILLES. Arbrisseau cultivé au Jardin du Roi, qui s'élève à la hauteur de quinze à seize pieds. Ses tiges sont brunes, peu épaisses, rameuses; les feuilles à peine pétiolées, roides, opposées, ovales, entières, glabres, luisantes ; les fleurs axillaires, opposées, réunies en ombelles solitaires ; les pédoncules communs munis dans leur milieu de deux bractées ; les divisions du calice lancéolées, glanduleuses en dehors ; les pétales couleur de pourpre, frangés et blancs à leurs bords. Le fruit ressemble à une petite cerise rouge, renfermant trois noyaux anguleux d'une saveur acide assez agréable. Cette plante croît dans plusieurs contrées de l'Amérique méridionale.

MOUREILLER A FEUILLES DE GRENADIER : *Malpighia punicifolia*, Linn. ; Plum., *Gen.*. 46, tab. 166, fig. 2. Arbrisseau d'environ dix à douze pieds, dont les rameaux sont étalés, garnis de feuilles opposées, à peine pétiolées, glabres, luisantes, très-rapprochées, caduques ; les fleurs réunies trois ou quatre dans l'aisselle des feuilles ; les pédoncules uniflores ; le calice glanduleux ; la corolle d'un rose pâle, munie d'onglets étroits et longs ; trois styles étalés. Le fruit est une baie ronde, charnue, sillonnée, rouge à sa maturité. Cette plante croît à Cayenne et dans plusieurs autres îles de l'Amérique méridionale. Les habitans se nourrissent de ses fruits. On cultive cette plante au Jardin du Roi.

MOUREILLER BIFLORE : *Malpighia biflora*, Poir., Encycl. ; *Malpighia punicifolia*, Cavan., *Diss.*, 8, pag. 406, tab. 234, fig. 2. Arbrisseau des forêts de l'Amérique méridionale, qui s'élève à la hauteur de cinq à six pieds sur un tronc dur, dont le bois est blanc, l'écorce noirâtre. Les rameaux sont très-ouverts, garnis de feuilles médiocrement pétiolées, ovales-oblongues, très-aiguës, luisantes en-dessus. Les fleurs sont axillaires ; les pédoncules se bifurquent vers leur milieu, et chaque pédicelle porte deux fleurs ; les bractées sont petites, en forme d'écaille ; les pétales légèrement crénelés.

MOUREILLER BRULANT : *Malpighia urens*, Linn. ; Lamk., *Ill. gen.*, tab. 381, fig. 1 ; Cavan., *Diss.*, 8, tab. 235, fig. 1 ; Sloan., *Jam.*, *Hist.*, 2, tab. 207, fig. 3. Arbrisseau peu élevé, dont les rameaux sont garnis de feuilles presque sessiles, ovales-oblongues, couvertes en-dessous de piquans couchés qui entrent dans la chair ; les stipules courtes, aiguës ; les fleurs réunies quatre à cinq dans les aisselles des feuilles ; les pédoncules uniflores ; le calice glanduleux en dehors ; les

trois styles très-rapprochés. Le fruit est une baie globuleuse
à trois côtes, de la grosseur et de la couleur d'une cerise,
renfermant trois noyaux. Ces fruits se mangent ordinairement confits dans du sucre : on pense qu'ils sont nuisibles
crus ; cependant on assure que les enfans en mangent en
grande quantité sans en être incommodés. Cette plante croît
aux Antilles. On la cultive au Jardin du Roi.

MOUREILLER A FEUILLES D'YEUSE : *Malpighia coccifera*, Linn. ;
Lamk., *Ill. gen.*, tab. 381, fig. 2 ; Cavan., *Obs.*, 8, tab. 235,
fig. 2 ; Burm., *Amer.*, tab. 168, fig. 2. Arbrisseau peu élevé,
dont les rameaux sont souples, grêles, noueux, garnis de
feuilles presque sessiles, ovales, presque orbiculaires, glabres,
coriaces, formant, en vieillissant, des angles épineux, comme
celles de l'yeuse ; deux stipules capillaires, fort petites. Les
fleurs sont axillaires, solitaires, ou quelquefois réunies deux ou
trois, pédonculées ; le calice fort petit ; la corolle rougeâtre ;
les pétales frangés à leurs bords. Le fruit est une baie à
trois côtes, petite, charnue, rougeâtre, couverte d'un léger
duvet, renfermant trois noyaux. Cette plante croît à
Cayenne et à la Martinique.

MOUREILLER A FEUILLES DE HOUX : *Malpighia aquifolia*, Linn. ;
Burm., *Amer.*, tab. 168, fig. 1 ; Cavan., *Obs.*, 8, tab. 236,
fig. 1. Cet arbrisseau s'élève à la hauteur de sept à huit pieds.
Ses rameaux sont longs et cendrés, garnis de feuilles presque sessiles, ovales-lancéolées, sinuées à leurs bords, glabres
en-dessus, munies en-dessous de petits poils épineux très-fins,
jaunâtres et couchés ; les angles épineux dans la plupart ;
deux filets soyeux pour stipules. Les fleurs sont axillaires ;
les pédoncules solitaires, divisés en deux ou trois rayons en
ombelle ; le calice couvert de huit glandes ; la corolle purpurine. Le fruit est une baie globuleuse, de la grosseur et
de la couleur d'une cerise, renfermant trois noyaux. Cette
plante croît dans l'Amérique méridionale. On la cultive au
Jardin du Roi.

De nouvelles espèces de *malpighia* ont été découvertes par
MM. Humboldt et Bonpland dans l'Amérique méridionale,
décrites dans les *Nova genera* par M. Kunth. Parmi les autres
espèces communes, un grand nombre a été transporté dans les
genres dont j'ai parlé plus haut. (POIR.)

MOURELA. (*Bot.*) Nom languedocien de la morelle ordinaire, *solanum nigrum*, selon Gouan. (J.)

MOURELLE. (*Bot.*) C'est la morelle noire. (L. D.)

MOURENO. (*Ichthyol.*) Nom nicéen de diverses espèces de murénophis, et en particulier de la murène hélène. Voyez MURÈNE et MURÉNOPHIS. (H. C.)

MOURENO SENSO SPINO. (*Ichthyol.*) A Nice on appelle ainsi la *murenophis christini* de M. Risso. (H. C.)

MOURÈRE, *Mourera*. (*Bot.*) Genre de plantes dicotylédones, à fleurs incomplètes, de la *polyandrie digynie* de Linnæus; offrant pour caractère essentiel : Une gaîne tubulée à la base du pédicelle de l'ovaire, tenant lieu de calice, entourée de trois bractées; point de corolle; des étamines nombreuses; un ovaire pédicellé; deux styles; une capsule membraneuse, striée, à une loge, à deux valves polyspermes; les semences attachées à un réceptacle central.

Les modernes ont substitué le nom de *lacis* à celui qu'Aublet avoit donné à ce genre. Necker le nomme *stengelia*.

MOURÈRE FLUVIATILE : *Mourera fluviatilis*, Aubl., Guian., pag. 582, tab. 233; Lamk., *Ill. gen.*, tab. 480; *Lacis fluviatilis*, Willd., *Spec.*, 2, pag. 1225. Plante herbacée, dont la racine est rampante, grosse, charnue, divisée en branches attachées sur les rochers par des paquets de filamens très-menus. Ses tiges sont simples, rudes, cylindriques, garnies de feuilles alternes, sessiles, assez grandes, rudes, sinuées, à lobes profonds, arrondis et crêpus, assez semblables aux feuilles de l'acanthe; munies en-dessous de piquans roides et subulés. Les tiges s'élargissent au sommet, convexes d'un côté, creusées en gouttière de l'autre; les deux bords sont garnis d'une longue suite de fleurs très-serrées; les étamines placées sur un disque garni de longs aiguillons, les filamens de couleur violette, élargis à leur base, les anthères sagittées; l'ovaire strié, pédiculé, surmonté de deux styles recourbés. La capsule ovale, à huit stries; les semences très-petites. Cette plante, toujours submergée, excepté la partie de la tige qui porte les fleurs, croît à Cayenne, sur les rochers qui barrent le cours de la rivière de Sinnamari. Les naturels la nomment *moureron*. (POIR.)

MOURET, *Mouretus*. (*Malacoz.*) Adanson (Sénég., p. 54, pl. 2) décrit et figure sous ce nom une espèce de mollusque qu'il range parmi les Lépas (*Patella*, Linn.), quoiqu'il fasse l'observation qu'il ne connoît pas d'espèce de lépas dont la figure s'éloigne davantage de ses congénères que ne fait celle-ci. « Ses yeux et ses tentacules, ajoute-t-il, sont si petits que l'on peut dire qu'elle n'a ni les uns ni les autres. Sa tête est faite en demi-lune et coupée vers le milieu par une large crénelure qui semble la diviser en deux parties égales. Le cordon de petites languettes carrées, aplaties, qu'on observe sur le manteau dans les lépas ordinaires, manque dans celui-ci, et ses bords, au lieu d'être frangés, sont légèrement crénelés. Dans le sinus qu'il fait avec le dessus du pied, on ne trouve point les douze stigmates dont j'ai parlé dans la première espèce ; on voit seulement sur la droite une petite membrane carrée qui est dans une agitation continuelle : c'est le tuyau de la respiration. Son pied n'a pas non plus le sillon circulaire de la première espèce. Quant à sa coquille, elle est elliptique ; ses bords sont entiers ; le sommet est élevé et placé vers son centre, en s'approchant cependant un peu de sa partie postérieure ; deux cents cannelures extrêmement fines et serrées partent de ce sommet et se répandent comme autant de rayons sur toute la surface extérieure de la coquille, dont la couleur est gris-de-cendres, les cannelures étant brunes. » Nous avons rapporté exprès les expressions même d'Adanson, pour montrer que ce mollusque ne peut être une véritable patelle symétrique, même en ne considérant que la coquille, qui ne l'est pas ; mais, quand on vient à envisager l'absence de tentacules, la bifurcation du bord frontal, et surtout la position et la forme de l'organe respiratoire, il n'est presque plus permis de douter qu'il n'appartienne à notre ordre des Monopleurobranches, et qu'il ne doive être placé, comme formant un genre distinct, parmi les acères, tout près des ombrelles, qui ont aussi une coquille patelloïde non symétrique. Maintenant, en étudiant avec attention certaines espèces de patelles assez communes dans les collections, et dont M. Sowerby vient de faire, avec raison, un petit genre particulier sous le nom de Siphonaire, *Siphonaria,* on voit que, l'espèce de canal du bord

33.

droit, qui caractérise ce genre, ayant dû servir au passage de l'eau vers l'organe branchial, le mollusque qui habite ces coquilles devoit avoir aussi sa branchie sur le côté droit, comme les monopleurobranches; en sorte qu'en remarquant en outre que ces coquilles n'offrent pas à l'intérieur une figure d'impression de la tête et du muscle columellaire semblable à ce qui a lieu dans les patelles et même dans les cabochons ou patelles non symétriques, nous en concluons non-seulement que le mouret d'Adanson doit former un genre nouveau de Monopleurobranches, mais qu'il faut très-probablement y rapporter les coquilles du genre Siphonaire de Sowerby; peut-être même faudra-t-il aussi en rapprocher le genre Tylodine de M. Rafinesque. Quoi qu'il en soit, voici comment nous caractérisons ce genre : MOURET, *Mouretus;* corps ovale, subdéprimé; la tête subdivisée à son bord frontal en deux lobes égaux, sans tentacules ni yeux? Les bords du manteau crénelés; une branchie en forme de membrane carrée à droite dans le sinus ou sillon qui sépare le pied du manteau; coquille patelloïde elliptique, à sommet bien marqué, non symétrique, un peu gauche et postérieur; une espèce de canal ou de gouttière sur le côté droit, partageant en deux parties inégales l'impression musculaire en fer à cheval de la cavité. Nous regardons comme type de ce genre le M. D'ADANSON, *M. Adansonii* (*loc. cit.*), qui est fort commun sur les rochers de l'île de Gorée au Sénégal. Pour les autres espèces, voyez SIPHONAIRE. (DE B.)

MOURETIER. (*Bot.*) Nom vulgaire de l'airelle anguleuse. (L. D.)

MOURHIGLIOUN. (*Ichthyol.*) A Nice, on appelle ainsi une variété de l'anguille, dont la tête est déprimée. (H. C.)

MOURICOU. (*Bot.*) Nom malabare de l'*erythrina corallodendron* ou d'une variété. (J.)

MOURIER. (*Ornith.*) C'est, dans Charleton, un des noms de la mésange à longue queue, *parus caudatus*, Linn. (CH. D.)

MOURILLOUS. (*Bot.*) Nom languedocien vulgaire du mouron rouge, *anagallis*, selon Gouan. (J.)

MOURINE. (*Ichthyol.*) Voyez MYLIOBATE. (H. C.)

MOURINGOU. (*Bot.*) Nom malabare cité par Rhéede du ben, *moringa*, qui est le *muisingou* des Brames. (J.)

MOURIRI, *Mouriria*. (*Bot.*) Genre de plantes dicotylédones, à fleurs complètes, polypétalées, de la famille des onagraires, de la *décandrie monogynie* de Linnæus; offrant pour caractère essentiel : Un calice urcéolé, à cinq dents; deux petites écailles à sa base; cinq pétales; dix étamines inégales; un ovaire inférieur; un style. Le fruit est une baie globuleuse, couronnée par les dents du calice, uniloculaire, à quatre semences.

Mouriri de la Guiane : *Mouriria guianensis*, Aubl., Guian., tab. 124; Lamk., *Ill. gen.*, tab. 360; *Petaloma mouriri*, Sw., *Fl. Ind. occid.*, 2, pag. 835. Arbre d'environ trente à quarante pieds, ayant l'écorce grisâtre, le bois blanc, dur et serré; les rameaux noueux, garnis à chaque nœud de deux feuilles opposées, roides, glabres, ovales, aiguës, épaisses, très-entières, terminées par une longue pointe, médiocrement pétiolées. Les fleurs sont axillaires, disposées en bouquets, presque en ombelle; les pédoncules munis à leur base d'une petite écaille en forme de bractée; le calice à cinq dents très-petites; la corolle jaune; les pétales épais, attachés, par un large onglet, entre les dents du calice; dix étamines attachées au bord du calice; les anthères oblongues. Le fruit est une baie jaune, tachetée de points rouges, charnue, globuleuse, renfermant, dans une seule loge, quatre semences anguleuses. Cet arbre croît dans les forêts, à la Guiane.

Mouriri a feuilles de myrte : *Mouriria myrtilloides*, Poir.; *Petaloma myrtilloides*, Swartz, *Fl. Ind. occid.*, 2, pag. 833; Sloan., *Hist.*, 2, tab. 187, fig. 3. Arbrisseau de deux ou trois pieds, ayant les rameaux glabres, diffus, garnis de feuilles presque sessiles, opposées, ovales, acuminées, obliques à l'un des côtés de leur base, glabres, très-entières, finement veinées; les fleurs solitaires, axillaires; les pédoncules uniflores; les découpures du calice ovales, aiguës, un peu réfléchies; les pétales oblongs, acuminés; les filamens subulés; les anthères grosses, percées, à leur sommet, de deux petites ouvertures; une baie ovale, noire et luisante à sa maturité, ne renfermant qu'une ou deux semences. Cette plante croît dans les forêts, à la Nouvelle-Espagne et à la Jamaïque. (Poir.)

MOURLIER et MOURRELIER. (*Bot.*) Voyez Moureillier.
(Lem.)

MOURMENO. (*Ichthyol.*) Nom que, dans le patois nicéen,
on donne, selon M. Risso, au *sparus mormyrus* de Linnæus.
Voyez Spare et Mormyre. (H. C.)

MOURON; *Anagallis*, Linn. (*Bot.*) Genre de plantes dicotylédones monopétales, de la famille des *primulacées*, Juss.,
et de la *pentandrie monogynie* du système sexuel, dont les
principaux caractères sont d'avoir : Un calice monophylle,
à cinq divisions aiguës; une corolle monopétale en roue, à
limbe partagé en cinq découpures ovales; cinq étamines bar-
bues à leur base; un ovaire supère, globuleux, surmonté
d'un style filiforme, terminé par un stigmate en tête; une
capsule globuleuse, à une seule loge, s'ouvrant transversalement, et contenant des graines nombreuses, attachées sur
un réceptacle central.

Les mourons sont des plantes herbacées, rarement des arbustes; ils ont les feuilles opposées, entières, et les fleurs
solitaires et axillaires. On en connoît une douzaine d'espèces, la plupart naturelles à l'Europe ou du moins à
l'ancien continent : deux seulement ont été jusqu'ici trouvées
en Amérique. Les suivantes croissent spontanément en France.

Mouron rouge : *Anagallis phœnicea*, Lam., Fl. fr., 2, p.
285 ; Lam., *Illust.*, t. 101; *Anagallis arvensis*, Linn., *Spec.*,
211. Sa racine est annuelle, formée de beaucoup de filamens
courts; elle produit une tige foible, anguleuse, divisée dès
sa base en rameaux nombreux, étalés et couchés sur la terre,
longs de cinq à six pouces, garnis de feuilles ovales, presque
obtuses, glabres, sessiles, opposées ou quelquefois ternées.
Les fleurs sont petites, d'une belle couleur rouge, blanches
dans une variété, portées dans les aisselles des feuilles sur
des pédoncules grêles, au moins une fois plus longs que les
feuilles; les lobes de leur corolle sont élargis au sommet et à
crénelures un peu glanduleuses. Cette plante est commune
dans les jardins et les lieux cultivés; elle fleurit pendant tout
l'été.

Mouron bleu; *Anagallis cærulea*, Lam., Fl. fr., 2, p. 285.
Cette espèce diffère de la précédente, parce que ses feuilles
sont pour l'ordinaire un peu plus longues et plus aiguës;

parce que les lobes de la corolle sont plus étroits, un peu dentés à leur sommet; mais surtout, parce que ses fleurs sont d'une belle couleur bleue qui ne varie jamais en rouge, mais seulement quelquefois en blanc. Elle se trouve dans les mêmes lieux que la précédente, et elle fleurit également pendant tout l'été.

Les deux espèces ci-dessus ont tant de rapport entre elles, qu'elles peuvent, quant à leurs propriétés, être indifféremment employées l'une pour l'autre. Leurs parties herbacées sont dépourvues d'odeur; mais, quoique peu sapides, elles laissent, au bout de quelque temps, sur l'organe du goût une saveur un peu amère et âcre. Ces propriétés physiques du mouron rouge et du mouron bleu annoncent bien qu'ils peuvent posséder quelques propriétés médicamenteuses; mais on a sans doute beaucoup trop exagéré ces vertus dans la plupart des cas. On trouve dans les auteurs que l'emploi de ces plantes a été conseillé contre l'obstruction des viscères, l'hydropisie, la mélancolie, le délire des fièvres essentielles, la goutte, l'épilepsie, la phthisie pulmonaire, le cancer, la rage, etc. Non-seulement le mouron a été préconisé comme préservatif de la rage; mais encore on a assuré qu'il pouvoit guérir cette cruelle et horrible maladie, après qu'elle étoit déclarée. C'est probablement en adoptant sans examen ce que Dioscoride lui avoit attribué d'utilité contre le venin de la vipère, que les modernes ont étendu ses propriétés jusqu'à pouvoir préserver et guérir de la rage. Les auteurs qui ont préconisé le mouron sous ce dernier rapport, n'ont pas manqué d'appuyer ce qu'ils avançoient de témoignages nombreux des personnes les plus recommandables. Mais combien d'autres choses incroyables et même absurdes n'ont pas été également appuyées sur des apparences semblables! Quoi qu'il en soit, l'emploi du mouron est aujourd'hui tombé en désuétude pour la plus grande partie des médecins, parce qu'on regarde comme trop incertain tout ce qui en a été dit autrefois. Ce qu'il y a d'ailleurs de plus positif, c'est qu'il paroît que cette plante ne doit être administrée qu'avec circonspection; car l'action qu'elle exerce sur l'économie animale est assez énergique, et cette action peut même aller jusqu'à causer la mort. Ainsi M. Orfila a fait périr un

chien de moyenne taille en lui faisant avaler trois gros d'extrait de mouron, et, à l'ouverture de cet animal, la membrane muqueuse de l'estomac a été trouvée légèrement en-
flammée.

Les graines du mouron rouge et du mouron bleu passent
pour être un poison pour les serins, qui aiment et qu'on
nourrit au contraire habituellement avec celles de la morgeline, nommée vulgairement mouron blanc.

MOURON RAMPANT ; *Anagallis repens*, Decand., *Synops.*, 205.
Cette espèce se distingue du mouron rouge, parce qu'elle
est plus rameuse, d'une consistance plus ferme et probablement vivace ; parce que les pédicelles de ses fleurs sont à
peine plus longs que les feuilles, et surtout parce que sa
tige et ses rameaux sont non-seulement couchés sur la terre,
mais rampans. Cette plante a été trouvée par M. Clarion dans
les montagnes de la Haute-Provence.

MOURON DÉLICAT : *Anagallis tenella*, Linn., *Mant.*, 335 ;
Lysimachia tenella, Linn., *Spec.*, 211. Sa racine est fibreuse,
vivace ; elle produit des tiges grêles, presque filiformes,
longues de trois à six pouces, rampantes, garnies dans toute
leur longueur de feuilles arrondies, très-petites, brièvement
pétiolées. Les fleurs sont couleur de chair, deux à trois fois
plus grandes que le calice, portées sur des pédicelles filiformes, plusieurs fois plus longs que les feuilles. Ce mouron
croît dans les lieux humides et marécageux.

MOURON A FEUILLES ÉPAISSES ; *Anagallis crassifolia*, Thore,
Chlor. Lond., 62. Ses racines sont fibreuses, vivaces, elles
donnent naissance à plusieurs tiges simples, couchées, rampantes, longues de deux à trois pouces, garnies de feuilles
arrondies, un peu charnues, portées sur de courts pétioles.
Les fleurs sont blanches, portées sur des pédoncules plus
courts que les feuilles ; leur corolle n'est qu'une fois plus
grande que le calice, et les divisions de ce dernier sont garnies en leurs bords, ainsi que les feuilles, de points glanduleux
et noirâtres. Cette espèce a été trouvée par M. Thore dans les
lieux humides sablonneux et les tourbières des environs de
Dax. (L. D.)

MOURON. (*Erpétol.*) Un des noms vulgaires de la salamandre terrestre. Voyez SALAMANDRE. (H. C.)

MOURON D'ALOUETTE. (*Bot.*) C'est le céraiste commun. (L. D.)

MOURON BLANC. (*Bot.*) C'est la morgeline des oiseaux. (L. D.)

MOURON D'EAU. (*Bot.*) Nom vulgaire du samole de Valérandus. (L. D.)

MOURON FEMELLE. (*Bot.*) C'est le mouron bleu. (L. D.)

MOURON DE FONTAINE. (*Bot.*) Nom vulgaire de la montie des fontaines. (L. D.)

MOURON MALE. (*Bot.*) C'est le mouron rouge ou des champs. (L. D.)

MOURON DE MONTAGNE. (*Bot.*) C'est la mœhringie mousseuse. (L. D.)

MOURON DES OISEAUX. (*Bot.*) Nom vulgaire de la morgeline. (L. D.)

MOURON VIOLET. (*Bot.*) Espèce de muflier. (L. D.)

MOURONGUE. (*Bot.*) Ce nom altéré de celui de *mouringou*, donné au Malabar au *ben*, désigne la même plante à l'Isle-de-France. (Lem.)

MOUROUCOU, *Mouroucoa*. (*Bot.*) Genre de plantes dicotylédones, à fleurs complètes, monopétalées, de la famille des *convolvulacées*, de la *pentandrie monogynie* de Linnæus; dont le caractère essentiel est d'avoir : Un calice à cinq divisions conniventes, les deux extérieures recouvrant les trois autres; une corolle infundibuliforme; le limbe à cinq lobes; le tube court; cinq étamines attachées à l'orifice du tube; un ovaire supérieur; un style; le stigmate à deux lames; une capsule à trois loges, à trois semences, dont une souvent avorte.

Mouroucou violet : *Mouroucoa violacea*, Aubl., *Guian.*, 1, tab. 54; Lamk., *Ill. gen.*, tab. 103; *Convolvulus macrospermus*, Willd., *Spec.*, 1, pag. 860. Arbrisseau sarmenteux, dont les rameaux couvrent souvent toute la surface des plus grands arbres. Ses feuilles sont alternes, pétiolées, roides, glabres, ovales, aiguës, très-entières; les fleurs axillaires, disposées en bouquet à l'extrémité d'un pédoncule commun, ayant les pédicelles uniflores; le calice de couleur violette; la corolle bleue, assez grande; l'ovaire conique et violet, ainsi que le style. Le fruit est une capsule ovale, oblongue, coriace , fibreuse , à moitié entourée par le calice. Cette plante croit dans les grandes forêts de Sinnamari. (Poir.)

MOUROUCOYA-RAMA. (*Bot.*) Nom caraïbe cité par Aublet, d'une grenadille , *passiflora maliformis* , cultivée à Cayenne. Le *passiflora tenuifolia* est nommé *mouroucouya-guacu* au Brésil, suivant Marcgrave. (J.)

MOURRIDE (*Bot.*), un des noms vulgaires du gouet commun. (L. D.)

MOURVENC. (*Bot.*) Dans le midi de la France on donne ce nom au genévrier oxycèdre. (L. D.)

MOURYGHETO. (*Entom. et Conchyl.*) En Languedoc ce nom a été donné aux insectes du genre Libellule et à l'Hélice vermiculée. (Desm.)

MOUSCHET. (*Ornith.*) Voyez Mouchet. (Ch. D.)

MOUSQUITE. (*Entom.*) Voyez Mosquite. (Desm.)

MOUSSA. (*Bot.*) Gouan dit que l'on nomme ainsi, dans le Languedoc, sur les bords de la Méditerranée, le *zostera marina*, plante marine. (J.)

MOUSSE. (*Foss.*) Quelques auteurs ont annoncé qu'on avoit trouvé des mousses à l'état fossile ; mais, ces plantes ne présentant rien qui puisse aisément se conserver, il est très-probable qu'on aura pris pour des mousses des dendrites qui en ont la forme. Voyez au mot Dendrites. (D. F.)

MOUSSE AQUATIQUE. (*Bot.*) On donne vulgairement ce nom à cette substance verte qui ne tarde point à couvrir les eaux croupissantes, et qu'on sait être produite par des êtres dont la nature n'est pas encore connue, que les botanistes ont long-temps confondus avec les conferves , et que des observations récentes tendent à faire regarder comme des êtres végéto-animaux : ils appartiennent principalement au genre *Oscillatoria*. L'expression de *mousse verte aquatique* s'étend encore à toutes les espèces de conferves, et notamment de *chantransia* et *vaucheria*, qui forment à la surface de l'eau, dans les ruisseaux et les rivières, des tapis épais et spongieux, qui ont peut-être suggéré au vulgaire l'idée d'appeler *mousse* l'écume qui se dégage des liquides en fermentation. (Lem.)

MOUSSE D'ASTRACAN. (*Bot.*) C'est le *buxbaumia aphylla* , Linn. Voyez Buxbaumia. (Lem.)

MOUSSE DE CORSE, MOUSSE DE MER, CORALLINE

DE CORSE et HELMINTHOCORTON. (*Bot.*) On vend dans les pharmacies et chez les droguistes, sous ces divers noms, un mélange de plusieurs plantes et polypiers flexibles marins, qui donnent par leur décoction ou infusion une boisson excellente pour détruire les vers dans le corps humain. On croit que cette propriété est particulière au *fucus helminthocorton*, Decand., qui est ordinairement la plante dominante dans le mélange (la quantité varie d'un huitième à un tiers). Il est probable cependant qu'elle lui est commune avec la plupart des autres plantes qu'on trouve dans ce mélange, et notamment avec les *fucus*, les *ceramium* et les *corallines*, qui s'y rencontrent toujours. Toutes ces plantes sont recueillies sur les bords de la mer, rejetées par les flots ou enlevées de dessus les rochers sur lesquels elles végètent. C'est particulièrement en Corse qu'on fait la récolte de cette mousse, ainsi improprement nommée, et on l'expédie à Marseille, d'où elle se répand dans le commerce. M. De Candolle, qui l'a examinée mieux qu'aucun autre naturaliste, y a reconnu les plantes suivantes.

Les *Fucus helminthocortos*, Latour.; *F. ericoides*, Good.; *F. barbatus*, Good.; *F. sedoides*, Desf.; *F. fasciola*, Roth; le *Desmarestia aculeata*, Lamx.; le *Gigartina plicata*, Lamx.; les *Ceramium catenatum, œgagropilum, albidum, incurvum, forcipatum, scoparium, gracile* et *cancellatum*, Fl. fr.; les *Ulva lactuca, squammaria* et *pavonia*, Fl. fr., et les *Corallina rubens* et *officinarum*, qui sont des espèces de zoophytes. Nous y avons encore observé des débris de *zostera marina*, de quelques espèces de sertulaires, de gorgones et de tubulaires, et notamment le joli zoophyte nommé *acetabularia mediterranea* par Lamouroux.

Il seroit aisé de multiplier cette liste, puisque la mousse de Corse nous est envoyée sans avoir été préalablement préparée et qu'elle est encore mélangée de sable et de coquillages, parmi lesquels les naturalistes en ont trouvé de forts intéressans, surtout dans les petites espèces univalves cloisonnées. M. De Candolle fait observer avec raison que, si la qualité astringente de cette mousse n'est point spéciale au *fucus helminthocortos*, on pourroit fort bien la remplacer par des plantes marines de nos côtes. (LEM.)

MOUSSE GRASSE. (*Bot.*) Nom vulgaire de la tillée mousseuse. (L. D.)

MOUSSE GRECQUE. (*Bot.*) C'est le muscari. (L. D.)

MOUSSE EN HAIE. (*Ornith.*) L'auteur des articles d'ornithologie dans le nouveau Dictionnaire d'histoire naturelle,
dit que c'est une dénomination vulgaire de la fauvette ba-
billarde de Buffon. (Ch. D.)

MOUSSE DE MER, *Muscus maritimus*. (*Zooph.*) Les anciens botanistes, et entre autres C.-Bauhin et Morisson, donnèrent ce nom aux sertulaires et genres voisins, qu'on regardoit alors comme des plantes marines; c'est sans doute ce qui
l'a fait consacrer à la réunion des différentes substances animales et végétales que l'on emploie en médecine comme
vermifuges. On l'a appelée aussi Mousse de Corse. (De B.)

MOUSSE MARINE. (*Bot.*) Cette expression désigne la plupart des algues marines filamenteuses, particulièrement celles
qui sont capillacées, vertes, avec lesquelles le vulgaire confond encore des polypiers de la famille des corallines. (Lem.)

MOUSSE MEMBRANEUSE. (*Bot.*) Les nostocs, espèce
d'algues membraneuses, et quelques *collema*, aussi membraneux, ont reçu le nom de mousse membraneuse, et très à
tort, n'ayant rien de commun avec les vraies mousses. (Lem.)

MOUSSE DU NORD et MOUSSE DES RENNES. (*Bot.*)
C'est le *cladonia rangiferrina*, espèce de lichen, décrite à
l'article *Cladonia*. (Lem.)

MOUSSE DE PAON. (*Bot.*) Nom vulgaire d'une espèce
d'amaranthe, *amaranthus caudatus*. (L. D.)

MOUSSE PIERREUSE, *Muscus lapidosus*. (*Polyp.*) Impe-
rati, *Hist. nat.*, p. 840, a indiqué sous ce nom le polypier
dont Gmelin a fait son *millepora coriacea*. (De B.)

MOUSSE VERTE. (*Bot.*) Pendant l'hiver et dans les temps
humides les troncs d'arbres et les murs, exposés au nord, se
couvrent d'une *mousse verte*, selon l'expression commune.
Cette mousse est due au *byssus velutina*, Linn., ou *vaucheria
terrestris*, Decand., qui, comme les *oscillatoria*, semble d'une
nature végéto-animale, et par conséquent étrangère aux
champignons et aux algues. (Lem.)

MOUSSELINE. (*Bot.*) Un des noms vulgaires de la chan-
terelle, espèce de champignon dont quelques botanistes font

un genre (*Cantharellus*), et que d'autres réunissent au MERU-
LIUS. Voyez ce nom. (LEM.)

MOUSSERON et MOUSSERONS. (*Bot.*) On donne ces
noms à un assez grand nombre d'espèces du genre *Agaricus*,
qui croissent parmi la mousse. Paulet les classe en quatre
familles :

Les mousserons à tête ronde ou proprement dits ;

Les mousserons d'eau ou les petits chapeaux ;

Les mousserons-godailles des prés ou des friches ;

Les mousserons-godailles des bois, ou faux-mousserons go-
dailles.

LES MOUSSERONS A TÊTE RONDE se font remarquer par la
forme arrondie de leur chapeau, leur petite taille, leur
pied ou stipe charnu, renflé du bas ; leur corps très-charnu ;
leur substance blanche et ferme ; leur parfum des plus agréables, et par leurs bonnes qualités. Il y en a sept espèces.

Le *Mousseron d'armas* ou Macaron des prés, Paulet, Tr., 2,
pag. 205, pl. 94, fig. 1, 2, 3, 4, et *Mousseron gris*, *Synon.*,
n.° 124, *a*. Voyez *Berlingozzino de Prati*.

Le *Mousseron gris* ou *d'Italie*, Paulet, *l. c.*, fig. 5, 6, *Synon.*, 19, *a*, qui est l'*agaricus prunulus*, Scop., Fries ; l'*agaricus mousseron*, Bull., Herb., tab. 142. (Voy. *Agaric mousseron*,
à l'article FONGE, 17, pag. 209.) C'est le mousseron par excellence, le meilleur des champignons, et celui qu'on préfère pour l'usage. C'est lui que Césalpin et Porta nous ont
fait connoître les premiers sous les dénominations italiennes
de *prunoli* et *prugnoli*, soit parce qu'il a la couleur et à peu
près la forme des petites prunes qu'on appelle prunelles,
soit parce qu'il se trouve au pied des prunelliers. Son nom
de *spinaroli* tient aussi à ce qu'il croit aux pieds des buissons.
Ce champignon, d'un gris de lin, a ses feuillets blancs :
sa couleur brune rend l'eau noire lorsqu'on le fait cuire ;
mais cela n'est pas à redouter. En Franche-Comté et en Suisse
on en fait un grand commerce ; en Piémont, où il est nommé
spinaroli, on le dessèche et on le vend 12 à 15 francs la
livre.

L'importance de ce champignon a engagé Fries à en faire
une tribu particulière dans son genre *Agaricus*. Cette tribu
est la troisième, et il la désigne par *mouceron*. M. Persoon

distingue cette espèce d'agaric mousseron, Bull., de son *ag. prunulus,* qu'il donne pour le *prugnolo* des Toscans, et l'*agaricus orcella,* Bull., qui, au reste, est aussi une excellente espèce.

Le *Mousseron de Suisse* ou *Mousseron isabelle d'automne et de printemps,* de Paulet, *l. c.,* pag. 206, pl. 84, fig. 7 à 12, et *Synon.,* n.° 19, *c.* Il est de couleur isabelle ou roux tendre. Son stipe est d'un égal diamètre dans toute sa longueur ; ses feuillets, d'abord très-courts et peu sensibles, sont blancs et inégaux. Ce mousseron est moins estimé que le précédent ; on le cueille au printemps et en automne parmi la mousse. Il a une odeur de farine fraîche et un parfum agréable. Sa chair, ferme et blanche, devient visqueuse et luisante quand on la fait cuire. On en fait commerce sous le nom de mousseron d'automne. Il se conserve assez bien , particulièrement lorsqu'on le cueille au printemps ; car alors il ne contient point de larves d'insectes.

Le *Mousseron de Bourgogne,* Paulet, *l. c.,* fig. 13 à 18. C'est une espèce très-recherchée et d'un excellent goût, qui diffère de la précédente par sa couleur moins rousse, qui se rapproche de celle du bois ; par sa forme moins régulière et par son pied très-épais. Sa chair, blanche et ferme, ne devient point visqueuse par la cuisson. Il croit caché parmi la mousse ; mais le parfum qu'il répand sert à le faire découvrir. Sa taille n'est guère au-dessus d'un pouce et demi.

Le *Mousseron blanc,* Paulet, *l. c.,* pl. 95, fig. 1 à 8, et *Synon.,* n.° 19, *b* 2 ; *Mousserons,* C. Bauh., *Hist.,* cap. 2, p. 823, *icon.;* Tournef., *Inst.; Agaricus albellus?* Decand., p. 437. Ce champignon est-il une variété du *mousseron gris,* comme le croient plusieurs botanistes, ou une espèce distincte ? C'est un petit mousseron tout blanc, que son parfum décèle parmi la mousse où il croit. Il est plus arrondi et plus régulier que le précédent. Son chapeau a la forme d'une boule, et son pied est d'un diamètre égal à sa longueur. Sa chair est blanche, ferme, sèche ; les feuillets sont fins, serrés et inégaux. Ce champignon exhale un parfum agréable : il roussit un peu en se desséchant ; mais cette teinte s'évanouit dans l'eau. C'est, dit Paulet, le mousseron le plus fin, le plus délicat, le plus léger, et le plus estimé qu'on connoisse. On le vend ordinairement six francs la livre en France, et quinze francs à l'étranger. On le trouve aux environs de Noyon, de Compiègne, en Franche-Comté, en Champagne aux environs de Langres, en Suisse, et surtout dans le Montbéliard, d'où on l'apporte quelquefois à Lyon et à Dijon. On le vend rarement à Paris, à cause de la facilité qu'on a d'y avoir en tout temps le champignon de couche.

Le *Mousseron palomet* ou *blavet*, Paulet, *l. c.*, pl. 95, fig. 9 à 11. Sa surface, mélangée de bleu, de blanc, de vert, c'est-à-dire, gorge de pigeon, surtout du pigeon ramier ou palombes, lui a fait donner, en Gascogne, les noms de *palomet* et *palumbette*, comme sa couleur bleue lui a valu celui de *blavet* pour bluet. Il n'a guère qu'un pouce de hauteur : on le cueille au printemps et en automne parmi les mousses où il croît. Il vaut mieux le cueillir au printemps; il perd sa couleur bleue lorsqu'on le garde. (Voyez *Agaric palomet*, à l'article FONGE, pag. 211.)

Le *Mousseron Saint-George*, Paulet, *l. c.*, pag. 209, est l'*agaricus Georgii*, Linn. C'est une espèce blanche, avec une teinte couleur de buis, qui est fort recherchée pour l'usage en Hongrie et dans le Brabant, où elle croît.

Les MOUSSERONS D'EAU ou les PETITS CHAPEAUX sont des agarics très-différens des précédens, remarquables par leur petitesse, leur ténuité ; par la blancheur de leur chapeau, leur état aqueux, et le voile qui couvre, comme une toile d'araignée, les feuillets dans leur jeunesse. Il y en a deux espèces.

Le *Mousseron d'eau semé*, Paulet, Tr., 2, pag. 218, pl. 102, fig. 1, 2, 5, est un champignon d'un pouce et demi de hauteur, qui croît par centaines d'individus, ramassés les uns près des autres sans se toucher, dans les lieux bas et humides des bois. Son chapeau, large d'un pouce, est d'abord très-blanc ; il brunit ensuite par l'effet de sa chair tendre et aqueuse, qui laisse entrevoir la couleur brune des feuillets : ceux-ci sont d'un rose pâle dans la jeunesse ; avec la vieillesse ils deviennent noirs et perdent leur voile. Ce champignon a le goût des champignons ordinaires, et paroît être de bonne qualité. On le trouve à Montmorency et à Vincennes.

Le *Mousseron d'eau blanc d'argent* ou *blanc de lait*, Paulet, *l. c.*, fig. 4, 5, 6, est rapporté par Paulet à l'*agaricus bar-batus*, Batsch, *Elenc.*, p. 163, fig. 11., qui paroît plus grand dans toutes ses parties. Ce mousseron a le chapeau d'un blanc de lait ou d'argent, remarquable par les feuillets d'un roux vif ou couleur de chair, inégaux; le pied cylindrique d'a-bord plein, puis fistuleux. Il croit sur les pelouses et dans les friches; il a deux pouces de hauteur, et son chapeau un pouce environ; sa surface est tantôt un peu visqueuse, tantôt sèche. Il a le parfum plus doux que celui du champignon ordinaire. Sa saveur a quelquefois un peu d'amertume : sa chair est plus ferme que celle de l'espèce précédente; et, sans être dangereux, il n'est pas d'un usage aussi sûr.

Les Mousserons-godailles des prés ou des friches sont aussi au nombre de deux espèces, qui ont de commun leur chair sèche et couleur de noisette ou de veau fauve; leur pied ou stipe alongé, plein, inégalement droit et cylindrique; leur parfum suave de mousseron et leurs bonnes qualités. On les trouve principalement en automne sur les bords des fossés, sur les pelouses, et toujours dans les endroits découverts. Selon Paulet, on les appelle à Paris *Mousserons-godailles* ou *de Dieppe.*

Le *Mousseron-godaille ordinaire*, Paulet, Tr., 2, pag. 220, pl. 103, fig. 1 à 4. C'est le même que l'*agaricus pseudo-mousseron*, Bull., Herb., tab. 144 et 528, décrit à l'article Fonge, 17, pag 210. On le trouve en automne sur les pelouses en prodigieuse quantité : il est fort commun aux environs de Paris, surtout aux bords des bois. On le vend jusqu'à cinq francs la livre. Pour bien parfumer les sauces, il n'exige pas une grande cuisson ; car son parfum finiroit par se perdre.

Le *Mousseron cheville* ou *Mousseron tire-bourre*, Paulet, *l. c.*, fig. 5 et 6. Son stipe, en forme de cheville ou en forme de clou, c'est-à-dire renflé vers le haut, finissant en pointe, et ses feuillets, plus écartés, un peu plissés, bridés et roux foncé, distinguent particulièrement cette espèce de la précédente. On en fait le même usage. Son pied, sujet à se tordre en façon de tire-bourre, lui a fait donner le nom de *mousseron tire-bourre.*

Les Mousserons-godailles des bois ou Faux mousserons-godailles, sont au nombre de cinq espèces, qui se conviennent par leur pied ou stipe droit, cylindrique, d'une à deux lignes de diamètre; par leur chapeau circulaire et régulier, leur surface sèche, leur couleur plus ou moins rousse; enfin, par leur manière de croître à l'ombre dans les bois, et leurs qualités en général peu sûres. Ces espèces sont, l'*étoile polaire* (voy. Éɪoɪʟᴇ), le *mousseron pleureux* ou *sphinx*, le *faux mousseron-godaille*, les *godets montés* (voy. Godᴇᴛs), et le *petit champignon à l'ail*. (Voy. Aɪʟʟɪᴇʀ , tom. I.er, Suppl.)

Le *Mousseron pleureux* ou le *sphinx*, Paulet, Tr., 2, p. 222, pl. 104, fig. 5, 6, paroît être l'*agaricus sphinx*, Batsch, *Elenc.*, tab. 22, fig. 112. On l'appelle, aux environs de Paris, *mousseron pleureux*, parce que sa surface est ordinairement enduite d'une légère mucosité. Son chapeau, large de deux pouces, est couleur de cerise pâle, avec des feuillets inégaux, blancs, jaunâtres; son pied est rougeâtre ou d'un roux vif. Cette espèce, qui paroît être un peu mal-faisante, a une odeur légère, et la saveur des mousserons.

Le *Faux mousseron-godaille*, Paulet, Tr., *l. c.*, fig 3, 4, et *Faux mousseron des bois*, Paulet, *Syn.*, n.º 58. C'est un champignon d'un pouce de haut, à chapeau large de deux pouces, couleur de noisette; à feuillets d'un roux vif, inégaux et à tige cylindrique. On le vend comme mousseron de bonne qualité, et cependant il n'a ni le parfum ni la saveur des bonnes espèces de mousserons, et n'a pas d'ailleurs les conditions requises pour qu'on puisse en faire usage. Outre ces diverses espèces de mousserons, il y a encore,

Le *Mousseron sauvage*, Paulet, Tr., 2, p. 151, pl. 58, fig. 1 à 4, qui mérite d'être remarqué et qui appartient à la famille des *retroussés*, de Paulet. C'est un champignon tout blanc, qui croît au printemps et en automne dans tous les bois aux environs de Paris : il ressemble d'abord à un mousseron de bonne qualité et bien en chair; il atteint ensuite quatre à cinq pouces, en prenant une forme irrégulière; il ne roussit pas, ce qui suffit pour le distinguer des mousserons ronds de bonne qualité. Ses feuillets sont inégaux et s'insèrent irrégulièrement autour d'un stipe inégal, sillonné, subcylindrique. Cette espèce, qui paroît suspecte d'après les expériences de Paulet, se vendoit quelquefois dans nos marchés comme mousseron de bonne qualité. Ceux qui les ven-

doient, alloient même jusqu'à lui couper le stipe et arrondis-
soient son chapeau en le coupant, pour lui donner plus de
ressemblance avec le mousseron. Cette fraude donna lieu à
l'ordonnance de police, du 15 Mai 1782, qui défendit d'exposer sur le carreau de la halle aucune espèce de champignon, avant que la vente n'en fût autorisée par des experts
préposés à cet effet. Cette ordonnance est encore en vigueur, et les fonctions d'experts ont été long-temps exercées
par feu M. Thuiller, auteur d'une Flore des environs de Paris,
qui a eu deux éditions.

Le *Mousseron de neige* (*Agaricus nivosus*, Batsch, *Elench.*,
tab. 14, fig. 64); *le Mousseron de neige piqué* (*Agaricus nim-
batus*, Batsch, tom. XIV, fig. 65); le *Petit mousseron à tige
noire* (*Agaricus pusillus*, Batsch, fig. 66); le *Grand mousseron
gris* (*Agaricus muscoides*, Jacq., *Misc.*, 2, tab. 16, fig. 1), et
quelques autres, sont également mentionnés dans Paulet.

Les *Mousserons verts* ou VERDELETS. (Voy. ce nom.)

Mousseron d'automne et *Mousseron pied-dur.* Voyez *Agaricus
faux-mousseron* à l'article FONGE, tom. XVII. (LEM.)

MOUSSERONNE. (*Bot.*) Nom d'une variété de la laitue
cultivée. (L. D.)

MOUSSES ; *Musci*, *Musci frondosi*, *Musci calyptrati.*
(*Bot.*) Famille de plantes cryptogames et de la classe des
acotylédons, intermédiaires entre les hépatiques et les fougères. Les mousses sont de petites plantes herbacées, munies
d'une tige garnie de petites feuilles et portant une double
fructification terminale ou axillaire sur le même pied ou
sur des pieds différens. L'une consiste en une *urne* pédicellée,
1.° munie à la base de son pédicelle d'une gainule entourée
souvent de folioles différentes des autres, accompagnée quelquefois de corps oblongs et de filets articulés ; 2.° fermée par
un opercule, munie quelquefois d'un anneau, recouverte
d'une coiffe, et composée intérieurement d'un axe central
ou columelle, terminé par une pointe caduque, entouré d'une
poussière contenue dans un sac propre, et ayant son orifice
nu ou garni d'un péristome ou de deux : l'un extérieur,
diversement denté ; l'autre, intérieur, membraneux, aussi
denté, etc. L'autre fructification consiste en des rosettes
sessiles, composées de folioles disposées en étoile, en rose,

ou en cornet, renfermant des corps oblongs nus ou accompagnés de filamens articulés et souvent prolifères.

Les mousses se distinguent essentiellement des hépatiques, des fougères et des lycopodes, par leurs urnes entières, operculées et recouvertes d'une coiffe. Ces organes s'observent dans toutes les espèces de mousses; l'un deux, l'opercule, manque dans les familles citées.

Mais les caractères de la famille des mousses, l'une des plus intéressantes de celles de la cryptogamie, demandent à être plus développés pour mieux faire comprendre l'admirable structure de leur fructification et les opinions que cette structure a fait naître.

§. 1.er *Description des mousses, et principalement de leurs organes de reproduction.*

Les mousses, comme les lycopodes et quelques jungermannia, sont les premières plantes cryptogames qui offrent dans leur ensemble les parties analogues à celles des végétaux phénogames, les racines, les tiges, les feuilles, les organes reproducteurs; mais leur structure physiologique en paroît différente.

Les mousses sont de petites plantes qui tiennent à la terre par des racines capillaires, filamenteuses, ramifiées, brunes, semblables à de la soie ou bien à un duvet très-fin. Ces racines sont vivaces ou annuelles, quelquefois très-touffues.

Les tiges sont simples ou rameuses, ordinairement courtes ou très-courtes, rarement nulles, garnies de feuilles ou frondules très-nombreuses, éparses ou alternes, et disposées en spirale; communément ouvertes, plus ou moins imbriquées, secondaires ou rejetées d'un seul côté, ou plus rarement distiques, c'est-à-dire, disposées sur deux rangées opposées, privées d'oreillettes ou stipules. Les feuilles sont petites, simples, sessiles, amplexicaules, entières ou imperceptiblement dentées sur les bords, lisses ou glabres, planes ou carénées, ovales, oblongues, en forme de cœur, orbiculaires, linéaires, etc., obtuses ou aiguës, terminées par un poil ou par une pointe due au prolongement d'une nervure médiane qui le plus souvent s'évanouit avant d'atteindre leur extrémité, et offrant en outre plusieurs demi-nervures.

33.

12

La fructification consiste, 1.° dans l'urne et ses partie accessoires; 2.° dans les rosettes ou gemmules. Ces deux sortes d'organes sont d'une petitesse qui ne permet de les examiner qu'au microscope, et encore quelques-unes de leurs parties laissent-elles beaucoup à désirer. Il n'est donc pas étonnant que les naturalistes aient si long-temps ignoré la structure des urnes et des rosettes. Ces deux organes des mousses sont terminales ou axillaires.

L'*urne* et ses parties accessoires (péricarpe, Mirb.) forment ce que Linnæus considère comme l'anthère ou la fleur mâle, Hedwig comme la fleur femelle, et Hill comme une fleur hermaphrodite. Ses diverses parties sont :

1.° L'*urne* proprement dite ou capsule (*anthera*, Linn.; *capsula*, Hedwig.; *sporangium*, Schw.; *pyxis*, *theca*, *conceptaculum*; panninterne, Mirb.). Espèce de vase ou boîte en forme de tête sphérique ou oblongue, ayant quelquefois un renflement ou apophyse à sa base, et dont l'ouverture est fermée par un opercule et recouverte par une coiffe. Elle est en outre portée sur un tube ou pédicelle; son intérieur offre une à quatre loges, suivant la forme de la columelle.

2.° Le *pédicelle* ou pédicule ou soie (*seta*, *pedunculus*, *pedicellus*, *thecaphora*). Support capillaire de l'urne, qui en est un prolongement filiforme tubuleux, dont la cavité intérieure communique avec l'intérieur de l'urne même à travers les apophyses. Il est vert dans sa jeunesse, brun-rouge lors de la maturité. Il naît à l'extrémité des tiges ou dans l'aisselle des branches. Sa base est entourée par la gainule et le péricole ou le périchèze; il est rarement pédonculé et privé de la gainule (exempl. *andræa* et *sphagnum.*)

3.° La *gainule*, ou gaine, ou vaginule (*vaginula*, partie inférieure du pannexterne, Mirb.) est un tube membraneux qui contient la base du pédicelle. Elle manque très-rarement. Il s'insère sur cette gainule de petits corps oblongs, ou alongés ou capités, qu'Hedwig considère comme des fleurs avortées, et des filamens ou paraphyses articulés, analogues à ceux qu'on observe dans les rosettes. Sur cette gainule s'insère aussi le péricole.

4.° Le *péricole* de Beauvois, plus connu sous le nom de

périchèze (*perichœtium, perigonium, calyx, perisyphe,* Desv.), est composé de feuilles ou bractéoles, ou feuilles périgoniales et périchétiales, différentes des autres, d'abord dans leur forme et leur consistance membraneuse, puis par leur insertion sur la gaine ou un peu au-dessous, et dont elles ne peuvent être séparées que par le déchirement de cette gaine et même par l'enlèvement des pédicelles. Deux genres (*Andrœea* et *Sphagnum*) sont privés du péricole, que nous nommerons désormais périchèze, qui se trouve remplacé par les feuilles de la tige, formant une collerette, que Beauvois distingue du péricole, et qui est son *périchèze.*

5.° Le *clinanthe* (Mirbel; *perocidium,* Necker) est la base qui porte le péricole, la gainule et le pédicelle.

6.° L'*opercule* est un couvercle qui ferme l'urne, qui lui est soudé pendant sa jeunesse et qui protége ainsi les organes intérieurs, mais qui s'en détache lors de la maturité par l'effet du gonflement de ces mêmes parties intérieures de l'urne. L'opercule est conique, plus ou moins élevé ou surbaissé, obtus ou aigu, subulé, droit, ou oblique, ou incliné, quelquefois courbé en crochet.

7.° L'*anneau* (*annulus*) ou petit cercle rouge ou brun, fimbrié et placé au bas de l'opercule à l'orifice de l'urne. Il est encore peu connu, ainsi que la fonction qu'il remplit. Il se détache avec élasticité lorsque l'urne est à sa maturité.

8.° La *coiffe* ou *coëffe* (*calyptra, corolla,* partie supérieure du pannexterne, Mirb.). Espèce de bonnet pointu qui recouvre l'opercule et l'urne, qu'il enveloppe même entièrement dans sa jeunesse. Elle est membraneuse, en forme de cloche, ou de mitre, ou d'éteignoir, ou de cornet, c'est-à-dire, cuculiforme. Elle est glabre ou velue, lisse ou striée, entière, dentée, échancrée ou fendue latéralement à sa partie inférieure. La coiffe est ordinairement simple; quelquefois, cependant, il y en a deux : alors la coiffe intérieure est la véritable, elle est plus petite et membraneuse; la coiffe extérieure se trouve formée d'un tissu filamenteux.

9.° L'*épiphragme,* membrane délicate attachée au péristome, qui ferme l'urne dans quelques mousses, et qui persiste long-temps après la chute de l'opercule.

10.° Le *péristome* (*peristomium*). Lorsque la coiffe et l'opercule sont tombés, l'urne présente une ouverture dont le bord ou orifice est tantôt nu, tantôt et le plus souvent garni d'un *péristome*, ou de deux: l'un extérieur, qui dépend de la substance même de l'urne (*sporangium*), et l'autre, intérieur ou interne, qui est la sommité de la membrane intérieure (*sporangidium*) qui entoure la poussière.

Le péristome extérieur ou externe est formé de dents, dont on compte quatre, huit, ou un multiple de ces nombres; elles sont écartées ou rapprochées par paire, entières, ou bifides, ou percées de trous, traversées de lignes horizontales, quelquefois divisées en lanières presque membraneuses, alternes avec des cils, etc. Ces dents sont droites et logées sous l'opercule : après la chute de celui-ci elles se redressent et s'abaissent alternativement et avec régularité, jusqu'à ce que la poussière contenue dans l'urne soit entièrement échappée. Il est possible que ce mouvement ait pour but d'empêcher la poussière de s'échapper trop promptement. Les dents ont encore un mouvement hygrométrique analogue, qui s'exerce même après l'émission de la poussière. Cependant quelques botanistes pensent que ces deux mouvemens des dents du péristome se réduisent à un seul, au dernier.

Le péristome intérieur ou interne est membraneux, plissé, diversement denté, lacinié ou sillonné, saillant et logé également sous l'opercule.

L'absence et la présence des péristomes, leurs diverses formes unies aux modifications de la coiffe, fournissent les meilleurs caractères pour la classification des mousses, comme on le verra plus bas.

11.° La *poussière* qui est contenue dans l'urne (*semina*, Hedw.; *pollen*, Linn.; poussière fécondante, Pal. Beauv., séminules, Mirb.), est renfermée dans un sac membraneux dont l'extrémité forme le péristome interne (*sporangidium*) et qui est traversé par la columelle. Elle est dans son premier état semblable à de la cire ou à une pâte molle, blanche, ensuite jaune, puis se change en une poussière inflammable, composée de très-petits grains (séminules, Mirb.; *sporæ*, Hedw.) fort nombreux, sphériques, rarement ovales ou réniformes, lisses ou hérissés de pointes, quelquefois étoilés, d'abord jaunes, puis verts, enfin bruns, fixés les uns aux autres par des filets, et formés de deux, trois ou quatre loges. On observe, en outre de ces grains, d'autres grains infiniment plus petits, qui étoient sans doute contenus primitivement dans les loges des premiers grains. Palisot-Beauvois trouvoit la plus grande analogie entre cette poussière et le pollen des autres végétaux. Hedwig assure au contraire avoir vu germer les grains de cette poussière dans une espèce de *gymnostomum*, et se croit ainsi fondé à la considérer comme un amas de séminules.

12.º La *columelle* (capsule, Beauvois ; *columella*, Hedw.) est l'axe central de l'urne ; elle ne dépasse jamais son orifice. Elle est sphérique, oblongue, tétragone, etc., terminée par une pointe caduque (stigmate, Beauvois), longue, subulée, capitée, etc., se prolongeant jusque dans la cavité de l'opercule. La columelle, dont les fonctions ont été peu étudiées par les botanistes, n'est pas, suivant M. Beauvois, un organe secondaire, un simple fascicule de vaisseaux, ou de tissus cellulaires, ni un placenta, puisque jamais les grains de la poussière n'y sont fixés : c'est une capsule qui contient les séminules ; et en effet on y observe de petits grains particuliers qui, lors de la maturité de l'urne, la chute de l'opercule et de la pointe ou stigmate de la columelle, s'échappent également, et après leur sortie la columelle se dessèche et se détruit, comme on l'observe pour les capsules des autres végétaux. M. Mirbel trouve qu'il existe beaucoup d'analogie entre les grains intérieurs de la columelle et les corpuscules qu'il a observés dans les tissus cellulaires des autres plantes phénogames.

13.º L'*étoile* ou la *rosette*, ou gemme et gemmule (fleurs mâles, Hedwig ; fleurs femelles, Dill.) n'existe pas dans toutes les mousses, ce qui suffit pour prouver que ce n'est pas un organe essentiel. En outre les rosettes ne se montrent que long-temps après l'apparition de l'urne. Elles sont terminales ou axillaires, sur le même pied que les urnes, ou sur des pieds différens, composées de feuilles ou bractées imbriquées, disposées en étoile, ou bien en un tube ou involucre, semblables à un cornet présentant dans le centre ou entre chacune d'elles de petits corps oblongs de formes variées (anthères, Hedw.), au nombre de dix à trente et plus, portés sur des filets d'une grande ténuité, qui émettent une poussière et qui sont nus ou accompagnés d'autres filets ou *paraphyses*, articulés, analogues à ceux qu'on observe autour de la gainule. Les rosettes donnent souvent naissance à un nouveau rameau, en tout semblable à celui qui les porte, et qui se termine également par une rosette souvent prolifère à son tour.

L'urne, considérée comme une fleur femelle par Hedwig et ses partisans, examinée dans sa jeunesse, est un ovaire oblong, surmonté d'un style grêle, portant un stigmate évasé comme un entonnoir.

La rosette ou fleur mâle d'Hedwig contient, outre les paraphyses, des corpuscules alongés (anthères, Hedw.), fixés par un de leurs bouts à l'extrémité d'un filet. Ces corpuscules sont des bourses, dont le sommet se fend en manière de bec, ou s'enlève comme un opercule ; il en sort une liqueur qui, selon Hedwig, est un fluide qui féconde le stigmate de la fleur femelle. Celle-ci est tellement courte d'abord que son stigmate dépasse à peine les feuilles qui l'entourent ; elle paroit alors très-susceptible de s'imprégner du fluide fécondateur.

Les botanistes qui nient la réalité de cette fécondation, font observer avec une certaine justesse, que toutes les mousses n'ont pas de rosettes, et que celles qui en sont pourvues les présentent le plus souvent à une époque différente de celle à laquelle les urnes se montrent, et qu'elles sont fréquemment sur des pieds différens, ou si étroitement enveloppées qu'il est difficile de concevoir comment le fluide des anthères pourroit en sortir.

Quelque temps après sa fécondation, l'ovaire prend de l'accroissement, il s'alonge ; son enveloppe (pannexterne, Mirb.) augmente bientôt : elle se divise en deux parties, l'une inférieure, qui reste attachée au clinanthe et qui prend le nom de gainule ; la partie supérieure, surmontée du style flétri, devient la coiffe. Celle-ci persiste quelque temps sur l'ovaire avant de tomber, ce qui doit faire penser qu'elle y est encore fixée peut-être par la pointe de l'opercule, elle-même, sans doute, fixée intérieurement à la sommité de l'opercule. L'ovaire s'élève sur un pedicelle trés-long, se change en urne ou capsule, et domine de beaucoup les rosettes mâles. Cette transformation ne s'opère qu'après un assez long temps, quelquefois d'une année à l'autre pour les mousses vivaces.

Michéli avoit une opinion contraire à celle d'Hedwig ; cet auteur n'avoit pas cependant d'idées bien précises sur les fonctions des parties des mousses qui nous occupent. Les urnes sont pour lui des anthères, et les rosettes tantôt des amas de fleurs hermaphrodites, formées de pistils (les anthères, Hedw.) et d'étamines (les paraphyses), tantôt des fleurs femelles. Dillenius, n'ayant pu parvenir à faire lever la poussière intérieure des urnes, qu'il avoit semée, se crut fondé à considérer les urnes comme des anthères. Il fut conduit ainsi à prendre les rosettes pour des fleurs femelles. Son expérience entraîna Linnæus et Adanson, qui se rangèrent à son avis, de même que Haller, Gleditsch, Scopoli et Schmidel. Suivant Hill, les deux sexes sont réunis dans l'urne : la poussière contient les pistils ; les dents du péristome sont les étamines ; les rosettes ne sont que de simples bourgeons. On peut objecter à Hill qu'il y a des mousses sans péristomes, et que par conséquent son système n'est pas juste, et ensuite, qu'il n'est aucunement fondé. Nées, néanmoins, est de la même opinion que Hill, quant à l'urne ; mais, quant à la rosette, il adopte le sentiment de Michéli, en se fondant encore sur ce qu'ayant semé les corpuscules contenus dans les rosettes, il avoit obtenu de nouveaux individus des mêmes espèces. On pourroit lui faire des objections sérieuses, qu'il seroit trop long de rapporter ici. L'urne est aussi hermaphrodite pour Kœlreuter ; mais la coiffe est, dans sa manière de voir, l'organe mâle. Gærtner prétend que la liqueur séminale est sécrétée par l'urne. Schreber, en répétant l'expérience de Dillenius, c'est-à-dire, en semant la poussière de l'urne, dit avoir obtenu de nouvelles mousses. Enfin, Hedwig lui-même, à la suite d'une semblable expérience faite sur le *gymnostomum pyriforme*, a eu, non-seulement un résultat pareil, mais encore il a pu voir germer les séminules et suivre les nouvelles mousses dans leur premier développement.

Les séminules produisent une radicule, une plumule et plusieurs filets articulés, d'abord simples, puis ramifiés, que Hedwig nomme *cotylédons*. La bonne foi d'Hedwig et l'exactitude reconnue de ses observations lui ont donné un tel poids, que tous les botanistes modernes partagent sa manière de voir. P. Beauvois, néanmoins, croit faire des objections sérieuses à cet auteur célèbre : il prétend qu'il a semé en même temps que la poussière de l'urne (pollen, Beauv.) les séminules contenues dans la columelle; que les mousses nouvelles sont dues aux séminules provenues de la columelle. Aucune expérience n'a prouvé à P. Beauvois que ses séminules en fussent véritablement; il ne réunit même que des présomptions en faveur de sa manière de voir. Selon lui, les rosettes ne sont que des bourgeons reproducteurs. Enfin, Necker tranche brusquement la question, en refusant des sexes aux mousses, qu'il range dans les plantes agames, se propageant par de simples bourgeons.

En résumé les botanistes sont d'accord pour voir dans l'urne un organe portant les séminules; dans les rosettes, dont les fonctions restent douteuses, des parties qui produisent dans certaines circonstances de nouveaux individus et qu'elles sont peut-être des parties reproductrices analogues aux bourgeons des autres plantes; et enfin dans les corpuscules (anthères, Hedw.), qu'on y observe, des organes qui reproduisent de nouveaux individus à la manière des bulbiles, qu'on trouve à la place des fleurs dans quelques plantes, comme dans le genre *Allium*.

On peut encore dire que les rosettes, qui ne sont pas des organes communs à toutes les mousses, sont produites par l'avortement d'un amas de fleurs à urnes qui se sont mutuellement nui à leur développement. La présence des mêmes corpuscules et des mêmes paraphyses dans la gainule semble appuyer ce que nous avançons. D'une autre part, la nature, pour favoriser la multiplication des mousses qui jouent un si grand rôle dans son économie, a dû, pour s'opposer au résultat d'un pareil avortement, concéder aux rosettes la propriété de multiplier ces plantes, soit par les rameaux prolifères que nous voyons s'y développer annuellement, soit en voulant que les corpuscules intérieurs fissent les fonctions de graines.

§. 2. *Classification des mousses.*

Ces plantes, long-temps confondues sous le nom de mousses (*musci*) avec les lichens, les hépatiques et même les algues, en ont été séparées par Tournefort, qui, le premier, les appela spécialement mousses, et fut suivi par tous les botanistes; mais il se borna à cette simple séparation, et ne songea point à les diviser en genres. Il est vrai que de son temps l'histoire des mousses se réduisoit à très-peu de chose, et l'on ne connoissoit qu'un fort petit nombre de ces végétaux. Vaillant (1727) est le premier qui commença à établir des coupures pour faciliter la détermination des espèces. C'est lui aussi qui, le premier, fit attention aux fleurs des mousses. Mais c'est vraiment à Dillen (1740) qu'on doit la première distribution des mousses en genres au nombre de six, savoir, *Mnium*, *Sphagnum*, *Fontinalis*, *Hypnum*, *Bryum*, *Polytrichum*, genres que Linnæus (1753) admit, en y ajoutant le *Buxbaumia*, le *Phascum* et les genres *Porella*, maintenant détruit, et *Lycopodium*, qui, actuellement, forme une famille distincte des mousses. Linnæus ne décrivit que cent vingt espèces.

Adanson (1763), ne trouvant point que cette distribution fût bonne, en établit une autre qui fut rejetée par les botanistes. Chez lui, les mousses sont divisées en deux sections: la première représente les lycopodiacées; la seconde offre les genres *Porella*, *Harrisona* (*Hedwigiæ* et *Neckeræ spec.*, Hedw.), *Sphagnon*, *Green*, *Sekra* (*Codriophorus*, P. B.), *Fontinalis*, Dill.; *Luida*, *Blankara*, *Dorcadium* (*Orthotrichum*), *Brever*, *Polytrichon*, *Bryon*, *Polla* (*Gymnostomum*, Hedw.), *Mnium*, *Buxbaumia*. Ce botaniste avoit placé les mousses à la fin du règne végétal, qu'il avoit commencé par les *byssus* et les champignons. En admettant avec lui que les familles naturelles forment un cercle, nous ne voyons pas quels rapports unissent les mousses aux champignons.

Hedwig (1782 à 1796) vint, qui, armé du microscope, démontra que la plupart des genres de Dillen et de Linnæus, fondés sur des caractères trop généraux ou incomplets, étoient composés de mousses très-différentes. Les parties des mousses, qu'il avoit si bien reconnues et si bien étudiées, et particulièrement les parties de l'urne, lui présentèrent les vrais caractères de ces genres, et il prouva que les meilleurs de tous sont ceux donnés par les péristomes. Les genres de Linnæus se trouvèrent changés en ceux-ci, ainsi présentés par Schwægrichen (*in* Hedw. *Spec. musc. frond.*).

1. Péristome nul : Phascum.

2. Un péristome.

A. Péristome nu : Sphagnum, Gymnostomum, Anictangium ou Hedwigia.

B. Péristome simple ou double.

1. Péristome simple : Tétraphis, *Andrœea, Octoblepharum*, Splachnum, Encalypta ou Leersia, *Ptcrigynandum, Cynontodium* ou Swartzia, *Didymodon*, Tortula, Barbula, Grimmia Weissia, Polytrichum, Trichostomum, Fissidens, Dicranum.

2. Péristome double : *Webera*, Buxbaumia, *Bartramia*, Fontinalis, Meesia, Neckera, *Orthotrichum, Timmia, Pohlia*, Leskea, Mnium, Bryum, *Arrhenopterum*, Hypnum, Funaria ou Kœlreutera, en tout trente-cinq genres. Dans une première classification, Hedwig n'admettoit que les genres que nous avons indiqués en petites capitales : ces genres sont caractérisés, tantôt par des considérations tirées des parties de l'urne, tantôt par la présence des rosettes sur le même pied ou sur des pieds différens.

La méthode d'Hedwig, ouvrant un nouveau champ d'observations dans les mousses, a été modifiée par beaucoup de botanistes, qui ont jugé également devoir supprimer ou modifier quelques-uns de ses genres, ou même en augmenter le nombre, soit aux dépens de ceux déjà établis, soit sur des mousses nouvellement découvertes. Ainsi, sans entrer dans des détails particuliers sur ces travaux, nous nous contenterons de nommer leurs auteurs, et les genres nouveaux qu'ils ont proposés se trouveront intercalés, ou cités comme synonymes, ou rapportés au genre dont ils ne devoient pas être séparés, dans la distribution nouvelle des mousses, d'après Bridel, que nous exposerons immédiatement après. Ces auteurs sont, Ehrhard, Schreber, Willdenow, Weiss. Weber et Mohr, dont les observations sont très-citées ; Sprengel ; Bridel, qui fait autorité, et l'un de nos plus distingués muscologistes, ainsi que Schwægrichen, qui en diffère par l'extrême et sage retenue qu'il met dans la création de nouveaux genres; Hoffmann, Röhling, Robert Brown, Hooker et Taylor, Hornschuh, K. Greville, les frères Nées, etc.

Nous ne saurions passer sous silence les utiles travaux de M. Palisot-Beauvois (1805), fondateur d'une classification nouvelle, qui présente un grand nombre d'observations, et des genres nombreux qu'il classe en cinq ordres distincts; savoir :

1. Orifice nu ou cilié. . . . . APOGONES.

2. Cils d'une seule sorte, simples, libres, antérieurs . . . . ECTOPOGONES.

— — — — — intérieurs : ENTOPOGONES.

— — agglutinés à une membrane : HYMENODES.

— de deux sortes. . . . . DIPLOPOGONES.

Les genres qu'il établit sont indiqués aux articles *Apogones*, *Ectopogones*, etc. On retrouve dans les Mémoires de la Société linnéenne les genres suivans, qui ne sont point dans le Prodrome des 5.ᵉ et 6.ᵉ familles de l'Œthéogamie; savoir : 1.º *Perisiphorus*, *Apocarpum*, figuré seulement et point décrit; 2.º *Codriophorus*, P. Beauv., et *Climacium*, *Cinclidium*, Bridel, *Leptostomum*, R. Br., *Fusiconia*, P. B. (*Gymnocephalus*, Schw.), *Dawsonia*, Rob. Br., *Calymperes*, Schwægr., genres figurés, ou décrits et empruntés à d'autres botanistes.

Dans la classification des mousses qui suit, nous avons indiqué en petites capitales les genres admis par Hedwig.

Genres de la famille des mousses.

* *Urnes divisées en plusieurs lanières.*

1. *Andræea*, Ehrh., Hedw.

** *Urnes entières.*

I.ᵉʳ ORDRE. Mousses privées de gainules.

2. SPHAGNUM, Linn., Hedw.

II.ᵉ ORDRE. Mousses dont le pédicelle est muni d'une gainule à sa base.

1.ʳᵉ *Section.* Urnes fermées, caduques et sans péristome.

§. 1.ᵉʳ Pédicelles terminaux.

5. PHASCUM, Linn., Hedw. (*Pyxidium*, Ehrh.)

4. *Voitia*, Hornsch.

§. 2. Pédicelles latéraux ou axillaires.

5. *Pleuridium* ou *Sphæridium*, Brid.

II.ᵉ *Section*. Ouvertures des urnes privées de péristome.

§. 1.ᵉʳ Pédicelles terminaux.

6. Gymnostomum, Schreb., Hedw. (qui comprend les *Anodotium*, Brid., *Schistostega*, Web., *Pottia*, Ehrh.).

7. *Pyramidula*, Brid.

8. *Schistidium*, Brid. (*Perisiphorus?* Beauv.) Voyez Gymnostomum.

9. *Glyphocarpa*, R. Brown. (Voyez Striatule.)

§. 2. Pédicelles latéraux.

10. Anœctangium ou Anictangium, Hedw., et *Hedwigia*, Hedw., *Crypsantha*, Beauv. (Voyez Gymnostomum.)

III.ᵉ *Section*. Ouverture ou orifice de l'urne garni d'un seul péristome.

§. 1.ᵉʳ Pédicelles terminaux.

A. Péristome simple, entier.

11. *Hymenostomum*, R. Brown.[1]

12. *Leptostomum*, R. Brown.

B. Péristome simple, divisé.

1.° A dents solitaires entières, libres à la base.

13. Tetraphis, Hedw. (*Mnemosyne et Georgia*, Ehrh.)

14. Octoblepharum, Hedw. (*Orthodon*, Bory; *Apodonthus*, Delapil.)

15. *Conostomum*, Swartz.

16. Encalypta ou *Leersia*, Hedw.

17. Grimmia, Ehrh., Hedw.; *id. et Apocarpum*, P. B.; *Apocarpium*, Desv.

18. *Glyphomitrium*, Brid.

---

[1] Hymenostomum, Rob. Brown, *Trans. Linn. Lond.*, 12, p. 572. Urne terminale, ayant un péristome (interne ou épiphragme) membraneux, horizontal, percé dans son milieu; coiffe cuculiforme. Ce genre, indiqué par Hook. et Tayl., a été établi par Robert Brown, et adopté par G. Nées et Hornschuh : il a pour type le *Gymnostomum microstomum* (voyez à l'article *Gymnostomum*), et *rutilans*, Hedw., auxquels Nées et Hornschuh joignent quatre autres espèces, confondues en partie avec le *Gymn. microstomum*, Hedw.: voyez G. Nées et Horns., *Bryol. germ.*, 1, p. 188.

19. Weissia, Hedw. (*Afzelia*, Ehrh.).

20. *Coscinodon*, Spreng. (*Trymatium*, Fröhl. ; *Anacalypta*, Röhl. Voyez Percillette.)

21. *Trematodon*, Rich.

II.° Dents du péristome solitaires, fourchues, libres
à la base.

22. Dicranum, Hedw. ; *Id.* et *Cecalyphum*, Pal. Beauv. ;
Ægiceras, Green.

23. *Campylopus*, Brid. (Voyez Torpied.)

24. *Racomitrium*, Brid.

25. Trichostomum, Hedw. ; *Id.* et *Codriophorus*, P. Beauv. ;
Codonophorus, Desv.

III.° Dents du péristome solitaires, fourchues, réunies
par une membrane.

26. *Desmatodon*, Brid. (Voyez Ligatule.)

27. *Cicclidotus*, P. Beauv. (Voyez Cancellaire.)

IV.° Dents du péristome solitaires, tortillées comme une
corde à leur extrémité.

28. Barbula, Brid. ; *Id.* et Tortula, Hedw., Hook., P. B. ;
Streblotrichum, P. Beauv.

29. *Syntrichia*, Brid. (*Tortula*, Schwægr.)

V.° Dents du péristome rapprochées par paire.

30. Cynodon, Hedw. ; *Cynodontium* et *Cynontodium* ; Hedw. ;
Swartzia, Hedw.

31. Didymodon, Hedw.

32. *Hookeria*, Schleich., Schwægr. ; *Tayloria*, Hook.

33. *Systylium*, Hornsch.

VI.° Dents du péristome géminées, presque réunies.

34. Splachnum, Linn., Hedw.

C. Péristome simple ou double.

35. Orthotrichum, Hedw. ; *Id.* et *Gagea?* Raddi ; *Ptichodes*,
Web., *Brachytrichum*, Röhl.

36. *Ulota*, Mohr.

D. Péristome double.

I.° Dents du péristome extérieur libres à leur extrémité.

37. *Schlotheimia*, Brid.

38. *Paludella*, Brid.

39. *Pohlia*, Hedw. (*Amphirrhinum*, Green.)

40. BARTHRAMIA, Hedw. (*Cephaloxis*, P. B.)

41. BRYUM, Hedw. (*Trentepohlia*, Roth.)

42. WEBERA, Hedw.

43. *Gymnocephalus*, Schwægr. (*Fusiconia*, P. B.)

44. *Zygodon*, Hook.; *Amphidium*, Nées; *Gagca !* Raddi.

45. ARRHENOPTERUM, Hedw.; *Orthopyxis*, P. B.

46. MNIUM, Dill., Hedw.

47. TIMMIA, Hedw.

48. *Diplocomium*, Web., Mohr.

49. MEESIA, Hedw. (*Amblyodum*, P. B. Voyez AMBLYODE.)

50. *Cinclidium*, Swartz.

51. *Diphyscium*, Mohr. (*Hymenopogon*, P. B.; *Buxbaumia*, Röhl.)

52. BUXBAUMIA, Linn. (*Saccophorum*, P. B.; *Hypopodium*, Röhl.; *Apodanthus !* Delapil.)

II.° Dents du péristome extérieur réunies à leur extrémité.

53. FUNARIA, Hedw. (*Kœlreuteria*, Hedw.; *Strephedium*, P. B.)

III.° Dents du péristome extérieur agglutinées, ou péristome intérieur entier, membraneux.

54. *Ptychostomum*, Nées et Horns.

§. 2. Pédicelles latéraux.

A. Péristome simple.

1.° A dents entières rapprochées par paire.

55. *Fabronia*, Raddi.

II.° Dents du péristome entières, également écartées.

56. PTERIGYNANDRUM, Hedw., ou *Pteregonium*, Schwægr. (*Mascalomthus* et *Maschalocarpus*, Spreng.).

57. *Pilaisæa*, Desv.

58. *Macromitrium*, Brid.

59. *Lasia*, Pal. Beauv. (*Leptodon*, Web. et Mohr.)

III.° Dents du péristome bifides.

60. *Leucodon*, Schwægr. (*Fuscina*, Röhl.)

B. Péristome double.

1.° Dents du péristome intérieur libres à leur base.

61. *Antitrichia*, Brid. (*Anomodon*, Hook. Voy. PENDULINE.)

62. *Anacamptodon*, Brid. (Voyez REFLEXINE.)

63. NECKERA, Hedw. (*Eleuteria*, P. B.)

64. *Cryphæa*, Mohr. (*Daltonia*, Hook. Voyez OCCULTINE.)

65. *Pilotrichum*, P. Beauv. (*Lepidopilum*, Brid.)

11.° Dents du péristome intérieur réunies par une membrane
à leur base.

66. *Climacium*, Mohr. (*Zygotrichia*, Brid.)

67. LESKIA ou *Leskea*, Hedw.

68. *Spiridens*, Nées.

69. *Chætephora*, Brid. (voyez PORTE-CRIN); *Calyptrochæta*,
Desv.

70. *Pterigophyllum* ou *Pterophyllum*, Brid. (*Hookeria*, Smith,
Cyatophorum, P. B.)

71. *Racopilum*, P. B., et *Aubertia ejusd.*

72. HYPNUM, Dill., Hedw.

111.° Péristome intérieur sans dents.

73. FONTINALIS, Dill., Linn., Hedw.

§. 3. Pédicelles insérés dans un repli ou fissure des feuilles.

74. *Octodiceras*, Brid.

75. FISSIDENS, Hedw. (*Skitophyllum*, Delapil.; *Drepanophyl-
lum*, Hook., *Musc. exot.*; *Fuscina*, Schranck.)

IV.ᵉ *Section.* Ouverture de l'urne fermée par une membrane.

A. Bord de l'ouverture nu.

76. *Calymperes*, Swartz. (Voyez CRYPHIUM, P. B.)

77. *Lyellia*, R. Brown.

B. Bord de l'ouverture denté.

78. POLYTRICHUM, Dill., Hedw.; *id.* et *Pogonatum*, P. B.

79. *Atrichium*, P. B. (*Catharinea*, Ehrh., Weber; CALLI-
BRYUM, Wieb.; *Oligotrichum*, Dec.)

V.ᵉ *Section.* Parois internes de l'urne garnies, au-dessous de
l'ouverture, de cils, ainsi que la columelle.

80. *Dawsonia*, Rob. Brown.

§. 3. *Habitations et usages des mousses.*

Les mousses se plaisent dans les endroits frais, humides et aérés; c'est dans les bois, sur la terre, à l'entrée des grottes et sur les arbres, qu'elles végètent avec vigueur. Elles forment des touffes, des tapis et des gazons; elles couvrent les murs et les toits pendant l'hiver, et concourent par leur verdeur à nous rappeler, pendant cette saison rigoureuse, que la nature n'est point morte. Les grandes espèces forment sur la terre une couverture qui entretient au-dessous une température douce, qui garantit les jeunes plantes de l'impression désastreuse du froid et de la gelée; elles protègent ainsi des plantes qui, dans une autre saison, viendront de leur ombrage les garantir à leur tour d'un soleil ardent et destructeur. Les mousses absorbent dans l'écorce des arbres l'excès d'humidité, qui pourroit leur être nuisible, en même temps qu'elles servent d'ornement à nos bois, à nos montagnes, à nos demeures; elles sont une preuve de la haute prévoyance de la Providence, qui leur fait jouer un si grand rôle dans l'économie de la nature. Les mousses servent d'asile à une foule d'insectes, aux coquillages terrestres et aquatiques, qui y trouvent refuge, fraîcheur et aliment. C'est sur les mousses que les animaux des forêts prennent le repos qui leur seroit refusé, si la nature, avare de ces végétaux, ne leur avoit présenté qu'une terre aride ou pierreuse, hérissée de pointes de rochers, comme dans les montagnes. Les mousses sont généralement petites : quelques-unes n'ont que quelques lignes de hauteur ; le plus ordinairement elles ne s'élèvent qu'à quelques pouces. Les espèces aquatiques seulement prennent quelquefois un très-grand accroissement, par exemple, le *fontinalis antipyretica*, dont les branches ont plusieurs pieds de longueur. Les mousses habitent particulièrement les zones tempérées; mais, sous l'équateur, elles sont plus rares dans les plaines que sur les montagnes : là elles peuvent seules gagner par l'élévation une température convenable, analogue à celle des contrées boréales. Les mousses sont les dernières plantes qui couvrent les rochers glacés dans les sommités des Alpes, comme sous les pôles : leurs touffes verdoyantes et d'une végétation vigoureuse, font un contraste frappant avec la blancheur éclatante de la neige et le gris cendré des glaces, qui entretiennent dans ces régions, le plus souvent inaccessibles, des frimas éternels. Là les mousses sont les limites de la végétation, qu'elles disputent seulement aux lichens. Dans l'ordre successif du développement des végétaux, les mousses obtiennent encore les premiers rangs avec les lichens et les champignons ; la destruction de ces derniers fournit un terreau suffisant à leur développement, et elles-mêmes, succombant à la loi générale, fournissent à d'autres générations et à d'autres végétaux la substance propre à leur accroissement. Les mousses décomposent l'eau qu'elles pompent dans l'air, expirent l'oxigène et concourent à purifier l'air, en lui enlevant l'hydrogène et le carbone nuisibles à la santé. C'est donc un sentiment de notre propre bien-être, qui réveille en nous de riantes images à la vue des mousses, et nous invite au repos sur leurs gazons enchanteurs et mollets. Les mousses se plaisent également dans l'eau ; ce sont elles qui concourent, par leur multiplication extraordinaire, à la formation de la tourbe dans les marais, qu'elles convertissent avec le temps en prairies fertiles.

Les mousses ornent la terre en hiver et au printemps ; l'automne les voit aussi éclore. Leurs organes floraux se présentent ordinairement au printemps ou en automne ; mais la maturité des urnes ou capsules n'est complète que trois à quatre mois après, et même que d'une année à l'autre. On remarque que les nouvelles fleurs naissent souvent à l'époque de la maturité des urnes de l'année précédente, ce qui a lieu d'étonner pour des végétaux si abondamment répandus ; mais la nature leur a accordé des tiges vivaces, qui résistent aux ardeurs de l'été et qui, à la moindre humidité, reprennent vie et végètent de nouveau. Ces tiges sont souvent traçantes, couchées ou rampantes ; à l'extrémité de leurs rameaux, un peu au-dessous, ou sur les côtes, ou bien à la place qu'occupoient les fruits, on voit paroître, chaque année, de petits drageons ou boutons (*innovationes*) de feuilles, naissant et se développant en branches productives. Il est des espèces de mousses qui n'ont, pour ainsi dire, que ces seuls moyens de se multiplier, par exemple, *l'hypnum abietinum*, Linn., si commun partout, dans les bois arides, et excessivement rare avec ses fructifications.

Le nombre et la variété des mousses sont très-considérables; à peine en connoissoit-on cent cinquante espèces du temps de Linnæus, et maintenant leur nombre s'élève à plus de douze cents : neuf cent soixante-une sont décrites dans Bridel (*Methodus nov. musc.*, 1819); et, depuis, Hooker en a fait connoître une centaine de nouvelles. Leurs ouvrages et ceux de quelques autres botanistes modernes sont des preuves que l'Europe et l'Amérique septentrionale ne sont pas les seules parties du globe qui soient riches en espèces de cette famille.

Les mousses sont des plantes pectorales, purgatives, vermifuges et sudorifiques, qui ne s'emploient presque plus en médecine. Dans le Nord on fait des sommiers avec les *sphagnum*. Le *fontinalis antipyretica*, qui, jeté au feu, rougit et se réduit en cendres sans prendre ni communiquer de flamme, sert dans le Nord de la Suède, à cause de cette propriété, comme moyen d'empêcher les incendies.

L'agriculteur, qui s'empresse de débarrasser ses arbres trop chargés de mousse (et sous ce nom il confond, comme le vulgaire et comme les anciens botanistes, les mousses avec les lichens et les hépatiques), la mélange avec l'argile pour couvrir les plaies fraîchement faites à ces mêmes arbres et hâter leur guérison, ou bien il l'emploie pour protéger ses greffes. Mais c'est dans le transport des végétaux qu'il sent toute l'importance de la mousse ; car rien n'est plus propre pour entretenir long-temps dans leur humidité naturelle et sans pourriture les jeunes plantes, lorsqu'on veut les transporter au loin. Les mousses servent à calfater les bateaux. Les pauvres, dit M. Bosc, en font des couchettes; les riches en garnissent l'intérieur des grottes et des chaumières de leurs jardins anglais. A la campagne on mêle la mousse à l'argile pour construire des maisons et des murs, qui n'acquièrent de solidité que par la présence de la mousse. Enfin, ces plantes remplacent merveilleusement la paille et le foin pour l'emballage d'objets fragiles ou que les secousses et les cahos peuvent endommager. (Lem.)

MOUSSEUX. (*Bot.*) Ce sont, dans Paulet, un assez grand

nombre d'espèces du genre *Boletus*, Linn., qui forment un groupe particulier dans les *cèpes mousseux* du même auteur. Ils se divisent en,

Mousseux fins ou satinés;

Mousseux marbrés;

Mousseux mouchetés;

Mousseux éraillés.

Les Mousseux fins ou satinés ont la surface fine et comme satinée, plus ou moins entr'ouverte. Ils se font remarquer par leur grandeur et par leur irrégularité : ils croissent en Juin, Juillet et Août. On distingue :

Le *Mousseux des limaces*, Paul., Tr., 2, pag. 369, pl. 159, fig. 1, 2, et *Syn.*, n.° 18, *a*, 6, ou *boletus bovinus*, Linn. Selon Paulet, son chapeau est couleur de feuilles mortes, de six à sept pouces de diamètre, irrégulier et bosselé, garni de tubes verdâtres en-dessous, épais d'un pouce et demi à deux pouces et demi, à chair blanche, porté sur un stipe long d'un pouce et épais d'un pouce et demi. C'est un champignon exquis, qu'on mange en fricassée de poulet; il a le parfum et le goût des champignons de la meilleure qualité. On le trouve en Juillet; il est souvent dévoré par les vers et les limaces.

Le *Mousseux vineux*, Paulet, *l. c.*, fig. 3, 4, appelé aussi boulevert ou boulevart dans le Nivernois, comme qui diroit *boule verte*. Il n'est, peut-être, qu'une variété plus petite du précédent, dont le chapeau et la chair prennent une teinte rose ou vineuse.

Le *Grand mousseux*, Paulet, Tr., *l. c.*, pl. 170. C'est un bolet gris de lin, passant au roux et à la couleur café au lait : son chapeau a six pouces de diamètre, deux pouces d'épaisseur; sa surface est satinée, un peu rude; les tubes sont de couleur gris de lin tendre, à chair d'un blanc pur; le stipe a quatre à cinq pouces de hauteur et deux pouces de diamètre. Ce champignon est léger, d'une odeur agréable, très-délicat, très-bon à manger; on le prépare en fricassée de poulet. On le trouve, en été, au bois de Boulogne et ailleurs. Il est presque toujours attaqué par les vers et les limaces, qui le dévorent promptement.

Le *Mousseux moyen*, Paulet, *l. c.*, pag. 372, tab. 171, fig. 1.re

Il est plus petit que le précédent, et en diffère par son stipe moins renflé, presque tubéreux à sa base, et par sa surface tubuleuse grise. Du reste, il est aussi bon, se trouve également en été dans les bois, et, comme lui, il rend mousseuse et brune l'eau dans laquelle on le fait boüillir.

Le *Mousseux obson*, Paulet, Tr., *l. c.*, fig. 2, 3, qu'on appelle dans quelques endroits de France *opson* ou *obson* (sans doute du latin *obsonium*, à cause de ses bonnes qualités). Il est couleur de feuilles mortes avec la partie tubuleuse plus foncée. Sa chair est blanche, et ne change pas de couleur lorsqu'on la coupe. Il est plus petit que les champignons décrits plus haut : on le recherche pour l'usage.

Les Mousseux marbrés ont leur surface entr'ouverte ou gercée, plus ou moins profondément découpée ou sillonnée en manière de veines de marbre. Il y en a de bonne qualité et de suspects. On en compte quatre espèces, qui sont décrites à l'article Marbrés.

Les Mousseux mouchetés ont leur surface gercée ou entr'ouverte d'une manière à imiter des mouchetures. Il y en a deux espèces, décrites à l'article Mouchetés. -

Les Mousseux éraillés ont la surface du chapeau comme effleurée ou éraillée, et la tige un peu alongée. Il y en a deux espèces, décrites au mot Éraillés. (Lem.)

MOUSSOLO ou MUSSOLO. (*Conchyl.*) Nom que les Vénitiens donnent, suivant Belon et Rondelet, à l'arche de Noé. (De B.)

MOUSSON. (*Phys.*) Vent périodique particulier à certains parages des mers de l'Inde. Voyez Vent. (L. C.)

MOUST ou MOUT. (*Chimie*) On appelle ainsi les sucs sucrés qu'on a extraits des végétaux pour leur faire éprouver la fermentation alcoolique. (Ch.)

MOUSTAC. (*Mamm.*) Nom donné à une espèce de guenon, à cause des taches bleuàtres en forme de moustache, qu'elle a sous le nez. (F. C.)

MOUSTACHE. (*Ichthyol.*) On donne vulgairement ce nom à plusieurs poissons de la famille des siluroïdes, à cause des barbillons dont ils sont pourvus. Voyez Asprède, Silure, Pimélode. (H. C.)

MOUSTACHE. (*Ornith.*) *Le parus biarmicus*, Linn., se nomme mésange moustache ou simplement moustache. M. Cuvier forme une section particulière des moustaches, qui diffèrent des mésanges proprement dites par la mandibule supérieure de leur bec, dont le bout se recourbe un peu sur l'autre. (Ch. D.)

MOUSTACHES. (*Ichthyol.*) Voyez Barbillons. (H. C.)

MOUSTEILLE. (*Ichthyol.*) Voyez Motelle. (H. C.)

MOUSTELLE. (*Mamm.*) Vieux nom françois de la belette. (Desm.)

MOUSTELLETO. (*Ichthyol.*) A Nice on appelle ainsi le gade brun de M. Risso. Voyez Gade et Mustelle. (H. C.)

MOUSTELLO. (*Mamm.*) Nom provençal et languedocien de la belette. (Desm.)

MOUSTELLO. (*Ichthyol.*) Nom nicéen de la Mustelle. Voyez ce mot. (H. C.)

MOUSTELLO BLANCO. (*Ichthyol.*) Nom nicéen du blennie gadoïde. Voyez Blennie et Gadoïde. (H. C.)

MOUSTELLO DE FOUNT. (*Ichthyol.*) Suivant M. Risso, sur la côte des Alpes maritimes, près de Nice, on nomme ainsi le poisson que lui-même a appelé *gade lépidion*. Voyez Gade, Morue et Mustelle. (H. C.)

MOUSTELLO NEGRO. (*Ichthyol.*) Nom nicéen du *gade Maraldi* de M. Risso. Voyez Maraldi. (H. C.)

MOUSTELLO DE ROCCO. (*Ichthyol.*) Nom nicéen du *batrachoïde Gmelin*. Voyez Batrachoïde. (H. C.)

MOUSTIQUE et MARINGOUIN. (*Ent.*) Voyez Mosquite. (Desm.)

MOUTABIER, *Moutabea.* (*Bot.*) Genre de plantes dicotylédones, à fleurs complètes, monopétalées, dont la famille naturelle n'est pas encore déterminée, appartenant à la *pentandrie monogynie* de Linnæus; offrant pour caractère essentiel : Un calice tubulé, ventru à sa base, à cinq divisions inégales; une corolle attachée à l'orifice du calice, à cinq divisions inégales; cinq anthères; les filamens connivens; un ovaire supérieur; un style; un stigmate globuleux; une baie à trois loges, à trois semences arillées et nichées dans une substance pulpeuse.

Ce genre se trouve dans Willdenow sous le nom de *Cryp-*

tostomum. Il faut y rapporter l'*acosta* de la Flore du Pérou. L'*abatia* du même ouvrage est aussi très-rapproché de ce genre.

Moutabier de la Guiane : *Moutabea guianensis*, Aubl., Guian., 2, tab. 274; *Cryptostomum laurifolium*, Willd., Spec., 1, pag. 1061. Arbrisseau dont les racines produisent plusieurs tiges sarmenteuses, tortueuses, longues de cinq à six pieds, dont les rameaux sont ramassés en buisson, garnis de feuilles alternes, médiocrement pétiolées, lisses, ovales, terminées en pointe, longues de quatre pouces. Les fleurs, blanches, disposées en grappes courtes, axillaires, ont la corolle attachée à l'orifice du calice, monopétale. à cinq divisions oblongues, obtuses, terminées par une pointe: les étamines réunies en un large filament, attaché à l'orifice du tube de la corolle. à cinq dentelures, courbé à son sommet; les anthères placées sous chaque dent; l'ovaire arrondi; le style alongé; le stigmate globuleux et obtus. Le fruit est une baie jaune, à trois loges; les semences sont enveloppées d'une pulpe douce, fondante, que l'on mange avec plaisir. Ses fleurs répandent une odeur très-agréable, approchant de celle du syringa. Cette plante croît à Cayenne, dans les lieux défrichés. Son fruit est nommé *graine-makaque* par les créoles. (Poir.)

MOUTA MOUTA. (*Ornith.*) C'est ainsi que, selon Labillardière, on désigne en général les oiseaux au cap de Diémen. (Ch. D.)

MOUTAN. (*Bot.*) Nom vulgaire d'une pivoine ligneuse originaire de la Chine. (L. D.)

MOUTARDE; *Sinapis*, Linn. (*Bot.*) Genre de plantes dicotylédones polypétales, de la famille des *crucifères*, Juss., et de la *tétradynamie siliqueuse* du Système sexuel; dont les principaux caractères sont les suivans : Calice de quatre folioles égales à leur base, ouvertes, caduques; corolle de quatre pétales opposés en croix, arrondis, plans, ouverts, a onglets linéaires; six étamines à filamens subulés. droits, dont deux plus courts et quatre plus longs; un ovaire supère, cylindrique, à style terminé par un stigmate arrondi; une silique oblongue. cylindrique, à deux valves et à deux loges, contenant chacune plusieurs graines globuleuses.

Les moutardes sont des plantes communément herbacées, très-rarement suffrutescentes; à feuilles alternes, de forme variable, ordinairement en lyre ou incisées; leurs fleurs sont d'un jaune plus ou moins foncé, dépourvues de bractées et disposées en grappes terminales. On en connoît quarante et quelques espèces, dont une douzaine environ croissent naturellement en Europe; toutes les autres sont exotiques. Nous ne parlerons que des espèces les plus remarquables.

Moutarde noire, vulgairement Sénevé noir : *Sinapis nigra*, Linn., *Spec.*, 933; *Flor. Dan.*, t. 1582. Sa racine est annuelle; elle produit une tige cylindrique, droite, rameuse, haute de trois à cinq pieds, chargée, surtout inférieurement, de quelques poils roides qui la rendent rude au toucher. Ses feuilles radicales et celles de la partie inférieure de la tige sont grandes; pétiolées, légèrement hérissées, découpées en lobes irréguliers et dentés, dont le terminal est beaucoup plus grand que les autres. Ses fleurs sont jaunes, assez petites, disposées, à l'extrémité de la tige et des rameaux, en grappes qui s'alongent beaucoup à mesure que la floraison avance. Les siliques sont un peu quadrangulaires, longues de six à huit lignes, redressées contre les tiges et terminées par une petite corne droite. Cette plante croît assez communément dans les lieux pierreux et les champs d'une grande partie de l'Europe, et on la cultive dans plusieurs cantons à cause de l'usage qu'on en fait en médecine et dans la cuisine. Elle fleurit en Juin, Juillet et Août.

Les graines de moutarde noire se sèment au printemps, en rayons ou à la volée, dans une terre bien fumée et rendue bien meuble par deux labours faits peu de temps l'un après l'autre. Lorsque la graine a été semée en rayons, on lui donne deux binages, et dans le second cas, pour le semis fait à la volée, on se contente de faire sarcler une fois, lorsque les jeunes tiges de moutarde ont trois à quatre pouces de hauteur. Comme les fleurs ne s'épanouissent que successivement, les siliques ne mûrissent aussi que les unes après les autres, et si l'on attendoit pour faire la récolte que toutes les graines fussent complétement mûres, on seroit exposé a en perdre beaucoup. Pour éviter cet inconvénient, il faut faire arracher ou couper les tiges, lorsqu'elles commencent à jaunir, et les mettre en tas, soit dans le champ même, en les couvrant de grande paille, soit en les plaçant dans une grange ou un grenier. Récoltées de cette manière, les graines parviennent à leur parfaite maturité, en ne les battant au plus tôt que trois semaines à un mois après qu'elles ont été recueillies.

On ne doit pas employer le fléau pour battre les graines de moutarde, parce que cet instrument, trop lourd, les écraseroit : il faut pour cette opération se servir de baguettes, et étendre les tiges sur des draps ou de grands morceaux de toile. Lorsque la graine est battue, on la vanne et on la crible, afin de la débarrasser de tous les corps étrangers qui peuvent y être mêlés, et on la conserve ensuite dans un grenier aéré, où il faut avoir soin de la remuer de temps en temps. La graine la plus récemment battue est toujours la meilleure, et le plus qu'elle puisse se garder, c'est deux ans.

Les différentes parties de la moutarde noire ont une saveur âcre et brûlante, jointe à une odeur aromatique et piquante ; mais, ces qualités étant beaucoup plus développées dans les graines, ce sont ces dernières qui sont plus particulièrement employées. On peut en retirer par expression une huile assez analogue à celle de navette, et fort douce, car l'âcreté de ces graines ne réside que dans leur enveloppe et reste dans le marc. Mais ce n'est pas sous ce rapport qu'on tire parti des graines ; c'est surtout pour en composer cet assaisonnement qu'on emploie dans la cuisine, qu'on sert sur les tables pour relever la saveur des mets, et auquel on donne particulièrement le nom de moutarde.

Il y a deux manières de faire cette préparation. La première consiste à piler la graine dans un mortier ou à la broyer sous une meule destinée à cet usage, et à y ajouter ensuite la quantité nécessaire de vinaigre pour lui donner la consistance d'une pâte un peu claire ou d'une sorte de bouillie.

A Paris et à Dijon, quelques fabricans font, en y ajoutant divers autres ingrédiens, des moutardes qui passent pour être d'une meilleure qualité et qui sont en réputation chez les gourmands.

Pour faire la moutarde de la deuxième manière, on pulvérise la graine de moutarde à sec ; on la garde ainsi dans des pots ou autres vases bien bouchés, pour ne la mêler avec du vinaigre et ne la réduire en pâte qu'au moment où l'on veut en faire usage. Dans le Midi on emploie souvent du moût pour préparer la moutarde : cela la rend plus agréable ; mais elle ne peut alors se conserver comme celle qui est faite avec le vinaigre.

La moutarde, telle qu'on l'emploie communément, excite l'appétit, ranime les forces de l'estomac ; et sous ce rapport elle convient aux individus chez lesquels les fonctions de cet organe sont foibles et languissantes. Elle est contraire aux personnes qui ont de la disposition aux maladies inflammatoires de l'estomac.

L'usage des graines de moutarde en médecine est fort ancien ; on leur a toujours reconnu une propriété excitante et stimulante très-prononcée. On en a conseillé l'emploi, et elles paroissent pouvoir être données avec avantage dans la chlorose, l'hydropisie, la paralysie, les affections cachectiques ; mais c'est principalement dans le scorbut qu'elles ont été le plus souvent employées et le plus constamment utiles. La manière la plus ordinaire de s'en servir à l'intérieur, est de les donner réduites en poudre, infusées dans du vin ; et la préparation de ce genre la plus usitée maintenant est celle qu'on nomme vin antiscorbutique, et dans laquelle il entre des racines et des feuilles de plusieurs autres crucifères.

Les graines de moutarde noire, broyées, réduites en une sorte de farine, et délayées avec de l'eau, ou mieux encore avec du vinaigre, pour en faire une sorte de pâte, sont fréquemment employées en médecine en application extérieure. On donne le nom de sinapisme à l'espèce de cataplasme ainsi préparé. Son action immédiate sur la peau est d'abord de la rougir, et quand son application est prolongée, elle finit par soulever l'épiderme et par y former des ampoules remplies de sérosité. Les sinapismes offrent un moyen puissant de ranimer et de relever les forces vitales dans la léthargie, l'apoplexie, la paralysie, les fièvres adynamiques. On applique aussi les sinapismes comme moyen dérivatif, lorsqu'il faut rappeler à l'extérieur une affection goutteuse, rhumatismale, dartreuse, ou toute autre irritation fixée sur un organe intérieur. La farine de moutarde, délayée dans la quantité convenable d'eau chaude, s'emploie aussi en bains de pieds dans les mêmes maladies. La dose pour ces applications extérieures est de deux onces à une livre.

Nous avons déjà dit que les graines de moutarde noire entroient dans la composition du vin antiscorbutique ; les autres préparations pharmaceutiques dont elles font partie, sont l'onguent et l'emplâtre épispastique.

Tous les oiseaux granivores et les petits quadrupèdes rongeurs sont friands des graines de moutarde noire. Ses tiges et ses feuilles fraîches peuvent être données comme fourrage aux bestiaux ; mais il faut que ce ne soit qu'en certaine quantité et en les mêlant avec d'autres plantes qui ne soient pas échauffantes.

Nous avons dit que chez nous les graines de moutarde étoient beaucoup plus employées que ses parties herbacées ; cependant aujourd'hui encore, comme chez les anciens, cette plante est, dans quelques pays, usitée comme herbe potagère, et ses feuilles se mangent crues et en salade, ou cuites à la manière des choux. Olivier en a vu faire de la sorte un assez grand usage dans l'île de Candie, ainsi que de plusieurs autres crucifères. En Chine et dans quelques autres contrées voisines, on mange de même comme herbe potagère une espèce de moutarde, *sinapis chinensis*, Linn., qui par la culture a produit plusieurs variétés.

Moutarde des champs ou Sénevé : *Sinapis arvensis*, Linn., *Spec.*, 933 ; *Flor. Dan.*, t. 755. Sa racine, qui est annuelle, produit une tige droite, rameuse, chargée inférieurement de quelques poils, haute d'un pied et demi à deux pieds, et garnie de feuilles presque glabres ; les inférieures pétiolées, découpées à leur base en deux ou trois petits lobes, et les supérieures sessiles, entières, simplement dentées. Les fleurs sont d'un beau jaune, assez grandes ; il leur succède des siliques glabres, noueuses, écartées de leur axe presque horizontalement, et trois fois plus longues que la corne qui les termine : ces siliques contiennent, dans chacune de leurs loges, neuf à douze graines d'un rouge brun. Cette espèce est très-commune dans toute l'Europe ; elle fleurit en Mai, Juin et Juillet. Elle est quelquefois si abondante dans les champs cultivés en orge, avoine ou blé de Mars, que lors de sa floraison elle cache presque entièrement la présence de ces céréales, et qu'on croiroit bien plutôt que c'est elle qu'on a voulu cultiver. Lorsqu'elle est aussi multipliée, elle devient très-nuisible aux récoltes. On cherche ordinairement à en débarrasser celles-ci par des sarclages; mais on n'y parvient jamais qu'incomplétement, et ce travail, en même temps qu'il est dispendieux, a encore l'inconvénient de faire toujours plus ou moins de tort aux moissons par le piétinement qu'il occasionne. Le meilleur moyen pour détruire complétement cette plante dans les champs qui en sont infestés, est de faire succéder à la culture des céréales celle des haricots, lentilles, pommes de terre ou autres plantes qui ont besoin de binages pendant l'été, et de remplacer ensuite ces dernières par des prairies artificielles.

Dans quelques cantons, on mange les feuilles de la moutarde des champs, ou crues et en salade, ou cuites, assaisonnées de diverses manières. Les vaches et les moutons mangent la plante sans la rechercher. Donnée en trop grande quantité aux chevaux, elle leur cause un écoulement excessif de salive, qu'on guérit facilement par des boissons acidulées avec du vinaigre. Les oiseaux granivores mangent ses graines, sans en être aussi friands que de celles de l'espèce précédente. Ces graines, mêlées dans le pain, lui donnent un goût un peu âcre et amer ; mais, comme elles sont très-fines et qu'elles passent facilement à travers les cribles, rien n'est plus aisé que d'en purger le blé. On peut en retirer une huile bonne aux usages de la cuisine et propre à brûler. En général, on ne les emploie pas pour la préparation de la moutarde de table, ni pour l'usage de la médecine; on leur préfère les graines de la moutarde noire, qui ont une saveur plus piquante.

Moutarde blanche ou Sénevé blanc : *Sinapis alba*, Linn., *Spec.* 953 ; Blackw., *Herb.*, t. 29. Sa tige est légèrement velue, droite, un peu rameuse, haute de quinze à vingt pouces, garnie de feuilles pétiolées, un peu rudes, les inférieures ailées, les supérieures lyrées-pinnatifides. Ses fleurs sont d'un jaune pâle, et il leur succède des siliques courtes, assez rapprochées, hérissées, surmontées d'une corne plus longue qu'elles, et portées sur des pédoncules très-ouverts, écartés de leur axe presque à angle droit : elles contiennent un petit nombre de graines d'un blanc jaunâtre. Cette espèce croît dans les champs et les lieux pierreux. Elle est en général bien moins commune que la précédente; elle est de même annuelle et fleurit en Juillet et Août.

La moutarde blanche est cultivée dans certains pays pour l'assaisonnement des salades d'hiver et de printemps. On la cultive aussi dans le Nord de la France comme fourrage. Donnée en vert aux vaches, elle leur procure un lait abondant et qui fournit beaucoup de beurre. On la sème encore pour l'enfouir comme engrais au moment de sa floraison. Les oiseaux n'aiment point ses graines, dont on peut retirer plus d'huile que d'aucune des autres espèces. On peut aussi les employer aux mêmes usages que celles de la moutarde noire ; mais elles ont une saveur plus douce et moins piquante. Sous ce rapport elles sont moins propres à faire des sinapismes ; mais la moutarde de table qu'on en prépare, est plus agréable pour les personnes qui n'aiment pas les assaisonnemens si piquans. En Espagne et dans le Midi de l'Europe c'est à cette dernière qu'on donne la préférence.

Moutarde hispide : *Sinapis hispida*, Schowsb., *Maroc.*, p. 182, t. 4; Willd., *Spec.*, 3, p. 556. Sa tige est un peu flexueuse, redressée, hérissée de poils dirigés en bas, garnie de feuilles en lyre ou presque pinnatifides, rudes au toucher. Ses fleurs sont d'un jaune pâle, disposées en grappe alongée; il leur succède des siliques cylindriques, noueuses, hispides, prolongées en une pointe plane, ensiforme, aussi longue qu'elles. Cette plante croît en Portugal et dans le royaume de Maroc. On la cultive au Jardin du Roi, où elle fleurit en Juin et Juillet.

Moutarde fausse-roquette : *Sinapis erucoides*, Linn., *Spec.*, 934; Jacq., *Hort. Vind.*, t. 170. Sa racine, qui est annuelle comme celle des précédentes, produit une tige simple ou quelquefois rameuse dès sa base, pubescente, haute de huit à douze pouces, garnie de feuilles oblongues, glabres, découpées en lyre, les inférieures pétiolées et les supérieures sessiles. Les fleurs sont blanches, assez grandes, disposées en grappes, d'abord courtes, mais qui s'alongent à mesure

que la floraison avance. Les fruits sont des siliques comprimées, glabres, longues d'environ un pouce, terminées par
une corne assez courte. Cette plante croît dans les champs
du Midi de la France, en Espagne, en Italie, en Barbarie
et dans l'Orient; elle fleurit au printemps et pendant une
grande partie de l'été.

Moutarde orientale; *Sinapis orientalis*, Linn., *Spec.*, 953.
Sa tige est droite, haute d'un à deux pieds, divisée en quelques rameaux divergens, et garnie de feuilles oblongues,
lyrées-pinnatifides, à lobe terminal beaucoup plus grand que
les autres. Les fleurs sont d'un jaune pâle, disposées en
grappes serrées, qui s'alongent après la floraison. Les siliques
sont cylindriques, hérissées de poils dirigés en arrière, terminées par une petite corne droite, comprimée et glabre.
Cette espèce croît dans le Midi de la France, en Espagne,
en Italie et dans l'Orient.

Moutarde blanchatre : *Sinapis incana*, Linn., *Spec.*, 934;
Jacq., *Hort. Vind.*, t. 169. Sa tige est rameuse, haute d'un
à deux pieds, garnie inférieurement de feuilles pinnatifides
ou en lyre, velues, rudes au toucher et d'un vert blanchâtre ; les feuilles de la partie supérieure sont ordinairement entières, lancéolées, peu nombreuses. Ses fleurs sont
d'un jaune pâle, assez petites; il leur succède de petites siliques grêles, glabres, appliquées contre l'axe de la grappe et
terminées par une corne courte. Cette plante croît en France,
dans le Midi de l'Europe et en Orient. (L. D.)

MOUTARDE DES ALLEMANDS. (*Bot.*) Nom vulgaire du
cranson de Bretagne. (L. D.)

MOUTARDE DES ANGLOIS. (*Bot.*) C'est le lépidier à
feuilles larges. (L. D.)

MOUTARDE BLANCHE. (*Bot.*) Nom vulgaire de la tou-
rette glabre. (L. D.)

MOUTARDE DES CAPUCINS. (*Bot.*) Un des noms vulgaires du cranson de Bretagne. (L. D.)

MOUTARDE DE CHIEN. (*Bot.*) C'est une espèce de sisymbre, *sisymbrium sophia*. (L. D.)

MOUTARDE DE HAIE. (*Bot.*) Un des noms vulgaires du
sisymbre officinal. (L. D.)

MOUTARDE DE MITHRIDATE. (*Bot.*) Plusieurs plantes

portent vulgairement ce nom : une arabette, une lunetière, le tabouret des champs et celui des vignes. (L. D.)

MOUTARDE SAUVAGE. (*Bot.*) Nom vulgaire du tabouret des champs. (L. D.)

MOUTARDELLE. (*Bot.*) C'est le cranson de Bretagne. (L. D.)

MOUTARDIER (*Bot.*) de Paulet, Tr., chap. 2, p. 187, pl. 83, fig. 1, 2, 3. Grande espèce d'*agaricus*, de couleur de chair pâle, haute de quatre à cinq pouces, avec un chapeau d'un diamètre également de quatre à cinq pouces. Son stipe est blanc; sa chair est peu épaisse, mollasse et se corrompt promptement lorsqu'elle sort de terre; ses feuillets sont couleur de chair ou de cheveux ardens, qui change bientôt en lilas très-pâle. Cette plante appartient à la famille des champignons d'épice de Paulet, qui comprend encore une espèce appelée la térébenthine. Ces deux champignons se font remarquer par leur substance molle, leurs feuillets implantés à la moitié de leur largeur sur la tige, et surtout par leur odeur fort exaltée. Le moutardier a une odeur sensible de moutarde, une saveur herbacée désagréable, analogue à celles des plantes crucifères, sans en avoir le piquant. Il paroît suspect : donné à un chien, celui-ci l'a vomi deux heures après. Il croît dans la forêt de Senard, près Paris. (LEM.)

MOUTARDIER. (*Ornith.*) C'est un des noms employés par Belon pour désigner le martinet noir, *hirundo apus*, Linn. (CH. D.)

MOUTARDIN. (*Bot.*) On donne ce nom dans quelques cantons à la moutarde blanche. (L. D.)

MOUTEILLE, MOUTELLE et MOUTOILE. (*Ichthyol.*) Pour ces trois mots voyez l'article MOTELLE. (H. C.)

MOUTON. (*Bot.*) Deux *agaricus* portent ce nom dans Paulet. L'un est le mouton ou petit mouton, déjà décrit à l'article CHAMPIGNON DE CERF.

Le second est le MOUTON ZONÉ de Paulet, Tr., 2, p. 169, pl. 70, fig. 1, 2, qu'il rapporte à l'*agaricus terminosus* de Schæffer, que M. Persoon et la plupart des botanistes considèrent comme étant l'AGARICUS NECATOR de Bulliard (voy. AGARIC MEURTRIER à l'article PONCE). Mais celui-ci passe pour être un champignon fort dangereux, appelé, à cause de ses mauvaises qualités, *morlon* et *raffouet*; tandis que le *mouton zoné* se mange dans quelques campagnes, suivant Paulet, qui en a mangé sans en être incommodé et l'a même trouvé plus agréable que le poivré blanc ou *agaricus acris*, Pers. Cependant il nous semble que ces auteurs ont tous parlé de la même espèce de champignon. (Lem.)

MOUTON, *Ovis.* (*Mamm.*) Genre de mammifères ruminans, à cornes creuses et persistantes, fondé par Linné et adopté par Brisson, Erxleben, Boddaërt, MM. Cuvier et Geoffroy. Pallas, en traitant des espèces sauvages qui paroissent s'y rapporter, leur a successivement appliqué les dénominations génériques de *ægionomus* et de *ægoceros*. Illiger, en les plaçant avec les antilopes et les bœufs, dans sa famille des ruminans cavicornes, leur réunit les chèvres pour n'en former qu'un seul genre sous le nom de *Capra*.

Les moutons ne peuvent être confondus avec les ruminans sans cornes et pourvus de canines, tels que les chameaux, les lamas, les chevrotains, ni avec ceux dont la tête est ornée de bois ramifiés et caduques, comme les cerfs, ou de productions osseuses toujours couvertes de peau, tels que les giraffes. On ne sauroit donc les rapprocher que des bœufs, des antilopes et des chèvres. Mais les premiers s'éloignent des moutons par leur corps trapu, leurs membres courts et robustes, la peau lâche et pendante qui se trouve sous leur cou et qu'on appelle fanon, leurs cornes lisses, leur large mufle, etc. [1]. Les chevilles des cornes totalement solides, sans pores ni sinus dans le plus grand nombre des antilopes; le nombre de leurs mamelles, qui est souvent de quatre; la présence de larmiers, de pores inguinaux, dans plusieurs de ces animaux; les cornes non anguleuses, souvent même très-lisses, leur fournissent des ensembles de caractères qui ne se rapportent jamais entièrement à ceux qu'on observe dans les moutons. Enfin, le chanfrein

---

1 Une espèce de bœuf semble former néanmoins l'intermédiaire aux genres des moutons et des bœufs : c'est le bison musqué du Canada, en tout semblable aux bœufs, mais dépourvu de mufle, comme les moutons. M. de Blainville en a formé son genre Ovibos.

droit ou concave; la direction des cornes d'abord en haut et ensuite en arrière; la présence d'une barbe sous le menton, sont les traits distinctifs qui séparent les chèvres des moutons.

Le genre qui renferme ceux-ci est donc caractérisé de la manière suivante : Ruminans pourvus de cornes creuses, persistantes, anguleuses, ridées en travers, contournées latéralement en spirale et se développant sur un axe osseux, celluleux, qui a la même direction; trente-deux dents en totalité, savoir, six incisives inférieures, formant un arc entier, se touchant toutes régulièrement par leurs bords, les deux intermédiaires étant les plus larges et les deux latérales les plus petites; six molaires à couronne marquée de doubles croissans d'émail, dont trois fausses et trois vraies à chaque côté des deux mâchoires; les vraies molaires supérieures ayant la convexité des doubles croissans de leur couronne tournée en dedans, et les inférieures l'ayant en dehors; chanfrein arqué; museau terminé par des narines de forme alongée, oblique, sans mufle ou partie nue et muqueuse; point de larmiers; point de barbe au menton; oreilles médiocres et pointues; corps de stature moyenne, couvert de poils (dans les espèces sauvages); jambes assez grêles, sans brosses aux genoux; deux mamelles inguinales; point de pores inguinaux; queue (toujours dans les espèces sauvages) plus ou moins courte, infléchie ou pendante.

Ces animaux se nourrissent de végétaux : ils vivent en familles ou en troupes plus ou moins nombreuses. Les pays élevés, les sommités des montagnes sont les contrées qu'ils habitent de préférence. La Corse, la Sardaigne et quelques autres îles de la Méditerranée, sont les lieux où vit l'espèce la plus anciennement connue et qu'on s'est accordé à considérer comme étant la souche primitive de nos moutons domestiques. La chaine de l'Atlas en nourrit une autre. Les montagnes de la Sibérie et du Kamtschatka en renferment une troisième. Enfin, une dernière a été découverte, il y a un petit nombre d'années, dans le Canada. Dans l'état de nature, les ruminans de ce genre ont beaucoup d'activité et de force, courent et sautent très-bien, et ne paroissent pas plus dépourvus d'intelligence que les ruminans sauvages du genre des chèvres, avec lesquels ils ont beaucoup d'affinité.

Nous décrirons successivement ces quatre espèces, en terminant par celle du mouflon proprement dit, afin de rapprocher cette dernière, le plus possible, des principales races domestiques, dont nous nous occuperons ensuite.

Le Mouflon d'Afrique : *Ovis tragelaphus*, Cuv.; *Tragelaphus* ou *Hirco-Cervus* de Caïus; *Bearded Sheep*, Penn., *Quadr.*, pl. 9; Shaw, *Zool.*, tom. 2, 2.ᵉ part., pl. 202; *Mouflon d'Afrique*, Geoffr., Mém. de l'Inst. d'Égypte. Pennant, en décrivant cet animal sous le nom de mouton barbu, remarque que le docteur Cay ou Caïus en a parlé avant lui, d'après un individu apporté de Barbarie en Angleterre dans l'année 1561, et que cet auteur le considéra comme étant le *tragelaphus* de Pline. Le célèbre zoologiste anglois le caractérise ainsi : Mouton ayant les poils de la région inférieure des joues et de la partie supérieure des mâchoires très-longs et formant une sorte de barbe double ou divisée; ceux du côté du corps courts; ceux du dessus du cou un peu plus longs et assez droits; ceux du dessous du cou et des épaules grossiers, au moins longs de quatre pouces, et pourvus à leur base d'une laine très-courte et serrée; le cou, le dos et les flancs d'une couleur ferrugineuse pâle; queue très-courte; cornes ayant vingt-cinq pouces anglois de longueur et onze pouces de circonférence à leur base, divergentes, dirigées en arrière et en dehors, et écartées l'une de l'autre à leurs pointes d'environ neuf pouces.

La figure que Pennant joint à cette description, a été prise d'une gravure de Bassan, d'après un dessin d'Oudry, représentant un animal qui a vécu dans la ménagerie royale de France. Elle ne se rapporte aucunement à cette description par la forme des cornes, mais seulement elle est pourvue d'une barbe assez prolongée et non divisée. Les cornes, assez écartées à leur base, sont contournées de façon à présenter le premier tour d'une spirale, et en cela elles ressemblent à celles de la figure que l'on possède des cornes de l'argali. C'est sans doute ce rapport de forme dans les cornes qui a engagé le docteur Shaw à considérer cet animal comme ne différant pas spécifiquement de l'argali.

Quant à nous, nous regardons, avec M. G. Cuvier, comme

appartenant à cette espèce, un animal qui existe dans la collection du Muséum d'histoire naturelle de Paris, et qui a été figuré par M. Geoffroy Saint-Hilaire dans le grand ouvrage sur l'Égypte, sous la dénomination de mouflon d'Afrique. Il est de la taille du mouton ordinaire : son chanfrein est assez peu arqué; ses cornes, médiocres, sont un peu plus longues que la tête, se touchent à leur base, s'élèvent d'abord droites, puis se recourbent en arrière et un peu en dedans vers leur extrémité; elles sont ridées transversalement, et leur face antérieure est la plus large. Le pelage, généralement d'un fauve roussâtre, est assez court partout, si ce n'est sous le cou, où il existe une longue crinière pendante de poils longs et assez grossiers. Les poignets des jambes antérieures ont aussi, chacun, une sorte de manchette composée de poils très-longs et non frisés.

Cette espèce de mouton sauvage, qui habite les lieux déserts et escarpés de la Barbarie, a été trouvée en Égypte.

Le Mouflon de l'Amérique du Nord ou Belier de montagne; *Ovis montana*, Geoffroy Saint-Hilaire, Annales du Muséum, tom. 2, pl. 60. Cet animal, de la taille du cerf, a le corps assez élevé, sur des jambes minces et nerveuses. Les formes générales, la nature de son pelage, la brièveté de sa queue, le font ressembler aux ruminans du genre *Cervus;* mais sa tête et surtout ses cornes ont toutes les formes de celles du mouton. Son chanfrein est néanmoins droit. Les cornes du mâle, très-larges et très-grandes, sont contournées en arrière dès leur origine, se recourbent en-dessous et sont ramenées en avant des yeux, en décrivant a peu près un tour de spirale : elles sont comprimées comme celles du belier domestique, et leur surface est striée en travers. Dans la femelle, ces cornes sont beaucoup plus petites et sans courbure sensible. Le poil est partout assez court, roide, grossier et comme desséché, généralement d'un brun marron, si ce n'est sur les joues, où il passe au marron clair, et sur les fesses, où il est d'un blanc parfait. On ne remarque sur cet animal aucun indice de la barbe des joues, de la crinière sous le cou, ni des manchettes de poils aux poignets, qui caractérisent l'espèce précédente.

Le belier de montagne, auquel on donne aussi le nom

d'argali américain, est en effet très-voisin par ses formes de l'argali d'Asie, et M. G. Cuvier pense qu'il pourroit appartenir à la même espèce, quoiqu'il ait les cornes sensiblement moins grandes et moins grosses que celles de ce dernier animal, et qu'elles forment mieux la spirale.

C'est vers l'année 1800 que cette espèce fut découverte par un Anglois, M. Gellavray, au voisinage de la rivière de l'Elk, après avoir passé le Missouri, à peu près par le cinquantième degré de latitude nord et le cent quinzième de longitude ouest. Ce voyageur rencontra les beliers de montagne par troupes de vingt à trente individus, ayant à leur tête un vieux mâle, sur les sommets des plus hautes montagnes, et particulièrement sur les pentes arides et les moins accessibles, mais descendant aussi de temps à autre pour paître dans les vallées. Il les vit sauter de rocher en rocher avec une vitesse et une précision qui rappelle celle des chamois et des bouquetins de nos Alpes d'Europe, et il affirme qu'il seroit impossible de les atteindre, s'il ne leur arrivoit fréquemment de s'arrêter dans leur fuite pour observer les chasseurs qui les poursuivent, ce qui donne à ceux-ci le temps d'approcher. Selon son rapport, plusieurs peuplades américaines, notamment celle des Crecs ou Kinstianeaux, font une chasse active à ces ruminans, dont ils estiment beaucoup la chair, surtout celle des jeunes et des femelles.

L'Argali : *Ovis Ammon*, Linn., Gmel.; *Stepnie baranni*, G. S. Gmelin, Voyage en Sibérie, tom. 1, pag. 368; *Ovis fera sibirica, vulgo Argali dicta,* Pallas, *Spicileg. zoolog., fasc.* 11, pag. 3, tab. 1; *Capra Ammon*, Linn., *Syst. nat.,* 12.ᵉ édit.; *Argali*, Shaw, *Gen. zool.,* t. 2, 2.ᵉ part., pl. 201. La taille de cet animal est à peu près celle du daim; son corps est partout couvert de poils courts. En hiver le pelage est d'un gris fauve, avec une raie jaunâtre ou roussâtre le long du dos et une large tache de la même couleur sur les fesses; la face interne des quatre membres et le ventre sont d'un rougeâtre encore plus pâle, et le chanfrein, le museau et la gorge sont blancs ou blanchâtres. En été, il est généralement plus roussâtre; mais en tout temps la tache jaunâtre ou roussâtre des fesses reste la même. Les cornes du mâle sont très-grosses et ont jusqu'à deux aunes de Russie de longueur, lorsque l'animal n'a qu'une aune et demie de hauteur depuis le sommet de la tête jusqu'à terre, et elles pèsent jusqu'à trente ou quarante livres : elles naissent tout près des yeux, devant les oreilles, se courbent d'abord en arrière et en-dessous, puis en avant, avec la pointe dirigée en haut et en dehors ; elles sont triangulaires à leur base, avec une large face en avant ; leur surface est ridée en travers, depuis leur naissance jusqu'à moitié de leur longueur, puis leur extrémité est plus lisse, sans être cependant tout-à-fait unie. Les cornes des femelles sont très-minces, à peu près droites, presque sans rides et assez semblables à celles de nos chèvres domestiques. Dans les deux sexes les oreilles sont assez larges, terminées en pointe et très-droites ; le cou a quelques plis pendans ; la queue est fort courte.

Les animaux de cette espèce paroissent habiter toutes les chaînes de montagnes et une partie des steppes de la Sibérie méridionale, depuis le fleuve Irtisch jusqu'au Kamtschatka. Ils sont très-légers et très-forts. Les mâles, lorsqu'ils se disputent la possession des femelles, se livrent de furieux combats à coups de tête, dans lesquels il leur arrive quelquefois de perdre leurs cornes, quelque grosses et solides qu'elles soient. Ils s'accouplent deux fois dans l'année, au printemps et en automne, et chaque portée est d'un ou de deux petits. La chair des argalis et surtout leur graisse sont recherchées par les Kamtschadales, qui trouvent à la première un goût analogue a celui de la chair de chevreuil.

Quelques auteurs considèrent l'argali comme ne différant pas spécifiquement du mouflon de Corse, et comme celui-ci est, suivant d'autres, le type originaire des moutons domestiques, il s'en suivroit que l'argali pourroit être aussi la souche de quelques races de ces animaux.

Le MOUFLON proprement dit : *Ovis aries fera ; Musmon* et *Ophion* de Pline ; *Musmon* et *Musimon* de Gesner ; *Tragelaphus* de Belon ; *Mouflon*, Buff., Hist. nat., tom. 11, pl. 29 ; *Ovis argali*, Boddaërt, Shaw ; *Ovis Ammon*, Linn., Gmel. ; *Capra Ammon*, Linn., *Syst. nat.*, 12.ᵉ édit. ; *Ovis musimon*, Goldfuss, *Säugth.; Mouflon*, Fréd. Cuv., Mamm., Mammalog., n.° 741 ; *Mufione* de Sardaigne, *Muffole* de Corse. Ce ruminant, d'où l'on croit dérivées nos races de bêtes à laine, au moins les européennes, a trois pieds quatre pouces de longueur, mesuré depuis le bout du nez jusqu'à l'origine de la queue, et sa tête a huit pouces depuis le bout du museau jusqu'à la naissance des cornes; sa hauteur, prise à la partie du dos la plus élevée au-dessus du sol, est de deux pieds trois pouces; la distance entre la base de ses cornes jusqu'au garrot, est d'environ onze pouces, et celle du garrot à l'origine de la queue, d'un pied. neuf pouces à peu près; sa queue a trois pouces six lignes de longueur, et ses cornes (dans le mâle) ont un pied onze pouces à deux pieds de longueur. Le mâle a le chanfrein assez busqué; les cornes très-grandes, grosses, ridées, principalement à leur base, d'un gris jaunâtre; les oreilles médiocres, droites, pointues, mobiles; l'œil accompagné d'une légère trace de larmier; le cou assez gros; le corps épais, musculeux, à formes arrondies; les jambes assez robustes; les sabots courts, d'un gris jaunâtre; la queue courte, infléchie et nue à sa face inférieure; les testicules volumineux. Le corps est couvert de deux sortes de poils, savoir : un poil laineux gris, fin, épais, ayant ses filamens en tire-bouchons, et un poil soyeux, seul apparent au dehors, assez peu long et roide. La tête n'a que de ces poils soyeux, et ils y sont très-courts et roides. Le pelage est d'un fauve terne, mêlé de quelques poils noirs sur la tête, le cou, les épaules, le dos, les flancs et la face extérieure des cuisses, avec la ligne dorsale plus foncée; le dessous du cou jusqu'à la poitrine, la base antérieure des jambes de devant, les bords de la couleur des flancs et la queue sont noirâtres; le dessus et les côtés de la face, ainsi qu'une ligne qui naît de la commissure des lèvres et se porte en arrière au-dessus de l'œil pour se réunir à celle du côté opposé, sont aussi noirâtres ; la partie antérieure de la face, le dessous des yeux, le dedans des oreilles, les canons des jambes, le ventre, les fesses et les bords de la queue sont blancs; la face interne des membres est d'un gris sale; on observe une large tache d'un jaune très-pâle sur le milieu de chaque flanc; l'intérieur de la bouche, la langue et les narines sont noirs. En hiver le pelage est plus fourni et a plus de noir; les poils du dessous du cou forment dans cette saison une sorte de cravatte ou de fanon, et la ligne dorsale est presque noire, principalement sur les épaules.

La femelle ne paroît différer du mâle que par des cornes beaucoup plus petites, ou par l'absence même de ces cornes, et par la moindre épaisseur de son pelage.

Les jeunes individus sont d'un fauve plus pur que les vieux, avec les fesses d'un fauve clair au lieu d'être blanches, et le dessus de la queue d'un fauve brun, au lieu d'être noirâtre. Leurs cornes, qui commencent à pousser peu de temps après leur naissance, ont quatre ou six pouces de longueur au bout d'un an.

L'espèce du mouflon dont nous venons de rapporter les principaux traits descriptifs, d'après M. F. Cuvier, existe dans les parties les plus élevées de la Corse et de la Sardaigne, sur les montagnes occidentales de la Turquie européenne, dans l'île de Chypre et vraisemblablement dans quelques autres îles de l'Archipel grec ; et, à moins que l'argali ne doive lui être rapporté, il paroît qu'elle ne s'élève pas plus au Nord.

Dans l'état de nature les mouflons ne quittent jamais les sommités des montagnes des pays que nous venons de nommer, dont la latitude et l'élévation ne permettent pas le séjour des neiges éternelles ; ils marchent en troupes, qui se composent au plus d'une centaine d'individus, et à la tête desquelles se trouve toujours un mâle vieux et robuste. En Décembre et Janvier, époque du rut, ces troupes se divisent en bandes plus petites, formées chacune de quelques femelles et d'un seul mâle ; lorsqu'elles se rencontrent, les mâles se battent à outrance, à coups de cornes, et souvent l'un d'eux périt. Dans ce cas les femelles qui l'accompagnoient se joignent au troupeau du mouflon qui survit au combat. Ces femelles portent cinq mois et mettent bas, en Avril ou Mai, deux petits, qui peuvent marcher dès le moment de leur naissance et dont les yeux sont ouverts : elles ont pour eux beaucoup de tendresse et les défendent avec courage. Ceux-ci n'atteignent tout leur développement qu'à leur troisième année, mais montrent, dès la fin de la première, le désir de s'accoupler.

M. F. Cuvier, qui a vu un assez grand nombre de ces animaux dans la ménagerie du Muséum d'histoire naturelle, a fait des remarques intéressantes sur l'état intellectuel des mouflons : « La domesticité, dit-il, n'a eu aucune influence sur le développement de cet état dans ceux de ces animaux que j'ai observés; elle n'a fait que les habituer à la *présence d'objets nouveaux* : les hommes ne les effrayoient plus; il sembloit même que ces animaux eussent acquis plus de confiance dans leur force, en apprenant à nous connoître; car, au lieu de fuir leur gardien, ils l'attaquoient avec fureur, et les mâles surtout. Les châtimens, bien loin de les corriger, ne les rendoient que plus méchans ; et si quelques-uns devinrent craintifs, ils ne se soumirent point, et ne virent que des ennemis et non pas des maîtres dans ceux qui les avoient frappés. Ils ne surent même jamais faire à cet égard de distinction entre les hommes : ceux qui ne leur avoient point fait de mauvais traitemens ne furent pas à leurs yeux différens des autres, et les bienfaits ne parvinrent point à affoiblir en eux le sentiment qui les portoit à traiter l'espèce humaine en ennemie. En un mot, ils ne montrèrent jamais aucune confiance, aucune affection, aucune docilité, bien différens en cela des animaux les plus carnassiers, que l'on parvient toujours à captiver par la douceur et les bons traitemens. »

« Si le mouflon est la souche de nos moutons, on pourra, ajoute le même naturaliste, trouver dans la foiblesse de jugement qui caractérise le premier, la cause de l'extrême stupidité des autres. » En effet, les mouflons paroissent incapables de lier deux idées; et M. F. Cuvier cite, en faveur de cette assertion, un fait qui nous paroît péremptoire et que nous allons rapporter. « Ceux de ces animaux qui ont vécu à la ménagerie, aimoient le pain, et lorsqu'on s'approchoit de leur barrière ils venoient pour le prendre. On se servoit de ce moyen pour les attacher avec un collier, afin de pouvoir sans accident entrer dans leur parc. Eh bien, quoiqu'ils fussent tourmentés au dernier point, lorsqu'ils étoient ainsi retenus, quoiqu'ils vissent le collier qui les attendoit, jamais ils ne se sont défiés du piége dans lequel on les attiroit en leur offrant ainsi à manger : ils sont constamment venus se faire prendre, sans montrer aucune hésitation, sans manifester qu'il se fût formé dans leur esprit la moindre liaison entre l'appât qui leur étoit présenté et l'esclavage qui en étoit la suite, sans qu'en un mot l'un ait pu devenir pour eux le signe de l'autre. Le besoin de manger seul étoit réveillé en eux à la vue du pain. Sans doute on ne doit point conclure de quelques individus à l'espèce entière ; mais on peut assurer, sans rien hasarder, que le mouflon tient une des dernières places, parmi les mammifères, quant à l'intelligence, et sous ce rapport il justifieroit bien les conjectures de Buffon sur l'origine de nos différentes races de moutons. »

Ces conjectures se confirment d'ailleurs par des caractères extérieurs qui rapprochent plus ou moins certaines de nos variétés de bêtes à laine du mouflon ; caractères qui s'effacent graduellement dans d'autres, pour conduire aux races les plus éloignées de cet animal. Ainsi, plusieurs ont un vrai poil court, sec et soyeux, comme celui du mouflon ; d'autres ne conservent ces poils que sur la tête et sur les membres, et chez elles le corps est couvert seulement par les poils intérieurs ou tortillés en tire-bouchons, plus ou moins longs, plus ou moins fins, plus ou moins abondans, qui constituent ce que nous nommons la *laine*. Le chanfrein busqué du mouflon se retrouve avec cette forme dans plusieurs races, tandis que dans d'autres il se redresse pour se rapprocher de celui des chèvres. La queue courte du mouflon se voit aussi dans quelques moutons du Nord ; tandis que dans ceux des régions tempérées elle s'alonge, et que dans plusieurs variétés des contrées chaudes du globe cette queue se charge d'une loupe graisseuse, qui acquiert souvent un volume très-considérable. Enfin, les couleurs du pelage des moutons couverts de vrais poils sont presque toujours rapprochées du fauve et régulièrement disposées, tandis que ceux qui n'ont que de la laine, sont le plus ordinairement blancs comme le poil intérieur du mouflon, ou noirs ou bruns, ce qui paroît être à M. F. Cuvier la couleur des races les plus dégénérées.

Toutes les races de moutons domestiques produisent entre elles, et leurs métis présentent toujours des caractères mixtes relativement à ceux de ces races. Toutes paroissent avoir le défaut d'intelligence que nous avons signalé et l'avoir au même degré. Ces animaux sont totalement sous l'empire de l'homme, et leur espèce, dégénérée au dernier point, est peut-être la seule, parmi celles des animaux domestiques, qui ne pourroit pas revenir à l'état de nature, si elle se trouvoit même placée dans les circonstances les plus favorables à son existence. Une fois abandonnée par l'homme, elle ne tarderoit pas à disparoître.

Les habitudes des moutons sont bien connues, et il nous suffira d'en rappeler ici les principaux traits. Ces animaux, et seulement les mâles entiers ou *beliers*, ne montrent quelque ardeur, quelque courage, qu'à l'époque du rut : alors un sentiment de jalousie irréfléchi les porte à se battre entre eux, ce qu'ils font en s'élançant les uns contre les autres et en se frappant à grand coups de tête. Hors ce temps, ils sont dans un état complet d'indolence et de stupidité. La femelle ou *brebis* ne semble avoir qu'un foible attachement pour sa progéniture et se la voit enlever sans chercher à la retenir. Les jeunes ou *agneaux*[1] paroissent doués d'un sentiment un peu plus fin; car il est constant qu'ils reconnoissent parfaitement leur mère au milieu d'un troupeau, ce qu'ils ne doivent peut-être qu'à une lueur d'instinct qu'ils ne tardent pas à perdre. Entre eux l'on ne remarque aucune liaison d'attachement, ainsi que l'on en observe fréquemment dans les animaux carnassiers et même parmi quelques herbivores, tels que les porcs, les chevaux; ils sont de la plus parfaite indifférence les uns à l'égard des autres. Ils se rapprochent et se serrent lorsqu'ils éprouvent quelque frayeur, ce qui leur arrive souvent, et pour les moindres causes; et toujours, dans leur marche ou leur fuite, la détermination d'un seul, le plus avancé, ou plutôt le hasard qui dirige la marche de celui-ci, devient la règle de conduite de tous les autres. Ils ne savent éviter aucun danger, et même ils sont incapables de chercher aucun abri contre les intempéries de l'atmosphère. Ils savent à peine trouver leur nourriture dans les

---

1 Le nom d'*agneau* est porté par les jeunes de l'année ; lorsqu'il en est né d'autres, ils prennent, jusqu'à l'année suivante, celui d'*antennois*.

terrains peu abondans en végétaux, et en cela ils sont loin de montrer un discernement comparable à celui des chèvres.

La constitution des moutons est très-foible, et leur conservation demande des soins constans ; car une foule de causes, parmi lesquelles on doit mettre en première ligne l'excès de la chaleur ou du froid, l'humidité, les marches forcées, déterminent chez eux de nombreuses maladies. Parmi les quadrupèdes domestiques ce sont surtout les moutons qui sont le plus sujets aux attaques des vers intestinaux, tels que les trichocéphales, les strongles, les douves, les cysticerques, les cénures, les échinocoques, etc., qui se développent dans toutes les parties de leur organisation. Le cénure est surtout celui qu'on a remarqué, parce qu'il donne lieu à la maladie cérébrale particulière à ces animaux, qu'on désigne sous le nom de *tournis*.

L'œstre, insecte diptère, est aussi un ennemi très-incommode des moutons : il les tourmente beaucoup, en déposant sur le bord de leurs naseaux des œufs d'où sortent des larves qui se logent dans leurs sinus frontaux, y séjournent plus ou moins de temps, et y causent une inflammation sensible.

Les produits des moutons dont l'homme tire les plus grands avantages, sont leur chair et leur lait, dont il se nourrit; leur peau et surtout leur laine, qui lui fournissent des vêtemens; leur graisse dure et solide, désignée sous le nom particulier de *suif*, qu'il emploie à s'éclairer pendant la nuit; enfin, leurs excrémens, qui, donnant un engrais très-chaud, contribuent puissamment à augmenter la fertilité des terres.

Il n'entre point dans le plan de cet ouvrage d'exposer tous les détails relatifs aux soins à donner aux animaux domestiques; aussi ne nous écarterons-nous pas, pour les moutons, de la marche qui a été suivie à cet égard dans les articles Cheval et Bœuf: cependant, avant de passer à la description des principales variétés et races de moutons domestiques dans les différentes contrées du monde, nous ne croyons pouvoir nous dispenser d'indiquer sommairement un petit nombre de pratiques d'économie rurale en usage pour nos races françoises, parce qu'elles se rattachent plus ou moins directement à l'histoire naturelle des animaux qui nous occupent.

Les brebis sont en état d'engendrer à un an, et les beliers à dix-huit mois ; mais on ne fait produire les premières qu'à deux ans, et l'on ne permet au belier de couvrir ses femelles qu'à trois ans, époques auxquelles ils ont acquis toute leur croissance. Les mâles les plus aptes à la génération sont les plus forts, les plus robustes ; ceux qui ont la tête la plus grosse, le cou le plus épais, et les cornes le mieux développées. Si l'on tient à conserver la qualité de la laine ou à l'améliorer, il est nécessaire de choisir, pour faire couvrir les brebis, les beliers revêtus de la toison la plus fine et la plus longue, parce que ces mâles ont une grande influence sur les caractères que présentent les agneaux, caractères parmi lesquels se trouve le degré de finesse de la laine. Aussi, lorsqu'on veut modifier des races sous ce rapport, suffit-il de se procurer des beliers bien constitués des races dont on veut obtenir la qualité, et d'accoupler successivement ces beliers avec les produits de la première, de la seconde et de la troisième génération qui en dérivent ; alors on se trouve avoir presque substitué la race qu'on vouloit avoir, à celle qu'on possédoit primitivement. L'époque de l'année où les brebis sont disposées à s'accoupler, est entre le commencement de Novembre et la fin d'Avril : néanmoins une nourriture abondante et un peu échauffante peut les mettre en état de concevoir dans les autres mois ; mais on choisit pour la monte ceux de Septembre, d'Octobre et de Novembre, afin d'avoir des petits en Février, Mars et Avril, dans la saison où l'herbe, tendre et abondante, convient le plus à la nourriture de ces jeunes animaux. Les brebis un peu maigres conçoivent plus facilement que celles qui sont grasses, et dans le temps de la gestation, qui dure cinq mois, elles engraissent assez, parce qu'elles mangent davantage. L'accouplement se fait très-vite, et l'on est dans l'usage de le laisser renouveler trois ou quatre fois pour chaque bête. Un belier bien constitué peut servir, sans s'épuiser, une trentaine de brebis environ. Celles-ci, une fois couvertes, doivent être l'objet de soins particuliers, parce qu'elles avortent facilement, surtout si elles sont exposées inopinément aux grandes intempéries de l'atmosphère. Lorsqu'elles sont prêtes à mettre bas, quelquefois l'aide du berger est nécessaire, parce que leur agneau se présente mal, ce qui les expose à périr faute de pouvoir opérer leur délivrance. Dans nos pays les brebis ne font qu'un petit, et ne produisent qu'une fois l'année ; mais dans quelques contrées des pays chauds certaines races ont deux agneaux par portée, et les portées se renouvellent deux fois.

Les jeunes agneaux trouvent dans le lait de leur mère, et dans l'herbe fine qu'ils paissent immédiatement après leur naissance, une nourriture très-abondante. Les brebis conservent leur lait sept ou huit mois après la naissance des petits ; mais on ne laisse pas ceux-ci téter aussi long-temps. Lorsqu'ils ont deux ou trois mois, on les sépare de leur mère pendant quelques jours, afin de les sévrer, puis on les laisse rejoindre le troupeau. Lorsque les jeunes mâles arrivent à l'âge où ils commencent à être propres à la génération, on les sépare de nouveau, pour en former un troupeau particulier, ou bien on leur passe un tablier de toile pendant sous le ventre, qui les empêche de couvrir les brebis avec lesquelles ils se trouvent. On se sert du même moyen à l'égard des beliers destinés à la reproduction, parce qu'ils sailliroient dans tous les temps de l'année, ce qui détruiroit toute l'économie et la régularité des époques adoptées avec raison pour la naissance des agneaux.

Comme le nombre des mâles qui naissent est aussi considérable que celui des femelles, et qu'il n'est nécessaire de garder qu'un très-petit nombre de ces mâles pour la reproduction, les autres sont en général destinés pour la boucherie, ou conservés, après la castration, pour en recueillir la laine pendant plusieurs années.

La chair des agneaux se mange lorsqu'ils ont de trois semaines à deux mois au plus tard. La castration ne se fait que sur ceux qu'on veut conserver plus long-temps, et qui prennent le nom spécial de *moutons*. Cette opération, qui a pour but de rendre la chair de l'animal plus tendre et de lui ôter un mauvais goût qu'elle auroit naturellement, de le disposer à prendre plus de graisse et de rendre la laine plus fine et plus abondante ; cette opération, qui consiste dans l'extraction des testicules (ou dans le bistournement pour les beliers déjà un peu âgés), se fait avantageusement de huit à quinze jours, et quelquefois trois semaines, trois et même cinq à six mois après la naissance; mais, lorsqu'on attend aussi tard, la chair des moutons n'est jamais si bonne que s'ils avoient été châtrés à huit jours, et plus d'individus périssent par suite des accidens dont la castration peut être accompagnée. On châtre aussi des agnelles, à l'âge de six semaines, en leur retirant les ovaires; mais cette pratique est peu en usage.

L'époque à laquelle on engraisse les moutons pour la boucherie est très-variable. Si l'on a en vue de se procurer une chair tendre et de bon goût, il faut les engraisser entre deux ou trois ans; mais, si l'on désire d'abord obtenir tous les produits en laine qu'on peut espérer de ces animaux, on attend jusqu'à six, sept et même dix ans, lorsque l'on est dans un pays où les moutons peuvent vivre jusqu'à cet âge; mais il faut les engraisser un an ou quinze mois avant le temps où ils commenceroient à dépérir.

On engraisse les moutons, 1.° en les faisant pâturer dans de bons herbages; 2.° ou bien en leur donnant de bonne nourriture dans les râteliers ou les auges, ce qu'on nomme engrais de *pouture*; 3.° ou bien en commençant par les mettre aux herbages en automne, et ensuite aux fourrages secs et aux grains, ou à la pouture. La durée de l'engraissement est de trois mois environ, et lorsqu'il est terminé, il devient essentiel d'envoyer les animaux à la boucherie; car ils ne vivroient que fort peu de temps dans cet état.

La tonte des moutons se fait tous les ans vers le mois de Mai, lorsque, en écartant les mèches de la laine, on aperçoit la pointe d'une laine nouvelle. Quelquefois on lave la laine sur le dos de l'animal, avant de la couper; mais bien plus souvent on la détache telle qu'elle est, remplie d'une sueur grasse, qu'on appelle *suint*, laquelle est un préservatif merveilleux pour écarter les insectes destructeurs de la laine, les teignes surtout. Lorsque ces animaux sont nus, ils sont bien plus exposés qu'auparavant aux mauvais effets d'une grande chaleur, ou d'une pluie froide, ou des changemens brusques de la température de l'air, ce qui nécessite des soins particuliers.

Les troupeaux de moutons sont ordinairement composés de cent à deux cents bêtes de tous âges. Dans notre climat on les loge dans des étables qui doivent être bien aérées, ou sous des hangars, et on les mène dans la campagne, sous la conduite d'un berger et d'un ou de plusieurs chiens d'une race fort intelligente, désignée sous le nom de *chiens de berger*. Ils doivent paître chaque jour, s'il est possible, et il faut éviter de les conduire dans les terrains humides et les herbes chargées de rosée ou de gelée blanche. L'on doit aussi les mettre à l'ombre durant la grande ardeur du soleil, en les conduisant le matin sur des coteaux exposés au couchant, et le soir sur des coteaux exposés au levant, si les localités le permettent. Il est aussi nécessaire de veiller à ce qu'ils ne mangent pas en trop grande quantité de certaines plantes, telles que le trèfle, la luzerne, le seigle, l'orge, et quelques autres herbes trop tendres et trop aqueuses, ou chargées d'eau de pluie ou de rosée, parce qu'alors ils éprouvent un accident singulier, qu'on appelle *météorisation, enflure, écouflure*, etc. Leur ventre prend un volume considérable, dû à la dilatation énorme de la panse, qui est remplie d'air, sans que celui-ci puisse sortir par l'œsophage. Lorsqu'on frappe leur ventre avec la main, il sonne comme un tambour. La respiration devient très-laborieuse, l'animal souffre et s'agite, bat des flancs, et ne tarde pas à périr, si l'on ne fait une ponction sur le côté gauche, où la panse est presque adhérente aux parois assez minces de cette partie : l'air s'échappe, et le mouton est guéri.

Nous avons dit que la fiente des moutons étoit un engrais très-actif et qu'on l'employoit très-utilement. C'est dans cette vue qu'on a principalement imaginé le parcage des moutons pendant la nuit. Ces animaux sont conduits sur le terrain qu'on veut fertiliser, et on les renferme dans une enceinte formée de claies, hautes de quatre pieds et demi, longues de sept à dix pieds, et composées de baguettes de coudrier ou d'autres bois légers et flexibles, entrelacées avec des montans un peu plus gros que ces baguettes. Ces claies sont maintenues verticales par des arcs-boutans en bois, qu'on enfonce dans la terre, et leur ensemble forme toujours un parallélogramme, auprès duquel est situé la cabane mobile du berger. L'étendue des parcs est proportionnée au nombre de bêtes à laines qu'ils doivent renfermer, et, en général, ils ont autant de fois dix pieds carrés qu'ils contiennent de moutons, parce qu'on estime qu'un seul de ceux-ci peut fertiliser cet espace dans un temps variable, selon la qualité des herbes et la longueur des nuits. Ainsi, comme c'est ordinairement assez de la moitié ou du tiers d'une nuit pour fertiliser le terrain du parc, le berger doit, pendant cet espace, changer de place les claies, de façon à former un second ou même un troisième parc, en y conduisant successivement les moutons, sous la garde de ses chiens, qui sont particulièrement utiles dans cette occasion, parce que c'est le moment que les loups choisissent pour commettre leurs déprédations.

Le parcage est un meilleur engrais que le fumier de mouton. Il donne lieu à un effet très-sensible pendant deux ans sur la production des grains que l'on sème sur la terre où il a eu lieu; et, pour la troisième année, il tient encore lieu de demi-engrais. Avant de l'établir, on donne deux labours, afin de rendre le sol plus perméable à ses bons effets, et aussitôt qu'il est fini, on fait encore passer la charrue, afin de mêler la terre avec l'engrais, avant qu'il y ait desséchement et évaporation de celui-ci. On parque aussi quelquefois les moutons sur les champs ensemencés et dont le grain est levé.

En France le parcage n'a guère lieu que dans les provinces septentrionales et dans les contrées dont le terrain est très-sec. Des expériences faites par Daubenton, en 1767, ont prouvé néanmoins que les moutons, tenus en plein air, supporteroient très-bien des froids rigoureux, qu'ils acquerroient même une santé plus robuste, et qu'il faudroit tout au moins, pendant cette saison, éviter de les entasser dans des étables bien fermées, où ils ne respirent qu'un air échauffé, chargé de vapeurs et de l'infection des fumiers. En Angleterre les moutons sont à peine abrités, ou même ne le sont pas, même en hiver, et ne s'en portent que mieux. En Espagne, et dans quelques parties de l'Italie, telles que les Abruzzes, l'usage est de faire continuellement voyager un grand nombre de ces animaux, en les conduisant du nord au midi dans les saisons les plus froides de l'année, et du midi au nord dans les plus chaudes.

Les maladies des bêtes à laine sont nombreuses. Les unes, ou les épizootiques, se répandent sur un grand nombre d'animaux sans distinction de pays, et dans tous les temps ; telles sont le *claveau* ou la *clavelée* et la *gale* : d'autres, ou les enzootiques, sont attachées à certaines contrées et reviennent chaque année à la même époque ; telles sont la *falère* dans le Roussillon, la *pourriture* dans les lieux bas et humides, etc. : d'autres encore, les sporadiques, surviennent sans régularité, partout indistinctement, à quelques animaux seulement, par exemple, le *tournis*, le *piétain*, le *fourchet*, etc. Plusieurs de ces maladies sont contagieuses, c'est-à-dire qu'elles peuvent se communiquer d'un animal à un autre, soit par contact immédiat, soit par des intermédiaires, telles que le charbon, le claveau, la gale.

Le *claveau*, maladie terrible, qui tue un grand nombre de moutons, est analogue à la petite vérole par ses symptômes, et parce que, selon l'opinion générale, elle ne se renouvelle pas : on lui oppose avec succès l'inoculation. La *gale*, affection cutanée, un peu moins dangereuse, ne nécessite, pour sa guérison, que l'application de quelques topiques irritans. Les *dartres*, qui tourmentent fortement les bêtes à laine par la douleur qu'elles leur causent, sont très-rebelles au traitement, mais heureusement elles ne paroissent pas contagieuses, et n'atteignent qu'un petit nombre d'individus, qu'on est dans l'usage de tuer lorsque l'on n'en veut pas tirer race. Le *noir museau* ou *vivrogne*, est une affection qui vient sur le museau et les joues des moutons, et qui, ayant du rapport avec les dartres et la gale, est traitée de la même manière. Le *muguet* consiste en aphtes qui se développent dans l'intérieur de la bouche et sur les lèvres des jeunes agneaux, et qu'on guérit par l'application d'un mélange de poivre, de sel et de vinaigre. Le *fourchet* est produit par l'inflammation et l'ulcération contagieuse d'une petite fossette ou rentrée de la peau, qui existe à la base et entre les deux sabots des moutons : c'est une affection légère ordinairement, mais qui peut devenir grave, si on la néglige dans son commencement, et si l'on force les animaux dans leur marche. Dans ce dernier cas il faut fendre la peau et extraire la glande sébacée placée au-dessous, laquelle est le siége de l'inflammation. Le *crapaud* est un ulcère qui se forme à l'ongle même, dont les fibres s'amollissent, et se détruisent en une matière fétide, noirâtre et rougeâtre ; à cet ulcère succède l'amollissement de la sole et la carie de l'os du pied. Cette maladie peut être prévenue lorsqu'on voit le point de la corne du pied blanchir au lieu où doit être l'abcès, en l'amincissant beaucoup, et en y passant la barbe d'une plume imprégnée d'eau-forte. L'*araignée* est un engorgement du pis des brebis qui nourrissent, lequel est ordinairement dissipé par des frictions faites avec un liniment volatil, qui facilite la résolution et s'oppose à la terminaison par gangrène. Le *charbon* est une maladie gangréneuse, contagieuse à l'excès, par contact médiat ou immédiat, et à laquelle on n'a encore pu opposer aucun moyen médical bien efficace : les soins les plus grands, pour éviter la propagation du mal, en isolant les troupeaux infectés, en enfouissant profondément les bêtes mortes avec leur litière, le fourrage qui a été à leur usage, etc., sont particulièrement recommandés, et prescrits par plusieurs réglemens de police, dont l'exécution doit avoir lieu dans toute sa rigueur. La *pourriture* ou *cachexie aqueuse*, produite par le séjour dans les lieux humides, le défaut d'une nourriture convenable, l'usage des herbes aqueuses, est un véritable état de débilité dans lequel tombent les bêtes à laine. Dans cet état, les vers intestinaux se multiplient à l'excès ; et l'on trouve souvent tous ceux dont nous avons cité les noms plus haut dans un seul mouton malade de pourriture. Le changement de régime et de localité, l'usage des boissons fermentées, telles que le vin, le cidre, la bière ; celui des plantes amères et stomachiques, sont employés avec avantage contre cette affection. La maladie du sang, ou le *sang de rate* et peut-être la *maladie de Sologne* ou *maladie rouge*, est une affection qui atteint souvent les individus qui ont échappé à la pourriture, et à laquelle on ne peut opposer que des moyens hygiéniques. Quelques autres maladies des voies digestives, telles que la *falère*, la *diarrhée*, la *météorisation*, la *génistade*, la *maladie des bois*, produites par l'usage de certains alimens en trop grande quantité, atteignent souvent aussi les bêtes à laines, qui sont également sujettes à quelques affections nerveuses, parmi lesquelles nous citerons principalement le *tétanos* et le *tournis.*

33.   15

Cette dernière, produite par la présence d'un ou plusieurs vers hydatiques (*cœnurus cerebralis*) dans les ventricules du cerveau, se manifeste par un tournoiement presque continuel de l'animal du côté où est placé le vers, et n'a de guérison que par la destruction de celui-ci, qu'on perce avec un trois-quarts ou un poinçon, lorsqu'on a reconnu la place qu'il occupe, ce qui, au reste, est assez difficile, lorsque son développement n'a pas produit une forte exubérance du crâne dans le lieu sous lequel il git.

Nous pourrions développer davantage cette énumération des maladies qui attaquent l'espèce ovine ; mais nous sortirions des limites que nous nous sommes tracées. Notre but a été de faire voir que presque toutes les parties de l'organisation de cette espèce, dégénérée par la domesticité, peuvent être le siége de lésions plus ou moins graves. Nous croyons ne pouvoir mieux faire que de renvoyer les personnes qui désireroient de plus grands détails sur ce point important de l'économie rurale, aux sources où nous avons puisé nous-mêmes, c'est-à-dire aux ouvrages intitulés : 1.° *Instructions pour les bergers et pour les propriétaires de troupeaux*, par Daubenton, Paris, 1781, et une seconde édition, publiée avec des notes, par M. Huzard père ; 2.° les *Instructions vétérinaires* ; 3.° les *Instructions sur les bêtes à laine, et particulièrement sur la race des mérinos*, par M. Tessier ; 4.° l'*Esquisse de nosographie vétérinaire*, par M. Huzard fils, etc.

La durée de la vie des moutons en état de santé est pour l'ordinaire de douze à quinze ans. L'âge de ces animaux, au moins dans leurs premières années, se reconnoît par l'existence ou l'absence des dents incisives de lait, et par l'état de détrition, plus ou moins avancée, de leurs dents de remplacement. A un an les deux intermédiaires de lait tombent et sont remplacées ; à dix-huit mois les deux suivantes tombent aussi, et à trois ans elles sont toutes renouvelées : elles sont alors égales et blanches ; mais ensuite elles se déchaussent, s'émoussent, et deviennent inégales et noires.

Variétés et races de moutons.

Mouton a longues jambes : *Ovis aries longipes*, Nob. ; *Ovis guineensis seu angolensis*, Marcgrave ; *Belier et brebis des Indes,*

Buff., Hist. nat., tom. 2, pl. 34, 35 et 36; le *Morvan*, *ejusd.*, Suppl., tom. 3, pl. 10; *Mouton à longues jambes*, Fréd. Cuv.; *Ovis aries guineensis*, Linn., Gmel. Il est de très-grande taille et de forme éflanquée. La longueur de son corps entier est de quatre pieds un pouce; sa hauteur, mesurée au train de devant, est de deux pieds onze pouces à trois pieds; sa tête, mesurée depuis la base des cornes jusqu'au bout du nez, a neuf pouces environ; ses oreilles ont un peu plus de cinq pouces, et sa queue a un pied cinq pouces. Très-haut sur jambes et assez rapproché du mouflon par la forme très-fortement arquée de son chanfrein, par son poil court et roide, n'ayant rien de laineux, ce mouton est remarquable par la crinière qui existe sur son cou et qui, arrivée sur les épaules, se développe quelquefois en rayonnant. Quelques individus ont, sous le dessous du cou, de longs poils qui forment un épais fanon. La queue, très-longue et toujours pendante, descend plus bas que les talons; les cornes sont pour l'ordinaire moyennes et forment moins d'un tour entier de spirale sur les côtés de la tête, en enveloppant les oreilles; les côtés du cou sont assez souvent pourvus de pendeloques ou de glands de peau couverts de poils, pendans de deux ou trois pouces.

Cette variété, originaire d'Afrique et particulièrement de la côte de Guinée, est aussi élevée en Barbarie et au cap de Bonne-Espérance; naturalisée en Europe par les Hollandois et croisée avec les moutons du Texel et de la Frise orientale, elle a donné lieu à une grande race de moutons sans cornes, connus sous les noms de *moutons du Texel* et de *moutons flandrins*, dont la laine a un certain degré de finesse et beaucoup de longueur, et dont les brebis donnent constamment chaque année plusieurs agneaux.

Mouton a grosse queue : *Ovis aries laticaudata*, Linn., Gmel., Erxl.; *Ovis aries obesa*, Ludolf; *Ovis turcica*, Charleton; *Brebis à large queue*, Briss.; *Mouton de Barbarie*, *Mouton d'Arabie*, Buff., Hist. nat., tom. 11, pl. 33; *Ovis aries steatopyga*, Pall., *Spic. zool.*, fasc. 11, pag. 63, pl. 4; *Mouton à grosse queue*, Fréd. Cuv., Mamm. lithogr. La taille des moutons de cette variété est celle de nos races communes. Leur chanfrein est très-arqué; leurs oreilles sont de médiocre grandeur et pendantes, mais assez mobiles; leur laine, plus ou moins grosse et longue, tombe en mèches épaisses; leurs cornes, fortes et dirigées d'abord en arrière, sont recourbées ensuite en-dessous et en avant; mais quelquefois elles n'existent pas, ou bien elles sont quadruples; leur queue, qui descend au moins jusqu'aux jarrets, est très-renflée sur les côtés par l'effet d'une accumulation de graisse assez peu solide dans le tissu cellulaire, laquelle forme quelquefois une sorte de loupe très-considérable[1], recouverte en-dessous d'une peau nue, de couleur de chair, et marquée par un léger sillon longitudinal. Les moutons à grosse queue sont particuliers à l'Afrique, et notamment à la Barbarie, l'Éthiopie, l'Égypte, au Cap, à l'Asie, l'Arabie, la Perse et à l'Inde.

On reconnoît dans cette variété, particulièrement caractérisée par la loupe de sa queue, plusieurs sous-variétés ou races distinguées par le nombre des cornes, par les proportions et la position de la loupe caudale, et par la nature de la laine, généralement fine dans le Levant, tandis qu'elle est dure et grossière dans l'Inde, à Madagascar, etc. Nous allons en indiquer les principales.

1.° Celle signalée par Pallas *O. A. steatopyga* (*l. c.*), qui n'a que très-peu de vertèbres au tronçon de sa queue, et dont la loupe graisseuse est composée de deux masses plus ou moins arrondies, réunies supérieurement, mais séparées à leur partie inférieure. Elle est propre aux steppes du Midi de la Russie et se trouve aussi, selon M. Cuvier, en Perse et en Chine.

2.° Une seconde, *Mouton à grosse queue*, Fr. Cuv. (*loc. cit.*), qui a le chanfrein presque droit, la laine peu grossière, la queue très-longue, surpassant le corps en largeur dans les deux premiers tiers où est attachée la loupe. Elle est originaire de la Haute-Égypte, et c'est elle probablement qui est figurée dans l'ouvrage de Schreber (*Säugthiere*, pl. 293).

3.° Une troisième, qui est connue sous le nom de *Mouton d'Astracan*, fournissant les fourrures appelées vulgairement fourrures d'Astracan. Celle-ci est de taille moyenne (dix-sept pouces au garrot) et n'a pas constamment des cornes; sa

---

[1] Le poids de cette loupe graisseuse s'élève, selon quelques voyageurs, jusqu'à trente ou quarante livres.

queue n'a qu'un renflement assez léger (de la grosseur du poing) à sa base. Les agneaux de cette race ont en naissant le corps revêtu de poils blancs et noirs, réunis en petites mèches très-frisées et très-serrées les unes contre les autres, dont l'ensemble est d'un gris très-doux. Les individus adultes sont couverts d'une laine assez longue, des plus grossières, et sous laquelle on retrouve les poils noirs et blancs des agneaux, mais non frisés et divisés par mèches.

4.° Une dernière, qui est le *Belier du Cap*, de Pennant (*Syn. quadr.*, tab. 4, fig. 2), se fait remarquer seulement par la grandeur de ses oreilles, qui sont pendantes, la convexité très-marquée de son chanfrein, le peu de développement de ses cornes et la longueur considérable de sa queue. Elle est commune au cap de Bonne-Espérance.

Mouton a longue queue : *Ovis aries dolichura, sive tscherkessika*, Pall., *Spicil. zool.*, fasc. 11, pag. 60; *Ovis arabica*, Jonston, *Quadr.*, tab. 23. Cette variété, peu connue, habite la Russie méridionale, et notamment les environs d'Astracan et la Bucharie. Son corps est couvert de laine grossière; ses cornes sont moyennes, en spirale sur les côtés de la tête; sa queue, très-longue, traîne à terre.

Mouton valachien : *Ovis aries strepsiceros*, Plin., *Hist. nat.*, lib. XI, cap. 373; οις ξανδοι, Oppien., *Cyneg.*, 11, 376; *Cretensis aries strepsiceros nominatus*, Belon, *Observ.*, p. 20, fig. 21; *Belier et Brebis de Valachie*, Buff., Suppl., tom. 3, pl. 7 et 8. Cette belle race, dont la taille est celle de notre mouton ordinaire, a les cornes fort longues et marquées d'une arête saillante, longitudinale; celles du mâle s'élèvent presque perpendiculairement en spirale, et sont à peu près parallèles entre elles, le premier tour étant fort large et appliqué contre la tête, et les autres très-alongés; celles de la femelle sont, au contraire, divergentes, presque droites et comme tordues sur leur axe; la laine, très-abondante, ondulée, grossière, est propre à faire des fourrures communes; la queue est longue et très-touffue.

Les moutons valachiens sont communs en Hongrie et en Valachie, et l'on en conduit un grand nombre à Vienne pour la boucherie. Leur race existe aussi dans l'île de Crète, au rapport de Belon.

Mouton d'Islande : *Ovis aries polycerata*, Linn., Gmel. ; *Ovis gothlandica*, Pall., *Spic. zool.*, fasc. 11, tab. 3, fig. 5, et tab. 4, fig. 1, *c*, 2, *b*; *Brebis à plusieurs cornes*, Buff., Hist. nat., tom. 11, pag. 354; *Belier et Brebis d'Islande*, *ejusd.*, pl. 31 et 32. Sa taille est petite; ses cornes, irrégulières, sont assez grandes et varient en nombre depuis deux jusqu'à six ou plus ; elles ne sont pas arquées en spirale, mais ont une simple courbure en arrière , en haut ou de côté : son poil est de trois sortes, savoir, un *jars* très-long et fort grossier, seul apparent au dehors; une laine intermédiaire assez grossière, et une sorte de duvet très-fin sur la peau : la tête, la queue (qui est courte et basse) et les extrémités des jambes, sont couvertes d'un poil court et dur ; les oreilles sont en forme de cornet et horizontales. La couleur générale est le brun roussâtre, mais le dessous du cou et le devant de la poitrine sont noirâtres; la queue est noire.

Cette race, dont une partie est sauvage, est surtout particulière à l'Islande et aux îles Féroë. Elle existe aussi en Norwége et en Gothland, où, sans doute, elle a été amenée des contrées que nous venons de nommer. Il paroît qu'on doit lui rapporter la race des moutons d'Écosse désignée sous le nom de *schtla;* et l'*ovis rustica* de Linné, ou *ovis brachyura* de Pallas, du Nord de l'Asie, n'en paroît pas fort éloigné.

Mouton commun; *Ovis aries gallica*, Buffon, Hist. natur., tom. 5, pl. 1 et 2. La taille de notre mouton ordinaire est médiocre, c'est-à-dire qu'elle ne dépasse guère deux pieds quatre pouces pour la hauteur, mesurée au garrot. Les cornes sont moyennes et recourbées en spirale, lorsqu'elles existent, mais elles manquent très-souvent; la tête est assez étroite ; le museau assez long et effilé; le chanfrein fort busqué; les poils, qui couvrent la tête en entier, une partie du cou et les jambes, sont courts et roides; la laine du corps est grosse , abondante, à filamens non tortillés en tire-bouchon, et divisée par grosses mèches tombantes. La couleur est ordinairement blanche ; mais, dans quelques provinces du Midi, le nombre des individus noirs ou brun-noir est si considérable qu'ils forment la plus grande partie des troupeaux. La queue est ordinairement très-longue et grêle.

Beaucoup de races métisses, provenant du mélange de nos moutons avec les races espagnole, angloise, flamande, sont distinguées par les agriculteurs ; mais leurs caractères distinctifs sont presque inappréciables pour les naturalistes. On les trouve indiquées presque toutes dans l'ouvrage de M. Carlier, intitulé : *Traité des bêtes à laine.*

Nous nous bornerons à mentionner ici quatre des principales :

1.re Race. La *flandrine*, à taille haute et longue. C'est celle qui provient du croisement du belier des Indes, et qui est désignée aussi sous le nom de *mouton du Texel.*

2.e Race. La *solognote*, à tête fine, effilée et menue, ordinairement sans cornes, ayant la laine frisée à l'extrémité des mèches seulement.

3.e Race. La *bérichonne*, à cou alongé, ayant la tête sans cornes et couverte de véritable laine seulement sur le sommet; la laine du corps fine, blanche, serrée, courte et frisée.

4.e Race. La *roussillonnoise*, à laine très-fine, dont les filamens sont contournés en spirale, et qui participe de la race mérinos, avec laquelle elle a été croisée, sans aucun doute.

L'*ardennoise*, la *normande* et d'autres sont au nombre de celles que l'on distingue des précédentes.

Mouton d'Espagne : *Ovis aries hispanica*, Linn., Gmel. ; *Mérinos des Espagnols* (voyez l'Instruction pour les bêtes à laine, de M. Tessier, pag. 3). La taille de ce mouton est moyenne, puisqu'il n'a que vingt-quatre à vingt-cinq pouces de hauteur au garrot, et que sa longueur totale, mesurée depuis le sommet de la tête jusqu'à la naissance de sa queue, est d'environ trois pieds. Ses formes sont arrondies; sa tête est large ; son chanfrein est médiocrement busqué ; ses cornes sont très-grosses, contournées sur les côtés en spirale très-régulière (elles existent dans la plupart des mâles); son front est toujours, et ses joues ainsi que sa ganache, sont souvent couverts d'une laine épaisse, comme celle du corps; celle-ci, très-fine, abondante, fort douce au toucher, pleine d'une exsudation graisseuse ou de suint, est tassée et composée de filamens contournés en vrille ou en tire-bouchon, élastiques, moins longs, mais beaucoup plus fins que ceux des races communes, d'un blanc sale en dedans et rembruni à l'extérieur, à cause de la poussière et des ordures que le suint y attache ; les aisselles, la face interne des cuisses, le bas des jambes et une partie de la tête seulement, sont couverts de poils courts. Les testicules des mâles sont très-gros et pendans, séparés par un pli longitudinal très-prononcé ; la queue est médiocre.

Cette variété, considérée comme la plus précieuse, mêlée avec toutes les races propres au sol de la France, a produit un nombre infini de sous-variétés à laine moins fine et plus longue que la sienne, et appelées *demi-mérinos*. Ces sous-variétés, croisées plusieurs fois de suite avec des beliers mérinos de race pure, acquièrent, après deux ou trois générations, des caractères qui les rapprochent, autant que possible, de la race espagnole, à quelques différences près, qui dépendent de la nature de la laine des races primitives croisées. La roussillonnoise est celle qui s'améliore en moins de générations ; car, dès la troisième, sa laine est aussi fine que celle des mérinos. Les races bérichonne, solognote et ardennoise, peuvent être placées au second rang, et la flandrine au dernier : c'est du moins ce qui résulte d'expériences faites d'abord à Rambouillet, et ensuite continuées à l'École vétérinaire d'Alfort, par M. Godine, l'un des anciens professeurs de cet établissement.

Généralement répandue en Espagne, cette variété paroît, d'après des documens historiques, tirer son origine de troupeaux importés de Barbarie. En Espagne, elle est en grande partie *transhumante*, c'est-à-dire qu'on la fait voyager durant la plus grande partie de l'année. Les races léonéses, parmi lesquelles se trouve la *cavagne* ou la plus distinguée, et celle de *négrète*, après avoir été cantonnées pendant l'hiver auprès de Mérida, en Estramadure, sur la rive gauche de la Guadiana, se mettent en marche vers le 15 Avril, par divisions de deux à trois mille têtes, passent le Tage à Almarès, et se dirigent sur Villa-Castin, Trescasas, Alfaro, l'Espinar et autres résidences, pour y être tondues. Cette opération étant faite, chaque division se remet en route vers le royaume de Léon, pour y être distribuée par troupes de cinq cents bêtes dans les pâturages de Cervèra, près d'Aquilar del Campo. Les races sorianes habitent en

hiver les confins de l'Estramadure, de l'Andalousie et de la
Nouvelle-Castille. Ces troupeaux se mettent en route vers
la fin d'Avril, passent le Tage à Talaveyra de la Reyna et
à Puente del Arzobispo, et se portent sur Madrid ; de là
elles se rendent à Soria, d'où une partie se place dans les
montagnes voisines, et l'autre traverse l'Ebre pour gagner les
pâturages de la Navarre et des Pyrénées. Les races les plus
estimées parmi les *sédentaires* ou *estantes*, sont habituellement
sur les deux revers des gorges de la Guadarrama et de Somo-
Sierra, et aux environs de Ségovie, auprès de certaines
résidences ou *esquileos*, où se fait la tonte. (Tessier, Instr. sur
les bêtes à laine, pag. 23.) Les races léonèses l'emportent
sur toutes celles à laine fine, par les formes, l'abondance
et les qualités de la laine.

MOUTON ANGLOIS : *Ovis aries anglica*, Nob. ; *Ovis anglicana*,
Linn. Cette variété a la laine fine et très-longue ; elle est
sans cornes ; sa queue est longue et pendante, et le scrotum
des mâles est très-volumineux. Elle est métisse et provient
de croisemens d'une race angloise originaire (qui a presque entièrement disparu) avec des beliers et des brebis
d'Espagne et de Barbarie, croisemens qui ont eu lieu dès
les temps de Henri VIII et d'Élisabeth.

On distingue parmi les moutons anglois des sous-variétés
aussi nombreuses que parmi les moutons françois, selon les
degrés de croisement, et le soin plus ou moins grand qu'on
en prend dans tel comté plutôt que dans tel autre, relativement au choix des beliers et des brebis destinés à la propagation. Ainsi,

Les *moutons de Lincolnshire* et de *Kent* ont la laine la plus
longue, mais non pas la plus fine ;

Les *moutons du Sussex* (surtout ceux de Levées et de
Bournes) ont la leur plus fine et plus courte.

Les *moutons* des environs de Cantorbéry ont une laine qui
tient le milieu entre celles des deux premières variétés, etc.

En général, la laine des moutons anglois est la plus belle
après celle des moutons mérinos, et plusieurs de nos races
mélangées ont atteint le même degré de perfection. Les
laines de Saxe sont aussi très-estimées. (DESM.)

MOUTON. (*Ornith.*) L'oiseau que les anciens navigateurs

désignent par la dénomination de mouton ou monton du Cap, est l'albatros, *diomedea exulans*, Linn. (Ch. D.)

MOU-TOU. (*Bot.*) Nom chinois d'une belle espèce de rose, citée dans le Recueil abrégé des Voyages, d'après le P. Duhalde. (J.)

MOUTOUCHI. (*Bot.*) Voyez Ptérocarpe. (Poir.)

MOUVEMENS DES ANIMAUX. (*Anat. et Phys.*) Considérés d'une manière générale, ces mouvemens peuvent être étudiés sous le rapport des parties qui les exécutent, des forces qui les déterminent, du rôle qu'ils jouent dans l'économie, de la liaison qu'ils ont avec le système nerveux, et, par lui, avec les sensations et la volonté.

I. Les organes du mouvement sont, d'un côté, les muscles; de l'autre, les os, les ligamens, les cartilages et la synovie. (Voyez Muscles, Os, Tissus, Synovie.)

II. Les forces qui le déterminent, sont l'élasticité et la contractilité.

L'élasticité réside dans toutes les parties, les os, les cartilages, le tissu ligamenteux, etc.; la contractilité, ou irritabilité hallérienne, ne réside que dans les muscles.

La contractilité est le ressort général de tous les mouvemens. Ce sont toujours des parties contractiles, ou musculaires, qui les commencent et les opèrent; ce sont des parties élastiques qui les dirigent, les limitent, ou les continuent.

Dans la circulation, par exemple, la contractilité du cœur met en jeu l'élasticité des parois artérielles; et l'élasticité des parois artérielles continue et perpétue, pour ainsi dire, le jeu du cœur.

Dans la respiration, le premier mouvement, celui de l'inspiration, dérive de la contraction des muscles costaux et du diaphragme; le second, celui de l'expiration, dérive surtout de l'élasticité des bronches et du poumon.

Dans l'extension, dans la flexion des membres enfin, ce sont toujours des contractions, soit des muscles extenseurs, soit des muscles fléchisseurs, qui déterminent le mouvement; ce sont les configurations des faces articulaires des os, les enveloppes ligamenteuses des articulations, qui le contiennent ou le limitent.

III. L'élasticité ne dépend pas du système nerveux; la contractilité en dépend, au contraire, du moins dans les muscles de la vie animale, d'une manière essentielle et immédiate.

Quand on irrite les nerfs de l'un de ces muscles, il se contracte; quand on détruit tous ses nerfs, il perd bientôt toute faculté de se contracter. (Voyez Muscles.)

Les mouvemens qui dérivent de ces muscles, la locomotion, la préhension, etc., sont seuls entièrement soumis à la volonté : ainsi, par exemple, un animal peut, à son gré, marcher ou non, lentement ou vite, dans telle ou telle direction qu'il lui plaît, etc.

Le mouvement de la respiration a cela de particulier qu'il ne dépend que jusqu'à un certain point, et que dans certains cas, de la volonté. En général, il a lieu sans qu'elle s'en aperçoive, sans qu'elle s'en mêle, sans qu'elle y participe; mais elle peut, quand il lui convient, l'accélérer, le ralentir, le suspendre même.

Enfin, les muscles du cœur et des intestins sont complétement, absolument étrangers à la volonté; et l'action du système nerveux sur eux n'a lieu que d'une manière médiate et consécutive : médiate, puisqu'un organe particulier, le grand sympathique, s'interpose entre ces muscles et ce système; consécutive, puisque ce système peut être totalement détruit, et l'action de ces muscles subsister un certain temps encore. (Voir mes expériences à ce sujet. [1])

En résumé, la contractilité dans les muscles de la vie animale dépend immédiatement et essentiellement du système nerveux; elle n'en dépend, dans les muscles du cœur et des intestins, que d'une manière médiate et consécutive ; et l'élasticité, dans quelque partie que ce soit, n'en dépend sous aucun rapport.

D'un autre côté, l'empire de la volonté sur les mouvemens de locomotion et de préhension est plein, entier, absolu ; il est incomplet et borné sur le mouvement de la respiration ; il est nul sur les mouvemens du cœur et des intestins. Les premiers de ces mouvemens sont donc tout-à-fait *volontaires*; les seconds ne sont *volontaires* qu'en partie; les derniers ne le sont point du tout.

---

[1] Recherches expérimentales sur les propriétés et les fonctions du système nerveux dans les animaux vertébrés. Paris, 1824.

IV. L'action du système nerveux sur les mouvemens a fixé de bonne heure l'attention des observateurs. On étoit pourtant bien loin d'être parvenu à déterminer encore le rôle de chacune des parties de ce système, soit sur les divers élémens du mouvement en général, soit sur les diverses espèces de mouvemens en particulier.

Il suit des expériences que je communiquai, en 1822, à l'Académie : [1]

Que le rôle du nerf se borne à exciter directement les contractions musculaires;

Que la moelle épinière lie ces diverses contractions en mouvemens d'ensemble ;

Que la moelle alongée est le premier mobile de certains mouvemens de conservation, la respiration, le cri, le bâillement, le vomissement, etc.;

Que le cervelet règle et coordonne tous les mouvemens de locomotion et de préhension, la station, la marche, le saut, la course, le vol, etc. ;

Que des tubercules quadrijumeaux dérivent les mouvemens de l'iris;

Que dans les lobes cérébraux, enfin, réside le principe de toutes les facultés intellectuelles et sensitives; et que ces facultés ne concourent aux mouvemens que comme causes éloignées et provocatives.

Il y a donc, dans le système nerveux, des parties qui *excitent* directement les contractions musculaires; il y en a d'autres qui *lient* ces contractions en mouvemens d'ensemble; d'autres qui *coordonnent* ces mouvemens en mouvemens réglés et déterminés ; d'autres dans lesquelles réside le principe qui *veut* et *sent.*

Un animal privé de ses lobes cérébraux perd, à l'instant, toutes ses sensations, toutes ses volitions, toutes ses facultés intellectuelles; mais il conserve toute la régularité, toute la plénitude de ses mouvemens.

Un animal, privé seulement de son cervelet, au contraire, conserve toutes ses facultés intellectuelles et sensitives ; mais il perd toute faculté régulière de se mouvoir.

---

[1] Voyez Recherches expérimentales sur les propriétés et les fonctions du système nerveux, etc.

La faculté de *vouloir* et de *sentir* dérive donc des lobes cérébraux ; celle de *régulariser les mouvemens*, du cervelet : ces deux facultés sont donc essentiellement distinctes.

D'autre part, l'irritation des lobes cérébraux, en lesquels réside la volonté, n'excite aucun mouvement ; leur suppression n'en supprime aucun. La volonté n'est donc que cause *déterminante*, et nullement cause *efficiente* du mouvement.

V. C'est une chose bien remarquable que les mouvemens du cœur et des intestins, sur lesquels, comme nous l'avons déjà dit, la volonté n'a aucun empire, et qui ne dépendent du système nerveux que d'une manière médiate et consécutive, n'en soient pas moins soumis à l'influence des passions et de l'imagination.

On ne peut douter que cette influence puissante ne s'exerce par le moyen du *Grand Sympathique* (voyez Sympathique), et surtout par le moyen des ganglions centraux ou semi-lunaires, ganglions dont j'ai constaté, par des expériences directes (liv. cité), l'action énergique et la *susceptibilité* profonde.

VI. Un dernier trait distingue encore les mouvemens du cœur et des intestins des mouvemens immédiatement dirigés par le système nerveux, savoir, la locomotion, la préhension, la respiration.

Les mouvemens de locomotion, par exemple, résultent du concours de plusieurs parties essentiellement distinctes, séparées, indépendantes, les muscles des jambes, des bras, du tronc, etc. ; celui de la respiration résulte du concours des muscles de la face, du larynx, des épaules, des côtes, du diaphragme, etc. : et tous ces mouvemens constituent, par cette combinaison, ou coordination, de tant de parties essentiellement diverses, ce que j'ai proprement nommé *mouvemens combinés ou coordonnés*. (Liv. cit.)

Les mouvemens du cœur et des intestins, au contraire, ne tiennent qu'à certaines parties continues, liées entre elles, et ne formant toutes qu'un seul système ; on pourroit dire qu'un seul organe.

VII. On divise les mouvemens, par rapport au rôle qu'ils jouent dans l'économie, en mouvemens de conservation et en mouvemens de relation.

Les premiers servent immédiatement à l'entretien de la

vie : ce sont la respiration , avec ses dérivés; le cri, le bâillement, le vomissement, etc., et le jeu du cœur et des intestins.

Les seconds mettent l'animal en rapport avec les objets extérieurs : ce sont la locomotion, la préhension, la voix, les gestes.

VIII. Tous ces mouvemens sont des effets démontrés des règles du mouvement connues. Une mécanique admirable, partout présente, partout visible, dirige toutes les parties, opère tous les efforts, suivant des lois constantes et générales; lois que l'observation indique, que le calcul démontre, et que nous exposerons à l'occasion des divers mouvemens qui n'en sont que des cas donnés. Voyez RELATION (Mouvemens de), RESPIRATION, SYSTÈMES DIGESTIF ET CIRCULATOIRE. (F.)

MOUVEMENT. (*Phys.*) Lorsqu'on veut le définir dans le langage ordinaire, on dit que c'est le déplacement d'un corps, ou son passage d'un lieu dans un autre; et cela suffit, parce que tout le monde sait d'avance ce qu'on entend par ce mot, qui est du nombre de ceux qu'on ne sauroit expliquer par des termes plus simples. Les métaphysiciens se sont beaucoup exercés, et fort inutilement à ce qu'il me semble, sur la nature du mouvement. Leurs profondes méditations n'entrent point dans le plan de cet article, dont le but est seulement de rappeler les diverses circonstances que les physiciens ont reconnues dans le mouvement, et les dénominations qu'ils leur ont données.

Du mouvement absolu et du mouvement relatif.

Il faut d'abord observer qu'un corps peut paroître en repos, quoique réellement il se meuve, ou se mouvoir lorsqu'il reste en repos, et participer à plusieurs mouvemens à la fois: en voici des exemples.

Une personne assise dans un bateau emporté par le courant d'une rivière peut se croire dans un repos parfait, lorsqu'elle n'attache ses regards que sur l'intérieur du bateau, et si elle les tourne ensuite sur le rivage, il lui paroîtra se mouvoir en sens contraire. Son illusion ne peut être dissipée que par la connoissance antérieure qu'elle a du véritable état des choses; sans cette connoissance rien ne pourroit la détromper sur le mouvement apparent du rivage.

Mais, si cette personne se meut suivant la longueur du bateau, en sens contraire du courant de la rivière et aussi vîte que ce courant, elle paroîtra en repos à un spectateur placé sur le rivage et qui ne verroit point le corps du bateau. Elle est, en effet, restée à la même place par rapport au fond de la rivière.

Enfin, si la même personne marche dans le sens de la largeur du bateau, les points du fond de la rivière sur lesquels elle passera successivement, formeront une ligne intermédiaire entre la direction du courant et la perpendiculaire à cette direction. Les mouvemens simultanés du bateau et de la personne qui s'y trouve, se composent ainsi en un seul, qui participe à la direction de l'un et de l'autre, puisque la personne s'est réellement avancée sur la rivière dans le sens longitudinal et dans le sens transversal.

Tout ceci fait voir qu'il y a des mouvemens qui ne sont qu'*apparens*, comme celui du rivage dans le premier exemple; que d'autres, comme celui de la personne dans le second exemple, sont *relatifs*, puisque ce n'est que par rapport au bateau que la personne se déplace, tandis qu'elle reste au même lieu par rapport au rivage et au fond de la rivière. Dans ce dernier cas, si l'on s'en tient à ce qu'on voit immédiatement, on regardera le mouvement du bateau comme *absolu*; mais, si l'on réfléchit que la terre se meut elle-même de plusieurs manières, en outre que le système solaire dont elle fait partie semble être emporté tout entier d'un mouvement commun à peine soupçonné (voyez à l'article Étoile), on se convaincra que nous ignorons entièrement s'il y a aucun corps qui soit réellement en repos; car l'état de tous ceux qui nous paroissent ne pas changer de place, n'est que *relatif* aux objets qui les environnent, comme celui de la personne assise dans le bateau l'est aux objets contenus dans ce bateau.

Nous n'avons encore considéré que la combinaison ou la *composition* de deux mouvemens, celui du bateau dans le sens du courant, et celui de la personne dans le sens perpendiculaire; mais on peut concevoir une suite indéfinie de corps placés les uns sur les autres, et se mouvant chacun dans une direction particulière sur celui qui le porte immédiatement ; et quel que soit le nombre des mouvemens partagés par un corps quelconque de cet assemblage, leur résultat revient toujours à un déplacement effectué dans une seule direction. Supposons, par exemple, un bateau portant un mât vertical dont le pied glisse dans le sens de la largeur de ce bateau, et qu'on fasse monter un corps le long du mât. Ici on voit trois mouvemens distincts : deux horizontaux et perpendiculaires l'un à l'autre, celui du bateau et celui du pied du mât, qui, rapportés au fond de la rivière, y tracent une direction intermédiaire, sur laquelle repose toujours le corps, de sorte qu'en s'élevant le long du mât, il trace une ligne inclinée au plan horizontal.

Il est aisé d'apercevoir que de cette manière le corps doit parvenir au point où il seroit arrivé, s'il eût suivi séparément le chemin longitudinal, le chemin transversal et le chemin vertical, faits en conséquence du mouvement du bateau, de celui du mât, et de celui qu'il a reçu de bas en haut. On reconnoît ensuite, par les considérations de la géométrie la plus élémentaire, que la route tracée sur le fond de la rivière par le même corps, est la diagonale du parallélogramme construit sur les chemins qu'il a parcourus dans le sens longitudinal et dans le sens transversal, et que la route qu'il a réellement suivie en l'air est la diagonale intérieure du parallélépipède construit sur les trois lignes qui marquent chaque déplacement particulier. Je me suis arrêté sur cet exemple, parce qu'il offre l'image du moyen qu'on emploie pour réduire à un seul tous les mouvemens qui se combinent sur un même point. On fait aussi l'opération inverse, c'est-à-dire qu'on décompose un mouvement en plusieurs autres, dont la combinaison produit le même résultat.

De la vitesse.

Les mouvemens diffèrent encore les uns des autres par la rapidité avec laquelle le corps qui les exécute change de place, ce dont on juge par le temps qu'il met à parcourir un espace donné, ou par l'espace qu'il parcourt dans un temps donné. Cette circonstance introduit un nouvel élément dans le sujet qui nous occupe : c'est le *temps* ou la *durée*. Il a été et il est encore, comme l'espace et le mouvement, le sujet de beaucoup de discussions interminables, que nous passerons sous silence, parce qu'elles ne sauroient influer en aucune manière sur les connoissances utiles et positives.

Pour sortir de l'espèce de cercle vicieux dans lequel on semble tomber ici, puisque c'est par le mouvement que le temps se mesure, il suffira de dire que nos actions et nos mouvemens, qui se règlent assez facilement par l'habitude, peuvent déjà nous fournir des moyens d'apprécier, sans trop d'erreur, des durées plus ou moins grandes. Par exemple, lorsqu'on marche d'un pas égal, le nombre de ces pas, ou l'espace parcouru pendant que d'autres mouvemens s'exécutent, peut souvent donner des mesures passables de la rapidité de ces mouvemens. On a bientôt pris pour terme de comparaison des durées plus longues, les retours périodiques des phénomènes célestes. Enfin, on a reconnu qu'il se passoit autour de nous des effets susceptibles d'une durée plus ou moins longue et constante, ou à très-peu près, lorsque les circonstances étoient rendues les mêmes : tels sont l'écoulement de l'eau ou du sable dans un vase, et en dernier lieu les oscillations des pendules appliquées aux horloges. Ayant alors des unités de temps bien déterminées, on a entendu par la *vitesse* d'un mouvement, *l'espace que le mobile parcourt pendant un temps pris pour unité,* comme un jour, une heure, une minute, une seconde, etc., ou, ce qui revient au même, *le rapport du nombre de mesures linéaires contenues dans l'espace parcouru, au nombre d'unités contenues dans la mesure du temps employé.* On abrège cette phrase, en disant que *la vitesse est le rapport de l'espace au temps;* ce qui seroit cependant inexact, si l'on perdoit de vue que l'espace et le temps ne sont pas ici considérés en eux-mêmes, mais sont rapportés à des nombres, ainsi qu'on l'a indiqué plus haut.

De plus, ceci n'est directement applicable qu'au cas où le mobile parcourt des espaces égaux en temps égaux, quels que soient d'ailleurs ces temps. Cette circonstance constitue le *mouvement uniforme*, le premier dont on ait eu l'idée, sans doute parce que les actions machinales de l'homme et des animaux, celles de la marche, par exemple, paroissent toujours s'accomplir dans des temps égaux.

Alors on conçoit sans peine que, si 10 secondes ont été employées à parcourir 15 mètres, le quotient $1^m,5$, obtenu en divisant 15 par 10, exprimera l'espace parcouru dans une seconde, ou la *vitesse* pendant ce temps, de laquelle on déduira l'espace qui seroit parcouru de la même manière dans un temps donné, ou le temps qui seroit employé par le mobile à franchir un espace donné.

Le mouvement relatif donne lieu à la *vitesse relative*. Quand deux corps se meuvent sur la même ligne, le changement de leur distance, pendant l'unité de temps, est la vitesse de l'un de ces corps relativement à l'autre. On voit aisément que c'est la somme des vitesses propres de chaque corps, lorsqu'ils vont en sens contraire, et la différence de ces vitesses quand ils marchent dans le même sens.

Du mouvement varié.

La notion du mouvement uniforme s'est si bien identifiée avec notre esprit, que tous les mouvemens dans lesquels le témoignage des sens ne la dément pas d'une manière très-prononcée, ont été regardés comme uniformes ; et c'est pourquoi on a d'abord supposé tels ceux des corps célestes : on a cru que la révolution diurne apparente du soleil avoit toujours la même durée, ainsi que l'année. Quant aux mouvemens imprimés aux corps placés à la surface de la terre, comme ils ne se continuent que pendant un temps limité, et se ralentissent avant de s'éteindre, on a dû bientôt se former l'idée du *mouvement retardé*, dans lequel les espaces parcourus pendant le même temps deviennent de plus en plus petits. L'observation attentive de ce qui se passe dans la chute des corps tombés de hauteurs inégales, aura ensuite fait concevoir le *mouvement accéléré*, dans lequel les espaces parcourus en temps égaux, vont toujours en croissant ; mais on aura d'abord fait plus d'attention à la violence du choc du corps qui étoit tombé de plus haut, qu'à son mouvement même : car ce n'est que la découverte des lois de la chute des corps par Galilée, au commencement du dix-septième siècle, qui a donné des notions exactes sur le mouvement uniformément accéléré, c'est-à-dire par degrés égaux ; et bientôt, ne s'arrêtant plus à cette circonstance, on s'occupa du *mouvement varié*, en général, opposé au mouvement uniforme, et comprenant, comme des cas particuliers, les mouvemens soit retardés soit accélérés d'une manière quelconque.

L'on fit à ce sujet une distinction importante sur la manière dont les corps peuvent être mis en mouvement. Lorsqu'ils obéissent à une impulsion, ou qu'ils sont lancés, ils acquièrent tout de suite toute la vîtesse que peut leur imprimer l'agent qui les déplace, et ils échappent à son action ; mais les effets de la pesanteur et d'autres phénomènes, ont fait voir qu'il y a des forces qui, ne cessant pas d'agir sur le mobile, accélèrent ou retardent sa marche à chaque instant et donnent lieu à un mouvement nécessairement varié.

C'est à cette dernière classe de forces qu'il faut rapporter celles qui détruisent sous nos yeux les mouvemens imprimés par les premières. Si le mobile est supporté par d'autres corps, il éprouve sur leur surface un frottement dont l'effet est d'autant plus grand que les surfaces en contact sont plus étendues, et que la vîtesse du mouvement est plus considérable, et qui, la diminuant sans cesse, réduit le mobile au repos ; mais cela arrive d'autant plus tard que les surfaces en contact sont plus polies. L'air, de son côté, oppose à tous les corps qui s'y meuvent, une résistance proportionnelle, non pas à la simple vîtesse du mobile, mais au carré de cette vîtesse, dès qu'elle est un peu considérable, c'est-à-dire qu'une vîtesse triple d'une autre, par exemple, fera naître une résistance neuf fois plus grande. A mesure que le mouvement se ralentit, cette résistance diminue, mais elle ne cesse que lorsque le corps est tout-à-fait en repos. C'est elle qui produit la différence si remarquable dans la rapidité de la chute des corps pesans et des corps légers, différence qui devient presque insensible lorsque ces corps tombent dans un tube d'où l'on a retiré l'air avec la machine pneumatique. Les fluides plus denses que l'air, comme l'eau, le mercure, arrêtent bien plus tôt encore les corps qu'on y fait mouvoir. De toutes ces remarques on a conclu que, *si le frottement étoit supprimé et l'espace entièrement vide, le mouvement d'un corps lancé dans une direction quelconque continueroit toujours à suivre cette direction avec la vitesse qu'il avoit à son départ.*

Quoiqu'on n'ait jamais eu l'expérience d'un semblable mouvement, on a pu cependant reconnoître la justesse de l'énoncé ci-dessus, parce qu'en partant de cet énoncé comme d'un élément, avec lequel on compose les états complexes en ayant égard aux circonstances ajoutées, les résultats se sont toujours trouvés d'accord avec les faits bien observés.

En considérant qu'il faut une force extérieure pour mettre en mouvement un corps inanimé, et de même une force extérieure pour détruire ce mouvement ou seulement en changer la direction, on a fait de cette loi une propriété générale des corps, à laquelle on donne le nom d'*inertie*. On y joignoit autrefois assez improprement le mot *force*, en la considérant comme une sorte d'effort que le corps faisoit pour résister à toute modification de l'état où il se trouvoit, soit de repos, soit de mouvement; mais on se borne avec raison aujourd'hui au simple énoncé du fait.

Donc, puisque les corps placés sur notre globe éprouvent dans leurs mouvemens des résistances toujours agissantes, il s'en suit qu'aucun de ces mouvemens n'est rigoureusement uniforme, et que, le mobile parcourant des espaces inégaux dans des temps égaux, on ne peut plus prendre le rapport de l'espace au temps pour la mesure de la vitesse, qui, dans cet état des choses, change à chaque instant.

Pour s'en faire alors une idée dans un instant quelconque, l'on conçoit que, si à cet instant la résistance cessoit, le mouvement deviendroit uniforme avec la vitesse qui subsiste encore dans le mobile, et qui seroit de plus en plus petite, à mesure que la cessation de la résistance auroit lieu plus tard. Le changement de vitesse se manifeste aussi immédiatement par la différence des efforts qu'il faut faire pour arrêter le corps aux diverses époques de son mouvement, ou l'inégalité des impulsions qu'il exerce sur les obstacles qu'on lui oppose ; impulsions qui, toutes choses d'ailleurs égales, sont proportionnelles à la vitesse du corps.

Des forces.

Les causes qui impriment le mouvement aux corps inanimés, s'appellent *forces ;* on voit qu'il en faut distinguer deux classes : les unes, qui n'agissent qu'un instant et qui, considérées seules, ne peuvent donner lieu qu'à un mouvement uniforme ; les autres, comme la pesanteur, les attractions électriques et magnétiques, agissant continuellement, à distance, et d'une manière entièrement invisible, tandis que celles de la première classe sont le résultat d'*impulsions* ou de *tractions,* dont les agens sont visibles.

Nous ne connoissons les forces que par les vîtesses qu'elles peuvent imprimer. La notion la plus simple par rapport à notre esprit, celle de la proportionnalité entre les effets et les causes, se présentant la première, a d'abord fait poser comme un axiome, que *les forces sont proportionnelles aux vitesses qu'elles peuvent imprimer à un même corps,* c'est-à-dire que, si l'on appliquoit à ce còrps, et dans le même sens, deux, trois, etc., forces égales, il prendroit une vitesse double, triple, etc., de celle que lui imprimeroit l'action d'une seule de ces forces; ce qui n'auroit pas lieu si les vîtesses croissoient dans un rapport différent des forces. D'Alembert a, je crois, le premier, fait voir que cette proposition avoit été trop légèrement mise au rang des notions évidentes par elles-mêmes, et que, ne résultant pas de ce que nous apercevons immédiatement dans les actions des forces, elle avoit besoin d'être démontrée spécialement : c'est ce qu'a fait depuis M. Laplace, dans le 1.ᵉʳ volume de la *Mécanique céleste,* p. 15; mais il ne faut pas croire néanmoins qu'il y eut lieu jusque-là de douter de la vérité de cette même proposition. La parfaite conformité des résultats qu'on en avoit tirés avec les phénomènes, prouvoit suffisamment *à posteriori* son exactitude, comme celle d'un fait général qu'aucune circonstance n'a démenti. On saisit sans peine cette mesure des forces par les vitesses, lorsqu'il s'agit de l'impulsion par laquelle toute la vîtesse du mouvement est produite en une seule action.

On considère ensuite une force agissant continuellement, mais d'une manière constante. Plus le temps qu'on embrasse est petit, plus la vitesse imprimée pendant ce temps est petite ; en sorte que les actions répétées de la force ne produisent dans un temps fini (une seconde par exemple) qu'une vîtesse finie, laquelle seroit l'espace que parcourroit le mobile dans la seconde suivante, si la force cessoit d'agir sur lui à la fin de la première seconde (ce qui s'accorde avec ce que nous avons dit ci-dessus, pag. 248, en parlant de l'effet des résistances au mouvement). Ainsi, par exemple, dans les corps qui tombent en vertu de la pesanteur, la vitesse naît insensiblement lorsque le corps commence à tomber ; mais à la fin de la première seconde elle est telle que, si à cet instant la pesanteur cessoit d'agir, il s'établiroit un mouvement uniforme dont la vîtesse seroit $9^m,8088$ ($30^p\ 2^{lo}\ 4^l,2$) par seconde. (Voyez Pesanteur.) Les forces qui agissent ainsi toujours également, s'appellent *forces accélératrices* ou *retardatrices constantes ; elles engendrent des mouvemens uniformément accélérés ou retardés.*

La comparaison des forces qui agissent sans cesse avec une intensité changeant à chaque instant, s'établit aussi par les vitesses qu'elles engendreroient dans l'unité de temps, si elles agissoient toujours également.

De la composition des forces.

Jusqu'à présent nous n'avons considéré que l'action d'une seule force ; mais, quand plusieurs forces agissent à la fois sur un corps, les divers mouvemens qu'elles tendent à lui imprimer, se composent en un seul, qui est le même et a la même direction qu'auroit le mouvement absolu résultant des autres, considérés comme relatifs, ainsi qu'on l'a dit plus haut (p. 244). S'il n'y a que deux forces, le mouvement aura lieu suivant la diagonale du parallélogramme construit sur les vitesses imprimées par ces forces, en sorte que *leur action combinée équivaut à celle d'une seule force qui agiroit suivant la diagonale de ce parallélogramme, et avec une vitesse représentée par cette diagonale.* Quand on sait trouver la *résultante* de deux forces qui agissent au même point, on arrive à celle de trois forces, en combinant la résultante des deux premières avec la troisième. et ainsi de suite, quel que soit le nombre des forces à réduire en une seule.

Du mouvement en ligne courbe.

La composition des forces a fourni l'explication du mouvement en ligne courbe, qui ne sauroit résulter de l'action d'une seule force agissant dans une direction constante. Mais, lorsqu'un corps se meut déjà ou est lancé dans une direction, et qu'il éprouve l'action d'une autre force agissant dans une direction différente de la première, il est nécessairement détourné de celle-ci, et en prend une nouvelle, dont il est encore détourné, si la seconde force continue à agir sur lui en changeant elle-même de direction, et ainsi de suite. Il semble d'abord ne résulter de cette considération qu'une suite de droites, inclinées les unes aux autres, et parcourues successivement par le mobile qui décrit ainsi un polygone ; mais, plus les intervalles supposés entre les actions successives de la deuxième force se resserrent, plus les droites deviennent courtes, leurs changemens de direction fréquens et petits, et plus elles approchent de former une courbe, qui a rigoureusement lieu, lorsque la force variable agit sans intervalle. Il est à propos de remarquer que ce n'est pas simplement pour faciliter l'explication du phénomène que j'ai décomposé le mouvement en ligne courbe en une suite de mouvemens uniformes et en ligne droite : c'est la nature des choses qui le demande ; car nous ne pouvons avoir une intuition claire que des mouvemens de cette espèce, ils sont les seuls que nous puissions soumettre immédiatement au calcul. De quelque manière qu'on traite le mouvement varié et en ligne courbe, cela revient toujours au fond à concevoir entre les actions successives des forces, des intervalles, qu'on diminue ensuite de plus en plus, et qu'on parvient à anéantir par les procédés des mathématiques transcendantes.

La ligne décrite par un mobile se nomme sa *trajectoire* : c'est presque toujours une courbe. La pesanteur, en se combinant avec les vitesses imprimées aux corps lancés sur notre globe, leur fait décrire des courbes, qui seroient de celles que les géomètres nomment *paraboles*, si l'air n'opposoit aucune résistance au mouvement. Mais il s'en faut de beaucoup que les choses se passent ainsi, surtout quand la vitesse du corps lancé est un peu grande, ce qui a lieu pour les bombes et les boulets, qu'on nomme *projectiles* : la vitesse de *projection* qu'ils acquièrent dans la pièce qui les lance, surpassant quelquefois 500 mètres (1500 pieds), donne lieu de la part de l'air à une résistance très-considérable, par l'effet de laquelle leur portée est à peine le dixième de ce qu'elle seroit dans le vide, ce qui rend excessivement fausse l'application que les artilleurs se sont pendant long-temps obstinés à faire de la parabole au mouvement des projectiles.

Du choc des corps.

Les exemples de communication et de destruction de mouvemens qui frappent le plus souvent nos yeux, sont ceux qui résultent du choc des corps ; et de là vient que l'*impulsion* (nom qu'on donne à ce genre d'*action*) nous paroît beaucoup plus simple que l'attraction, quoiqu'à proprement parler nous ne concevions pas plus nettement l'une que l'autre.

Les différences que présentent les suites du choc des corps, selon qu'ils sont plus ou moins durs et plus ou moins élastiques (voyez Ressort), ont fait concevoir ce qui devroit se passer dans le choc de deux corps parfaitement durs qui n'éprouveroient aucune compression, et dans celui de deux corps parfaitement élastiques qui reprendroient exactement après le choc la figure qu'ils avoient auparavant. Ces considérations ont conduit aux formules connues sous le nom de *lois du choc des corps*, dont les phénomènes se rapprochent d'autant plus, que les corps diffèrent moins de l'état absolu sur lequel elles ont été établies.

Pour les exposer, nous concevrons deux corps parfaitement sphériques et homogènes, mus suivant la même ligne droite, d'abord en sens contraire et ensuite dans le même sens.

Quand les deux corps sont parfaitement durs, s'ils ont des masses égales (voyez Pesanteur) et des vitesses égales en sens opposé, leur choc détruit leur mouvement, et ils restent en repos au lieu où ils se sont rencontrés. S'ils ont des vitesses inégales, le mouvement se continue dans le sens de la plus grande ; mais la vitesse commune aux deux corps, qui marchent alors comme s'ils n'en faisoient qu'un seul, n'est que la moitié de la différence des deux vitesses primitives, parce que la masse à mouvoir est devenue double par la réunion des deux corps. Supposons que l'un des deux corps ait cinq mètres de vîtesse par seconde, et l'autre neuf ; la différence quatre devant s'appliquer à une masse double, le mouvement continue dans le sens du second corps avec seulement deux mètres de vîtesse.

Quand les corps vont d'abord dans le même sens, celui qui a le plus de vitesse en perd une partie, lorsqu'il rencontre l'autre corps, de manière que la vîtesse qui leur est commune après le choc, est égale à la moitié de la somme des vitesses qu'ils avoient auparavant. En conservant les nombres 5 et 9 de l'exemple précédent, la somme des vîtesses étant 14, la moitié 7 sera la vîtesse commune aux deux corps après le choc. Le corps animé de la vîtesse 9 en aura perdu 2 mètres, qui auront été gagnés par celui dont la vîtesse étoit seulement de 5 mètres.

Lorsque les masses des corps sont inégales et qu'ils sont mus en sens opposé, ils ne s'arrêtent plus quand ils se rencontrent avec des vîtesses égales; le mouvement se continue dans le sens de celui des deux dont la masse est plus considérable : il faut, pour qu'ils restent en repos, que les vitesses soient en raison inverse des masses. Si, par exemple, la masse de l'un n'est que le tiers de celle de l'autre, il faut que la vîtesse du premier soit triple de celle du second. Les choses se passent comme si le plus grand corps étoit composé de trois autres égaux en masse au plus petit, et dont chacun, venant à son tour choquer le plus petit, détruiroit successivement en trois portions égales la vîtesse dont ce plus petit est animé.

Il résulte de là que, si les masses et les vîtesses sont représentés par les nombres qui marquent leurs rapports respectifs, il faudra, pour que les deux corps s'arrêtent, que le produit de la masse de l'un, multiplié par sa vîtesse, soit égal au produit de la masse de l'autre, multiplié également par sa vîtesse.

On dit alors que les deux corps avoient avant le choc, mais en sens contraire, la même *quantité de mouvement, dont la mesure est*, par conséquent, *le produit de la masse par la vîtesse.*

Quand les corps vont dans le même sens, les quantités de mouvement de chacun s'ajoutent, au lieu de se détruire ; et, les deux corps marchant comme s'ils n'en faisoient plus qu'un, *la vîtesse résultant du choc s'obtient en divisant la somme des quantités de mouvemens par la somme des masses.* Par exemple, deux corps ayant des masses proportionnelles aux nombres 4 et 12, et des vîtesses de 9 et de 5 mètres, leurs quantités de mouvement seront 36 et 60, nombres dont la somme 96, divisée par 16, somme des masses, donnera 6 mètres pour la vitesse après le choc.

Passons au choc des corps parfaitement élastiques. Pour ceux-ci le phénomène peut être décomposé en deux parties. Dans l'une, les corps arrivés au contact s'y aplatissent, chacun autant que le comporte sa flexibilité, et jusqu'à ce que les vîtesses de leurs centres de gravité (voyez l'article PESANTEUR) soient devenues égales, suivant la loi du choc des corps durs. A ce moment, qui est celui de la plus grande compression résultant des circonstances du choc, l'élasticité de chaque corps entre en action d'une manière qu'on peut représenter comme il suit. Concevons entre les deux corps un plan inflexible animé de la vitesse commune qu'ils ont à l'instant dont il s'agit, *le retour à leur figure primitive*, qui s'opère comme celui d'un ressort, *leur imprime*, par rapport à ce plan, *une vitesse égale à celle qu'ils ont perdue ou gagnée pendant la compression.*

Pour faire bien entendre le sens de cette loi, il suffira de l'appliquer au dernier exemple ci-dessus. Les vîtesses primitives des corps étoient 9 mètres et 5 mètres, considérés d'abord comme parfaitement durs, la loi relative à ce cas a donné 6 mètres pour leur vîtesse commune après le choc. Le premier a perdu 3 mètres de vitesse et le second en a gagné 1. Supposons-les maintenant doués de l'élasticité : sa réaction fera reculer le premier corps, par rapport au plan intermédiaire, avec une vitesse de 3 mètres, et, la vitesse de ce plan étant de 6 mètres, le corps n'en aura plus qu'une de 3 mètres dans le sens de la première. En même temps, le second corps sera renvoyé en avant du plan avec une vitesse de 1 mètre, et sa vîtesse absolue après le choc sera par conséquent de 7 mètres.

Une circonstance digne de remarque, c'est que la différence des nouvelles vîtesses 3 et 7 est 4, la même que celle des vîtesses primitives 9 et 5 ; et cela résulte de la loi énoncée précédemment. Une autre conséquence de cette loi, c'est que ce n'est plus, comme pour les corps durs, la somme des quantités de mouvement qui demeure constante, mais la somme des produits des masses par les carrés des vitesses. Dans notre exemple, les produits des masses 4 et 12, par les carrés 81 et 25 des vitesses 9 et 5 avant le choc, étant ajoutés, donnent le nombre 624, qu'on retrouve en faisant la somme des produits des masses 4 et 12 par les carrés 9 et 49 des vîtesses 3 et 7, qui ont lieu après le choc. *Le produit de la masse d'un corps par le carré de sa vitesse* ayant reçu le nom de *force vive*, on dit que, *dans le choc des corps élastiques, la somme des forces vives est constante.*

Du mouvement de rotation.

Dans ce qui précède, nous avons supposé les corps parfaitement sphériques, homogènes, et se mouvant sur la même ligne droite, afin de n'avoir à considérer que le déplacement du mobile ; mais, lorsque ces conditions n'ont pas lieu, non-seulement le corps se déplace, mais il tourne sur lui-même comme une roue autour de son essieu. Ce second mouvement peut exister indépendamment du premier ; il suffit pour cela de fixer deux points du corps, ou une ligne qui le traverse : les parties de ce corps tourneront alors autour de la ligne rendue immobile. Le déplacement du corps entier est nommé *mouvement de translation ;* celui de ses parties, *mouvement de rotation*, et la droite autour de laquelle s'exécute ce dernier, s'appelle *axe.*

Le premier seul a lieu quand les forces qui impriment le mouvement, peuvent être composées en une seule dont la direction passe par le centre de gravité. L'exemple le plus simple de la naissance des deux mouvemens s'offre dans une verge inflexible et homogène, frappée à un point qui n'est pas son milieu, ou tirée en même temps dans deux sens différens par deux points distincts. C'est le frottement de la circonférence des roues des voitures sur le terrain, ou celui des billes sur le billard, combiné avec le tirage exercé par l'essieu de la roue, ou l'impulsion donnée a la bille, qui produisent le mouvement de rotation de ces corps.

La détermination du mouvement de rotation des corps compose la partie la plus compliquée de la science de leur mouvement, et ne sauroit même être indiquée dans cet article; je dirai seulement qu'elle peut se diviser en deux questions distinctes. Dans l'une, le corps est assujetti à tourner autour d'un axe fixe. On voit que chaque point du corps décrit un cercle ayant pour rayon la plus courte distance de ce point à l'axe du corps ; la durée de la révolution étant la même pour tous les points, chacun de ces points décrit dans le même temps des arcs du même nombre de degrés, ou, ce qui est la même chose, terminés par des rayons qui font entre eux des angles égaux. La grandeur de l'angle décrit, dans l'unité de temps, est ce qu'on entend par la *vitesse angulaire*, qui caractérise le mouvement de rotation. Il est évident d'ailleurs que ce mouvement peut être uniforme ou varié, selon la nature des forces qui le produisent et des résistances qui le modifient.

Dans la seconde question, le corps étant supposé entièrement libre, les déplacemens divers que ses points éprouvent, peuvent toujours être décomposés en deux parties, dont l'une est égale et parallèle au déplacement du centre de gravité, et l'autre un petit arc de cercle ayant son centre sur une ligne déterminée, en sorte que, si l'on fait abstraction du déplacement du centre de gravité, il y a à chaque instant dans le corps une suite de points situés en ligne droite qui demeurent immobiles ; mais, en général, cette immobilité n'a lieu qu'un instant. Ce sont d'autres points qui deviennent immobiles dans l'instant suivant, en sorte que l'axe du mouvement de rotation a changé. Cela arrive, lors même que le mouvement est le résultat d'une seule impulsion, excepté lorsque la rotation s'exécute autour d'un *axe principal* : on nomme ainsi une ligne autour de laquelle le mouvement de rotation devient permanent. Il y a toujours au moins trois axes pareils dans le centre de gravité d'un corps quelconque, et lorsqu'il y en a plus de trois, leur nombre devient infini : c'est le cas de la sphère homogène par rapport à ses diamètres. Lorsqu'elle a commencé à tourner autour de l'une de ces lignes avec une vitesse constante, le mouvement se continue toujours de même, si aucune cause extérieure ne vient l'altérer.

Des mouvemens d'oscillation et de vibration.

Le mouvement d'oscillation des corps solides est un mouvement de rotation alternatif. Un pendule qu'on a écarté de la verticale, tend à y revenir en tournant sur son point de suspension avec une vitesse de plus en plus grande, jusqu'à ce qu'il y soit parvenu[1]. La vitesse dont il est alors animé, lui fait dépasser cette ligne ; il s'élève de l'autre côté jusqu'à ce que l'action de la pesanteur ait détruit par degrés la vitesse qu'il avoit acquise dans sa première chute : l'oscillation étant achevée, le pendule s'abaisse de nouveau et recommence le même mouvement qu'il avoit déjà exécuté. Il faut bien prendre garde que, quoique la durée des oscillations demeurât constante, si le pendule n'éprouvoit aucune résistance de la part de l'air et aucun frottement sur l'axe autour duquel il tourne, son mouvement ne seroit pas uniforme, mais accéléré, quand il s'abaisseroit, et retardé dans le cas contraire.

Dans l'état naturel des choses, les pendules étant plus tôt ou plus tard réduits au repos par la résistance de l'air et le frottement à leur suspension, on emploie des ressorts ou des poids pour leur restituer à chaque oscillation la force perdue ; et c'est de l'égalité de cette restitution que dépend en grande partie la régularité de leur mouvement. Je dis, en grande partie, parce que les changemens de température, faisant varier la longueur des fils et des verges métalliques auxquelles on attache le poids qui forme le pendule, font varier en même temps la durée de ses oscillations ; mais, en écartant cette cause, à laquelle d'ailleurs on a remédié fort ingénieusement, si l'action de l'échappement sur le pendule le faisoit toujours remonter exactement à la même hauteur, la durée de ses oscillations resteroit constante. Cependant

---

[1] Peut-être n'est-il pas inutile de prévenir ici quelques lecteurs sur la double acception du mot *pendule*. Employé au masculin, comme ci-dessus, il signifie un fil ou une verge portant un poids à l'une de ses extrémités, et suspendu librement par l'autre. Pris au féminin, ce mot s'applique à toute horloge dont le régulateur est un pendule : on disoit dans le principe *une horloge à pendule*; on dit maintenant *une pendule*.

il n'est pas nécessaire d'atteindre rigoureusement ce point, lorsque l'étendue des oscillations est très-petite; les géomètres ont démontré que l'inégalité des oscillations influe de moins en moins sur leur durée, à mesure qu'elles se resserrent dans un plus petit espace.

Ce n'est pas seulement la pesanteur qui fait osciller les pendules ou les corps librement suspendus; les attractions électriques et magnétiques produisent un effet semblable, puisqu'elles tendent à ramener dans une direction déterminée les corps qui en ont été écartés. (Voyez les articles ÉLECTRICITÉ, tom. XIV, p. 302, et MAGNÉTISME, tom. XXVIII, p. 56.)

La vibration des corps élastiques est une sorte d'oscillation. Quand un de ces corps reçoit une extension ou une percussion qui écarte ou rapproche ses molécules, la réaction de l'élasticité leur imprime, en sens contraire du déplacement qu'elles ont éprouvé, une vitesse de plus en plus grande, en vertu de laquelle le corps vibrant passe à un état opposé. Si c'est, par exemple, une surface plane rendue concave dans un point par une percussion, le mouvement de ses parties, au lieu de cesser lorsqu'elle a repris sa figure primitive, continue, et lui fait prendre une forme convexe; puis l'extension nouvelle opérée dans ce sens, mettant en jeu l'élasticité, produit une nouvelle vibration, et continue ainsi jusqu'à ce que la résistance de l'air, jointe à l'imperfection de l'élasticité de la matière du corps, ait réduit ses parties au repos (voyez RESSORT). Tel est le phénomène que présentent journellement les corps sonores (voyez l'article SON).

Le mouvement de vibration a lieu aussi dans les fluides élastiques (voyez FLUIDE). Il y est produit par la compression instantanée qui est suivie d'une dilatation opérant une condensation dans les parties voisines de celle qui a d'abord été comprimée, et continuant ainsi pendant un temps plus ou moins long. Telle est la cause des sons dans l'air, et peut-être celle de la lumière dans un fluide plus subtil. (Voyez l'article LUMIÈRE. tom. XXVII, p. 347.)

Les ondes que produit l'immersion d'un corps dans un fluide, sont aussi une sorte de mouvement d'oscillation, par lequel les molécules fluides, après s'être abaissécs dans la partie qui environne le corps plongé, s'élèvent et s'abaissent successivement dans des courbes qui s'éloignent de plus en plus du lieu où le mouvement a commencé. On voit tous les jours dans les bassins que les ondes excitées à des points différens de la surface se croisent sans se mêler, et se continuent d'une manière qui montre que plusieurs genres d'oscillations peuvent, pour ainsi dire, se superposer l'un sur l'autre.

De l'équilibre.

Nous avons souvent parlé de l'état de repos des corps, dont ils sortent par les causes qui leur impriment du mouvement, et dans lequel ils rentrent par l'effet des résistances extérieures qui détruisent ce mouvement. Cet état de repos n'est le plus souvent que relatif, puisque tous les corps qui sont sur notre globe en partagent les mouvemens ; néanmoins la facilité avec laquelle nous faisons abstraction des causes accidentelles, nous conduit à la notion du *repos absolu*, et nous apprend à le distinguer de l'*équilibre*, qui est l'état d'un corps soumis à l'action de forces qui se détruisent les unes par les autres : tel est l'état d'une balance bien construite, quand ses bassins sont chargés de deux poids égaux. Le fléau est en équilibre sur son point de suspension entre les forces que la pesanteur exerce sur toutes les parties de l'instrument. Si le point de suspension est attaché à une corde passant ensuite sur une poulie, et supportant un poids précisément égal à celui de la balance et des corps qu'elle contient, le tout sera en équilibre sous trois forces, savoir, les actions de la pesanteur sur chacun des bras de la balance, et l'action opposée transmise au point de suspension par le contrepoids qui le soutient. Le mouvement naîtroit si l'une quelconque de ces trois forces éprouvoit un changement, qui pourroit être d'autant plus petit que la balance seroit plus sensible par la délicatesse et la perfection du *couteau* sur lequel le fléau repose.

Puisque l'équilibre résulte d'une relation particulière entre les forces qui sollicitent un corps, et hors de laquelle le mouvement auroit lieu, on peut regarder la science de l'équilibre, ou la *statique*, comme un cas particulier de celle du mouvement, appelée maintenant *dynamique*. Je crois du moins qu'il est avantageux de placer les notions des mouvemens les plus simples avant la théorie de l'équilibre. Le plus souvent on fait le contraire, peut-être parce que les principes de la statique, parmi lesquels est celui du levier, donné par Archimède, sont bien plus anciennement connus que ceux de la dynamique, découverts seulement dans le 17.e et le 18.e siècles.

Des machines.

Les géomètres plus anciens ne se sont guère occupés que des machines envisagées seulement comme des moyens de mettre en équilibre une petite force avec une grande. Ils ont montré, par exemple, qu'un levier chargé d'un petit poids à l'extrémité de sa branche la plus longue peut soutenir par l'autre extrémité un poids d'autant plus lourd que la branche qui le supporte est plus petite, par rapport à l'autre; et ils se sont bornés ainsi à expliquer les conditions d'équilibre dans les *machines simples*, qui sont, les *cordes*, le *levier*, le *treuil* ou *tour*, la *poulie*, le *plan incliné*, la *vis* et le *coin*. Dans cette exposition ils n'ont pas tenu compte du frottement et de la roideur des cordes, obstacles qui sont toujours favorables à l'équilibre, mais qui, s'opposant au mouvement, sont un grave inconvénient dans les *machines*, dont le véritable but n'est pas l'équilibre, mais bien la transmission du mouvement avec des conditions données, qui sont en général d'en changer la direction ou la vîtesse, en n'employant d'ailleurs que la plus petite force motrice possible. De là résulte dans la science de l'équilibre et du mouvement, portant aujourd'hui le nom de *mécanique*, une nouvelle branche concernant la *composition des machines*, et dont l'objet est le classement et la description méthodique des différens assemblages de verges, de roues, etc., au moyen desquels on peut amener, dans telle direction qu'on veut et à tel degré de vitesse qu'on veut, un mouvement donné dans une direction déterminée. Par exemple, employer le courant continuel d'une rivière pour faire tourner un moulin : c'est changer un mouvement rectiligne continu, en mouvement de rotation : le rapport de la vîtesse du courant à celle de la meule dépend de la combinaison des pièces et de la résistance que la machine doit vaincre. Quand on veut soulever un poids considérable, on emploie une machine qui diminue beaucoup l'effort nécessaire ; mais alors le poids se meut lentement, tandis que le moteur parcourt un très-grand espace. Quelquefois aussi, comme dans les machines à filer, c'est le contraire ; il faut que le corps à mouvoir (la bobine) ait une grande vitesse ; alors la force à employer doit être plus considérable.

Monge qui, le premier, a rendu complète et méthodique la branche de la géométrie applicable aux arts de construction et du dessin, a aussi fait apercevoir l'étendue et l'importance de cette partie de la mécanique. Les recueils de descriptions de machines n'y suppléoient que très-imparfaitement ; car, outre qu'ils étoient fort incomplets, comme ils présentoient chaque machine en entier, on y retrouvoit un grand nombre de fois les mêmes moyens, et il devenoit très-pénible d'extraire de tous ces détails une série analytique de mécanismes propres à produire les effets demandés : aussi la plupart des inventions dans les machines n'étoient dues qu'au hasard ; on employoit le plus souvent des moyens trop compliqués ; et des charlatans, par un étalage de quelques connoissances superficielles qui sembloient difficiles à acquérir, faisoient beaucoup de dupes.

On peut mettre au nombre de ces charlatans ceux qui se sont vantés d'avoir trouvé le mouvement perpétuel ; car, par quelque machine que soit transmis le mouvement à un corps, jamais il ne passe en entier dans ce corps : les frottemens, les résistances extérieures, que la perfection de l'exécution des machines peut bien diminuer, mais qui subsistent toujours, finissent par réduire le corps au repos, si de nouvelles actions de la force ne lui restituent pas la vitesse que lui font perdre ces résistances.

Il y a identité d'erreur dans la prétendue possibilité d'un mécanisme susceptible du mouvement perpétuel, et dans la promesse d'obtenir d'une machine une quantité de mouvemens supérieure ou seulement égale à celle que peut imprimer le moteur appliqué à la machine. En examinant ce qui se passe dans la plus simple de toutes, le levier, et faisant abstraction de son poids, du frottement sur son point d'appui et de la résistance de l'air, on découvre une loi générale qui préserve de toute erreur. On voit que, si on exprime par des nombres les poids placés aux extrémités, et qu'on multiplie chacun de ces nombres par celui qui mesure l'espace que parcourt le poids quand le levier est en mouvement, on obtient des produits égaux. Cette loi convient à toutes les machines dans lesquelles le moteur et le fardeau ont un mouvement uniforme; mais, lorsque ce mouvement est varié, il faut que les espaces parcourus, employés dans la comparaison, soient très-petits, afin qu'il approche le plus qu'il est possible d'être uniforme. Cette loi n'est qu'une conséquence du *principe des vitesses virtuelles*, duquel Lagrange a déduit toutes les théories de la mécanique tant des corps solides que des corps fluides. (L. C.)

MOUVEMENT DES FEUILLES. (*Bot.*) Voyez Feuilles. (Mass.)

MOUVEMENT DE LA SÉVE. (*Bot.*) Voyez Marche des fluides. (Mass.)

MOUXON. (*Ichthyol.*) Nom d'un excellent poisson des rivières de la Sibérie, et qui paroît se rapprocher de la truite. (H. C.)

MOUYTA. (*Bot.*) Espèce de souchet de Madagascar, *cyperus*, mentionné par Flacourt, qui croit dans les lieux marécageux. (J.)

MOUZ. (*Bot.*) Nom arabe du bananier, *musa*. (J.)

MOVILANDIA. (*Bot.*) Necker, sous ce nom, sépara du genre *Cliffortia* les espèces à feuilles ternées. (J.)

MOVIN. (*Conchyl.*) Adanson (Sénég., p. 245, pl. 18) décrit et figure sous cette dénomination une espèce de coquille bivalve de son genre Pétoncle, et qui paroît être une espèce de bucarde des zoologistes modernes. (De B.)

MOWA. (*Ornith.*) Voyez Coudey. (Ch. D.)

MOWCHEN. (*Ornith.*) C'est, dans Frisch, le pigeon à cravate. (Ch. D.)

MOYA. (*Min.*) Tuf argileux, plus ou moins pénétré de soufre, qui doit sa naissance à plusieurs volcans du Mexique et de la chaîne des Cordillères. Le moya couvre quelquefois une grande étendue de pays sur une épaisseur assez forte. Il est rejeté par le cratère même du volcan, et doit être classé au nombre des coulées volcaniques de nature boueuse. Voyez Volcan. (Lem.)

MOYAQUES. (*Ornith.*) Le baron de la Hontan, au tome 2.ᵉ de ses Voyages, pag. 52 de l'édition d'Amsterdam, 1728, parle, sous ce nom, d'oiseaux gros comme des oies, qui ont le cou court, le pied large, et dont les œufs, du double de grosseur de ceux des cygnes, n'ont, dit-il, presque que du jaune, et sont si épais qu'on est obligé d'y mettre de l'eau pour en faire des omelettes. (Ch. D.)

MOYEN-DUC. (*Ornith.*) Voyez l'article Chouette. (Desm.)

MOYNE. (*Ornith.*) Ce nom et celui de moyneton se donnent, en Savoie, à la mésange bleue, *parus cæruleus*, Linn. (Ch. D.)

MOYTOU. (*Ornith.*) Ce terme désigne un hocco ; mais, comme ces oiseaux se nomment en général *mitoux* au Brésil, et sont aussi appelés *mitu*, *mutu*, *mutou* par divers auteurs, il reste des incertitudes sur l'espèce de hocco à laquelle on doit plus particulièrement en faire l'application. (Ch. D.)

MOZINNA. (*Bot*) Voyez Loureira. (Poir.)

MSCHETER, SCHITER. (*Bot.*) Noms arabes d'un indigotier, *indigofera spicata*, de Forskal. (J.)

MSSCHILLÆCH. (*Bot.*) Nom arabe du *poinciana flava*, cité par Forskal. (J.)

MTAKTKE. (*Bot.*) Voyez Kosseif. (J.)

MU, MEU. (*Bot.*) Noms anciens, cités par Daléchamps, du *meum* de Rivin et de Tournefort, *æthusa meum* de Linnæus, *athamantha meum* de Roth. Le genre *Meum*, caractérisé par trois côtes sur le dos de la graine, a été rétabli par Mœnch, et adopté par M. Persoon. (J.)

MUCAGO-NISIN, SJAKUNA. (*Bot.*) Noms japonois du chervi, *siron sisarium*. (J.)

MUCANANA. (*Bot.*) Dans le Nord de l'Amérique méridionale on nomme ainsi une espèce de sang-dragon, *pterocarpus draco*, suivant Lœfling. (J.)

MUCCA-PIRI. (*Bot.*) Nom malabare, cité par Rhéede, d'une plante cucurbitacée qui paroît appartenir au genre *Trichosanthes*. (J.)

MUCÉDINÉS, MOISISSURES ou MOISIS, *Mucedines*. (*Bot.*)

Link donne ce nom au premier ordre qu'il établit dans la famille des champignons distribués selon sa méthode. Ces champignons sont caractérisés par leurs fructifications ou sporidies, nues, libres, pédicellées, ou enfoncées dans une sorte de réceptacle. Cet ordre est divisé par Link en neuf séries ; savoir :

1. Les Entophytes ; 2. les Conisporées ; 3. les Sphærobases ; 4. les Trémelloïdes ; 5. les Byssoïdes ; 6. les Scutellatées ; 7. les Membranacées ; 8. les Mycétodéens ; 9. les Sporidiosées. (Voyez ces noms.)

Ces neuf séries contiennent beaucoup de genres. Nées, qui conserve une famille pour les mucédinés, restreint le nombre de ces genres, et M. Persoon, dans sa Mycologie européenne, en conservant une section pour les *mucedines* dans l'ordre des champignons capillaires ou byssoïdes, le premier de la classe de sa méthode, diminue encore ces genres avec raison, et les réduit à ceux-ci : *Acrosporium* (voyez Monilia), *Acrotamnium*, *Geotrichum*, *Mycogone*, *Acremonium* (voyez Cremonium), *Haplaria*, *Acladium*, *Monilia*, *Actinocladium* (voyez Helmisporium), *Menispora*, *Botrytis* (comprenant les *Virgaria* et *Stachylidium*, Nées), *Spicularia*, *Dactylium*, *Penicillium*, *Coremium*, *Ceratium* et *Isaria* (comprenant l'*Aleurisma*, Link.) Voyez Mycologie.

Le genre Mucor, ou les moisissures proprement dites, ne fait point partie des *mucedines* des auteurs que nous venons de citer. (Voyez Champignons, Mucor et Mycologie.)

M. Persoon fait remarquer que les limites entre les *mucedines* ou moisissures, et les autres champignons byssoïdes, sont très-difficiles à poser. Ces champignons ont une forme constante ; ils sont très-délicats, fugaces ; ils naissent sur les corps humides, et la plupart sur les corps susceptibles de fermenter. Ils sont blanchâtres, glauques, grisâtres, rarement noirs ou fauves ; leurs filamens ou flocons sont moins entremêlés, couchés, ou redressés, ou droits, semblables à de petites tiges avec leurs rameaux, qui, dans quelques-uns, se décomposent en conceptacles ou sporidies ; celles-ci forment, dans la plupart, des agglutinations terminales, sphériques, en épi, ou en grappes, ou en verticilles, ou même en chapelet ; quelquefois aussi les fructifications sont dispersées sur les filamens. (Lem.)

MUCEDO DE MALPIGHI. (*Bot.*) C'est notre moisi proprement dit (*mucor mucedo*, Linn.). Voyez Mucor. (Lem.)

MUCHINA. (*Ichthyol.*) Une espèce de squale porte ce nom en Catalogne, suivant François de la Roche. Voyez Squale. (H. C.)

MUCHO-MORE. (*Bot.*) Nom qui signifie tue-mouche, et que les Kamtschadales et les Ostiaques donnent à la Fausse oronge. Voyez ce nom. (Lem.)

MUCHSAN. (*Ichthyol.*) Pallas a parlé, sous ce nom, d'une variété de son *corégone pidschian*. Voyez Corégone et Pidschian. (H. C.)

MUCIDÉES, *Fungi mucidi*. (*Bot.*) C'est le nom de la première série du deuxième ordre (voyez Gastromyciens) de la famille des champignons dans la méthode de Link. Les mucidées sont des champignons formés par des filamens tubuleux, libres, point entrelacés, sur lesquels sont fixés les conceptacles ou sporanges ou sporidies. (Lem.)

MUCILAGE. (*Chim.*) On applique, en général, ce nom à une matière fade, d'origine végétale, qui forme avec l'eau une masse extrêmement molle ou un liquide plus ou moins visqueux. (Voyez Gomme.) Quelquefois le mot mucilage a été donné à des substances animales qui se comportent avec l'eau comme les matières végétales dont nous venons de parler. (Ch.)

MUCILAGE DE GRAINE DE LIN. (*Chim.*) Voyez le tome XIX, p. 168. (Ch.)

MUCILAGO. (*Bot.*) Ce genre, de la famille des champignons, établi par Michéli, est très-artificiel, car il comprend des espèces évidemment très-différentes pour le genre, et la plupart si peu définies par l'auteur, qu'il est même très-difficile de reconnoître les véritables genres auxquels elles peuvent appartenir. Le *Mucilago* de Michéli comprend des plantes qui, dans leur fraîcheur, ressemblent tellement à un mucus ou mucilage formé de plusieurs choses fondues ensemble, qu'on les prendroit pour tels. Ces plantes sont munies d'une écorce qui se résout petit à petit, par l'effet de la dessiccation, en une poussière semblable à du son. Toutes offrent des séminules fixées à des filamens entrelacés, attachés à des placenta. Michéli en décrit neuf espèces, dont deux seules paroissent se rapporter à des champignons bien connus, savoir :

Le *Mucilago æstiva*, Mich., pl. 96, fig. 1, qui paroît être le *Fuligo rufa*, Pers., ou une espèce nouvelle du genre *Reticularia* de Bulliard, voisine du *Reticularia lycoperdon*, Bull., ou *Lycogala punctata*, Pers. Adanson avoit jugé, le premier, que cette plante devoit appartenir au genre *Lycogala*, auquel, du reste, il ramène aussi, mais à tort, les mucilago n.ᵒˢ 6 à 9 de Michéli. Le *M. æstiva* diffère des autres espèces par sa forme hémisphérique et sa couleur rousse ; son écorce enveloppe une masse formée d'un grand nombre de petites membranes, ou cloisons formant des espèces de cellules qui renferment les séminules et les filamens. Il paroît en été sur les écorces d'arbres ; il est oblong ou arrondi, et acquiert jusqu'à un pouce de diamètre.

La seconde espèce, le *Mucilago crustacea alba*, fig. 2, est le *Spumaria mucilago*, Pers., ou *Reticularia alba*, Bull., sans aucun doute. Quant aux autres espèces figurées, elles paroissent se rapporter, la figure 5 à un *himantia*, et la plupart des autres à des *erineum*, ou des *erysiphe*, et peut-être aussi à des *tubercularia* : toutes croissent sur les feuilles et les branches mortes des arbres.

Adanson a voulu conserver le genre *Mucilago*, mais il n'y a rapporté que la seconde espèce de *mucilago* de Michéli, plus le *mucor* de Michéli, pl. 95, fig. 4, qui nous en paroit très-différent. Il caractérise ainsi son genre : Lame rampante, chagrinée, sans épiderme sensible, composée de pyramides, et attachée par toute sa surface inférieure, qui forme une couche gélatineuse ; substance charnue, d'abord comme pâteuse, ensuite chaque pyramide se développant en filets très-fins ; graines sphériques, attachées le long des filets de la substance cotonneuse.

Haller, Wiggers, Hoffmann, ont également reconnu le genre *Mucilago*, défini ainsi par le compilateur Gmelin dans son édition du *Systema naturæ* : Champignon celluleux et filamenteux, aqueux, sans grains ni capitule, formé de filamens très-simples et fugaces. Ce genre *Mucilago* est placé, par cet auteur, le dernier des genres du règne végétal, bien que rien ne prouve que cette place lui soit acquise par des affinités avec le règne animal. Les cinq espèces rapportées à ce genre n'ayant pas été figurées, et vu la courte définition qu'en ont donnée leurs auteurs, on ne peut que présumer qu'elles peuvent être des espèces d'un ou de plusieurs des nombreux genres de la division des byssoïdées. Ces espèces sont :

Le *Mucilago plumosa*, qui est plumeux et blanc; c'est le n.º 2130 de la Flore helvétique de Haller.

Le *M. cespitosa*, qui est plumeux et jaune; il a été mentionné par Wiggers.

Le *M. cinerea*, qui est cendré, formé de filamens simples et rameux, réunis en touffes ; c'est le n.º 2131 de Haller.

Le *M. miniata*, qui est velu et d'un beau rouge; c'est le n.º 2132 de Haller.

Enfin le *M. reticulata* de Hoffmann est un jeune *boletus reticulatus*, Pers., *Syn.*, 548 ; et le *mucilago* jaune de safran, de Haller, n.º 2133, est le *mucor septicus*, Linn., vulgairement appelé Fleur du tan.

Actuellement les botanistes n'adoptent point de genre *Mucilago*, à moins que l'on n'admette qu'il représente le genre *Spumaria* de Persoon. Voyez Spumaria. (Lem.)

MUCIQUE [Acide]. (*Chim.*) Voyez Sacholactique [Acide]. (Ch.)

MUCKAOUISE. (*Ornith.*) Un des noms américains de l'engoulevent de Virginie, *caprimulgus virginianus*, Gmel., figuré dans les Oiseaux de l'Amérique septentrionale par M. Vieillot, planche 25, sous la dénomination d'engoulevent criard. (Ch. D.)

MUCKEN-STECHER. (*Ornith.*) Dénomination autrichienne de l'engoulevent, *caprimulgus europæus*, Linn. (Ch. D.)

MUCKMISI. (*Bot.*) Voyez Mackmudi. (J.)

MUCO. (*Bot.*) Lœfling (*Iter Hispanicum et Americanum*) cite sous ce nom un grand arbre dont le fruit, plus gros qu'un œuf d'oie et terminé en pointe aiguë, est recouvert d'une écorce un peu épaisse, et rempli d'une chair blanche et ferme, bonne à manger. Les graines, nichées dans cette chair, sont oblongues, un peu comprimées et réniformes; la valvule ou leur embryon est réfléchi sur les lobes plissés irrégulièrement. Cette indication, quoique très-incomplète, paroit cependant annoncer que ce fruit appartient à un genre de la famille des malvacées, qui doit avoir beaucoup d'affinité avec le *mantisia* de la Flore équinoxiale, dont le fruit·est une baie terminée par un mamelon, et remplie de graines de la grosseur d'une amande. (J.)

MUCOR. (*Bot.*) Moisissure proprement dite. Genre de plantes cryptogames de la famille des champignons, de l'ordre des champignons angiocarpes gymnospermes, voisin des genres *Tubulina, Lycea* et *Onygena* dans la méthode de Persoon. Ce sont des champignons très-petits, fort délicats, que le soufle seul détruit, et très-fugaces; ils sont formés et caractérisés par leur pédicule capillaire, long, portant un péridium ou conceptacle globuleux, membraneux, d'abord presque aqueux et brillant, puis opaque, qui s'ouvre pour lancer des séminules ou sporules peu adhérentes entre elles et nues, c'est-à-dire, qui ne sont point entremêlées avec des filamens. Le pédicule ou stipe est tubuleux; il tient, par sa base, à des filamens cloisonnés qui forment la partie par laquelle les *mucor* tiennent aux matières animales et végétales en décomposition, et aux corps susceptibles de fermentation sur lesquels ils se développent, ce qui se voit très-bien dans l'un d'eux, le *mucor mucedo,* si répandu, et si connu par les ravages qu'il occasionne. C'est particulièrement l'humidité qui favorise l'accroissement des *mucor,* et ceux-ci, par leur présence même, augmentent rapidement la putréfaction.

Ce genre, établi par Michéli et par Linné, puis revisé par les botanistes, a vu un grand nombre de ses espèces en être séparées pour former autant de genres nouveaux. Ces nouveaux genres sont : *Alphitomorpha, Ægerita, Aspergilus, Calycium, Botrytis, Corynelia, Cribraria, Dematium, Erineum, Eurotium, Erysiphe, Fuligo, Penicillium, Mucilago, Hydrogora* ou *Pilobolus, Lycogala, Monilia, Pythium, Stemonitis, Trichia, Xyloma, Rhizopus,* Ehrenb. Actuellement il paroît réduit à sa plus grande simplicité; cependant, dans quelques espèces, lorsqu'on mouille les conceptacles, ils crèvent aussitôt et lancent leurs séminules, tandis que dans d'autres cet effet n'a pas lieu : aussi quelques auteurs en ont-ils fait le genre *Hydrophora,* décrit à ce nom.

Les *mucor* forment des touffes blanchâtres, jaunâtres ou roussâtres, et semblables à des byssus.

Le nombre des espèces n'est pas considérable. M. Persoon en a fait connoître huit dans son *Synopsis ;* Link en a décrit trois de plus ; Ehrenberg deux, et Martius trois, qu'il a découvertes au Brésil : enfin, plusieurs auteurs en ont indiqué d'autres, et ce genre comprendroit environ dix-huit espèces.

§. 1.ᵉʳ *Pédicule ou stipe rameux.*

1. Mucor jaunatre; *M. flavidus*, Persoon, *Synops.*, 199, et *Mycol.*, 1, pl. 6, fig. 5. Pédicule rameux ; conceptacle d'abord jaunâtre, puis grisâtre. On le rencontre en automne sur les champignons en putréfaction, qu'il recouvre à la manière des byssus. Il se fait remarquer par ses conceptacles, d'abord d'un jaune agréable, puis d'un bleu cendré.

2. Mucor du noyer; *M. juglandis*, Link, *Mag. Berl.*, 3, p. 30. Pédicules rameux, courts, blancs ; conceptacles globuleux, jaunes, verruqueux. Il croit dans les noix rances du *juglans alba*. Ses conceptacles sont si ténus, qu'on voit les sporidies au travers. Il est en tout beaucoup plus petit que l'espèce précédente.

3. Mucor rameux : *Mucor ramosus*, Bull., Champ., tab. 480, fig. 5; *Mucor rufus*, Pers., *Syn.* Croît en touffes ; pédicules rameux ; conceptacles solitaires à l'extrémité des rameaux, globuleux, d'abord blancs et diaphanes, passant au roussâtre, puis au brun-roux ; les séminules sont rondes et transparentes, avec une couleur brune. On le trouve principalement sur les champignons pourris.

§. 2. *Pédicules simples.*

4. Mucor rampant; *M. stolonifer*, Ehrenb., *Sylv. myc.*, p. 21. Hyalin, fasciculé, uni par la base ; pédicule (*cystophorus*, Fries) simple, flexueux, court; conceptacles devenant d'un noir olivâtre ; séminules rondes, petites, transparentes ; des jets rampans très-longs, lâchement entremêlés. On le rencontre sur les branches du bouleau et sur les feuilles de vignes en putréfaction.

5. Mucor rhombifère ; *M. rhombospora*, Ehrenb. *l. c.* Élancé, social ; pédicelle simple, translucide ; conceptacle deve-

nant noir ; séminules grandes, rhomboïdales, formant une masse, devenant noires. Il croît sur *l'agaricus purus.*

6. MUCOR VULGAIRE. ou MOISI proprement dit : *Mucor mucedo,* Linn., Pers.; *Synops.*, p. 201 ; *Mucor vulgaris,* Mich., *Nov. gen.*, pl. 95, fig. 1 ; *Mucedo,* Malpighi, *de Pl. in aliis veget.,* tab. 29, fig. 9, A, B, I ; Hook, *Schem.*, 12, fig. 1 ; Sterb., *Theat.*, tab. 31 ; *Mucedo grisea,* Pers., *Tent. disp.*, p. 14 ; *Ascophora mucedo,* Tode, *Meckl.*, 1, tab. 3, fig. 22 ; *Mucor spherocephalus,* Bull., tab. 480, fig. 2. En touffes étendues ; pédicules nombreux, capillaires longs, simples, portant chacun un conceptacle globuleux très-petit, d'abord blanc, transparent, puis opaque, brunàtre, ou grisàtre, ou noiràtre ; séminules nombreuses, rondes, verdàtres lors de la maturité. Cette espèce, connue de toút le monde, a fixé aussi l'attention des premiers botanistes. Robert Hook et Malpighi, ainsi que Sterbeck, en ont publié les premiers des figures avec des détails. Elle naît instantanément sur toutes les matières en putréfaction, ou sur celles susceptibles de fermenter et qui ne sont point à l'abri de l'humidité ; sur les légumes, les alimens, les confitures, l'empois, la colle de farine : elle se multiplie avec une vîtesse étonnante, et se détruit avec une égale rapidité. Sa base est composée d'une grande quantité de filamens blancs, entrelacés, qui couvrent les corps comme une toile d'araignée. Il en part une multitude de longs pédicules, qui portent les conceptacles et qui ressemblent, pour la forme, à des épingles longues et très-fines. Les conceptacles éclatent instantanément en se déchirant, et les séminules sont lancées et couvrent, comme une poussière très-fine et làche, les corps sur lesquels elles tombent. Les conceptacles éclatent plus promptement lorsqu'on les met sous l'eau. L'apparition instantanée de ce moisi pourroit faire croire qu'il est un des produits de la décomposition des corps sûr lesquels il naît ; mais c'est une erreur : des expériences ont prouvé que cette plante, comme les autres champignons analogues, ne se développe sur diverses substances que parce que leurs séminules ou graines y sont transportées par l'air, et qu'elles conservent long-temps leur faculté germinative. J'ai remarqué que la colle de farine sur laquelle s'étoit développé ce moisi, avoit perdu

au bout de quelque temps la faculté de reproduire ce champignon, quoique étant toujours placée dans les mêmes conditions : d'où il faut conclure que les corps fermentiscibles n'ont qu'une période dans leur décomposition qui soit favorable au développement de ces végétaux.

Pour préserver du moisi les corps qui en sont attaquables, il n'est pas d'autre moyen que de les conserver dans des lieux très-secs et même à l'exposition du soleil, si cela se peut. Comme le moisi pénètre même dans les pots les mieux fermés, il est difficile d'en garantir les confitures. Cependant, en les faisant bien cuire, en les fermant et comprimant bien dans les pots et en les mettant en un lieu sec, on les conserve très-bien. Par la cuisson on leur enlève l'humidité qui contribue à faire végéter le moisi. L'on peut en préserver certains alimens, en les arrosant de vinaigre, de jus de citron, et d'une légère saumure alcaline. On peut laver avec ces mêmes acides les alimens attaqués déjà de moisi ; mais il est difficile de leur ôter le mauvais goût qu'ils ont contracté. Un moyen préservatif est encore celui de laver à l'eau bouillante les tonneaux, les pots, les bouteilles qui doivent les contenir, ainsi que leurs couvercles ou bouchons. Le moisi se développe aussi sur le pain, sur les fruits et dans leur intérieur, par exemple, dans l'intérieur des noix ; il leur communique une odeur et une saveur fort désagréables, qui avertit de les rejeter. Cependant le moisi n'est point mal-faisant, ou du moins n'occasionne point d'accidens graves.

Le genre *Botrytis* qui, dans Bulliard, se trouve réuni au *Mucor*, ainsi que les genres *Ægerita* et *Monilia*, comprend quelques espèces auxquelles s'applique ce que nous venons de dire sur les moyens de se débarrasser du *mucor mucedo*, notamment les *botrytis racemosa* et *ramosa*, Pers., ou *mucor racemosus* et *umbellatus*, Bull., qui attaquent spécialement les confitures et les fruits ; l'*ægerita aurantia*, Decand., ou *ucor aurantius*, Bull., qui se trouve sur les tonneaux et qui donne un mauvais goût au vin ; l'*ægerita crustacea*, Decand., ou *mucor crustaceus*, Bull., qui forme sur les fromages salés des taches blanches et rouges, etc.

Le *mucor herbariorum*, Pers., qui fait la désolation des botanistes, en attaquant les plantes sèches, est maintenant une espèce du genre *Eurotium* de Link. (Lem.)

MUCOSITÉS et MOISISSURES. (*Bot.*) Paulet réunit sous ce nom la plupart des espèces de champignons des genres *Mucor*, Michéli, Linn.; *Mucilago*, Haller; quelques *Lycoperdon* de Batsch et Willdenow; *Sphæria*, Willd. : ce qui montre assez bien que ce groupe est artificiel. Sa *mucosité* ou fleur du tan est le *fuligo vaporaria*, Pers. (Voyez Fleur du tan et Fuligo); sa *mucosité* à croûte furfureuse représente le genre *Mucilago* de Michéli. (Lem.)

MUCRONE (*Bot.*): Surmonté d'un mucron, pointe grêle, isolée. Exemples : les feuilles du *statice mucronata*, de l'*amaranthus blitum*, du *sempervivum tectorum*, etc.; les spathelles du *dactylis glomerata*, etc., les poils de la fraxinelle, etc. (Mass.)

MUCU. (*Ichthyol.*) Nom brasilien d'un poisson dont parle Marcgrave, et qui, selon M. Cuvier, paroît être une espèce de murène, et non l'ubine de Laët ou trichiure lepture. (Desm.)

MUCUNA. (*Bot.*) On nomme ainsi dans le Brésil, suivant Marcgrave, le grand pois pouilleux, *dolichos urens* de Linnæus, dont la gousse, très-ridée à sa surface, est couverte de poils qui excitent une espèce de démangeaison sur les mains lorsqu'ils s'y attachent; ses graines, très-grandes, de forme lenticulaire, connues sous le nom d'œil-de-bourique, ont sur leur contour un hile ou ombilic très-prolongé et demi-circulaire. Ce caractère, qui distingue bien le mucuna du haricot et du dolic, a engagé quelques auteurs à en faire un genre particulier : c'est le *zoophthalmum* de P. Browne, le *negretia* des auteurs de la Flore du Pérou. Adanson, avant eux, lui avoit conservé son nom brésilien de *mucuna*, adopté aussi par Scopoli, et que nous avons cru devoir conserver. Burmann, dans sa *Flora Indica*, indique le *karu-valli*, Rhécde, *Mal.*, 8, t. 36, comme la même espèce que le *dolichos urens*; elle en diffère cependant un peu, mais elle est au moins congénère. (J.)

MUCUS. (*Chim.*) Nom qui a été donné par plusieurs chimistes à une espèce de *principe immédiat* des animaux.

Je vais exposer aussi brièvement que possible l'histoire du

mucus suivant la manière de voir de Bostock, Fourcroy et Vauquelin, qui le considèrent comme une espèce bien distincte des autres principes immédiats des animaux ; j'examinerai ensuite si cette opinion est suffisamment établie pour être admise définitivement, et enfin j'exposerai les idées de M. Berzelius sur le mucus.

§. 1.er

Histoire chimique du mucus.

Le mucus est une des substances les plus répandues chez les animaux ; il s'y trouve à l'état liquide et à l'état solide, et presque toujours il est uni à des substances qui en modifient plus ou moins les propriétés.

ARTICLE 1.er

Du mucus à l'état liquide.

a) *Des propriétés du mucus à l'état liquide.*

Le mucus, à l'état liquide ou plutôt en dissolution dans l'eau, est inodore, fade, filant ; il n'a ni acidité, ni alcalinité sensibles aux réactifs colorés.

Il se dissout lentement dans l'eau.

Sa solution ne se coagule point par la chaleur, comme celle de l'albumine.

Elle ne se prend point en gelée par la concentration et le refroidissement, comme celle de gélatine.

Elle ne précipite point par l'infusion de noix de galle, comme le font les solutions d'albumine et de gélatine.

Elle ne précipite point par le perchlorure de mercure, comme le fait la solution d'albumine.

Enfin, elle précipite par l'acétate de plomb, tandis que ce sel ne précipite ni l'albumine ni la gélatine.

Le mucus est précipité de sa solution aqueuse par l'alcool.

Il l'est également par le chlore.

Il donne à la distillation les produits des matières azotées.

b) *Siége du mucus à l'état liquide.*

Le mucus à l'état liquide enduit toutes les membranes muqueuses qui tapissent les fosses nasales, l'intérieur de la bouche, l'arrière-bouche, l'œsophage, l'estomac, les intestins et les organes urinaires. Il est sécrété par des glandes qui sont particulières à ces membranes. Le mucus, ainsi sécrété, se mêle nécessairement à toutes les matières qui ont le contact des membranes muqueuses : ainsi la salive, le mucus nasal, les sucs de l'estomac, les liquides qu'on peut recueillir dans les intestins, les excrémens, contiennent du mucus ; les larmes, la sueur, l'urine, la bile, le sperme, en contiennent également.

Mucus de la bile.

Suivant M. Vauquelin, la substance qu'on sépare de la bile du bœuf au moyen des acides, est du mucus, et non, comme le dit M. Thénard, la même matière jaune que celle qui constitue les calculs biliaires du bœuf. (Voyez le Supplément du tome IV, page 98.)

Mucus des larmes.

Les larmes sont formées d'une grande quantité d'eau, de soude, de chlorure de sodium, de phosphates de chaux et de soude, enfin de *mucus*, suivant MM. Fourcroy et Vauquelin.

Le mucus en est séparé par l'alcool.

Les larmes sont dissoutes par l'eau en toutes proportions ; mais, si elles ont été évaporées à siccité, le mucus ne peut plus s'y dissoudre.

Les acides et les alcalis ne produisent aucun phénomène remarquable avec les larmes.

Le chlore en précipite le mucus.

Mucus des narines.

MM. Fourcroy et Vauquelin pensent que le mucus des narines ne diffère de celui des larmes qu'en ce qu'il contient moins d'eau et qu'il a été épaissi par le contact de l'air. C'est parce qu'il a été épaissi qu'il ne se dissout pas dans l'eau.

Mucus de la salive.

Suivant MM. Fourcroy et Vauquelin, le mucus de la salive ne peut être dissous par l'eau, et cependant M. Bostock prescrit de délayer la salive dans ce liquide, pour obtenir une solution presque pure de mucus, au moyen de laquelle on peut constater les propriétés de ce corps. M. Bostock dit

qu'en agitant une huître dans l'eau froide et en filtrant la
liqueur, on obtient encore une solution de mucus.

Mucus du sperme humain.

Suivant M. Vauquelin, ce mucus est insoluble dans l'eau
froide, quand il n'a pas éprouvé le phénomène si remarquable de liquéfaction qu'il présente 25 minutes après son
émission.

Article 2.

Du mucus à l'état solide.

MM. Fourcroy et Vauquelin pensent que c'est le mucus à
l'état solide qui constitue l'épiderme, les durillons, la corne,
les ongles, les poils, les cheveux, la laine, la soie, les écailles
de poisson. Il est uni dans ces matières avec plusieurs autres
corps, et notamment avec des substances huileuses (voyez
Cheveux). Ils pensent encore que toutes ces matières qui
recouvrent le corps des animaux sont formées et nourries par
le mucus à l'état liquide.

Le mucus à l'état solide est insoluble dans l'eau, mais il
est très-soluble dans les eaux acidulées; c'est, suivant ces
chimistes, ce qui le distingue du fromage et de l'albumine.

§. 2.

Observations sur le mucus considéré comme une espèce définie de principe immédiat.

D'après ce qui précède, on voit que les substances auxquel-
quelles on donne le nom de mucus, ne sont pas l'albumine
ni la gélatine; mais il n'y a point de caractères connus assez
prononcés pour faire admettre le mucus comme espèce;
rien ne prouve que tous les mucus soient identiques. Le mucus
du sperme diffère certainement des autres mucus; MM. Fourcroy et Vauquelin disent que le mucus de la salive est insoluble dans l'eau; tandis que M. Bostock prétend qu'on
peut se procurer le mucus presque pur, en agitant la salive
dans l'eau froide. En outre, M. Bostock appuie beaucoup
sur l'action de l'infusion de noix de galle, et sur celles du
perchlorure de mercure et de l'acétate de plomb, pour dis-

tinguer la gélatine, l'albumine et le mucus ; mais il n'a point suffisamment apprécié l'influence des corps qui accompagnent ces trois substances dans les liquides où elles sont dissoutes, pour qu'on puisse adopter sa manière de voir.

Ce sont ces considérations qui m'empêchèrent, dans un travail sur le cartilage du *squalus peregrinus*, publié en 1811, de prononcer sur l'identité de ce cartilage avec le *mucus*, quoique je lui eusse reconnu toutes les propriétés attribuées à ce dernier. J'observai que la solubilité du cartilage dans l'eau bouillante peut être attribuée aux sels alcalins qu'il contient. Je remarquai que la noix de galle, qui ne précipite pas la solution aqueuse de cartilage, précipite la solution hydrochlorique de cette même substance. J'observai encore que des matières organiques peuvent être tellement gonflées par l'eau, qu'elles sont tout-à-fait invisibles quand elles se trouvent suspendues dans ce liquide, mais qu'on les rend visibles en les versant sur un filtre ; ou bien encore en ajoutant à l'eau où elles sont suspendues, du perchlorure de mercure, qui les rend opaques en s'y unissant.

En 1812, M. Berzelius publia un travail sur la composition des fluides animaux, où il n'admit point le mucus comme une espèce de principe immédiat particulière. Suivant lui, le mucus des membranes muqueuses est un fluide composé de plusieurs espèces de matières : il est produit par un même appareil sécrétoire dans tout le corps et possédant partout les mêmes propriétés physiques ; mais les mucus des divers organes varient dans leurs propriétés chimiques, suivant l'utilité dont ils sont pour protéger ces organes contre le contact des substances étrangères. Ainsi le mucus des narines et de la trachée, destiné à protéger ces membranes contre l'air extérieur, diffère du mucus de la vessie urinaire, qui doit préserver cet organe du contact d'une liqueur acide, et ce mucus diffère du mucus de la vésicule du fiel, qui contient un liquide alcalin.

M. Berzelius assigne à la *matière muqueuse* du mucus du nez des propriétés presque identiques à celles que j'ai reconnues à la matière azotée du cartilage du *squalus peregrinus*, et il reconnoît, comme moi, que la matière muqueuse peut être dissoute par l'alcali qui l'accompagne. Suivant lui, le mucus du nez est formé de

Eau. . . . . ; .	933,7
Matière muqueuse	53,3
Muriates de potasse et de soude	5,6
Lactate de soude et matière animale. . . .	3,0
Soude.	0,9
Albumine et matière animale insoluble dans l'alcool, mais soluble dans l'eau, avec un peu de phosphate de soude.	3,5
	1000,0

M. Berzelius croit que le mucus de la trachée est analogue au précédent.

Il dit que la *matière muqueuse* des intestins, desséchée, ne reprend point par l'eau ses propriétés muqueuses, comme le fait la matière muqueuse de la salive. Il dit encore que la *matière muqueuse* des conduits de l'urine perd totalement ses propriétés par la dessiccation.

Quoique nous ayons dit que les observations de MM. Bostock, Fourcroy et Vauquelin n'ont pas le degré de précision nécessaire pour démontrer l'existence du *mucus* comme espèce, nous avouons que les observations de M. Berzelius ne sont pas assez détaillées pour démontrer qu'il y a autant d'espèces différentes de matières muqueuses qu'il le dit. Conséquemment, malgré la juste célébrité des chimistes qui ont travaillé sur le mucus, nous croyons que de nouvelles recherches sont absolument nécessaires pour prononcer en définitive si le mucus est une espèce ou un genre d'espèces, ou bien encore si on n'a pas confondu sous un nom commun des corps qui seroient trop différens pour être considérés comme congénères. (Ch.)

MUDA. (*Bot.*) Genre de plantes établi par Adanson dans sa famille des *fucus*. L'auteur le caractérise ainsi : *Fucus* en buisson élevé, à branches plates ou ciliées, articulées seulement à l'extrémité; d'une substance gélatineuse; ayant pour fruit des capsules hémisphériques situées vers le bout des branches, et contenant cent graines sphériques enfoncées dans leur substance de nature charnue.

Adanson rapporte à ce genre la plante marine représentée

33.   18

pl. 10, fig. 9, de Dillenius, *Hist. mucor.*, qui est le *gigar-*
tina opuntia de Lamouroux, dans la famille des algues, et
la plante fig. 28, pl. 19 du même ouvrage, qui est une espèce terrestre du genre *Collema*, dans la famille des lichens.
Ce rapprochement de deux plantes appartenant à deux
genres distincts et à deux familles différentes, autorise les botanistes à ne point admettre le *muda*. (Lem.)

MUDAH, VUDAH, VADI-ZEBID. (*Bot.*) Noms arabes
d'un figuier, *ficus religiosa* de Forskal, *ficus populifolia* de'
Vahl : on tanne les cuirs avec ses feuilles. (J.)

MUDALEI-PUNDU. (*Bot.*) On nomme ainsi dans la langue tamul, suivant Willdenow, son *polygonum glabrum*, espèce de renouée des Indes orientales. (J.)

MUDELA-NILA-HUMMATU. (*Bot.*) Une des variétés de
l'*hummatu* du Malabar, espèce de stramoine, *datura metel;*
le *nita hummatu* en est une autre variété : elles sont citées par
Rhéede. (J.)

MUDFISH. (*Ichthyol.*) Voyez Fundule. (H. C.)

MUDU. (*Bot.*) Voyez Condondong. (J.)

MUE, *Indumentorum detractio; Exuviarum mutatio, Commu-*
tatio. (*Entom.*) On nomme ainsi, dans les insectes, tout
changement de peau, de tégumens ou d'épiderme.

Comme ces animaux, depuis le moment où leurs larves
sortent de l'œuf, doivent acquérir successivement plus de
volume, et comme leur corps est revêtu à l'extérieur d'une
peau qui ne peut s'étendre que dans certaines limites, toutes
les fois que ces limites sont atteintes, l'insecte est forcé de
se dépouiller de la surpeau qui le recouvre et le protége.
Mais c'est pour lui une véritable crise, une sorte d'époque
de souffrance, à ce qu'il paroît. On remarque alors qu'il est
moins agile et souvent tout-à-fait immobile. La teinte de
son corps est ordinairement altérée; on voit qu'il s'opère une
sorte de gonflement, à la suite duquel la peau extérieure se
crève, se déchire, et le corps de l'insecte s'en sépare avec
une autre coloration, quelquefois avec d'autres apparences.
Ainsi, quelques chenilles, comme celles du ver-à-soie ou
bombyce du mûrier, sont velues ou couvertes de poils dans
leur premier âge. Il semble que la nature les ait ainsi pro-
tégées, et contre les corps extérieurs dans leur propre chute,

ét contre les commotions qu'elles pourroient recevoir; car vers la troisième mue ces poils disparoissent tout-à-fait.

Le nombre des mues ou des changemens de peau varie beaucoup dans les différens ordres d'insectes. Tous, à ce qu'il paroît, en éprouvent, même les espèces qui ne subissent pas de véritables métamorphoses. Les araignées, en particulier, paroissent être sujettes à ces sortes de mues, car on trouve leurs dépouilles épidermiques dans la coque commune où étoient contenus les œufs, quelque temps après qu'ils sont éclos; mais elles en éprouvent encore plusieurs autres par la suite. Les larves des lépidoptères ont été plus particulièrement observées sous ce rapport, et certaines espèces ont présenté jusqu'à douze mues consécutives, plus ou moins rapprochées ou éloignées les unes des autres, suivant que leur développement avoit été hâté ou ralenti, soit par l'élévation ou l'abaissement de la température, soit par l'abondance ou la privation des alimens. Voyez l'article INSECTES. (C. D.)

MUE. (*Ornith.*) Voyez OISEAUX. (CH. D.)

MUEL-SCHAVI. (*Bot.*) Nom malabare, cité par Rhéede, du *cacalia sonchifolia.* (J.)

MUFFA. (*Bot.*) Suivant Michéli, ce nom, donné en Toscane aux diverses espèces de ses genres *Botrytis*, *Aspergillus* et *Mucor*, dérive du grec *mephitis;* il a été donné à ces moisissures sans doute à cause de leur odeur fétide, qualité qui a fait appeler par les Toscans le moisi commun (*mucor mucedo*) *tanfo*, dérivant aussi d'un mot grec signifiant sépulcre, et rappelant l'odeur fétide de ce mucor, analogue à celle qui s'exhale d'un tombeau. (LEM.)

MUFFOLI. (*Mamm.*) Nom italien du mouflon, ruminant qu'on présume être le type originaire du MOUTON. Voyez ce mot. (DESM.)

MUFIONE. (*Mamm.*) Ce nom est donné, en Sardaigne, au même animal. (DESM.)

MUFLAUDE. (*Bot.*) Un des noms vulgaires d'une espèce de muflier, *antirrhinum majus*, Linn. (L. D.)

MUFLE. (*Mamm.*) Nom d'une partie nue et muqueuse qui termine le museau de certains mammifères, particulièrement des carnassiers, de quelques rongeurs et de la plupart des ruminans. Cette partie est plus ou moins étendue selon les genres, ce qui a fait distinguer des mufles entiers et des demi-mufles. (Desm.)

MUFLE DE BŒUF, MUFLE DE CHIEN, MUFLE DE LION, MUFLE DE VEAU. (*Bot.*) Noms vulgaires du muflier à grande fleur, *antirrhinum majus*, cultivé dans les jardins comme plante d'ornement. (I. D.)

MUFLIER ; *Antirrhinum*, Linn. (*Bot.*) Genre de plantes dicotylédones monopétales, de la famille des *personées*, Juss., et de la *didynamie angiospermie* du système de Linnæus ; dont les principaux caractères sont : Un calice à cinq folioles ovales, oblongues, persistantes ; une corolle monopétale, irrégulière, tubulée, ventrue, bossue à sa base ; fermée à son orifice par une éminence convexe, nommée palais, et ayant son limbe partagé en deux lèvres, dont la supérieure bifide, et l'inférieure à trois divisions ; quatre étamines didynamiques, à filamens insérés à la base du tube de la corolle ; un ovaire supère, arrondi, surmonté d'un style simple et terminé par un stigmate obtus ; une capsule ovale ou arrondie, oblique à sa base, à deux loges, contenant plusieurs graines attachées à un placenta central, et s'ouvrant au sommet par trois trous irréguliers.

Les mufliers sont des plantes ordinairement herbacées, plus rarement suffrutescentes, à feuilles quelquefois opposées, plus communément alternes, à fleurs très-souvent assez grandes et disposées en belles grappes terminales. On en connoît vingt et quelques espèces, parmi lesquelles six croissent naturellement en France. Leur nom latin *antirrhinum* vient de deux mots grecs, qui veulent dire fleur en nez ou en mufle, parce que la corolle des plantes de ce genre ressemble en quelque sorte au mufle ou museau d'un animal : c'est la même raison qui les a fait nommer en français mufliers, ou plus vulgairement mufles de veau.

Muflier des Jardins ; vulgairement Mufleau, Mufle de veau, Gueule de lion : *Antirrhinum majus*, Linn., *Spec.*, 859 ; Lam., *Illust.*, t. 531, fig. 1. Sa racine est vivace ; elle produit une ou plusieurs tiges cylindriques, glabres inférieurement, pubescentes dans le haut, droites, d'un à deux pieds et souvent plus de hauteur, garnies de feuilles lancéolées, d'un vert assez foncé, opposées et quelquefois ternées dans la partie inférieure des tiges, alternes dans la supérieure. Les fleurs sont grandes, le plus souvent purpurines, quelquefois roses ou blanches, avec un palais jaune, et disposées dans le haut des tiges en une grappe assez serrée et d'un très-bel aspect; les folioles de leur calice sont ovales et courtes. Cette plante fleurit en Mai, Juin et pendant une partie de l'été; elle croît naturellement dans les fentes des vieux murs et dans les lieux pierreux, en France et dans le midi de l'Europe.

La grandeur et la beauté des fleurs de cette espèce l'ont fait cultiver depuis long-temps pour l'ornement des jardins; mais on ne l'y voit point assez : on lui préfère maintenant beaucoup de plantes exotiques, dont les fleurs sont loin d'avoir autant d'éclat et qui exigent beaucoup plus de soin. Le mufle de veau, au contraire, est des plus faciles à cultiver; il s'accommode de toute espèce de terrain, pourvu qu'il ne soit pas marécageux, et on peut le mettre à toute exposition que l'on voudra, pourvu qu'il n'y soit pas continuellement ombragé. On le multiplie de graines, qu'on sème au printemps en pleine terre, et très-souvent il se resème de lui-même. Il est aussi très-facile à propager en éclatant à l'automne les racines des vieux pieds. Outre les variétés offertes par la couleur des fleurs, qui varient depuis le blanc et le rose jusqu'au rouge le plus foncé, on en cultive dans quelques jardins une variété à fleurs très-doubles, de couleur rouge pâle, et qui fait un très-bel effet. Cette variété est plus délicate que le muflier ordinaire; elle est quelquefois frappée par les fortes gelées, et, pour la conserver, il est bon de la couvrir pendant les froids rigoureux. On prolonge la floraison des différentes variétés en coupant les sommités des tiges aussitôt qu'elles sont défleuries; elles produisent par ce moyen de nouveaux rameaux, qui donnent bientôt de nouvelles fleurs.

Le mufle de veau passoit autrefois pour vulnéraire et résolutif; on n'en fait plus maintenant d'usage en médecine. Vogel, dans sa Matière médicale, dit que, dans quelques cantons de l'Allemagne, le vulgaire ignorant et superstitieux l'estime beaucoup comme propre à détruire les charmes de la magie. Les bestiaux ne le mangent point. En Perse et en

Turquie on extrait de ses graines, selon Willemet, une huile employée aux usages alimentaires.

Muflier a feuilles larges : *Antirrhinum latifolium*, Mill., Dict., n.° 4; Decand., Fl. fr., 5, p. 411. Cette espèce diffère de la précédente par ses tiges moins élevées, presque toutes chargées, surtout vers le sommet, de poils courts, mous et un peu glanduleux; par ses feuilles plus larges, ovales ou ovales-lancéolées : enfin, ses fleurs sont jaunes et un peu plus grandes. Elle croît dans les lieux pierreux et exposés au soleil dans le Midi de la France, en Italie, en Espagne, etc. Elle est non moins propre que le mufle de veau à l'ornement des jardins, et sa culture n'exige pas plus de soins. Ses fleurs paroissent à la même époque.

Muflier toujours vert; *Antirrhinum sempervirens*, Lapeyr., *Fl. Pyr.*, 1, p. 7, t. 4. Sa racine, qui est vivace, produit une tige ligneuse et tortueuse dans sa partie inférieure, d'où naissent plusieurs rameaux longs de quatre à huit pouces, couverts, ainsi que les feuilles, les pédoncules et les calices, de poils courts, serrés, qui donnent à toutes ces parties une teinte grisâtre. Ses feuilles sont ovales ou ovales-lancéolées, rétrécies en pétiole à leur base, toutes opposées, si ce n'est les supérieures, dans les aisselles desquelles sont situées les fleurs. Celles-ci sont d'un blanc un peu rougeâtre, moins grandes que dans les deux espèces précédentes, alternes, pédonculées et peu nombreuses. Cette espèce fleurit en Juillet et Août; elle croît dans les fentes des rochers calcaires des Pyrénées.

Muflier velouté; *Antirrhinum molle*, Linn., *Spec.*, 860. Ses tiges sont couchées, dures, un peu ligneuses, divisées en rameaux couverts d'un duvet blanchâtre, presque velouté, et garnis de feuilles ovales, souvent opposées, velues, molles au toucher et portées sur de courts pétioles. Ses fleurs sont blanches, avec un palais jaune et la lèvre supérieure purpurine, alternes, portées dans les aisselles des feuilles supérieures sur des pédoncules plus longs que les folioles du calice. Cette plante croît naturellement dans les Alpes et en Espagne.

Muflier rubicond : *Antirrhinum orontium*, Linn., *Spec.*, 860; Lam., *Illust.*, t. 531, fig. 2. Sa racine est fibreuse, an-

nuelle; elle produit une tige droite, presque glabre ou
légèrement pubescente, un peu rameuse, haute de six· à
dix pouces, garnie de feuilles glabres, les inférieures opposées et oblongues-lancéolées, les supérieures alternes et linéaires. Les fleurs sont d'un rouge vif, beaucoup plus petites
que dans les espèces précédentes, et presque sessiles dans les
aisselles des feuilles supérieures ; les folioles de leur calice
sont linéaires et aussi longues que la corolle. Cette espèce
fleurit en Juin, Juillet, Août; elle est commune dans les
champs et les lieux cultivés : Linnæus la dit vénéneuse.

Muflier asarine : *Antirrhinum asarina;* Linn., *Spec.*, 860;
Azarina seu hedera saxatilis, Lob., *Icon.*, 601. Sa racine est
vivace; elle produit une tige divisée dès sa base en rameaux
velus, ainsi que le reste de la plante, étalés, couchés, longs
de six pouces à un pied, garnis de feuilles toutes opposées,
cordiformes, crénelées, portées sur des pétioles plus longs
que les pédoncules des fleurs, qui sont grandes, blanchâtres,
mêlées de blanc et de rouge, et solitaires dans les aisselles
des feuilles. Cette espèce croît dans les fentes des rochers
du Midi de la France; elle fleurit en Juin et Juillet. On peut
l'employer à orner les grottes et les rocailles dans les jardins
paysagers. (L. D.)

MUGAN. (*Bot.*) Le *cistus albidus* est ainsi nommé dans le
Languedoc, au rapport de Gouan. (J.)

MUGE, *Mugil.* (*Ichthyol.*) Les ichthyologistes donnent ce
nom, qui vient, dit-on, de deux mots latins contractés et
qui signifieroit ainsi *fort agile,* à un genre de poissons osseux abdominaux, de la famille des lépidopomes, et que l'on
peut reconnoître bientôt aux caractères suivans :

*Catopes implantés sous l'abdomen ; corps conique ; opercules
des branchies écailleuses ; bouche sans dents ; deux nageoires
dorsales courtes, écartées, dont la première, bien loin de la nuque,
répond à l'anale au-delà des catopes; tête déprimée, large et
tout écailleuse ; lèvres charnues et crénelées ; mâchoire inférieure portant dans son milieu un angle saillant qui se loge dans
un angle rentrant de la mâchoire supérieure ; écailles du corps
striées ; nageoires pectorales non prolongées.*

Ce dernier caractère servira à séparer immédiatement les
Exocets, qui ont les nageoires pectorales d'une longueur ex-

traordinaire, des Muges, que l'on distinguera encore facilement des Mugilomores, des Chanos, des Mugiloïdes, qui n'ont qu'une seule nageoire dorsale. (Voyez ces différens noms de genres et Lépidopomes.)

Parmi les espèces qui constituent ce genre, nous signalerons :

Le Mulet de mer; *Mugil cephalus*, Linnæus. Nageoire caudale en croissant; une dentelure de chaque côté de la tête entre l'œil et l'ouverture de la bouche; deux orifices à chaque narine; entrée de la bouche étroite; langue rude; gorge garnie de chaque côté d'un os arrondi et hérissé d'aspérités; museau large et aplati; base de la seconde nageoire dorsale et des nageoires anale et caudale revêtue de petites écailles; péritoine noir; vessie aérostatique très-grande et noire aussi.

Le mulet de mer, qui a le dos brunâtre ou d'un bleu noirâtre, et le ventre argenté et traversé, sur les côtés, par huit raies longitudinales, étroites et obscures, parvient au poids de dix à douze livres, et habite dans presque toutes les mers, plus particulièrement néanmoins dans la Méditerranée et vers les côtes méridionales de l'Océan; car on ne le rencontre presque jamais dans la Manche. Il est très-commun sur le littoral de l'Espagne, et spécialement autour de l'île d'Iviça, où les pêcheurs en reconnoissent deux variétés distinctes, sous les noms de *Mugel* et de *Lissa*.

Il a l'ouïe très-fine, ainsi que l'avoit noté Aristote, et il se nourrit de vers et de petits animaux marins; mais il est douteux, comme on l'a avancé, qu'il puisse vivre de substances végétales. Il paroît d'un naturel stupide, et ce fait étoit déjà connu du temps de Pline le naturaliste, car cet auteur commence le chapitre 17.ᵉ de son livre IX, en disant que le naturel des mulets aquatiques a quelque chose de risible, puisque, s'ils ont peur, ils se cachent la tête et se croient ainsi entièrement soustraits aux regards de leurs ennemis. *Mugilum natura videtur, in metu capite abscondito, totos se occultari credentium.*

Lorsque, vers la fin du printemps et le commencement de l'été, les poissons de cette espèce, poussés par le besoin de venir vivre dans l'eau douce, s'approchent des rivages et

s'avancent vers les embouchures des fleuves, ils forment ordinairement des troupes si nombreuses, que l'eau, au travers
de laquelle on les voit, sans les distinguer, paroît bleuàtre.
C'est ce qui arrive en particulier dans la Garonne et dans
la Loire, à ces époques.

Les pêcheurs ont alors l'art d'entourer ces légions de muges
de filets, dont ils resserrent graduellement l'enceinte, en
ayant soin de faire du bruit pour effrayer ces poissons, et
les obliger à se rapprocher, à se presser, à s'entasser les
uns sur les autres, ce qui fait qu'ils les prennent ensuite
avec facilité. Mais souvent l'animal, au moment d'être saisi,
passe par-dessous les filets ou s'élance par-dessus, ce qui fait
encore que, sur certaines côtes, les pêcheurs ont recours à
un filet particulier nommé *sautade* ou *cannat*, fait en forme
de sac, et attaché au filet ordinaire, de manière à ce que
le muge, en se sauvant, se prenne de lui-même.

Dans le pays de Nice, où ces poissons remontent, à plusieurs lieues au-dessus de leur embouchure, le Var et la
Roya, on nomme cette sorte de pêche *mugiliero*, et elle se
fait ordinairement près des rochers.

Des individus dont on s'est ainsi emparé, les uns sont
mangés frais, les autres sont salés et fumés. C'est avec leurs
œufs, salés, pressés, lavés, séchés, qu'on fait la préparation
connue sous le nom de *boutargue* ou *botarcha*, très-recherchée
comme assaisonnement dans l'Italie et dans nos provinces
méridionales. Voyez Boutargue, Botarcha et Botargue, dans
le supplément du 5.ᵉ volume de ce Dictionnaire.

Autrefois, dans la province narbonnaise, au territoire de
Nismes et dans l'étang appelé *Latera*, aujourd'hui celui de
la Tour de Latte, on en faisoit une pêche très-productive,
sur laquelle Pline nous a transmis des détails auxquels il est
difficile d'ajouter foi, et que, selon lui, les hommes faisoient
de moitié avec les dauphins.

La chair du mulet de mer, que les Italiens appellent *ce-
phalo*, est tendre, délicate et d'une agréable saveur. Elle est
plus grasse et plus estimée quand il a été pris dans l'eau
douce. Les anciens, qui, dès le temps d'Aristote, connoissoient le poisson dont il s'agit, sous le nom de κέστρευς, le
recherchoient beaucoup, et la consommation en est consi-

dérable encore aujourd'hui dans la plupart des contrées méridionales de l'Europe. Au rapport d'Athénée, on faisoit
autrefois beaucoup de cas surtout de ceux qui avoient été
pêchés aux environs de Sinope et d'Abdère, tandis que,
selon Paolo Giovo, on prisoit fort peu ceux qui avoient vécu
dans l'étang salé d'Orbitello, en Toscane, dans les lagunes
de Ferrare et de Venise, ou dans celles de Padoue et de
Chiozza, de même que ceux qui venoient des environs de
Commachio et de Ravenne. Tous ces lieux, en effet, sont
marécageux, et les eaux qui les arrosent sont saumâtres et
donnent aux poissons qu'elles nourrissent l'odeur et la saveur
de la vase.

On a aussi anciennement, et à une époque où toute production de la Nature devoit tribut à la thérapeutique, prétendu trouver dans le mulet de mer des remèdes à nos
maux. C'est ainsi que Marcellus l'empirique conseilloit de
combattre les maladies de l'anus par le mélange du miel
et de la cendre obtenue de la tête calcinée de ce poisson ;
que Rondelet recommandoit son estomac brûlé et pulvérisé
contre toute espèce de débilité gastrique ; que d'autres faisoient, pour arrêter le vomissement, avaler cette poudre
dans du vinaigre. C'est encore ainsi qu'on a vanté les osselets
de son oreille contre les maladies des reins, et pour cela il
suffisoit de les porter en amulettes, etc.

Le Muge doré, *Mugil auratus*, Risso. Museau arrondi ;
bouche moyenne ; dos d'un bleu obscur ; ventre argenté ;
sept bandes foncées sur les flancs ; opercules arrondies, avec
une tache ovale d'un jaune doré ; iris des yeux argenté ;
catopes rougeâtres ; nageoire anale blanche et nageoire caudale azurée.

Ce poisson a été observé pour la première fois dans la
mer de Nice, par M. Risso. Sa chair est tendre et savoureuse, et il parvient au poids de trois livres. On le nomme
dans le pays *mugou daurin.*

Le Muge sauteur ; *Mugil saliens*, Risso. Corps plus alongé,
museau plus effilé et plus pointu que dans la précédente espèce ; teinte générale argentée, avec cinq raies longitudinales
azurées ; des taches oblongues dorées sur les opercules.

Ce poisson habite aussi la mer de Nice, où il a été également découvert par M. Risso, et où il porte le nom de *mugou flavetoun*. Il saute avec une vélocité extraordinaire quand il se voit enfermé dans un filet, et quoique aussi long que le muge doré à peu près, il ne pèse guère plus d'une livre.

LE MUGE PROVENÇAL; *Mugil provençalis*, Risso. Dos d'un bleu tendre; flancs garnis de sept petites raies bleuâtres et dorées; ventre d'un blanc d'argent; museau court et large; yeux argentés, à iris doré au centre et transparent à la circonférence; nageoire caudale fourchue, anale blanche; catopes rouges; pectorales jaunâtres.

Ce poisson, dont on doit encore la découverte au même observateur, est très-commun dans le Var, au printemps et en été. Il parvient au poids de huit livres.

Les pêcheurs le nomment *mugou carido*.

LE MUGE TANG; *Mugil tang*, Bloch. Nageoire caudale en croissant; opercules dénuées de petites écailles; dos brun; flancs blancs; un grand nombre de raies longitudinales étroites et jaunes.

Ce poisson, que l'on a pêché dans les fleuves de la Guinée, a la chair grasse et d'une saveur agréable.

Le MUGE DE PLUMIER; *Mugil Plumierii*. Ouverture de la bouche plus grande que dans les autres espèces du genre, museau très-arrondi; dessus de la tête aplati; point de petites écailles sur les opercules; teinte générale jaune, sans raies longitudinales. Des Antilles.

Le MUGE ALBULE; *Mugil albula*, Linnæus. Nageoire caudale fourchue; teinte générale argentée, sans raies longitudinales.

De l'Amérique septentrionale, et en particulier de la mer qui baigne les côtes de la Caroline, dont il remonte les rivières, à chaque marée, pendant tout l'été. Il y est si abondant que souvent, dit M. Bosc, il couvre la surface de l'eau. Sa chair est aussi bonne à manger que celle du mulet de mer. (H. C.)

MUGE CHANOS. (*Ichthyol.*) Voyez CHANOS. (H. C.)

MUGE DU CHILI. (*Ichthyol.*) Voyez MUGILOÏDE. (H. C.)

MUGE VOLANT. (*Ichthyol.*) On a parfois donné ce nom à l'*exocœtus exiliens*. Voyez EXOCET. (H. C.)

MUGEL. (*Ichthyol.*) A Iviça on donne ce nom au *mugil cephalus.* Voyez Muge. (H. C.)

MUGEO. (*Ichthyol.*) Un des noms du mulet de mer à Marseille. Voyez Muge. (H. C.)

MUGÉSIL. (*Ichthyol.*) Un des noms arabes du *brochet de mer* ou *spet.* Voyez Sphyrène. (H. C.)

MUGG-ENT. (*Ornith.*) Nom allemand du canard souchet, *anas clypeata*, Linn., qui, suivant Jonston, est le *muggrate* des Suisses. (Ch. D.)

MUGGINE NERO. (*Ichthyol.*) Un des noms que l'on donne à Gênes au *mulet de mer.* Voyez Muge. (H. C.)

MUGGINI. (*Ichthyol.*) Un des noms que l'on donne en Sardaigne au même poisson. Voyez Muge. (H. C.)

MUGHÉ. (*Bot.*) Nom languedocien de la jacinthe. (L. D.)

MUGHO. (*Bot.*) Nom vulgaire d'une espèce de pin. (L. D.)

MUGHUMUWÆNNA. (*Bot.*) Nom, cité par Hermann, de l'*illecebrum sessile*, plante amarantacée, de l'ile de Ceilan. (J.)

MUGI. (*Bot.*) Voyez Paeru. (J.)

MUGIL. (*Ichthyol.*) Nom latin du genre Muge. Voyez ce mot. (H. C.)

MUGILE. (*Ichthyol.*) Voyez Muge. (H. C.)

MUGILIERO. (*Ichthyol.*) Nom que l'on donne à Nice à la pêche du *mulet de mer.* Voyez Muge. (H. C.)

MUGILOÏDE; *Mugiloides.* (*Ichthyol.*) M. de Lacépède a donné ce nom à un genre de poisson de la famille des lépidopomes, et que l'on peut reconnoitre aux caractères suivans :

Une seule nageoire du dos sans appendices; catopes implantés sous l'abdomen; corps conique; opercules des branchies écailleuses; tête revêtue de petites écailles; écailles du corps striées; queue ordinaire; nageoires pectorales non prolongées.

Ce dernier caractère est propre à isoler les Mugiloïdes des Exocets, qui ont de très-longues nageoires pectorales; ils se séparent facilement aussi des Muges, qui ont deux nageoires dorsales; des Chanos, qui ont la queue garnie d'appendices membraneuses, et des Mugilomores, qui ont des appendices à chaque rayon de leur nageoire dorsale. (Voyez ces différens noms de genres et Lépidopomes.)

On ne connoît encore qu'une espèce dans ce genre ; c'est

Le Mugiloïde du Chili; *Mugiloides chilensis*, Lacépède, que l'on trouve dans la mer qui baigne le Chili et dans les fleuves qui lui apportent le tribut de leurs eaux. Sa longueur ordinaire est de onze à quinze pouces. Sa chair, très-délicate, a une saveur exquise.

Les habitans du Chili le nomment *lisa*. (H. C.)

MUGILOMORE; *Mugilomorus*. (*Ichthyol.*) M. de Lacépède a ainsi appelé un genre de poissons de la famille des lépidopomes, et qui se reconnoît aux caractères suivans :

Une seule nageoire du dos, ayant des appendices à chaque rayon; catopes implantés sous l'abdomen; corps conique; opercules des branchies écailleuses; tête revêtue de petites écailles; mâchoire inférieure carenée en dedans et sans dents, comme la supérieure; nageoires pectorales non prolongées.

On distinguera facilement ainsi les Mugilomores des Mugiloïdes, qui ont la nageoire dorsale simple; des Exocets, qui ont d'énormes nageoires pectorales; des Muges, qui ont deux nageoires dorsales. (Voyez ces différens noms de genres et Lépidopomes.) Ce genre ne renferme encore qu'une espèce.

Le Mugilomore Anne-Caroline; *Mugilomorus Anna-Carolina*, Lacépède. Nageoire caudale fourchue; teinte générale d'un blanc d'argent pur; dos azuré; bouche grande; yeux larges, à iris doré : taille de vingt pouces à deux pieds.

Ce poisson habite la mer qui baigne les côtes de la Caroline, d'où il a été rapporté par le savant M. Bosc. Il a été consacré par M. le comte de Lacépède à la mémoire de son épouse, *Anne-Caroline-Hubert Jubé*. La saveur de sa chair est fort agréable. (H. C.)

MUGNAJO. (*Ornith.*) Nom italien des mouettes. (Ch. D.)

MUGO et MOUJHES. (*Bot.*) Noms languedociens du ciste ladanifère. (L. D.)

MUGOU CARIDO. (*Ichthyol.*) A Nice, selon M Risso, on donne ce nom à un poisson de l'embouchure du Var, décrit par M. Risso sous la dénomination de *muge provençal*. Voyez Muge. (H. C.)

MUGOU DAURIN. (*Ichthyol.*) A Nice, on appelle ainsi le *muge doré* de M. Risso. Voyez Muge. (H. C.)

. MUGOU FLAVETOUN. (*Ichthyol.*) Nom nicéen du *muge sauteur* de M. Risso. Voyez Muge. (H. C.)

MUGOU LABRU. (*Ichthyol.*) Nom nicéen du *mugil cephalus* de Linnæus. Voyez Muge. (H. C.)

. MUGUET ; *Convallaria*, Linn. (*Bot.*) Genre de plantes monocotylédones, de la famille des *asparaginées*, Juss., et de l'*herandrie monogynie*, Linn.; dont les principaux caractères sont les suivans : Corolle monopétale, campanulée, découpée à son bord en six divisions ; six étamines plus courtes que la corolle, attachées près de sa base; un ovaire supère, surmonté d'un style plus long que les étamines, et terminé par un stigmate triangulaire ; une capsule bacciforme, arrondie, à trois loges, renfermant chacune une ou deux graines.

Le genre *Convallaria*, tel qu'il avoit été établi par Linnæus, quoi qu'il ne fût pas d'ailleurs très-nombreux en espèces, comprenoit plusieurs groupes de plantes bien distinctes par les caractères de leurs fleurs et par leur port. M. Desfontaines, dans les Annales du Muséum d'histoire naturelle, vol. 9, pag. 45 et suiv., a réformé ce genre, en le divisant en quatre : *Convallaria*, *Maianthemum*, *Polygonatum* et *Smilacina*. Ainsi réformés, les muguets proprement dits ne comprennent plus que quatre espèces, qui sont toutes des plantes herbacées à feuilles radicales ou presque radicales, engainantes à leur base, et à fleurs disposées en grappe terminale.

Muguet de Mai , vulgairement Lis des vallées : *Convallaria majalis*, Linn., *Spec.*, 451 ; Bull., *Herb.*, t. 219. Sa racine est vivace, formée de libres blanchâtres, horizontales, noueuses; elle produit une ou plusieurs hampes droites, glabres comme toute la plante, hautes de cinq à six pouces, enveloppées inférieurement par plusieurs gaines membraneuses, et garnies à leur base de deux feuilles ovales ou ovales-lancéolées, d'un vert gai, alternes, mais paroissant presque opposées. Ses fleurs sont blanches, assez petites, d'une odeur douce et très-agréable, pédonculées et disposées, au nombre de six à dix, en une jolie grappe terminale. Cette plante fleurit en Mai et Juin ; elle est commune dans les forêts en France et dans le Nord de l'Europe.

Des bois solitaires, où la nature l'a fait naître, le muguet a été transporté dans nos jardins, moins pour y briller par l'éclat de ses fleurs que pour charmer par son doux parfum. Il ne demande aucun soin, et le mieux est de l'abandonner

à lui-même dans des coins à l'ombre, où d'autres plantes ne
pourroient réussir : avec le temps ses racines s'y étendront
en traçant presque autant que le chien-dent, et il formera
de larges touffes de peu de durée à la vérité; car, peu après
que ses fleurs sont passées, ses feuilles se fanent et la terre
reste nue. Sous tous ces rapports le muguet est peu propre
à être placé dans les parterres; il est bien mieux dans les
jardins paysagers. Les curieux en cultivent trois variétés:
une à fleurs doubles, une à fleurs roses, qui durent fleuries
un peu plus long-temps que le muguet commun, mais ayant
une odeur moins suave; la troisième variété a les feuilles
panachées ou plutôt rayées.

L'odeur des fleurs du muguet a quelque rapport avec le
parfum de la fleur d'oranger. On les a de même regardées
comme antispasmodiques et propres à fortifier le système
nerveux. On les employoit autrefois en infusion aqueuse
contre l'apoplexie, la paralysie, la céphalalgie, les vertiges,
les convulsions, l'épilepsie; mais elles sont aujourd'hui si
peu usitées que le nom de muguet ne se trouve plus dans la
plupart des Matières médicales modernes. Ce n'est pas cependant que ses fleurs soient dénuées de toute propriété : séchées,
réduites en poudre et introduites dans le nez, elles provo-
quent l'éternuement; données en nature à l'intérieur, elles
agissent, suivant quelques auteurs, comme émétiques et
comme purgatives; mais on manque d'observations exactes
d'après lesquelles on puisse les apprécier à leur juste valeur.

C'est principalement en Allemagne que le muguet jouissoit autrefois d'une grande réputation : son eau distillée,
dite eau d'or, et une eau spiritueuse qu'on en préparoit,
passoient pour avoir la vertu précieuse de ranimer les forces
épuisées. Ces préparations, ainsi que la conserve de muguet,
sont tout-à-fait oubliées de nos jours. Mais, si le muguet a
perdu pour les médecins les vertus qu'on lui prêtoit autrefois, il ne cessera jamais de charmer nos sens par ses jolies
fleurs douées du plus agréable parfum; il sera toujours destiné au doux emploi de parer le sein de la simple bergère,
comme celui de l'opulente citadine. Cependant, quelque douce
que soit l'odeur des fleurs du muguet, elle peut cependant in-
commoder quelquefois les personnes délicates, et, comme

il en est de toutes les fleurs odorantes, il faut éviter d'en laisser de gros bouquets dans les chambres où l'on doit passer la nuit.

Muguet du Japon : *Convallaria Japonica*, Thunb., *Flor. Jap.*, p. 139; Linn. fils, *Suppl.*, 204; Red., Lil., n.° et t. 80; *Ophiopogon japonicus*, Ker., *in Bot. Magaz.*, n.° et t. 1063; *Fluggea japonica*, Rich.; *Slateria japonica*, Desv. Cette espèce est une très-petite plante, qui ne s'élève pas à plus de deux ou trois pouces de hauteur. Ses racines sont formées de tubercules et de fibres noueuses, vivaces, qui produisent plusieurs feuilles linéaires, étroites, glabres, planes en-dessus, triangulaires en-dessous, toutes radicales et disposées en touffe. Ses fleurs sont blanches, très-petites, un peu ouvertes en étoile, pédonculées et disposées en grappe dans la partie supérieure d'une hampe grêle, plus courte que les feuilles; leur corolle est semi-infère et persistante. Le fruit est une petite baie bleuâtre, de la grosseur d'un pois ordinaire, ne contenant qu'une seule graine, qui remplit tout son intérieur. Ce muguet est originaire du Japon; on le cultive dans quelques jardins en le plaçant en pleine terre de bruyère, et en le multipliant par les éclats tirés des vieux pieds. Entre autres noms qu'il porte dans son pays natal, les Japonois lui donnent celui de *Rjuno-fige*, qui veut dire, barbe de serpent; et c'est de là que les botanistes modernes, qui en ont fait un nouveau genre, l'ont nommé *ophiopogon*, qu'ils font dériver du grec οφις, serpent, et πωγων, barbe.

Les deux autres espèces de muguet sont le *Convallaria mappi*, Gmel., *Flor. Bad.*, 2, p. 52, qui croît en Alsace, et le *Convallaria spicata*, Thunb., qui se trouve au Japon. (L. D.)

MUGUET DES BOIS, PETIT MUGUET. (*Bot.*) Noms vulgaires de l'aspérule odorante. (L. D.)

MUGURA-GUSA. (*Bot.*) Nom japonois du *galium uliginosum*, suivant M. Thunberg. (J.)

MUHLENBERGIA. (*Bot.*) Voyez Dilepyrum. (Poir.)

MUI en Chine, MOUC BAN HU en Cochinchine. (*Bot.*) Noms du Mucor mucedo, Linn., espèce de champignons connue sous le nom vulgaire de moisi : cette plante se trouve aussi au Japon, suivant Thunberg. (Lem.)

MUIBAZAGI. (*Bot.*) Voyez Minbezygi. (J.)

MUISSON. (*Ornith.*) Un des noms vulgaires du moineau franc, *fringilla domestica*, qu'on appelle aussi *mouisson*, suivant Salerne. (Сн. D.)

MUIVA'. (*Bot.*) Nom brésilien, cité par Marcgrave, du *melastoma holosericea* de Linnæus. (J.)

MUJOU. (*Ichthyol.*) Voyez Mugeo. (H. C.)

MUKADE-KO. (*Bot.*) Nom japonois de l'*othera japonica* de Thunberg. (J.)

MU-KELENGU. (*Bot.*) L'igname cultivée, *dioscorea sativa*, est ainsi nommée sur la côte malabare, suivant Rhéede. (J.)

MUK-NO-KI. (*Bot.*) Ce nom japonois est celui d'un prunier, *prunus aspera* de Thunberg, dont les fleurs sont solitaires, terminales; les fruits sont bleus, presque globuleux, du volume d'un grain de poivre; la surface supérieure des feuilles est âpre, et on les emploie pour polir divers corps. (J.)

MUKOROSSI. (*Bot.*) L'arbre qui porte ce nom au Japon, paroît être, suivant Thunberg, une espèce de savonier, *sapindus*. (J.)

MUKSCHER. (*Ichthyol.*) Un des noms arabes du *mulet de mer*. Voyez Muge. (H. C.)

MUKUNGE, KIN. (*Bot.*) Noms japonois, cités par Kæmpfer, de l'*hibiscus syriacus*, nommé vulgairement *althœa* des jardiniers. (J.)

MULACCHIA. (*Ornith.*) Nom italien de la corneille mantelée, *corvus cornix*, Linn. (Сн. D.)

MULAMBEIRA. (*Bot.*) Nom de l'*ophelus sitularius*, Lour., sur la côte orientale d'Afrique. Voyez Ophèle. (Lem.)

MULAR. (*Mamm.*) Nom d'un cétacé placé par M. de Lacépède dans son genre Physetère. (Desm.)

MULAT. (*Ichthyol.*) Nom spécifique d'un holacanthe. Voyez le tom. XXI, pag. 282. (H. C.)

MULATE. (*Ornith.*) Il paroît, d'après Kenneth Macaulay, Histoire de S. Kilda, p. 188 de la traduction françoise, que les habitans de cette île donnent ce nom à des mouettes. (Сн. D.)

MULDVARP. (*Mamm.*) Nom danois de la taupe. (Desm.)

MULE. (*Ichthyol.*) Nom du *mugil cephalus*, auprès de Bordeaux. (Voyez Muge.)

Mule est aussi le nom spécifique d'une raie de la mer Rouge. Voyez Raie. (H. C.)

MULEN-PULLU. (*Bot.*) Nom malabare d'une espèce de souchet. *cyperus*, cité par Rhéede. (J.)

MULEN-SCHENA. (*Bot.*) Nom malabare d'une herbe de la famille des aroïdes à feuilles décomposées, qui a quelque rapport avec le *dracontium polyphyllum*. (J.)

MULET. (*Ichthyol.*) Voyez MUGE et MULLE. (H. C.).

MULET. (*Zoolog.*) Ce nom et ceux de *métis* et d'*hybride*, sont donnés aux produits de l'accouplement d'animaux d'espèces différentes, mais toujours dépendantes d'un genre naturel. Ces produits sont ordinairement stériles, ou, s'ils sont aptes à la génération, les individus qu'ils procréent sont peu féconds, et leur race ne tarde pas à disparoître.

En général, les mulets présentent des caractères mixtes, relativement à ceux des espèces dont ils descendent, et l'on remarque que tantôt un sexe, tantôt l'autre, a une influence marquée sur les formes, la taille et les couleurs du résultat de leur alliance.

M. Fréderic Cuvier, ayant inséré dans l'article MÉTIS le résumé des observations générales qu'on a faites sur les animaux qui proviennent de l'union d'espèces différentes, nous devrons nous borner ici à donner les résultats de quelques recherches dont la publication est récente.

MM. Prévost et Dumas, qui se sont occupés avec suite de l'examen de la liqueur spermatique des animaux pour déterminer les formes des animalcules qui y abondent, se sont assurés que le liquide contenu dans les testicules des mulets, résultant de l'union du cheval et de l'âne, ne présente (au moins dans notre pays), aucun de ces animalcules dont la présence leur semble indispensable pour que la fécondation puisse avoir lieu.

M. Rafinesque (Annales des sciences physiques de Bruxelles, tome VII) a nouvellement soutenu qu'il n'étoit pas nécessaire que les animaux fussent de même genre pour produire des métis, et il a cité, à l'appui de cette opinion, deux faits qui seroient fort curieux, s'ils étoient appuyés sur des observations assez rigoureuses pour qu'on pût y ajouter foi.

Selon lui : « Une chatte fut laissée dans une cabane du Kentuky, laquelle fût abandonnée pendant plusieurs mois. Cette cabane étoit parfaitement isolée et éloignée de plusicurs lieues de toute autre, et il n'y avoit pas de chats dans le voisinage à la distance de quinze à dix-huit milles. Le propriétaire de la cabane trouva à son retour sa chatte allaitant une portée de cinq petits monstres semblables aux chats par le corps et le poil, mais ayant la tête, les pattes et la queue semblables à ceux du didelphe commun des États-Unis (le didelphe de Virginie). Ces animaux vécurent et furent montrés comme curiosité dans tous les environs; mais ils sont morts jeunes et sans s'être propagés. » On en a conclu que cette chatte avoit été couverte par un mâle didelphe; mais cette conclusion ne nous paroîtroit susceptible d'être adoptée que si les petits, soigneusement décrits et disséqués, avoient montré des rapports de détails avec les deux espèces dont on les dit descendus, autres que ceux que nous venons de rapporter d'après M. Rafinesque.

Le même naturaliste assure que les chasseurs aborigènes de l'Amérique septentrionale croient que le raton (*procyon lotor*) peut s'unir avec un renard rouge à queue noire. Il dit avoir vu la dépouille complète d'un des produits adultes de cette union, et qu'il ressembloit beaucoup plus au raton qu'au renard. Cet animal « avoit la tête, les dents et les pattes du premier; mais il avoit la taille, l'encolure et la couleur du second. La bande noire de chaque côté de la face, si remarquable dans le raton, avoit disparu et étoit remplacée par une foible teinte obscure, et il en étoit de même des anneaux noirs de la queue. » Cet animal encore, selon M. Rafinesque, pourroit être considéré comme une simple variété du raton, si le témoignage des aborigènes qui connoissent bien les mœurs des animaux des forêts, n'étoit qu'il provient de l'accouplement de ces deux espèces de mammifères carnassiers.

Si les faits rapportés ci-dessus étoient démontrés exacts, il faudroit peut-être revenir sur l'opinion généralement admise aujourd'hui par les naturalistes, que les résultats de l'union du bœuf et du cheval, les jumars, n'existent pas et n'ont jamais existé, bien qu'il soit difficile d'imaginer un être intermédiaire à ces animaux, dont les principaux points de l'organisation, tels que les dents, l'estomac, les parties génitales, la division des membres en doigts pairs ou impairs, diffèrent à un degré si éminent.

Le nom de Mulet a été plus spécialement appliqué aux produits des espèces du cheval et de l'âne. Celui de *mulet* proprement dit appartient même au résultat de l'accouplement de l'âne et de la jument, tandis que la dénomination de *bardeau* est réservée à celui de l'ânesse et du cheval.

Le *mulet* proprement dit (*mulus* des anciens) est de la taille du cheval, et en général plus grand dans les contrées méridionales que dans les septentrionales. Il a la tête plus courte, plus grosse que le cheval ; les oreilles plus longues ; la queue presque nue et les jambes sèches comme celles de l'âne ; les sabots beaucoup plus étroits et plus petits que ceux du cheval, etc. Par ces caractères il a beaucoup de rapports avec l'âne dont il provient ; mais, par sa taille, il se rapproche de la jument qui l'a porté.

Le bardeau (*hinnus* des anciens), de la taille de l'âne, et souvent même moins grand, a la tête plus longue et plus mince à proportion ; les oreilles un peu plus courtes ; les jambes plus fournies ; la queue à peu près garnie comme celle du cheval. Il est toujours plus petit que le mulet ; a l'encolure plus mince, l'épine plus saillante, en forme de dos de carpe ; la croupe plus tranchante et avalée, etc. Ainsi il a des rapports de formes avec le père ou le cheval, et sa stature est rapprochée de celle de la mère ou de l'ânesse.

Le cheval et le zèbre, le zèbre et l'âne, produisent aussi entre eux, et M. Fréderic Cuvier a indiqué (dans l'article Cheval) les caractères qu'il a observés dans leurs métis.

Le mouton et la chèvre s'accouplent, et les petits qui en naissent sont inféconds.

Le chien et la louve donnent aussi une race métive, dont la faculté génératrice est peu développée. (Voy. l'article Chien.)

Enfin, le bison et la vache produisent ensemble des métis que les Anglo-Américains appellent *naals-breed*, *buffales*, lesquels participent, selon M. Rafinesque, de ces deux animaux, obtenant la forme de la vache, mais conservant la couleur et la tête du bison, ainsi qu'une demi-toison. Ils perdent la loupe des épaules ; mais ils ont encore le dos incliné. Ils s'unissent indifféremment entre eux, ou avec leurs père et mère, produisent de nouvelles races et fournissent de bon lait, comme celui de la vache.

La classe des oiseaux offre encore des mulets assez nombreux, surtout parmi les espèces du genre Fringille. Ainsi,
le serin de Canarie et le serin vert produisent ensemble, et
ces deux passereaux s'allient également avec les linottes et
les chardonnerets. Les diverses espèces de faisans donnent
des métis, et l'on en connoît aussi qui résultent de l'accouplement de diverses espèces de canards, comme le miloni et
le canard de la Caroline, l'oie du Canada (*anser canadensis*)
et l'oie domestique, le canard de nos basses-cours (*anas
Boschas*) et le canard musqué ou de Barbarie, etc.

En général, on observe que ces mélanges d'espèces n'ont
lieu qu'entre des animaux dont un sexe au moins est dans
l'état de domesticité, ce qui tend à faire douter de l'un
des deux faits cités plus haut d'après M. Rafinesque.

Les reptiles et les poissons, dont aucune espèce n'est réellement domestique, n'offrent pas de métis connus. Si quelques-uns des animaux de la dernière de ces classes ont reçu
le nom de *mulets*, c'est qu'on a cru sans doute remarquer
dans leurs formes des caractères intermédiaires à ceux d'autres espèces voisines.

Enfin, on a observé que plusieurs espèces distinctes d'insectes pouvoient s'accoupler, et l'on a présumé que, pour
quelques-unes (dans les genres Coccinelle et Carabe par
exemple), ces accouplemens étoient productifs et donnoient
naissance à de nouvelles espèces mixtes ; mais ce dernier fait
n'est pas suffisamment constaté. Au surplus, nous renvoyons,
pour ce qui concerne les mulets des insectes, à ce que M.
Duméril en dit dans l'article Hybride. (Desm.)

MULET ou NEUTRE. (*Entom.*) On appelle ainsi, parmi les
insectes, les individus qui ne sont pas de véritables mâles,
ni de vraies femelles, parce que leurs organes sexuels ne se
sont pas développés. Dans l'ordre des hyménoptères il y a des
neutres parmi les fourmis, les guêpes, les mutilles, les doryles. On nomme abeilles neutres ou ouvrières, les individus
qui paroissent être des femelles privées des organes extérieurs
de la génération, parce que, dans leur premier âge ou sous
la forme de larve, une nourriture convenable ne leur a pas
été accordée.

Parmi les névroptères, les termites neutres ou les fourmis

blanches sont encore dans ce cas. Toutes ces espèces vivent en société. Les pucerons offrent aussi des individus neutres. (C. D.)

MULET AMBIR. (*Ichthyol.*) On a quelquefois donné ce nom au *mulle auriflamme.* Voyez Mulle. H. C.)

MULET BARBÉ. (*Ichthyol.*) Un des noms de pays du *surmulet.* Voyez Mulle. (H. C.)

MULET FÉCOND DE DAOURIE. (*Mamm.*) On a désigné sous ce nom une espèce de solipède et du genre Cheval, le Dziggtai. Voyez Cheval. (Desm.)

MULET RAYÉ. (*Ichthyol.*) Bonnaterre a donné ce nom au *mulle rayé* de Forskal. Voyez Mulle. (H. C.)

MULETTE, *Unio.* (*Foss.*) Quoique les coquilles d'eau douce ne soient pas rares à l'état fossile, cependant on rencontre rarement des mulettes à cet état. Cela vient peut-être de ce que ces dernières sont fluviatiles, et qu'on rencontre bien plus souvent des couches formées dans des marais ou dans des eaux douces tranquilles, que de celles qui ont été déposées par des rivières ou des fleuves. Les premières ont été abandonnées quand les eaux ont diminué, et ce n'est peut-être qu'après leur diminution que les fleuves se sont formés. D'ailleurs il y a lieu de croire que ceux-ci ont dû en général garder le lit dans lequel ils ont coulé après le retirement des eaux de la mer, et après l'écoulement des lacs dans lesquels ont vécu les limnées, les planorbes et autres mollusques dont on retrouve aujourd'hui les dépouilles dans les terrains lacustres.

M. Sowerby a décrit et figuré plusieurs espèces de mulettes fossiles dans son ouvrage sur les fossiles d'Angleterre (*Min. conch.*)

Unio acutus, Sow. *loc. cit.,* tom. Ier, pag. 84, tab. 33, fig. 5, 6 et 7. Coquille à côté postérieur pointu, et à côté antérieur émoussé et arrondi; largeur deux pouces, longueur onze lignes. Lieu natal, Bradford dans le comté d'Yorkshire. On peut croire que cette espèce dépend du genre Mulette par les rapports de sa forme, mais on ne voit pas assez clairement sa charnière pour en être assuré.

Unio subconstrictus, Sow., *loc. cit.,* même pl., fig. 1, 2 et 3. Cette coquille est un peu moins grande que la précédente, et elle n'a pas son bord postérieur aussi pointu. On la trouve dans le même endroit que la précédente.

Unio uniformis, Sow., *loc. cit.*, même pl., fig. 4. Cette espèce est encore plus arrondie dans son bord postérieur que l'*unio subconstrictus*, qu'elle égale en grandeur. Lieu natal, le Derbyshire. On pourroit soupçonner que ces trois espèces ne sont que des variétés de la même.

Unio crassiculus, Sow., *loc. cit.*, tom. 2, pag. 191, pl. 185. Coquille elliptique-oblongue, à valves épaisses, couvertes de stries d'accroissement et à forte charnière; largeur trois pouces, longueur deux pouces. Lieu natal, Bawdesey, comté de Suffolk en Angleterre.

Unio Listeri, Sow., *loc. cit.*, tom. 2, pag. 123, fig. 1, 3 et 4. Coquille cordiforme, striée transversalement, à sommet pointu et recourbé, à bord antérieur court, à bord supérieur aplati; largeur deux pouces, longueur à peu près égale. Lieu natal, Durham et Scarboroug en Angleterre.

Comme on ne voit pas la charnière de cette espèce, dont les valves se trouvent toujours fermées, on n'est pas certain si elle appartient au genre Mulette. Il en est de même de l'*unio hybridus*, dont on voit la figure dans la même planche, fig. 2, et qu'on trouve dans le Nottinghamshire. Cette coquille n'est peut-être qu'une variété de la précédente.

Unio crassissimus, Sow., *loc. cit.*, t. 2, p. 121, pl. 153. Coquille très-épaisse, ovale, couverte de stries imbriquées et transverses, à sommet pointu et recourbé, à bord antérieur court et arrondi, et à bord postérieur subcunéiforme. Lieu natal, près de Bath.

Unio concinus, Sow., *loc. cit.*, tom. 3, pag. 43, pl. 223. Coquille transverse, ovale-oblongue, déprimée, un peu épaisse, à côté antérieur très-court et à sommet pointu et recourbé; largeur trois pouces, longueur un pouce et demi. Lieu natal, Copredy près de Brambury, comté d'Oxfordshire, dans l'oolithe inférieure. (D. F.)

MULETTE. (*Malacoz.*) Nom françois, quoique peu connu, du genre Unio. Voyez ce mot. (De B.)

MULETTE. (*Fauc.*) Les fauconniers appellent ainsi le gésier des oiseaux de vol, et ils disent que ces oiseaux ont la mulette, quand leur gésier est embarrassé. (Ch. D.)

MULGÈDE, *Mulgedium*. (*Bot.*) Ce nouveau genre de plantes, que nous proposons, appartient à l'ordre des synanthérées, à la tribu naturelle des lactucées, et à notre section des lactucées-prototypes, dans laquelle nous le plaçons entre les deux genres *Sonchus* et *Lactuca*. (Voyez notre article LACTUCÉES, tom. XXV, pag. 61.) Le genre *Mulgedium* offre les caractères suivans :

Calathide incouronnée, radiatiforme, pluri-multiflore, fissiflore, androgyniflore. Péricline inférieur aux fleurs, oblong, renflé inférieurement, cylindracéo-campanulé; formé de squames imbriquées, appliquées, obtuses, membraneuses sur les bords : les extérieures ovales ou lancéolées, les intérieures oblongues. Clinanthe plan et nu. Fruits plus ou moins aplatis, comprimés ou obcomprimés, suivant qu'ils sont intérieurs ou extérieurs, elliptiques-oblongs, prolongés supérieurement, après la fleuraison, en un col très-court, très-épais, parfaitement continu avec la partie séminifère; aigrette longue, blanche, composée de squamellules plurisériées, nombreuses, inégales, filiformes, très-fines, à peine barbellulées. Corolles presque glabres.

Nous connoissons trois espèces de ce genre, et nous avons lieu de croire qu'il en existe quelques autres.

MULGÈDE A FEUILLES RUNCINÉES : *Mulgedium runcinatum*, H. Cass. ; *An ? Sonchus tataricus*, Linn. C'est une plante herbacée, toute glabre, lisse, d'un vert glauque; ses tiges, hautes d'environ trois pieds, sont dressées, droites, rameuses, cylindriques; les feuilles sont alternes, sessiles, très-longues, étroites, inégales : les inférieures plus grandes, longues de huit à neuf pouces, larges d'un pouce et demi, plus ou moins étrécies en forme de pétiole vers la base, oblongues-lancéolées, runcinées en leur partie moyenne, et bordées de quelques petites aspérités spinuliformes; elles sont épaisses, et munies d'une grosse et large côte médiaire, qui est au moins aussi saillante en-dessus qu'en-dessous; la plupart sont un peu tordues près de leur base, ce qui les rend obliques relativement au plan horizontal; les feuilles supérieures sont beaucoup plus courtes que les inférieures, plus larges à la base, lancéolées, entières; les calathides, composées d'une vingtaine de fleurs violettes, ont environ neuf ou dix lignes de hauteur et autant de largeur ; elles sont très-nombreuses, et disposées en grappes ou petites panicules simples, étroites, très-irrégulières, terminales et axillaires ; chaque calathide est portée sur un court pédoncule grêle, glabre, garni de quelques petites bractées squamiformes ; le péricline est cylindracé, glabre : les fruits mûrs sont oblongs, plus ou moins aplatis, les uns comprimés bilatéralement, les autres obcomprimés : ils n'ont point de bordure distincte, comme ceux des deux espèces suivantes, mais ils sont striés, un peu anguleux, et souvent subtétragones lorsqu'il y a quatre côtes plus saillantes que les autres ; leur col est court, épais, cylindracé, parfaitement continu avec la partie séminifère ; et le bourrelet apicilaire bien distinct, qui surmonte ce col, est très-simple, sans aucun rebord, ni frange de poils, autour de la base de l'aigrette.

Nous avons fait cette description sur un individu vivant, cultivé au Jardin du Roi, où il fleurit au mois d'Août, et où il est nommé *Sonchus tataricus*. Mais est-ce bien réellement le *Sonchus tataricus* de Linné et des autres botanistes, qui lui attribuent des pédoncules nus? Notre plante a les pédoncules écailleux, et nous semble pouvoir être le *Sonchus sibiricus*, Linn.

MULGÈDE A FEUILLES LYRÉES : *Mulgedium lyratum*, H. Cass. ; *An ? Sonchus floridanus*, Linn. Cette plante, presque toute glabre, a la tige herbacée, haute de cinq à six pieds, dressée, un peu flexueuse, simple inférieurement, rameuse et paniculée supérieurement, épaisse, violette, très-glabre, couverte d'une poudre glauque ; les feuilles sont alternes, étalées, lyrées, à lobes sinués-dentés : le terminal subtriangulaire, trilobé ; les latéraux oblongs, sublancéolés ; le dessus des feuilles est vert et glabre ; le dessous est glauque et un peu pubescent ; les feuilles inférieures sont longues d'environ neuf pouces, larges d'environ six pouces ; les supérieures sont graduellement plus petites ; les calathides, composées de dix à douze fleurs bleues ou lilas, sont larges d'environ dix lignes, très-nombreuses, et disposées en grandes panicules terminales, glabres, privées de feuilles, mais pourvues de longues bractées subulées à la base des ramifications primaires, et de bractées plus courtes, squamiformes, à la base des autres ramifications; chaque calathide est portée sur un pédoncule court, grêle, glabre, garni de quelques petites écailles; le péricline est glabre et un peu violet, formé de squames carénées; les fruits mûrs sont aplatis, elliptiques-oblongs, prolongés supérieurement en un col très-gros et très-court, qui semble résulter de l'accroissement du bourrelet apicilaire, dont la partie inférieure se seroit alongée et amincie; la partie séminifère offre sur ses deux arêtes une bordure large, épaisse et beaucoup moins distincte que pendant la fleuraison; la base de l'aigrette est entourée extérieurement par une ceinture très-peu manifeste, incomplète, interrompue, formée de petits poils; les corolles sont glabres ou presque glabres.

Cette belle espèce de Mulgède, qui a de l'analogie par le port avec la *Prenanthes muralis* de Linné, a été observée par nous sur un individu vivant, cultivé au Jardin du Roi, où il fleurit au mois d'Août. Nous doutons si c'est la même plante que celle nommée par Gærtner *Lactuca floridana*, parce qu'il lui attribue une petite aigrette extérieure en forme de calycule, à cinq dents, un peu réfléchie. Nous n'avons trouvé, autour de la base de l'aigrette, qu'une zone de poils incomplète et très-peu manifeste, qui ne ressemble point du tout à ce que Gærtner a décrit. Une pareille couronne de poils entoure la base de l'aigrette des *Sonchus Plumieri* et *macrophyllus*, qui sont de vrais *Sonchus*, puisque leurs fruits n'ont point de col.

Mulgède a feuilles entières : *Mulgedium integrifolium*, H. Cass.; *An ? Lactuca canadensis*, Linn. Plante herbacée, glabre, glauque. Tiges simples, dressées, hautes de près de deux pieds, épaisses, un peu anguleuses, rougeâtres, garnies de feuilles d'un bout à l'autre. Feuilles alternes, oblongues-lancéolées, minces, lisses, un peu rougeâtres, munies d'une côte médiaire très-saillante en-dessous, en forme de carène : les feuilles inférieures longues d'environ un pied, larges d'environ trois pouces, étrécies en pétiole vers la base, bordées de petites dents inégales; les feuilles supérieures graduellement plus petites, sessiles, dentées sur les bords de leur partie inférieure, entières sur les bords de leur partie supérieure; quelques-unes un peu auriculées

ou presque sagittées à la base. Calathides disposées en grappe
ou panicule terminale, et portées chacune sur un pédoncule très-garni de petites bractées squamiformes. Chaque calathide haute d'environ six lignes, et composée d'une trentaine de fleurs à corolle jaune. Péricline inférieur aux fleurs,
subcampanulé, devenant très-enflé et globuleux inférieurement après la fleuraison ; formé de squames régulièrement
imbriquées, appliquées, obtuses, membraneuses sur les bords,
les extérieures ovales, les intérieures oblongues. Clinanthe
plan et nu. Ovaires très-aplatis, les uns comprimés, les
autres obcomprimés, larges, elliptiques, glabres, lisses,
pourvus sur les deux arêtes d'une petite bordure linéaire,
et surmontés d'un bourrelet apicilaire très-élevé ; aigrette
longue, blanche, composée de squamellules très-nombreuses, inégales, filiformes, très-fines, à peine barbellulées.
L'aréole apicilaire de l'ovaire est surmontée d'une cupule
ou d'un large plateau orbiculaire, concave, qui porte le
nectaire sur son centre, et la corolle près de ses bords. Les
fruits approchant de leur parfaite maturité sont jaunâtres,
presque lisses ; leur bourrelet apicilaire s'est converti en un
col très-court, très-épais, continu, au moins extérieurement,
avec la partie séminifère ; la cupule ne s'est point accrue,
ni détachée.

Nous avons fait cette description sur un individu vivant,
cultivé au Jardin du Roi, où il n'étoit point nommé, et où
il fleurissoit au mois d'Août. Nous ignorons son origine :
mais nous soupçonnons que cette plante est le *Sonchus pal-
lidus* de Willdenow et Persoon, ou *Lactuca canadensis* de
Linné. Quoi qu'il en soit, cette troisième espèce de Mulgède,
fort différente des deux autres par la couleur de ses fleurs
et par d'autres caractères, est très-remarquable par ses calathides tout-à-fait analogues extérieurement à celles des
laitues, par ses feuilles analogues à celles du *Prenanthes
purpurea*, et par sa cupule assez analogue à celle des *Jurinea*.

Notre genre *Mulgedium*, caractérisé principalement par
ses fruits mûrs pourvus d'un col très-court, très-épais, parfaitement continu avec la partie séminifère et qui n'est
devenu manifeste qu'après la fleuraison, est exactement intermédiaire entre le genre *Sonchus*, dont les fruits mûrs

sont absolument privés de col, et le genre *Lactuca*, dont les fruits mûrs sont pourvus d'un col très-long, très-grêle, comme articulé avec la partie séminifère. (Voyez nos articles Laitron et Laitue, tom. XXV, pag. 151 et 154.) La nécessité d'admettre ce genre intermédiaire ne peut pas être douteuse; car, si on le rejette, il faut absolument se résoudre à réunir tous les *Sonchus* et *Lactuca* en un seul et même genre qu'on ne saura comment caractériser. Voilà un nouvel exemple à l'appui de ce que nous avons déjà répété si souvent : la multiplicité des genres, que tant de botanistes proscrivent comme un abus très-ridicule, est pourtant le seul moyen de procurer à la phytographie toute l'exactitude dont elle est susceptible.

Le nom de *Mulgedium* dérive du verbe latin *mulgere*, qui signifie *traire* ou tirer le lait, parce que les plantes de ce genre sont tellement remplies de suc laiteux qu'il suffit de les presser légèrement pour faire sortir cette liqueur.

Le genre *Mulgedium* étant fondé sur la structure du col des fruits, il convient d'exposer ici deux observations nouvelles que nous avons faites sur cette partie, et qui nous semblent mériter quelque attention.

I. Au mois d'Août 1822, nous avons trouvé sur les bords de la route de Saint-Germain à Poissy, une laitue déjà défleurie, et qui, malgré son âge avancé, nous a fort bien représenté la belle espèce cultivée au Jardin du Roi sous le nom de *Lactuca maculata*, Horn. Ses fruits mûrs étoient aplatis, obovales, bordés, bruns, prolongés au sommet en un col court, épais, brun ; et au-dessus de ce col étoit un autre col très-long, très-grêle, blanchâtre comme le bourrelet apicilaire qui le terminoit, et dont il étoit évidemment une continuation. La différence de couleur, qui distingue si nettement les deux cols, paroit prouver : 1.º que le col inférieur brun est le prolongement supérieur du vrai fruit, et que le col supérieur blanc est le prolongement inférieur du bourrelet apicilaire; 2.º qu'il y a entre ces deux parties une articulation analogue à celle de l'*Urospermum*. (Voyez tom. XXV, pag. 74, 81 et 160.)

II. En Août 1823, nous avons remarqué, dans l'École de Botanique du Jardin du Roi, une plante qui y étoit nommée

Hypochæris hispida. Après l'avoir soigneusement comparée avec l'*Hypochæris radicata,* nous reconnûmes qu'elle n'en différoit extérieurement que parce qu'elle étoit plus glabre ou moins hispide, ce qui s'accordoit mal avec son nom. Cependant elle sembloit n'être point du même genre, car tous les fruits d'une même calathide étoient privés de col, en sorte que leur aigrette se trouvoit être sessile. Une analyse exacte de cinq calathides cueillies sur le même individu nous a démontré que c'étoit un *Hypochæris radicata* dont les fruits avoient éprouvé des modifications accidentelles fort remarquables. Dans l'une de ces calathides, tous les fruits, sans exception, même ceux du centre, étoient amincis vers la base, tronqués au sommet, pourvus d'un bourrelet apicilaire, mais absolument privés de col, et les squamellules intérieures de leur aigrette avoient la partie inférieure chargée sur la face interne d'une sorte de bourre laineuse, blanche, formée par des barbes très-nombreuses, très-longues, très-fines, tortueuses, emmêlées. Deux autres calathides différoient de la précédente en ce qu'il y avoit au centre de chacune d'elles un très-petit nombre de fruits amincis aux deux bouts, surmontés d'un très-long col grêle, terminé par un bourrelet apicilaire, et dont l'aigrette étoit barbée sans être laineuse ; quelques fruits intérieurs, voisins de ceux du centre, offroient un commencement de col court, épais, et une aigrette non laineuse ; tous les autres fruits, c'est-à-dire, les extérieurs et les intérieurs voisins des extérieurs, étoient absolument privés de col, et semblables en tout à ceux de la première calathide. Enfin, deux calathides avoient les fruits intérieurs pourvus d'un col, et les fruits extérieurs privés de col.

Remarquez que l'aigrette n'étoit laineuse que sur les fruits tout-à-fait tronqués au sommet et absolument privés de col. Quoique l'aigrette des fruits offrant seulement un commencement de col gros et court fût dénuée de bourre laineuse, comme les fruits à long col grêle, il n'est guères douteux que la production de cette bourre, qui constitue une monstruosité par excès, ne soit en rapport de cause et d'effet avec l'avortement du col, qui constitue une monstruosité par défaut.

M. De Candolle remarque, dans la Flore françoise (t. V, pag. 45ᵢ), que l'*Hypochœris Balbisii* de M. Loiseleur-Des-longchamps, dont toutes les aigrettes sont pédiculées, res-semble du reste absolument à l'*Hypochœris glabra*, dont les aigrettes extérieures sont sessiles : il pense qu'elle en est une simple variété. et que peut-être les fruits extérieurs à ai-grette sessile avortent quelquefois, en sorte qu'on ne trouve plus dans la calathide que des fruits à aigrette pédiculée. D'après notre observation sur les variations du fruit de l'*Hypochœris radicata*, nous croyons pouvoir affirmer que l'*Hypochœris glabra* et l'*Hypochœris Balbisii* ne font qu'une seule et même espèce, dont les fruits extérieurs, au lieu d'avorter quelquefois, comme le suppose M. De Candolle, sont tantôt privés de col et tantôt pourvus d'un col ; et puisque, dans cette espèce, l'état habituel des fruits exté-rieurs est d'être privés de col, il faut en conclure que l'*Hy-pochœris glabra* est le vrai type de l'espèce. et que l'*Hypo-chœris Balbisii* n'est que le résultat d'une variation acciden-telle, ou d'une sorte de monstruosité, opérée en sens inverse de celle qui nous a été offerte par l'*Hypochœris radicata*. Ainsi, la distinction générique des *Porcellites*, caractérisés par les fruits extérieurs pourvus d'un col, et des *Hypochœris*, caractérisés par les fruits extérieurs privés de col, pourroit encore subsister, selon nous, malgré les variations acciden-telles qui effacent quelquefois ces caractères distinctifs. (Voyez tom. XXII, pag. 367. et tom. XXV, pag. 64 et 86.)

Certains botanistes. qui se croient de grands philosophes, parce qu'ils déclament sans cesse contre la multiplicité des genres, se prévaudront sans doute de notre observation sur l'*Hypochœris radicata*, et ils ne manqueront pas d'en con-. clure qu'il ne faut plus distinguer les genres qui ne diffè-rent que par l'aigrette sessile ou stipitée. Ils devroient aussi réunir ceux qui ne différent que par l'aigrette simple ou plumeuse, car nous avons de graves motifs pour croire que notre *Gelasia villosa* offre alternativement ces deux sortes d'aigrette. (Voyez tom. XXV, pag. 82 et 3io.) Ils devroient enfin ne faire qu'un seul genre de tout l'ordre des synan-thérées, car nous pourrions leur prouver par une foule d'exemples qu'il n'y a pas un seul des caractères génériques usités dans cet ordre qui ne soit susceptible de varier. Quant à nous, persistant à ne point nous laisser ébranler par ces anomalies accidentelles, nous conservons, malgré leurs variations, tous les caractères génériques usités, sans même en excepter la radiation de la calathide; et nous pensons que le col du fruit peut bien être admis pour caractériser les genres *Hypochœris*, *Porcellites*, et beaucoup d'autres, puisque tous les botanistes admettent sans difficulté, parmi les caractères du genre *Rosa*, le nombre de cinq pétales, quoique beaucoup d'espèces de ce genre en offrent toujours ou le plus souvent un nombre très-supérieur et indéterminé. (H. Cass.)

MULINUM. (*Bot.*) Quatre plantes nommées *selinum* par Cavanilles, ont mérité d'en être séparées, suivant M. Persoon, qui en a fait son genre *Mulinum*; mais ces plantes, examinées avec soin sur les descriptions et les figures de Cavanilles, paroissent devoir être réunies au *chamitis* de Gærtner, et alors le genre *Mulinum* doit être supprimé. (J.)

MULION, *Mulio*. (*Entom.*) Fabricius a désigné, sous ce nom de genre, un groupe d'insectes à deux ailes, à bouche charnue, rétractile, en forme de trompe, à poil isolé latéral et simple aux antennes, qui sont longues, contiguës à leur base, à dernier article en fuseau, et que nous avons rapporté à la famille des chétoloxes.

L'étymologie de ce nom est obscure. Le mot latin *mulio* signifie muletier, qui vit avec les mules. A la vérité, Pline dans son Histoire, livre H, chap. 18, emploie ce nom comme indiquant une sorte de cousin; voici le passage : *Impugnant eas naturæ ejusdem degeneres vespæ atque crabrones, et è culicum genere, qui vocantur muliones.*

Nous avons fait figurer une espèce de ce genre dans l'atlas joint à ce Dictionnaire, planche 50, n.° 9.

Les mulions ne diffèrent pas beaucoup des syrphes, excepté par la forme du dernier article de leurs antennes, qui est alongé en forme de fuseau et non aplati en palette. Leurs mœurs sont d'ailleurs à peu près les mêmes. (Voy. l'art. Syrphe.)

Les principales espèces de ce genre sont :

1.° MULION A DEUX BANDES, *Mulio bicinctus*, dont Meigen a fait le genre *Chrysotoxum*.

Car. Il est noir ; le corselet est jaune sur les côtés, et chaque anneau du ventre est bordé de jaune et marqué de points de la même couleur.

2.° MULION ARQUÉ, *Mulio arcuatus.* C'est l'espèce que nous avons figurée à la planche 50, que nous venons d'indiquer et dont Geoffroy a donné la description, tome II, page 506, n.° 28, *sous le nom de mouche imitant la guêpe, à longues antennes.*

Car. Noir : à pattes jaunes, à ailes brunes ; écusson noir, bordé de jaune ; anneaux du ventre portant chacun un croissant jaune, dont la concavité est en arrière.

3.° MULION CHANGEANT, *Mulio mutabilis.* C'est la *musca mutabilis* Linn. ; le *microdon auricomos* de Meigen.

Car. Noir : velouté ; corselet sans tache ; abdomen à reflet gris, soyeux, changeant.

4.° MULION APIAIRE, *Mulio apiarius.*

Car. Noir : à corselet fauve ; abdomen bombé, à duvet pâle, satiné ; pattes jaunes, cuisses noires.

Toutes ces espèces ont été observées aux environs de Paris. (C. D.)

MULLA. (*Bot.*) Nom malabare du jasmin, selon Rhéede. (J.)

MULLÆAH. (*Bot.*) Nom grec du *suœda baccata* de Forskal, dans les environs d'Alexandrie : il nomme *mullah* son *suœda hortensis*, cultivé dans les jardins, et qui est le *tartyr* de M. Delile. Ce dernier nomme *mulleyh*, son *salsola fœtida*, qui croît dans l'Égypte supérieure. Le genre *Suœda* de Forskal a été réuni par Vahl à la soude, *salsola.* (J.)

MULLÆH, ADHBE. (*Bot.*) Noms arabes du *reaumuria vermiculata*, suivant Forskal. (J.)

MULLAH, MULLÆAH. (*Bot.*) Voyez SUÆDE. (J.)

MULLE. (*Bot.*) Nom que l'on donne vulgairement à de la garance de mauvaise qualité. (L. D.)

MULLE ou SURMULET, *Mullus.* (*Ichthyol.*) On donne ce nom à un genre de poissons osseux, holobranches, de la famille des léiopomes de M. Duméril, et de celle des perches de M. Cuvier ; lequel peut être ainsi caractérisé :

Catopes thoraciques ; corps épais, oblong, comprimé ; opercules des branchies lisses ; écailles grandes et faciles à détacher, tant sur le corps que sur la tête , qui est médiocre; front très-déclive; deux longs barbillons sous le menton; yeux rapprochés; dents en rang double , petites, peu sensibles , manquant quelquefois même tout-à-fait au bord de la mâchoire supérieure , c'est-à-dire aux intermaxillaires; deux nageoires dorsales.

Il devient facile, d'après ces caractères, de distinguer les Mulles des Chélines, des Labres, des Chélions, des Hologymnoses, des Monodactyles, qui n'ont qu'un simple rang de dents; des Spares, qui n'ont qu'une seule nageoire dorsale, et des Diptérodons, qui ont les dents volumineuses. (Voyez ces différens noms de genres et Léiopomes.)

Parmi les espèces qui composent ce genre, nous avons à signaler :

Le Rouget : *Mullus barbatus*, Linnæus; *Mullus ruber*, Lacépède. Corps et queue rouges, même encore après qu'ils ont été dépouillés de leurs écailles; mâchoires également avancées; le bord de la supérieure manquant de dents; tête comme tronquée en avant; barbillons assez longs pour atteindre jusqu'à l'extrémité des opercules; narines à une seule ouverture; ligne latérale voisine du dos; nageoire caudale fourchue : taille de huit à dix pouces communément.

Ce poisson, que la Nature semble avoir traité avec une faveur toute particulière, joint la richesse de la parure et l'élégance des formes à l'excellence de la saveur. Un riche manteau d'or et de pourpre admirablement nuancés semble avoir été par elle étendu sur son dos, tandis qu'elle répandoit avec profusion, sur son ventre et sur ses côtés, les teintes éclatantes de l'argent le plus pur, du rubis le plus éblouissant.

Il vit dans plusieurs mers, surtout dans la Méditerranée, où il est répandu abondamment sur les côtes de France, de la Campagne de Rome, de Malte et de Sardaigne, ainsi que sur celles de la Basse-Égypte et dans les eaux de Candie, des îles de l'Archipel de la Grèce; on le trouve aussi dans celles de la Propontide, du Bosphore, de la mer Noire. On le rencontre également dans l'océan Atlantique , le long du Portugal, de l'Espagne et de la France, surtout aux environs de Bordeaux. On l'a même vu, mais nous n'oserions affirmer ce fait, dans la mer Britannique, près de Cornouailles, dans la mer du Nord, sur les rivages de la Hollande et dans la partie de la mer Baltique qui baigne ceux du Danemarck. Il est beaucoup plus certain qu'il existe dans l'Océan des Indes, puisque Bloch l'a reçu de Tranquebar.

Le rouget se nourrit de crustacés, de coquillages, de débris des cadavres des animaux tombés à la mer. Il fréquente les rivages de préférence à la haute mer, et il fraye trois fois par an.

On le pêche à la ligne amorcée d'un fragment de crustacé, ou au filet.

Sa chair est blanche, ferme et d'une saveur exquise : c'est un manger vraiment délicieux, mais que l'on ne peut que rarement se procurer dans les marchés de Paris, où le luxe n'est point encore parvenu au degré qu'il atteignit dans Rome antique, chez ces maîtres du monde, fameux par leurs richesses et abrutis par leurs débauches. Heureux encore les habitans de la grande cité, s'ils s'étoient, ainsi qu'ils le pratiquoient du temps de Varron, bornés à garder les rougets dans leurs viviers comme un ornement et une preuve de leur fortune! Cicéron leur eût bien reproché l'orgueil insensé auquel ils se livroient quand ils pouvoient en montrer de beaux dans les eaux de leurs habitations favorites; mais Sénèque et Pline ne les auroient pas rendus odieux à la postérité, en signalant la cruauté, d'autant plus révoltante qu'elle étoit froide et vaine, avec laquelle, dans de dégoûtantes orgies, on les voyoit se donner le plaisir barbare de faire expirer sous leurs yeux des rougets, dont les nuances de cinabre éclatant devenoient successivement pourpres, violettes, bleuâtres et blanches, à mesure que l'animal passoit par tous les degrés de la diminution de la vie, dont la fin étoit annoncée par les mouvemens convulsifs qui venoient se joindre à la dégradation des teintes. C'est ainsi que, afin de se repaitre, pour ainsi dire, la vue des souffrances du malheureux animal, avant de se rassasier de sa chair, on voyoit les riches du temps le faire nager dans de petits ruisseaux d'eau chaude, enfermés dans des parois de cristal, et le faire ainsi cuire tout vivant à feu lent sur la table même et sous les yeux des convives.

Le goût de cet affreux spectacle se changea même chez les Romains en une telle fureur, qu'on payoit souvent les rougets la valeur de leur poids en argent, et il en est qui peuvent peser jusqu'à quatre livres. Il est question, dans une des satires de Juvénal, d'une dépense de quatre cents sesterces pour quatre de ces poissons; et l'empereur Tibère vendit quatre mille sesterces un seul rouget, qui, à la vérité, pesoit à peu près cinq livres, et dont on lui avoit fait présent. Un ancien consul, nommé Célère, en paya un huit mille sesterces, et, selon Suétone, on en acheta trois pour trente mille sesterces.

Les rougets de Marseille avoient surtout alors de la réputation, et Milon, coupable d'un meurtre et exilé dans cette ville, après avoir été mal défendu par Cicéron, eut l'impudence de dire, quand ce grand orateur lui envoya son plaidoyer corrigé : *Qu'il s'estimoit heureux qu'il n'eût pas été prononcé ainsi, sans quoi il seroit encore à Rome et ne mangeroit point de ces excellens rougets de Marseille.*

Aujourd'hui, sans qu'on puisse accuser personne de semblables folies, on fait encore un grand cas du rouget, surtout en Languedoc et en Provence. A Constantinople, il est un des poissons les plus communs et en même temps les plus recherchés. En Crimée, la bonté de sa chair lui a fait donner le nom de *sultan balik* ou *poisson du Sultan*. Selon le célèbre voyageur Pallas, celui de la mer Noire est excellent.

Le Surmulet ; *Mullus surmuletus*, Linnæus. Corps et queue rouges, avec des raies longitudinales d'un jaune doré; ventre nacré ; mâchoire supérieure un peu plus avancée que l'inférieure; ouverture de la bouche petite ; ligne latérale parallèle au dos ; barbillons proportionnément plus longs que ceux du rouget ; nageoires dorées ; celle de la queue fourchue ; yeux d'un rouge de rubis.

Le surmulet vit dans la mer Méditerranée, dans l'océan Atlantique, dans la Baltique, dans les eaux de l'Archipel des Antilles, sur les rivages de la Chine, etc. Dans son Voyage autour du Monde, le commodore Byron trouva une grande quantité de très-beaux poissons de cette espèce dans une baie sablonneuse de la côte des Patagons, au détroit de

Magellan. Sur la côte des Alpes maritimes, on le prend bien plus fréquemment que le véritable rouget.

Le surmulet varie en longueur de cinq à quinze pouces, et n'a jamais pesé plus de sept livres, en sorte qu'il devient difficile de croire ce que rapporte Pline d'un de ces mulles pêché dans la mer Rouge et qui pesoit plus de quatre-vingts livres.

Il se nourrit de petits poissons, de crustacés, de coquillages, de débris de cadavres. Il a souvent une odeur forte et désagréable, ce qui ne lui arrive, suivant Galien, que quand il a mangé des crabes, et, suivant Pline, que quand, au contraire, il a vécu de testacés.

Ce poisson, que les anciens Grecs avoient consacré à Diane, la déesse de la chasse, parce qu'ils pensoient qu'il poursuivoit et attaquoit les poissons dangereux, vit en troupes, qui sortent, vers le commencement du printemps, des profondeurs de la mer et vont frayer auprès de l'embouchure des riviéres, ce qui se renouvelle trois fois dans l'année, ainsi que l'avoit déjà noté Aristote.

On pêche les surmulets avec des filets, des louves, des nasses, et plus particuliérement à la ligne. Dans plusieurs endroits, afin de pouvoir les expédier vers des contrées lointaines, on les fait bouillir dans de l'eau de mer dès qu'on s'est emparé d'eux, et on les entoure d'une pâte, qui les garantit du contact de l'air.

Leur chair est blanche, ferme, feuilletée, d'une saveur exquise et d'une facile digestion. Ainsi que le rouget, ils furent pour les Romains, du temps des empereurs, un objet de recherches et de jouissances insensées; et ils donnèrent, par suite, lieu au proverbe : *Ne les mange pas qui les prend.* On estimoit surtout alors leur tête et leur foie.

Le Mulle japonois ; *Mullus japonicus*, Linnæus. Corps et queue jaunes, sans raies longitudinales ; taille d'un demi-pied.

Ce poisson, qui ne paroît être qu'une variété du surmulet, habite la mer du Japon, où il a été observé par Houttuyn, qui l'a décrit dans les Actes de Harlem (XX, 2, p. 534, n.° 23).

Le Mulle auriflamme ; *Mullus auriflamma*, Forskal. Dos

bronzé ; une raie longitudinale, large et rousse, de chaque côté du corps ; une tache noire vers l'extrémité de la ligne latérale ; nageoires du dos et de la queue jaunes et sans taches ; barbillons blancs, courts, comme tronqués ; écailles à bords membraneux ; dents petites et très-serrées.

Les Arabes donnent le nom d'*ambir* à ce poisson, que Forskal a observé dans la mer Rouge.

Le Mulle rayé ; *Mullus vittatus*, Forskal. Corps blanchâtre, avec cinq raies longitudinales de chaque côté, deux brunes et trois jaunes ; nageoire caudale rayée obliquement de brun ; barbillons de la longueur des opercules ; écailles légèrement dentées.

Ce poisson, comme le précédent, a été trouvé par Forskal dans la mer Rouge.

Le Mulle tacheté ; *Mullus maculatus*, Walbaum. Tête, corps, queue et nageoires rouges ; trois taches grandes, presque rondes et noires, de chaque côté du corps ; barbillons et bord de la nageoire caudale d'un jaune doré.

Ce poisson, selon le prince Maurice de Nassau, cité par Bloch, atteint la taille d'un petit saumon. On le trouve dans la mer des Antilles et dans les lacs du Brésil, où on le nomme *pirametara*. Marcgrave de Liebstædt, Pison, Ruysch, Klein, Rochefort, en ont parlé, et s'accordent à dire que sa chair est grasse, tendre et succulente, et que son foie, dépourvu de vésicule du fiel et d'un blanc jaunâtre, est particulièrement recherché pour les ragoûts.

Le Mulle deux-bandes ; *Mullus bifasciatus*, Lacépède. Une bande très-foncée, transversale et terminée en pointe, à l'origine de la première nageoire du dos ; une bande presque semblable vers l'origine de la queue ; nageoire caudale bilobée.

Ce poisson, de même que le suivant, a été inscrit par Lacépède dans les Répertoires ichthyologiques d'après les manuscrits de l'infatigable voyageur Commerson. Il habite la mer des Indes.

Le Mulle macronème ; *Mullus macronemus*, Lacépède. Mâchoire inférieure plus avancée que la supérieure ; une raie longitudinale de chaque côté du corps ; une tache noire vers l'extrémité de la ligne latérale ; l'extrémité des barbillons atteignant celle des catopes.

M. Cuvier pense que ce poisson est le même que le mulle auriflamme de M. de Lacépède.

Le Mulle cyclostome; *Mullus cyclostomus*, Lacépède. Point de raies, de bandes, ni de taches; barbillons aussi longs que dans l'espèce précédente; ouverture de la bouche presque circulaire; ligne latérale parallèle au dos; nageoire caudale fourchue et très-longue.

Il a été observé par Commerson dans la mer des Indes.

Le Mulle barberin; *Mullus barberinus*, Lacépède. Une raie noire longitudinale de chaque côté du corps; une tache noire vers l'extrémité de la ligne latérale; barbillons ne s'étendant pas au-delà de la seconde pièce de l'opercule, qui est garnie d'un piquant recourbé; dos d'un vert foncé, nuancé de jaune, de rougeâtre et de brun, comme le dessus de la tête; ventre blanchâtre; nageoires rouges ; taille de quinze à dix-huit pouces.

Ce poisson, que M. Cuvier regarde comme devant être confondu avec le macronème et l'auriflamme, a été observé aussi par Commerson dans la mer voisine des îles Moluques.

Le Mulle rouge-or ; *Mullus chryserydros*, Lacépède. Corps et queue rouges; une grande tache dorée entre les nageoires dorsales et caudale ; des rayons dorés aboutissant à l'œil comme à un centre; barbillons atteignant à la base des catopes et se recourbant ensuite : taille de huit à dix pouces.

Ce poisson, qui resplendit de l'éclat de l'or, du rubis et de l'améthyste, se trouve dans toutes les saisons, mais assez rarement, auprès des rivages de l'Isle-de-France, où il a été observé par Commerson.

Sa chair est d'une saveur agréable.

Le Mulle cordon-jaune; *Mullus flavolineatus*, Lacépède. Dos bleuâtre; une raie latérale et longitudinale dorée; nageoire caudale et sommet des dorsales jaunâtres; un petit piquant à la seconde pièce des opercules; barbillons recourbés et n'atteignant pas à la base des catopes; ventre argenté; dents à peine visibles.

Il habite les mers de l'Isle-de-France. Sa chair est exquise. (H. C.)

MULLEN. (*Min.*) C'est un nom technique, employé en

Angleterre par les *pumpsinkens*, pour désigner une roche homogène, qui paroît être voisine du basanite. Kirwan a rendu ce nom scientifique, en l'admettant comme nom d'espèce de son genre Argileux. (B.)

MULLEN-BELLERI. (*Bot.*) Plante cucurbitacée du Malabar, qui se rapproche du concombre et de la momordique. (J.)

MULLER, *Mullera.* (*Bot.*) Genre de plantes dicotylédones, à fleurs complètes, polypétalées, irrégulières, de la famille des *légumineuses*, de la *diadelphie décandrie* de Linnæus, offrant pour caractère essentiel : Un calice campanulé, à quatre dents inégales ; une corolle papilionacée ; l'étendard réfléchi ; les ailes oblongues, conniventes ; la carène courte, à deux pétales connivens ; dix étamines monadelphes ; un ovaire supérieur, linéaire ; une gousse oblongue, en forme de collier, à trois ou quatre globules monospermes.

Muller moniliforme : *Mullera moniliformis*, Linn. fils, *Supp.* 329 ; *Anonyma*, Mérian, *Surin.*, tab. 35. Arbrisseau de cinq à six pieds, recouvert d'une écorce grisâtre et raboteuse, dont le bois est blanc. Ses feuilles sont alternes, ailées, avec une impaire, composées de cinq folioles, lisses, ovales, entières, aiguës ; munies de deux stipules petites et caduques ; les fleurs sont disposées, à l'extrémité des rameaux, en un bel épi blanc, de la longueur des feuilles ; elles ont le calice tronqué, à quatre dents inégales, la supérieure oblitérée, quelquefois fendue ; la corolle papilionacée ; l'étendard ovale, en cœur, plan, très-entier, avec un onglet un peu plus long que le calice ; les ailes onguiculées, en bosse à leur base. Le fruit est une gousse noueuse, alongée, terminée par une pointe ; les nœuds arrondis, écartés les uns des autres, renfermant chacun une semence sphérique. Cette plante croît dans l'île de Cayenne.

Persoon, d'après l'herbier de Richard, a mentionné une seconde espèce de ce genre, qu'il nomme *Mullera verrucosa*, et qui diffère de la première par ses feuilles simples, ovales, glabres à leurs deux faces, acuminées au sommet. Les articulations des gousses sont striées, légèrement verruqueuses, quelques-unes lisses. Cette plante croît en Afrique. (Poir.)

MULLERGLASS. (*Min.*) Nom allemand donné au *quarz hyalin concrétionné*, Haüy. (Lem.)

MULLET. (*Ichthyol.*) Nom anglois du *mulet de mer*. Voyez Muge. (H. C.)

MULLET. (*Ornith.*) Dans la province d'York, en Angleterre, on nomme ainsi le macareux, *alca arctica*, Gm. (Ch. D.)

MULLIS. (*Ornith.*) Ce nom, qui se trouve au Vocabulaire de la Bibliothèque carthusienne, inséré dans le *Prodromus avium* de Klein, pag. 235, indique un oiseau de la famille des gallinacés, tel que le francolin ou la gelinotte. (Ch. D.)

MULLU. (*Bot.*) Voyez Condondong. (J.)

MULLVADEN. (*Mamm.*) Nom suédois de la taupe. (Desm.)

MULOT. (*Mamm.*) Nom vulgaire d'une espèce du genre Rat. Voyez ce mot. (Desm.)

MULOT [grand]. (*Mamm.*) Le surmulot, espèce de grand rat, a été désigné quelquefois ainsi. (Desm.)

MULOT BLEU DU CHILI. (*Mamm.*) Un rongeur peu connu du Chili, le Guangue de Molina, *Mus cyaneus*, a reçu ce nom. (Desm.)

MULOT A COURTE QUEUE. (*Mamm.*) L'un des noms du campagnol. (Desm.)

MULOT VOLANT. (*Mamm.*) Chéiroptère, nommé ainsi par Daubenton, et qui fait maintenant le type d'un genre particulier, nommé Myoptère par M. Geoffroy. (Desm.)

MULTIFIDE (*Bot.*) : Fendu à peu près jusqu'à moitié en plusieurs lanières étroites. Exemples : le style de la mauve, etc. ; le stigmate du *crocus multifidus*, etc. ; les vrilles du *cobæa*, etc. (Mass.)

MULTIFLORE (*Bot.*) : Portant, ou contenant, ou accompagnant plusieurs fleurs ; ou composé de plusieurs fleurs. Exemples : la hampe du *butomus umbellatus*, etc. ; la glume du *bromus*, etc. ; la spathe du dattier, de l'*arum*, etc. ; l'involucre de l'*hemanthus*, etc. ; les verticilles du marrube, etc. (Mass.)

MULTIFORE, *Multifora*. (*Foss.*) Quelques anciens auteurs ont donné ce nom au bois fossile vermoulu ou percé par des tarets. (D. F.)

MULTILOCULAIRE (*Bot.*) : A plusieurs loges. Exemples : les fruits du *cassia fistula*, de l'oranger, etc. ; les anthères de l'if, les feuilles du *juncus articulatus*, le canal médullaire du noyer et de plusieurs ombellifères. (Mass.)

MULTINERVÉE [Feuille] (*Bot.*) : Ayant plusieurs nervures partant de sa base ; telles sont les feuilles du *cypripedium calceolus*, etc. (Mass.)

MULTINERVIA. (*Bot.*) Nom donné anciennement au plantain. (Lem.)

MULTIPARTE (*Bot.*) : Divisé très-profondément en plusieurs partitions, comme, par exemple, les feuilles du *delphinium consolida*, les épines du *centaurea sicula*, l'arille du muscadier, le placentaire du pavot, etc. (Mass.)

MULTIPLE. (*Bot.*) On donne cette épithète à l'ovaire, lorsqu'il y en a plusieurs dans la fleur (labiées, renoncule); au style, lorsqu'il y en a plusieurs sur un seul ovaire (*phytolacca*); au stigmate, lorsque l'ovaire en porte plus de cinq (*lavatera*, *nigella hispanica*, etc.). (Mass.)

MULTIVALVES, *Multivalvia*. (*Conchyl.*) Dénomination employée surtout dans le Système conchyliologique linnéen, et qui signifie que l'enveloppe calcaire de certains animaux est formée de plus de deux pièces ou valves; car, lorsqu'il n'y en a que deux, la coquille est dite bivalve, de même que lorsqu'il n'y en a qu'une seule, elle est appelée univalve; mais, comme ce caractère a été mal apprécié, il en est résulté que les rapports naturels ont été rompus, au point que quelques auteurs ont placé dans cette division les oursins avec les oscabrions, les anatifes, les pholades, les tarets et même les anomies. Depuis que l'emploi de la méthode naturelle a prévalu dans la classification des malacozoaires, on a presque abandonné cette division des multivalves, ou bien on l'a réservée aux oscabrions, aux anatifes et aux balanes, les oursins ayant été transportés dans un autre type, et les pholades, les tarets, étant restés dans les bivalves, dont ils ne diffèrent que par la présence d'un tube complet ou incomplet. Voyez Conchyliologie et Mollusques. (De B.)

MULTUNGULÉS ou MULTIONGULÉS. (*Mamm.*) Ce nom est la traduction du nom latin *multungula*, donné aux quadrupèdes pachydermes (les chevaux exceptés) par Illiger. (Desm.)

MULU. (*Mamm.*) On a dit que les Chinois nommoient

ainsi une sorte de cerf, qu'on a regardé comme étant l'hippélaphe des anciens. (Desm.)

MULUS. (*Mamm.*) Nom latin du mulet. (Desm.)

MUMEIZ. (*Bot.*) Voyez Aliumeiz. (J.)

MUNACCHIA. (*Ornith.*) Voyez Monacchia. (Ch. D.)

MUNAMAL. (*Bot.*) Nom du mimusope, *mimusops elengi*, à Ceilan, suivant Hermann et Linnæus. (J.)

MUNAMU. (*Bot.*) Suivant Hermann, on nomme ainsi une espèce de mil ou sorgho à Ceilan. (J.)

MUNCHHAUSIA. (*Bot.*) Ce nom, donné par Heister à l'*hibiscus*, a été appliqué par Linnæus à un autre genre de la famille des lythraires, qui est conservé, et auquel se rapportent l'*adamboe* de Rhéede et d'Adanson, le *banava* de Cavanilles, le *lafoensia* de Vandelli, et le *calyplectus* de la Flore du Pérou : il a une grande affinité avec le *lagerstromia* de Linnæus, qui lui est peut-être congénère. Voyez Lagerstrome. (J.)

MUNCOS. (*Mamm.*) Nom de la mangouste de l'Inde, selon Rumphius. (Desm.)

MUNDA-VALLI. (*Bot.*) Nom, cité par Rhéede, d'un quamoclit, *ipomœa bona nox*. (J.)

MUNDFISCH. (*Ichthyol.*) Voyez Fundule. (H. C.)

MUNDHA MAHANA. (*Bot.*) Hermann dit qu'à Ceilan on nomme ainsi le *sphæranthus indicus*, plante composée; son *mundemana* est une autre plante composée, que Linnæus croyoit voisine de l'*erigeron*. (J.)

MUNDI. (*Bot.*) Nom brame de l'*adaca-manjen* du Malabar, *sphæranthus indicus* des botanistes. (J.)

MUNDIC. (*Min.*) Nom allemand du Fer arsenical. Voyez à cet article. (Lem.)

MUNDUBI. (*Bot.*) Nom brésilien, cité par Marcgrave (adopté par Adanson), de la pistache de terre, *arachis hypogea*, dont le fruit noué s'enfonce dans la terre pour y parvenir à maturité. Il paroît que c'est la même plante citée sous le nom de *manobi* par Monardez et Clusius son traducteur. (J.)

MUNDUBI D'ANGOLE. (*Bot.*) C'est le *glycine subterranea*, Linn. (Lem.)

MUNDUBI-GUACU. (*Bot.*) Les Brésiliens, suivant Marc-

grave, donnent ce nom au curcas, *jatropha curcas* de Linnæus : c'est le *curcas* d'Adanson, genre distinct; le *bromfel-
dia* de Necker. le *castiglionia* de la Flore du Pérou, caractérisé par un second calice intérieur, imitant des pétales,
lequel n'existe pas dans le vrai *jatropha*. Nous avons adopté
ce genre sous son nom primitif latinisé, *curcasia*. De Laet
croit que le *quauhaychuachili* du Mexique, dont parle Xi-
menez, est la même plante. (J.)

MUNGHALA. (*Bot.*) La plante citée sous ce nom dans
l'*Hort. Amstelod.* de Commelin, est réunie par Linnæus à son
conocarpus erecta. (J.)

MUNGO. (*Bot.*) Les Persans donnent ce nom à un haricot, *phaseolus max*, que C. Bauhin dit être le *messe* ou *mex*
d'Avicenne. C'est encore une espèce de haricot, qui est
nommée *mun* ou *mung* à Ceilan, suivant Hermann. (J.)

MUNGO. (*Mamm.*) Nom spécifique latin d'une mangouste
de l'Inde, dans le *Systema naturæ*, édition de Gmelin.
(Desm.)

MUNGO-PARK. (*Ichthyol.*) Ce nom, qui est celui d'un
célèbre voyageur, a été donné par M. de Lacépède à un
baliste des eaux de Sumatra, qui a, de chaque côté de la
queue, sept rangs d'aiguillons petits et recourbés; le corps
garni de papilles; la nageoire caudale à peine échancrée.

La teinte générale de ce poisson est le noir; sa nageoire
caudale est jaunâtre, avec l'extrémité blanche; toutes les
autres nageoires sont jaunes. Voyez Baliste. (H. C.)

MUNGOS. (*Bot.*) La plante de ce nom, dont la racine
guérit, dit-on, la morsure des serpens, a été nommée pour
cette raison *ophiorhiza* par Linnæus, et, d'après la description de cet auteur, Bernard de Jussieu avoit rapporté ce
genre aux gentianées; mais, M. R. Brown ayant trouvé
dans cette plante l'ovaire demi-infère ou adhérent jusqu'à
moitié au calice, il en résulte que ce genre doit être rangé
parmi les rubiacées. Linnæus lui avoit joint comme congénère le *mitra* de Houston, que lui-même avoit d'abord conservé sous le nom de *mitreola*; celui-ci, ayant l'ovaire libre
ou supère, doit être maintenant conservé et rester dans les
gentianées. (J.)

MUNGUL. (*Ornith.*) L'oiseau décrit sous les noms de *mun-*

gul et *loxia atricapilla*, par M. Vieillot, pag. 84, et figuré pl. 53 de ses Oiseaux chanteurs, est le gros-bec mungul, *coccothraustes atricapilla* du nouveau Dictionnaire d'histoire naturelle. (Ch. D.)

MUNIER. (*Ornith.*) La sittelle ou torchepot, *sitta europæa*, Linn., se nomme ainsi dans les Vosges lorraines. (Ch. D.)

MUNIS. (*Bot.*) Voyez Chaa. (J.)

MUNISTIER ou MUNISTER. (*Mamm.*) On trouve ces noms et celui de Manestier employés dans les ouvrages de Gesner et de Jonston comme synonymes de *Bonasus*, espèce de bœuf de Paonie, distinguée par Aristote, et rapportée par M. Cuvier et quelques autres naturalistes à celle de l'Aurochs. Voyez l'article Bœuf. (Desm.)

MUNJAK. (*Min.*) Nom donné dans le pays à une espèce de bitume qui est rejetée par la mer dans la baie de Campêche au Mexique (Leonhard). (B.)

MUNKANA. (*Ichthyol.*) A Malte on nomme ainsi le capelan, *morrhua minuta*, N. Voyez Morue. (H. C.)

MUNNOZIE, *Munnozia*. (*Bot.*) Genre de plantes dicotylédones, à fleurs composées, de la famille des *corymbifères*, de la *syngénésie polygamie superflue* de Linnæus; offrant pour caractère essentiel : Un calice commun, campanulé, composé d'écailles imbriquées, très-étroites, trifides; le réceptacle alvéolé et cilié; les semences tronquées et striées, surmontées d'une aigrette pileuse.

Ce genre renferme des arbustes velus ou tomenteux, à tige droite; les rameaux striés; les feuilles opposées. Les auteurs de la Flore du Pérou, qui l'ont établi, y rapportent quatre espèces, sur lesquelles ils ne nous ont encore fourni d'autres détails que les caractères spécifiques; savoir : 1.º *Munnozia corymbosa* (Ruiz et Pav., *Syst. veget. Fl. Per.*, pag. 195), dont les feuilles sont en cœur, triangulaires ou sagittées; les fleurs disposées en corymbe. 2.º *Munnozia trinervis.* Les feuilles sont en fer de pique, auriculées, dentées et presque épineuses, marquées de trois nervures; les pédoncules ternés et très-longs. 3.º *Munnozia venosissima* : arbre des montagnes boisées du Pérou, dont les feuilles marquées d'un très-grand nombre de veines, sont hastées, en fer de flèche, auriculées, légèrement denticulées; les pédoncules longs et ternés.

4.º *Munnozia lanceolata* : à feuilles hastées, lancéolées, dentées en scie ; les pédoncules courts et biflores. Toutes ces plantes croissent au Pérou, sur les rochers, aux lieux élevés. (Poir.)

MUNSTER - SPYR. (*Ornith.*) Un des noms allemands de l'hirondelle de fenêtre, *hirundo urbica*, Linn. (Ch. D.)

MUNTINGIA. (*Bot.*) Un arbre que Plumier regardoit comme une espèce de son genre *Muntingia*, et que Linnæus avoit rapporté au nerprun sous le nom de *rhamnus micranthus*, a été reconnu par Bernard de Jussieu pour un micocoulier, et maintenant c'est le *celtis micranthus*. Voyez Calabure. (J.)

MUNTJAC. (*Mamm.*) Nom d'une espèce de cerf de l'Inde. Voyez Cerf. (Desm.)

MUNYACABRES. (*Ornith.*) On nomme ainsi en Catalogne, suivant Brisson, l'engoulevent ou crapaud volant, *caprimulgus europæus*, Linn. (Ch. D.)

MUOLLO. (*Ichthyol.*) A Nice on donne ce nom au *poisson-lune*. Voyez Mole. (H. C.)

MUOU. (*Ichthyol.*) A Nice, selon M. Risso, on donne ce nom à *l'uranoscope-rat*. Voyez Uranoscope. (H. C.)

MUQUEUSE. (*Erpét.*) Nom spécifique d'un serpent du genre Couleuvre. (Desm.)

MUQUEUX, ou CELLULAIRE. (*Anat. et Phys.*) Voyez Tissus. (F.)

MURADA. (*Ichthyol.*) A Iviça, suivant François de la Roche, on appelle ainsi un poisson qu'il a rangé parmi les spares, sous le nom de *sparus acutirostris*, et que nous décrirons à l'article Sargue. (H. C.)

MURÆNA. (*Ichthyol.*) Nom latin des poissons du genre Murène. Voyez ce mot. (Desm.)

MURALTA. (*Bot.*) Adanson, voulant séparer de la clématite quelques espèces qui ont sur le pédoncule, à peu de distance de la fleur, un petit involucre turbiné et bifide imitant un calice, en avoit fait sous ce nom un genre qui n'a pas été adopté. Le même nom a été donné par Necker au *polygala heisteria* de Linnæus, rétabli comme genre par Bergius sous celui de *heisteria*, lequel ne pouvoit lui être conservé, parce que depuis long-temps il existoit un autre *heis-*

teria, fait par Jacquin dans ses *Plantæ Amer.*, et adopté par Linnæus et les autres botanistes. C'est ce motif qui a déterminé Necker à substituer pour le genre de Bergius le nom de *muralta*, qui peut être admis. (J.)

MURAPA. (*Bot.*) Nom américain du *carludovica tetragona* de la Flore équinoxiale, genre de la famille des aroïdes, qui croît dans les lieux tempérés du mont Quindiù. (J.)

MURASAKKI. (*Bot.*) Nom japonois, cité par Kæmpfer, du *basella rubra*, nommé vulgairement épinard de la Chine, dont les calices charnus sont employés au Japon pour teindre en rouge la soie et le coton. Suivant Thunberg, Kæmpfer cite encore le nom *murasakki* pour un basilic, *oclymum crispum* et le *lithospermum arvense*, Linn., le *murasakki-dako* pour le bambou, et le *murasakki-nori* pour un *fucus*. (J.)

MURCIELAGO, MORCIELAGO, MURCIEGALO, MURCEGUILLO. (*Mamm.*) Noms divers des chauve-souris en Espagne. (Desm.)

MURDJAN. (*Ichthyol.*) Nom spécifique d'une perche, décrite par Forskal. Voyez Perche et Persèque. (H. C.)

MURE. (*Bot.*) C'est le nom du fruit du mûrier. (L. D.)

MURE. (*Conchyl.*) Nom vulgaire du *buccinum patulum*, Linn.; *purpura patula*, Lamck., à cause de sa couleur et de ses tubercules : on le donne aussi quelquefois au *murex mancinella*, Linn.; *purpura mancinella*, Lamarck. Enfin, celui-ci applique plus particulièrement ce nom à une espèce de ricinule, R. mure. Voyez ce mot. (De B.)

MURE, MURIE, MUIRE. (*Min.*) Noms qu'on donne dans les salines à l'eau saturée de sel, après qu'on lui a fait subir l'évaporation nécessaire. On les applique aussi aux terres imprégnées de sel marin, et même aux eaux naturellement salées. (Lem.)

MURE AILÉE. (*Conchyl.*) Nom marchand du *murex neritoides*, Linn., *purpura neritoides* de M. de Lamarck. (De B.)

MURE SAUVAGE, MURE A POUX. (*Bot.*) Noms vulgaires des fruits des ronces. (L. D.)

MURENA. (*Ichthyol.*) A Iviça, on donne ce nom, suivant François de la Roche, à la véritable murène des anciens, *murænophis helena*. Voyez Murénophis. (H. C.)

MURENE, *Muræna*. (*Ichthyol.*) Les ichthyologistes donnent ce nom à un genre de poissons osseux, de la famille des ophichthytes de M. Duméril, lequel se reconnoît aux caractères suivans :

Ni catopes, ni nageoires pectorales ; toutes les nageoires impaires réunies ; corps arrondi, alongé, visqueux ; peau épaisse, alépidote en apparence ; opercules des branchies petites, entourées concentriquement par les rayons et enveloppées avec eux dans les tégumens, qui ne sont percés que fort en arrière par des trous ou des espèces de tuyaux latéraux ; narines tubulées ; yeux voilés par une membrane.

Il est facile, à ces caractères, de distinguer les MURÈNES, que Bloch a nommées *gymnothorax*, que M. de Lacépède a appelées *murénophis*, et dont Thunberg a, le premier, formé un genre spécial. On les isolera d'ailleurs sur-le-champ des ANARRHIQUES, des COMÉPHORES, des AMMODYTES, des XIPHIAS, des MACROGNATHES, des STROMATÉES et des RHOMBES, qui ont les nageoires impaires séparées entre elles, et des OPHIDIES, qui ont la peau écailleuse. (Voyez ces différens noms de genres ainsi que PANTOPTÈRES et OPHICHTHYTES.)

Parmi les espèces de ce genre, nous citerons :

La MURÈNE COMMUNE : *Muræna helena*, Linnæus ; *Murænophis helena*, Lacépède ; Μυραινα, Aristote, Athénée, Ælien. Mâchoires armées de dents aiguës, tranchantes, éloignées les unes des autres, fortes, nombreuses, souvent recourbées ; palais également garni de dents ; corps et queue marbrés de brun et de jaunâtre ; nageoires dorsale, anale et caudale, très-basses et recouvertes d'une peau épaisse, qui empêche d'en distinguer les rayons et la forme ; corps cylindrique et délié comme celui des serpens ; deux orifices à chaque narine, l'antérieur étant placé au bout d'un petit tube voisin de l'extrémité du museau ; museau effilé, couvert d'une rangée de pores ; bouche ample ; ligne latérale à peine visible ; peau enduite d'une humeur visqueuse, très-abondante. Taille de trois pieds et plus.

Ce poisson, qui pèse quelquefois jusqu'à vingt et trente livres, est très-répandu dans la Méditerranée, et les anciens Romains, qui le connoissoient fort bien, en faisoient le plus grand cas sous le nom de *muræna*. On le trouve aussi dans les autres mers chaudes ou tempérées de l'Europe et de l'Amérique, et plus particulièrement qu'ailleurs sur les côtes de Sardaigne.

Pendant que l'hiver règne, ce poisson se retire au fond de l'eau : mais, dans toutes les saisons, il aime à se loger dans les creux des rochers, ne fréquentant les rivages qu'au printemps.

Sa vessie aérienne est petite, ovoïde, placée vers le haut de l'abdomen. Son estomac est un sac court, dans lequel il entasse sans cesse une multitude de crustacés, de poissons et surtout de poulpes, de sèches et de zoophytes mous. Il est tellement vorace, que, lorsqu'il manque de nourriture, il ronge la queue des autres individus de son espèce. Il est d'ailleurs ovovivipare, et s'accouple à la manière des vipères.

Il peut, du reste, non-seulement vivre habituellement dans l'eau douce, mais encore résister à l'action de l'air atmosphérique plusieurs jours après avoir été tiré de l'eau.

Sa chair, blanche, grasse, fort délicate, est un manger fort agréable, et le seroit encore bien plus, si elle n'étoit pas remplie d'un très-grand nombre d'arêtes courtes et recourbées.

On pêche les murènes, qui sont d'ailleurs fort rusées, avec des nasses et avec des lignes de fond. On peut même les élever dans les viviers; et, lorsque le luxe eut corrompu l'ambition orgueilleuse des républicains de Rome, lorsque le caprice et la prodigalité sembloient tout diriger dans la capitale du monde, on vit des patriciens tyranniques, enrichis des dépouilles de la veuve et de l'orphelin, construire, à grands frais, des réservoirs où ils pussent élever de ces poissons; on vit des voluptueux, comblés des dons de la fortune, en faire transporter dans les lacs intérieurs, dans ceux de Riéti, de Bolsena, de Viterbe, etc. L'auteur d'un traité célèbre d'agriculture, l'opulent Columella, conseilloit même de leur construire des demeures où l'on eût l'attention de ménager, pour leur servir d'abri, des grottes tortueuses au-dessous du niveau de l'eau. Du temps de César, déjà, la multiplication des murènes domestiques étoit telle que, lors de l'un de ses triomphes, ce grand général en donna six mille à ses amis. Licinius Crassus en nourrissoit, qui obéissoient à sa voix et venoient recevoir leurs alimens de ses mains, tandis que le célèbre orateur Quintus Hortensius pleuroit sur la perte de celles que la mort lui enlevoit; et, ce qui est révoltant au-delà de toute expression, un certain Vedius Pollio faisoit jeter aux siennes ses esclaves fautifs, méritant ainsi l'animadversion de l'empereur Auguste, qui n'osa pourtant le faire précipiter lui-même dans la funeste piscine.

Dans tous les cas, la morsure de ces poissons est cruelle et souvent dangereuse.

La Murène grise : *Murœna grisea*, N.; *Murœnophis grisea*, Lacépède. Museau arrondi; mâchoire supérieure plus épaisse et plus arrondie que l'inférieure; une dent droite et plus grosse que les autres à l'angle antérieur du palais; anus plus près de la tête que de la nageoire caudale; couleur générale variée de brun et de blanchâtre par très-petits traits; iris doré : taille de l'anguille.

La murène grise a été décrite par Commerson : elle vit au milieu des rochers détachés du rivage, qui environnent la Nouvelle-Bretagne et les iles voisines. On la trouve aussi près des côtes d'Amboine. L'effet de sa morsure est, dit-on, semblable à celui d'un rasoir.

La Murène christini : *Murœna Christini*, Risso; *Murœnophis unicolor*, La Roche. Dos élevé; couleur d'un brun fauve uniforme, traversée par de petites lignes festonnées, obscures; corps arrondi : tête grosse; nageoires bordées de jaune; bouche ample; mâchoire inférieure un peu avancée; yeux bleuâtres, petits, à iris jaune : taille de trente à trente-six pouces.

Ce poisson habite les profondeurs rocailleuses de la mer de Nice. On le trouve aussi dans le voisinage des iles Baléares. Sa chair est moins estimée que celle de la murène Hélène.

La Murène Hauï : *Murœna Hauï*; *Murœnophis Hauï*. Lacép. Teinte générale d'un jaune doré, avec des nuances blanches et argentines; une raie longitudinale rouge; de nombreuses taches d'un brun jaunâtre sur toute la surface du corps; nageoires brunes.

La Murène sorcière : *Murœna saga*; *Murœnophis saga*, Risso. Mâchoire supérieure extraordinairement avancée;

corps épais, arrondi ; teinte générale d'un brun châtain, varié de bleu, de gris et de rouge ; bouche très-ample, ayant les yeux à sa base ; ligne latérale formée de chaînons entrelacés et arrondis ; nageoires grandes, élevées, nuancées d'un bleu d'outre-mer : taille de trente pouces.

Ce poisson, dont la chair est blanche et d'une odeur très-forte, vit dans la mer des environs de Nice, où il a été découvert par M. Risso.

La MURÈNE RÉTICULAIRE : *Murœna reticularis ; Gymnothorax reticularis*, Bloch ; *Murœnophis reticularis*, Lacépède. Tête et ouverture de la bouche petites ; dents pointues et très-serrées ; ligne latérale peu distincte ; teinte générale blanchâtre ; de petites bandes brunes sur le dos et le ventre ; des nuances brunes et des taches jaunes sur la nageoire dorsale.

De Tranquebar.

La MURÈNE AFRICAINE : *Murœna afra ; Murœnophis afer*, Lacép. ; *Gymnothorax afra*, Bloch. Bouche grande ; dents fortes, recourbées en arrière et plus grandes en devant ; nageoire dorsale commençant à la nuque ; corps et queue bruns et marbrés ; œil grand et ovale ; iris bleu ; corps comprimé.

Elle habite les écueils de la côte de Guinée.

La MURÈNE PANTHÉRINE : *Murœna pantherina ; Murœnophis pantherina*, Lacépède ; *Murœna picta*, Thunberg. Couleur générale jaunâtre, avec des taches petites, noires, réunies sur le dos, de manière à former des cercles plus ou moins entiers, plus ou moins réguliers : taille de dix-huit pouces.

Cette espèce vit au milieu des rochers de la Nouvelle-Bretagne. Ses morsures sont fâcheuses ; mais sa chair est excellente.

La MURÈNE ÉTOILÉE : *Murœna stellata ; Murœnophis stellata*, Lacépède. Dents maxillaires clair-semées et obtuses ; deux séries longitudinales de taches, en forme d'étoiles irrégulières, de chaque côté du corps. Taille de dix-huit pouces.

La teinte générale de ce poisson est d'un jaune mêlé de blanc. Ses taches étoilées sont d'un pourpre noirâtre.

De la Nouvelle-Bretagne. (H. C.)

MURÈNE ANNELÉE. (*Ichthyol.*) Voyez OPHISURE. (H. C.)

MURÈNE CASSINI. (*Ichthyol.*) Voyez CONGRE. (H. C.)

MURÈNE COLUBRINE. (*Ichthyol.*) Voyez OPHISURE. (H. C.)

MURÈNE DES ISLES BALÉARES (*Ichthyol.*); *Muræna balearica*, Laroche. Voyez CONGRE. (H. C.)

MURÈNE A LARGES LÈVRES, MURÈNE MYRE et MU-RÈNE NOIRE. (*Ichthyol.*) Voyez CONGRE. (H. C.)

MURÈNE SERPENT-DE-MER. (*Ichthyol.*) Voyez OPHI-SURE. (H. C.)

MURÈNE ZÈBRE; *Muræna zebra*. (*Ichthyol.*) On a parfois donné ce nom au poisson que M. de Lacépède a appelé *gymnomurène cerclé*. Voyez GYMNOMURÈNE. (H. C.)

MURÉNOBLENNE ; *Murænoblenna*. (*Ichthyol.*) M. le comte de Lacépède a désigné sous ce nom, qui vient du grec, μυραινα, *murène*, et βλεννα, *mucus*, un genre de poisson qui appartient à la famille des ophichthythes de M. Duméril, et que l'on reconnoît aux caractères des gymnomurènes, si ce n'est qu'il n'y a aucune apparence des nageoires impaires. (Voyez GYMNOMURÈNE et OPHICHTHYTHES.)

Ce genre ne renferme encore qu'une espèce; c'est

La MURÉNOBLENNE OLIVATRE; *Murænoblenna olivacea*, Lacépède. Couleur générale olivâtre, sans taches; ventre blanchâtre : taille de dix pouces.

Ce poisson, que Commerson a vu dans le détroit de Magellan, laisse suinter de ses pores cutanés une inépuisable quantité d'un mucus gluant et huileux, qui inspiroit aux matelots une répugnance décidée pour sa chair. (H. C.)

MURÉNOÏDE. (*Ichthyol.*) Voyez GONNELLE. (H. C.)

MURÉNOPHIS. (*Ichthyol.*) C'est le nom que M. de Lacépède donne au genre MURÈNE. (H. C.)

MURENOT. (*Ichthyol.*) A Iviça on donne ce nom à la *murène unicolore* de Fr. de la Roche. Voyez MURÆNOPHIS et MURÈNE. (H. C.)

MURER. (*Bot.*) Nom vulgaire de la giroflée de muraille. (L. D.)

MUREX. (*Bot.*) Linnæus avoit d'abord publié sous ce nom, dans la *Fl. Zeyl.*, un genre à fruit hérissé, qui est maintenant son *pedalium murex*. (J.)

MUREX. (*Malacoz.*) Nom latin du genre ROCHER. Voyez ce mot. (DE B.)

MUREX A DENTS DE CHIEN (*Conchyl.*), *Voluta turbi-*

nellus, Linn., type du genre Turbinelle de M. de Lamarck, *T. cornigera*. (De B.)

MUREX FRISÉ (*Conchyl.*), *Murex hippocastanum*, Linn. (De B.)

MURFAIN. (*Mamm.*) L'hyène est ainsi appelée dans le royaume de Darfour, en Afrique, selon le rapport de Browne. (Desm.)

MUR-HAN. (*Ornith.*) C'est dans Gesner et Aldrovande le nom de la gélinotte d'Écosse, de Brisson, *tetrao lagopus*, Linn. (Ch. D.)

MURIACITE. (*Min.*) Voyez Soude muriatée gypseuse. (B.)

MURIACITE FIBREUSE. (*Min.*) Voyez Polyahalite. (B.)

MURIATE DE SOUDE. (*Min.*) Voyez Soude muriatée. (B.)

MURIATES, MURIATES SUROXIGÉNÉS [Acide muriatique, Acide muriatique oxigéné, Acide muriatique suroxigéné]. (*Chim.*) Dans l'hypothèse où l'on considère le chlore comme un corps composé (voyez tome IX, p. 24), les combinaisons que nous avons appelées *chlorures*, portent le nom de *muriates secs*, parce qu'on les considère comme les résultats de l'union d'un corps oxigéné alcalin et d'un *acide sec* indécomposé, qu'on appelle *muriatique*. Dans cette hypothèse on admet comme probable que l'acide muriatique sec est formé d'un radical combustible et d'oxigène. M. Berzelius suppose que 1 *atome de radical muriatique* et 2 *atomes d'oxigène* constituent l'*acide muriatique sec*, et que, dans les combinaisons formées de cet acide et d'une base salifiable oxidée, ou dans les muriates à bases d'oxides, *l'acide contient deux fois autant d'oxigène que la base salifiable qui le neutralise*.

Parce que l'on n'obtient que du *muriate sec de soude, de potasse*, etc., en mettant le chlore avec le sodium, le potassium, etc., on regarde le chlore comme un composé d'acide muriatique et d'une proportion d'oxigène suffisante pour produire avec un métal basifiable la quantité d'oxide nécessaire à la neutralisation de l'acide muriatique auquel cet oxigène est uni. D'après cela il est évident que M. Berzelius doit regarder le chlore comme un composé de 1 *atome de radical muriatique* et de 3 *atomes d'oxigène*, ou de 1 *atome d'acide muriatique* et de 1 *atome d'oxigène*. C'est cette combinaison

qui a été désignée, avant la théorie du chlore, par le nom
de *gaz muriatique oxigéné.*

D'après cette composition de l'acide muriatique oxigéné,
d'après la composition de l'eau, et enfin d'après ce résultat
que 1 volume d'acide muriatique oxigéné ─+─ 1 volume d'hydrogène = 2 volumes de *gaz acide hydrochlorique*, on doit
considérer ce dernier comme un *hydrate gazeux d'acide muriatique*, dans lequel la quantité d'eau contient la moitié de
l'oxigène de l'acide muriatique. Il est évident que M. Berzelius doit le considérer comme formé de 1 *atome d'acide
muriatique* et 1 *atome d'eau*, ou de 1 *atome de radical muriatique, 2 atomes d'hydrogène et 3 atomes d'oxigène.*

Le gaz muriatique hydraté forme, avec le gaz ammoniaque, un sel dont on ne peut séparer d'eau par la sublimation : d'où il suit qu'il doit être considéré comme un muriate hydraté, qui retient précisément toute l'eau d'hydra-
tation du gaz muriatique.

D'après ce qui précède et d'après les compositions des
oxides de chlore, de l'acide chlorique et de l'acide chlorique
oxigéné[1], il est facile d'établir celles de ces mêmes composés,
dans l'hypothèse où le chlore n'est pas un corps simple.
Ainsi on a pour la composition :

Atomes.

du protoxide	acide muriatique 1	ou radical muriat.	1
de chlore,	oxigène 2	oxigène	4
du deutoxide	acide muriatique 1	radical	1
de chlore,	oxigène......... 5	oxigène.......	7
acide chlorique,	acide muriatique 1	radical	1
	oxigène 6	oxigène	8
acide chlorique	acide muriatique 1	radical	1
oxigéné,	oxigène 8	oxigène.......	10

Dans les combinaisons salines de l'acide chlorique, l'oxigène de l'acide est à celui de la base :: 8 : 1, et dans les

---

1 Cet acide est formé en volume de 1 de chlore et de 3,5 d'oxigène. Nous n'en avons pas parlé, parce qu'il n'a été découvert que
postérieurement à la rédaction de l'article *Acide chlorique* de ce Dictionnaire.

chlorates oxigénés, l'oxigène de l'acide est à celui de la base
:: 10 : 1.

L'acide des chlorates étoit appelé, avant la théorie du chlore,
acide muriatique suroxigéné, et les chlorates, *muriates suroxigénés ;* quant aux oxides de chlore et à l'acide chlorique
oxigéné, ils n'ont jamais eu d'autres noms que ceux-ci dans
la nomenclature françoise.

Dans l'hypothèse où le chlore est un corps composé, il est
facile d'expliquer la production du muriate suroxigéné de
potasse, qu'on obtient en faisant arriver du chlore, ou plutôt
de l'acide muriatique oxigéné, dans de l'eau de potasse. En
effet, admettons que la potasse est formée de 1 atome de
potassium et de 2 atomes d'oxigène, il arrivera évidemment
que 1 atome de potasse demandera 2 atomes d'acide muriatique suroxigéné, qui contiennent 16 atomes d'oxigène :
dès-lors il faudra que 10 atomes d'acide muriatique oxigéné
cèdent 10 atomes d'oxigène à 2 atomes de gaz muriatique
oxigéné, pour les convertir en 2 atomes d'acide muriatique
suroxigéné. Dès-lors il arrivera que 10 atomes d'acide muriatique, contenant 20 atomes d'oxigène, neutraliseront 5
atomes de potasse contenant 10 atomes d'oxigène ; conséquemment la potasse du muriate suroxigéné sera à celle du
muriate :: 1 : 5. (Cн.)

MURICALCITE de Kirwan. (*Min.*) Voyez Chaux carbo-
natée magnésifère. (Lem.)

MURICARIA. (*Bot.*) Genre de plantes dicotylédones, à
fleurs complètes, polypétalées, régulières, de la famille des
crucifères, de la *tétradynamie siliculeuse* de Linnæus ; offrant
pour caractère essentiel : Un calice à quatre folioles dressées,
égales à leur base ; quatre pétales en croix ; six étamines
tétradynames, sans dents ; un ovaire supérieur ; un style ;
deux stigmates connivens, formant une pointe conique,
une silicule coriace, globuleuse, indéhiscente, à une loge
monosperme, hérissée de pointes.

Muricaria couché : *Muricaria prostrata*, Desv., Journ.
bot., 3, pag. 159, tab. 25, fig. 2 ; *Icon. fructus*, Decand., *Syst.
veg.*, 2, pag. 647 ; *Bunias prostrata*, Desf., *Fl. Atl.*, 2, tab. 150 ;
Lælia prostrata, Pers., *Synops.* 2, pag. 185. Il s'élève d'une
racine commune plusieurs tiges rameuses, légèrement striées,

grêles, cylindriques, couchées, étalées, un peu pubescentes ;
les feuilles sont médiocrement pétiolées, à peine pubescentes,
longues de deux ou trois pouces, presque pinnatifides ; les
lobes distincts, oblongs, dentés ; les fleurs disposées en une
grappe terminale : ces fleurs sont petites, serrées en corymbe, puis distantes ; la corolle blanche, un peu plus
longue que le calice ; les pétales entiers ; leur onglet de la
longueur du calice ; le style très-court, un peu épais ; les
silicules très-petites, un peu arrondies, pubescentes, hérissées. Cette plante a été découverte par M. Desfontaines dans
les sables, proche Cafsa, dans le royaume de Tunis. (Poir.)

MURICHI. (*Bot.*) Voyez MORICHE. (J.)

MURICIE. (*Bot.*) *Muricia.* Genre de plantes monocotylédones, à fleurs monoïques, dont la famille naturelle n'est
pas déterminée, appartenant à la *monoécie triandrie* de Linnæus ; offrant pour caractère essentiel : Des fleurs monoïques ;
un calice à cinq découpures, cinq pétales, trois étamines ;
les filamens adhérens et dilatés à leur base ; dans les fleurs
femelles un ovaire inférieur, un style, trois stigmates ; une
grosse baie uniloculaire, hérissée, contenant plusieurs semences.

N'ayant aucune connoissance de ce genre, je le présente
ici tel que Loureiro l'a décrit.

MURICIE DE LA COCHINCHINE ; *Muricia cochinchinensis*, Lour.,
Fl. Cochin., 2, pag. 752. Arbrisseau à tiges grimpantes,
épaisses, munies de vrilles. Les feuilles sont alternes, pétiolées, glabres, veinées, denticulées, divisées en cinq lobes ;
les trois supérieurs acuminés ; les deux inférieurs plus courts,
un peu obtus : les pétioles tortueux ; les fleurs monoïques,
solitaires, éparses, latérales, d'un jaune pâle, à longs pédoncules ; chacune d'elles enveloppée d'une spathe verdâtre,
renflée, obtuse : elles ont les divisions du calice striées, noirâtres, subulées, égales ; la corolle campanulée, à cinq pétales
ovales-lancéolés ; trois étamines ; les filamens courts, épais,
trigones, dilatés et adhérens à leur base ; deux anthères à
deux lobes écartés, auriculés à leur base ; une troisième
simple ; toutes attachées aux filamens et marquées d'une ligne
farineuse. Dans les fleurs femelles il y a un ovaire ovale,
alongé, velu, placé entre l'insertion de la spathe et celle

du calice; le style épais, cylindrique, de la longueur des étamines ; les stigmates sagittés. Le fruit est une grosse baie, d'un rouge pourpre, tant en dedans qu'en dehors, un peu charnue, ovale, hérissée, à une seule loge, contenant plusieurs semences brunes, grandes, éparses, orbiculaires, tuberculeuses à leurs bords. Cette plante croît à la Chine et à la Cochinchine. On se sert de ses baies pour colorer les gateaux et quelques autres alimens. Ses feuilles et ses semences passent pour apéritives et détergentes. On les emploie contre la chute du rectum. (Poir.)

MURICITES. (*Foss.*) C'est le nom que les anciens oryctographes donnoient aux rochers, aux strombes et aux rostellaires fossiles. (D. F.)

MURICU. (*Bot.*) Voyez Meuricou. (J.)

MURIE. (*Min.*) Voyez Mure. (Lem.)

MURIER ; *Morus*, Linn. (*Bot.*) Genre de plantes dicotylédones apétales, de la famille des *urticées*, Juss., et de la *monoécie tétrandrie* du système de Linnæus; dont les fleurs sont sessiles, serrées les unes contre les autres et disposées en chatons ovales ou alongés, les uns entièrement mâles, les autres femelles, et portés tantôt sur les mêmes individus, tantôt sur des individus différens. Le caractère de chaque fleur mâle est d'avoir un calice de quatre folioles ovales ou arrondies; quatre étamines à filamens droits, plus longs que le calice. Les fleurs femelles ont un calice de quatre folioles arrondies, concaves, opposées sur deux rangs, enveloppant l'ovaire, qui est supère, globuleux, comprimé, surmonté de deux styles divergens. Après la fécondation les folioles de chaque calice se soudent ensemble, deviennent succulentes, charnues, se changent en un petit grain bacciforme, renfermant une seule graine, et la réunion de ces petits grains forme une sorte de baie composée.

Les mûriers sont des arbres dont le suc propre est laiteux; dont les feuilles sont alternes, simples, souvent lobées et accompagnées de stipules à leur base ; leurs fleurs sont disposées en chatons solitaires ou réunis plusieurs ensemble dans les aisselles des feuilles ; il succède aux femelles des fruits connus sous le nom de mûres, et bons à manger. Mais c'est moins sous ce rapport que parce que les feuilles de quelques espèces servent à la nourriture de l'insecte précieux qui nous donne la soie, que ces arbres sont vraiment intéressans. Les catalogues les plus modernes de toutes les espèces végétales comptent dix-huit espèces de mûriers, qui toutes sont d'origine exotique, mais dont quelques-unes sont cultivées depuis plus ou moins long-temps et comme naturalisées maintenant dans le Midi et la partie tempérée de l'Europe. La plupart des autres sont encore assez imparfaitement connues, et peut-être que, si elles l'étoient mieux, il faudroit beaucoup réduire leur nombre, quelques-unes d'elles n'étant très-probablement que des variétés de l'espèce la plus répandue, le mûrier blanc. Mais, comme cet examen pourroit nous entraîner fort loin et alonger sans véritable intérêt cet article, qui, par sa partie vraiment utile, doit déjà avoir assez d'étendue, nous ne traiterons ici que des six espèces cultivées dans nos jardins ou dans les campagnes.

MÛRIER NOIR : *Morus nigra*, Linn., *Spec.*, 1598 ; Duham., Arb. et Arbust., nouv. édit., vol. 4, pag. 90, tab. 22 ; *Morus fructu nigro*, Bauh., *Pin.*, 459. Cet arbre, selon le climat, s'élève à vingt ou quarante pieds de hauteur ; il forme le plus souvent une tête plus ou moins arrondie, qui se divise en branches et en rameaux un peu tortueux, sur lesquels les bourgeons sont courts et serrés. Ses feuilles sont pétiolées, cordiformes, aiguës, dentées, glabres et rudes au toucher en-dessus, pubescentes en-dessous, souvent entières, quelquefois partagées jusqu'à moitié en trois lobes simples, ou qui parfois se subdivisent en plusieurs autres petits lobes secondaires, de manière à ce que la feuille paroît être très-découpée. Les fleurs sont le plus ordinairement dioïques ; les mâles forment des chatons oblongs, solitaires ou deux à trois ensemble, et leur axe est pubescent, ainsi que les calices. Les fleurs femelles sont disposées en chatons ovales, brièvement pédonculés, et il leur succède des fruits ovales-oblongs, assez gros, d'un pourpre noirâtre, et d'une saveur douce et rafraîchissante. Les fleurs paroissent en Juin, et les fruits mûrissent depuis la fin de Juillet jusqu'en Septembre. Cet arbre passe pour être originaire de la Perse ; mais on ignore l'époque de son introduction en Europe, et elle doit être fort ancienne, puisqu'on n'en trouve aucune mention dans les auteurs anciens. Théophraste, dans le peu qu'il dit du mûrier, n'en parle point comme d'un arbre étranger à la Grèce; et Pline, qui prend ordinairement le soin d'indiquer les arbres qui ont été transportés en Italie, et de fixer l'époque de leur introduction, ne dit rien à ce sujet sur le mûrier; il paroît même en parler comme d'un arbre indigène, lorsqu'il dit qu'il se trouve rarement sur les montagnes. Si donc le mûrier a eté transplanté en Grèce et en Italie, ce doit être à une époque très-reculée, puisque les habitans de ce dernier pays n'en ont pas conservé le souvenir. C'est probablement aux Romains qu'on doit la transplantation du mûrier noir dans les Gaules; mais on ignore aussi le temps où il y a été apporté. Quoi qu'il en soit, il est aujourd'hui très-bien acclimaté dans toute la France, et il peut aussi vivre plus au Nord, en Angleterre, en Allemagne, etc.

Ses fruits étoient blancs dans l'origine, selon les poètes de l'antiquité; mais leur couleur fut changée après la mort de Pyrame et de Thisbé, qui périrent, victimes de leur amour, sous un mûrier où ils s'étoient donné rendez-vous. La racine de cet arbre, arrosée du sang de ces tendres amans, en communiqua la couleur aux fruits, qui devinrent d'un pourpre noir; et, à la prière de Thisbé, les dieux leur conservèrent pour toujours cette teinte lugubre, comme un signe et un monument qui atteste à jamais la fin tragique de ces malheureux amans. C'est dans Ovide qu'il faut lire cette fable touchante, embellie de tout le charme de la poësie. Nous citerons seulement les vers qui ont plus particulièrement rapport au changement de couleur des fruits du mûrier :

Arbor ibi, niveis uberrima pomis,
Ardua morus, erat. . . . .

. . . . .

Arborei fœtus adspergine cædis in atram
Vertuntur faciem ; madefactaque sanguine radix
Purpureo tingit pendentia mora colore.

. . . . .

At tu, quæ ramis arbor miserabile corpus
Nunc tegis unius , mox es tectura duorum :
Signa tene cædis; pullosque, et luctibus aptos
Semper habe fœtus, gemini monumenta cruoris.

. . . .

Vota tamen tetigere deos, tetigere parentes :
Nam color in pomo est, ubi permaturuit ater.
(*Metam., lib. IV, fab. 4.*)

Pline parle assez longuement du mûrier noir en plusieurs
endroits. Ce qu'il dit d'exact sur cet arbre est souvent en-
tremêlé de choses merveilleuses , entièrement dénuées de
vérité; par exemple : le mûrier n'entre en végétation que
lorsque le froid est passé, ce qui l'a fait nommer le plus sage
des arbres; mais, quand une fois il a commencé à pousser,
il le fait si rapidement, que cette opération s'achève en une
seule nuit, et qu'elle est même accompagnée d'un certain
bruit.

Le. naturaliste romain attribue au suc qui découle du
tronc de l'arbre, quand on entame son écorce, beaucoup de
propriétés, comme d'être un puissant antidote contre l'aco-
nit , la piqûre des araignées; de lâcher le ventre, de tuer
les vers intestinaux, etc.

Selon le même auteur , les mûres ne rafraîchissent que
momentanément; elles altèrent ensuite, et causent des gon-
flemens, si on ne prend pas d'autres alimens après les avoir
mangées. En cela Pline n'est pas d'accord avec Horace qui
prétend que pour vivre long-temps, il faut manger les mûres
à la fin du dîner.

Ille salubres

Ætates peraget, qui nigris prandia moris
Finiet, ante gravem quæ legerit arbore solem.
(Liv. 2, sat. 4, v. 21.)

Quoi qu'il en soit, l'avis de Pline a prévalu ; car aujour-
d'hui c'est au commencement du repas, et non au dessert,
qu'on mange ces fruits.

Outre les mûres fraîches , dont il paroît, d'après ce qui
vient d'être dit , qu'on faisoit diversement usage chez les
Romains, on préparoit encore avec ces fruits un médicament
réputé très-salutaire, nommé en grec *pankrestos*, c'est-à-dire,
bon à tous maux. Les anciens attribuoient encore au mûrier des vertus merveilleuses et tout-à-fait superstitieuses,
que Pline rapporte dans son livre 23.ᵉ, chap. 7. Ses jeunes
baies, cueillies de la main gauche , avant que l'arbre eût

poussé des feuilles, avoient la propriété d'arrêter les hémorrhagies; un rameau rompu pendant la pleine lune, dans le temps qu'il commence à développer ses fruits, pouvoit aussi produire les mêmes effets, pourvu qu'il n'eût point touché la terre, etc.

Les modernes ont réduit les propriétés du mûrier à ce qu'elles ont de vrai. Ses fruits, qui ont une saveur sucrée, mêlée d'un acide foible et assez agréable, se mangent dans la saison; mais on les recherche, en général, beaucoup moins que les framboises, les fraises et la plupart des autres fruits d'été. Ils ne sont véritablement bons que pendant quelques instans, et c'est lorsqu'ils se détachent facilement par l'effet d'une foible secousse imprimée aux branches; plus tôt ils sont acerbes, plus tard ils ont fermenté. Ils ne mûrissent que successivement, et leur récolte dure ordinairement depuis la mi-Juillet jusqu'au commencement de Septembre. La quantité de ces fruits est quelquefois prodigieuse sur un seul arbre.

Les mûres sont rafraîchissantes, adoucissantes et laxatives; on peut, en en écrasant une certaine quantité et en y ajoutant un peu de sucre, en préparer une boisson agréable; mais on n'en fait, en médecine, que bien rarement usage de cette manière. On s'en sert bien davantage pour en composer un sirop qui porte leur nom, et qu'on emploie assez fréquemment, soit pour les gargarismes dans les maux de gorge inflammatoires, soit pour le faire prendre en boisson, après l'avoir délayé avec de l'eau, dans les fièvres putrides, bilieuses ou dans les phlegmasies en général.

Considérées sous le rapport de leurs propriétés économiques, on peut fabriquer avec les mûres une sorte de vin, en les mettant fermenter dans une certaine quantité d'eau. Ce vin peut facilement être converti en vinaigre, en prolongeant la fermentation; en saisissant, au contraire, le moment le plus favorable de la fermentation vineuse, et en le soumettant à la distillation, il est possible d'en retirer de l'eau-de-vie. Ce vin n'est d'ailleurs pas susceptible d'être conservé long-temps: il s'aigrit promptement, à moins qu'on ne le mette en bouteilles et qu'on ne le tienne à la cave; mais encore il ne peut être gardé long-temps et ne prend jamais de corps. Aussi il ne s'en prépare guère en France ; mais les marchands emploient souvent les mûres pour donner de la couleur aux vins qui en manquent.

Tous les bestiaux et les volailles aiment beaucoup les mûres, et les mangent avec avidité.

L'écorce du mûrier noir est âcre et amère. Dioscoride et Pline ont parlé de sa propriété purgative et vermifuge ; mais les modernes ne l'emploient pas sous ce rapport. On peut en faire des cordes et du papier, de même qu'avec celle du mûrier blanc, comme nous le dirons plus bas.

Les feuilles du mûrier noir, à défaut de celles du mûrier blanc, peuvent servir à nourrir les vers-à-soie. On dit qu'en Sicile, dans la Calabre et dans plusieurs parties de l'Espagne, on ne cultive que le premier de ces arbres pour la nourriture de ces insectes, et l'on assure que ses feuilles leur font produire un fil plus-solide, mais plus grossier, que celui qu'ils donnent avec le mûrier blanc. Je n'ai pu vérifier cette assertion ; je dirai seulement qu'ayant élevé comparativement, en 1823. quelques vers-à-soie avec les feuilles de ces deux arbres, cent cocons de ceux dont les vers avoient vécu de mûrier noir, pesoient deux à trois gros de moins que cent autres cocons provenus de chenilles qui avoient toujours eu les feuilles de mûrier blanc pour nourriture.

Les anciens estimoient assez le bois de mûrier noir, qui, dit Pline, noircit en vieillissant. On peut l'employer à des ouvrages de menuiserie, de tour. Une circonstance particulière, que je vais rapporter, a donné en Angleterre un grand prix à quelques meubles faits avec le bois d'un de ces arbres. Un ecclésiastique qui étoit venu s'établir à Straffort, patrie de Shakespeare, ayant acheté la maison et le jardin de cet illustre poëte tragique, fit abattre un mûrier que ce dernier avoit planté, ce qui causa une violente sédition, pendant laquelle le peuple pilla la maison ; heureusement que le prêtre se sauva. Lorsque le calme fut rétabli, un charpentier acheta le mûrier et en fit faire des tasses, des tabatières, des boîtes à thé et quelques meubles, qui, dèslors, se vendirent assez cher ; mais, l'année dernière, deux de ces objets, qui se trouvèrent à la vente de la veuve du célèbre Garrick, et qui faisoient partie de la succession de ce grand comédien , furent portés à un prix qu'on aura peine à croire. Un vase, sculpté et monté en vermeil, fut vendu 22 liv. sterl. 11 s. 6 d. (environ 600 fr.), et un fauteuil fait du même bois et sculpté d'après un dessin de Strogarth fut porté à 132 liv. sterl. 5 s. (3800 fr.).

Le mûrier noir, dans le climat de Paris, n'est ordinairement qu'un arbre de petite taille; il ne s'élève le plus souvent qu'à quinze ou vingt pieds; cependant il existe maintenant, dans le jardin d'un particulier de Pontoise, un de ces arbres qui surpasse beaucoup tous ceux de son espèce. Il s'élève à près de trente pieds de hauteur, sur un tronc qui a, par le bas, plus de cinq pieds de tour. Le propriétaire de ce mûrier a fait pratiquer dans l'enceinte, formée par ses branches, cinq petites chambres les unes au-dessus des autres , dont les murailles sont entièrement formées par les rameaux entrelacés et fixés sur un treillage , mais dont les planchers sont soutenus par une charpente de chêne. Cet arbre remarquable a , dit-on, plus de sept cents ans.

Dans le Midi , le mûrier noir s'élève toujours beaucoup plus haut que dans le Nord. M. Audibert, de Tonelle, près de Tarascon, que j'aurai souvent occasion de citer, a vu dans l'ile de Lavesio, voisine de celle de Corse , un énorme mûrier de cette espèce , dont le tronc avoit six pieds de tour , dont la tête s'élevoit à quarante ou quarante-cinq pieds de hauteur , et qui portoit peut-être mille à douze cents livres de fruits.

Il y a des mûriers noirs dont les récoltes sont alternes et qui ne donnent abondamment du fruit que tous les deux ans. L'année de l'abondance est indiquée dès la floraison. Les chatons femelles sont très-nombreux, et les mâles sont rares. L'inverse a lieu l'année suivante, où l'arbre doit rapporter peu ou point de fruits; mais, cette année-là, la végétation est toujours plus belle, et cette observation est, selon M. Audibert, commune à tous les arbres dioïques, dont les individus femelles , employant une partie de leur séve à nourrir les fruits, sont toujours moins forts que les individus mâles, qui ne portent que des fleurs de peu de durée.

Le mûrier noir, venu de graine, fait un arbre plus vigoureux ; mais on le multiplie rarement de cette manière :

comme il n'est cultivé qu'en petit nombre , on trouve que
les boutures et les marcottes sont un moyen suffisant de multiplication , et que c'est en même temps une voie plus prompte
et plus facile. Les boutures doivent être faites à la fin de
l'hiver ou au commencement du printemps. Du temps de
Pline on avoit observé qu'une culture soignée, les semis et
la greffe, n'avoient rien avancé à l'égard de cet arbre, si ce
n'est de rendre ses fruits plus gros; et depuis l'époque où
écrivoit le naturaliste latin, le mûrier noir est resté ce qu'il
étoit alors.

Dans le climat de Paris on plante ordinairement le mûrier noir dans les lieux couverts, abrités, autour des habitations, dans les basses-cours. On peut le mettre en espalier,
en plein vent; il ne demande ni taille ni culture.

Mûrier rouge : *Morus rubra*, Linn., *Spec.*, 1399; Mich.,
Arb. Amér., 3, pag. 232, tab. 10 ; *Morus virginiensis arbor*, etc., Pluk., *Alm.*, 253, t. 246, fig. 4. Le mûrier
rouge est un grand arbre, qui s'élève dans son pays natal à
soixante et soixante-dix pieds de hauteur, sur un tronc qui
a cinq à six pieds de tour. Ses feuilles sont pétiolées, ovales, un peu en cœur à leur base, très-aiguës à leur sommet,
le plus souvent entières et simplement dentées en leurs bords,
plus rarement partagées en deux à trois lobes, un peu ridées en-dessus, chargées en-dessous de nombreuses nervures
et légèrement pubescentes : ces feuilles ont ordinairement
quatre à cinq pouces de longueur sur trois à quatre de largeur; mais, sur les jeunes plants, il n'est pas rare d'en voir
ayant plus que le double de ces dimensions, et dont la longueur va jusqu'à un pied sur une largeur proportionnée.
Les fleurs mâles et les fleurs femelles sont, le plus souvent,
partagées sur des individus différens; et les premières sont
disposées en chatons cylindriques, assez grêles, pendans
et longs de quinze à dix-huit lignes. Les fleurs femelles,
placées sur d'autres arbres, forment de petits chatons ovales,
qui, après la fécondation, se convertissent en un fruit
oblong, d'un rouge foncé, d'une saveur aigrelette, un peu
sucrée et assez agréable à l'époque de la maturité. Cette
espèce est originaire de la Louisiane, de la Virginie, de la
Pensylvanie et autres provinces des États-Unis d'Amérique.

Il y a près de deux cents ans qu'elle a été transportée en Europe, où elle est très-bien acclimatée, en France, en Angleterre et autres pays tempérés ; mais elle n'est pas encore très-répandue.

Non-seulement le mûrier rouge est un bel arbre , très-propre à être employé pour l'ornement des parcs et grands jardins paysagers, mais encore son bois a de bonnes qualités, qui doivent engager les propriétaires à le planter plus en grand et à chercher à le multiplier dans les bois et les forêts. Quoique ses couches concentriques soient fort écartées les unes des autres, ce qui annonce qu'il croît avec rapidité, il a néanmoins le grain fin, assez serré, jaunâtre dans le cœur ; il a en même temps de la force, de la solidité, et il dure long-temps exposé aux injures de l'air. Ces bonnes qualités font, dit M. Michaux, que dans plusieurs ports des États-Unis d'Amérique on l'emploie, autant qu'on peut s'en procurer, pour la charpente supérieure et inférieure des navires et pour les courbes des grands bateaux. On s'en sert aussi pour faire des pieux, qui durent fort long-temps. Les charpentiers américains prétendent d'ailleurs que le bois qui provient des arbres appelés mûriers mâles , est beaucoup meilleur que celui qui est tiré de ceux qu'ils nomment mûriers femelles. M. Michaux ne sait pas jusqu'à quel point cette opinion est fondée ; mais, dans tous les cas, il avertit qu'en Amérique les gens du peuple commettent pour le mûrier rouge la même erreur que les paysans en Europe au sujet du chanvre : ils prennent pour le mâle la plante qui donne des fruits, et pour femelle celle qui n'en porte pas ; d'où il suit que, si leur opinion est fondée pour les qualités respectives du mûrier rouge de l'un ou de l'autre sexe, ce seroit, en rectifiant l'erreur populaire, le mûrier femelle qui donneroit le meilleur bois, et non le mûrier mâle.

Duhamel parle des feuilles du mûrier rouge comme pouvant servir de nourriture aux vers-à-soie ; cependant il ajoute : « Mais les uns disent qu'il ne faut s'en servir que lorsque les vers sont devenus gros, parce que ces feuilles sont trop dures pour les jeunes vers ; d'autres, au contraire, prétendent que ces feuilles, qui sont tendres quand les vers sont petits, conviennent à ces jeunes insectes, qui, étant bien nourris, en deviennent plus robustes, et qu'elles causent des maladies aux gros vers. » Cette question m'ayant paru assez importante pour mériter d'être résolue, j'ai fait des expériences exprès pour vérifier jusqu'à quel point les feuilles de mûrier rouge pouvoient convenir aux vers-à-soie dans leur enfance ou quand ils étoient plus avancés en âge. Mes expériences m'ont prouvé que, si les feuilles de cette espèce ne sont pas tout-à-fait impropres à la nourriture des vers-à-soie, elles sont au moins très-désavantageuses pour obtenir le plus grand produit possible de soie, ce qui est le seul but que l'on se propose dans l'éducation de ces insectes. En effet, en 1822, une certaine quantité de vers-à-soie ayant été nourrie de feuilles de mûrier rouge pendant les dix derniers jours avant l'époque où ces insectes devoient filer, cent de leurs cocons ne pesoient que deux onces sept gros et vingt-quatre grains, tandis que cent cocons d'autres vers, qui avoient toujours été nourris de mûrier blanc, pesoient cinq onces. Dans une seconde expérience, cent autres cocons, dont les vers furent mis très-jeunes sur le mûrier rouge et qui vécurent trente-cinq à trente-six jours et jusqu'au moment de filer, pesoient encore moins que les premiers, leur poids n'étant que de deux onces deux gros vingt grains. Outre cela, pendant le temps de leur éducation, il mourut beaucoup plus de vers parmi ceux qui vécurent de mûrier rouge, surtout parmi ceux qui en avoient vécu pendant trente-cinq à trente-six jours, que parmi ceux qui furent constamment nourris de mûrier blanc, et ceux qui parvinrent à l'âge adulte étoient tous, au moment de filer, d'un quart ou même d'un tiers plus petits. Au reste, les vers, n'importe à quel âge on leur substitue des feuilles du mûrier rouge à celles du blanc, ne paroissent pas s'en apercevoir; ils mangent les unes comme les autres sans paroître préférer les dernières, et, lorsqu'on leur donne ces deux sortes de feuilles mêlées ensemble, ils ne se dérangent pas du tout pour aller chercher les unes préférablement aux autres. Ainsi, dans une petite case où étoient deux cents vers-à-soie, alors âgés de trente-cinq à trente-six jours, je mis d'un côté et dans la moitié de la case, des feuilles de mûrier rouge, et dans l'autre moitié je continuai les feuilles de mûrier blanc : cependant, aucun des vers qui se trouvoient recouverts de mûrier rouge, ne se dérangea pour aller chercher les feuilles du blanc ; tous montèrent sur les feuilles qui étoient au-dessus d'eux, et deux heures après, les deux espèces avoient été également mangées. Il paroissoit alors y avoir encore autant de vers d'un côté que de l'autre ; car même ceux qui étoient sur les limites, ne s'étoient pas écartés de cinq à six lignes pour aller chercher le mûrier blanc toutes les fois qu'ils avoient trouvé le rouge plus rapproché d'eux.

J'ai répété cette expérience cette année (en 1824), et elle a été encore plus malheureuse ; car de deux cents vers qu'on a essayé de nourrir de mûrier rouge, depuis le moment de leur naissance jusqu'à l'instant de filer, soixante-quatre seulement sont arrivés à cette époque ; tous les autres sont morts ; et sur ceux qui ont vu la fin de leur cinquième âge, qui s'est étendu d'ailleurs jusqu'au cinquante-cinquième et soixantième jour, trente-quatre seulement ont filé des cocons parfaits, mais si légers que tous ensemble ne pesoient pas cinq gros ; quant aux trente autres, ou ils n'ont point filé du tout, ou ils n'ont fait que des cocons mal conformés.

On conclura facilement des expériences que je viens de citer, que, quoiqu'il soit possible de nourrir les vers-à-soie avec des feuilles de mûrier rouge, et quoique ces insectes les mangent avec autant d'avidité que celles des mûriers blancs, elles ne sont pas aussi favorables à leur développement, et qu'elles nuisent trop sensiblement au produit de la soie pour qu'on doive jamais les employer à la nourriture des vers. C'est donc seulement comme arbre d'un beau port, dont le feuillage épais peut donner, dans les grands jardins d'agrément, un ombrage frais et agréable pendant les chaleurs de l'été, et dont le bois peut servir utilement à divers ouvrages, que le mûrier rouge peut être planté. Jusqu'à présent il n'est encore que peu multiplié, parce qu'on ne l'a guère propagé qu'au moyen de la greffe sur le mûrier noir, ou par les marcottes et les boutures ; mais, en semant ses fruits, il seroit bien plus facile de le rendre commun.

Mûrier du Canada ; *Morus Canadensis*, Poir. *in* Lam., Dict.

enc., 4, pag. 580. Cette espèce a beaucoup de rapports avec le mûrier rouge; mais elle en diffère, selon M. Poiret, parce que ses feuilles sont divisées en trois à cinq lobes, très-velues, blanchâtres et presque veloutées en-dessous dans leur jeunesse, et parce que ses fleurs, plus rapprochées, forment des chatons plus serrés et plus gros. Cet arbre a été cultivé au Jardin du Roi, où il passoit pour être originaire du Canada. Peut-être n'est-il qu'une variété du mûrier rouge ; au moins c'est ainsi que le considère M. Audibert, qui le cultive dans ses pépinières à Tonelle, près de Tarascon, et qui me marque qu'en 1819 il s'est servi de ses feuilles pour nourrir une certaine quantité de vers-à-soie, dont les cocons lui ont fourni des fils qui avoient plus de ténacité et de force que ceux des autres cocons, dont les vers n'avoient reçu que la nourriture ordinaire. M. Audibert ne me dit pas, d'ailleurs, si la soie qu'il en a retirée étoit aussi abondante : d'après mes propres expériences sur le mûrier rouge, qui a les plus grands rapports avec le mûrier du Canada, il me semble qu'on peut croire le contraire.

Mûrier de Constantinople; *Morus Constantinopolitana*, Poir. *in* Lam., Dict. enc., 4, pag. 581. La tige de cette espèce ne paroît pas devoir s'élever, dans le climat de Paris, à plus de douze ou quinze pieds; son tronc est noueux, divisé en branches qui ne poussent que des rameaux gros et courts, sur lesquels les bourgeons et les feuilles sont très-pressés. Ces dernières sont cordiformes, entières, crénelées en leurs bords, aiguës, assez longuement pétiolées, parfaitement glabres des deux côtés, luisantes en-dessus : la plupart d'entre elles naissent si rapprochées les unes des autres, qu'elles forment des espèces de touffes. Les fleurs, qui sont constamment monoïques, naissent dans les aisselles des feuilles, les mâles disposées en chatons réunis quatre à six ensemble au même point d'insertion et portées sur des pédoncules pendans. Les fleurs femelles forment des chatons axillaires, solitaires et presque sessiles; il leur succède de petites baies peu succulentes et purpurines.

Cet arbre est cultivé, depuis assez long-temps, au Jardin du Roi à Paris, où on lui a donné le nom spécifique qu'il porte; ce qui pourroit faire supposer qu'on l'y a reçu comme originaire des environs de Constantinople. D'un autre côté, M. Audibert me marque que le mûrier dit de Constantinople avoit été trouvé par M. Payan, médecin et cultivateur à Aubenas, dans un semis qu'il avoit fait de mûriers blancs, et envoyé par le même à M. Thouin aîné pour le Jardin du Roi à Paris. Quoi qu'il en soit, le mûrier de Constantinople, qu'on le considère comme une espèce distincte ou seulement comme une variété du mûrier blanc, a des caractères qui le rendent facile à distinguer de ce dernier. Il est cultivé maintenant chez plusieurs pépiniéristes; mais il n'est, en général, que peu répandu. On ne le multiplie que de boutures ou en le greffant sur le mûrier blanc.

Ses feuilles sont très-bonnes pour la nourriture des vers-à-soie; elles paroîtroient même préférables à celles du mûrier blanc, si elles n'étoient pas plus difficiles à cueillir à cause de leur rapprochement sur les branches. Si les expériences comparatives que j'ai faites pour en nourrir des vers-à-soie, donnoient toujours des résultats semblables à ceux que j'en ai obtenus en 1822 et cette année, elles offriroient un certain avantage; puisque cent cocons, dont les vers avoient été constamment nourris de feuilles de mûrier de Constantinople, pesoient, en 1822, deux gros vingt-huit grains, et en 1824, trois gros de plus que cent autres cocons, dont les vers avoient été traités avec le mûrier blanc.

Murier d'Italie; *Morus Italica*, Poir., Dict. enc., 4, p. 397. Ce mûrier ne s'élève qu'à une hauteur médiocre; ses rameaux sont courts, diffus, entrelacés, et leur bois est teint sous l'écorce d'une couleur rose claire. Ses feuilles sont pétiolées, ovales, légèrement échancrées en cœur à leur base, dentées en leurs bords et presque toujours découpées en deux ou trois lobes, glabres des deux côtés, excepté quelques poils fins répandus sur leurs nervures inférieures. Ses fleurs sont monoïques; les mâles forment des chatons axillaires verdâtres. lâches et un peu courts. Ses fruits sont petits, d'abord roses, ensuite noirs à leur maturité, portés sur de courts pédoncules. Cet arbre est cultivé depuis assez long-temps au Jardin du Roi, où l'on croit qu'il a été apporté d'Italie. Il ressemble tellement au mûrier blanc par le port et par le feuillage, qu'on peut à peine l'en distinguer, si ce n'est à la couleur

de son bois; il est, au contraire, très-différent du mûrier
noir. Les vers-à-soie mangent ses feuilles comme celles du
mûrier blanc, et il supporte aussi très-bien le froid de nos
hivers.

Mûrier blanc : *Morus alba*, Linn., *Spec.*, 1398; Lam., *Ill.
gen.*, t. 762, fig. 2. Cet arbre s'élève à vingt-cinq ou trente
pieds dans le climat de Paris, et, dans le Midi de l'Europe,
jusqu'à quarante et cinquante pieds, sur un tronc de six à
huit pieds de circonférence. Sa tige se divise en branches
nombreuses, éparses, diffuses, formant ordinairement une
tête plus ou moins arrondie. Ses feuilles sont pétiolées, ovales, un peu échancrées en cœur à leur base, aiguës à leur
sommet, dentées à leurs bords, entières, ou assez souvent,
selon l'âge de l'arbre ou selon les variétés, découpées en plusieurs lobes plus ou moins profonds et irréguliers; leur surface supérieure est d'un vert luisant, parfaitement glabre, et
l'inférieure est chargée de quelques poils sur les nervures. Ses
fleurs sont monoïques : les unes mâles, disposées en chatons
cylindriques, portés sur des pédoncules plus longs qu'eux;
les autres, femelles, forment des chatons arrondis ou ovales,
assez brièvement pédonculés, auxquels succèdent de petites
baies de la même forme et d'une couleur rouge ou blanche.
Cette espèce est originaire de la Chine; elle est aujourd'hui
cultivée et naturalisée dans le Midi de l'Europe et même dans
plusieurs des pays tempérés de cette partie du monde.

La culture soignée du mûrier blanc a fait produire plusieurs
variétés à cette espèce; mais, jusqu'à présent, il règne encore
beaucoup de vague dans leur détermination et dans la manière de les caractériser. Me trouvant éloigné des provinces
où les mûriers se cultivent en grand, et n'ayant moi-même
commencé à m'occuper de leur culture que depuis trois ans,
je ne pourrai guère éclaircir ce sujet; je me contenterai
d'exposer au lecteur ce qui se trouve dans le Nouveau cours
d'agriculture imprimé chez Deterville, en 1821 — 1823, et
les notes qui m'ont été transmises de la Provence et du Languedoc.

L'auteur de l'article *Mûrier* de l'ouvrage cité, distingue,
dans le mûrier blanc, les mûriers sauvages et ceux qui sont
greffés, et les premiers comprennent, selon lui, quatre sous-

variétés. La première , qu'on appelle *feuille-rose*, porte un petit fruit blanc , insipide, et sa feuille est rondelette, semblable à une foliole de rosier, mais plus grande. La seconde, la *feuille-dorée*, a un fruit petit, de couleur purpurine, et une feuille luisante, alongée. La troisième, la *reine-bâtarde*, se distingue à son fruit noir et à ses feuilles deux fois plus grandes que celles de la feuille-rose, dentées à leur circonférence, avec la dent de l'extrémité supérieure très-alongée en pointe. La quatrième est appelée *femelle* : son arbre est épineux ; il pousse ses fleurs avant ses feuilles, qui sont découpées en trois lobes comme un trèfle.

Dans les mûriers greffés le même auteur distingue aussi quatre variétés. La première est la *reine*, à feuilles luisantes et plus grandes qu'aucune des sauvages ; son fruit est de couleur cendrée. La seconde, la *grosse reine*, a les feuilles d'un vert foncé et le fruit noir. La troisième, la *feuille d'Espagne*, porte des feuilles fort grandes, extrêmement mattes et grossières, et un fruit blanc, très-alongé. La quatrième, la *feuille de flocs*, est d'un vert foncé, a peu près semblable à la feuille d'Espagne, mais moins alongée et disposée par touffes sur les rameaux ; son fruit, très-abondant, ne parvient jamais à une parfaite maturité.

M. Audibert, qui est propriétaire de très-belles pépinières à Tonelle, près de Tarascon , et qui les cultive avec toutes les connoissances d'un agronome distingué, a bien voulu me communiquer des notes intéressantes sur les mûriers en général et sur leur culture, dont je ferai souvent usage dans le cours de cet article. M. Audibert, dis-je, ne me parle pas des mûriers sauvages , ou n'en distingue pas de variétés particulières. En effet, nous ne connoissons pas le mûrier sauvage ; nulle part cet arbre ne croit spontanément dans aucune partie de l'Europe : partout où on le voit, il est cultivé, et les jeunes plants qui naissent des semis faits dans les pépinières, ne peuvent pas véritablement être considérés comme des individus sauvages, puisqu'ils proviennent de graines récoltées sur des arbres qu'une longue culture a plus ou moins modifiés, et qu'eux-mêmes subissent quelquefois de nouvelles modifications par l'effet de la nature du sol et des soins particuliers qu'on leur donne pour les faire croître. Ainsi, dans les sujets provenus de semis, on observe des différences plus ou moins considérables dans la consistance des feuilles, dans leur grandeur, dans leur manière de rester entières ou de se partager en plus ou moins de lobes; et si ces jeunes arbres n'étoient pas le plus souvent greffés avant que de porter des fruits, on trouveroit aussi dans ceux-ci des différences qui pourroient encore servir à les faire distinguer; mais il faudroit d'ailleurs établir de nouvelles variétés pour chaque semis particulier, car les variétés se propagent rarement sans différer plus ou moins des arbres dont on a tiré la graine.

Les seules variétés dont il peut être utile de faire mention, sont celles qui, obtenues il y a plus ou moins de temps dans des semis, ont été distinguées comme offrant des caratères ou des qualités remarquables, et que depuis on a pris soin de multiplier, en les greffant sur les plantes venues de graines dans les pépinières et que j'appellerai sauvageons pour me conformer à l'usage. Voici ces variétés, d'après M. Audibert.

MÛRIER FEUILLE-ROSE, *Morus alba rosea.* L'arbre est grêle, à rameaux plus menus que toutes les autres variétés greffées; il peut cependant prendre beaucoup d'élévation avec l'âge. Son bois est plus solide et plus compacte; il se rapproche beaucoup par ses qualités du mûrier sauvageon. Ses feuilles sont luisantes, comme vernissées, rarement lobées, portées sur des pétioles roses. Ses fruits sont d'un gris rose. Les semis offrent quelques sous-variétés.

MÛRIER ROMAIN, *Morus alba ovalifolia.* L'arbre est grand et croit très-promptement. Ses feuilles sont grandes et belles, luisantes en-dessus, entières ou quelquefois partagées en trois à cinq lobes sur les pieds jeunes et vigoureux. Ses fruits sont gris-rose ou lilas. C'est la variété la plus répandue en Provence dans les environs d'Avignon et dans une grande partie du Languedoc. Elle entre pour les dix-huit vingtièmes dans les plantations, la feuille-rose pour un vingtième, la grosse-reine et d'autres variétés pour le restant. L'on convient cependant que la variété feuille-rose produit une feuille de qualité supérieure, qui donne une belle soie, et l'on assure même que les vers qui en sont nourris, sont sujets à moins de maladies, surtout à celles qui sont causées par une feuille trop aqueuse, provenant d'un terrain trop gras. Pourquoi donc le mûrier feuille-rose n'est-il pas cultivé autant qu'il paroîtroit devoir l'être à cause de ses bonnes qualités? C'est que dans leur intérêt les pépiniéristes préfèrent cultiver des mûriers d'une croissance rapide, qu'ils peuvent vendre après deux à trois ans de greffe; tandis qu'il faut deux ans de plus à la variété feuille-rose avant qu'elle ait atteint les dimensions convenables pour être propre à la vente. En second lieu, la plus grande partie des propriétaires, méconnoissant leurs véritables intérêts, ne veulent pas payer cette variété plus cher que les autres.

Mûrier grosse-reine, *Morus alba macrophylla*. L'arbre devient gros, mais ne s'élève pas autant que le romain. Ses pousses sont grosses et ses bourgeons un peu plus rapprochés. Aucune autre variété n'offre des feuilles aussi larges : elles sont un peu plissées, et leur pétiole est court comparativement à leur grandeur. Ses fruits sont gros et blancs, très-sucrés; mais ils n'ont pas cette acidité agréable des fruits du mûrier noir, auxquels ils sont comparables seulement par leur grosseur. On plante environ trois ou quatre pour cent de cette variété, et on en réserve les feuilles pour être employées vers la fin de l'éducation des vers et au moment où ils sont sur le point de monter. On prétend que cette feuille les purge; ce qui est, dit-on, un bien à l'instant où ils vont faire leurs cocons. Cette opinion est fondée sur la remarque que l'on a faite, que les vers se vident avant de s'envelopper de leur cocon; mais cette déjection auroit lieu de même quand on ne changeroit pas à cette époque de leur vie la qualité des feuilles qu'on leur donne, puisque les vers ont besoin de se débarrasser de tout ce qu'ils ont de matières excrémentitielles avant de se transformer : aussi est-il bien rare que l'on trouve des crottes dans les cocons, et l'on y trouve toujours la dépouille des vers, qui n'est point nuisible à la qualité de la soie, comme le seroient les crottes délayées par l'eau chaude, à l'instant du tirage des cocons. Par suite de la croyance où l'on est que la feuille de grosse-reine purge les vers-à-soie, on ne la leur donne pas ordinairement dans les premiers âges de leur vie, et cette feuille est souvent refusée par les acheteurs; bien des personnes ne se décident à l'employer que faute d'autres. Cette opinion est-elle fondée, ou est-ce une erreur? Ce qu'il y a de certain, c'est qu'en général les grandes feuilles sont plus aqueuses et contiennent moins de parties nutritives, et qu'il doit en résulter des inconvéniens pour les facultés digestives et la vigueur des vers.

Mûrier langue-de-bœuf, *Morus alba oblongifolia.* Ses feuilles sont grandes, luisantes, non lobées, presque deux fois aussi longues que larges. Cette variété est cultivée dans les Cévennes; mais elle n'y est pas fort estimée : on y préfère celle qu'on nomme colombassette, et qui paroît être une sous-variété de la feuille-rose de Provence.

Mûrier nain, *Morus nana.* C'est une variété venue de semences, et qui se reproduit quelquefois de la même manière. L'arbre est un peu plus grand que celui connu sous le nom de mûrier de Constantinople. Ses feuilles sont assez semblables à celles de la grosse-reine, et ses fruits sont blancs. Le mûrier nain seroit d'une culture très-avantageuse, parce que ses bourgeons sont très-rapprochés, et qu'un arbre de peu d'étendue fourniroit autant de feuilles qu'un autre mûrier trois fois plus grand; on pourroit aussi en planter une plus grande quantité sur la même étendue de terrain.

Mûrier a feuilles toujours entières et luisantes, *Morus alba integrifolia.*

Mûrier a feuilles constamment entières et non luisantes, *Morus alba integrifolia obscura.*

Mûrier a feuilles grandes, coriaces, ordinairement découpées en deux à cinq lobes; *Morus alba semilobata et coriacea.*

Mûrier a feuilles lobées; *Morus alba lobata.* Ses feuilles sont découpées, jusqu'à moitié, en trois à cinq lobes. Ce mûrier offre trois sous-variétés : dans l'une, les feuilles sont très-grandes; dans la seconde. elles sont moyennes, et plus petites dans la troisième.

Mûrier lacinié, *Morus laciniata.* Cette variété a les feuilles découpées en cinq lobes profonds, dont celui du milieu, plus grand que les autres, est lui-même découpé en cinq à six lobes alternes.

Ces cinq dernières variétés ne sont pas connues dans les

cultures en grand. M. Audibert m'écrit qu'il les a remarquées dans ses semis de trois à dix ans; mais, n'en ayant point encore élevé de plant isolément, il ne peut juger des inconvéniens ou des avantages qu'elles peuvent offrir. Ce qu'il y a de certain, c'est que la forme des feuilles de mûrier est en général très-variable, et que tel individu qui présente dans sa jeunesse des feuilles multilobées, finit souvent, en vieillissant, par les avoir entières : certains arbres ont les feuilles de la seconde pousse différentes de la première; celles-ci étoient entières au printemps, tandis que celles de l'automne naissent toutes lobées, de sorte que le même arbre, vu dans ces deux saisons, devient méconnoissable. D'après cela il est extrêmement difficile d'assigner des caractères positifs aux diverses variétés, surtout à celles qui ne paroissent offrir de différence que dans la découpure des feuilles.

A toutes ces variétés il faut ajouter un mûrier cultivé seulement depuis trois ans au Jardin du Roi et apporté de l'île de Bourbon par le capitaine Philibert. Ses feuilles sont entières ou à peine découpées, presque pas luisantes en-dessus, plus décidément pubescentes en-dessous que dans les autres mûriers blancs; leur parenchyme est assez mince et un peu sec. Un jeune pied de cette variété a déjà passé deux hivers en pleine terre sans souffrir d'un froid de huit degrés au-dessous de zéro. Il sera très-utile de multiplier cette variété, si c'est elle, comme on l'assure, dont les feuilles fournissent aux vers de la Chine les plus belles qualités de soie.

Je terminerai ce que j'ai à dire des variétés du mûrier blanc, en transcrivant ici une note sur les principales variétés de cette espèce, cultivées à Anduze, dans les Cévennes et le Vivarais, note que je dois à la bienveillance de M. Régis, géomètre à Anduze, et qui me paroît d'autant plus intéressante, que non-seulement elle renferme la description de ces variétés, mais encore leurs qualités quant à la nourriture des vers-à-soie; ce qui est vraiment le point essentiel.

La *Colombassette*. Cette variété est la plus anciennement connue. Sa feuille est petite, mince, légère, bien soyeuse. Les vers-à-soie la préfèrent aux autres. Les mûres, en maturité , sont jaunâtres et fort grosses. Les arbres deviennent les plus gros de l'espèce, et ont une longue durée.

La *Rose*. Sa feuille est un peu plus grande et d'un vert un peu plus foncé que celle de la colombassette ; elle est aussi bonne pour la nourriture des vers-à-soie. Ses fruits sont rougeâtres et de la même grosseur que ceux de la variété précédente.

La *Colombasse verte*, offrant deux sous-variétés, qu'on distingue sous le nom de grosse et petite. Ses feuilles ne sont pas aussi fines que les deux premières, mais elles sont plus grandes et d'une forme très-alongée. Ses mûres sont bleuâtres et moins grosses que celles de la colombassette et de la rose.

La *Rabalayre* ou *Traineuse*. Variété qui ressemble beaucoup à la colombasse verte, mais qui s'en distingue essentiellement parce que ses bourgeons sont beaucoup plus espacés ; par conséquent l'arbre produit moins de feuilles, ce qui fait que, s'épuisant moins pour produire son feuillage, il grandit et se développe plus rapidement. L'arbre porte peu de mûres, et elles sont de la même couleur que celles de la colombasse verte.

La *Poumaoü* ou la *Pomme*. Sa feuille est grande, assez fine, d'une forme ronde. L'arbre ne produit presque pas de mûres, et quoiqu'il ne pousse pas d'aussi longs jets que les autres variétés, il fournit une assez grande quantité de feuilles, parce que ses branches sont feuillées dans toute leur longueur.

La *Meyne*. Cette variété a les plus grands rapports avec la précédente , soit pour la qualité, soit pour la grandeur ; seulement la forme de sa feuille est moins ronde.

L'*Amella* ou l'*Amande*. La feuille de cette variété est ovale, beaucoup plus épaisse et plus pesante que celle de toutes les variétés précédentes, et plus difficile à cueillir. Elle craint beaucoup moins qu'elles les gelées , les vents ou les rosées qui produisent la *tache* ou la *rouille*, maladie de la feuille qui cause beaucoup de perte au cultivateur. L'arbre ne produit presque pas de mûres.

La *Fourcade* ou la *Fourche*. Variété dont la feuille est presque ronde et qui fournit beaucoup à cause du rapprochement de ses bourgeons.

La *Dure*. Elle porte ce nom parce que ses feuilles sont effectivement dures, non pour les vers, mais pour se détacher des
rameaux; il faut des bras vigoureux pour les cueillir, et la
plupart des ouvriers prennent le parti, pour se soulager, de
les détacher l'une après l'autre. Sa feuille est d'une forme
presque ronde, assez fine, et produit autant que la fourcade.
Son arbre ne rapporte presque pas de-mûres; il se rabou-
grit, pour peu qu'on néglige sa culture.

L'*Admirable*. Cette variété l'emporte sur toutes les autres
par la grandeur de ses feuilles : elle produit aussi beaucoup
par le rapprochement de ses bourgeons. Ses feuilles sont
fortes et grossières; on ne les donne aux vers qu'après qu'ils
sont sortis de leur quatrième mue, parce qu'ils ont alors la
force et l'appétit nécessaires pour les manger sans perte. Quand
cet arbre se trouve placé dans un bon fond et bien cultivé, ses
feuilles deviennent d'une grandeur extraordinaire; il n'est
pas rare d'en voir qui ont dix à onze pouces de longueur sur
huit à neuf de largeur. L'arbre produit peu de mûres, qui
sont petites et d'une couleur grise.

De ces dix variétés, la *colombasse* et la *colombassette* sont
celles dont la qualité est la plus favorable à la santé des
vers, et qui, en même temps, leur font produire le plus de
soie et d'une plus belle qualité. Cependant on donne, en
général, la préférence à la *poumaoü*, à la *meyne*, à la *fourcade*,
à l'*amella* et à l'*admirable*, parce que ces variétés produisent
plus de feuilles.

Dans le Vivarais, les Cévennes et plusieurs parties de la
Provence, les feuilles de mûrier se vendent au quintal pesant,
et d'après l'estimation de personnes expérimentées qui font
leur état de ce genre d'industrie. On estime, en général,
qu'un mûrier dont les rameaux bien garnis peuvent couvrir
une, deux, trois toises cubes ou plus, peut fournir autant
de quintaux de feuilles. Lorsque l'acquéreur exige que la
feuille soit pesée, on ajoute ordinairement vingt-cinq cen-
times de plus au prix de chaque quintal. Le prix courant,
à l'estimation, est, depuis quelques années, de trois à cinq
francs. Les marchés de feuilles se font toujours avant que
les arbres aient commencé à pousser, et on appelle cela
vendre feuilles mortes; et l'estimation du nombre de quin-

taux que peut produire chaque arbre, se fait plus tard quand les vers sont à leur deuxième mue. Mais comme l'acheteur consomme depuis le commencement de la feuillaison jusqu'au moment où les feuilles ont pris leur développement, les experts établissent la quantité de feuilles des arbres déjà dépouillés pour subvenir à la nourriture des vers, par comparaison avec les arbres qui sont encore feuillés; et l'acquéreur paie la quantité de feuilles qui auroit été produite si on eût laissé pousser celles-ci jusqu'au jour de l'estimation.

Les personnes qui, après avoir élevé leur chambrée, ont de la feuille de reste, ou celles qui l'ont gardée par motif de spéculation, la font ramasser et porter dans les villes, où ils l'exposent dans les places et sur les marchés. Là elle est sujette à des variations extraordinaires, suivant le besoin ou le temps qu'il fait : on a vu dans l'espace de quelques heures le prix monter jusqu'à vingt francs le quintal, et tomber ensuite à vingt ou trente sous. Les vers provenus d'une once de graine consomment environ seize quintaux de feuilles. Pour que l'éducation des vers-à-soie offre quelque avantage, il faut être propriétaire de la feuille, ou ne pas l'acheter plus de trois francs le quintal. Si quelques personnes la paient quelquefois dix, quinze et vingt francs, il faut qu'elles n'en prennent à ce prix qu'une petite quantité et seulement pour finir une éducation, autrement elles y perdroient beaucoup.

Les mûriers qui produisent quatre à cinq quintaux, sont fort communs; les plus gros qu'on ait aujourd'hui, en rapportent dix à douze. Anciennement on en avoit qui donnoient jusqu'à vingt quintaux de feuilles; mais il ne reste plus que fort peu de ces arbres, presque tous ont été abattus pendant la révolution. Un de ces vieux mûriers qui avoit échappé à ces temps de désastre, se voyoit encore il a un an près de la porte Madame, à Tarascon. Sa tête s'élevoit à quarante-cinq pieds de hauteur sur un tronc de sept à huit pieds de circonférence. C'est le seul mûrier blanc auquel M. Audibert ait vu produire des chatons mâles de plus de deux pouces de longueur et qui se développoient immédiatement avant la naissance des feuilles : il donnoit des fruits blancs, très-gros. M. Audibert croit que cet arbre pourroit bien être le type

de la race du mûrier grosse-reine. Il a été abattu dernièrement sous prétexte que ses branches paroissoient peu solides
et qu'elles auroient pu tomber de vétusté.

Dans d'autres pays du Midi de la France, à Toulon, à
Arles, par exemple, les feuilles de mûrier ne s'achètent
point à la livre; on vend la dépouille entière de chaque
arbre en raison de l'étendue des branches.

Tous les auteurs s'accordent à dire que la patrie primitive
du ver-à-soie et du mûrier blanc qui le nourrit, est la
Chine. C'est du sein de cette vaste contrée, où il a pris naissance, que ce précieux insecte s'est répandu partout où il
existe. Les historiens chinois font remonter à une époque
très-reculée la découverte de l'art d'élever, de multiplier le
ver-à-soie, et de fabriquer des étoffes avec le fil brillant
dont il forme son cocon. Selon eux, l'impératrice Louï-tseu,
femme de Hoang-ti, qui monta sur le trône 2698 ans avant l'ère
chrétienne, fut chargée par cet empereur d'élever des vers-
à-soie et de faire des essais pour employer la matière de leurs
cocons à fabriquer des tissus. Louï-tseu fit ramasser une
grande quantité de ces insectes, qu'elle nourrit elle-même
avec des feuilles de mûrier. Après plusieurs essais, elle ob-
tint un succès complet : elle trouva la manière de dévider
la soie et de s'en servir; elle en fit faire des étoffes sur lesquelles elle broda des fleurs et des oiseaux. Cette invention
lui valut d'être placée au nombre des divinités, sous le nom
d'*esprit des mûriers et des vers-à-soie*.

De la Chine, la culture des vers-à-soie et des mûriers passa
lentement, et par les relations rares entre les peuples dans
ces temps reculés, dans les Indes et en Perse, où elle resta
bien des siècles avant de parvenir en Europe. On ne sait pas
à quelle époque la soie fut introduite dans la Grèce; on peut
seulement regarder comme certain que ce ne fut qu'après
Alexandre. Il est très-probable que la soie étoit connue et
employée à la cour de Darius, où régnoit d'ailleurs tant de
luxe et de faste; et le héros Macédonien, lorsqu'il adopta
les mœurs et les usages des peuples qu'il avoit vaincus, lorsqu'il prit le vêtement des Mèdes et la tiare des Persans, dut
aussi porter des habits de soie. On ne trouve, à la vérité,
dans les auteurs aucun passage assez positif pour changer

ectte assertion en certitude; mais je ne la regarde pas moins comme une chose très-probable.

Les Romains, sous la république, ne paroissent pas avoir connu la soie; ce ne fut que sous les premiers empereurs ou peut-être à la fin de la république, lorsque les victoires de Lucullus et de Pompée reculèrent les bornes de l'Empire jusque dans l'Orient, que les Romains virent pour la première fois des tissus faits avec ce fil précieux. Les étoffes de soie furent pendant plusieurs siècles d'un prix excessif à Rome, même lorsque cette ville étoit maîtresse d'une grande partie du monde. Sous Tibère il fut défendu aux hommes, par un décret, de porter des habits composés de cette matière. Héliogabale fut le premier empereur qui porta des habits de pure soie; jusque-là le luxe, même le plus effréné, n'osoit l'employer qu'en la mêlant avec d'autres matières. L'empereur Aurélien, au commencement de son règne, avant qu'il imitât le faste des orientaux, ne portoit point d'habillemens de soie, et l'impératrice ayant désiré d'en avoir, il lui en refusa. « Les dieux me préservent, dit-il, d'employer de ces étoffes qui s'achètent au poids de l'or. » Tel étoit alors le prix de la soie. A l'époque dont nous parlons et pendant encore près de trois cents ans, les Romains ignorèrent quelle étoit la nature de ce fil brillant et précieux, et à quelles espèces d'êtres on devoit sa production, ou du moins ils ne le surent que bien imparfaitement.

Aristote, le plus ancien des naturalistes, parle d'un grand ver qui porte des espèces de cornes, qui subit différentes métamorphoses dans l'espace de six mois, qui forme un cocon que des femmes dévident et dont on fait ensuite des étoffes. Cette description d'Aristote, quoique un peu altérée par quelques inexactitudes, présente bien d'ailleurs les principaux caractères du ver-à-soie, et pourroit lui être rapportée, si Aristote et les auteurs qui l'ont suivi, ne s'accordoient à placer la patrie du ver dont il est question dans l'île de Cos, et si Pline ne le faisoit pas vivre sur le cyprès, le térébinthe, le chêne et le frêne, ce qui ne peut convenir en aucune manière à notre ver-à-soie actuel.

Il est donc probable que la première soie que les Grecs et les Romains ont connue, provenoit d'un autre insecte; que, sans doute, elle étoit moins belle, moins abondante que celle qui est fournie par le ver chinois; qu'à mesure que cette dernière est devenue plus commune à Rome, on a cessé de récolter la soie de Cos, et qu'enfin l'insecte qui donnoit celle-ci, a été totalement abandonné lorsque, comme nous le dirons bientôt, la Grèce s'est enrichie de celui qui produit ce fil brillant et léger qu'il n'est possible de mettre en comparaison avec aucun autre.

C'est d'ailleurs à tort que plusieurs auteurs modernes ont accusé Hérodote, Théophraste et autres anciens, d'avoir eu des idées fausses sur l'origine de la soie. Hérodote et Théophraste ne paroissent pas avoir connu cette matière. Rien de ce qui se trouve dans leurs ouvrages, ne peut le faire croire; mais ils ont très-bien connu le coton. La description qu'ils en donnent est bonne pour le temps, et l'on ne peut certainement méconnoître le cotonnier dans un arbre dont la feuille ressemble à la vigne, et dont le fruit est une capsule contenant une laine qui surpasse en beauté et en finesse celle des brebis.

Ce n'est pas que quelques anciens n'aient peut-être confondu la soie avec le coton. Ainsi Virgile, dans ses Géorgiques, a dit :

Velleraque ut foliis depectant tenuia Seres. (*G. l. II, v.* 121.)

Pomponius Mela, Silius italicus, Arrien, Ammien Marcellin, parlent aussi de la soie comme d'une laine très-fine qui croissoit sur les feuilles des arbres. Ici seulement est l'erreur, et encore elle ne nous paroit pas être absolue. Des voyageurs, en n'examinant la chose que superficiellement, s'ils ont vu des mûriers chargés de cocons, n'ont-ils pas pu croire que ces cocons étoient immédiatement produits par cette espèce d'arbres; et lorsqu'ils auront encore rapporté que cette laine se détachoit des feuilles en l'humectant au moyen de l'eau, ne sera-ce pas encore le dévidage des cocons, mal observé, qui aura causé leur erreur?

Quoi qu'il en soit, vers le milieu du sixième siècle, sous le règne de Justinien, deux moines apportèrent des Indes à Constantinople, le mûrier blanc et des œufs du ver merveilleux qui produit la soie. Le commerce de cette marchandise, dont l'usage étoit devenu très-commun, quoique le prix en fût encore excessif, faisoit passer en Perse des sommes

immenses d'argent de l'empire. Justinien, pour ne pas enrichir une nation ennemie, avoit déjà voulu, mais sans succès, transporter ce commerce en Éthiopie. Il récompensa libéralement ces moines, qui enseignèrent la manière de faire
éclore ces œufs, de nourrir le ver et de filer la soie.

De Constantinople les vers-à-soie se répandirent avec le
mûrier dans une grande partie de la Grèce, et environ cinq
cents ans après le Péloponèse changea son nom en celui de
Morée. Il est probable que, les vers-à-soie venant à se multiplier, on fut obligé de multiplier aussi les mûriers, et le
Péloponèse prit son nouveau nom de l'arbre qui faisoit sa
nouvelle richesse. D'autres disent que ce fut sa figure topo-
graphique, ressemblant à une feuille de mûrier, qui lui valut
ce nom; mais cela est moins vraisemblable.

De la Grèce les mûriers et les vers-à-soie passèrent en Sicile et en Italie, du temps de Roger, roi de Sicile. Ce prince,
s'étant emparé, en 1130, des principales villes du Péloponèse,
transporta leurs nombreux ouvriers en soie et avec eux leur
industrie à Palerme. Quelques auteurs assurent qu'il y avoit
déjà long-temps que les vers-à-soie et le mûrier avoient été
portés en Italie; mais leur culture étoit négligée et on en tiroit
peu de parti, lorsque Roger profita de ses conquêtes en Grèce,
pour faire venir à Palerme et dans la Calabre des gens qui
s'entendoient à l'éducation des vers-à-soie, et des artisans
instruits dans l'art d'en fabriquer des étoffes. Ce qu'il y a de
certain, c'est que depuis lors cette nouvelle branche d'industrie prit tellement vogue en Calabre, et s'y est si bien soutenue, que peut-être encore aujourd'hui cette province
produit à elle seule plus de soie que tout le reste de l'Italie.

Je ne crois pas nécessaire de dire comment les mûriers et les vers-à-soie se répandirent successivement dans les
différens états du Midi de l'Europe; il me suffira de parler
de leur introduction en France. Olivier de Serres rapporte
que quelques gentilshommes qui avoient accompagné Charles
VIII en Italie, pendant la guerre de 1494, ayant connu tous
les avantages que ce pays retiroit du commerce de la soie,
envoyèrent, après la paix, chercher à Naples des mûriers,
qui furent plantés en Provence et à Allan, à une lieue de
Montélimart. Faujas de Saint-Fond a encore vu, en 1802, le

premier mûrier planté en France, près de Montélimart, et rapporté par Guy-Pape de Saint-Auban, seigneur d'Allan. Ce savant rapporte que M. Latour-Dupin-Lachaux, qui étoit propriétaire de la terre d'Allan, fit respecter ce mûrier en l'entourant d'un mur et en défendant qu'on en recueillit les feuilles. « Il est encore sur pied, disoit Faujas dans une lettre du 26 Nivôse an X (16 Janvier 1802) : ses grands bras sont maigres et caducs, et son tronc est séparé en trois parties ; mais il se couvre encore chaque printemps de feuilles et de fruits, malgré tant d'hivers qu'il a bravés. Ses descendans couvrent à présent le sol de la France, et produisent à l'État un revenu considérable. On voit d'après cela, combien un seul homme, ami de l'agriculture, a bien mérité de son pays et lui a procuré d'avantages, et cet homme est à peine connu. »

Cet antique mûrier, planté au hameau dit la Begade, commune d'Allan, n'existe plus depuis quelques années, d'après les renseignemens que j'ai fait prendre sur les lieux ; mais on voit encore deux autres arbres de la même espèce, l'un au hameau de Beauvoir, également de la commune d'Allan, et l'autre dans un village voisin, que les gens du pays disent être du même âge que celui vu en 1802 par Faujas. Le tronc d'un de ces arbres, mesuré cette année, avoit treize pieds de circonférence à hauteur d'homme. M. Requien, d'Avignon, auquel la Flore du Midi de la France doit beaucoup de découvertes, en me communiquant ces renseignemens, m'écrit qu'au printemps dernier, en allant herboriser à *Mont-Major*, près d'Arles, il y a vu un mûrier énorme, dont le tronc avoit environ quinze pieds de circonférence, et qui doit aussi être un des plus anciennement plantés en France.

Charles VIII fit distribuer des mûriers dans plusieurs provinces, et il encouragea les manufactures de soie de Lyon. Mais la culture du mûrier et l'éducation des vers-à-soie firent peu de progrès en France ; et sous Louis XII on n'employoit guère que les soies d'Italie et d'Espagne. Les vers-à-soie avoient été introduits dans ce dernier pays par les Maures. Henri II protégea également la culture des mûriers : il rendit, en 1554, un édit par lequel il ordonna d'en faire des plantations. On dit que ce prince fut le premier de nos rois qui porta des bas de soie.

Sous Charles IX, un simple jardinier de Nismes, fondoit, dans cette ville, une pépinière, dont les nombreux mûriers devoient couvrir, en peu d'années, le Languedoc, la Provence et le Dauphiné. Olivier de Serres, l'un des premiers, accueillit ces arbres dans sa terre du Pradel ; il en améliora la culture, ainsi que l'éducation des vers qui s'en nourrissent.

Henri IV, d'après les conseils de ce vénérable agriculteur, et même contre l'avis du sage Sully, fit planter des pépinières de mûriers. Il envoya le surintendant de ses jardins dans le Languedoc et le Vivarais, où déjà il y avoit une certaine quantité de ces arbres, afin de s'en procurer. En 1599 un édit prohiboit l'importation des étoffes de soie, et des lettres patentes de 1602 provoquoient la plantation de mûriers dans tous les terrains qui pouvoient être favorables à ces arbres. Dès le commencement de l'année 1601, Olivier de Serres, d'après les ordres du Roi, fit conduire à Paris quinze à vingt mille plants de mûriers, « lesquels, dit ce célèbre agronome, furent plantés en divers lieux dans le jardin des Tuileries, où ils se sont heureusement élevés ; et, pour d'autant plus accélérer ladite entreprise et faire connoître la facilité de cette manufacture, Sa Majesté fit exprès construire une grande maison, au bout de son jardin des Tuileries, accomodée de toutes les choses nécessaires, tant pour la nourriture des vers, que pour les premiers ouvrages de soie. » La partie du jardin appelée l'orangerie, du côté de la rue Saint-Florentin, au bout de la terrasse des Feuillans, étoit alors destinée à élever les vers-à-soie et à loger les hommes qui en étoient chargés. Depuis long-temps cette plantation, faite par Olivier de Serres, n'existe plus.

Henri IV chargea en outre les députés généraux du commerce d'aviser aux moyens les plus prompts et les plus faciles de fournir abondamment le royaume de mûriers. En 1602, il passa un contrat avec des marchands, pour qu'ils en procurassent aux généralités de Lyon, d'Orléans, de Tours et de Paris.

La culture des mûriers et des vers-à-soie fut négligée en France sous Louis XIII ; mais elle fut ranimée, sous le règne suivant, par Colbert, qui faisoit principalement consister la prospérité d'un État dans les manufactures et le commerce. Ce ministre fit établir des pépinières royales dans le Berry, l'Angoumois, l'Orléanois, le Poitou, le Maine, la Bourgogne, la Franche-Comté; il fit distribuer et planter, aux frais de l'État, les mûriers qui en sortoient, sur les terres des particuliers. Ce procédé généreux, mais violent, parce qu'il portoit atteinte à la propriété, déplut aux habitans des campagnes, et, de manière ou d'autre, les arbres plantés périssoient chaque année. Le Gouvernement eut alors recours à un moyen plus efficace et moins arbitraire. On promit et on paya vingt-quatre sous par pied de mûrier qui subsisteroit trois ans après la plantation ; ce qui réussit parfaitement, et plusieurs provinces, telles que la Provence, le Languedoc, le Vivarais, le Dauphiné, le Lyonnois, la Tourraine, la Gascogne, etc., se peuplèrent de mûriers.

Colbert, après avoir encouragé la culture du mûrier, tourna ses soins du côté des manufactures de soie : il fit venir de Bologne le sieur Benais, pour lui faire diriger le tirage des cocons. Benais remplit parfaitement les vues du ministre. Les soies de son tirage furent bientôt au pair avec celles de l'Italie. Louis XIV, pour le récompenser, lui accorda des gratifications considérables avec des titres de noblesse. Ce prince accorda également, par un arrêt du 3o Septembre 1670, des priviléges considérables aux entrepreneurs de la fabrique de soie, façon de Bologne.

Sous Louis XV la culture du mûrier continua à être encouragée, et principalement de 1745 à 1756 il fut formé de nouvelles pépinières royales dans la Bourgogne, la Champagne, la Franche-Comté, l'Orléanois, le Berry, l'Angoumois, le Maine, le Poitou, etc., et les arbres en furent encore distribués gratuitement.

Telle a été la progression de la culture du mûrier en France, et les impulsions données à diverses époques par le Gouvernement auroient sans doute porté cette culture au plus haut degré qu'elle pouvoit atteindre, si l'incertitude d'obtenir des récoltes de soie satisfaisantes n'eût affoibli le zèle d'un grand nombre de cultivateurs, et si, à l'époque désastreuse de la révolution, on n'eût abattu en beaucoup de lieux une grande partie des plus beaux mûriers qui existoient alors. Mais, depuis que nos tourmentes révolutionnaires furent terminées, on chercha par tous les moyens à réparer ce que ces temps malheureux avoient fait perdre à la culture du mûrier et à l'éducation des vers-à-soie. En 1805, la société d'agriculture du département de la Seine proposa un prix pour la plantation des mûriers. M. le comte de Lezay-Marnésia, préfet du Rhône, ordonna, en 1818, que les terrains communaux de son département fussent plantés en mûriers; il créa en même temps des primes pour être accordées aux propriétaires qui se livreroient à la culture du mûrier avec le plus de zèle et de succès. Plusieurs préfets ont imité cet exemple, et, depuis la restauration, plus d'un million de mûriers, plantés dans nos départemens du Midi et du centre, ont augmenté prodigieusement nos récoltes de vers-à-soie.

L'éducation du ver-à-soie de la Chine qui produit des cocons blancs, introduite et encouragée par le Gouvernement quelques années avant la révolution, après avoir été négligée pendant plusieurs années, a de nouveau été favorisée depuis la restauration; et elle a été reprise avec ardeur par plusieurs particuliers, de sorte qu'on peut avoir l'espoir qu'elle se multipliera de manière à suffire un jour aux besoins de nos manufactures; car, pour le moment, le produit de nos soies indigènes est encore insuffisant pour l'entretien de nos fabriques, et tous les ans la France est obligée de tirer de l'étranger une assez grande quantité de soie. Lorsque nos nouvelles plantations auront fait les progrès qu'on doit attendre, nous pourrons facilement nous affranchir de ce tribut que nous payons à l'étranger.

On peut, d'ailleurs, cultiver le mûrier et élever le ver-à-soie dans les départemens du nord de la France, comme dans ceux du centre et du midi; car le mûrier et le ver-à-soie n'ont pas besoin d'autant de chaleur qu'on le croit communément. Aujourd'hui, cet arbre est acclimaté dans le nord de l'Allemagne, en Prusse, en Hongrie et jusqu'en Russie, et même dans le dernier de ces pays on commence déjà à en tirer des avantages. Je crois devoir à ce sujet insérer ici une note qui m'a été communiquée par M. Tscherniaëff, botaniste voyageur pour le gouvernement de Russie.

Depuis douze à quinze ans, M. Marschall Bieberstein, auteur de la Flore du Caucase, a introduit la culture du mûrier blanc et l'éducation des vers-à-soie dans plusieurs parties de l'Ukraine ; et il y a aujourd'hui des plantations assez nombreuses de cet arbre à Charcow, à Poltava et à Kiew, soit dans les jardins de l'intérieur de ces villes, soit dans ceux placés dans leurs environs. La culture du mûrier a prospéré dans l'Ukraine, quoique Poltava, la ville la plus méridionale, soit par le quarante-neuvième degré trente minutes de latitude septentrionale, et quoique Kiew soit encore d'un degré plus au nord ; Charcow est situé entre les deux autres. L'hiver est très-long et très-rude dans ce pays ; les gelées s'y font souvent sentir dès la mi-Octobre ; elles ne cessent qu'à la fin de Mars, et le thermomètre y descend ordinairement chaque hiver à quinze degrés au-dessous de o, assez souvent à 20 et quelquefois même à 25. L'amandier, la vigne et l'abricotier ne viennent point dans la plus grande partie de l'Ukraine ; à Kiew seulement, on voit quelques abricotiers, parce que, quoique cette ville soit la plus septentrionale des trois que j'ai citées, elle est moins élevée que les deux autres. Il est rare que les premières fleurs printannières paroissent avant le mois d'Avril. Ce n'est qu'à la fin de Mai que le mûrier commence à pousser, quelquefois même dans les premiers jours de Juin seulement, et c'est en Juin et Juillet qu'a lieu l'éducation des vers-à-soie. Lorsque l'hiver est très-rigoureux, les sommités des rameaux du mûrier sont frappées par la gelée ; mais cela n'empêche pas la récolte, parce que le tronc et les grosses branches ne sont jamais atteints, et qu'il s'y développe toujours de nombreux bourgeons qui fournissent autant de feuilles qu'il en faut pour la nourriture des vers. Le gouvernement russe encourage les plantations de mûriers dans l'Ukraine par tous les moyens qui sont en son pouvoir : il accorde des récompenses de diverse nature, selon le rang des planteurs ; il donne des décorations, des médailles, de l'argent. Déjà on a établi dans ce pays des fabriques de soie, et M. Marschall est lui-même à la tête de l'une d'elles. Aujourd'hui les plantations de mûriers et les manufactures de soie commencent à être dans un état très-prospère, et cet état de prospérité paroît devoir s'améliorer de jour en jour.

Mais, quoique le mûrier réussisse bien depuis les bords de la Méditerranée jusqu'en Prusse et dans l'Ukraine, il pa-

roit cependant certain que le climat influe sur la bonté de
sa feuille, et que, de même que les raisins du Midi produisent des vins plus riches en principes sucrés et alcooliques
que ceux du Nord, de même les feuilles des mûriers de
l'Europe méridionale contiennent moins de substance aqueuse,
et plus de principes propres à faire produire aux vers une
soie abondante et de bonne qualité.

Le mûrier s'accommode de toute sorte de terrain, pourvu
qu'il ne soit pas impropre à la végétation ; cependant il n'acquiert pas partout la même force, ni les feuilles le même
degré de bonté. Planté dans les lieux élevés, exposés aux
vents naturellement secs, et dans les fonds légers, ses feuilles
procurent généralement une soie abondante, fine et nerveuse.
Il ne faut pas cependant que le sol soit trop sec ni l'exposition trop chaude ; car alors les arbres sont languissans et
n'offrent que des feuilles petites et jaunâtres, insuffisantes
pour former une bonne nourriture.

L'opinion la plus commune est que rien ne convient mieux
au mûrier qu'un coteau en pente douce, sur une colline
calcaire qui a assez de terre, et dont la roche est suffisamment divisée pour permettre aux racines du mûrier de s'in-
sinuer dans les interstices, où elles conservent de la fraîcheur
sans humidité. Dans les terres franches, profondes, et les
terrains d'alluvion, les mûriers deviennent beaucoup plus
beaux, et leur croissance y est beaucoup plus rapide.
M. Audibert en possède plusieurs, plantés près du Rhône,
dans cette dernière espèce de sol, lesquels, sans être encore
très-âgés, ont un tronc de plus de six pieds de circonférence,
et une tête qui couvre vingt-cinq toises carrées de surface.
Quelques-uns de ces arbres, par suite des érosions du fleuve,
ont laissé à nu des racines de deux cents à deux cent cinquante
pieds de longueur. La feuille produite par des arbres venus
dans ces terrains gras, fournit aux vers un aliment trop
aqueux qui leur fait produire une soie moins abondante et
inférieure en qualité.

Augustin Gallo, auteur italien qui a écrit sur l'agriculture
en 1540, assure que ce n'est que de son temps qu'on a commencé à élever des mûriers, de semence, en Italie : d'où l'on
peut conclure que ces arbres n'y étoient pas encore en grand

nombre, puisque ce n'est guère que par la graine qu'on peut multiplier les arbres en grand. Aujourd'hui, dans le Midi de la France, on a abandonné depuis long-temps le moyen des marcottes et des boutures, et on n'élève plus le mûrier blanc que de semis, parce que c'est le moyen le plus sûr pour obtenir des sujets vigoureux et de belle venue.

La graine qu'on se propose de semer, doit être prise sur des arbres bien sains, ni trop jeunes, ni trop vieux, et l'on ne doit point en cueillir la feuille l'année où l'on veut en récolter les fruits; enfin, il faut attendre que ceux-ci soient parvenus à leur parfaite maturité en tombant d'eux-mêmes. On secoue alors légèrement les branches des arbres, après avoir étendu des toiles au-dessous, ou bien on se contente de ramasser sur terre les mûres, à mesure qu'on les trouve tombées en suffisante quantité. Plusieurs des auteurs qui ont écrit sur la culture du mûrier prescrivent d'écraser ces fruits avec les mains dans un vase rempli d'eau, et, lorsque la graine paroît détachée de la pulpe, d'incliner le vase, de manière à ce que les débris de cette dernière s'échappent avec l'eau et que la graine reste au fond. En suivant cette manière de faire, il faut renouveler l'eau et réitérer plusieurs fois ces lotions, jusqu'à ce que la graine soit bien nette; alors on la répand sur un linge et on l'étend à l'ombre dans un lieu aéré pour qu'elle puisse sécher. Il paroîtroit sans doute plus simple et en même temps plus naturel, après avoir cueilli les mûres en parfaite maturité, ou après les avoir fait ramasser lors de leur chute spontanée, de les exposer, sans qu'elles soient les unes sur les autres, à l'air et à l'ombre, jusqu'à ce qu'elles soient bien sèches, et de les serrer ensuite dans des sacs ou des boîtes dans un lieu sec jusqu'au moment de les semer; mais cependant les graines préparées de la première manière lèvent généralement mieux. Il paroit que celles qui sont conservées dans la pulpe s'échauffent et se détériorent, de sorte que les semis qu'on en fait manquent souvent en totalité ou en partie. D'après cela la stratification des mûres dans du sable sec, vantée par quelques agronomes comme une bonne méthode, doit, ce me semble, être sujette à une partie des inconvéniens de la graine desséchée dans la pulpe,

Si on suivoit l'ordre de la nature, on feroit le semis tout
de suite; mais il n'y a que les pays du Midi où l'on puisse
répandre les graines aussitôt leur maturité, et gagner ainsi
une année. Le semis, lorsqu'il a été bien soigné, peut être
repiqué en pépinière à la fin de l'automne ou dans le courant de l'hiver suivant. Dans les départemens du centre et du
nord de la France, comme la saison est déjà avancée à l'é-
poque de la maturité des graines, le jeune plant qui en
naîtroit auroit trop peu de force pour résister à l'hiver,
pour peu qu'il fût rigoureux. Cela fait qu'on préfère généralement ne faire le semis qu'au printemps suivant, lorsqu'on n'a plus de fortes gelées à craindre. Jusque-là, pour
conserver la graine, on la préserve du contact immédiat de
l'air, en la gardant, quand elle a été préparée comme il
vient d'être dit, dans des sacs ou boîtes que l'on place
dans un lieu frais et sec.

Le terrain dans lequel on se propose de faire un semis
de mûrier, doit être d'une fertilité moyenne, plutôt léger
que fort, ni trop sec ni trop humide, .défoncé à deux ou
trois pieds de profondeur, débarrassé des pierres et des racines qui pourroient s'y trouver; et, enfin, la terre doit
être rendue la plus meuble possible, afin d'être plus facile à
pénétrer par les jeunes racines du mûrier, et plus perméable
aux gaz atmosphériques, aux pluies et à la chaleur du soleil :
quatre conditions sans lesquelles il n'y a point de riche végétation à espérer.

Au moment de semer, on distribue le terrain en planches,
dont la longueur doit être proportionnée à la quantité de
graines qu'on a à sa disposition, mais dont la largeur doit
être telle qu'on puisse facilement atteindre jusqu'au milieu
des planches, lorsqu'il sera nécessaire de les sarcler. Le semis
en petites raies de six à huit pouces est recommandé comme
préférable au semis fait à la volée; parce que, dit-on, le
jeune plant réussit mieux, et les sarclages sont plus faciles.
On trace donc sur les planches, à la distance indiquée et
à la profondeur d'un pouce, de petites raies bien alignées,
dans lesquelles on répand la graine, et on finit par recou-
vrir celle-ci d'une couche d'un pouce de terreau. Sans fixer
la quantité de graines qu'il faut semer dans une étendue

donnée, il vaut mieux, en général, semer un peu serré que trop clair, parce qu'il est toujours facile d'enlever les plants surabondans, lorsque toutes les graines ont bien réussi.

Lorsque la pourrette (c'est le nom qu'on donne au jeune plant de mûrier) est levée et qu'elle a quelques pouces, il faut la débarrasser des mauvaises herbes et l'éclaircir en même temps, en laissant environ deux pouces d'intervalle entre chaque pied, et même plus si l'on ne manque pas de terrain, afin que chacun d'eux puisse profiter davantage et ne pousse pas des tiges et des racines trop grêles. Chaque fois qu'on s'aperçoit que de mauvaises herbes ont repoussé en assez grande quantité pour devenir nuisibles au semis, on en débarrasse celui-ci par un nouveau sarclage, et si l'été est sec, on pratique quelques arrosemens. Tels sont les soins à donner aux jeunes mûriers pendant leur premier âge. Ceux de la seconde année sont différens. A la fin de l'automne et pendant l'hiver, la pourrette est arrachée et replantée en pépinière dans des rayons tracés à trois pieds les uns des autres, et chaque plant est espacé de deux pieds. On a soin de séparer, dans des plates-bandes différentes, la pourrette qui est déjà assez forte pour être greffée dans le courant du printemps, de celle qui ne pourra l'être que l'année suivante. Une attention qu'on doit avoir en arrachant la pourrette, c'est de se servir de la bêche pour soulever la terre, afin que les racines se déterrent plus facilement. Les cultivateurs qui veulent économiser le temps, en tirant le plant hors de terre sans s'aider de la bêche, brisent et endommagent toujours une partie des racines; ce qui nuit beaucoup à la reprise du jeune plant.

On est généralement dans l'usage, maintenant, de greffer les mûriers venus de semis en employant pour greffes des variétés anciennement cultivées et qu'on a observé être les plus convenables à la nourriture des vers-à-soie. On croit d'ailleurs qu'il importe de donner à ces insectes une nourriture d'égale qualité, et qu'il seroit difficile sans la greffe de former des plantations dont les feuilles fussent semblables entre elles. Quelques agronomes, cependant, ne pensent pas qu'on doive mettre tant d'importance à greffer les mûriers, et les uns assurent, à ce sujet, que la feuille du sauva-

geon est d'une qualité supérieure et qu'elle produit une soie
plus fine que celle du mûrier greffé; mais que celle-ci est
plus grandé et plus épaisse. D'autres disent encore que les
variétés qu'on multiplie exclusivement par la greffe, n'ont
été dans leur origine que des mûriers sauvageons provenus
accidentellement de semences et qui n'ont peut-être pas reçu
de la nature des qualités meilleures que beaucoup d'autres
nouveaux mûriers qui naissent dans les différens semis qu'on
fait chaque année, dont quelques-uns même pourroient présenter des feuilles aussi bonnes et quelquefois supérieures à
celles des variétés que l'usage seul autorise à multiplier par
la greffe. Quoique cette dernière opinion paroisse bien fondée, les partisans de la greffe ne veulent pas l'adopter, et
ils disent que tous les raisonnemens qu'on peut faire sur la
bonté des feuilles des mûriers sauvageons, ne peuvent détruire ce qu'un grand nombre de personnes instruites assurent avoir observé de l'influence de certáines espèces de
feuilles sur les vers, pour leur faire produire de la soie plus
ou moins belle. Il est donc probable qu'on continuera à greffer les mûriers jusqu'à ce que, par des expériences positives,
on ait prouvé que cela n'est pas nécessaire ou n'est pas si utile
qu'on le pense aujourd'hui. La société d'agriculture de Lyon
a proposé à ce sujet un prix qui devra être donné cette année, s'il y a lieu, et qui pourra éclaircir cette question importante.

On peut greffer le mûrier de plusieurs manières; mais il
est d'observation que, de toutes les greffes, celle en flûte et
celle en écusson à œil poussant, faites à la fin de Juin ou au
commencement de Juillet, réussissent le mieux. La dernière
est la plus expéditive; mais la première s'adapte mieux à
l'arbre, et les jets qu'elle donne sont moins exposés aux coups
de vent. L'écusson à œil dormant se pratique en Septembre.
On peut aussi greffer le mûrier en fente, et ce moyen réussit
bien, mais il est plus long à pratiquer et n'est que fort
peu usité.

Comme celle de tous les arbres lactescens, la greffe du
mûrier a besoin d'être faite par un temps favorable; s'il survient de la pluie après qu'on l'a pratiquée, il est rare qu'elle
réussisse. On ne greffe pas dans tous les pays au même âge de

l'arbre. En Provence, on greffe presque toujours à six pouces de terre des sujets d'un ou de deux ans, selon leur force et pendant qu'ils sont en pépinière. Pour recevoir l'écusson, il faut que le sujet ait par le bas au moins dix-huit lignes de circonférence. Dans les Cévennes on ne greffe guère les mûriers qu'en tête et lorsqu'ils sont déjà plantés à demeure. La première de ces deux méthodes paroît offrir plus d'avantages. Premièrement, dans une petite étendue on rassemble un assez grand nombre d'arbres, que l'on peut soigner avec beaucoup de facilité; tandis que, lorsqu'ils sont dans les champs, il n'est pas possible de leur donner les mêmes soins, parce que l'éloignement des arbres entraîneroit une grande perte de temps. Secondement, la greffe faite près le collet des racines, point vital de la plante, paroit toujours reprendre plus facilement que celle qui est faite sur les branches, et celle-ci devient seule praticable pour les arbres mis en place; car, comment mettre des greffes à leur base? les pousses qui en viendroient, placées trop près de terre, seroient trop exposées à être endommagées par les animaux ou autrement, et il y en auroit bien peu qui réussiroient. En Provence, et principalement dans les communes de Saint-Remy, Cabannes, Château-Renard, Tarascon, etc., où les pépinières de mûriers sont fort étendues, rien n'est admirable (me dit M. Audibert, qui m'a communiqué une grande partie de ces détails,) comme les soins qu'on leur donne. Les plants dont elles sont formées sont de jeunes sujets greffés du mois de Juin précédent. Les fumiers, les labours, les binages, les arrosemens, leur sont abondamment répartis; aussi la végétation des plants est-elle magnifique, et ils poussent tous avec une égale vigueur. Les jets de l'année atteignent au moins sept pieds de hauteur et quelquefois dix. La pépinière est regardée comme manquée, si les tiges n'ont pas au moins cinq pieds; et on recèpe tout près de la greffe, à la fin de l'hiver suivant, tous les arbres qui n'ont pas atteint cette hauteur, pour que, l'année suivante, ils y parviennent par un nouveau jet.

Si, par suite d'une grêle ou de tout autre événement, il y a des plants défectueux, on les supprime tout-à-fait, dès la première année, afin que tous les plants soient d'une égale venue et puissent se vendre en même temps. Il est bien rare, cependant, qu'une pépinière se vende toute à la fois ; on en vend ordinairement les deux tiers la deuxième et la troisième année de la plantation, et le restant se vend à la quatrième. C'est un grand avantage lorsque tout le terrain se trouve débarrassé en même temps, parce qu'il peut recevoir d'autres cultures.

Je viens de dire que la plupart des tiges atteignent, dans une seule année, sept à dix pieds de hauteur. Au mois de Mars suivant on les coupe toutes à la même hauteur, le plus souvent à six pieds, plus rarement à sept ou huit. L'arbre ainsi étêté pousse, le long de la tige, de nombreux bourgeons, que l'on supprime peu après qu'ils ont commencé à paroitre, en prenant l'arbre à poignée et en glissant la main du haut en bas ; on ne réserve au sommet que trois à quatre bourgeons qui doivent former la tête de l'arbre. Déjà à l'automne suivant ce mûrier, s'il est bien venu, peut être transplanté à demeure ; il a alors ce qu'on appelle, en termes de pays, un an de chapeau, et deux ans de chapeau si on le laisse en pépinière un an de plus.

Quant au mûrier greffé en tête, comme le sauvageon a les fibres plus serrées, il croit moins vite que les parties au-dessus de la greffe ; il en résulte un bourrelet plus ou moins considérable au point d'insertion, et la tête prenant un volume hors de proportion avec le sujet, elle est quelquefois cassée par un coup de vent. Il faut convenir cependant que rien n'est mieux tenu, dans les Cévennes, que les arbres greffés de cette manière ; ils font la principale richesse du pays, et le paysan propriétaire d'une centaine de mûriers peut y passer pour un homme aisé. Aussi les habitans ont-ils grand soin de leurs mûriers. Les collines, pour peu qu'elles offrent de terre végétale, sont employées à cette culture ; des terrasses, des murs de soutènement, des transports de terre, des engrais, rien n'est négligé, et des terrains ainsi cultivés, qui d'ailleurs seroient de nulle valeur, sont d'un prix fort élevé dans les environs d'Anduze, d'Alais et autres lieux, surtout auprès des villes et villages populeux.

Il seroit sans doute fort avantageux que le terrain qu'on destine à une plantation de mûriers fût complétement dé-foncé à deux ou trois pieds de profondeur ; mais la dépense

qu'un pareil travail exigeroit, empêche toujours de l'exécu-
ter : il faut se contenter de faire des trous de distance en
distance, là où l'on doit planter les arbres. La largeur et
la profondeur à donner à ces trous peuvent varier selon la force
des plants; mais, en général, ils ne doivent jamais avoir
moins de quatre pieds de largeur sur deux de profondeur :
on augmentera l'une et l'autre si les mûriers sont déjà forts,
et d'ailleurs on ne risque jamais de faire les trous trop grands;
car, plus il y aura de terre remuée, plus les arbres pros-
péreront. Il est bon encore que ces trous soient préparés
plusieurs mois à l'avance, parce que cela facilite à la terre
fraîchement remuée le moyen d'absorber les principes fer-
tilisans répandus dans l'atmosphère. Il est avantageux, en
faisant creuser les trous, de recommander aux ouvriers de
mettre sur un des bords la couche supérieure de terre avec
les gazons qui peuvent s'y trouver, de jeter sur un autre
bord la terre du fond, et, si le terrain est pierreux, de séparer toutes les pierres pour les placer sur un troisième
côté, chose qu'on ne fait presque jamais. La première terre,
qui est la plus fertile, servira, lors de la plantation, placée
au fond du trou, pour faire un bon fond aux racines et faciliter leur reprise. La terre du fond ne sera mise qu'ensuite,
pour remplir le trou, puis on finira par mettre les pierres
en-dessus, ce qui contribuera puissamment à entretenir de
la fraîcheur aux racines et à les préserver de la sécheresse,
l'observation apprenant que les pierres empêchent l'évaporation de l'humidité de la terre et que le sol qui est placé
au-dessous d'elles conserve toujours de la fraîcheur, quelle
que soit d'ailleurs la sécheresse.

On ne peut fixer d'une manière absolue la distance à
mettre entre chaque mûrier; cela doit dépendre du plus
ou moins de fertilité du sol et de l'emploi qu'on en veut
faire. Si le terrain n'est qu'en partie consacré aux mûriers,
qu'ils ne soient plantés qu'en lisière, et qu'on veuille, dans
le reste du champ, semer des céréales ou des légumes, ce
n'est pas trop de mettre dans les bons fonds six toises d'intervalle entre chaque arbre; dans un terrain médiocre on
ne laissera que quatre à cinq toises, et que trois dans un
mauvais. Si, au contraire, on ne veut pas avoir en même

temps deux récoltes et que tout le terrain soit sacrifié aux
mûriers, on peut rapprocher ceux-ci beaucoup davantage,
ne mettre entre eux que douze à quinze pieds, et même encore moins si on veut planter des arbres nains, ce qui a été
préconisé par quelques cultivateurs, entre autres par M. Payan,
d'Aubenas, qui, dans une lettre adressée à M. Faujas de
Saint-Fond, lettre que ce dernier a insérée dans son Histoire
naturelle du Dauphiné, entre à ce sujet dans des détails intéressans, mais qu'il seroit trop long de rapporter ici. Il me
suffira de dire que la distance que M. Payan prescrit de mettre
entre les mûriers nains est de neuf pieds en tout sens, et
je crois qu'on pourroit même les rapprocher encore plus.
La feuille de ces arbres a alors l'avantage d'être plus hâtive
et plus facile à cueillir.

Rosier conseille de planter le mûrier, pour en faire des
taillis, dans les pays dénués de bois, dans ceux qui ont des
vignes soutenues avec des échalas, et dans les terrains mon-
tueux, rocailleux, dont on ne sauroit presque tirer aucun
parti. La célérité avec laquelle cet arbre croît, et son peu
de délicatesse sur le choix du sol, dédommageront bientôt des
frais des premiers travaux, et le cultivateur pourra voir très-
promptement une jolie verdure là où il ne voyoit auparavant
que des rochers stériles. Outre le bois de chauffage que ces
taillis peuvent offrir, c'est encore une ressource où l'on trouve
au besoin de la feuille pour la nourriture des vers-à-soie.

Les mûriers qu'on veut planter à demeure doivent être
enlevés de la pépinière en fouillant assez profondément autour de leurs racines, pour les bien dégager sans les endommager, et plus tôt ils seront remis en terre, mieux cela
vaudra. Lorsqu'ils doivent rester quelque temps sans être
replantés, il est bon de couvrir leurs racines avec des toiles,
de la paille ou même de la terre, afin que le soleil ou les
vents ne flétrissent pas leur chevelu. Lorsque les trous
ont été faits plusieurs mois avant la plantation, il est nécessaire de bêcher un peu la terre dans leur fond avant d'y
mettre les arbres, et il faut en même temps rafraîchir les
racines, en coupant bien net avec une serpette l'extrémité
de toutes celles qui ont été mutilées ou endommagées d'une
manière quelconque.

La nature du terrain décidera si les mûriers doivent être
enterrés plus profondément, ou placés plus près de la surface
du sol. Dans les terrains légers, pierreux ou exposés aux ardeurs du soleil, il faut planter plus profondément, afin que
les racines soient moins exposées à souffrir de la sécheresse,
en ayant soin d'ailleurs de ne jamais enterrer la greffe.
Dans cette espèce de sol et surtout dans les pays du Midi,
il est beaucoup plus avantageux de faire ses plantations en
automne, parce que les arbres profitent des pluies de l'hiver,
reprennent avant la fin de cette saison, et poussent de meilleure
heure au printemps. Dans les terres, au contraire, qui sont
fortes et argileuses, on ne doit planter qu'à la fin de l'hiver
et moins enfoncer les mûriers ; mais toujours, cependant,
les mettre à une profondeur suffisante pour que leurs racines ne soient pas atteintes par les instrumens de labourage
et pour qu'elles ne soient pas exposées à être frappées par
les fortes gelées. Dans tous les cas, pour que les racines ne
soient pas ébranlées, il faut donner à chaque arbre un tuteur, qu'on enfonce dans le trou avant de le remplir, soit
pour le fixer plus solidement , soit pour ne pas risquer de
blesser les racines, et l'arbre est assujetti à ce tuteur avec
plusieurs liens d'osier. Enfin la plantation se termine en rem-
plissant chaque trou de terre, comme on fait pour tous les
arbres, et après avoir eu le soin, comme il a déjà été recommandé plus haut , de choisir la meilleure terre pour la
mettre au-dessous et autour des racines.

Une méthode trop généralement usitée, et qui a la plus
funeste conséquence pour les mûriers, c'est de cueillir les
feuilles d'un arbre planté à demeure dès la seconde année
de la plantation. Pour qu'un mûrier prospère, il faut, suivant le terrain et les progrès de sa végétation, ne cueillir
ses feuilles que la quatrième année, et même, à moins d'un
pressant besoin, il vaut mieux encore attendre la cinquième
et jusqu'à la sixième. On laisse alors à l'arbre le temps de
se fortifier ; ses branches grandissent et se ramifient : la récolte qu'on obtient ensuite en vaut la peine, et celles qui la
suivent dédommagent bien le propriétaire de la légère privation qu'il s'est imposée.

Mais il importe, pendant ces premières années, de conduire

les mûriers de manière à leur donner la forme la plus convenable. A cet effet on ne laisse, la première année, que deux bourgeons à chaque branche, en préférant ceux qui sont en dehors et qui annoncent le plus de vigueur. Vers le mois de Mars de la seconde année de la plantation, on donne un bon labour au pied des arbres. on renouvelle les liens qui les attachent aux tuteurs, on rabat à une longueur moyenne les jets de la première année, on a soin de supprimer les pousses foibles et de conserver celles qui sont vigoureuses. A l'époque où le mûrier bourgeonne, on enlève les pousses qui se dirigent vers le centre de l'arbre, et qui, en grossissant, gêneroient pour faire la cueillette des feuilles. Après avoir ainsi, pendant les deux premières années, disposé la tête d'un mûrier à se former, on n'a plus qu'a continuer la même méthode les années suivantes.

Dans quelques cantons on abandonne les mûriers adultes à eux-mêmes; mais dans le plus grand nombre on les soumet à une taille plus ou moins rigoureuse et plus ou moins fréquente. Dans les lieux où c'est l'usage d'abandonner le mûrier à lui-même, il pousse des feuilles petites, peu nombreuses et qui sont difficiles à cueillir; ce qui est un grave inconvénient. La taille, au contraire, rend les feuilles plus abondantes, plus larges et en même temps bien plus faciles à récolter ; mais dans tous les pays où elle est pratiquée elle ne s'exécute pas de la même manière. Il est des localités dans lesquelles tous les trois ou quatre ans on rabat toutes les branches secondaires pour ne laisser que les mères-branches : alors les nouvelles pousses donnent des feuilles beaucoup plus larges et dont la cueillette est très-facile ; mais ces feuilles, presque toujours trop aqueuses, ne fournissent pas aux vers une nourriture d'une aussi bonne qualité. Cet ébranchement, ainsi renouvelé tous les trois à quatre ans, nuit surtout à la durée de l'arbre : aussi, dans les lieux où cet usage existe, les plantations de mûriers dépérissent très-promptement. Il faut donc que la taille du mûrier soit faite avec intelligence et dans les proportions convenables.

Pendant les premières années (dit M. Bonafous, dans son Traité de la culture des mûriers, duquel j'ai déjà emprunté plusieurs passages) où l'on récolte la feuille, l'arbre n'étant pas encore entièrement formé, il faut opérer avec beaucoup de circonspection, c'est-à-dire que le cultivateur doit régler la taille de manière que les branches se subdivisent graduellement, et qu'une distribution égale de séve établisse un parfait équilibre dans toutes les parties. Après la cueillette des feuilles on doit, 1.º décharger le mûrier des branches mortes et de celles que le cueilleur aura cassées ou endommagées; 2.º retrancher les branches d'une végétation trop foible; 3.º arrêter celles, au contraire, dont la végétation est trop forte, ou les forcer à se courber pour modérer la séve; 4.º empêcher l'arbre de s'élever et de s'étendre outre mesure; 5.º raccourcir les branches qui s'opposent à l'évasement de la tête de l'arbre et celles qui sont trop pendantes; 6.º remettre dans leur direction naturelle les branches que le cueilleur aura forcées.

La taille qui se fait aussitôt après la cueillette des feuilles, a le grand avantage de ne laisser perdre aucune récolte; cependant quelques cultivateurs disent, qu'étant faite au mois de Juin, époque où de fortes chaleurs se font déjà ressentir, elle a l'inconvénient de faire perdre beaucoup de séve aux arbres par les nombreuses plaies qu'on est obligé de leur faire, ce qui les épuise d'autant. La taille d'hiver, disent ceux qui sont de cette dernière opinion, et elle paroît être celle de M. Audibert, doit être bien moins contraire à la santé des arbres, puisque la séve y est alors dans un état d'inaction. Cette taille peut être pratiquée d'après les principes donnés un peu plus haut, soit au commencement, soit à la fin de l'hiver; et si l'on choisit cette dernière époque, elle offrira de plus l'avantage qu'étant faite quand les gelées ne sont plus à craindre, les plaies qui en résultent se cicatrisent toujours plus facilement.

Quelques propriétaires partagent la récolte de leurs arbres en deux, et ne font cueillir les feuilles que sur la moitié des arbres chaque année. Ceux qui ont été dépouillés une année, sont taillés l'hiver d'après et gardent leurs feuilles la saison suivante. Par ce moyen les arbres se fortifient davantage que par la cueillette et la taille annuelles; et l'on assure qu'un aménagement de ce genre offre, pour la récolte de la moitié seule des arbres, autant de feuilles que si on en cueilloit la totalité, suivant l'usage ordinaire. N'eût-on que l'avantage, qu'on n'apprécie pas assez, de conserver ses mûriers dans un bon état de santé, ce seroit déjà beaucoup, lors même que cela exigeroit un sacrifice; et ce qui est encore mieux, c'est que cette méthode paroîtroit ne blesser aucunement l'intérêt des propriétaires. Mais le préjugé qui est presque généralement répandu dans les campagnes, s'opposera encore long-temps à ce qu'on suive une marche nouvelle; car beaucoup de gens croient qu'un mûrier dont on ne ramasseroit pas les feuilles, éprouveroit une maladie, et le préjugé est même si fort à ce sujet, que le propriétaire qui aurait vendu la feuille d'un arbre à une autre personne, et qui en auroit reçu le prix, verroit avec peine que cette personne ne la fit pas cueillir. M. Audibert, qui approuve les récoltes alternatives et bisannuelles, m'écrit qu'il a été plusieurs fois obligé de sévir contre de prétendus officieux qui croyoient l'obliger en venant cueillir des feuilles sur des mûriers qu'il avoit désignés comme devant les conserver, et ces gens paroissoient fort étonnés de son refus obstiné à ne vouloir pas qu'on débarrassât ces arbres de leurs feuilles. Au reste, tout mûrier qui est languissant et dont les feuilles sont jaunes, est un arbre mort, si on les lui enlève.

Outre les plantations de mûriers en plein vent, on en fait des haies. Entre autres manières qu'on peut employer pour les former, voici comme M. Bonafous indique que ces haies doivent être plantées et dirigées. On prend des pourrettes greffées d'une année; on les plante en ligne, à dix-huit pouces de distance, dans un fossé préparé quelques mois auparavant, et plus ou moins profond, selon la qualité du terrain. Ces plants sont recépés à trois ou quatre pouces de terre, et, lorsqu'ils viennent à pousser, au lieu de ne leur laisser qu'un seul jet, comme on le pratique pour former le tronc des mûriers en plein vent, on conserve à chaque tige deux rameaux tournés en sens contraire, et on leur enlève tous les autres bourgeons. De cette manière chacun de ces pieds aura, la première année, deux branches vigoureuses. A la fin de l'hiver suivant, on ravale sur chaque mûrier, et du même côté, une des deux branches à la hauteur d'un pied environ, de façon que les jeunes arbres dont on veut former la haie, se trouvent tous avoir une branche coupée d'un seul et même côté, et qu'ils aient tous également une branche entière du côté opposé. On incline ensuite vers l'horizon les branches qu'on a conservées dans toute leur longueur, et on les dirige d'un même côté à la suite l'une de l'autre, en les attachant avec de l'osier à celles qui ont été coupées, de manière que ces branches forment une seule ligne presque parallèle au sol. Au printemps suivant, ces branches inclinées pousseront de nombreux rameaux, qu'on forcera à prendre une direction latérale pour que la haie soit bien garnie. Au commencement de la troisième année de la plantation, on taille la jeune haie à un pied et demi ou deux pieds de hauteur; ensuite on continue d'année en année les mêmes soins jusqu'à ce qu'elle ait atteint la hauteur qu'on veut lui donner, ordinairement quatre à cinq pieds. S'il arrivoit que la haie se dégarnît, il faudroit au printemps remplacer les pieds morts en couchant en terre une jeune branche du mûrier le moins éloigné : l'extrémité de cette marcotte formera un nouveau pied, qu'on élèvera de la même manière que l'a été la plante mère.

Les haies de mûrier doivent être taillées tous les ans aussitôt après la cueillette des feuilles et coupées très-court; elles ne tardent pas à repousser des jets très-vigoureux, qui au printemps suivant donnent, de bonne heure, beaucoup de petites feuilles bien tendres, très-bonnes pour les vers-à-soie au moment qu'ils viennent de naître et pendant leurs deux premiers âges. Les feuilles des haies de mûrier sont toujours épanouies plusieurs jours avant celles des arbres à haute tige, ce qui provient probablement de ce que, les rameaux étant plus rapprochés de la terre, ils ressentent plus l'influence de la réverbération du soleil, ce qui avance le développement de leurs bourgeons; aussi est-il convenable d'avoir dans chaque métairie une haie de cette sorte, qui sera d'autant plus avantageuse qu'elle sera mieux abritée des vents froids et placée, au contraire, à l'exposition la plus chaude. Il est aussi esentiel qu'elle soit située de manière à être à l'abri de la dent des bestiaux. Avec une semblable haie on peut faire éclore plutôt ses vers-à-soie, ce qui multiplie les chances de succès pour leur éducation, parce qu'on a alors le temps de la terminer avant les grandes chaleurs, qui, plus que toute autre chose, passent, dans les pays du Midi, pour être nuisibles à ces insectes.

Après avoir parlé le plus succinctement possible de la culture du mûrier, mais cependant de manière à en donner une idée suffisante, il ne me reste plus qu'à dire de quelle manière doit être faite la cueillette de ses feuilles, et de faire connoître l'emploi qu'on en fait pour la nourriture des vers, ce qui est le point essentiel; car, ôtez au mûrier la propriété précieuse de nourrir l'insecte qui nous fournit la soie, cet arbre aura perdu la plus grande partie de son prix, et ne méritera plus, ni tous les soins qu'on lui donne aujourd'hui, ni tous les détails dans lesquels j'ai cru devoir entrer.

Dans plusieurs cantons de la Grèce, dans l'Asie mineure, dans le Liban, en Perse et sur les bords du Volga, au lieu de donner aux vers-à-soie des feuilles détachées des branches, on ne leur donne que des rameaux chargés de leurs feuilles. Ce procédé rend bien plus facile la cueillette des feuilles, et il paroît offrir quelques avantages pour les vers, qui ne se trouvent jamais, par la manière dont on arrange les rameaux, placés sur une litière humide, parce que les branches, qui restent presque seules après que les chenilles ont mangé les feuilles, forment un tas à travers lequel passent leurs excrémens et à travers lequel aussi circule assez d'air pour que le tout se dessèche facilement, si bien même que, dans quelques-uns des pays cités ci-dessus, on n'enlève les tas que lorsque les vers-à-soie ont filé leurs cocons. On objecte que ce procédé doit mutiler davantage les arbres, et que nous ne savons pas comment on les taille pour élever les vers de cette manière; mais il me semble qu'il y auroit un moyen facile de les conduire : ce seroit, au moment où l'on coupe les rameaux pour les donner, garnis de leurs feuilles, aux vers, de conserver toujours les deux bourgeons inférieurs, qui, ne prenant leur accroissement qu'après que tous les autres auroient été enlevés, deviendroient, dans le courant de l'été, deux nouvelles branches; de sorte que l'arbre auroit par ce moyen le nombre de ses rameaux doublé pour la récolte suivante.

En France, en Italie, en Espagne, on ne nourrit, en général, les vers-à-soie qu'avec des feuilles séparées des rameaux, et pour cela il faut les cueillir à la main.

La cueillette des feuilles doit se faire avec beaucoup de ménagement, afin que le mûrier souffre le moins qu'il est possible de cette opération, à laquelle la nature n'a destiné aucun arbre. Il est essentiel, dans la récolte des feuilles, de dépouiller entièrement chaque mûrier, parce que, si l'on en laissoit sur quelque branche, elles y attireroient la séve, qui alors ne se porteroit plus également sur les branches effeuillées. Il faut toujours dégarnir les jeunes mûriers les premiers, afin de leur donner plus de temps pour se revêtir de nouvelles feuilles, d'autant plus que celles des vieux mûriers, plus substantielles et plus dures, conviennent davantage pour les derniers âges des vers-à-soie. On ne doit commencer la cueillette que lorsque la rosée est dissipée, et il faut la cesser avant le coucher du soleil. Les ouvriers ne doivent pas monter sur les jeunes mûriers, dont les rameaux encore trop foibles pourroient être cassés ou abaissés par leur poids, et, s'ils se servent d'échelles, il vaut mieux qu'ils en emploient de doubles, pour n'être pas obligés de les appuyer contre les arbres. Il seroit plus facile, pour détacher les feuilles, de prendre les rameaux par le haut et de glisser la main à demi fermée jusqu'en-bas; mais, en s'y prenant de la sorte, on risqueroit d'endommager ou de détruire les nouveaux yeux ou boutons du mûrier, au moyen desquels il peut réparer la perte de feuillage qu'on lui fait éprouver: il vaut donc mieux prendre les branches par leur partie inférieure et passer la main de bas en haut. Les sacs pour la cueillette seront suspendus aux arbres ou aux échelles au moyen d'un crochet, et ils doivent être garnis par le haut d'un cerceau, afin d'être toujours tenus ouverts, ce qui facilite singulièrement aux ouvriers le moyen d'y faire tomber les feuilles à mesure qu'ils les détachent. Mais, au lieu d'employer des sacs comme on vient de le dire, il seroit préférable d'étendre de grands draps sous les arbres et de laisser tomber les feuilles dessus; on les ramasseroit ensuite très-facilement. Par ce dernier moyen il y auroit d'abord économie de temps, et les feuilles ne seroient pas froissées comme elles le sont souvent en les foulant dans les sacs suspendus aux arbres, ou dans les grands tabliers que les femmes employées à ce service relèvent devant elles et dont elles nouent les deux bouts sur leurs reins. Lorsqu'on transporte les feuilles au logis dans des chariots, il faut les défendre des rayons du soleil, soit en les couvrant de grandes toiles, soit avec des rameaux d'autres arbres qu'on peut avoir à sa disposition. Aussitôt que les feuilles sont arrivées à la maison, il faut avoir soin de ne pas les laisser dans les sacs où elles sont entassées, et où elles pourroient s'échauffer et contracter de mauvaises qualités qui nuiroient à la santé des vers. On doit les mettre dans un lieu sec et frais, sans trop les amonceler, et, avant de les donner aux vers-à-soie, il est bon d'en séparer ce qui peut être resté de fruits, si en les cueillant on en a laissé quelques-uns, et on donne ces fruits à la volaille. La feuille infectée d'une matière visqueuse, connue sous le nom de miellée, est nuisible aux vers-à-soie ; on ne la cueille que lorsqu'il est impossible de faire autrement, et il ne faut la leur donner qu'après l'avoir lavée et bien laissée ressuyer. Les feuilles tachées de rouille ne font aucun mal aux vers, parce qu'ils ne mangent que la partie qui est saine ; mais les expériences de Nysten ont découvert dans les feuilles mouillées la source de plusieurs maladies. Il est rare qu'à l'époque de l'éducation des vers-à-soie il pleuve sans interruption pendant plusieurs jours, et que le soleil ne paroisse pas par intervalles entre les averses, ce qui suffit pour sécher les feuilles. Il faut saisir ces momens favorables pour faire cueillir. Dans les premiers âges, la petite quantité que les vers consomment est toujours facile à se procurer ; mais, pendant les deux derniers âges, il faut, quand l'humidité de l'atmosphère et la persévérance des vents pluvieux annoncent une pluie durable, s'approvisionner de feuilles pour plusieurs jours. La feuille, à l'époque où elle est parfaitement développée, peut, n'étant pas trop entassée, se garder trois à quatre jours sans se flétrir et sans se gâter.

Comme les bestiaux aiment beaucoup les feuilles de mûrier, il est des pays où l'on effeuille aussi cet arbre en automne pour les en nourrir. Le mûrier, qui éprouve déjà une crise par la cueillette du printemps, souffre beaucoup de cet usage inconsidéré, dit M. Bonafous, dont nous empruntons presque tout ce passage : on peut tout au plus se permettre de secouer doucement les branches pour hâter la chute des feuilles qui sont prêtes à se détacher; mais on ne doit jamais gauler fortement ces branches, comme on ne le fait que trop souvent.

Si la culture du mûrier est une source de richesse pour plusieurs cantons de la France et pour plusieurs parties du Midi de l'Europe, c'est parce que les feuilles de cet arbre, ainsi que je l'ai dit un peu plus haut, servent à nourrir le ver-à-soie. Pour cette raison je crois devoir entrer ici dans quelques détails sur la manière d'élever cet utile insecte, d'autant plus qu'au mot *Bombyce à soie* (tom. V, p. 130), qui est le nom que lui donnent les naturalistes, on n'en a parlé que très-superficiellement, et qu'on a entièrement omis de traiter de cette branche intéressante d'économie et d'industrie qui a fait d'immenses progrès en France depuis son introduction, et qui paroît susceptible d'en faire encore.

Il existe beaucoup de traités sur l'éducation des vers-à-soie : ceux que j'ai principalement consultés, sont ceux de l'abbé Sauvages, de Rozier, du comte Dandolo et de M. Bonafous. Je dois dire aussi que M. Robert, directeur du jardin de la marine royale à Toulon, m'a fourni quelques notes, et que je suis surtout redevable à Mlle Élisa Salle, d'Anduze, département du Gard, de plusieurs renseignemens intéressans, dont j'ai fait plusieurs fois usage pour l'amélioration de cette partie de mon article. Anduze, qu'habite Mlle Élisa Salle, se trouve situé dans les Cévennes, précisément au centre du pays où l'éducation des vers-à-soie paroît être poussée le plus près possible de la perfection. On y porte, généralement, une attention extrême à cette récolte, qui est pour ce canton une source de richesses et qui forme presque son unique branche de commerce. La maison de Mlle Salle fait filer tous les ans plusieurs centaines de quintaux de cocons, et l'on jugera des progrès que ce genre d'industrie a fait dans ce pays depuis cent ans, lorsque je dirai qu'il existe dans les archives de la ville d'Anduze un manuscrit d'un des ancêtres de cette demoiselle, qui constate que dans l'année 1723 Anduze et son territoire ne produisoient encore que cinquante livres de soie, tandis qu'aujourd'hui il s'en file dans les mêmes lieux deux cent cinquante quintaux, dont cent sont le produit territorial de la commune.

Dans le Midi de la France, où les vers-à-soie sont connus sous le nom de magnans, on donne, selon les cantons, les noms de magnanière, de magnonière ou de magnanderie aux bâtimens et aux chambres destinés au logement de ces insectes, et le principal ouvrier chargé de la direction de l'atelier est appelé magnanier, magnadier ou encore magnodier.

Une chose essentielle pour faire une éducation de vers-à-soie profitable, c'est d'avoir de bonne graine. On nomme ainsi communément les œufs de ces insectes. Si l'on n'en a pas de sa propre récolte, on en fait venir d'un pays connu avantageusement sous le rapport des soies qu'il fournit au commerce. La graine étant ordinairement attachée sur des linges ou des morceaux d'étoffe de laine, le comte Dandolo et M. Bonafous conseillent de l'en détacher de la manière suivante. On plonge ces linges ou ces morceaux d'étoffe dans un seau d'eau à neuf ou dix degrés R., on les y laisse cinq à six minutes; ensuite on les retire pour les laisser égoutter, et lorsqu'ils le sont suffisamment, on les étend sur une table en les tenant bien tendus, et, avec une espèce de grattoir ou instrument à peu près semblable à celui qui sert aux boulangers pour enlever la pâte attachée au pétrin, on détache les œufs qu'on met de côté, à mesure qu'il y en a une certaine quantité, pour les déposer dans un vase, où on les lave dans une suffisante quantité d'eau, en les frottant légèrement avec les mains. On enlève les œufs qui surnagent, lesquels ne valent rien; les autres, qui vont au fond, sont versés sur un tamis ou sur un linge pour faire égoutter l'eau. Cette opération a pour but de bien nettoyer les œufs et de les séparer les uns des autres. Après cela on les fait sécher en les exposant sur des linges placés sur des claies dans un lieu sec et dont la température ne soit pas à plus de huit à dix degrés. Tout ce que je viens de dire doit se faire au mois de Mars ou au commencement d'Avril, selon que le pays est plus au Midi ou au Nord, ou que le printemps paroit devoir être plus avancé ou retardé. Lorsque les œufs sont bien secs, on les met sur des assiettes par couches hautes de quatre à cinq lignes, et on les garde dans un lieu à l'abri de l'humidité et dont la température soit à huit ou douze degrés de chaleur au plus, jusqu'à ce que le moment de les faire éclore soit venu.

L'abbé Sauvages croit toute espèce d'apprêt inutile pour la graine, et il dit qu'elle se détache toujours assez facilement de l'étoffe sur laquelle elle est attachée, sans qu'il soit besoin d'employer les lavages.

Les œufs éclôroient naturellement lorsque la température ordinaire seroit parvenue à un certain degré, et onze à douze degrés de Réaumur sont suffisans, mais on regarde généralement comme plus avantageux de hâter de quelques jours le moment de leur éclosion, en employant une chaleur artificielle, parce que les vers naissent alors presque tous en même temps, et qu'il est beaucoup plus avantageux, pour faire une bonne éducation, de n'avoir que des vers nés le même jour, ou au moins à peu d'intervalle les uns des autres. La chaleur du fumier est le premier moyen artificiel qu'on ait employé en Europe pour faire éclore les œufs des vers-à-soie; ensuite on a fait usage de la chaleur du corps humain : le premier de ces moyens est abandonné depuis long-temps, mais le dernier est encore en usage chez les gens de la campagne et chez les personnes qui n'élèvent pas une grande quantité de vers-à-soie. Pour faire éclore les œufs par la chaleur du corps humain, on les met dans des nouets ou sachets de toile, renfermant environ le poids d'une once dans chaque nouet, et pour les couver, des femmes les suspendent pendant le jour à leur ceinture et les placent pendant la nuit sous le chevet de leur lit. Ces sachets doivent être souvent ouverts, et les graines fréquemment remuées et visitées, pour s'assurer du moment où les vers viennent à en sortir.

Les personnes qui se livrent plus particulièrement à l'éducation des vers-à-soie et qui la font plus en grand, préfèrent généralement aujourd'hui le four hydraulique, ou l'étuve. Le four hydraulique est une boîte particulière en fer-blanc, que l'on chauffe au degré qu'on désire par le moyen d'un bain-marie, dont la chaleur est entretenue par la lumière d'une lampe, et dans lequel sont différentes cases les unes au-dessus des autres, cases qu'on recouvre d'une couche de graines de peu d'épaisseur. Un thermomètre placé dans cette machine indique le degré de chaleur, et des tubes de verre, ouverts à l'extrémité, en pénétrant dans l'intérieur, y entretiennent la communication avec l'air extérieur.

Pour faire une étuve, on choisit une petite chambre bien sèche, bien éclairée, dont les fenêtres, donnant du côté du soleil, soient garnies de volets ou au moins de rideaux, pour empêcher la communication de la chaleur extérieure, s'il arrivoit qu'elle fût plus élevée qu'il ne faut. On place, dans cette chambre, la graine dans de petites boîtes de carton ou de bois mince, doublées de papier, pouvant contenir chacune depuis cinq jusqu'à vingt onces de graine, et on les dispose sur des tables ou de toute autre manière. Comme le point essentiel est de faire coïncider l'époque de la naissance des vers avec le moment où le mûrier se développe pour fournir à leur nourriture, on ne commence à chauffer la chambre que lorsque les bourgeons des arbres montrent leurs premières feuilles. La température de l'étuve doit être reconnue au moyen d'un bon thermomètre, et voici comme elle doit être réglée, selon MM. Dandolo et Bonafous. Les deux premiers jours, on l'élève et on la maintient à quatorze degrés R., le troisième à quinze, le quatrième à seize, le cinquième à dix-sept, le sixième à dix-huit, le septième à dix-neuf, le huitième à vingt, le neuvième à vingt-un, le dixième et les jours suivans à vingt-deux degrés. Ordinairement les vers éclosent du onzième au douzième jour. Lorsque la température de la chambre chaude est élevée à dix-neuf degrés et au-dessus, il faut y placer deux vases de six à huit pouces de diamètre, constamment remplis d'eau, dont l'évaporation lente tempère la sécheresse de l'air ambiant, sécheresse qui pourroit être nuisible à la naissance des vers. Il faut avoir soin de remuer les œufs avec une cuiller, une ou deux fois par jour et surtout à l'approche de l'éclosion. Lorsque les œufs changent de couleur, qu'ils deviennent blanchâtres, ce qui arrive ordinairement du huitième au dixième jour, cela annonce la naissance prochaine des petits vers : on les recouvre alors de morceaux de papier criblés de trous larges d'une ligne, et l'on met par-dessus de petits rameaux de mûrier garnis de leurs jeunes feuilles, sur lesquelles les petits vers monteront bientôt en passant à travers les trous des papiers. Le premier jour il n'éclôt ordinairement que peu de vers, et s'il y en a trop peu, il vaut mieux n'en pas tenir compte et les jeter, parce qu'en les mêlant à ceux qui naissent le jour suivant, ils seroient toujours plus gros qu'eux. Il est bon d'ailleurs de faire, de douze en douze heures, la levée des vers qui sont nés pendant ce temps, et de placer chaque levée séparément, en notant exactement l'époque de la naissance de chacune d'elles. Lorsque les vers n'éclosent plus qu'en petit nombre, on peut négliger les derniers, de même qu'on a fait les premiers. Par cette manière de faire, tous les vers de chaque levée passeront bien plus régulièrement et tous ensemble d'un âge à l'autre, et leurs différentes mues auront lieu à des époques qui seront les mêmes pour tous ceux de la même levée, ce qui est un grand avantage.

Il est aussi nuisible à la santé des vers-à-soie qui viennent d'éclore, de les exposer à une température trop chaude et trop sèche, que de les transférer dans des lieux beaucoup plus froids. Le local ou atelier pour leur logement doit être proportionné à la quantité qu'on se propose d'en élever. Si on a plusieurs onces de graines, il est avantageux d'avoir deux ateliers : l'un petit, où les insectes resteront jusqu'à la fin de leur troisième âge, et l'autre beaucoup plus grand, où on les fera passer seulement à cette époque. Si on n'en a qu'une petite quantité, l'étuve peut elle-même servir de petit atelier jusqu'à la fin de la deuxième mue ; et pendant le premier âge, sa température, qu'on avoit portée jusqu'à vingt-deux degrés pour favoriser l'éclosion, ne sera plus élevée qu'à dix-neuf. On dispose dans le petit atelier des claies en osier, en châtaignier ou en roseau, qu'on fixe l'une au-dessus de l'autre à la distance de vingt à vingt-quatre pouces entre deux. La dimension la plus ordinaire et la plus commode qu'on donne à ces claies, c'est trente à trente-six pouces de largeur, lorsqu'un de leurs côtés est appuyé contre les murs, sur huit à dix pieds de longueur. Si elles ne sont pas placées contre les murs, on peut les faire plus larges ; mais, cependant, il faut qu'elles soient dans telle proportion que l'ouvrier, placé sur l'un des bords, puisse facilement atteindre dans le milieu. Dans tous les cas elles doivent être bordées de petites planches de trois à quatre pouces de hauteur et couvertes de feuilles de fort papier.

Lorsque les petits rameaux, épars sur le papier criblé de trous qui recouvre les œufs dans les petites boites dont j'ai parlé plus haut, sont chargés de vers, on les enlève, comme je l'ai dit ci-dessus, pour les distribuer sur les claies du petit atelier, et on les y place assez distans les uns des autres pour que l'on puisse mettre les nouvelles feuilles de mûrier qu'on devra donner aux chenilles, non-seulement sur ces rameaux, mais aussi dans les intervalles qu'on laissera, afin qu'elles puissent mieux se distribuer sur l'espace qu'on leur donnera. Les petites chenilles ont, au moment de leur naissance, une ligne un quart ou environ, et pèsent un cent-deuxième de grain; toutes celles provenant d'une once de graine n'ont besoin d'occuper le premier jour qu'un espace de dix-huit à vingt pouces carrés; mais on les partage en plusieurs places, de manière à ce qu'il ne soit pas nécessaire de les remuer jusqu'à la fin de leur première mue, et qu'elles puissent y occuper à cette époque neuf à dix pieds carrés. Pendant le premier âge, qui, selon M. Bonafous, ne dure ordinairement que cinq jours quand les vers sont constamment tenus à une température de dix-neuf degrés, ils consomment sept livres de feuilles, qu'on doit leur choisir tendres, petites ou coupées par morceaux menus, et qu'il faut leur distribuer en quatre repas par jour, donnés chacun à six heures d'intervalle. On prescrit de donner les feuilles coupées en morceaux, parce que les vers les attaquent communément par les bords; mais j'ai observé bien souvent, surtout à commencer du troisième âge, que beaucour de vers ne se dérangent pas pour aller chercher le bord d'une feuille dont on les a recouverts; ils la percent en-dessous, et quand ils ont pratiqué un trou suffisamment grand, ils mangent alors par les bords qu'ils ont faits. A la fin de la quatrième journée la plus grande partie des vers est engourdie et ne mange plus. Le cinquième jour on ne donne qu'un ou deux repas, selon qu'on aperçoit que quelques chenilles mangent encore. Plusieurs de ces insectes sortent de leur engourdissement à la fin de ce cinquième jour; les autres n'en sortent que le sixième, et leur premier mue est faite. Cette mue et les suivantes sont toujours pour les vers des époques critiques : leur appétit est d'abord diminué à leur approche; ensuite il devient tout-à-fait nul pendant environ vingt-quatre heures, puis ne reprend qu'en partie le jour suivant. Entre chaque mue, au contraire, on remarque un redoublement d'appétit : cet état s'appelle la petite frèze dans les quatre premiers âges, et grande frèze dans le cinquième. La durée de la petite frèze est d'un jour avant la première mue, et l'insecte consomme alors pendant vingt-quatre heures autant que pendant tout le reste de l'âge.

Quand la première mue est terminée, le second âge commence; c'est alors qu'il faut enlever les vers de leur première litière. On nomme ainsi les débris des feuilles sur lesquels ils sont restés jusque-là. Pour faciliter ce changement de place, lorsqu'on s'aperçoit que toutes les petites chenilles ont repris leur agilité, on étend sur elles de petits rameaux de mûrier garnis chacun de six à huit feuilles; et trois à quatre heures après, lorsqu'on voit ces nouveaux rameaux bien chargés de vers, on les transporte sur d'autres claies garnies de papier, et on les espace de manière à ce qu'ils puissent, à la fin de leur deuxième âge, occuper dix-neuf à vingt pieds carrés; ils seront alors quatre fois plus longs qu'ils n'étoient à leur naissance. Comme tous les vers ne seront pas montés sur les nouvelles feuilles, avant de jeter les litières, on les couvre une seconde fois de rameaux, comme on l'a déjà fait, pour recueillir les vers qui n'auroient pas monté à la première fois. Quant à ceux qui peuvent encore être restés engourdis, comme ils ne sont ordinairement qu'en très-petite quantité, on les abandonne, et ils sont jetés hors de l'atelier avec la vieille litière. Deux ou trois heures après que les vers ont été transportés sur de nouvelles claies, on leur donne un second repas, puis un troisième et un quatrième. Dans le deuxième âge, que M. Bonafous dit ne durer que quatre jours, les vers provenus d'une once de graine mangeront vingt-une livres de feuilles, toujours distribuées en quatre repas par jour. Au quatrième jour de leur deuxième âge, le neuvième depuis leur naissance, les vers s'endorment de nouveau, et ils s'éveillent le lendemain pour opérer leur seconde mue : alors commence leur troisième âge; ils ont sept lignes de longueur. On emploie, pour les déliter, les enlever de leur litière et les changer de place, les mêmes moyens dont on s'est servi au commencement du second âge, et on les distribue sur les nouvelles claies de manière à ce qu'ils puissent s'étendre sur un espace d'environ quarante-six pieds carrés.

Pendant ce troisième âge, qui dure sept jours, les chenilles ont besoin de soixante-dix livres de feuilles, et on leur distribue toujours quatre repas par jour. La chaleur de l'atelier ne doit plus être si élevée; on ne la porte plus qu'à dix-huit degrés au commencement du troisième âge, et à dix-sept seulement quand les vers sont à la fin et lorsqu'ils vont s'engourdir pour se dépouiller de leur peau pour la troisième fois. Cet engourdissement dure encore vingt-quatre à trente heures, comme dans les autres mues.

Les vers qui sortent de leur troisième mue, et qui commencent leur quatrième âge, vont pendant cette période prendre beaucoup d'accroissement, et ils occuperont aussi beaucoup plus d'espace. Il est donc temps de les porter dans le grand atelier; on les y place, comme on a fait pour les âges précédens, sur de nouvelles claies, où on les arrange de manière à ce qu'ils puissent disposer d'une étendue de cent dix pieds carrés. Ils mangeront, pendant ces sept jours, deux cent dix livres de feuilles, qu'on leur donnera selon leurs besoins; car il est bon d'observer que, quoiqu'il faille en général leur distribuer quatre repas par jour, cependant, comme les vers ne mangent pas également dans tous les temps, il faut y avoir égard. Ainsi, avant et après chaque mue, ils n'ont point d'appétit ou n'en ont que peu; il faut donc ne leur donner que peu à manger, et seulement pour ceux qui, ou plus retardés ou plus avancés, ont encore conservé ou repris le besoin de manger.

Le quatrième âge des vers-à-soie dure sept jours, de même que le troisième; en le terminant ils font leur quatrième mue, et ils entrent alors dans leur cinquième âge, dont la durée, plus longue que celle des précédens, est de dix jours, après lesquels ils fileront leurs cocons.

Aussitôt que les chenilles sont entrées dans cette cinquième période de leur vie, on les change de claies, et on les place sur

de nouvelles, où on les dispose de manière à leur donner deux
cent quarante pieds carrés d'espace. Dès-lors leur faim augmente d'une manière étonnante pendant les jours suivans, et
pendant les dix derniers jours qui leur restent à parcourir, ils
mangent quatre fois plus qu'ils n'ont fait dans les quatre
premiers âges de leur vie; car jusque-là ils n'ont consommé
que trois cent huit livres de feuilles, et ils en auront besoin
de douze cent quatre-vingts à treize cents livres. Ils font en
mangeant un bruit qui ressemble à celui que fait en tombant la pluie d'une forte averse. Voici dans quelle proportion
M. Bonafous prescrit de leur distribuer leur nourriture. Le
premier jour ils n'ont pas encore beaucoup d'appétit, et
quarante - deux à quarante-trois livres de feuilles en quatre
repas leur suffisent. Le second jour il leur faut soixante-
six livres de feuilles, qu'on leur distribue en cinq repas, et
on leur continue ainsi cinq repas jusqu'au septième jour inclu-
sivement. Le troisième jour on leur donne quatre-vingt-treize
livres de feuilles ; le quatrième, cent trente livres ; le cinquième, cent quatre-vingt cinq à cent quatre-vingt-six livres.
Le sixième jour est celui où les vers ont le plus grand appétit; ils ont une faim dévorante, c'est ce qu'on appelle la
grande frèze ou briffe, et il leur faut deux cent vingt - trois
à deux cent vingt-quatre livres de feuilles. Le septième jour
deux cent quatorze à deux cent quinze livres leur suffisent.
Le huitième, les vers sont parvenus à leur plus grand développement; ils ont trente-six à quarante lignes de longueur,
et pèsent soixante-douze à quatre-vingts et quatre-vingt-dix
grains ou même plus : ce jour-là leur faim commence à diminuer sensiblement, ils n'ont plus besoin que de cent cinquante
livres en quatre repas. Le neuvième ils mangent encore moins,
et avec cent vingt-une livres on peut les rassasier; enfin, le
dixième jour, plusieurs ne mangent plus, et cinquante - six
à cinquante-sept livres de nourriture suffisent au repas de
ceux qui ont conservé de l'appétit. Pendant ce cinquième âge
les chenilles, mangeant beaucoup, font aussi beaucoup d'excrémens, et ces excrémens, joints aux débris des feuilles,
donneroient une mauvaise odeur, qui nuiroit à la santé de
ces petits animaux : il est donc nécessaire de les changer de
claies au moins trois fois pendant cette période; la première

fois à la fin du quatrième jour, la seconde au huitième jour,
et la dernière fois le dixième jour, quand ils sont arrivés à
leur point de maturité.

Vers le huitième jour les vers mangent moins, comme
on vient de le dire plus haut, mais dès-lors ils rendent proportionnellement une plus grande quantité d'excrémens, ou, suivant l'expression ordinaire, ils commencent à se vider. C'est
déjà un premier signe que les vers, comme on le dit ordinairement, approchent de leur maturité, et qu'ils ne tarde-
ront pas à faire leurs cocons.

On reconnoît que la maturité des vers-à-soie est complète
aux signes suivans : 1.° ces chenilles montent sur les feuilles
de mûrier sans les ronger, et elles élèvent la tête comme
pour chercher autre chose ; 2.° elles quittent les feuilles
pour se traîner au bord des claies en cherchant à y grimper;
3.° leurs anneaux paroissent se raccourcir, et la peau de
leur cou est toute ridée ; 4.° leur corps devient d'une
certaine mollesse, et leur peau, surtout celle des anneaux
inférieurs, acquiert une demi-transparence et prend une
teinte légèrement jaunâtre, particulièrement dans les vers
qui doivent filer de la soie jaune; 5.° enfin, si l'on regarde
les vers avec attention, on voit que la plupart traînent
après eux un fil de soie qui sort de leur bouche, et si
l'on saisit ce fil, on peut en tirer un assez long bout sans
le rompre. A l'époque de sa maturité le ver tout entier
annonce par sa couleur celle de la soie qu'il produira,
et on peut, en l'ouvrant, connoître s'il étoit mâle ou femelle. Les mâles contiennent seulement une liqueur jaunâtre ; les femelles sont pleines d'œufs. A tous ces signes
on reconnoît que les vers sont sur le point de filer leur
cocon, et, pour leur en faciliter les moyens, on les rame,
comme on dit en certains endroits, ou on leur forme ce
qu'on appelle des haies ou cabanes sur lesquelles ils puissent monter; mais, avant de procéder à ce travail, il faut
s'occuper à faire un nouveau nettoiement des claies. Aussitôt
qu'il est terminé, on travaille à la construction des cabanes,
pour lesquelles on emploie de petits fagots secs de bruyère,
d'alaterne, de genêt ou autres arbrisseaux à rameaux effilés
et flexibles. Ces petits fagots sont liés seulement par le bas,

33.   25

et leurs branches doivent être libres et plus longues que l'intervalle ou la hauteur qu'il y a entre une claie et l'autre, afin que leurs branches supérieures soient forcées, par le plancher des claies placées au-dessus d'elles, de se courber en berceau. Pour faire tenir ces petits fagots, on les enfonce par leur extrémité inférieure dans les interstices que laissent entre eux les brins d'osier ou de roseau dont les claies sont formées; on étend leurs branches en éventail, afin que l'air puisse circuler plus facilement; et cela augmente d'ailleurs l'espace entre chaque petit rameau, ce qui fait que les vers travaillent plus à l'aise. On place ainsi sur chaque claie le nombre de fagots nécessaires, à dix ou douze pouces l'un de l'autre, et rangés contre les bords appuyés aux murs et sur les côtés, afin de conserver la facilité de voir et de faire encore sur les claies ce qui est nécessaire. Il est essentiel que les haies ou cabanes ne débordent pas les claies, afin que, lorsqu'il arrive à des vers de tomber après être montés, ils soient moins exposés à le faire hors des claies.

Dès qu'on s'aperçoit que les touffes des petits fagots déjà placés sont chargées d'une assez grande quantité de vers, on établit un nouveau rang de fagots entre la première haie et le bord extérieur des claies, afin que tous les vers trouvent facilement à s'établir et puissent travailler à l'aise. On continue d'ailleurs à donner un peu de feuilles à ceux qui mangent encore.

Trois à quatre jours après que les vers ont commencé à grimper, et lorsque les quatre cinquièmes ou plus sont déjà montés, on enlève ceux qui sont en retard, pour les porter à part dans un lieu sec où la température soit au moins à 18 degrés, et on les place convenablement sur des claies garnies de cabanes. On peut aussi faire un petit étage composé de fagots plus bas, sur lequel on dépose les chenilles foibles ou celles qui tombent du haut des cabanes, ou bien encore on leur prête le secours de cornets de papier. Après avoir ainsi débarrassé les claies, on les nettoie pour la dernière fois.

Lorsque les vers-à-soie commencent à monter sur les cabanes, il faut conserver dans l'atelier une température de 17 degrés, et il convient en outre que l'air soit aussi sec que

possible. On peut laisser tout ouvert, quels que soient la température et le mouvement de l'air extérieur, dès que les cocons
ont acquis une certaine consistance. Si l'on n'observe pas
exactement ces règles, et si l'on ne pratique pas ces soins,
ou court les risques d'éprouver des pertes. Le froid endurcit
promptement la matière soyeuse, et le ver est bientôt forcé
de suspendre son travail; une trop forte chaleur, au contraire,
l'oblige à verser sa soie plus tôt qu'il ne faut, ce qui fait qu'elle
est mal élaborée et par conséquent plus grossière.

A compter du moment qu'ils jettent leur première bave
ou bourre, les vers à soie sains et vigoureux terminent leur
cocon dans trois jours et demi à quatre jours, et se transforment en chrysalide : là commence leur sixième âge.

Avant de parler de ce qui a rapport à cette période de la
vie des vers-à-soie et à celle qui la termine, je crois devoir avertir que presque tout ce que je viens de dire sur l'éducation de ces insectes en trente-deux à trente-trois jours, est
tiré de M. Bonafous, et que les autres auteurs que j'ai consultés,
la font tous durer quarante à quarante-cinq et même cinquante
jours. Comme M. Bonafous paroît d'ailleurs obtenir des récoltes de soie aussi bonnes qu'il est possible, et que sa méthode a le grand avantage, en abrégeant ainsi d'au-moins
douze jours l'existence du ver-à-soie à l'état de chenille, de
produire une grande diminution de travail, et probablement
aussi une grande économie de feuilles, j'ai cru devoir présenter cette méthode de préférence à toute autre, pour engager les cultivateurs à la mettre en pratique. On la trouvera
beaucoup plus détaillée dans l'ouvrage même de M. Bonafous, ayant pour titre : *De l'éducation des vers-à-soie, d'après
la méthode du comte Dandolo, Lyon,* 1821, *et* 1824 *seconde
édition*; et dans un mémoire du même auteur sur une éducation de vers-à-soie en 1822, Lyon, 1823. Dans cette dernière éducation plusieurs vers ont commencé à filer à l'âge
de trente-un jours seulement.

Cependant je crois devoir aussi faire connoître en peu
de mots les résultats de plusieurs petites éducations de vers-à-
soie, qui pour ainsi dire ont été abandonnées à la nature ; c'est-
à-dire que j'ai laissé éclore les vers par la seule chaleur
de l'atmosphère, et qu'ils ont été élevés dans une cham-

bre sans feu. On leur donnoit trois repas par jour dans les
deux premiers âges, quatre repas dans les troisième et quatrième âges; pendant le cinquième ils ont eu à manger cinq
et jusqu'à six fois par jour. Des vers ainsi traités, et dont
la graine m'avoit été envoyée de Toulon par M. Robert,
déjà cité plus haut, ont éclos en 1822 du treize au vingt Avril,
et je n'ai commencé à leur donner de la nourriture que
le quinze, n'ayant pas eu de feuilles de mûrier pour ceux
éclos le treize et le quatorze. Les plus avancés de ces vers
n'ont commencé à filer que le trente-un Mai, et ceux qui
étoient le plus en retard, seulement le cinq et le six de
Juin. Le papillon du premier ver qui eût filé, est sorti de
son cocon le seize Juin suivant. Le treize Avril, jour où les
premiers vers ont éclos, le thermomètre étoit à quatorze degrés R., et pendant le reste du mois la chaleur moyenne fut
de quinze à seize degrés. Le mois de Mai qui suivit, fut en
général assez chaud, et le thermomètre fut le plus souvent,
dans le cabinet où étoient les vers, entre dix-huit et vingt-
deux degrés.

En 1823 des œufs provenant de ma récolte précédente
n'ont éclos, toujours dans la même chambre non chauffée,
que du sept au neuf Mai, le thermomètre étant à quinze degrés, et les vers qui en sont provenus, n'ont commencé à
filer que le trente Juin. Je crois devoir faire observer que
le neuf Mai, jour où j'ai eu les premières feuilles de mûrier, celles-ci, à cause du retard de la végétation, n'é-
toient que dans le même état où elles se trouvoient l'année
d'avant au quinze Avril; elles n'avoient commencé à se développer que depuis sept à huit jours seulement : ce qui peut
servir à prouver que dans tous les temps la nature pré-
voyante ne fait éclore les vers-à-soie que lorsqu'elle a déjà
fait pousser des feuilles pour leur nourriture; et cela est si
vrai que dans les parties les plus méridionales de la Provence,
comme à Toulon, où les mûriers commencent quelquefois à
développer leurs feuilles dès la fin de Mars, les vers-à-soie
y éclosent à la même époque, tandis que plus au nord ce
n'est qu'en Avril ou Mai que poussent les feuilles et qu'a lieu
l'éclosion des vers, et que même dans les pays plus froids,
comme les hautes Cévennes en France et l'Ukraine en Rus-

sie, le développement des arbres et des vers est assez souvent
retardé jusqu'au commencement de Juin. On dit qu'en Chine
on conserve de la jeune feuille de mûrier desséchée, et qu'a-
près l'avoir fait ramollir dans l'eau, on en fait le premier
aliment des vers-à-soie, lorsque les nouvelles feuilles ne sont
pas encore poussées; mais j'ai peine à croire qu'il n'y
ait pas à la Chine la même harmonie que chez nous entre
l'éclosion des œufs de l'insecte et le développement des bourgeons de l'arbre. Je dois ajouter d'ailleurs, qu'ayant voulu
essayer cette année de nourrir de jeunes vers-à-soie avec des
feuilles de l'année précédente, desséchées convenablement,
puis ramollies par une immersion plus ou moins prolongée
dans l'eau, je n'ai pu y réussir. Ces feuilles, quelle que soit
la précaution qu'on ait prise pour les bien dessécher, et quoiqu'elles soient restées bien vertes, deviennent bientôt brunes
dans l'eau où on les plonge pour les ramollir; elles ont ensuite l'inconvénient de prendre une odeur désagréable; enfin,
elles se dessèchent de nouveau assez promptement en se re-
croquevillant, de sorte qu'elles sont tout-à-fait impropres à
la nourriture des petits vers.

Quoi qu'il en soit, les vers de ma seconde éducation, commencée le neuf Mai, n'ayant filé que le trente Juin, furent
plus retardés que ceux de 1822; ils ne parcoururent leurs
différens âges qu'en cinquante-deux jours, tandis que l'année
précédente il ne leur avoit fallu que quarante-six à quarante-
sept jours pour accomplir les mêmes révolutions. Cette différence doit être attribuée à ce qu'en 1823 les mois de Mai et
de Juin furent presque constamment froids, le thermomètre
s'étant plus souvent tenu au-dessous de quinze degrés qu'au-
dessus, dans la chambre où étoient mes vers, et le thermomètre extérieur ayant été plusieurs fois, à cinq heures du
matin, à trois ou quatre degrés, et même un jour tout près
de o. Juillet n'ayant pas été beaucoup plus chaud que les
deux mois qui avoient précédé, le premier papillon ne sortit de son cocon que vingt-cinq jours après que le ver l'eût
commencé.

L'éclosion des vers-à-soie, comme je l'ai déjà dit plus haut,
toujours en rapport avec la température du climat, est plus
avancée dans les pays du Midi, et plus retardée dans ceux

du Nord ; mais , ce que je n'ai trouvé indiqué nulle part,
c'est que l'éclosion naturelle dure très-longtemps. M. Robert,
que j'ai déjà cité, m'ayant procuré cette année des œufs de
de vers-à-soie de Smyrne, le bâtiment qui les portoit arriva
le 3 Mars dans le port de Toulon, et, comme il y fit qua-
rantaine, M. Robert ne put avoir ses œufs qu'à la fin du
mois, et lorsque, pour me les envoyer, il ouvrit, le 6 Avril
suivant, la boîte où ils étoient, il trouva plusieurs vers déjà
éclos, et, huit jours après, lorsque je reçus ces œufs, un
bien plus grand nombre de petits vers en étoient sortis, si
bien que je fus forcé de les laisser périr, les mûriers étant
alors comme au milieu de l'hiver, et toutes les feuilles d'autres arbres, que j'essayai d'y substituer, n'ayant pas été du
goût de ces chenilles. Je craignois de voir éclore tous mes
œufs de Smyrne, et de ne pouvoir en conserver un seul ver,
pour connoître si ceux de ce pays étoient en tout semblables
aux nôtres ; cependant du 14 Avril, jour où je reçus les œufs,
jusqu'au 24 suivant, que je pus me procurer quelques bourgeons de mûrier qui commençoient alors à se développer,
le thermomètre ne s'éleva, dans mon cabinet, où je tenois
les œufs, qu'à 11 et 12 degrés au plus, et il fut plusieurs
fois, pendant la nuit et le matin, à 8 et 9 degrés. Cette
température, à laquelle on ne croiroit pas que des œufs de
vers-à-soie pussent éclore, ne leur fut nullement contraire ;
elle ralentit seulement l'éclosion, de manière qu'elle se pro-
longea jusqu'au 20 Juin, c'est-à-dire pendant soixante-quinze
jours. Dans les premiers temps, à la température ci-dessus
indiquée, il naissoit, sur environ deux gros de graine, quarante à cinquante vers par jour ; ensuite j'en vis naître
cent et plus, et le thermomètre étant à 12, 13, 14 ou 15 degrés, il en éclosoit deux à trois cents par jour. Puis le nombre
des vers qui naissoient dans les vingt-quatre heures, commença
à diminuer vers le quarantième jour, quoique cependant le
thermomètre continuât à s'élever à 16, 17, 18 et jusqu'à 19
degrés, et ce nombre alla toujours depuis en diminuant
progressivement, de manière que vers le soixantième jour il
ne sortit plus de la coque que trente à quarante vers en une
journée, et, enfin, dans les derniers temps seulement deux
à trois. Cette éclosion prolongée des vers de Smyrne m'a

fourni le moyen d'en faire successivement trois petites éducations, qui ont duré selon la chaleur moindre ou plus élevée : la première, cinquante à cinquante-cinq jours ; la deuxième, quarante-sept à cinquante-deux jours, et la troisième, quarante à quarante-cinq jours, c'est-à-dire qu'il y a toujours eu six jours entre le premier ver qui ait monté pour filer, et le dernier ; et encore je ne compte pas quelques retardataires, qui ont été mis à part et qui n'ont commencé leur cocon que deux, trois et quatre jours après tous les autres. En général, j'ai observé, dans toutes les éducations que j'ai faites, que dans les circonstances les plus favorables il ne monte jamais que quelques vers le premier jour, trois à dix pour cent au plus, et, les jours suivans, un quart ou un cinquième du reste.

De ce qui vient d'être dit on conclura facilement que les vers-à-soie peuvent, il est vrai, vivre à une température bien au-dessous de celle qu'on leur donne ordinairement ; mais aussi que leur éducation se prolonge beaucoup plus long-temps, et qu'elle devient par conséquent bien plus dispendieuse. Les éducations soignées sont donc infiniment préférables à toute autre. Quant à la possibilité d'abandonner, entièrement les vers-à-soie à la nature, cela n'est pas du tout praticable dans le climat de Paris. Plusieurs centaines de vers que j'avois ainsi mis, au mois de Mai de cette année, sur des mûriers en plein air, n'y ont vécu que quinze à vingt jours, et ils ont tous péri successivement sans qu'aucun soit parvenu à faire son cocon.

J'ai laissé les vers traités avec méthode au moment où ils venoient de terminer leurs cocons, il est temps d'y revenir. Du septième au huitième jour, après que les vers sont ramés, on commence à défaire les cabanes, et on détache les cocons à mesure, en mettant à part tous ceux qui sont mous, mal conformés ou qui sont doubles. Si l'éducation des vers-à-soie provenant d'une once de graine, ce qui est la quantité que j'ai supposée, et pour laquelle j'ai déterminé la place et établi la proportion de nourriture nécessaire, a été heureuse, qu'il ne soit arrivé aucune maladie, cette quantité peut produire cent et même jusqu'à cent trente livres de cocons ; mais une telle récolte est rare : souvent on n'en retire que quatre-vingts ou soixante-dix livres, et même quelquefois beaucoup moins, si les vers ont eu des maladies qui en aient fait mourir une quantité plus ou moins grande.

Il résulte des observations faites pendant vingt ans dans le Languedoc, qu'en général les récoltes ont été bonnes sous l'influence des vents du nord, et qu'elles ont été médiocres ou mauvaises, lorsque les vents du sud ou de nord-ouest ont régné long-temps. Il est rare aussi, dans les années pluvieuses, de voir la soie être de bonne qualité.

Aussitôt qu'on a détaché les cocons, ou déramé, comme on dit dans plusieurs pays, on choisit les cocons destinés à la propagation de l'espèce. De quatorze onces de cocons on retire ordinairement une once de graine. D'après cela il est facile de se procurer ce qu'on désire de graine pour l'année suivante, et, comme il vaut toujours mieux en avoir plus que moins, il faut mettre à part autant de livres de cocons qu'on veut d'onces d'œufs.

En choisissant les cocons pour graine, on recommande de prendre les plus durs, surtout aux extrémités, ceux dont le tissu est le plus fin, qui ont une espèce d'anneau ou cercle rentrant qui les serre dans le milieu, et ceux qui ne sont pas les plus grands. Il n'y a point de signes certains pour distinguer le sexe des cocons; cependant on a reconnu les suivans comme les plus probables. Le cocon le plus petit, pointu d'un ou des deux bouts et serré dans le milieu, renferme ordinairement un papillon mâle; le cocon beaucoup plus rond, plus gros, peu ou point serré dans le milieu (j'ajouterai encore, communément un peu plus pesant), contient le plus souvent un papillon femelle : il faut donc choisir, sur une quantité quelconque, au moins la moitié des cocons parmi ceux qui par leur forme feront pressentir des papillons femelles.

On ôte soigneusement leur bourre à tous les cocons destinés à la reproduction, afin que les papillons ne soient pas gênés pour en sortir; l'on sépare, autant qu'on le peut, les cocons mâles de ceux des femelles, et on les place dans une chambre dont la chaleur ne soit pas à moins de quinze degrés, ni à plus de dix-huit. A cette température les papillons naissent communément du dix-huitième au vingtième jour. En leur faisant éprouver une chaleur plus considérable, ils pourroient sortir dès le douzième ou treizième jour; si, au contraire, on les exposoit à une température plus basse de plusieurs degrés, ils ne perceroient leurs cocons que du vingt au vingt-quatrième jour, et même plus tard encore. Comme ils appartiennent d'ailleurs à la classe des papillons de nuit ou phalènes, on ne doit conserver dans la chambre où ils sont, que le peu de lumière nécessaire pour distinguer les objets.

Pour percer son cocon, le papillon heurte de sa tête avec violence le tissu d'une de ses extrémités, qu'il a d'abord humectée en dégorgeant une liqueur particulière. Aussitôt ou peu après que les papillons sont sortis, ils évacuent avec une sorte d'éjaculation une humeur d'un jaune rougeàtre, et les mâles, si on les laisse libres, s'accouplent avec les femelles. L'accouplement parfait s'annonce par des tremblemens du mâle uni à la femelle; alors on les prend délicatement par les ailes, et on les pose sur des tablettes ou des châssis couverts de toile ou de papier. Lorsqu'on a rempli un châssis de papillons accouplés, on le porte dans une autre chambre, peu spacieuse, obscure, fraîche, assez aérée, et on les y place sur des tables ou autrement. On continue ainsi à placer les autres papillons accouplés de la même manière, en joignant sur chaque tablette la note de l'heure où les papillons se sont unis. L'accouplement dureroit naturellement vingt à vingt-quatre heures; j'en ai même vu se prolonger deux à trois jours. Mais, comme on a observé que, loin d'être avantageux, l'accouplement prolongé est au contraire nuisible, parce que la femelle, épuisée, meurt souvent sans avoir achevé toute sa ponte, on est dans l'usage d'abréger la conjonction, et on sépare ordinairement le mâle de la femelle après dix ou douze heures, M. Bonafous prescrit même de ne laisser durer les accouplemens que six heures. Ce temps écoulé, il veut qu'on prenne les papillons par les ailes, et qu'on les sépare en les tirant doucement en sens inverse. Effectivement j'en ai usé ainsi envers plusieurs couples, et les œufs pondus par les femelles se sont trouvés bien féconds. Beaucoup de couples se désunissent assez facilement par ce moyen; mais il en est quelques-uns qu'il faut laisser à eux-mêmes, parce qu'ils adhèrent trop ensemble, et parce qu'on pourroit les blesser par des tractions trop fortes.

Le mâle qu'on a séparé d'une femelle peut être employé à féconder une autre femelle, si on a moins de mâles que de femelles, ce qui est toujours préférable. Après un second accouplement on n'est pas dans l'usage d'employer les mâles à un troisième; on craindroit, en les mariant à de nouvelles femelles, que les œufs de ces dernières ne fussent pas aussi féconds, ou qu'ils ne produisissent des vers foibles et incapables de donner de bonnes récoltes de soie : cependant j'ai élevé cette année des vers provenant d'un sixième accouplement; la conjonction du même mâle avec chacune des six femelles n'avoit jamais duré moins de vingt à vingt-quatre heures, et les vers provenant de la sixième femelle ont égalé, à toutes les époques de leur vie, ceux qui étoient nés des œufs produits après une première fécondation. Il y a plus, c'est qu'ayant vu que le mâle, après le sixième accouplement, étoit aussi vif et montroit autant d'ardeur pour un septième, que je n'ai pu alors lui fournir, qu'il avoit eu d'empressement pour le premier; j'ai cherché cette année combien un mâle pourroit s'accoupler de fois, et j'ai eu un de mes mâles qui s'est accouplé dix-sept fois; ses copulations n'ayant jamais duré moins de six heures, quelques-unes huit à dix, plusieurs douze et même vingt-quatre à trente heures. J'ai des œufs du treizième accouplement, qui ont tous les caractères d'œufs bien fécondés : quant aux quatorzième, quinzième, seizième et dix-septième accouplemens, je ne puis savoir ce qu'ils auroient produit; ce que je puis seulement dire, c'est que, quoiqu'ils aient eu lieu avec des femelles déjà fécondées (n'en ayant alors plus d'autres), le mâle y a montré beaucoup d'ardeur : il est resté à chacun d'eux quatre, douze, vingt-quatre et trente heures, et la séparation dans les deux copulations qui ont été les plus longues, n'a point été spontanée; j'ai été obligé de l'opérer de vive force. La conclusion qu'on doit tirer, ce me semble, de ces expériences, c'est qu'en s'appliquant mieux qu'on ne l'a fait jusqu'ici, à reconnoitre les cocons qui doivent donner des papillons mâles et des papillons femelles, on pourroit, désormais, ne conserver que le quart ou même la sixième partie des premiers, qui seroient bien suffisans pour les besoins des femelles, et le surplus seroit bien mieux employé pour le tirage de la soie.

Au fur et à mesure qu'on a séparé les femelles des mâles, on les porte dans un cabinet obscur, frais et sec, où on les place sur des chevalets garnis de toile bien tendue ou d'une étoffe de laine mince et usée; on choisit ordinairement cette étoffe noire, afin que sa couleur tranche avec celle de la graine, et usée, afin que celle-ci y adhère moins fortement. Ces chevalets sont tenus le plus possible perpendiculairement, et on y place les papillons femelles tout près les uns des autres, en commençant à les disposer par le haut. Avec ces précautions les femelles pondent leurs œufs dans un espace très-resserré et même entassés en petits grumeaux, ce qui est préférable à les avoir dispersés sur une étendue plus ou moins grande, comme il arriveroit, si les papillons étoient exposés au grand jour. Chaque femelle produit en tout environ cinq cents œufs, dont elle pond la plus grande partie dans les premières trente-six heures, quelquefois même dans l'espace de trois à quatre heures; ceux qu'elle fait ensuite, ne forment qu'à peu près le sixième de la ponte. Les papillons, soit mâles, soit femelles, ne prenant aucune nourriture, ne tardent pas à s'épuiser ; ils meurent pour la plupart du dixième au douzième jour : quelques-uns vivent jusqu'au vingtième; mais le plus souvent, dès que les mâles ont fécondé les femelles, ou dès que celles-ci ont fait leur ponte, on ne se donne pas la peine de les garder et on les jette aux poules, qui les mangent avec avidité. Cela est d'un bien médiocre avantage, car cette nourriture donne, dit-on, aux œufs un goût très-désagréable.

Le premier jour de la ponte, les œufs des vers-à-soie sont presque blancs ou d'un jaune très-clair; dans les vingt-quatre heures qui suivent, ils passent à un jaune plus foncé; quelques jours après, ils prennent une couleur grise roussâtre, et enfin ils deviennent d'un gris cendré. Ceux qui dans l'espace de quinze à vingt jours parcourent toutes ces nuances, sont complétement fécondés; ceux, au contraire, qui ne le sont pas, ne changent pas de couleur, et ils ne tardent pas à s'affaisser. Quelques jours après que les œufs ont pris leur couleur cendrée, on enlève des chevalets les linges ou étoffes sur lesquelles ils sont attachés, et on les serre dans un lieu sec, dont la température n'excède pas quinze à seize degrés en été, et où elle ne descende pas au-dessous de zéro en hiver. Les œufs s'y conserveront jusqu'au printemps de l'année suivante.

Dans la plupart des provinces où l'on se livre à l'éducation des vers-à-soie, on est dans l'usage d'en changer tous les trois à quatre ans la graine, en en faisant venir de la nouvelle d'un autre canton, ou les propriétaires les plus soigneux changent seulement leurs graines avec leurs voisins. On croiroit que la même graine, gardée plus long-temps, dégénéreroit. Ceci n'est probablement qu'un préjugé. La graine ne peut dégénérer dans un pays dont le climat est favorable aux vers-à-soie que par les vices d'une mauvaise éducation, et elle ne peut, au contraire, que s'améliorer si l'on prodigue aux vers les bons soins de toute nature. Ainsi Mlle Salle me marque qu'à Anduze on a beaucoup amélioré l'espèce du ver à soie blanche de la Chine; et particulièrement un ami de sa famille, qui avoit reçu de la graine de Nankin même, et qui, après vingt ans de soins scrupuleux, étoit parvenu à en perfectionner la qualité. Il est à remarquer, m'ajoute cette demoiselle, que toutes les graines étrangères produisent, la première année qu'elles sont élevées dans le pays, des cocons démesurément gros et d'une forme toute irrégulière ; mais cela se corrige peu à peu, et la quatrième ou cinquième année il ne reste plus d'autre différence d'avec les autres cocons de belle qualité, que les nuances dans les couleurs.

Comme j'ai dit antérieurement qu'en général les cocons les plus pesans renfermoient des papillons femelles, ne pourroit-on pas, en ne gardant pour graine que les cocons qui l'emporteroient sur les autres par leur poids, faire servir cette manière de choisir les cocons à l'amélioration des vers-à-soie ? En effet, n'est-il pas rationnel de croire que les papillons, qui sortiront des cocons les plus pesans, produiront des œufs d'où naitront l'année suivante des vers qui, à leur tour, donneront les plus beaux cocons possibles ? Quant aux papillons

mâles, comme je crois avoir prouvé plus haut que l'un d'eux
peut très-bien féconder six femelles et plus, le peu qu'il sor-
tira de mâles des cocons conservés parmi ceux qui auront
le plus de poids, sera bien suffisant pour opérer la fécondation des femelles. J'ai eu trop tard ces idées sur le moyen
d'améliorer la race des vers-à-soie, pour pouvoir le mettre
en pratique; mais je me propose bien de faire à ce sujet des
expériences dès l'année prochaine.

En parlant de l'espace nécessaire à une certaine quantité
de vers-à-soie, je n'ai, dans ce qui a été dit précédemment, supputé la place que pour une once de graine; mais,
comme on sera peut-être bien aise de connoître l'emplace-
ment qu'il faudroit pour faire une grande éducation, je
vais donner les dimensions d'une magnanière capable de
contenir les vers provenus de vingt onces de graine. Suivant
le comte Dandolo, il faut, pour entreprendre une telle éducation, un atelier de trente pieds de largeur sur soixante-
seize de longueur, et ayant dix-neuf à vingt pieds de hauteur sous le comble. Ne seroit-il pas plus avantageux et plus
commode de diviser un tel atelier par un étage, au moyen
duquel chaque chambre n'auroit que dix pieds de hauteur?
Quoi qu'il en soit, un tel atelier doit avoir, selon le comte
Dandolo, plusieurs portes et fenêtres en opposition directe du
Nord au Midi, afin d'entretenir continuellement des courans
d'air pur. Il doit aussi être chauffé par plusieurs cheminées,
dont on veut qu'il y ait jusqu'à six, et dans lesquelles on fera
des feux clairs, qui procurent une chaleur bien préférable
à celle trop étouffée des poêles, et qui contribuent d'ailleurs
beaucoup plus efficacement à ranimer la circulation de l'air.
Au reste, le produit des petites chambrées est en général
proportionnément plus fort que celui des grandes, et cela
tient aux causes suivantes : d'abord il n'est pas possible de
donner des soins aussi attentifs à un très-grand nombre de
vers-à-soie qu'à un plus petit; ensuite il est plus difficile de les
loger suffisamment au large dans le premier cas que dans
le second, et l'altération de l'air est plus considérable par
la fermentation de la litière et les émanations des vers.

Dans les pays où l'on se livre d'une manière toute particulière à l'éducation des vers-à-soie, les personnes aisées

ont des bâtimens comme celui dont je viens de parler, qui sont exclusivement consacrés à ces insectes; d'autres, qui n'ont pas de magnanière, se resserrent, tant que cela est nécessaire, souvent dans la plus petite partie de leur logement, pour consacrer le reste à leurs vers : il n'est pas rare encore de voir de pauvres gens abandonner leur lit et leur mauvaise chambre, et se réduire pour le moment dans un grenier ou même au bivouac.

Les vers-à-soie qui sont placés dans des ateliers suffisamment grands, percés de fenêtres au moyen desquelles on puisse renouveler souvent l'air, et auxquels on donne d'ailleurs tous les soins convenables, parviennent heureusement, pour l'ordinaire, à la fin de leur éducation. Les maladies qui font quelquefois beaucoup de ravages dans certaines chambrées, au point d'anéantir la récolte ou de la réduire presque à rien, proviennent le plus souvent de ce que les vers y sont trop pressés, de ce qu'on n'a pas la précaution de leur changer l'air assez souvent, de ce qu'on les laisse trop long-temps sur leur litière, enfin de ce qu'on leur épargne tous les soins qui sont nécessaires à leur bonne santé. Le préjugé qui règne encore trop généralement parmi les gens de la campagne, fait que dans la plupart des magnanières on calfeutre jusqu'à la moindre ouverture pour les préserver de toute espèce de courant d'air, ce qui leur fait souvent beaucoup de mal par les miasmes infects qui se trouvent ainsi concentrés. Cependant on ne peut pas assurer que l'air trop rarement renouvelé, et le défaut d'autres soins convenables, soient les seules causes de toutes les maladies, dont je vais sommairement énoncer les principales.

1.° La *grasserie* est une enflure générale qui se développe pendant les mues : on nomme gras, les vers qui en sont atteints; ils marchent, mangent, grossissent et ne filent pas. 2.° La *consomption* : ceux qui en sont attaqués sont appelés *passis* ou *harpians*; ils sont très-foibles, cessent de manger; leur accroissement est ralenti; ils meurent souvent étouffés par les autres. 3.° La *jaunisse*, qui se manifeste quand les vers sont prêts à filer : ils deviennent alors enflés, et on aperçoit sur leur corps des taches d'un jaune doré. 4.° La *muscardine* : les vers qui ont cette maladie, deviennent roides, et meurent à tout âge, même après avoir commencé à filer; leur couleur est d'abord rouge, et elle devient ensuite blanche. 5.º Par l'effet d'une chaleur accablante, jointe à une forte humidité, les vers-à-soie se trouvent dans un état de relâchement tel que, peu d'heures après leur mort, ils noircissent et tombent en putréfaction; cette maladie est dite des *morts-blancs* ou *morts-flats*, ou vulgairement des *tripes*. 6.º Certains vers se transforment en chrysalide sans faire de cocon. C'est une maladie du ver qui, ayant souffert quelque chose dans le cours de sa vie, ne possède point, au moment de la maturité, le degré de santé et d'énergie nécessaire pour filer et bien construire sa coque. Les magnaniers en distinguent de deux sortes : la *courche*; le ver, après s'être raccourci, reste au pied des cabanes, et y file un cocon informe, très-imparfait; et la *luzette*; la chenille, en apparence plus agile, monte sur les cabanes, erre long-temps, et finit par se transformer sans filer. Ces deux dernières maladies sont peu redoutées, parce qu'elles ne sont ni générales ni contagieuses : il n'en est pas de même des quatre premières, qui souvent empoisonnent tout un atelier; mais d'année en année on parvient à les rendre plus rares dans les magnanières bien soignées.

On connoît plusieurs variétés de vers-à-soie. Les deux principales sont celles qu'on distingue par la couleur des cocons, blanche dans l'une et jaune dans l'autre; mais, au moment de la naissance, et jusqu'à la troisième mue, il n'y a nulle différence entre les vers : ce n'est qu'après cette période qu'on commence à distinguer le blanc du jaune à l'inspection des pattes, qui sont blanches chez la chenille qui produira un cocon blanc, et jaunes chez celle qui en fera un jaune. Il y a plusieurs nuances dans les cocons blancs; les plus estimées sont celles qui sont d'un blanc pur. On donne le nom de vers de Chine ou de vers de Nankin, parce que les œufs en ont été apportés de cette ville, il y a une soixantaine d'années, à une race dont la soie est du plus beau blanc, et est connue à la Chine sous le nom de *sina*. L'éducation de ces vers, après avoir été tentée en France, fut ensuite négligée; mais, depuis qu'on a senti son importance par les avantages que leur soie peut procurer à nos fabriques de gaze, de blonde, de tulle, qui n'en emploient pas d'autre, on a recommencé à élever de ces vers, dont quelques particuliers avoient conservé la graine sans altération, et aujourd'hui dans plusieurs cantons on leur donne un soin particulier, afin que la race reste pure et sans mélange. Mais, quoique la qualité des cocons blancs soit plus estimée dans le commerce, on élève toujours, dans la plupart des magnanières, plus de vers donnant des cocons jaunes, dans lesquels on remarque plusieurs nuances depuis le jaune pâle, comme soufré, jusqu'au jaune foncé et au jaune roussâtre dit isabelle.

La couleur des vers eux-mêmes n'a aucune influence sur la soie qu'ils doivent filer. On n'élève le plus ordinairement que l'espèce de ver qui est blanchâtre dans son cinquième âge ; mais il y a des vers qui sont gris-noirâtres, et qui d'ailleurs donnent des cocons blancs et de différens jaunes, comme les vers blancs.

Outre ces variétés, on distingue une race remarquable en ce que ses chenilles n'ont que trois mues, ou ne changent que trois fois de peau. Leurs œufs sont plus légers ; les chenilles qui en proviennent, restent toujours plus petites des deux cinquièmes que les vers ordinaires, et les cocons qu'elles font sont dans la même proportion. Çes vers, connus dans quelques parties du Midi de la France sous le nom de *Milanois*, consomment, pour donner une livre de cocons, presque autant de feuilles que les vers-à-soie communs, et leur éducation dure seulement quatre jours de moins. On retire, dit-on, de leurs cocons une soie plus fine et plus belle que de ceux des autres ; néanmoins ces cocons sont moins recherchés que ceux des vers à quatre mues.

Après tout ce qui vient d'être dit sur les vers-à-soie, il ne me reste plus qu'à faire connoître comment on doit s'y prendre pour conserver les cocons jusqu'au moment d'en retirer la soie. Comme cette dernière opération ne peut se faire tout de suite, et qu'on seroit exposé à voir éclore les papillons, si on la retardoit plus de huit à dix jours après avoir déramé, on les étouffe dans les cocons, ce qui laisse après cela tout le temps qu'on peut désirer pour faire le tirage de la soie. La simple exposition aux rayons d'un soleil ardent, pendant deux à trois jours de suite, et pendant trois à qua-

tre heures chaque fois, suffit pour tuer la chrysalide. Ce moyen
est quelquefois usité dans les Cévennes, et il mériteroit sans
doute la préférence sur tout autre, si l'incertitude du climat
ne le rendoit pas souvent insuffisant et précaire. Le procédé
le plus universellement suivi consiste à mettre les cocons au
four, après qu'on en a retiré le pain, ou dans des tiroirs
que renferme une caisse en maçonnerie, et que l'on chauffe
par l'intermédiaire d'un fond de tôle. On les y laisse ordinairement plus ou moins long-temps, suivant le degré de
chaleur, sans règle précise, en s'en remettant sur un point
si délicat à l'habitude de l'ouvrier : aussi les accidens sont-ils
fréquens, et la détérioration des matières plus fréquente encore. La torréfaction que subit le cocon, en crispe et durcit
le tissu ; d'ailleurs l'exsudation de la chrysalide le tache souvent, ce qui nuit d'une part à la facilité de la filature et de
l'autre à la qualité du produit. Pour remédier à cet inconvénient on a proposé plusieurs autres méthodes : l'emploi de
substances volatiles, comme le camphre ; celui de certains gaz
non respirables et délétéres, comme le gaz acide carbonique,
le gaz acide sulfureux : mais jusqu'à présent les essais qu'on
a faits en ce genre, n'ont pas encore donné de résultats assez
positifs pour qu'on puisse les présenter comme moyens assurés.
L'abbé Rosier a proposé de plonger pendant quelques instans
les cocons dans l'eau bouillante ; d'autres, de les exposer à la
vapeur de l'eau bouillante : mais, quelques précautions qu'on
prenne pour les faire ensuite sécher sur des claies bien aérées,
et quelque favorable qu'on suppose la saison, le ramollissement
du tissu des cocons et l'humidité qui les pénètre, font promptement tomber la chrysalide en putréfaction, et nuisent d'ailleurs à la qualité et à la beauté de la soie. L'application d'une
chaleur sèche a donc été reconnue être encore le meilleur
moyen ; mais, pour obvier à l'inconvénient des fours, ce qu'on
a imaginé de mieux, c'est un étouffoir, qui consiste en une
espèce d'armoire de planches, divisée par étages formés de
caisses plates de cuivre, dans lesquelles on introduit les cocons.
La vapeur qui sort d'une chaudière enveloppe chacune de
ces caisses, qui sont hermétiquement fermées, et les cocons
n'éprouvent aucune détérioration, ni dans leur couleur, ni
dans leur tissu. On dit que la chaleur doit être élevée à soixante-

quinze degrés dans cette espèce d'appareil ; mais je ne crois pas qu'elle ait besoin d'être portée si haut, puisque dans un essai que j'ai fait en exposant des cocons dans une petite étuve, chauffée seulement à cinquante degrés, il n'a fallu qu'une heure pour tuer toutes les chrysalides.

Privées de la vie, par un moyen quelconque qui ne détériore pas les cocons, les chrysalides ne peuvent plus les percer, et ceux-ci peuvent être gardés indéfiniment jusqu'à ce qu'on fasse le tirage de la soie. Mais, lorsque le cultivateur ne fait pas cette dernière opération lui-même, il doit vendre ses cocons le plus tôt possible, parce qu'en les gardant pendant quelque temps ils diminuent beaucoup de pesanteur, et que, la vente s'en faisant au poids, il éprouveroit la perte causée par cette diminution.

Ici finit, dans l'histoire du ver-à-soie, tout ce qui peut avoir rapport à l'histoire naturelle et à l'agriculture ; ce qui va suivre, appartient plus particulièrement à l'industrie manufacturière, ce qui fait que je n'en dirai que quelques mots.

Quelques propriétaires font tirer chez eux la soie de leur récolte ; mais la plupart du temps les cocons se vendent à des personnes qui se livrent à ce genre d'industrie. Pour faciliter le filage de la soie, on la met dans une bassine remplie d'eau chaude à soixante et jusqu'à soixante-cinq degrés, et pour le chauffage de laquelle on a, depuis quelques années, employé avec avantage, dans plusieurs filatures, la vapeur de l'eau bouillante, au lieu de l'usage immédiat du bois ou du charbon. L'eau chaude, en ramollissant la gomme avec laquelle le ver a collé l'un sur l'autre les nombreux contours de son fil, facilite le dévidage, qui s'opère au moyen de tours appropriés à cette espèce de travail. On ne dévide jamais un seul cocon ; le fil, trop fin, ne pourroit servir à aucun usage utile. Le moindre brin de soie filée se compose de trois à quatre fils. Il faut ordinairement treize livres de cocons pour faire une livre de cette belle soie fine connue sous le nom d'organsin. Il ne faut que dix à onze livres de cocons pour produire une livre de grosse soie, nommée trame, dont le brin est formé depuis huit jusqu'à vingt fils.

C'est à l'époque de la foire de Beaucaire que, chaque année, le prix des soies est ordinairement fixé dans le Midi,

et ce prix devient à peu près celui de toute la France; les
seules choses qui puissent le faire varier, sont les spéculations
de quelques gros financiers, et l'importation plus ou moins
considérable des soies étrangères.

Les soies filées, après avoir encore subi une préparation
particulière qu'on nomme décreusage, sont susceptibles de
recevoir toutes les couleurs possibles, et les manufacturiers
les emploient à faire une multitude d'étoffes et de tissus
différens; et, chose étonnante, quoique ces tissus l'emportent
pour le brillant, la légèreté, la finesse, sur tous les autres
tissus d'autres matières, soit animales, soit végétales, loin
d'être, comme sous les empereurs romains, vendus au poids
de l'or, les plus beaux atteignent à peine au prix de certaines
étoffes de laine, et les plus légers, qui seroient inexécutables
avec toute autre matière, sont à si bon marché qu'on pourroit dire de plusieurs qu'ils sont à vil prix. La cause de cette
différence vient, je crois, uniquement de la facilité avec laquelle on file la soie; la nature ne l'a faite même que trop fine:
tandis que la plus habile fileuse, ou la machine la plus perfec-
tionnée, n'approchera jamais que de très-loin, avec la laine,
le coton, le lin ou le chanvre, de la finesse du fil du ver-à-soie.

La bourre des cocons et les pellicules, après qu'on en a retiré
la soie, sont cardées et filées par des moyens particuliers,
et forment diverses sortes de matières, connues sous les noms
de *coconille*, *filoselle*, *capiton*, etc., et employées, selon leur
nature, à fabriquer des tissus ou des objets de bonneterie
d'une qualité inférieure à la soie, mais dont le commerce
est encore considérable. En Italie, les pellicules restées après
le tirage des cocons, sont plus particulièrement employées,
après avoir subi l'apprêt convenable, à faire des fleurs artificielles, qui surpassent en général celles faites avec d'autres
matières. Enfin, la culture du mûrier et l'éducation des vers-
à-soie offrent de si grands avantages que, peut-être, ce n'est
pas trop de dire qu'en France seulement elles fournissent
à l'agriculture un produit brut de cent millions, et que ce
produit est plus que doublé par l'industrie manufacturière.
Rendre fertiles des terrains incultes, augmenter les moyens
de travail pour les pauvres, offrir de nouvelles ressources à
l'industrie, créer de nombreuses manufactures où des milliers

de bras trouvent de l'occupation, enrichir par le commerce
de vastes contrées, augmenter les jouissances du luxe et de
l'opulence en assurant l'existence d'une multitude d'ouvriers:
tels sont les heureux résultats produits par l'introduction
d'une seule plante et d'un petit insecte en Europe.

Lorsque j'ai commencé à élever quelques vers-à-soie, dans
l'intention de pouvoir faire cet article, j'ai cru m'apercevoir que l'histoire de ces petits animaux étoit, jusqu'à présent,
assez peu avancée, et j'ai cherché vainement, dans les nombreux écrits auxquels ils ont donné lieu, beaucoup de choses
que je désirois savoir et que je n'ai trouvées nulle part. Cela
a donné lieu à plusieurs expériences que j'ai faites, et dont
on a pu lire les résultats dans le courant de cet article, dont
j'ai d'ailleurs emprunté une grande partie, pour tout ce qui
regarde le soin ordinaire des éducations, aux auteurs qui
ont fait des traités à ce sujet. Mon article étoit déjà composé
et à l'impression, lorsque j'ai pu faire quelques autres expériences, qui me semblent avoir un grand intérêt et que je
vais rapporter ici.

Quoique l'éducation des vers-à-soie, depuis son introduction en France, ait pris de grands accroissemens, elle ne me
paroît pas encore arrivée au point où il seroit à désirer
qu'elle pût parvenir, puisque les fabriques du royaume tirent
maintenant de l'étranger pour plus de vingt millions de soie
par an. J'ai pensé que, si l'on pouvoit faire plusieurs récoltes
de soie chaque année, non-seulement nous n'aurions plus
besoin d'aller chercher des soies exotiques pour alimenter
nos fabriques, mais que nous pourrions même en fournir aux
pays du Nord, dans lesquels l'éducation des vers-à-soie n'est
pas possible ou n'a pas pénétré jusqu'à présent.

Sachant que l'éclosion des vers-à-soie avoit lieu naturellement un mois ou six semaines plus tôt dans les pays méridionaux que dans le climat de Paris, cela m'a conduit à en tirer
les conséquences suivantes : si le retard du développement
des vers-à-soie, dans le Nord de la France, est dû à la température plus froide en hiver, et surtout au froid qui s'y
prolonge plus long-temps, il est bien probable qu'en mettant
des œufs de vers-à-soie, à la fin de l'hiver, dans un lieu où
le thermomètre ne s'élèvera qu'à quelques degrés au-dessus

de zéro, où d'ailleurs la température ne variera pas, et où il n'y aura pas de lumière, il sera possible de retarder assez l'époque de leur éclosion, pour les faire ensuite éclore lorsqu'on le voudra, en les retirant du lieu froid où ils auront été conservés, et en les faisant passer successivement par des degrés intermédiaires, pour les amener peu à peu à la température que l'on pourroit avoir dans les mois de Juin, Juillet, etc.; et l'on aura ainsi un moyen très-simple et très-facile de faire plusieurs récoltes de soie.

En effet, ayant enfermé, le 24 Mars dernier, des œufs de vers-à-soie dans un bocal de verre que je bouchai bien, je les plaçai dans une cave assez profonde, dont la température n'étoit qu'à six degrés, et je les y laissai jusqu'au 10 Mai, jour où j'avois commencé une autre éducation de vers-à-soie nés spontanément par l'effet seul de la chaleur atmosphérique. En retirant ces œufs, je les fis passer successivement, en deux jours de temps, dans différens lieux où le thermomètre marquoit 10, 12 et 14½ degrés. Le dernier de ces endroits étoit alors le lieu le plus chaud de mon appartement; les œufs y restèrent jusqu'à la fin du mois, et la chaleur y fut en général, pendant les vingt jours qui suivirent, de 1 à 4 degrés moindre qu'elle ne l'étoit le jour où le thermomètre marquoit 14 degrés. Cependant les vers-à-soie commencèrent à éclore le 29; mais, comme les trois à quatre premiers jours ils étoient en trop petite quantité, je ne conservai pas ces premiers nés, et je ne commençai que le 2 Juin l'éducation régulière de ceux qui naquirent ce jour-là. Cette éducation dura jusqu'au 16 Juillet : le premier ver commença à filer le quarante-unième jour, et le dernier le quarante-sixième. Les cocons produits par ces vers n'ont été pesés que quinze jours après que le dernier ver eût filé, et huit jours après avoir été exposés à un soleil ardent, afin de faire périr les papillons, ce qui, je le dirai en passant, m'a bien réussi, les cocons ayant été exposés deux jours de suite, et pendant trois heures chaque fois, au soleil, le thermomètre marquant 34 à 35 degrés.

Un cent de ces cocons ne pesoit, après cela, que quatre onces trois gros; cependant ces cocons paroissoient, en général, ne pas différer beaucoup de ceux de la première éducation, que j'avois déjà faite alors, et leur peu de pesanteur doit être attribuée à ce qu'ils ne furent pesés que huit jours après la mort des papillons, et que l'exposition au soleil leur avoit fait perdre une partie de leur poids. Du moment où l'on a causé la mort des papillons par un moyen quelconque, le poids des cocons diminue de jour en jour : il est généralement moindre d'un tiers au bout d'un mois, et des deux tiers au bout de trois mois. De sorte que je puis raisonnablement supposer que, si j'eusse pesé les cocons de ma deuxième éducation avant de les exposer au soleil, leur poids eût égalé, sinon celui des cocons de ma première éducation, au moins celui des cocons de ma troisième.

Puisque je viens de parler de cette première éducation, je crois devoir dire que je l'avois commencée le 10 Mai; qu'elle dura jusqu'au quarante-huitième jour pour les vers les plus hâtifs, et jusqu'au cinquante-troisième pour les plus retardés. Les plus beaux de ces vers avoient quarante lignes de longueur et pesoient quatre-vingt-dix à cent grains, quelques-uns cent huit, et un seul cent dix-sept grains. Le poids de cent de leurs cocons étoit de sept onces quatre gros quarante-huit grains, et celui d'un autre cent, de sept onces soixante grains. Les cocons les plus lourds, pris séparément, pesoient chacun cinquante à cinquante-six grains; le moindre de tous n'avoit que vingt-neuf grains de pesanteur.

Les mêmes procédés de conservation et les mêmes précautions m'ont fourni le moyen de faire une troisième éducation. Les vers de celle-ci étoient éclos le 20 Juin : le premier qui ait monté pour filer, a commencé son cocon le trente-quatrième jour, et le trente-neuvième tous filoient, excepté quelques vers gris-noirâtres, qui ne firent leurs cocons que du quarantième au quarante-cinquième jour. Cette éducation, abstraction faite des vers retardataires, fut terminée le 25 Juillet. Le thermomètre, pendant qu'elle dura, fut fréquemment, dans la chambre où étoient mes vers, à 19, 20, 21 et 22 degrés. Cent des cocons de ces vers pesoient six onces sept gros quarante-deux grains. Le poids du plus léger étoit de trente grains, et celui du plus lourd de cinquante-trois grains, et, chose qui surprendra sans doute, c'est que le ver qui l'a filé fut mis, le 28 Juillet, à quatre heures après midi, dans un cornet de papier; qu'on lui fit faire vingt lieues

pendant la nuit sur l'impériale d'une diligence, et cependant
son cocon étoit entièrement terminé le troisième jour, comme
si le ver fût resté parfaitement tranquille, comme c'est l'ordinaire, et n'eût pas éprouvé d'innombrables secousses, qui
auroient dû mille fois rompre son fil. A ce sujet je dois dire
encore, que deux fois j'ai transporté à la campagne, et à la
distance de vingt lieues, des vers-à-soie ayant dix à vingt
jours, et que ce voyage n'a eu sur eux aucune influence fà-
cheuse : ils étoient dans une boîte percée de quelques petits
trous pour leur donner de l'air, et avec beaucoup de feuilles
de mûrier par-dessous et par-dessus.

J'avois soupçonné qu'une température de 6 degrés au-dessus de zéro ne seroit peut-être pas suffisante pour retarder
l'éclosion des vers-à-soie au-delà de deux à trois mois de
leur époque ordinaire. Effectivement, les œufs, conservés
comme il a été dit ci-dessus, cessèrent d'éclore en Juillet;
mais j'avois pris d'autres précautions : j'avois placé d'autres
œufs dans une température encore plus basse (elle n'étoit
qu'à un ou deux degrés au-dessus de zéro), et j'eus, par le
moyen de ces œufs, la possibilité de faire une quatrième et
une cinquième éducation.

Les vers de ma quatrième éducation sont nés le 17 Juillet,
et le premier d'entre eux qui ait cherché à faire son cocon,
l'a commencé le 21 Août, trente-sixième jour, et les derniers
seulement le quarante-quatrième jour ou le 29 Août. Les
plus grands vers n'ont eu que trente-trois à trente-quatre
lignes de longueur, et n'ont pesé que soixante-quatre à
soixante-quinze grains. Le poids de cent de leurs cocons a
été de cinq onces quatre gros cinquante grains.

La cinquième et dernière éducation que j'ai faite, a commencé le 19 Août et elle s'est prolongée jusqu'au 4 Octobre,
ou jusqu'au quarante-septième jour. Le ver le plus hâtif a
commencé son cocon le trente-septième jour, ou le 27 Septembre. Pendant cette éducation la température éprouva beaucoup de variations. Le thermomètre, qui étoit à 16 degrés le
19 Août, a varié de 16 à 19 jusqu'au 8 Septembre, puis il s'est
maintenu entre 16 et 18, jusqu'au 20 du même mois; mais
la température extérieure s'étant dès-lors sensiblement refroidie, celle des appartemens s'en est ressentie, et le thermo-

mètre y est descendu, le 29 Septembre, à 12 degrés : aussi les derniers vers ont-ils eu beaucoup de peine à monter. La plupart des vers de cette dernière éducation n'ont d'ailleurs atteint que trente à trente-deux lignes de longueur, et les plus grands trente-trois lignes. Leur poids le plus ordinaire n'étoit que de quarante-six à cinquante grains. Les plus gros pesoient cinquante-quatre à cinquante-huit grains. Les cocons qu'ils firent furent en proportion, et un cent de ceux-ci ne donna en pesanteur que quatre onces trois gros douze grains.

Ces expériences prouvent assez, je crois, la possibilité de faire chaque année plusieurs récoltes de soie, ce qui déjà avoit été entrevu par quelques agronomes, mais dont personne, que je sache, n'a indiqué les véritables moyens; car ceux qui en avoient parlé, paroissoient croire que, pour avoir plusieurs récoltes, il n'y avoit qu'à faire éclore, quelque temps après la ponte, en employant un degré de chaleur convenable, les œufs produits par les papillons après la première éducation; mais ce moyen est insuffisant. J'ai essayé, le 1.ᵉʳ d'Août 1823, de porter sur moi, dans un nouet, des œufs de vers-à-soie pondus en Juillet, afin de les faire éclore ainsi qu'on le fait ordinairement dans le Midi, pour hâter le moment de l'éclosion, et après avoir ainsi couvé ces œufs pendant deux mois, ils étoient tous affaissés, sans qu'il en fût sorti un seul ver. D'autres œufs, que j'avois mis dans une boîte de montre, et placés ensuite près d'une de mes aisselles, le 25 Août de la même année, n'y ont pas éclos davantage après trente-six jours d'incubation; mais, ayant ouvert cette boîte le 24 Mai de cette année, j'y trouvai plusieurs petits vers morts, et qui probablement venoient d'éclore à l'époque ordinaire et avoient péri faute de nourriture. On dit que, dans certaines contrées des Indes, la reproduction des vers-à-soie a lieu douze fois chaque année; mais cela est probablement exagéré, et si, dans ces contrées, on fait naturellement plusieurs récoltes de soie par an, cela tient sans doute à la nature du climat, où l'on jouit d'un été perpétuel.

Quoiqu'il ne paroisse pas qu'on ait jamais tenté de faire plusieurs récoltes de soie en France, cependant on a fait, contre ces récoltes multipliées, plusieurs objections, dont les principales sont les suivantes:

1.° Le mûrier, qui est déjà fatigué d'être dépouillé de ses feuilles chaque printemps, ne pourroit, sans danger pour son existence, les perdre une seconde fois chaque été. 2.° Les feuilles du mûrier, devenues trop dures à l'époque où l'on pourroit faire une deuxième éducation de vers, seroient un aliment peu convenable durant le premier âge de ces insectes. 3.° Les chaleurs et les orages, souvent fréquens pendant les mois de Juillet et Août, seroient un obstacle au succès des éducations. 4.° Enfin, la main-d'œuvre, à l'époque de la moisson, est beaucoup plus chère que pendant la saison ordinaire consacrée à la récolte de la soie.

Il me sera facile, j'espère, de répondre à ces différentes objections. D'abord, pour faire deux ou trois éducations de vers-à-soie chaque année, je ne dépouillerai pas deux à trois fois les mêmes mûriers; mais j'aurai de ces arbres en double et en triple quantité, afin de ne leur enlever leurs feuilles qu'une seule fois, comme à l'ordinaire. Secondement, comme les feuilles des mûriers, un mois ou deux après leur développement, sont effectivement trop dures pour servir à nourrir les jeunes vers, j'emploie à cet usage les feuilles jeunes et tendres de quelques arbres ou de haies, que je sacrifie pour cet usage, et que je taille de manière à ce que leur pousse coïncide avec le commencement de ma deuxième et de ma troisième éducation, ou même des suivantes. Je me sers aussi des feuilles de semis de mûrier, et ces semis pourroient, je crois, être fauchés deux à trois fois par an, peut-être même être mis en coupes réglées : c'est ce que je me propose d'essayer l'année prochaine et les suivantes. Ce n'est que dans les deux à trois premiers âges que les vers ont besoin de nourriture appropriée à leur foiblesse; mais ils consomment alors si peu, qu'il n'est pas difficile de leur procurer cette nourriture par un des moyens indiqués ci-dessus, et dans le quatrième et le cinquième âge ils mangeront fort bien les feuilles des arbres qu'on leur aura réservés. C'est ainsi que je les ai traités cette année dans toutes mes éducations tardives. Troisièmement, les chaleurs et les orages des mois de Juillet et d'Août ne sont point un obstacle, comme on l'a craint : l'éducation que j'ai faite cette année, dans le premier de ces mois, m'en a fourni la preuve. Les vers ne se sont jamais mieux portés qu'à une chaleur de 20 à 22 degrés, qui étoit celle de la chambre où ils étoient, tandis que le thermomètre extérieur marqua, plusieurs fois, 24 à 25 degrés depuis midi jusqu'à six heures du soir ; et l'éducation faite sous cette température chaude a été la plus courte de toutes, puisque plusieurs vers ont commencé à filer le trente-quatrième jour. Les orages ne paroissent pas avoir non plus d'influence fâcheuse sur les vers ; car le 26 de Juillet, pendant un orage qui dura environ une heure, mes vers, que j'observois alors avec attention, ne cessèrent pas de manger, malgré les coups redoublés du tonnerre, et quoique la foudre ait tombé, trois à quatre fois, dans le voisinage de l'habitation où j'étois alors. Quatrièmement, et enfin, quant à ce qui concerne la main-d'œuvre, qu'on dit plus chère pendant le temps des travaux de la moisson qu'à toute autre époque, cet inconvénient n'a lieu que pour les ouvriers qu'on prend exprès pour ces travaux, qui sont en général très-pénibles et très-fatigans ; mais beaucoup de ces mêmes ouvriers préféreroient gagner un peu moins et avoir un travail plus doux, comme sont les divers soins qu'on donne aux vers-à-soie, et d'ailleurs les personnes qui voudront faire deux et trois éducations chaque année, ayant besoin, pendant trois à quatre mois de suite, des mêmes ouvriers, c'est encore une considération pour engager ceux-ci à préférer ce travail à tout autre.

Ayant répondu péremptoirement, je crois, aux objections qui ont été faites contre les éducations multipliées des vers-à-soie, il ne me reste plus qu'à indiquer la manière de régulariser ces éducations.

Les vers-à-soie, pendant leurs trois premiers âges, ne sont jamais embarrassans ; ils n'occupent alors que très-peu de place, et il est très-facile de les loger. Il faudra donc, pendant qu'on sera occupé de la première éducation, calculer le moment où elle sera terminée, afin de faire éclore les vers de la seconde de manière à ce que leurs trois premiers âges se passent, tandis que les premiers seront dans leurs quatrième, cinquième et sixième âges : ce dernier, comme on le sait, est celui où ils font leurs cocons. Par ce moyen, sans augmenter le nombre de ses bâtimens, avec deux cham-

bres et un grand atelier, on fera facilement succéder la
deuxième éducation des vers à la première, et la troisième
à la seconde. J'ai prouvé plus haut qu'il étoit possible d'en
faire jusqu'à cinq dans la même année; mais, pour que ces
éducations soient plus fructueuses, il conviendra peut-être
de les borner à trois ou quatre, pour lesquelles on pourra
alors prendre plus de latitude, en les faisant seulement succéder de mois en mois.

En multipliant les plantations de mûrier, les propriétaires
pourroient, me dira-t-on peut-être, par les moyens ordinaires, augmenter le nombre des vers qu'ils élèvent dans
les éducations annuelles, telles qu'on les fait aujourd'hui, et
multiplier ainsi les produits qu'ils en retirent ; mais, dès
à présent, la plupart de ces propriétaires sont arrêtés dans
l'accroissement qu'ils voudroient donner à leurs éducations,
parce qu'ils manquent le plus souvent de bâtimens assez vastes,
bâtimens qu'ils répugnent d'ailleurs à élever, pour ne s'en
servir qu'une fois par an, pendant environ trois semaines.
En faisant au contraire plusieurs éducations chaque année,
on n'aura pas besoin de multiplier ses bâtimens : on en aura
toujours assez. On auroit même un autre avantage, c'est qu'on
pourroit diminuer un peu le nombre des vers des éducations
ordinaires, et par suite donner plus d'espace et plus d'air, ce
qui contribueroit puissamment à la bonne santé de ces petits
animaux, et ce qui feroit sans doute qu'on verroit bien moins
souvent de ces maladies qui font tant de ravages et réduisent
presque à rien la récolte de la soie. Il est reconnu que les
petites éducations sont, en général, plus heureuses que les
grandes, et il y a tout lieu de croire que trois éducations
successives, chacune de six cent mille vers, seroient aussi
profitables, et peut-être même plus, qu'une seule de deux
millions. Si, d'ailleurs, un propriétaire vouloit spéculer sur
des éducations les plus nombreuses possibles, les dépenses de
vastes bâtimens, qui auroient demandé trop d'avances pour
une seule éducation par année, présenteroient des chances
bien plus favorables pour rentrer promptement dans les
avances qu'il auroit été obligé de faire, puisqu'au lieu de
faire servir ces bâtimens pendant trois ou quatre semaines
au plus, il pourroit les employer, avec profit, pendant plusieurs mois de suite.

Si l'on m'objectoit que les produits des cinq récoltes que j'ai faites cette année, ont toujours été en diminuant, et que celui de la cinquième surtout, a été près de moitié plus foible que celui de la première (car, quant à la deuxième récolte, j'ai démontré ci-dessus qu'elle étoit presque égale à la troisième, et celle-ci diffère peu elle-même de la première), je répondrois qu'il est fort rare que deux récoltes ordinaires de soie, faites d'une année à l'autre, se ressemblent entièrement, et que la pesanteur spécifique des cocons varie plus ou moins tous les ans par des causes qui ne sont peut-être pas encore toutes connues. Ainsi, en 1822 et 1823, où je n'ai fait qu'une récolte, le cent de mes cocons n'a pesé, en général, que six onces et même moins, tandis que la même quantité de ceux que j'ai obtenus cette année de ma troisième récolte, a pesé près de sept onces. Enfin, mon intention n'a été, quant à présent, que de prouver la possibilité de faire, chaque année, plusieurs éducations de vers-à-soie, et j'ai négligé plusieurs moyens qui auroient sans doute pu augmenter les chances de succès. Ainsi, je n'ai jamais augmenté par le feu d'un poële ou d'une cheminée la chaleur naturelle de la chambre dans laquelle je tenois mes vers, et ceux de la dernière éducation, dont le produit a été le plus foible, après avoir éprouvé le plus habituellement une chaleur de 17 à 19 et même 20 degrés, pendant leurs quatre premiers âges et au commencement du cinquième, se sont trouvés exposés, à la fin de ce dernier âge, c'est-à-dire, au moment le plus critique, celui où ils alloient filer, à 12 et 15 degrés seulement, ce qui, bien certainement, doit leur avoir été très-nuisible, comme je l'ai d'ailleurs déjà remarqué plus haut.

Jusqu'à présent je n'ai considéré le mûrier blanc que dans ses rapports avec le ver-à-soie, et sous ce point de vue j'ai fait sentir de quelle grande importance étoit sa culture : ce qui me reste à dire des autres points d'utilité sous lesquels il peut encore être envisagé, ne sera pas d'un aussi grand intérêt; cependant le mûrier blanc mérite encore quelque attention pour les autres avantages qu'on peut en retirer.

Les fruits de cet arbre sont en général négligés, on les cueille rarement pour les manger; mais on peut les faire ramasser pour les donner à la volaille et aux cochons, qu'ils engraissent promptement. Les feuilles, ramassées après leur chute et séchées, peuvent augmenter pendant l'hiver la nourriture des bestiaux.

Le bois du mûrier blanc, dans les pays où il est commun, s'emploie à brûler et à faire des meubles. On en fabrique aussi des vaisseaux pour y mettre le vin ; il communique aux vins blancs une saveur agréable. On fait avec le bois des arbres plantés en taillis, des perches pour treillages, des échalas pour soutenir les vignes, et qui sont d'une assez longue durée. Les chimistes ont trouvé dans le bois du mûrier un acide particulier, qu'ils ont nommé *acide morique*. Klaproth, qui l'a découvert en 1803, avoit proposé de le nommer *acide moroxylique*; mais l'autre nom a prévalu. C'est le docteur Thomson qui paroit avoir le premier porté son attention sur des concrétions d'un brun noirâtre qui exudent parfois de l'écorce du mûrier blanc, et qui sont maintenant reconnues être du *morate de chaux*. L'acide morique, ainsi que les morates, ne sont d'aucun usage, et leurs propriétés médicales n'ont pas même été examinées. Il est probable que l'écorce pourrait servir à fabriquer du papier, ainsi que les Chinois et les Japonois le font avec l'écorce de l'espèce nommée mûrier à papier. Mais il est un autre emploi que l'écorce du mûrier blanc pourroit encore recevoir, et auquel il ne paroît pas cependant qu'on ait beaucoup pensé, quoiqu'il y ait plus de deux cents ans qu'on ait découvert la propriété qu'a cette écorce de pouvoir, comme le lin et le chanvre, être convertie en filasse. Je laisse à ce sujet parler Olivier de Serres, qui a fait cette découverte.

« Le revenu du meurier blanc ne consiste pas seulement en la feuille pour en avoir la soie, mais aussi en l'escorce pour en faire des toiles grosses, moyennes, fines et déliées, comme l'on voudra ; par lesquelles commodités se manifeste le meurier blanc estre la plante la plus riche et d'usage plus exquis, dont encore ayons eu cognoissance. De la feuille du meurier, de son utilité, de son emploi, de la manière d'en retirer la soie, a été ci-devant discouru au long : ici ce sera de l'escorce des branches de tel arbre dont je vous représenterai la faculté, puisqu'il a pleu au Roi de commander de donner au public l'invention de la convertir en cordages, toiles,

selon les épreuves que j'en ai présentées à Sa Majesté......
Ainsi m'en a-t-il prins, touchant la cognoissance de la faculté de l'escorce du meurier blanc : car, pour sa facile séparation d'avec son bois, estant en séve, ayant fait faire des cordes, à l'imitation de celle de l'escorce du tillet (tilleul), qu'on façonne en France, mesmes à Louvres en Parisis, et mises sécher au haut de ma maison, furent par le vent jetées dans le fossé, puis retirées de l'eau boueuse, y ayant séjourné quelques jours, et lavées en eau claire; après détorses et séchées, je vis paroistre la teille ou poil, matière de la toile, comme soie ou fin lin; je fis battre ces escorces-là à coups de massue pour en séparer le dessus, qui, s'en allant en poussière, laissa la matière douce et molle, laquelle, broyée, serancée, peignée, se rendit propre à estre filée, et ensuite à estre tissue et réduite en toile. Plus de trente ans auparavant j'avois employé l'escorce de tendres jetons des meuriers blancs à lier des entes à écusson, au lieu de chanvre, dont communément on se sert en délectable mesnage.

« Voilà la première espreuve de la valeur de l'escorce du meurier, lequel accident rédigé en art, n'est à douter de tirer bon service au grand profit de son possesseur. Plusieurs plantes et arbres rendent aussi du poil ; mais les unes en donnent une petite quantité, ou de qualité foible : il n'en est pas ainsi du meurier blanc, dont l'abondance du branchage, la facilité de l'escorcement, la bonté du poil procédant d'icelui, rendent ce mesnage très-assuré. Voire avec fort petite dépense, le père de famille retirera infinies commodités de ce riche arbre, duquel la valeur non cognue de nos ancestres a demeuré enterrée jusqu'à présent : comme par les yeux de l'entendement, il le recognoistra encore mieux par les expériences. Mais, afin qu'on puisse rendre de durée à ce mesnage, c'est-à-dire tirer du meurier l'escorce sans l'offenser, ceci sera noté : que pour le bien de la soie il est nécessaire d'esmunder, d'eslaguer, d'étester les meuriers incontinent après en avoir cueilli la feuille pour la nourriture des vers, selon; toutes fois, distinctions requises. Les branches provenant de telles coupes serviront à notre invention, parce qu'étant lors en séve (comme en autre point, ne faut jamais mettre la serpe aux arbres), très-facilement s'escorceront-elles, et ce sera faire profit d'une chose perdue ; car aussi bien les faudroit jeter au feu : mesmes toutes dépouillées d'escorce, ne laisseront bien d'y servir, si mieux l'on n'aime, au préalable, les employer en cloisons de jardins, vignes, etc., où tel branchage est très-propre pour ses durs piquetons, étant sec et de long service pour la durée, ne pourrissant de longtemps; d'où finalement retiré, pour la dernière utilité, est bruslé à la cuisine.

« Et parceque les diverses qualités des branches diversifient la valeur des escorces, dont les plus fines procèdent des tendres summités des arbres, les grossières, des grosses branches endurcies, les moyennes, de celles qui tiennent l'entre-deux, lorsqu'on taillera les arbres, soit en les esmundant, eslagant ou étestant, le branchage en sera assorti, mettant à part, en faisceaux, chacune sorte, afin que, sans confus meslange, toutes les escorces soient retirées et maniées selon leurs particulières propriétés. Sans délais les escorces seront séparées de leurs branches, employant la fleur de la séve, qui passe tost, sans laquelle on ne peut ouvrer en cet endroit, et ayant embotelé les escorces, chacune des trois sortes à part, l'on les tiendra dans l'eau claire ou trouble, comme s'accordera, trois ou quatre jours, plus ou moins, selon leurs qualités et les lieux où l'on est, dont les essais limiteront le terme. Mais, en quelque part que l'on soit, moins veulent tremper dans l'eau les minces et tendres escorces que les grosses et fortes; retirées de l'eau à l'approche du soir, seront estendues sur l'herbe de la prairie, pour y demeurer toute la nuit, afin d'y boire les rosées du matin; puis, devant que le soleil frappe, seront amoncelées jusqu'au retour de la vesprée; lors remises au serein, de là retirées du soleil comme dessus : continuant cela dix à douze jours à la manière des lins, et en somme jusqu'à ce que cognoistrez la matière estre suffisamment rouie, par l'espreuve qu'en ferez, desséchant et battant une poignée de chacune de ces trois sortes d'escorces, remettant au serein celles qui ne seront pas assez appareillées, et en retirant les autres comme le recognoistrez à l'œil. » (*Théâtre d'Agriculture.*)

Depuis l'époque d'Olivier de Serres, la découverte qu'il a faite est restée dans l'oubli pendant plus de deux cents ans; presque personne n'a cherché, d'après les procédés que ce célèbre agronome avoit donnés, à augmenter encore la valeur déjà considérable du mûrier blanc, en employant à faire de la filasse l'écorce ou pour mieux dire le liber de cet arbre : car c'est de cette dernière partie qu'on retire les filamens de la filasse, et non de l'écorce proprement dite. La seule tentative que je connoisse à ce sujet, a été annoncée dernièrement dans le *Bulletin général des nouvelles scientifiques, de M. le baron de Férussac*, Octobre 1823. M. Madiot, agronome distingué par un grand nombre d'utiles expériences en agriculture et en économie rurale, a retiré en 1820, après les préparations convenables, des branches les plus droites et les plus longues, élaguées de ses mûriers, une filasse douce au toucher, qui offroit presque le maniement de la soie, et qui en avoit la ténacité. Il a fait fixer sur cette matière des couleurs bleues, jaunes, rouges, violettes, etc., brillantes et solides, dont plusieurs échantillons ont été mis sous les yeux de la Société royale d'agriculture de Lyon. M. Madiot a fait filer de cette nouvelle espèce de filasse, et il la croit susceptible d'être travaillée sur le métier. Il faut attendre les résultats de cette nouvelle expérience, qui peuvent présenter beaucoup d'intérêt.

Sous le rapport de l'agrément, le mûrier blanc peut être employé dans les jardins des pays méridionaux pour remplacer le hêtre, le charme, qui ne peuvent y réussir sans être souvent arrosés, ce que le plus ordinairement il n'est pas facile de faire. Le mûrier blanc, au contraire, craignant peu la sécheresse, on s'en sert avec avantage pour faire des rideaux de verdure, des palissades, des berceaux, qui remplacent ceux qu'on peut faire ailleurs en charmille et qui supportent de même la taille au croissant ou aux ciseaux.

Tels sont les avantages de diverse nature qu'on peut retirer du mûrier blanc; peu de plantes en présentent autant, et sont dans le cas de rapporter à leurs propriétaires un produit aussi considérable et aussi assuré.

Le mûrier à papier, ou de la Chine, forme aujourd'hui un genre particulier, auquel l'Héritier a donné le nom de *Broussonetia*, et dont il sera parlé au mot PAPIRIER. Je dirai seulement ici que, d'après les expériences que j'ai faites, ses feuilles sont tout-à-fait impropres à la nourriture des vers-à-soie. Sur cent vers auxquels je n'ai pas donné d'autres feuilles, quatre-vingt-douze sont morts successivement, et les huit qui restoient au bout de trente-six jours, auroient certainement péri comme les autres, si à cette époque je ne les eusse remis sur des feuilles de mûrier blanc. Cette nouvelle alimentation leur permit de vivre encore vingt à vingt-deux jours et de filer; mais ils firent des cocons si petits que huit réunis ne pesoient que le poids de deux cocons ordinaires. D'après cela, que croire des expériences faites, dit-on, dans le Midi de la France, d'après lesquelles les vers nourris de feuilles de mûrier à papier devenoient, après la deuxième mue, moins susceptibles des maladies auxquelles ils sont sujets, et donnoient une soie plus grosse et moins collante? L'auteur qui a cité ces prétendues expériences a certainement été induit en erreur. (L. D.)

MURIER. (*Ornith.*) On nomme ainsi, en Lorraine, le gobe-mouches ou bec-figue; et dans le Midi de la France on désigne par la même dénomination les divers becs-fins qui, aux mois d'Août et de Septembre, sont gras et ont la chair succulente. A la Nouvelle-Angleterre on appelle improprement *murier*, suivant Descourtilz, Voyages d'un naturaliste, t. 1, p. 269, le jaseur de Bohème, *ampelis garrulus*, L. (Ch. D.)

MURIER DES HAIES. (*Bot.*) Nom vulgaire d'une espèce de ronce, *rubus fruticosus*. (L. D.)

MURIER DE RENARD. (*Bot.*) On donne vulgairement ce nom à une autre espèce de ronce, *rubus cæsius*. (L. D.)

MURIGUTI. (*Bot.*) Rhéede cite sous ce nom malabare l'*hedyotis auricularia*, genre de la famille des rubiacées. (J.)

MURINGUI-RINQUE. (*Bot.*) Nom de l'*allasis payos*, Lour., sur la côte orientale d'Afrique. (Lem.)

MURINS. (*Mamm.*) Nom de famille donné par M. Vicq-d'Azyr à une série de rongeurs comprenant les rats proprement dits. Illiger, en adoptant cette famille, l'a étendue, et y comprend aussi les marmottes, les hamsters, le rat taupe du Cap et la marmotte, aussi du Cap, c'est-à-dire son genre *Bathyergus*. (Desm.)

MURIO-CARBONATE DE PLOMB. (*Min.*) Voyez Plomb muriaté. (Lem.)

MURIQUE (*Bot.*) : Relevé de pointes courtes à large base. Exemples : les fruits du *canna indica*, de l'*arbutus unedo*, etc.; le pollen de l'*hibiscus syriacus*, etc. (Mass.)

MURMÉCOPHAGE. (*Mamm.*) Voyez Myrmécophage et Fourmilier. (Desm.)

MURMENTLE, MURMELTHIER, MISTBELLERLE. (*Mam.*) Noms de la marmotte dans différens auteurs anciens, tels que Gesner. (Desm.)

MURMURE. (*Ornith.*) Stedman, dans son Voyage à Surinam et à la Guiane, tom. 3, pag. 6, parle du colibri sous le nom d'*oiseau murmure*. (Ch. D.)

MURRAI, *Murraya*. (*Bot.*) Genre de plantes dicotylédones, à fleurs complètes, polypétalées, régulières, de la famille des *hespéridées*, de la *décandrie monogynie* de Linnæus; offrant pour caractère essentiel : Un calice persistant, à cinq divisions; une corolle à cinq pétales rapprochés en forme de cloche, connivens à leur base; dix étamines, quelquefois plus; les anthères à deux loges; un ovaire supérieur, entouré d'un anneau urcéolé; un style; un stigmate en tête; une petite baie à une ou deux semences cartilagineuses.

Le genre *Chalcas* appartient à celui-ci : il paroît qu'il faut aussi y rapporter l'*Aglaia* de Loureiro.

Murrai exotique : *Murraya exotica*, Linn.; Lamk., *Ill. gen.*, tab. 352; *Marsana buxifolia*, Sonn., Voyag. des Indes, 2, pag. 245, tab. 139; *Camunium japonense*, Rumph., *Amb.* 5, tab. 18, fig. 2; vulgairement Bois de Chine. Arbrisseau de six à sept pieds, dont le bois est blanc et tendre; il a l'écorce grisâtre; les rameaux droits et alternes, garnis de feuilles pétiolées, alternes, ailées avec une impaire : les folioles alternes, ovales, entières, obtuses, glabres, ponctuées; l'impaire beaucoup plus grande que les autres : les fleurs disposées en un corymbe terminal; le calice fort petit, à cinq dents courtes, aiguës; cinq, quelquefois six pétales lancéolés, étroits, aigus, s'ouvrant en forme de cloche; dix, quelquefois onze ou douze étamines; l'ovaire fort petit, ovale, entouré d'un anneau; le style un peu épais, de la longueur des étamines; le stigmate en tête, à cinq angles. Le fruit est une petite baie un peu pulpeuse, ovale, recouverte d'une écorce mince et ponctuée, renfermant une ou deux semences cartilagineuses. Cette plante croît dans les Indes orientales. On la cultive au Jardin du Roi : elle exige la serre chaude. On la multiplie de boutures faites sur couche et sous châssis. Elle fleurit rarement. Son bois est propre aux ouvrages d'ébénisterie. (Poir.)

MURRE. (*Ornith.*) L'oiseau ainsi nommé en Cornouailles est le pingouin commun, *alca torda et pica*, Linn. (Ch. D.)

MURREBONGAN. (*Bot.*) Espèce de vigne de Sumatra, dont le suc de la tige est employé, au rapport de Marsden, pour guérir les excoriations de la langue. (J.)

MURREJR. (*Bot.*) Voyez Myrrejr. (J.)

MURRINA. (*Min.*) Ce nom désigne dans les écrits des anciens, ainsi que ceux de *murra*, *myrrhina*, des vases précieux (les vases murrhins), dont ils faisoient un cas extraordinaire, et qui paroissent avoir été des vases en chaux fluatée ou spath fluor. (Lem.)

MURSE. (*Ichthyol.*) Nom spécifique d'un poisson du genre Barbeau, que nous avons décrit à la page 9 du Supplément du IV.ᵉ volume de ce Dictionnaire. (H. C.)

MURSPECHT. (*Ornith.*) C'est, en allemand, le grimpereau de muraille, *certhia muraria*, Linn., *tichodroma* d'Illiger, et échelette de M. Cuvier. (Ch. D.)

MURTE, MURTRE ou MEURTE. (*Bot.*) C'est le myrte. (L. D.)

MURTILLE. (*Bot.*) C'est l'airelle anguleuse. (L. D.)

MURTRO. (*Bot.*) Nom du myrte en Languedoc. (L. D.)

MURTUGHAS. (*Bot.*) Espèce de ketmie de Ceilan, mentionnée par Hermann. (J.)

MURUCUGÉ. (*Bot.*) Nom, cité dans le Recueil abrégé des voyages, d'un arbre du Brésil qui ressemble à un poirier sauvage. Son fruit, porté sur une longue queue et cueilli vert, devient en mûrissant du meilleur goût et de facile digestion. La liqueur lactée que l'on tire de son tronc par incision, se coagule aisément et peut tenir lieu de cire pour les tablettes. On ne trouve dans les ouvrages de Pison et Marcgrave que le murucuia, dont le nom approche de celui de cet arbre et dont le fruit peut aussi être mangé ; mais c'est une plante grimpante de la famille des passiflorées, laquelle est plutôt herbacée que ligneuse et ne donne point un suc laiteux. (J.)

MURUCUIA. (*Bot.*) Genre de plantes dicotylédones , à
fleurs polypétalées , de la famille des *passiflorées* , de la
monadelphie pentandrie de Linnæus; offrant pour caractère
essentiel : Un calice coloré, à cinq divisions; cinq pétales
attachés au calice (ou plutôt cinq divisions intérieures du
calice; point de corolle); une couronne intérieure simple,
subulée et tronquée, non découpée en filamens; cinq étamines; les filamens réunis inférieurement autour du style ;
les anthères mobiles, oblongues ; un ovaire supérieur; trois
styles en massue, surmontés chacun d'un stigmate en tête ;
une baie polysperme , pédicellée.

Ce genre faisoit d'abord partie des Grenadilles : il en a été
séparé par M. de Jussieu. Il est aisé de reconnoître, d'après
l'exposé de son caractère essentiel, qu'il ressemble parfaitement aux grenadilles , et que le genre qu'il forme est pure-
ment artificiel , n'offrant d'autre différence que celle d'avoir
la couronne intérieure de sa fleur tubulée , entière, tronquée et non frangée ou divisée en filamens nombreux,
comme dans les autres espèces de grenadilles : mais ce genre
renferme un si grand nombre d'espèces, que ce n'est pas sans
raison qu'on a cherché à le diviser pour la facilité de l'étude.

Murucuia ocellé : *Murucuia ocellata*, Pers., *Synops.*; *Passiflora murucuia*, Linn.; Plum. , Amér., tab. 87 ; Cavan., *Diss.*, 10,
tab. 282. Les tiges sont grêles , sarmenteuses, pourvues de
vrilles; les feuilles assez petites, à deux lobes obtus, entières
à leur base, glabres à leurs deux faces, ponctuées et glanduleuses en-dessous, longues d'environ un pouce et plus, traversées par trois nervures; les pétioles courts, sans glandes.
Les pédoncules sont solitaires, axillaires, quelquefois géminés,
chargés chacun d'une fleur d'un rouge écarlate très-vif; les
pétales oblongs; du centre de la corolle s'élève un tube conique, tronqué, entier, un peu plus court que les pétales. Le
fruit est une petite baie presque ovale, violette dans sa maturité. Cette plante croît dans l'île de Saint-Domingue.

Murucuia orangé : *Murucuia aurantia*, Pers.; *Passiflora aurantia*, Willd., *Spec.*, 5, pag. 620; Cavan., *Diss.*, 10, p. 457 ;
Forst., *Prodr.*, n.° 526. Cette plante a des tiges glabres et can-
nelées, garnies de feuilles larges, à trois lobes oblongs et
obtus, celui du milieu plus alongé, quelquefois deux autres

petits lobes à côté des latéraux; le pétiole, long d'un pouce et plus court que les feuilles, est muni de deux glandes vers son sommet; les vrilles sont rougeâtres; trois filets sétacés, courts et colorés sont autour de la fleur : celle-ci est rougeâtre dans son état de dessiccation; les divisions de la corolle sont alongées; dans le centre de la fleur est un petit tube membraneux, denticulé à son sommet, qui manque quelquefois. Cette plante croît dans la Nouvelle Calédonie.

Murucuia a feuilles orbiculaires : *Murucuia orbiculata*, Pers., *Synops.*; *Passiflora orbiculata*, Willd., *Spec.*, 3, p. 615; Cavan., *Diss.*, 10, tab. 286. Cette espèce grimpe sur les arbres, et s'y attache, comme les autres, par le moyen de ses vrilles, qui sont moins nombreuses. Ses feuilles sont alternes, pétiolées, arrondies, glabres à leurs deux faces, à trois lobes médiocrement obtus, ponctués; les pétioles contournés en spirale, dépourvus de glandes; les vrilles un peu plus courtes que les feuilles; les pédoncules solitaires, axillaires, très-rarement géminés, terminés par une fleur assez semblable à celle du *Murucuia ocellata*; mais son calice n'a que cinq divisions, au lieu de dix, ou bien, selon les opinions, elle est privée de corolle, mais elle présente dans son milieu un tube cylindrique et tronqué. Cette plante croît à l'île de Saint-Domingue. (Poir.)

MURUME. (*Bot.*) Nom du *borassus flabelliformis*, sur la côte orientale d'Afrique. (Lem.)

MURUNGHAS. (*Bot.*) Nom du ben, *moringa*, dans l'île de Ceilan. Les graines contenues dans sa gousse triangulaire sont les noix de ben, dont on tire une huile par expression. C'est le *muriago* de la côte de Malabar. (J.)

MURUO. (*Ichthyol.*) A Nice, suivant M. Risso, on donne ce nom à son *leptocéphale Spallanzani*. Voyez Leptocéphale et Sphagebranche. (H. C.)

MURUWAWÆL. (*Bot.*) Plante textile de Ceilan, dont les pêcheurs tirent un fil qu'ils emploient pour la composition de leurs filets. (J.)

MURVIT. (*Ornith.*) Voyez Musvit. (Ch. D.)

MUS. (*Mamm.*) Nom latin des rats. La marmotte a été particulièrement désignée par celui de *mus alpinus*. (Desm.)

MUSA. (*Bot.*) Voyez Bananier. (Poir.)

MUSACÉES. (*Bot.*) Famille de plantes faisant partie de la classe des mono-épigynes ou monocotylédones à étamines in-sérées sur l'ovaire, et laquelle tire son nom du bananier, *musa*, son genre principal.

Elle présente d'abord, comme toute la classe, une absence de corolle; un calice adhérent et conséquemment monosé-pale; des étamines en nombre défini, le plus souvent de six, dont quelques-unes avortent; un ovaire infère. On ajou-tera, comme caractère spécial, six étamines dont quelques-unes avortent quelquefois; un style simple; un stigmate simple ou divisé; un fruit charnu ou capsulaire à trois loges mono- ou polyspermes, s'ouvrant à moitié en trois valves, du milieu desquelles s'élèvent les cloisons prolongées jusqu'au centre, et portant dans ce point les graines, qui avortent quelque-fois, ainsi que l'ovaire lui-même. L'embryon, conformé comme un champignon, est caché dans une poche pratiquée au-dessus d'un périsperme farineux, vers l'ombilic de la graine, et sa radicule est dirigée vers cet ombilic.

La tige est herbacée ou arborescente; les feuilles alternes ont un pétiole formant une gaine plus ou moins longue autour de la tige. Avant leur développement elles sont convolu-tées, c'est-à-dire, roulées en cornet d'un bord à l'autre, re-levées dans leur milieu d'une côte principale et saillante, de laquelle partent des deux côtés des nervures fines, nom-breuses, rapprochées et parallèles, prolongées jusqu'aux bords; les fleurs, accompagnées chacune d'une spathe par-tielle, sont réunies en faisceaux munis d'une spathe com-mune plus grande, portées en forme de grappe sur un spadice ou pédoncule commun.

Cette famille, qui renferme seulement les genres *Musa*, *Heliconia*, *Strelitzia* et *Ravenala*, a beaucoup d'affinité, par le port et plusieurs autres caractères, avec les anomées, qui en diffèrent principalement par l'unité d'étamine. (J.)

MUSANGÈRE. (*Ornith.*) Ce nom et celui de *mésangère* sont appliqués, par Cotgrave, à la grosse mésange, *parus major*, Linn. (Ch. D.)

MUSARAIGNE. (*Mamm.*) Ce nom a pour origine le nom latin du même animal, *mus araneus*; et de propre il est de-venu commun à un assez grand nombre d'espèces.

Les animaux qui se réunissent naturellement dans ce genre, quoique appartenant à des espèces différentes, ont une telle ressemblance, qu'on n'a cessé de les confondre les uns avec les autres que dans ces derniers temps. Daubenton avoit commencé ce travail, mais c'est à M. Geoffroy Saint-Hilaire qu'on le doit presque tout entier.

Les musaraignes sont généralement de très-petits animaux, presque aveugles, qui vivent d'insectes, de vers, habitent solitaires des trous dans la terre ou les murailles, d'où ils sortent rarement de jour, surtout dans les lieux habités. Leur physionomie, et principalement chez les petites espèces, rappelle celle des souris, ce qui leur a valu, de la part des Latins, ce nom de *mus araneus* (souris-araignée) que nous avons adopté avec le vulgaire, qui regarde en effet la musaraigne comme une espèce de souris. Ces animaux diffèrent cependant beaucoup entre eux, et appartiennent à deux ordres très-éloignés l'un de l'autre : la souris est un rongeur, la musaraigne un insectivore.

On n'a recueilli que très-peu de détails sur ces petits animaux de proie, de sorte qu'il est impossible de faire connoître leurs mœurs autrement que par les traits généraux que nous venons de rapporter. Il en est cependant qui paroissent avoir des penchans très-particuliers. On en connoit une espèce qui vit au bord des petites fontaines et près des eaux, où elle plonge pour aller chercher les petits animaux aquatiques qui peuvent s'y rencontrer. La plupart répandent, et surtout à l'époque du rut, une odeur forte qui, dans quelques espèces, approche beaucoup de celle du musc et qui paroît provenir des glandes particulières qui sont sur les flancs, et que M. Geoffroy Saint-Hilaire a le premier décrites. C'est à tort qu'on a dit que leur morsure est venimeuse. On a déjà trouvé des musaraignes en Europe, en Afrique, dans l'Inde et dans l'Amérique septentrionale. Le plus grand nombre de celles qu'on connoit cependant sont en France.

Je ferai connoître la plupart des espèces de ce genre par l'extrait du Mémoire publié par M. Geoffroy Saint-Hilaire, dans le XVII.ᵉ volume des Annales du Muséum d'histoire naturelle.

Les musaraignes ont pour caractères communs : Trente

dents, dix-huit supérieures et douze inférieures. Les premières consistent en deux incisives, très-fortes, crochues, terminées en une pointe renforcée à sa base, postérieurement, d'une forte dentelure; seize mâchelières, dont dix fausses molaires et six molaires; celles-ci, excepté les deux dernières, sont composées de deux prismes réunis et portés par une base large, ayant un tubercule pointu antérieurement, et postérieurement une surface aplatie : la dernière consiste en un seul prisme. Les dents inférieures se composent de deux incisives fortes, longues, crochues, terminées en pointe et couchées en avant, et de dix mâchelières, dont quatre fausses molaires et six molaires : celles-ci sont formées de deux prismes parallèles, terminés par trois pointes, excepté la dernière, qui est plus petite et moins développée que les autres.

Les pieds ont chacun cinq doigts bien conformés, et ils sont dans les mêmes rapports à ceux de devant qu'à ceux de derrière : le pouce est le plus court; vient ensuite le petit doigt; puis l'analogue de l'index; après, celui de l'annulaire, et, enfin, le moyen. Chacun de ces doigts est armé d'un ongle crochu, comprimé latéralement et terminé en pointe. La plante et la paume sont nues et garnies de six tubercules; deux à la base des trois plus grands doigts, un à la base du pouce, et deux plus en arrière.

Les sens les plus remarquables de ces animaux sont, le nez et l'oreille. Les narines se prolongent fort au-delà des mâchoires et s'ouvrent sur les côtés d'un mufle divisé, dans sa partie moyenne. par un profond sillon. L'oreille est grande, large, arrondie; mais, ce qui la rend remarquable, ce sont deux opercules, qui occupent presque toute la largeur de la conque : la supérieure est transversale et paroit être une production de l'anthélix : l'inférieure se dirige obliquement de bas en haut et semble formée par la portion rentrante du bourrelet de la partie inférieure et antérieure de l'hélix; elle est plus développée que la première et peut fermer complétement l'entrée du canal auditif. L'œil, noir, est si petit qu'il est impossible d'en distinguer la pupille. Les paupières sont fortes, charnues, épaisses et ciliées.

Les moustaches sont longues et nombreuses, mais foibles.

Le pelage est doux et épais. Sa longueur est à peu près la même sur tout son corps ; mais, sur le museau, la queue et les quatre pattes, il est très-court. Il se compose de poils laineux et de poils soyeux ; et sa couleur est d'un gris plus ou moins brunâtre, mais qui change de teinte suivant les saisons ; ce qui a sûrement conduit à multiplier les espèces.

Les organes de la génération s'ouvrent dans une cavité longitudinale qui leur est commune avec l'anus, et dont les deux lèvres, épaisses, se ferment et s'ouvrent à la volonté de l'animal. Il y a trois paires de mamelles abdominales.

Le nombre des espèces dont on a pu déterminer les caractères, est de dix. Il nous paroît, cependant, que plusieurs ne se distinguent l'une de l'autre que par des caractères très-légers.

1.° MUSETTE : *Sorex araneus*, Linn. ; Daubenton, Mém. de l'Acad. des sciences, 1756, pl. 5, fig. 1. C'est la plus commune chez nous et la plus anciennement connue. Elle a environ trois pouces de longueur, sans la queue, qui a quinze lignes. Sa couleur, aux parties supérieures, est, en général, d'un brun noir, lustré de roussâtre, et aux parties inférieures, d'un gris blanc. Mais ces couleurs sont plus roussâtres en été et plus noirâtres en hiver. Ses dents incisives sont blanches. Elle se trouve dans des trous creusés dans la terre, à l'ombre, près des vieux murs, près des fumiers, sous les pierres, etc.

2.° MUSARAIGNE D'EAU : *Sorex fodiens*, Pall. ; Daubenton, Mém. de l'Acad. des sc., 1756, pl. 5, fig. 2 ; Musaraigne de Daubenton, Geoffr., Erxl., Blum., Linn. D'après Daubenton elle a environ trois pouces de longueur, sans la queue, qui en a plus de deux. La couleur de son pelage est noirâtre en-dessus et blanche en-dessous. Une petite tache blanche se trouve derrière l'œil, et ses dents sont brunes à leur extrémité.

3.° MUSARAIGNE CARRELET : *Sorex tetragonurus*, Hermann ; Geoffr., Ann. du Mus., t. XVII, pl. 2, fig. 3. Sa longueur, sans la queue, est de deux pouces trois lignes. La queue a dix-huit lignes. Elle est noirâtre en-dessus ; d'un cendré brun en-dessous. Sa queue est carrée, et ses dents sont brunes à leur extrémité.

Cette espèce, établie par Hermann et adoptée depuis, vit.

dit-on, dans les mêmes lieux que la musaraigne commune, c'est-à-dire que la Musette.

4.° Le PLARON : *Sorex constrictus*, Hermann; Geoffr., Ann. du Mus., t. XVII, pl. 3, fig. 1. Sa longueur, sans la queue, a deux pouces sept lignes, et sa queue dix-huit lignes. Museau plus épais que celui de la musaraigne vulgaire; oreilles plus petites; pelage noirâtre en-dessus, gris-brun au ventre, et cendré à la gorge; queue aplatie à son origine et à son extrémité; dents brunes. Elle a été trouvée dans les prés.

5.° Le LEUCODE : *Sorex leucodon*, Hermann; Geoffr., Ann. du Mus., t. XVII, p. 181. La longueur de son corps est de deux pouces dix lignes, et celle de sa queue de seize lignes. Son dos et le dessus de sa queue sont bruns; son ventre, ses flancs et le dessous de sa queue sont blancs; les dents sont blanches dans le jeune âge, et elles se colorent en brun à leur pointe, à mesure que l'animal vieillit. Elle a été trouvée en Alsace.

6.° MUSARAIGNE RAYÉE; *Sorex lineatus,* Geoffr., Mus. d'hist. nat., t. XVII, p. 181. La longueur de son corps est de deux pouces; celle de sa queue de dix-huit lignes. Les parties supérieures de son pelage sont d'un brun noirâtre, les inférieures plus pâles; la gorge est cendrée; une ligne blanche se voit sur le chanfrein, depuis le front jusqu'aux narines; l'intérieur des oreilles est blanc; les dents brunissent avec l'âge à leur extrémité. Elle se trouve aux environs de Paris.

7.° MUSARAIGNE PORTE-RAME; *Sorex remifer*, Geoffr., Muséum d'histoire naturelle, pl. 2, fig. 1. La longueur de son corps est de quatre pouces; celle de sa queue de deux pouces sept lignes. C'est la plus grande de toutes les musaraignes de France. Son museau est proportionnément plus gros et plus court que celui des autres espèces. Les couleurs sont les mêmes que celles de l'espèce précédente, excepté la ligne du chanfrein, qui lui manque.

8.° MONJOUROU : *Sorex indicus*, Geoffr.; Buff., Suppl., t. VII, p. 71; Fr. Cuv., Hist. nat. des mamm. La longueur de son corps est de cinq pouces; sa queue en a quatre. Son pelage est d'un gris brun, roussâtre en-dessus et plus pâle en-dessous; ses dents sont entièremens blanches.

Cette espèce, très-commune dans l'Inde, pénètre dans les

maisons, où son odeur musquée, extrêmement forte, la rend fort incommode.

9.° Musaraigne du Cap; *Sorex capensis*, Geoffr., Ann. du Mus. d'hist. nat., t. XVII, pl. 4, fig. 2. La longueur de son corps est de trois pouces huit lignes; celle de sa queue d'un pouce huit lignes. Son pelage est cendré, fauve; les côtés de sa bouche sont roussàtres; sa queue est rousse.

10.° Musaraigne a queue de rat; *Sorex myosurus*, Pallas, *Act. petrop.*, 1781, t. II, pl. 4, fig. 1. La longueur de son corps est de trois pouces neuf lignes. Sa queue a deux pouces deux lignes. Cette espèce est représentée par deux individus, l'un, femelle, entièrement blanc; l'autre, mâle, d'un brun noirâtre : ils avoient de commun une queue plus épaisse que les autres musaraignes, et un museau plus court et plus large.

Les naturalistes parlent encore de beaucoup d'autres musaraignes; mais elles ont paru à M. Geoffroy trop imparfaitement décrites pour être caractérisées; et, en effet, elles sont plus obscures encore que la plupart de celles dont nous venons de donner les traits distinctifs. (F. C.)

MUSARAIGNE CUNICULAIRE. (*Mamm.*) Bechstein a donné ce nom à notre musaraigne plaron. (Desm.)

MUSARAIGNE DORÉE. (*Mamm.*) Voyez Chrysochlore du Cap. (Desm.)

MUSARAIGNE D'EAU. (*Mamm.*) Voy. Musaraigne. (Desm.)

MUSARAIGNE MUSQUÉE. (*Mamm.*) Voyez Desman de Sibérie. (Desm.)

MUSARAIGNE DE VIRGINIE. (*Mamm.*) V. Scalope. (Desm.)

MUSARANEUS. (*Mamm.*) Nom latin de la musaraigne, signifiant, à proprement parler, rat ou souris araignée, *mus araneus*. (Desm.)

MUSARBRODR. (*Ornith.*) Ce nom, qui signifie frère de la souris, est donné en Islande, ainsi que celui de *rindill*, à un très-petit oiseau, qu'Olafsen et Povelsen regardent, dans leur Voyage en Islande, tom. 3, pag. 321 de la traduction françoise, comme une espèce de mésange. Son plumage, d'un noir moucheté de jaune et de blanc, paroît brun à une certaine distance, et il tient la queue relevée comme les motacilles; mais il a le bec plus court et plus gros. Il reste pendant presque toute la journée dans des trous obscurs, d'où il sort pendant le crépuscule pour approcher des habitations, en criant doucement *tirriri*. La viande fumée, et surtout celle de mouton, sont tellement de son goût, qu'il pénètre dans les cheminées et s'établit dans les portions de chairs les moins solides. Cet oiseau paroît aux voyageurs danois être le même que celui dont parle Pontoppidan sous le nom de *kiod-meyse*, et avoir aussi de grands rapports avec le *musensbroder* des îles de Féroé, qui mange également de la viande. (Cн. D.)

MUSC ou PORTE-MUSC. (*Mamm.*) Ruminant du genre des Chevrotains, remarquable par la substance très-odorante, qu'il porte dans une sorte de bourse dépendante de son prépuce. (Desm.)

MUSCA. (*Entom.*) Nom latin des mouches. (Desm.)

MUSCADE [LA]. (*Conchyl.*) Nom marchand de la bulle ampoule, *bulla ampulla*, Linn. (De B.)

MUSCADES. (*Foss.*) On a cru autrefois avoir trouvé des noix de muscade à l'état fossile; mais il est extrêmement probable qu'on a pris pour ces fruits des polypiers globuleux qu'on trouve dans la craie, et dont la forme se rapproche beaucoup de celle des noix de muscade. Nous pensons que ces polypiers se rapportent au genre Alcyon. Voy. ALCYON. (D. F.)

MUSCADIER, *Myristica*. (*Bot.*) Genre de plantes dicotylédones, à fleurs dioïques, de la famille des *myristicées*, de la *dioécie monadelphie* de Linnæus, offrant pour caractère essentiel : Des fleurs dioïques; un calice urcéolé; trois découpures à son orifice; point de corolle; douze à quinze étamines réunies en un seul paquet; dans les fleurs femelles, un ovaire supérieur : point de style; deux stigmates. Le fruit est une baie drupacée, monosperme, revêtue d'un brou bivalve au sommet; la semence dure, couverte d'un arille coloré, réticulée.

MUSCADIER AROMATIQUE : *Myristica aromatica*, Lamk., *Act. Paris.*, 1788, pag. 155, tab. 5, 6, 7, et *Ill. gen.*, tab. 832, 833, fig. 1; *Myristica officinalis*, Linn. fils, *Suppl.*; *Myristica moschata*, Willd.; *nux myristica, seu pala*, Rumph., *Amb.*, 2, tab. 4. Arbre d'environ trente pieds de haut, remarquable par le beau vert de son feuillage et par la disposition de ses branches, qui, lorsqu'elles sont chargées de rameaux,

forment une tête arrondie et très-touffue; ces branches
sont disposées quatre ou cinq ensemble, presque en verticilles; elles ont les ramifications grêles et alternes. L'écorce
du tronc est rougeâtre; les feuilles sont alternes, pétiolées,
fort lisses, ovales-lancéolées, d'un vert blanchâtre en-dessous,
d'un beau vert en-dessus. Les fleurs sont dioïques, jaunâtres,
petites, axillaires, pédonculées; dans les individus mâles, les
pédoncules communs sont longs de trois ou quatre lignes,
presque ligneux, chargés chacun de deux à sept fleurs pendantes, pédicellées, munies d'une petite bractée concave; leur
calice est charnu, coloré, à trois découpures ovales, aiguës;
elles n'ont point de corolle; les étamines sont réunies par leurs
filamens autour d'un axe qui naît du réceptacle : dans les
fleurs femelles les pédoncules sont quelquefois simples et uniflores, plus souvent chargés de deux ou trois fleurs pédicellées.

Le fruit est une baie drupacée, presque sphérique, d'un
vert blanchâtre, jaune à la maturité, d'environ deux pouces
et demi de diamètre. L'enveloppe extérieure ou le brou
est charnu, blanchâtre, s'ouvrant en deux valves à son
sommet, rempli d'un suc astringent. L'arille, connu sous
le nom de *macis*, est une membrane charnue, fibreuse,
laciniée, d'un rouge écarlate fort vif; il jaunit en vieillissant, et devient cassant à mesure qu'il se dessèche :
l'enveloppe immédiate est mince, dure, brune, noirâtre. La
semence ou l'amande, qui porte le nom de *muscade*, est grosse,
arrondie; sa chair est très-ferme, blanche, huileuse, très-
odorante, parsemée par des veines rameuses, irrégulières,
grasses, plus huileuses que la substance blanche, et qui font
paroître cette substance comme marbrée intérieurement.
L'embryon est petit, blanc, aplati, muni de deux petites
feuilles séminales.

Le muscadier aromatique est originaire des Moluques, particulièrement des îles de Banda. Les Hollandois ont été,
pendant long-temps, seuls en possession de cette branche de
commerce. Aujourd'hui le muscadier est cultivé aux îles de
France et de Bourbon, à Cayenne, à la Martinique et autres
colonies européennes. Cet arbre riche et précieux a été introduit en 1770 et 1772, dans les îles de France et de Bourbon,
par M. Poivre, d'où il est passé dans les îles de l'Amérique.

Il est bien étonnant que le muscadier ne nous soit parfaitement connu que depuis un petit nombre d'années, ayant été pendant si long-temps l'objet d'un commerce très-étendu. C'est à M. Céré, directeur du jardin du Roi à l'Isle-de-France, et aux communications qu'il a faites à M. de Lamarck, que nous sommes redevables des connoissances que nous avons aujourd'hui, non-seulement sur la fructification du muscadier aromatique, mais encore sur plusieurs autres espèces non moins intéressantes. A la vérité, le fruit du·muscadier (la muscade), comme objet de commerce, étoit connu depuis long-temps; mais les détails sur le caractère des fleurs étoient si incomplets, si remplis d'erreurs, que Linné n'avoit pas voulu l'insérer dans les dernières éditions du *Systema vegetabilium*.

Quelques auteurs prétendent que Théophraste a connu le fruit du muscadier, et qu'il le nomme *comacum*; mais ce que cet auteur dit de cette plante est si vague, si dénué de caractères, qu'on ne peut rien assurer de positif à cet égard : il en parle comme d'un aromate de l'Inde, employé dans les parfums que l'on apportoit par mer ou de l'Arabie. C. Bauhin, L'Écluse, et la plupart des botanistes, pensent, avec assez de raison, que le muscadier n'étoit point connu des anciens Grecs. Selon quelques-uns, le *comacum* de Théophraste n'est autre chose que le *piper cubeba*, espèce de poivre qui croît naturellement dans l'Inde et qui est fort aromatique. *Cubeba* est un mot latinisé dérivé de *cubab*, nom chinois de ce poivre, lequel fut altéré et transformé en *cubabia*, *cubabum*, *cumacum*, et, enfin, *comacum*.

Les Arabes furent les premiers, à ce qu'il paroît, qui eurent connoissance de la muscade. Avicenne fait mention de ce fruit : il le nomme *jiansiban* ou *jansiban*, qui signifie, en arabe, *noir de Banda*. C'est aussi le *jenzbave* ou le *jusbague* de Sérapion ; enfin, c'est le *moschocarion* des Grecs modernes. Mais, si le fruit du muscadier est connu depuis long-temps, il n'en est pas de même des fleurs. Pison, un des premiers qui en ait parlé, leur attribue quelque ressemblance avec celles du poirier ou du cerisier, ce qui a fait croire qu'elles avoient cinq pétales; d'autres prenoient l'arille ou le *macis* pour la fleur même, sans doute à cause de

sa vive couleur et de ses découpures singulières. Valentini
est le premier qui ait remarqué que les fleurs du muscadier étoient trifides. Rumph dit la même chose, sans y
rien ajouter. Mais leur description ne porte que sur des
fleurs femelles, donnant, d'après les préjugés de leur
temps, le nom de mâle à la *muscade longue*, et celui de
femelle, à la *muscade ronde*, quoique ce soit toujours des
individus femelles qui produisent les muscades, et qu'elles
ne soient que des variétés du même arbre. Linné, père,
n'a connu le muscadier que très-imparfaitement ; il n'avoit
pas vu les fleurs mâles : il n'a pu décider si ces fleurs étoient
monoïques ou dioïques. D'après son fils, les fleurs mâles
étoient hermaphrodites. Thunberg les croyoit monoïques, à
une seule étamine. On a vu, par l'exposition du caractère
essentiel de ce genre, combien toutes ces descriptions étoient
erronées. M. Céré, comme je l'ai dit plus haut, est donc le
premier qui nous en ait exposé le véritable caractère, qui
a été pleinement confirmé par M. de Lamarck.

Le muscadier, d'après les observations de M. Céré, est
continuellement en fleurs et en fruits de tout âge ; la perte
de ses feuilles est presque insensible. En incisant son écorce,
en coupant une branche, ou en détachant une feuille, il
en sort un suc visqueux assez abondant, d'un rouge pâle, et
qui teint le linge de manière à rester long-temps. Le bois
est blanc, poreux, filandreux, d'une grande légèreté. On
peut en faire de petits meubles. Il n'a aucune odeur. Les
feuilles vertes répandent, lorsqu'on les froisse, une légère
odeur de muscade ; mais, sèches et écrasées dans le creux de
la main, elles ont l'odeur de celles du ravensara à s'y tromper.
Le fruit ne parvient à l'état de maturité qu'environ neuf
mois après l'épanouissement de la fleur qui le produit. Il
ressemble alors à une pêche brignon de grosseur moyenne.
Son brou a la chair d'une saveur si âcre, si astringente,
qu'on ne sauroit le manger cru et sans apprêt. On le confit ;
on en fait des compotes, des marmelades.

Le muscadier commence à rapporter à l'âge de sept ou
huit ans. Il est plus avantageux de planter la noix muscade
nue ou dépouillée de sa coque, qu'avec elle, parce qu'elle
germe beaucoup plus vite, par exemple, en trente et quarante

jours, et que les vers n'ont pas le temps de s'y mettre et de la dévorer. Quand cette noix germe, il sort de sa base, pour radicule, un pivot semblable à celui du gland. Dès qu'il a acquis sept à huit pouces de longueur, sa tige s'élève : elle se montre d'abord sous la forme de deux petites feuilles séminales ; le sommet est d'un rouge de sang. Bientôt cette tige parvient à cinq ou six pouces de hauteur ; elle a l'air d'une asperge naissante, excepté qu'elle est d'un brun foncé et luisant. La noix reste pour nourrir l'un et l'autre quelquefois une année entière.

Le muscadier étant dioïque, dit M. Bosc, et ses fleurs ne commençant à paroître que la septième ou la huitième année, ce n'est qu'à cette époque qu'on peut savoir quels sont les pieds mâles et les pieds femelles, pour arracher le superflu des premiers ; un seul est suffisant pour cent femelles : il en résulte une perte de temps et de terrain considérable. Pour éviter ce grave inconvénient, M. Huber, cultivateur à l'île Bourbon, s'est imaginé de greffer avec des rameaux de femelles tous les pieds de ses semis à la seconde année. Par cette opération, non-seulement il est assuré de n'avoir que des pieds femelles, mais encore il les fait mettre à fruits au moins une année plus tôt.

L'emploi de la muscade pour aromatiser les alimens et exciter l'appétit, est suffisamment connu. Les Indiens en mâchent souvent, soit seule, soit associée à d'autres masticatoires ; quelques Européens imitent cet usage des Asiatiques. Confite au sucre, elle constitue un mets de dessert très-agréable. On prépare aussi la muscade avec de la saumure ou avec du sel et du vinaigre ; mais alors, avant d'en faire usage, on la fait cuire dans de l'eau sucrée, après l'avoir préalablement dessalée. On retire de la muscade et du macis une huile essentielle avec laquelle on fait des onctions sur les membres paralysés.

MUSCADIER PORTE-SUIF : *Myrica sebifera*, Lamk., *Act. Paris.*, *l. c.*; Swartz., *Fl. Ind. occid.*, 2, pag. 1129 ; *Virola sebifera*, Aubl., *Guian.*, 2, pag. 904, tab. 345. Arbre de trente à soixante pieds, dont l'écorce est épaisse, roussâtre et gercée ; le bois blanchâtre et compact. Son sommet se compose d'un grand nombre de branches tortueuses, étalées en tout sens, garnies de feuilles alternes, entières, oblongues, aiguës, vertes en-dessus, couvertes en-dessous d'un duvet court et roussâtre, longues d'environ huit pouces. Les fleurs sont dioïques, sessiles, réunies cinq à six sur de grosses grappes axillaires, couvertes d'un duvet roussâtre; le calice est à trois dents, les étamines sont au nombre de six : le fruit est sphérique, coriace, verdâtre, aigu; son brou s'ouvre en deux valves et découvre une noix revêtue d'un arille rouge, fibreux : l'amande, très-huileuse, est coupée en travers; elle est parsemée de veines blanches et roussâtres.

Cet arbre est commun dans l'île de Cayenne et dans la Terre ferme de la Guiane. Il se plaît dans les terrains humides; il est en fleurs et en fruits dans les mois de Décembre, Janvier et Février. Les naturels d'Oyapoc le nomment *voiruchy*; les Galibis, *dniapa* et *virola*. Les créoles donnent à ses fruits le nom de *jea jeamadou*. Il est de ces arbres qui portent des fruits fort jeunes. Aublet en distingue plusieurs variétés, d'après la forme de leurs fruits. Les uns sont couverts d'un duvet roussâtre; c'est l'espèce que je viens de décrire : d'autres, glabres, très-gros; d'autres beaucoup plus petits. La plus remarquable de ces variétés est celle qui offre un prolongement latéral de chaque valve du brou, ce qui donne au fruit une forme alongée.

Lorsqu'on entaille l'écorce de ces arbres, il en sort un suc rouge, plus ou moins abondant, selon la saison. Ce suc est âcre : on s'en sert dans le pays pour guérir les aphtes et apaiser la douleur des dents cariées, en les couvrant d'un peu de coton imbibé de ce suc. On retire des semences un suif jaunâtre avec lequel on fait des chandelles. Pour cet effet, on sépare les graines de leur coque, en passant un rouleau dessus, après les avoir fait sécher au soleil; ensuite on les vanne, et, lorsqu'elles sont nettoyées, on les pile et on les réduit en une pâte, que l'on jette dans l'eau bouillante pour en séparer le suif, qui se ramasse à la surface et s'y durcit, lorsque l'eau est refroidie. Enfin, on le fond encore séparément, et on le passe à travers un tamis. L'on en forme des chandelles dont on fait usage à la ville et dans les habitations. Ce suif est âcre et ne convient pas pour être appliqué extérieurement sur les plaies et les ulcères, parce qu'il y cause de l'inflammation.

Je ne citerai pas plusieurs autres espèces de muscadier, dont on fait beaucoup moins usage, qui ont été décrits par différens auteurs, et qui croissent les uns dans l'Amérique méridionale, les autres dans les Indes orientales. On les trouvera mentionnés dans l'Encyclopédie et dans ses supplémens. (POIR.)

MUSCADIN et MUSCARDIN. (*Mamm.*) Noms tirés de l'italien *moscardino*, et qui appartiennent à une espèce du genre LOIR. Voyez ce mot. (F. C.)

MUSCARDIN-VOLANT. (*Mamm.*) Daubenton a donné ce nom à une chauve-souris du genre Vespertilion. (DESM.)

MUSCARI; *Muscari*, Tournef. (*Bot.*) Genre de plantes monocotylédones, de la famille des *Asphodélées*, JUSS., et de l'*hexandrie monogynie*, Linn., dont le caractère est d'avoir : Une corolle monopétale, ovoïde ou presque cylindrique, renflée dans le milieu, resserrée au sommet et terminée par six dents très-courtes; six étamines à filamens moitié plus courts que la corolle, insérés à sa base et adhérens avec elle dans une partie de leur longueur, portant à leur sommet des anthères à deux loges oblongues; un ovaire supère, ovoïde, surmonté d'un style égal aux étamines, et terminé par un stigmate à trois lobes obtus; une capsule à trois angles saillans, à trois loges contenant chacune deux graines ou plus.

Les muscaris sont des plantes à racines bulbeuses, à feuilles linéaires, toutes radicales, et à fleurs disposées en épi ou en grappe sur une hampe qui nait immédiatement de la racine et entre les feuilles. On en connoit six à sept espèces; les quatre suivantes croissent naturellement en France.

MUSCARI A TOUPET; vulgairement JACINTHE A TOUPET, VACIER : *Muscari comosum*, Mill., *Dict.*, n.º 2; *Hyacinthus comosus*, Linn., *Spec.*, 455; Jacq., *Fl. Aust.*, tab. 126. Ses feuilles sont linéaires, canaliculées à leur base, planes dans leur partie supérieure, longues de huit à dix pouces, étalées au nombre de trois à quatre sur la terre; du milieu d'elles s'élève une hampe cylindrique, nue inférieurement, haute d'un pied ou plus, portant, dans les deux tiers ou les trois quarts de sa longueur, une grande quantité de fleurs (cinquante à quatre-vingts ou plus) presque cylindriques, d'un bleu rougeâtre, disposées en grappe terminée par une touffe d'autres fleurs, qui sont stériles, d'un beau bleu et portées sur des pédoncules beaucoup plus longs que les fleurs fertiles. Cette espèce fleurit en Avril et Mai; elle est commune dans les champs et sur les bords des bois.

La plante qu'on voit dans les jardins sous les noms de jacinthe de Sienne, de lilas de terre, de muscari monstrueux (*hyacinthus monstruosus*, Linn.), n'est peut-être qu'une variété de l'espèce ci-dessus. On ne distingue absolument rien de ce qui constitue une fleur dans ce qu'on prend pour la sienne; car ses fleurs ne consistent qu'en filets ramifiés, déliés, longs, écailleux, attachés à un pédicule court, coloré, et dont l'ensemble forme une sorte de panicule ou de panache élégant de couleur bleue, tirant sur le lilas et d'un aspect très-agréable. On cultive le muscari monstrueux dans les jardins, où on le plante en pleine terre. Toute sa culture consiste à retirer de terre, tous les trois à quatre ans et au mois de Juillet, lorsque les feuilles sont desséchées, les oignons, pour en séparer les caïeux et à les replanter à la fin de Septembre ou au commencement d'Octobre. Cette plante croît naturellement en Italie, aux environs de Pavie et de Sienne.

Muscari a grappe, vulgairement Ail de chiens : *Muscari racemosum*, Mill., *Dict.*, n.º 3; *Hyacinthus racemosus*, Linn., *Spec.*, 455; Jacq., *Fl. Aust.*, t. 187. Ses feuilles sont menues, presque cylindriques, jonciformes, creusées d'une cannelure en gouttière, longues de sept à huit pouces; du milieu d'elles s'élèvent une ou deux hampes grêles, hautes de quatre à six pouces, terminées par vingt-cinq à trente fleurs ovoïdes, petites, d'un beau bleu, brièvement pédonculées et disposées en une sorte d'épi court, ovale-oblong; quelques-unes des fleurs supérieures sont stériles. Cette plante fleurit en Avril et Mai. Elle croît dans les champs en France et dans plusieurs des parties méridionales de l'Europe.

Muscari botride : *Muscari botryoides*, Mill., *Dict.*, n.º 1; *Hyacinthus botryoides*, Linn., *Spec.*, 455; *Hyacinthus botryoides cœruleus amœnus*, Lob., *Ic.*, 108. Cette espèce a beaucoup de rapports avec la précédente; mais elle en diffère par ses feuilles plus larges, plus fermes, plus redressées, toujours plus courtes que la hampe. Les fleurs sont ovoïdes, d'un beau bleu, à bord blanc, et elles forment ordinairement un épi ovale-alongé. Cette plante fleurit en Avril et Mai Elle croît dans le Midi de la France, en Suisse et en Italie.

Muscari odorant : *Muscari ambrosiacum*, Mœnch, *Meth.*, 633 ; *Hyacinthus muscari*, Linn., *Spec.*, 454 ; *Muscari obsoletiore flore*, Clus., *Hist.*, 178. Ses feuilles sont linéaires, longues de huit à dix pouces, étalées au nombre de cinq à six sur la terre, presque planes dans leur partie supérieure, un peu creusées en gouttière dans le bas. Du milieu d'elles s'élève une hampe nue, cylindrique, un peu plus courte, terminée par un épi long de deux à trois pouces, et composé de vingt-quatre à trente fleurs presque cylindriques, d'abord jaunâtres, devenant ensuite brunâtres et répandant une odeur très-suave, comme musquée. Ce muscari fleurit en Mars et Avril ; il passe pour être originaire du Levant, et nous a été apporté en Europe, selon Clusius, des jardins voisins de Constantinople et situés dans l'Asie mineure au-delà du Bosphore. La date de son introduction n'est pas bien certaine ; elle paroît remonter au milieu du seizième siècle. Cette plante a d'ailleurs été trouvée depuis aux environs de Montpellier, soit qu'elle y ait toujours été naturelle, soit qu'elle s'y soit naturalisée. On la cultive dans les jardins à cause de la bonne odeur de ses fleurs. Elle demande une terre légère ; au reste, sa culture est la même que celle du muscari monstrueux. (L. D.)

MUSCAT. (*Bot.*) On donne ce nom à plusieurs variétés de poires d'une saveur et d'un parfum agréable : il y a le *muscat fleuri*, le *petit muscat*, le *muscat Robert*, le *muscat royal*, le *muscat d'Allemagne* et le *muscat vert*. On donne aussi le nom de muscat à plusieurs sortes de raisins d'un goût exquis : tels sont le *muscat d'Alexandrie*, le *muscat blanc*, le *muscat noir*, le *muscat rouge*, et le *muscat violet*. (L. D.)

MUSCATELLA et MUSCATELLINA (*Bot.*) de C. Bauhin, etc. Voyez Moschatellina. (Lem.)

MUSCATNUFF. (*Bot.*) La noix muscade est connue sous ce nom à Alep, suivant Rauwolf. (J.)

MUSCET. (*Ornith.*) Ce nom anglois est appliqué par Charleton. *Exercitationes*, pag. 72, à l'épervier commun, *accipiter fringillarius*, Gesner, etc., et *falco nisus*, Linn. M. Savigny, citant Albert dans son Système des oiseaux d'Égypte et de Syrie, pag. 35, désigne par le mot *muscetus* le mâle de cette espèce, et par le mot *nisus* la femelle. (CH. D.)

MUSCHI-RUMI. (*Bot.*) Nom du muscari, *hyacinthus muscari*, en Orient. Voyez MUSCARI. (LEM.)

MUSCHORÆMI ou MUSCURIMI. (*Bot.*) Noms sous lesquels on a envoyé primitivement de Turquie la plante qùi est maintenant le muscari de nos jardins. Suivant le rapport de Clusius, *Stirp. Pann.*, p. 204, elle paroît tirer ce nom de l'odeur agréable de ses fleurs. Voyez MUSCARI.. (J.)

MUSCICAPA. (*Ornith.*) Voyez MOUCHEROLLE. (CH. D.)

MUSCIDES. (*Entom.*). M. Latreille avoit d'abord nommé ainsi la famille des insectes aptères qu'il a désignée ensuite sous le nom d'*athéricères*, laquelle correspond à notre famille des CHÉTOLOXES. Voyez ce mot. (C. D.)

MUSCIPETA. (*Ornith.*) Voyez MOUCHEROLLE. (CH. D.)

MUSCIPULA. (*Bot.*) Ce nom, désignant une plante sur laquelle les mouches se laissent prendre, a été donné par Cordus et Daléchamps à plusieurs plantes caryophyllées, aux *silene muscipula* et *s. arenaria*, au *cucubalus otites*; il paroit également être appliqué au *silene nutans*, qui est très-gluant et souvent chargé de mouches. (J.)

MUSCIVORA. (*Ornith.*) Voyez MOUCHEROLLE. (CH. D.)

MUSCLE. (*Malacoz.*) Nom languedocien des moules. (DE B.)

MUSCLES. (*Anat. et Phys.*) Leur substance est ce qu'on nomme la chair : substance rouge dans les animaux à sang chaud, blanche dans ceux à sang froid ; composée de fibres qui ont la singulière propriété de se contracter ou de se raccourcir avec effort, soit par l'effet de la volonté, soit par l'effet d'une irritation quelconque, et qui doivent à cette propriété d'être le ressort général de tous les mouvemens du corps.

Ordinairement, on peut distinguer, dans un muscle, deux parties diverses : le corps, ou portion charnue, c'est proprement la chair, le muscle ; et les extrémités, d'un tissu blanc, plus serré, plus ferme, lesquelles, selon leur plus grande étendue en longueur ou en largeur, prennent le nom de *tendons* ou d'*aponévroses.*

Il y a des muscles qui ont deux ou plusieurs tendons, d'autres qui n'en ont qu'un, d'autres qui n'en ont point ; et il en est de même pour les aponévroses que pour les tendons. Mais il n'y a aucun muscle sans portion charnue ; car, comme nous venons de le dire, elle est proprement le muscle.

La forme des muscles est tantôt large ou aplatie, tantôt cylindroïde, tantôt prismatique ou triangulaire, etc.

Leur couleur varie selon les classes, selon les espèces, selon les âges, selon les diverses régions du corps, et s'enlève toujours aisément par le lavage ou la macération.

Chaque muscle se divise en un grand nombre de faisceaux ou petits muscles, et chacun de ces petits muscles en d'autres plus petits encore. Ces derniers sont les fibres motrices ou musculaires ; et chacune de ces fibres, comme chaque faisceau, comme chaque muscle, a une enveloppe celluleuse propre. Il n'y a, pour cette division des enveloppes, de terme que celui de la division même des fibres.

Les dernières fibres, visibles à l'œil nu, ont, dans tous les muscles, une épaisseur et une forme à peu près semblables. Les fibres, visibles seulement au microscope, paroissent de même nature que les globules du sang.

La force des muscles dépend du nombre de leurs fibres ; l'étendue de leurs mouvemens dépend, au contraire, de la longueur de ces fibres. Partout où la force du mouvement est plus nécessaire que son étendue, la multiplicité des fibres l'emporte donc sur leur longueur ; et partout, au contraire, où l'étendue est plus nécessaire que la force, c'est leur longueur qui l'emporte.

Les muscles sont les vraies forces mouvantes du corps. C'est par leur action, leur réunion, leur opposition, que s'opèrent tous les mouvemens ; la station, la marche, la flexion, l'extension des membres, la respiration, la déglutition, etc.

Il y a des muscles qui se meuvent ensemble, en concours, et en même sens ; on les appelle congénères ou concurrens. Il y en a d'autres qui sont opposés, et qui se meuvent en sens contraire ; on les appelle antagonistes.

La contraction des muscles congénères ou concurrens est toujours simultanée; celle des muscles opposés est toujours, au contraire , accompagnée du relâchement des muscles antagonistes.

Quand une partie se meut, tous les muscles de cette partie concourent au mouvement : les uns le déterminent , d'autres le dirigent ; d'autres le contrebalancent et le modèrent.

Quand une partie est mobile en plusieurs sens, il y a des muscles pour chacun des sens du mouvement, l'extension, la flexion, la rotation , l'élévation, etc.

Quand deux ou plusieurs muscles antagonistes agissent en même temps et à force égale, la partie à laquelle ils s'attachent, également sollicitée dans deux ou plusieurs sens contraires, reste fixe et immobile : cas particulier d'antagonisme que quelques auteurs ont attribué à une force particulière de *situation fixe,* et qui n'est visiblement que le résultat du contre-balancement de contractions opposées et neutralisées les unes par les autres.

Quand un ou plusieurs muscles s'attachent à deux parties réciproquement mobiles l'une sur l'autre, ils peuvent mouvoir indifféremment ces parties en sens inverse : quand l'une des deux , au contraire, est plus stable que l'autre, c'est toujours la plus mobile qui est portée vers la plus stable.

Borelli a, le premier, montré que l'insertion des muscles, relativement aux parties qu'ils meuvent, est disposée de telle sorte que l'emploi des forces s'y trouve toujours proportionnellement plus considérable que l'effet produit.

Les fibres des muscles sont parsemées de vaisseaux artériels, veineux, lymphatiques, et de ramifications nerveuses; celles-ci, comme l'ont observé MM. Prévost et Dumas, coupent la direction des fibres à angle droit, et répondent exactement, lors de la contraction, au sommet des angles ou flexuosités de ces fibres.

Les muscles ont reçu différens noms, relativement à leur nombre, à leur figure, à la direction de leurs fibres, à leurs usages, à leurs insertions, aux parties qu'ils meuvent, etc.

Par rapport au nombre, on les nomme premier, second, troisième, etc. ; à la figure, orbiculaires, larges, gros, longs, grêles, digastriques, biceps, triceps, etc. ; à la direction des fibres, transverses, obliques, droits, etc.; aux usages, extenseurs, fléchisseurs, rotateurs, abducteurs, etc.; aux insertions ou points d'attache, stylo-hyoïdien, sterno-cléido-mastoïdien, etc.; aux parties mues, muscles des yeux, des bras, du tronc, etc.

Les muscles se divisent encore en volontaires ou extérieurs, et intérieurs ou involontaires.

Les premiers sont susceptibles d'être soumis à la volonté; leur action dérive immédiatement du système nerveux, et c'est particulièrement à eux que cet article est consacré.

Les seconds ne sont, dans aucun cas, soumis à la volonté; leur action ne dérive du système nerveux que d'une manière médiate et consécutive, et nous renvoyons tout ce qui les concerne, aux mots SYSTÈMES DIGESTIF ET CIRCULATOIRE.

L'action des muscles consiste surtout dans le raccourcissement, ou contraction, de leur portion charnue.

Quand un muscle se contracte, il se raccourcit, se durcit et se tuméfie; ses fibres se plissent et se rident en forme de sinuosités ou de petits zigzags : ses dimensions seules changent; son volume ne change pas, et sa couleur reste la même.

Quand la contraction cesse, les fibres redeviennent droites; la tuméfaction, le durcissement, le raccourcissement disparoissent : le muscle est dans l'état de relâchement.

Durant la contraction, le muscle offre quelquefois une espèce de tremblement ou d'oscillation, qui provient du raccourcissement et du relâchement alternatifs de ses fibres.

On nomme *contractilité*, la propriété qu'a le muscle d'éprouver des *contractions*, ou de se *contracter* : propriété exclusive à sa portion charnue, que ne partagent ni ses tendons, ni ses aponévroses, ni aucun autre élément du corps animal; que les travaux de Haller ont rendue si célèbre sous le nom d'*irritabilité*, et qu'il faut bien se garder de confondre avec la simple élasticité, qui est commune à toutes les parties.

Les muscles se contractent, soit quand on les irrite eux-mêmes, soit quand on irrite leurs nerfs, soit quand on irrite la moelle épinière d'où viennent ces nerfs, soit enfin quand la volonté l'ordonne.

Toutes les parties du système nerveux ne concourent pas

également à la contractilité des muscles : on peut piquer, par exemple, sur tous les points, les lobes cérébraux et le cervelet, sans l'exciter ; on peut les enlever en entier, sans l'éteindre.

L'irritation de la moelle épinière ou d'un nerf, au contraire, détermine à l'instant des contractions dans tous les muscles auxquels ce nerf, ou les nerfs de cette moelle se rendent.

Si l'on coupe, ou qu'on lie le nerf d'un muscle, ce muscle conserve bien, un certain temps encore, la faculté de se contracter ; mais l'animal ne sent plus ces contractions, et il ne leur commande plus par la volonté.

Pareillement, si l'on divise la moelle épinière, par une section transversale, dans un point quelconque de son étendue, toutes les parties situées au-dessous de la section conservent bien encore la faculté de se mouvoir, de se mouvoir même d'ensemble ; mais l'animal ne les sent plus, et elles n'obéissent plus à sa volonté.

Enfin, lorsque l'on a coupé tous les nerfs d'un muscle, ce muscle, comme nous venons de le dire, conserve bien, un certain temps, la faculté de se contracter encore ; mais il ne la conserve qu'autant que les derniers filets nerveux auxquels il est intimement uni, sont eux-mêmes en vie : il la conserve d'autant plus long-temps que ces filets sont plus considérables ; et quand la vie de ces filets est tout-à-fait éteinte, la contractilité du muscle est tout-à-fait perdue.

En résumé, 1.° on peut piquer sur tous les points ou détruire en entier les lobes cérébraux et le cervelet, sans exciter, comme sans détruire, l'action des muscles. Toutes les parties du système nerveux ne concourent donc pas à cette action d'une manière essentielle et indispensable.

2.° La contractilité subsiste dans les parties sur lesquelles la volonté n'a plus aucun empire ; et il suffit de couper ou de lier les nerfs d'un muscle, pour soustraire aussitôt ce muscle à l'action de la volonté. L'action de la volonté sur les muscles n'est donc ni indispensable ni immédiate, et dépend essentiellement d'un effet du nerf sur la fibre.

3.° L'action de la sensibilité peut être complétement anéantie, et la contractilité n'en subsister ni moins énergique ni moins constante encore ; mais il n'en est point ainsi de l'action nerveuse, et toutes les fois que celle-ci est totalement éteinte, la contractilité est totalement perdue. La contractilité dépend donc du système nerveux, sans dépendre pour cela de la sensibilité.

Cette action du système nerveux, distincte, indépendante de la sensibilité, et par laquelle seule il concourt directement a la contraction des muscles, est ce que j'ai nommé *excitabilité* : propriété exclusive aux nerfs, à la moelle épinière, à la moelle alongée, aux tubercules quadrijumeaux, et dont les lobes cérébraux et le cervelet sont absolument privés. [1]

Après le concours de l'action nerveuse, dans les phénomènes de contraction musculaire, vient le concours de l'action du sang.

On peut interrompre la circulation dans une partie, sans que la contractilité y soit de long-temps éteinte ; et on peut l'interrompre de manière à ce que la contractilité soit presque aussitôt éteinte.

Quand on lie, par exemple, les artères crurales d'un animal, toute circulation est sur-le-champ interceptée dans les membres postérieurs : le sentiment et le mouvement de ces membres n'en persistent pas moins fort long-temps encore.

Quand on lie, au contraire, l'aorte ventrale, le mouvement et le sentiment des membres postérieurs sont aussitôt éteints.

La raison de la différence qu'offrent ces deux résultats est visible : le sentiment et le mouvement des membres postérieurs subsistent malgré la ligature des artères crurales, parce que, malgré cette ligature, la circulation de la portion de moelle épinière qui donne naissance aux nerfs de ces membres, subsiste ; ils s'éteignent par la ligature de l'artère aorte, parce que cette ligature abolit la circulation de cette portion de moelle.

Le sang concourt donc à l'action des muscles, et il y concourt surtout parce qu'il maintient et prolonge l'action nerveuse.

---

[1] Voyez mes Recherches expérimentales sur les propriétés et les fonctions du système nerveux, etc. Paris, 1824.

Tout le monde sait d'ailleurs que, dans les diverses classes des animaux, l'énergie des mouvemens est toujours en rapport constant avec l'énergie de la respiration, et de la circulation artérielle par conséquent. Les oiseaux, par exemple, chez qui la circulation et la respiration sont développées au plus haut degré, ont aussi la plus grande vigueur de muscles; puis viennent les mammifères, puis les reptiles et les poissons; et toujours la vigueur des mouvemens diminue comme l'énergie des fonctions respiratoire et circulatoire.

Quand on irrite un muscle dans lequel la contractilité est presque éteinte, la contraction se borne aux seuls points irrités, et ne s'étend plus, comme auparavant, à la totalité du muscle.

Enfin, quand toute contractilité générale ou locale a complétement disparu, la roideur cadavérique commence. Cette roideur est le dernier effort de la vie; cet effort épuisé, les phénomènes de la putréfaction et de la décomposition animales surviennent.

Nous parlerons de l'effet du galvanisme sur la contractilité musculaire, à l'article Nerfs. (F.)

MUSCLES et CHAIR MUSCULAIRE. (*Chim.*) Les muscles, dans l'état de pureté, passent généralement pour avoir la même composition que la Fibrine du sang. (Voyez ce mot.)

Quant à la chair musculaire, dont ils font la base, elle contient en outre du sang qui la colore plus ou moins, des liquides albumineux, de la matière grasse cérébrale ou nerveuse, et de la graisse formée de stéarine et d'oléine.

J'ai constaté, 1.º que la substance fibreuse des muscles ne se change point en *gras* dans l'économie animale; 2.º qu'elle ne se change point en gras dans le sein de la terre, comme on l'a prétendu; 3.º qu'elle ne se change point en gras quand on la traite par l'acide nitrique. (Ch.)

MUSCO-FUNGUS. (*Bot.*) Morison (*Hist. Oxon.*) décrit sous ce nom plusieurs espèces de lichens membraneux ou foliacés, des genres *Peltigera*, *Physcia*, *Lobaria*, etc. (Lem.)

MUSCOIDES. (*Bot.*) Michéli donnoit à un genre de la famille des hépatiques ce nom, auquel Linnæus a substitué celui de *jungermannia*; c'est le même que Dillenius nommoit *lichenastrum*. Voyez à l'article Jungermannia. (J.)

MUSCULITES. (*Malacoz.*) Quelques auteurs, et entre autres M. de Férussac, le père, ont employé ce nom au lieu de Mollusques. Voyez ce mot. (De B.)

MUSCULITES. (*Foss.*) Luid et d'autres auteurs anciens ont donné ce nom aux moules et aux pinnes fossiles. (D. F.)

MUSCULUS. (*Conchyl.*) Les auteurs latins modernes ont long-temps donné ce nom aux moules. (De B.)

MUSCULUS [petit Rat]. (*Mamm.*) Nom spécifique de la souris, petite espèce de rat. (Desm.)

MUSCUS. (*Bot.*) Les anciens Latins donnoient ce nom, que nous traduisons par *mousse*, et les Grecs celui de *bryon*, aux petites plantes rameuses et capillacées qui croissent sur les troncs des arbres, sur les rochers, sur les pierres humides, dans les eaux marécageuses ou dans la mer. Telle est la définition qu'on peut donner du *muscus*, d'après ce que Dioscoride, Pline, etc., disent des plantes qu'ils y rapportent, c'est-à-dire des *bryon*, *splachnon*, *sphagnon*, *hypnon*, *dorcadion*, etc.

Cette confusion de plantes très-différentes sous le nom de *muscus* a existé jusqu'à Tournefort, qui, le premier, le fixa aux mousses proprement dites, lesquelles ne formoient dans sa méthode qu'un seul genre, celui du *Muscus*, qu'on a depuis reconnu pour présenter une famille très-distincte, celle des Mousses (voyez ce mot). Cependant il est à remarquer qu'anciennement le nom de *muscus* annonçoit presque toujours une plante cryptogame, et on voit dans les ouvrages des Bauhin, que de leur temps on désignoit par

Muscus terrestris repens, non-seulement de véritables espèces de mousses, mais aussi les *lycopodium*, quelques espèces de *jungermannia*, etc. ;

Muscus terrestris coralloides, des lichens du genre *Cladonia;*

Muscus arboreus, beaucoup d'espèces de lichens des genres *Usnea*, *Lobaria*, *Imbricaria*, etc. ;

Muscus saxatilis, les *polytrichum*, véritables mousses, et des *alcyons*, qui sont des zoophytes ;

Muscus saxatilis vel lichen, les *marchantia* et les *jungermannia* à frondes, les uns et les autres de la famille des hépatiques, désignés quelquefois par *musci hepatici;*

Muscus maritimus, presque toutes les plantes marines de la famille des algues, *Fucus*, *Ulva*, *Conferva*, et des zoophytes, comme les corallines, etc.

Quelques plantes phénogames qui, par leur port, rappellent les mousses, se trouvent aussi désignées par *muscus* chez les anciens botanistes, par exemple, le *silene acaulis*, Linn., le *tillæa muscosa*, etc.

On trouvera encore d'autres indications de l'emploi abusif de ce nom de *muscus*, dans le *Pinax* de C. Bauhin, l'*Index multilinguis* de Mentzel, etc. (Lem.)

MUSEAU-ALONGÉ. (*Ichthyol.*) On a donné ce nom aux chelmons, à cause de la longueur de leur museau. Voyez Chelmon. (H. C.)

MUSEAU - POINTU. (*Ichthyol.*) Nom spécifique d'un poisson du genre Raie. Voyez ce mot. (H. C.)

MUSENS-BRODER. (*Ornith.*) Voyez Musarbrodr. (Ch. D.)

MUSERAIN, MUZERAIGNE, MUSET, MUSETTE. (*Mamm.*) Noms vulgaires français anciens et modernes de la musaraigne. (Desm.)

MUSETTE. (*Ornith.*) C'est, suivant Salerne, un des noms que reçoit, en Sologne (Loir et Cher), l'alouette lulu ou cujelier, *alauda arborea* et *nemorosa*, Linn. (Ch. D.)

MUSICIEN. (*Ornith.*) Les oiseaux auxquels ce nom est donné, sont le musicien de Cayenne, des planches enluminées de Buffon, ou l'arada, *turdus arada*, Lath., *troglodytes arada*, Vieill., et le musicien de S. Domingue ou organiste, *pipra musica*, Lath., et *tangara musica*, Vieill., au sujet duquel Thibaut de Chanvalon dit, dans le Voyage à la Martinique, p. 96, que son chant est une sorte d'intonation régulière, qu'on lui fait réitérer autant qu'on le veut, en l'imitant et en répétant, avec une mesure lente et grave, les notes *ut, sol, la, sol, ut.* (Ch. D.)

MUSIMON. (*Mamm.*) L'un des noms donnés par les anciens au mouflon, mammifère considéré comme le type sauvage de l'espèce du mouton. (Desm.)

MUSIQUE (*Conch.*), dite fausse musique brune du marbre;

Musique, dite fausse musique alongée et fasciée de jaune; variétés de la *voluta musica*, Linn.;

Musique, dite fausse musique de la grande espèce à stries larges et ponctuées; c'est encore la *voluta musica*, var. Voyez Volute. (De B.)

MUSIQUE DE GUINÉE (*Conchyl.*), *Voluta guinaica* de M. de Lamarck. (De B.)

MUSIQUE LISSE (*Conchyl.*), *Voluta lævigata* de M. de Lamarck, à cause de l'état lisse de sa surface. (De B.)

MUSIQUE MARBRÉE, ROUGE. (*Conchyl.*) Noms marchands de différentes variétés de la volute-musique, *voluta musica*, Linn. (De B.)

MUSIQUE SAUVAGE (*Conchyl.*); *Voluta lapponica*, Linn. et Lamck. (De B.)

MUSIQUE VERTE (*Conchyl.*), *Voluta polyzonalis* de M. de Lamarck, ainsi nommée à cause de sa couleur verdâtre.(De B.)

MUSKAJAN. (*Bot.*) Racine de Virginie, que les sauvages emploient pour se teindre en rouge et dont il est fait mention dans le Recueil abrégé des voyages. (J.)

MUSOPHAGE; *Musophaga*, Isert. (*Ornith.*) Le nom qui a été donné à ce genre, est tiré du fruit qui constitue la principale nourriture des espèces connues, c'est-à-dire, de celui du bananier, *musa* : aussi les Anglois appellent-ils l'oiseau dont il s'agit, *plantain-eater*, mangeur de *bananes*, et non de *plantain*, comme on le dit par erreur, dans un grand ouvrage, à l'occasion du musophage violet. Les ornithologistes n'ont pas originairement distingué les musophages des touracos; et c'est même sous ce dernier nom seul que les espèces ont été indistinctement décrites par M. Levaillant dans le 3.e vol. de ses Oiseaux de paradis, Promérops, etc. Quoiqu'en 1811 Illiger eût déjà appliqué le nom de *corytaix* aux touracos, et, d'après Isert et Latham, celui de *musophaga* aux musophages proprement dits, comme l'a fait M. Cuvier dans son Règne animal. M. Temminck, dans la seconde édition de son Manuel d'ornithologie, imprimé en 1820, a encore rangé les différentes espèces sous un seul genre, qu'il a nommé en français *Touraco* et en latin *Musophaga*. M. Vieillot a admis les deux genres dans le nouveau Dictionnaire d'histoire naturelle; mais il a substitué pour les touracos, le nom d'*opæthus* à celui de *corytaix*. Le premier est tiré de la couleur rouge de la région ophthalmique, et le second d'une particularité relative à la huppe.

M. Levaillant expose ainsi les caractères génériques appartenant aux touracos, sans distinction des musophages :

Les quatre doigts ne sont pas distribués deux devant et deux derrière, comme chez les coucous; l'extérieur des trois de devant se tourne en avant ou en arrière, selon que l'oiseau en a besoin pour se poser plus solidement, d'après la grosseur ou la foiblesse de la branche sur laquelle il est perché : de sorte qu'au même moment les doigts de chaque pied peuvent être placés d'une manière différente, soit de deux en deux, soit un derrière et trois devant; soit, enfin, deux par devant, un par derrière, et l'extérieur tout droit sur le côté. Ces oiseaux ont les tarses alongés, forts, et les doigts robustes, armés d'ongles solides, aplatis sur les côtés; les plumes des jambes descendent un peu sur les tarses, qui sont couverts de longues écailles; le bec, plus ou moins fort dans les différentes espèces, est très-voûté sur son arête supérieure, et les mandibules sont dentelées. Dans quelques espèces les plumes du front retombent sur les narines, qui, dans d'autres, sont plus ou moins découvertes. La bouche est très-fendue; le cou est long, le corps gros et charnu; le sternum étant fort court, le ventre offre une grande capacité; la queue, longue, arrondie par le bout, est largement empennée; les ailes sont petites, foibles et très-bombées : aussi les touracos volent-ils lourdement et agitent-ils beaucoup leurs ailes sans faire de grands trajets; mais, en revanche, ils sautent très-légèrement de branche en branche, et ils parcourent avec agilité toutes celles des plus gros arbres, sans déployer leurs ailes. Les plumes des ailes et de la queue sont pleines et moelleuses; mais les autres sont soyeuses et à brins désunis.

Enfin, M. Levaillant pense que les touracos doivent former un genre dans l'ordre des perroquets, auxquels ils tiennent par l'espèce du mascarin, ainsi que par plusieurs perruches à longue queue de la mer du Sud, et surtout par l'espèce du petit vasa; mais il s'étonne de les voir placés, dans le Musée de Paris, parmi les gallinacés et à côté des hoccos, avec lesquels M. Cuvier, de son côté, leur trouve plus de rapports qu'avec les grimpeurs.

M. Temminck, qui, comme on l'a déjà dit, ne sépare pas les touracos des musophages, assigne à leurs diverses espèces un bec court, fort, large; l'arête élevée, souvent très-haute, toujours arquée, échancrée à la pointe, et l'extrémité de la mandibule inférieure formant un angle ; les narines baséales fermées en partie par la substance cornée, et souvent cachées par les plumes du front ; le tarse de la longueur du doigt du milieu ; les doigts latéraux égaux, l'extérieur réversible, et tous les trois entourés d'une courte membrane qui les réunit à leur base; les trois premières rémiges étagées, et les quatrième et cinquième les plus longues.

Les caractères indiqués par M. Cuvier comme établissant une différence entre les touracos et les musophages, sont que, chez les premiers, qui ont la tête garnie d'une huppe susceptible de redressement, la mandibule supérieure ne remonte pas sur le front, dont une partie est, chez les seconds, recouverte par le disque que forme la base du bec. M. Vieillot expose, de son côté, que le bec des musophages est plus épais que celui des touracos, glabre et un peu triangulaire à la base, caréné en-dessus, légérement incliné à sa pointe, et que les narines sont tout-à-fait découvertes et nullement cachées par les plumes du front. Illiger ajoute à ces observations, que les touracos ont la langue cartilagineuse, plate, aiguë, et que chez les musophages elle est courte, épaisse et entière. Il fait aussi remarquer que dans les deux genres le doigt extérieur est plus long que les deux internes.

Les musophages et les touracos, qui sont tous d'Afrique, y vivent de fruits, et spécialement de ceux des deux espèces de bananiers nommées par les botanistes *musa paradisiaca* et *musa sapientum*. Ils fréquentent les forêts et nichent dans de grands trous d'arbres. Le mâle et la femelle, qui sont presque toujours ensemble, partagent les soins de l'incubation, et leurs petits les suivent long-temps.

Les espèces que M. Vieillot range parmi les musophages, sont le musophage violet, dont la mandibule supérieure se prolonge sur le front, et les musophages géant et varié, dont la même mandibule ne dépasse pas l'origine du front.

Musophage violet ; *Musophaga violacea*, Lath., 2.ᵉ Suppl. du *Synopsis*, pl. 125, sous le nom de *violet plantain-eater*, et pl. 18 de M. Levaillant, dans l'ouvrage déjà cité, sous celui de *touraco violet* ou *masqué*. Cette espèce a environ dix-huit pouces de longueur, en y comprenant la queue pour un tiers ; son bec s'avance jusqu'au sommet de la tête, et présente une sorte de masque, dont le haut ne seroit pas attaché au crâne, si l'on prenoit à la lettre les expressions de Latham, mais dont l'extrémité circulaire paroit, au contraire, entourée de quelques poils courts et dirigés en avant dans la planche du naturaliste françois, qui, d'ailleurs, ne fait aucune mention de ce défaut d'attaches. Ce bec est jaune, et la base des deux mandibules est recouverte par une peau nue ou une large caroncule de couleur rouge, qui occupe le lorum et va jusque derrière l'œil dans la figure de M. Levaillant, quoique les mêmes parties paroissent emplumées dans celle de Latham. Au-dessous des yeux l'on voit un large trait blanc, qui s'étend jusqu'aux oreilles, sans dépasser le cou, comme il le fait dans la figure de Latham. La tête n'est pas huppée mais couverte de plumes courtes et serrées qui descendent sur la nuque, et ont sur un fond violet les reflets pourprés du reste du corps, à l'exception des pennes alaires, dont les teintes sont d'un rouge cramoisi. La queue est longue et cunéiforme ; les pieds et les ongles sont d'un brun noir. Cet oiseau rare a été trouvé, par M. Isert, sur le bord des rivières, dans la province d'Acra, en Guinée. Geoffroy de Villeneuve en a rapporté du Sénégal trois individus, dont un est au Muséum de Paris.

Musophage-géant ; *Musophaga gigantea*, Vieill. Cette espèce, figurée par M. Levaillant sur la 19.ᵉ planche de sa Monographie des touracos, à la suite des promérops et des guépiers, a vingt-cinq pouces de longueur. Il porte sur la tête une belle huppe noire, avec des reflets bleus, qui part du front, déborde l'occiput, et que l'oiseau a vraisemblablement la faculté de relever. Les joues, le derrière de la tête, le cou jusqu'à la poitrine, le manteau et les autres parties supérieures, sont d'un bleu très-brillant ; un plastron d'un vert de pré couvre le sternum ; le ventre et les plumes fémorales et anales sont de couleur de cannelle ; les pennes alaires sont d'un noir foncé à leur bout ; les pennes caudales, noires à leur origine, sont d'un brun roux au centre et noires à l'extrémité ; le bec, fortement dentelé, est orangé ; le tarse, les doigts et les ongles sont noirs.

33.

Musophage varié; *Musophaga variegata*, Vieill. Cette espèce, qui se trouve au Sénégal, est le touraco huppe-col de M. Levaillant, pl. 20. Elle n'a pas, comme les deux précédentes, les yeux entourés d'une peau nue, et son plumage est très-différent; sa huppe, peu sensible, est placée derrière le cou en forme de crinière; elle a le front, le dessus de la tête, les joues, la gorge et le devant du cou jusqu'à la poitrine, d'un brun marron; les plumes de l'occiput et du derrière du cou sont longues, étroites, très-effilées, d'un brun noirâtre et lisérées de blanc; le haut du dos et les scapulaires sont d'un gris cendré avec un trait longitudinal en forme de larme au centre; les pennes alaires ont du noir et du blanc; les plumes des parties inférieures sont blanches, avec un trait longitudinal noirâtre au milieu; les pennes caudales, d'un gris ardoisé, ont la pointe noire; le bec, les tarses, les doigts et les ongles sont noirs. Les couleurs de la femelle ne sont pas aussi prononcées que chez le mâle, et les taches sont encore moins nettes chez les jeunes.

M. Vieillot regarde comme un individu de la même espèce le *phasianus africanus* de Latham, que Sonnini décrit, d'après l'auteur anglais, au 42.ᵉ vol. de son édition de Buffon, p. 250. Cet oiseau, de dix-huit pouces de longueur totale, a le bec épais et jaune; il porte une huppe de plumes longues, brunes et bordées de blanc. Le dessus du corps est d'un bleu cendré, le dessous blanc; la queue, arrondie à son extrémité, a toutes les pennes noires, à l'exception des deux intermédiaires, dont le bout seul est de cette couleur, et qui sont brunes dans le reste. Voyez Touraco. (Ch. D.)

MUSQUÉE [Petite]. (*Bot.*) Nom vulgaire de la moscatelline. (L. D.)

MUSSE, *Mussa*. (*Polyp.*) M. Oken (*Syst. zool.*, t. 1, p. 71) emploie cette dénomination pour désigner une petite coupe générique qu'il a formée parmi les madrépores, et à laquelle il donne pour caractères : Étoiles enfoncées, serrées et plus larges à l'extrémité des rameaux que sur la tige, qui est simple ou peu ramifiée. M. Oken place dans ce genre quatre espèces, qu'il divise en deux sections, suivant que la tige est simple ou divisée. Dans la première est le *M. dianthus*, et dans la seconde les *M. angulosa*, *fastigiata* et *capitata*. Ce genre com-

prend donc une partie des espèces dont M. de Lamarck a
fait son genre CARYOPHYLLIE. Voyez ce mot. (DE B.)

MUSSENDE, *Mussænda*. (*Bot.*) Genre de plantes dicotylédones, à fleurs complètes, monopétalées, régulières, de la
famille des *rubiacées*, de la *pentandrie monogynie* de Linnæus ;
offrant pour caractère essentiel : Un calice à cinq divisions,
dont une souvent très-grande, semblable aux feuilles ; une
corolle infundibuliforme ou un peu campanulée ; le limbe
à cinq découpures ; cinq anthères presque sessiles, non saillantes ; un ovaire inférieur ; un style ; une capsule oblongue, polysperme, s'ouvrant en deux valves au sommet ; les
semences très-petites, attachées à un réceptacle saillant qui
partage les loges.

MUSSENDE APPENDICULÉE : *Mussænda frondosa*, Linn. ; Lamk.,
Ill. gen., tab. 157, fig. 1 ; *Gardenia frondosa*, Lamk., Encycl. ;
Belilla, Rhéed., *Malab.*, 2, tab. 18 ; *Folium principissæ*,
Rumph, *Amb.*, 4, tab. 51 ; Burm., *Zeyl.*, tab. 76. Arbrisseau de six à neuf pieds, dont les tiges sont rameuses, un
peu tortueuses ; les rameaux cylindriques, velus dans leur
jeunesse vers le sommet ; les feuilles pétiolées, opposées,
entières, ovales, aiguës. vertes et à peine pileuses en-dessus,
velues en-dessous, longues de trois pouces. Les fleurs sont
paniculées, garnies de quelques belles feuilles colorées ; le
calice est court, à cinq découpures étroites, subulées, velues ; souvent une d'elles s'accroît et se change en une
grande feuille pétiolée, ovale, blanche ou jaunâtre ; la corolle infundibuliforme, longue d'un pouce et demi ; le tube
grêle et rouge, médiocrement velu ; le limbe jaune, petit,
ouvert en étoile, velu à son orifice. Le fruit est oblong, à
deux loges polyspermes. Cette plante croît dans les Indes
orientales.

MUSSENDE GLABRE ; *Mussænda glabra*, Vahl, *Symb.*, 3,
pag. 38. Cette espèce a ses rameaux glabres, de couleur
purpurine, ponctués de blanc, garnis de feuilles opposées,
pétiolées, ovales, très-entières, glabres, longues de trois
pouces ; les stipules oblitérées ; les fleurs disposées en une
panicule terminale ; les pédoncules partiels trois et quatre
fois dichotomes, opposés ; une fleur pédicellée dans chaque
bifurcation ; une bractée trifide à la base des pédoncules ;

d'autres plus petites, entières : les découpures du calice lancéolées, un peu pileuses ; le tube de la corolle pubescent,
long d'un pouce, épaissi dans son milieu ; les divisions du
limbe lancéolées, jaunâtres ; le fruit glabre, ombiliqué, en
ovale renversé, à cinq côtes obtuses. Cette plante croît dans
les Indes orientales.

MUSSENDE A LARGES FEUILLES ; *Mussænda latifolia*, Lamk., *Ill.
gen.*, tab. 157, fig. 2. Arbrisseau à feuilles opposées, grandes,
pétiolées, larges, ovales, très-entières, luisantes à leurs deux
faces, ciliées à leurs bords et sur les pétioles, longues de six
à huit pouces, munies à leur base de petites stipules en
écailles, hérissées de poils roides et blancs ; à fleurs disposées en une cime terminale avec des bractées linéaires,
aiguës, et ayant le calice velu, à cinq dents aiguës ; la corolle
longue d'un pouce et demi, pubescente ; le limbe à cinq découpures larges, aiguës ; l'ovaire et le style fortement velus ;
le fruit ovale, oblong, un peu aigu à son sommet. Cette
plante a été découverte à l'Isle-de-France par Commerson :
elle offre quelques variétés.

MUSSENDE A FEUILLES DE CITRONNIER ; *Mussænda citrifolia*,
Poir., Encycl. Cette espèce a des rameaux glabres, cylindriques, un peu quadrangulaires vers leur sommet, revêtus
d'une écorce d'un blanc cendré, avec un grand nombre de
petits points glanduleux, d'abord blanchâtres, puis noirs.
Les feuilles sont sessiles, disposées en verticilles, au nombre
de trois ou quatre à chaque articulation, ovales, un peu
cunéiformes, glabres, fermes, coriaces, un peu tomenteuses
en-dessous ; les stipules courtes, aiguës, persistantes ; les
fleurs nombreuses, disposées en cime terminale ; leurs pédoncules comprimés, anguleux, munis de petites bractées
lancéolées ; le calice glabre, à cinq découpures longues,
étroites, linéaires ; la corolle glabre, petite, de couleur
jaune. Le fruit est une capsule couronnée par les longues
divisions du calice. Cette plante croît à l'île de Madagascar :
les habitans la nomment *charro*; elle a été découverte par
J. Martin.

MUSSENDE A LONGUES FEUILLES ; *Mussænda longifolia*, Poir.,
Encycl. Cette espèce, très-rapprochée de la précédente, surtout par la disposition de ses feuilles en verticilles, s'en

distingue en ce que celles-ci sont plus étroites, une et deux
fois plus longues, un peu tomenteuses à leurs deux faces,
étroites, lancéolées, presque sessiles; l'écorce est grisâtre; le
bois, sous le liber, d'une belle couleur rouge; les fleurs disposées en une cime touffue, terminale; les divisions du calice terminées chacune par un filet long, sétacé. Le fruit est
une capsule en forme de poire, glabre, membraneuse, marquée de six à huit côtes longitudinales, couronnée par les
dents du calice. Cet arbre croît à l'île de Madagascar; les
habitans le nomment *tamba-racha*.

MUSSENDE PUBESCENTE; *Mussænda pubescens*, Kunth *in* Humb.
et Bonpl., *Nov. gen.*, 3, pag. 410. Arbrisseau de huit à
douze pieds, dont les rameaux sont opposés, glabres, cendrés, terminés, dans leur jeunesse, par deux épines subulées; les feuilles pétiolées, opposées, elliptiques, entières,
un peu pubescentes en-dessous, molles en-dessus, blanchâtres
et pubescentes; les stipules ovales, acuminées. Les fleurs,
au nombre de trois à six, sont terminales, sessiles; le calice
est pubescent, à divisions droites, lancéolées; la corolle infundibuliforme, pubescente, et le tube, long d'un pouce,
a les divisions du limbe oblongues, acuminées; l'ovaire est
velu, à deux loges; le style de la longueur du tube de la
corolle; le stigmate à deux lames. Cette plante croît sur
les bords de la mer Pacifique, proche Guayaquil.

Plusieurs espèces réunies d'abord à ce genre, difficile à
bien caractériser, en ont été exclues pour passer dans d'autres, tandis qu'on pourroit y admettre le *pinckneya* de Michaux, le *macrocnemum* de Vahl, le *landia* de Commerson, etc.
(POIR.)

MUSSINIA. (*Bot.*) Voyez nos articles GAZANIE, tom. XVIII,
page 245; GORTÉRIE, tom. XIX, page 231; MÉLANCHRYSE,
tom. XXIX, pag. 441.

A l'époque où nous rédigeâmes l'article GORTÉRIE, nous
n'avions point encore vu la *Gorteria personata*, véritable
type de ce genre, et nous fûmes réduit à emprunter, sans
les vérifier, la description générique de Gærtner, et la description spécifique de Linné. Un petit échantillon sec et
incomplet de cette plante nous ayant été donné tout récemment par M. Desfontaines, nous croyons devoir le décrire ici.

Gorteria personata, Linn. Tige herbacée, dressée, presque simple, grêle, hérissée de longs poils roides, très-simples, c'est-à-dire, non pilifères ni dentés, mais absolument lisses. Feuilles alternes, sessiles, oblongues-lancéolées, à partie inférieure étrécie et pétioliforme, à sommet mucroné ou surmonté d'une pointe spiniforme, à bords courbés en-dessous, à face supérieure verte, hérissée de longs poils roides très-simples, à face inférieure blanche et tomenteuse, sauf la nervure médiaire, qui est verte et hérissée de longs poils roides. Calathide terminale, solitaire, haute de quatre lignes, large d'environ cinq lignes, radiée. Péricline supérieur (par ses appendices internes) aux fleurs de la couronne radiante, ovoïde-campanulé, plécolépide, hérissé de très-longs poils blancs, roides, très-simples ; formé de squames régulièrement imbriquées, entregreffées, surmontées d'un appendice libre, plus ou moins étalé, subulé, épais, roide, coriace, hispide, terminé par une forte épine glabre, d'un brun violet ; les appendices des squames intérieures beaucoup plus longs, très-étalés, comme radians, un peu laminés, colorés en jaune sur leur face interne ou supérieure, qui est glabre. Clinanthe profondément alvéolé, à cloisons dentées. Couronne composée de huit fleurs radiantes, unisériées, ligulées, neutres, privées de style et de faux-ovaire, ayant la languette linéaire, tridentée au sommet, violette-brune sur la face externe, jaune sur la face interne, sauf la partie basilaire, qui est d'un violet brun ; le tube long comme la moitié ou le tiers de la languette, paroissant inséré par sa base sur la paroi interne du péricline, parce que celui-ci est adhérent aux cloisons du clinanthe. Disque composé de huit fleurs régulières, hermaphrodites, ayant l'ovaire obovoïde-oblong, aminci vers la base, glabre inférieurement, hérissé supérieurement de poils extrêmement longs, très-fins, flexueux, blancs : son aigrette semble d'abord absolument nulle ; mais un examen très-attentif fait apercevoir, autour de l'aréole apiciflaire ou de son bourrelet, quelques petites dents qui indiquent un rudiment d'aigrette stéphanoïde, irrégulière, interrompue, à peine manifeste, formant un petit rebord denté. Plusieurs ovaires, occupant probablement le milieu du disque, sont beaucoup

plus petits que les autres, et paroissent être stériles, en
sorte que les fleurs centrales pourroient être considérées
comme mâles. Corolles du disque ayant la partie supérieure
violette, à cinq divisions longues, aiguës, portant quelques
poils derrière le sommet. Styles d'Arctotidée.

Si l'on compare cette description à celle de notre *Ictinus
piloselloides* (tom. XXII, pag. 559), on jugera sans doute que
le genre *Ictinus* doit être supprimé et réuni au vrai *Gorteria*,
quoique son aigrette soit beaucoup plus manifeste, et qu'il
offre quelques autres différences plus que suffisantes pour
distinguer cette plante spécifiquement, mais non génériquement.

En conséquence, renonçant désormais à notre genre *Ictinus*, nous proposons de composer le vrai genre *Gorteria* des
deux espèces suivantes :

1. *Gorteria personata*, Linn. *Hispida, pilis simplicissimis;
periclinio valide spinoso, coronam superante; ligulis coronæ tri-
dentatis; pappo vix conspicuo.*

2. *Gorteria Ictinus*, H. Cass. (*Ictinus piloselloides*, H. Cass.
Bull. sept. 1818, p. 142; Dict. v. 22, p. 560. *An ? Gorteria
diffusa*, Willd.) *Hispida, pilis denticulatis; periclinio subinermi,
discum superante; ligulis coronæ quadridentatis; pappo mani-
festo.*

Nous avions proposé le genre *Ictinus* comme distinct du
Gorteria, parce que nous devions croire que les fruits du
Gorteria personata étoient absolument privés d'aigrette, d'après
la déclaration très-affirmative de Gærtner : *Semina lanata,
pappo autem vero penitus destituta.* Nous aurions eu moins de
confiance en son observation, si à cette époque nous avions
lu le caractère générique attribué par M R. Brown à la
même plante, dans la 2.ᵉ édition de l'*Hortus Kewensis*, où
nous lisons trop tard aujourd'hui : *pappus, margo ciliatus.*
(H. Cass.)

MUSSITE. (*Min.*) M. de Bonvoisin a donné ce nom à une
substance minérale que M. Haüy a reconnu appartenir à l'espèce Pyroxène. Voyez ce mot. (Lem.)

MUSSOL. (*Ornith.*) Nom du hibou en Catalogne, suivant
Barrère. (Ch. D.)

MUSSOLA. (*Ichthyol.*) A Iviça, suivant François de la

Roche, on donne ce nom à l'ÉMISSOLE. Voyez ce mot. (H. C.)

MUSSOLE. (*Conchyl.*) Adanson (Sénég., p. 250, pl. 18) décrit et figure sous ce nom l'arche de Noé, *arca Noe*, Linn. (DE B.)

MUSTA. (*Bot.*) Nom brame d'une plante cypéracée du Malabar, qui est le *schœnus tuberosus* de Burmann, le *killinga triceps* de Vahl. (J.)

MUSTÈLE, *Mustela*. (*Ichthyol.*) M. Cuvier a ainsi appelé un sous-genre de ses poissons malacoptérygiens subbrachiens, qu'Artédi. Linnæus, M. de Lacépède et la plupart des ichthyologistes, d'après eux, ont placé dans le grand genre des Gades, parmi les poissons holobranches jugulaires de la famille des auchénoptères de M. Duméril.

Ce sous-genre, peut-être même ce genre, doit être ainsi caractérisé :

Corps médiocrement alongé et lisse ; catopes attachés sous la gorge, couverts d'une peau épaisse et aiguisés en pointe ; deux nageoires dorsales, dont la première est peu visible ; une seule nageoire anale ; des barbillons ; écailles molles et petites ; yeux latéraux ; opercules non dentelées ; tête alépidote ; toutes les nageoires molles ; trous des branchies latéraux ; mâchoires et devant du vomer armés de dents pointues, inégales, sur plusieurs rangs et faisant la carde.

Il est donc facile de distinguer les MUSTÈLES des MORUES et des MERLANS, qui ont trois nageoires dorsales ; des CALLIONYMES, qui ont les trous des branchies sur la nuque ; des URANOSCOPES, des BATRACHOÏDES et des TRICHIONOTES, qui ont les yeux très-verticaux ; des CHRYSOSTROMES et des KURTES, qui ont le corps ovale, comprimé ; des BROSMES, où l'on ne voit qu'une nageoire dorsale ; des MERLUCHES et des LOTTES, qui ont deux nageoires dorsales très-marquées. (Voyez ces divers noms de genres et AUCHÉNOPTÈRES, dans le Supplément du III.ᵉ vol. de ce Dictionnaire, pag. 125.)

Parmi les espèces de ce genre nous signalerons :

La MUSTÈLE COMMUNE : *Mustela vulgaris*, N. ; *Gadus mustela*, Linn. Nageoire de la queue arrondie ; deux barbillons à la mâchoire supérieure, un à l'inférieure ; corps très-alongé, visqueux, gluant ; ventre blanc ; dos d'un brun fauve, à

taches noirâtres ; dessus de la tête d'un violet argenté ; catopes et nageoires pectorales rougeâtres ; les autres nageoires
brunes et tachetées : taille de quinze à vingt-un pouces.

Ce poisson habite l'Océan atlantique et la Méditerranée.
Il est fort abondant dans la mer Adriatique et sur les côtes
de Cornouailles , où il se nourrit de crustacés et de testacés.

La Mustèle cimbre : *Mustela cimbrica*, N.; *Gadus cimbricus*,
Gmel.N a geoire caudale arrondie ; deux barbillons auprès
des narines ; un barbillon à la lèvre supérieure et un à la
partie inférieure ; le premier rayon de la première nageoire
dorsale terminé par deux filamens disposés horizontalement ,
comme les branches d'un T.

Ce poisson vit dans l'Océan atlantique et spécialement sur
les rivages de la Suède. Il a été découvert par M. de Strus-
fenseld , qui l'a décrit dans les Mémoires de l'Académie de
Stockholm , tom. XXXIII, p. 46. (H. C.)

MUSTELIA. (*Bot.*) Sprengel, dans les Actes de la Société
linnéenne de Londres, donne ce nom au genre de plantes
composées que Cavanilles avoit nommé *stevia* et qui est adopté.
(J.)

MUSTELUS. (*Ichthyol.*) Voyez ÉMISSOIE. (H. C.)

MUSTILLA. (*Ichthyol.*) A Malte on donne ce nom à la
lamproie ordinaire. Voyez PÉTROMYZON. (H. C.)

MUSVIT. (*Ornith.*) Un des noms danois et norwégiens
de la mésange charbonnière, *parus major*, Linn., suivant
Pontoppidan, tom. 2, pag. 82, et Othon-Fréderic Müller,
Prodromus, pag. 84, n.° 285. Voyez KIOD-MEYSE. (CH. D.)

MUTAO PINIMA. (*Ornith.*) Ce nom est rapporté par M.
Temminck au hocco mituporanga. (DESM.)

MUTCHAY-COTTÉ. (*Bot.*) Une des variétés du lablab, *dolichos lablab*, ainsi nommée à Pondichéry, suivant M. Les-
chenaut. (J.)

MUTEL. (*Malacoz.*) Adanson (Sénég., pag. 254, pl. 17)
décrit et figure une belle espèce de coquille du genre Ano-
donte des auteurs modernes. mais dont M. de Lamarck ne
me paroît pas avoir parlé. Gmelin en fait son *Mytilus dubius*.
(DE B.)

MUTELLINA. (*Bot.*) Nom d'une plante ombellifère de
Gesner, dont C. Bauhin faisoit un *meum*, et qui est mainte-

nant le *phellandrium mutellina* de Linnæus. Voyez Méon mu-
telline. (J.)

MUTENDO. (*Bot.*) Nom d'un arbre sur la côte orientale
d'Afrique : c'est le cordyle de Loureiro. (Lem.)

MÚTHONA. (*Bot.*) Autre arbre d'Afrique qui croît vers
Mozambique : c'est le *triphaca africana*, Lour. Voyez Triphaca. (Lem.)

MUTHUSUSA. (*Mamm.*) Nom du bison, espèce sauvage de
bœuf, chez quelques peuplades de l'Amérique septentrionale. (Desm.)

MUTILLAIRES. (*Entom.*) M. Latreille avoit désigné ainsi
une famille des insectes hyménoptères, qu'il rapprochoit du
genre Mutille ; dans ces derniers temps il a changé ce nom
en celui d'*Hétérogynes* en les rapprochant des fourmis. Voyez
Myrmèges. (C. D.)

MUTILLE, *Mutilla.* (*Entom.*) Genre d'insectes hyménoptères, voisin des fourmis, établi par Linnæus, et que nous
avons rangé dans la famille des myrmèges ou formicaires,
parce que ces insectes ont le ventre arrondi, pédiculé ; les
antennes brisées en fil, et la lèvre inférieure moins longue
que les mandibules.

Ce nom, dont l'étymologie est incertaine, vient peut-être
du latin *mutilus*, qui n'est pas entier, qui est mutilé ; parce
que les insectes de ce genre, et le plus ordinairement les individus femelles, sont privés d'ailes, ou qu'ils les perdent
facilement.

Le caractère du genre, opposé à celui des fourmis et des
doryles, peut être exprimé comme il suit : antennes en soie,
vibratiles ; abdomen à pédicule distinct, simple, ni noueux, ni
écailleux : car les *doryles* ont le ventre à pédicule très-court,
et les *fourmis* offrent toujours quelque écaille ou nodosité sur
cette partie de ce pédicule.

On ne connoît pas les métamorphoses des mutilles. On
trouve ces insectes sous l'état parfait sur les terrains sablonneux les plus secs et les mieux exposés aux rayons du soleil.
Les mâles ont des ailes et volent rapidement ; ils sont
beaucoup plus petits, quelquefois du quart du volume des
femelles, qui sont ordinairement aptères et très-vives, très-
promptes à la course. Elles paroissent se nourrir de petits

insectes, qu'elles poursuivent très-rapidement; elles sont munies d'un aiguillon qui introduit dans les plaies une sorte de poison analogue à celui des abeilles ou des guêpes.

Nous avons fait figurer une espèce de ce genre dans l'atlas de ce Dictionnaire, planche 32, n.° 3 *bis*. Nous allons en décrire ici quelques-unes.

1.° La MUTILLE D'EUROPE OU TRICOLORE; *Mutilla europæa*, Linn.

Car. Noire : à corselet rouge; abdomen noir, avec la base des anneaux d'un blanc brillant métallique.

2.° La MUTILLE D'ITALIE; *Mutilla italica*, Fabricius.

Car. Noire, à deuxième anneau de l'abdomen ferrugineux; ailes brunes.

3.° La MUTILLE MAURE, *Mutilla maura*.

Car. Noire, à corselet fauve, à trois bandes soyeuses blanches sur le ventre.

4.° La MUTILLE ÉCARLATE, *Mutilla coccinea*. C'est celle dont nous venons d'indiquer la figure, pl. 32.

On la trouve dans l'Amérique septentrionale.

Car. Noire : à tête, corselet et abdomen d'un rouge écarlate, formé par un duvet soyeux, avec un cercle noir au milieu du ventre. (C. D.)

MUTIQUE (*Bot.*) : Opposé à aristé, mucroné, acuminé, spinescent, c'est-à-dire, n'étant terminé ni par une arête, ni par une épine, etc. (MASS.)

MUTISE, *Mutisia*. (*Bot.*) Genre de plantes dicotylédones, à fleurs composées, de la famille des *corymbifères*, de la *syngénésie polygamie* superflue de Linnæus; offrant pour caractère essentiel : Un calice commun, cylindrique, à écailles lâches; les fleurs radiées; celles du disque à deux lèvres, l'extérieure tridentée, l'intérieure bifide; les fleurs de la circonférence en demi-fleuron ou à deux lèvres, l'extérieure grande, plane, tridentée, l'intérieure simple, filiforme ou bifide; les anthères syngénèses, munies de deux soies à leur base; les semences surmontées d'une aigrette plumeuse; le réceptacle nu.

MUTISE A GRANDES FLEURS; *Mutisia grandiflora*, Humb. et Bonpl., *Plant. æquin.*, 1, pag. 177, tab. 50. Très-belle espèce, dont les tiges sont ligneuses, grimpantes, hautes de vingt-quatre à trente pieds, s'attachant aux arbres par des vrilles pétiolaires. Les feuilles sont alternes, ailées sans impaire, à deux ou trois paires de folioles pédicellées, ovales, obtuses, longues de deux pouces et plus, blanchâtres et tomenteuses en-dessous; deux stipules en cœur, caduques. Les fleurs pendantes, d'un beau rouge, pédonculées, solitaires, terminales, longues de six pouces; les pédoncules munis de deux ou trois bractées; les écailles inférieures du calice ovales, blanchâtres, tomenteuses; les intérieures lancéolées, d'un rouge foncé; la corolle une fois plus longue que le calice; les semences glabres, alongées, couronnées par une aigrette plumeuse. Cette plante croit à la Nouvelle-Grenade.

MUTISE CLÉMATITE: *Mutisia clematis*, Linn., Suppl.; Lamk., *Ill. gen.*, tab. 690, fig. 1; Cavan., *Icon. rar.*, 5, pag. 63, tab. 492. Arbrisseau dont les tiges sont grimpantes, longues de six pieds, tomenteuses dans leur jeunesse; les feuilles alternes, ailées; les folioles ovales, oblongues, au nombre de douze, roussâtres et tomenteuses à leur face inférieure, entières, longues d'un pouce; les deux inférieures plus petites, en forme de stipules; le pétiole se prolonge en une vrille trifide; les fleurs axillaires, solitaires; le calice tomenteux, long d'un pouce et demi, à écailles lancéolées, les intérieures purpurines et plus longues; les demi-fleurons ovales, alongés, aigus et tridentés au sommet, de couleur purpurine; les étamines remplacées par deux ou trois filets soyeux; les semences ferrugineuses, un peu tétragones; l'aigrette sessile, longue de trois lignes. Cette plante croit au Pérou, sur les rochers, et à la Nouvelle-Grenade.

MUTISE PÉDONCULÉE; *Mutisia peduncularis*, Cavan., *Icon. rar.*, 5, pag. 62, tab. 491. Ses tiges sont ligneuses, grimpantes, rameuses, hautes de quatre à cinq pieds et plus; les rameaux rougeâtres; les feuilles composées d'un grand nombre de folioles sessiles, alternes, glabres, lancéolées, entières, longues d'un pouce et demi; le pétiole terminé par une vrille à trois filets; les pédoncules solitaires, uniflores, munis d'une petite bractée à leur sommet; le calice long de deux pouces; les demi-fleurons de couleur écarlate; les semences tétragones, longues d'un pouce. Cette plante croit au Pérou, aux environs de la ville de Saint-Bonaventure.

MUTISE A FEUILLES DE VESSE ; *Mutisia viciæfolia*, Cavan., *Icon. rar.*, 5, pag. 62, tab. 490. Cette plante diffère de la précédente par ses folioles beaucoup plus étroites, les inférieures opposées; les tiges plus courtes; les fleurs solitaires; les pédoncules plus courts que les feuilles; le calice composé d'écailles ovales, purpurines, scarieuses et blanchâtres à leurs bords; les intérieures plus longues, terminées par une petite soie; les demi-fleurons à peine tridentés, ovales, d'un rouge écarlate; les fleurons d'un jaune rougeâtre, à demi trifides; les découpures linéaires; l'extérieure plus large, tridentée; les autres entières; les semences tétragones, couronnées par une aigrette sessile, roussâtre, plumeuse, longue d'un demi-pouce. Cette espèce croît au Chili.

MUTISE A FEUILLES DE HOUX ; *Mutisia ilicifolia*. Cavan, *Icon. rar.*, 5, pag. 63, tab. 493. Arbrisseau du Chili, dont les tiges sont tortueuses, grimpantes et rougeâtres, longues de trois pieds; les feuilles sessiles, alternes, à demi amplexicaules, coriaces, ovales, à dentelures irrégulières, un peu épineuses, luisantes en-dessus, glauques, tomenteuses dans leur jeunesse; les nervures blanchâtres; celle du milieu prolongée en vrille; les pédoncules courts, uniflores; le calice long d'un pouce, à écailles jaunâtres, scarieuses à leurs bords; les demi-fleurons presque linéaires, de couleur purpurine; les fleurons pourpres; les semences et les aigrettes roussâtres.

MUTISE SINUÉE ; *Mutisia sinuata*, Cavan., *Ic. rar.*, 5, p. 66, tab. 499. Cette plante a des tiges flexueuses, glabres, rameuses et grimpantes, hautes d'un pied et demi; les feuilles sessiles, linéaires-lancéolées, aiguës, glabres ou légèrement tomenteuses, sinuées et dentées, longues de deux ou trois pouces, terminées par une vrille simple; les fleurs solitaires, terminales, médiocrement pédonculées; le calice long d'un pouce et plus; les écailles terminées par une pointe subulée; les inférieures mutiques, un peu tomenteuses; les demi-fleurons jaunes, ovales; les semences surmontées d'une aigrette blanche. Cette plante croît au Chili et dans les montagnes des Cordillères.

MUTISE SAGITTÉE : *Mutisia sagittata*, Willd., *Spec.*; *Mutisia hastata*, Cavan., *Icon. rar.*, 5, pag. 64, tab. 494. Arbrisseau originaire des hautes montagnes du Chili, dont les tiges sont

hautes.de deux pieds et plus, pourvues de quatre ailes lanugineuses, à fortes dentelures; les feuilles sessiles, sagittées,
très-aiguës, longues de quatre pouces, glabres, entières,
blanchâtres et lanugineuses en-dessous, terminées par une
vrille simple, roulée en spirale; les pédoncules courts, solitaires, uniflores; les écailles blanchâtres, lanugineuses, recourbées au sommet; les demi-fleurons de couleur purpurine;
l'aigrette roussâtre. Cette plante croît sur les hautes montagnes au Chili.

Mutise recourbée; *Mutisia inflexa*, Cavan., *Icon. rar.*, 5,
pag. 65, tab. 496. Ses tiges sont anguleuses, presque filiformes, glabres, rameuses et grimpantes; longues de dix à
douze pieds; les feuilles éparses, sessiles, courbées à leur
base, puis redressées, très-étroites, linéaires, aiguës, longues d'environ trois pouces, terminées par une vrille; les
fleurs solitaires, terminales; les écailles extérieures du calice
terminées par une pointe fortement recourbée; huit demi-
fleurons d'un pourpre foncé, très-entiers; les fleurons du
disque jaunes, presque à deux lèvres. Cette plante croît dans
les montagnes des Cordillères, au Chili.

Mutise a feuilles linéaires; *Mutisia linearifolia*, Cavan.,
Icon. rar., 5, pag. 66, tab. 500. Cette espèce est la seule
connue qui soit dépourvue de vrilles. Ses tiges sont ligneuses,
point grimpantes, à peine rameuses, cylindriques, longues
d'un pouce au plus; les feuilles nombreuses, sessiles, linéaires, imbriquées, longues d'un pouce, roulées à leurs bords,
très-étroites, un peu obtuses, terminées par une pointe
courte, subulée; les fleurs solitaires, terminales; le calice
alongé, cylindrique; les écailles ovales, obtuses; les demi-
fleurons ovales-lancéolés. Cette plante croît au Chili, sur les
montagnes des Cordillères. (Poir.)

MUTISIÉES, *Mutisieæ*. (*Bot.*) C'est la seizième des vingt
tribus naturelles dont se compose l'ordre des synanthérées,
suivant notre méthode de classification. Nous avons déjà
présenté (tom. XX, pag. 379) la description complète des
caractères de cette tribu. Mais nous n'avons point encore
exposé méthodiquement la série de tous les genres qui lui
appartiennent. C'est l'objet du présent article.

XVI.° *Tribu.* Les Mutisiées (*Mutisieæ*).

Chænanthop¹ orarum genera. Lagasca (1811)— *Labiatiflorarum genera.* De Candolle (1812)—*Mutisieæ.* H. Cassini (1817) Dict. v. 8. p. 394—*Onoseridæ excludendo Homanthim.* Kunth (1820). (Voyez les caractères de la tribu des Mutisiées, tom. XX, pag. 379.)

Premiére Section.

Mutisiées-Prototypes (*Mutisieæ-Archetypæ*).

Caractères ordinaires : Vraie tige herbacée ou ligneuse, garnie de feuilles et portant plusieurs calathides.

1. † ? Proustia. = *Proustia.* Lag. (1811)—Decand. (1812).

2. * Cherina. = *Cherina.* H. Cass. Bull. avr. 1817. p. 67. Dict. v. 8. p. 437.

3. * Chæianthera.=*Chætanthera.* Ruiz et Pav. (1794)— Lag. (1811) –Decand. (1812)—H. Cass. (1817) Dict. v. 8. p. 53.

4. † Guabiruma. = *Mutisiæ sp.* Cavan. (1799)—*Guariruma.* H. Cass. Dict. = Periclinium squamis appendice auctis; folia simplicia ; cætera Mutisiæ. Huc referendæ Mut. hastata, subspinosa, inflexa, retrorsa, sinuata.

5. † Aplophyllum.=*Mutisiæ sp.* Cavan. (1799) — *Aplophyl- lum.* H. Cass. Dict.= Periclinium squamis appendice destitutis; folia simplicia; cætera Mutisiæ. Huc referendæ Mut. ilici- folia, decurrens, linearifolia.

6. * Mutisia. = *Mutisia.* Lin. fil. (1781)—H. Cass. Dict.— *Mutisiæ sp.* Juss. (1789) — Cavan. (1799)—Lag. (1811) — Decand. (1812).=Huc referendæ Mut. Clematis, peduncu- laris, viciæfolia, grandiflora; periclinio appendicibus desti- tuto, foliis pinnatis.

7. † Dolichlasium.=*Dolichlasium.* Lag. (1811)—Decand. (1812)—H. Cass. (1819) Dict. v. 13. p. 406.

8. † Lycoseris. = *Atractylidis sp.* Lin. fil. (1781)—Smith (1791)—*Onoseridis sp.* Willd. (1803) – Lag. (1811)—Kunth (1820)—*Lycoseris.* H. Cass. Dict.=Periclinium squamis ad- pressis, inappendiculatis; corollarum femineurum ligula in- terior nulla aut subnulla, brevissima, minime revoluta; caulis foliosus ; cætera Onoseridis. Huc referendæ Onos. mexicana, hyssopifolia.

9. † Hipposeris. = *Onoseridis sp.* Kunth (1820) — *Hipposeris.*
H. Cass. Dict. = Periclinium squamis squarrosis, appendicu-
latis ; corollarum feminearum ligula interior revoluta ; caulis foliosus ; cætera Onoseridis. Huc referendæ Onos. salici-
fosia, accrifolia.

Seconde Section.

Mutisiées-Gerbériées (*Mutisieæ-Gerberieæ*).

Caractères ordinaires : Une ou plusieurs hampes, simples
ou quelquefois rameuses, dénuées de vraies feuilles, mais
souvent garnies de bractées, portant une ou quelquefois plusieurs calathides, et entourées à la base de feuilles radicales.

10. * Onoseris. = *Atractylidis sp.* Lin. fil. (1781) — Smith
(1791) — *Onoseridis sp.* Willd. (1803) — Lag. (1811) — Kunth
(1820) — Onoseris. Pers. (1807) — Decand. (1812) — H. Cass.
Dict. = Huc referendæ Onos. purpurata, speciosa, hieracioides ; periclinio non squarroso, inappendiculato, ligulis
interioribus coronæ revolutis, scapis radicalibus.

11. † Isotypus. = *Seris.* Willd. (1807. non sufficienter.) —
Isotypus. Kunth (1820. bene.) — H. Cass. Dict. v. 24. p. 30.

12. † ? Pardisium. = *Pardisium.* N. L. Burm. (1768) —
Juss.

13. * Trichocline. = *Doronici sp.* Lam. (1786) — *Arnicæ
sp.* Pers. — *Trichocline.* H. Cass. Bull. janv. 1817. p. 13.

14. * Gerberia. = *Tussilaginis sp.* Vaill. (1720) — *Gerbera.*
Gronov. (ined.) — Lin. (1737 et 1742) — J. Burm. (1759) —
Arnicæ sp. Lin. (1753) — Adans. — Willd. — Pers. — *Doronici
sp.* Lam. (1786) — *Arnicæ ? sp.* Juss. (1789) — *An ? Atasitidis
sp.* Neck. (1791) — *Aphyllocaulon.* Lag. (1811) — Gerberia. H.
Cass. Bull. févr. 1817. p. 34. Dict. v. 18. p. 459.

15. * Lasiopus. = *Lasiopus.* H. Cass. Bull. sept. 1817. p. 152.
Dict. v. 25. p. 298.

16. * Chaptalia. = *Tussilaginis sp.* Lin. — Michaux — Willd.
— *Chaptalia.* Venten. (1800) — Lag. (1811) — Decand.
(1812) — H. Cass. (1817) Dict. v. 8. p. 161 — *Chaptaliæ sp.*
Pers. (1807).

17. * Loxodon. = *Perdicii sp.* Juss. (ined.) — *Chaptaliæ sp.*
Pers. (1807) — Kunth (1820) — *Leriæ ? sp.* Decand. (1812) —
Loxodon. H. Cass. (1825) Dict. v. 27. p. 253.

18. * Lieberkuhna. = *Tussilaginis sp.* Swartz — Willd. —
Perdicii sp. Vahl — *Chaptaliæ sp.* Pers. (1807) — *Leriæ sp.*
Decand. (1812) —*Lieberkuhna.* H. Cass. (1823) Dict. v. 26.
p. 286.

19. * Leria. = *Asteris sp.* Plum. — *Dentis Leonis sp.* Sloane
— *Leontodontis sp.* Browne — Lin. fil. — *Tussilaginis sp.* Lin.
— Swartz — Willd. — *An ? Thyrsanthema.* Neck. (1791) —
Chaptaliæ sp. Pers. (1807) — *Leriæ sp.* Decand. (1812. malè.)
— *Leria.* Kunth (1820. malè.) — H. Cass. (1823) Dict. v. 26.
p. 101.

20. † Perdicium. = *Perdicii sp.* Lin. (1763) — Vahl — Willd.
— Pers. — *Non Perdicium.* Gærtn. — Kunth — *Idicium.* Neck.
(1791) — *Perdicium.* Lag. (1811) — Decand. (1812) — H. Cass.
Dict.

21. * Leibnitzia. = *Anandria.* Siegesbeck — *Tussilaginis sp.*
Tursen (1745) — Lin. (1748) — Gmel. (1749) — Willd. (1803)
— Pers. (1807) — *Perdicii sp.* R. Brown (1813) — *Leibnitzia.*
H. Cass. (1822) Dict. v. 25. p. 420.

Dans notre article Labiatiflores (tom. XXV, pag. 9),
nous avons exposé avec assez de détails l'histoire des Chénanthophores de M. Lagasca, des Labiatiflores de M. De Candolle, de nos Mutisiées, et des Onosérides de M. Kunth; et
nous avons ajouté à cet exposé historique quelques remarques critiques sur les opinions de MM. Lagasca, De Candolle et Kunth. Pour éviter les répétitions, et surtout pour
ne point renouveler des discussions désagréables, nous renvoyons nos lecteurs à cet article. Cependant nous ne pouvons
guères nous dispenser de dire que notre tribu naturelle des
Mutisiées ne correspondant qu'à une partie du groupe artificiel des Chénanthophores ou Labiatiflores, et n'étant pas
fondée uniquement, comme celui-ci, sur la labiation de la
corolle, nous ne devions adopter aucun des deux titres proposés avant nous, et que celui de Mutisiées nous a semblé
le plus convenable, parce qu'il rappelle un des plus anciens genres de la tribu et le plus remarquable de tous.
M. Kunth paroît avoir admis notre tribu; mais il a sans
doute inventé tout ce qu'il nous a emprunté : c'est pourquoi
il a dû substituer le titre d'Onosérides à celui de Mutisiées,
ce qui prouve invinciblement qu'il est le véritable auteur

de ce groupe. Nos prétentions à cet égard sont donc tout aussi mal fondées que celles relatives à la tribu des Eupatoriées, et elles seront infailliblement proscrites par tous les botanistes impartiaux (voyez tom. XXVI, pag. 231).

Les vingt-un genres composant la tribu des Mutisiées nous ont paru se distribuer assez convenablement en deux groupes, qui pourtant ne se distinguent que par un caractère ordinairement de peu de valeur et peut-être même sujet ici à quelques exceptions. La section des Mutisiées-Prototypes, ainsi nommée parce qu'elle comprend le genre *Mutisia*, offre plus d'affinité avec la tribu des Nassauviées, qui précède celle-ci ; la section des Mutisiées-Gerbériées, qui tire son nom du genre le plus ancien et le plus remarquable de ce second groupe, est fort bien placée auprès de la tribu des Tussilaginées, qui suit immédiatement.

Le genre *Proustia* commence la série, parce que, sa classification étant douteuse pour nous, il étoit bon de le reléguer à l'une des extrémités. Nous n'avons jamais vu aucune plante de ce genre, et les deux descriptions publiées par MM. Lagasca et De Candolle sont peu concordantes. Si le style a été exactement décrit et figuré par M. De Candolle, le *Proustia* ne peut pas être attribué aux Nassauviées, et il sembleroit mieux placé parmi les Carlinées que parmi les Mutisiées : mais, la corolle étant bien véritablement labiée, puisque sa division extérieure comprend les trois cinquièmes, et l'intérieure les deux autres cinquièmes, nous avons dû rapporter ce genre aux Mutisiées, en indiquant toutefois par un point d'interrogation les doutes qui viennent d'être exposés.

Notre genre *Cherina* doit nécessairement accompagner le *Chœtanthera*, qui a plus d'affinité qu'aucun autre avec les Nassauviées par ses feuilles et surtout par ses corolles et ses étamines. En effet, les fleurs du disque ont la lèvre intérieure un peu plus courte que l'extérieure, et le tube anthéral un peu arqué au sommet; et les fleurs de la couronne ont la languette intérieure souvent presque aussi longue que l'extérieure.

Dans notre article Chœtanthera (tom. VIII, pag. 53), nous avons donné une description complète des caractères

génériques et spécifiques de la *Chœtanthera ciliata*, observés
par nous sur un échantillon de l'herbier de M. de Jussieu.
Depuis cette époque, nous avons encore étudié plus soigneusement quelques autres échantillons secs de la même
espèce. Notre description spécifique est assez exacte, quoique trop peu détaillée : mais la description générique doit être
rectifiée, en ce que nous avons dit que la languette intérieure des fleurs de la couronne étoit constamment indivise.
Nous reconnoissons aujourd'hui que cette languette est divisée en deux lanières filiformes, mais seulement en sa partie supérieure, qui est roulée ou plutôt tortillée comme une
vrille ; quant à la partie inférieure, nous persistons à soutenir qu'elle est constamment et évidemment indivise, quoique M. De Candolle (pag. 11) affirme que la languette en
question est fendue jusqu'à sa base. M. Lagasca dit aussi
qu'elle est bipartie : mais les fondateurs du genre, Ruiz et
Pavon, sont plus exacts, car ils décrivent cette languette
comme bifide. Notre erreur provenoit de ce que, la languette
dont il s'agit étant extrêmement longue, probablement aussi
longue ou presque aussi longue que la languette extérieure
radiante, et sa partie supérieure bifide étant excessivement
délicate et fragile, cette partie bifide se trouvoit accidentellement détruite sur les fleurs sèches que nous avions examinées.

Nous avons dit, dans le même article (pag. 54), que la
plante étiquetée alors *Chœtanthera serrata* dans l'herbier
de M. Desfontaines, n'étoit probablement pas celle ainsi
nommée par Ruiz et Pavon, parce que, loin d'appartenir à
ce genre, elle n'appartenoit même pas à la tribu des Mutisiées. Un nouvel examen de cette plante nous a fait reconnoître que c'étoit un échantillon du *Perdicium squarrosum*,
qui est de la tribu des Nassauviées.

Quant au *Perdicium chilense*, nous l'avions observé dans
l'herbier de M. de Jussieu, où il étoit étiqueté *Chœtanthera
sericea*, Lagasca. Son péricline est involucré, mais non cilié ;
les squames extérieures portent un appendice foliiforme ;
les intérieures ont un appendice scarieux, noir ; les ovaires
sont garnis de papilles glanduliformes ; leur aigrette est
blanche, et analogue à celle du *Chœtanthera ciliata ;* la lan-

guette extérieure des fleurs femelles est couverte de longs poils couchés; l'intérieure nous a paru être absolument indivise, mais il est probable que sa partie supérieure bifide étoit détruite. Enfin, nous avons acquis la certitude que le *Perdicium chilense* appartient à la tribu des Mutisiées et au genre *Chætanthera*.

L'herbier de M. Desfontaines nous a offert une autre plante du même genre, et que nous croyons être une espèce nouvelle intermédiaire entre le *Chætanthera serrata* et le *Chætanthera sericea* ou *chilensis*. Voici sa description.

Chætanthera spinulosa, H. Cass. C'est une plante herbacée, dont la racine pivotante produit plusieurs tiges (deux à quatre) couchées horizontalement sur la terre, longues d'un à deux pouces, grêles, cylindriques, glabres, portant quelques vestiges de feuilles. Chacune de ces tiges se termine par une touffe de feuilles, du milieu de laquelle naissent ordinairement trois rameaux simples : l'un de ces rameaux, étalé horizontalement sur la terre, est grêle, cylindrique, rougeâtre, chargé de longs poils laineux, grisâtres ou roussâtres, qui disparoissent peu à peu sur la partie moyenne des mérithalles, et ne persistent que vers leurs extrémités, c'est-à-dire dans le voisinage des feuilles; un autre rameau, qui s'élève d'abord, puis s'incline en s'arquant, pour retomber sans doute sur la terre, ressemble du reste au précédent, sauf qu'il est plus fort et plus chargé de feuilles; le troisième rameau est ascendant, se redresse presque verticalement, se termine par une calathide, et imite une fausse hampe; il est long d'environ trois pouces et demi, très-grêle, rougeâtre, glabriuscule, garni de feuilles à sa base et sur sa partie inférieure, presque dénué de feuilles sur sa partie supérieure. Toutes les feuilles de cette plante sont alternes, sessiles, longues d'environ un pouce, très-étroites, glabres, coriaces, uninervées ; leur partie inférieure est plus étroite, linéaire, pétioliforme, très-entière sur ses bords; la supérieure large d'environ une ligne, linéaire-lancéolée, a ses bords un peu roulés en-dessus, au moins en apparence, et munis de dents éloignées les unes des autres, dressées, spiniformes. La calathide solitaire, qui termine le rameau scapiforme, est haute de six lignes, large d'environ quinze lignes, à disque et couronne jaunes ; elle est entourée d'un involucre supérieur au péricline, composé d'environ huit à dix bractées analogues aux feuilles, inégales, pluri-sériées, irrégulièrement disposées, longues, étroites, linéai-res, glabres, à partie inférieure appliquée, squamiforme, entière, à partie supérieure inappliquée, foliacée, aiguë au sommet, dentée sur les bords ; le vrai péricline, égal aux fleurs du disque, est formé de squames régulièrement imbriquées, appliquées : les extérieures oblongues, coriaces, pubescentes, glabres sur les deux bords latéraux et sur la nervure médiaire, qui est large et saillante, et surmontées d'un appendice ovale, glabre, scarieux. noirâtre, qui se termine par une petite arête ; les squames intérieures sont longues, étroites, oblongues-lancéolées, membraneuses, ve-lues sur le milieu de leur face externe, scarieuses et noirà-tres au sommet, qui est aristé ; la couronne est composée d'un rang de fleurs femelles à corolle biligulée ; leur lan-guette extérieure est radiante, longue, épaisse, opaque, velue extérieurement, tridentée au sommet ; la languette intérieure, plus courte, très-étroite, mince, membraneuse, semi-diaphane, a sa partie inférieure linéaire-subulée, in-divise, et sa partie supérieure divisée en deux lanières tor-tillées ensemble en forme de vrille ; il y a cinq fausses-éta-mines membraneuses, linéaires-subulées, et un style de Mu-tisiée ; le disque est composé de fleurs hermaphrodites, nombreuses, à corolle profondément labiée, ayant la lèvre extérieure tridentée, l'intérieure bidentée ; les ovaires sont obovoïdes-oblongs, hérissés de papilles ; leur aigrette est longue, blanchâtre, composée de squamellules nombreuses, inégales, filiformes, barbellulées.

Les bractées composant l'involucre, ou du moins les plus intérieures de ces bractées, pourroient très-bien être attri-buées au vrai péricline, en les considérant comme des squames extérieures fort courtes, et surmontées d'un long appendice bractéiforme. C'est ici un de ces cas douteux, dont nous avons parlé tom. X, pag. 151, où l'involucre et le péricline se confondent par des nuances insensibles, parce que les bractées de l'involucre ont un pétiole squamiforme. Le mode de ramification propre au *Chœtanthera spinulosa*

est remarquable , surtout dans une plante à feuilles alternes,
et il est fort analogue à celui du *Chœtanthera ciliata*, dont
la tige se divise à quelque distance de sa base en plusieurs
rameaux simples ou presque simples, naissant du même
point : mais, dans le *Chœtanthera ciliata*, qui est sans aucun
doute à nos yeux une plante annuelle, la tige et les rameaux sont dressés verticalement, et chaque rameau se termine par une calathide. Nous pensons que le sommet de la
tige, étant parvenu à une certaine hauteur, avorte ou cesse
de croître par l'effet d'une cause qu'il seroit intéressant de
découvrir , et que cet avortement détermine la production
des rameaux disposés en verticille autour du sommet avorté
de la tige. Cependant nous avons vu un échantillon dont
la tige étoit longue de cinq pouces, grêle, droite, très-
simple, et terminée par une seule calathide : dans ce cas
insolite, la tige, au lieu de s'arrêter et de se ramifier à peu
de distance de sa base, avoit continué de croître et de s'é-
lever en suivant une seule et même direction verticale. Cet
échantillon étoit évidemment beaucoup plus foible que les
autres, ce qui pourroit faire croire que la cessation d'accroissement de la tige est plutôt l'effet que la cause de la
production des rameaux. Dans le *Chœtanthera spinulosa*, il
faut admettre que la tige verticale qui devoit naître directement de la racine pivotante, avorte dès sa naissance, ce
qui détermine la production de plusieurs tiges latérales qui
s'étalent horizontalement sur la terre, et que chacune de ces
tiges cesse de croître après avoir acquis quelque longueur,
ce qui produit à leur extrémité la touffe de feuilles et les
trois rameaux décrits ci-dessus. Cette espèce est-elle vivace ?
Malgré les apparences extérieures, nous en doutons, parce
que les tiges et rameaux couchés sur la terre nous ont paru
ne produire aucune racine. Nous ignorons si le singulier
mode de ramification, remarqué par nous dans les *Chœtan-*
thera ciliata et *spinulosa*, existe aussi dans les deux autres
espèces : mais cela est bien probable à cause de leur très-
grande affinité avec notre *Chœtanthera spinulosa*, que nous
croyons pourtant suffisamment distinct. Ses feuilles, même
dans leur jeunesse, ne sont point du tout chargées de poils
soyeux, blancs, comme celles du *Chœtanthera sericea* ou chi-

lensis. Quant au *Chœtanthera serrata,* qui n'est connu que par une phrase caractéristique beaucoup trop courte et très-insuffisante, il doit avoir les feuilles carénées et le péricline cilié, ce qui n'a pas lieu dans notre plante.

Quoique nous n'ayons analysé que des échantillons incomplets et en mauvais état de deux espèces seulement du beau genre *Mutisia,* nous avons pu nous convaincre que les descriptions de MM. Cavanilles et Lagasca sont beaucoup plus exactes que celles de MM. De Candolle et Kunth. M. De Candolle affirme que les fleurs de la couronne sont hermaphrodites, aussi bien que celles du disque. M. Kunth ne reproduit, il est vrai, cette proposition qu'avec le signe du doute (pag. 15); mais, dans son *Index generum secundum systema sexuale* (pag. 306), il n'hésite plus à ranger le *Mutisia* dans la Polygamie *égale.* Nous insistons sur ce point, parce que, dans le Journal de physique d'Octobre 1819 (p. 283), M. Kunth a prétendu que la remarque critique faite par nous dans le Journal de physique de Juillet 1819 (p. 23), prouvoit la mauvaise foi dont il nous accuse. L'auteur *croit* que les fleurs de la couronne sont hermaphrodites : telles sont les expressions de notre critique, où M. Kunth trouve une preuve évidente de mauvaise foi! Remarquez que nous n'avions signalé l'erreur en question que parce qu'elle sembloit infirmer le principe, établi dans notre cinquième Mémoire, que la couronne d'une calathide est toujours féminiflore ou neutriflore, jamais androgyniflore ni masculiflore, et parce qu'elle infirmoit aussi l'un des caractères qui distinguent notre tribu des Mutisiées de celle des Nassauviées. Dans les *Mutisia clematis* et *viciæfolia,* que nous avons examinées, les fleurs de la couronne sont certainement femelles, puisqu'elles ne nous ont offert que de foibles rudimens filiformes d'étamines avortées. Les descriptions et les figures de Cavanilles, qui paroît avoir soigneusement observé onze espèces de *Mutisia,* prouvent que la couronne est également féminiflore dans toutes ces espèces. Enfin, dans la description du *Mutisia grandiflora,* que M. Kunth dit avoir empruntée à M. Bonpland sans la vérifier, nous lisons que les fleurs de la couronne ont cinq filets d'étamines privés d'anthères.

En comparant les figures des onze espèces dessinées par Cavanilles, il nous a paru qu'elles pouvoient être distribuées en trois genres ou sous-genres, dont deux au moins seroient suffisamment caractérisés. Dans les *Mutisia hastata, subspinosa, inflexa, retrorsa, sinuata*, les squames extérieures et intermédiaires du péricline sont constamment surmontées d'un appendice bien distinct, lancéolé ou subulé, inappliqué, plus ou moins étalé ou réfléchi, et les feuilles sont ordinairement décurrentes, longues, étroites, ordinairement dentées, terminées par une vrille ordinairement simple : nous proposons d'appliquer à ce genre le nom de *Guariruma*, par lequel les Péruviens désignent quelques espèces de *Mutisia*, selon Joseph de Jussieu. Les *Mutisia clematis* de Linné fils, *peduncularis* et *viciæfolia* de Cavanilles, et *grandiflora* de Bonpland, ayant le péricline privé d'appendices, et les feuilles pinnées, terminées par trois vrilles, constitueront un autre genre, qui doit conserver le nom de *Mutisia*, puisqu'il comprend l'espèce sur laquelle Linné fils a fondé le genre ainsi nommé. Les *Mutisia ilicifolia, decurrens, linearifolia* ont le péricline dénué d'appendices, comme les vraies *Mutisia*, et les feuilles simples, comme les *Guariruma;* quoique la différence des feuilles ne suffise pas pour distinguer les genres, nous hasardons de séparer ces trois plantes des vraies *Mutisia*, pour en faire un sous-genre provisoire nommé *Aplophyllum*, et intermédiaire entre les deux autres, parce que nous avons lieu de présumer qu'une analyse exacte de la calathide feroit découvrir quelque caractère générique. Cavanilles a remarqué que les onze espèces de *Mutisia* observées par lui offroient dans leurs caractères génériques quelques différences : 1.° par la structure du péricline, dont les squames ne sont pas toujours prolongées au sommet en une pointe, qui, lorsqu'elle existe, n'est pas toujours réfléchie ou recourbée; 2.° par les fausses étamines des fleurs de la couronne, dont le nombre dans chaque fleur varie de deux à cinq, et qui sont quelquefois nulles; 3.° par la corolle des mêmes fleurs, dont la languette intérieure est quelquefois nulle, souvent bipartie, plus souvent indivise; 4.° par la longueur du fruit et la figure de ses extrémités. D'après la description de M. Bonpland, copiée par M. Kunth, le

Mutisia grandiflora auroit le disque composé de fleurs régulières et mâles, ayant la corolle tubuleuse, quinquéfide,
l'ovaire stérile et deux stigmatophores divergens : mais tout
cela est peu croyable, et deux stigmatophores divergens
sont presque toujours une preuve certaine que la fleur à
laquelle ils appartiennent n'a point l'ovaire naturellement
stérile. Il n'est pas vraisemblable non plus que les anthères
du *Mutisia peduncularis* soient privées d'appendices basilaires,
comme le dit M. Persoon (*Syn.*, pag. 453) : ce seroit une
exception sans autre exemple dans la tribu des Mutisiées ;
et d'ailleurs Cavanilles, qui avoit observé cette espèce, dé-
clare expressément que tous les *Mutisia* ont les anthères
pourvues d'appendices basilaires. M. De Candolle a donné
la figure des diverses parties de la calathide du *Mutisia clematis :* on y voit une squamellule d'aigrette, séparée et gros-
sie, qui paroit être *barbellée*, c'est-à-dire ciliée ou courte-
ment plumeuse. Cette figure n'est point exacte ; car l'aigrette
du *Mutisia clematis*, que nous avons soigneusement observée,
est composée de squamellules vraiment *barbées*, c'est-à-dire
longuement plumeuses, ayant des barbes excessivement fines
et longues, qui forment ensemble la toile d'araignée, comme
dans les *Tragopogon* et *Scorzonera*. L'aigrette du *Mutisia viciæfolia*, que nous avons aussi observée, est absolument semblable à celle du *Mutisia clematis*. Au reste, ces deux espèces
de *Mutisia* nous ont présenté une différence réelle dans la
corolle des fleurs femelles, dont la languette intérieure est
bipartie chez le *Mutisia clematis* et nulle chez le *Mutisia viciæfolia*. Ce caractère, qui est ordinairement générique,
n'est ici que spécifique : car le genre *Guariruma* comprend
deux espèces (G. *hastata* et *retrorsa*) à languette intérieure
bipartie, une espèce (G. *subspinosa*) à languette intérieure
indivise, deux espèces (G. *inflexa* et *sinuata*) à languette intérieure nulle ; le genre *Aplophyllum* comprend une espèce
(*A. decurrens*) à languette intérieure bipartie, et deux espèces
(*A. ilicifolium* et *linearifolium*) à languette intérieure nulle ;
le vrai genre *Mutisia* comprend une espèce (M. *clematis*) à
languette intérieure bipartie, une espèce (M. *peduncularis*)
à languette intérieure indivise, deux espèces (M. *viciæfolia* et
megalocephala ou *grandiflora*) à languette intérieure nulle.

Le genre *Guariruma* doit suivre le *Chœtanthera*, avec lequel il a des rapports par le péricline appendiculé et par les feuilles plus ou moins analogues dans ces deux genres. Remarquez surtout que, dans le *Chœtanthera ciliata*, les appendices bractéiformes et foliacés qui surmontent les squames du péricline, se prolongent au sommet en un long filet qui ressemble beaucoup à la vrille terminale des feuilles de *Guariruma*.

Le genre *Aplophyllum* s'interpose nécessairement entre le *Guariruma*, auquel il ressemble par les feuilles, et le vrai *Mutisia*, auquel il ressemble par le péricline.

Le *Dolichlasium*, que nous n'avons point vu, nous semble pourtant bien placé à la suite du *Mutisia*, dont il a, selon M. Lagasca, le port et les feuilles pinnées.

Le genre *Onoseris* de Willdenow n'a été bien décrit que par M. Kunth, qui en a observé sept espèces, les unes pourvues d'une vraie tige, les autres n'offrant que des hampes. On conçoit facilement que nos deux sections étant fondées sur cette différence, nous avons dû chercher les moyens de séparer génériquement les espèces à hampes des espèces à tige. Les *Onoseris hieracioides*, *speciosa* et *purpurata*, à hampes mono-di-polycalathides, ont les squames du péricline privées d'appendice, et les corolles de la couronne pourvues d'une languette intérieure longue, bipartie, roulée en spirale : ces trois espèces forment pour nous un genre distinct, auquel nous conservons le nom d'*Onoseris*, parce qu'il comprend l'espèce (*O. purpurata*) la mieux connue des deux composant le genre de Willdenow, et la seule qui y ait été admise par MM. Persoon et De Candolle. Les *Onoseris acerifolia* et *salicifolia*, à tige herbacée ou ligneuse, ont les squames du péricline terminées par un appendice qui les rend squarreuses, et les corolles de la couronne pourvues d'une languette intérieure bipartie et roulée : ces deux espèces constituent notre genre *Hipposeris*. Enfin, les *Onoseris hyssopifolia* et *mexicana*, à tige ligneuse, ont les squames du péricline privées d'appendice, et la languette intérieure des corolles de leur couronne est nulle, ou presque nulle, extrêmement petite, non roulée : nous proposons de nommer *Lycoseris* un genre qui seroit composé de ces deux espèces.

Ce genre *Lycoseris* suit le *Dolichlasium*, avec lequel il a peut-être quelque affinité: car, outre que le péricline est analogue, le *Dolichlasium glanduliferum* est tout couvert de glandes, et, selon M. Smith, les feuilles du *Lycoseris mexicana* sont parsemées de points glanduleux.

Les *Hipposeris* sont intermédiaires entre les *Lycoseris*, auxquels ils ressemblent par la tige, et les véritables *Onoseris*, auxquels ils ressemblent par la languette intérieure des fleurs de la couronne.

Le vrai genre *Onoseris*, qui diffère très-peu des deux derniers genres de la première section, et dont la hampe, souvent polycalathide, imite quelquefois une tige, doit par conséquent se trouver au commencement de la seconde section.

L'*Isotypus*, très-analogue à l'*Onoseris purpurata*, accompagne nécessairement le genre *Onoseris*.

Tous les genres qui suivent ont la hampe monocalathide.

Le *Pardisium*, connu seulement par la description de Burmann, son auteur, et négligé depuis par presque tous les autres botanistes, est admis par nous avec doute parmi les Mutisiées-Gerbériées. Si, comme nous le supposons, il appartient à ce groupe naturel, il peut être assez convenablement placé auprès de l'*Isotypus*, parce que son clinanthe n'est point nu, et que les fleurs de son disque ont probablement la corolle presque régulière ou à peine labiée.

Notre *Trichocline*, dont le clinanthe est hérissé de fimbrilles membraneuses, souvent entregreffées à la base, et dont l'aigrette est très-barbellulée supérieurement, semble avoir ainsi des rapports avec le *Pardisium*, auquel Burmann attribue le clinanthe paléacé et l'aigrette plumeuse.

Le beau genre *Gerberia*, créé par Gronovius, adopté par Linné et Burmann, puis supprimé par Linné et abandonné par tous les botanistes, puis enfin rétabli par nous, vient à la suite du *Trichocline*, qui lui ressemble beaucoup par ses caractères génériques, et qui a les feuilles pinnatifides comme les principales espèces de *Gerberia*.

Notre *Lasiopus* est naturellement fixé à la place où nous l'avons mis, parce que ses corolles radiantes ont une languette intérieure, comme les genres précédens, et sont privées de fausses-étamines, comme les genres suivans.

Le genre *Chaptalia* ne diffère du *Lasiopus* que par ses corolles radiantes privées de languette intérieure.

Notre genre *Loxodon* diffère du *Chaptalia*, en ce que son disque est composé de fleurs hermaphrodites et à corolle presque régulière.

Notre genre *Lieberkuhna* paroît être intermédiaire entre le genre précédent, auquel il ressemble par le port, et le genre suivant, dont il se rapproche par la forme de ses fruits.

Le genre *Leria* est fixé par la forme de ses fruits auprès du *Lieberkuhna*.

Dans la troisième et dernière édition du *Species plantarum* de Linné, le genre *Perdicium* est composé de deux espèces nommées *semiflosculare* et *radiale*. La première est évidemment considérée par l'auteur comme le type de ce genre, puisqu'il l'a placée au premier rang, et qu'elle seule lui a fourni les caractères génériques qu'il a décrits dans le *Genera plantarum*. La seconde espèce, dont Browne avoit fait un genre sous le nom de *Trixis*, et qui avoit ensuite été attribuée au genre *Inula*, n'est associée par Linné au vrai *Perdicium* qu'avec beaucoup de doute et provisoirement. M. Lagasca, ayant reconnu que les deux espèces en question n'étoient point du tout congénères, a dû consacrer exclusivement le nom générique de *Perdicium* au *P. semiflosculare*, et rétablir pour le *P. radiale* le genre *Trixis* de Browne. Cette réforme, adoptée par M. De Candolle et par nous, le sera sans doute aussi par tous les botanistes jaloux de maintenir les règles de la nomenclature, lorsqu'elles sont, comme celles-ci, fondées sur la raison, et non sur des caprices arbitraires. Il est surprenant que M. Kunth, n'ayant aucun égard pour les règles dont il s'agit, non plus que pour l'autorité de MM. Lagasca et De Candolle, ait appliqué le nom générique de *Perdicium* au genre *Trixis* de Browne, en sorte que le *P. semiflosculare*, véritable type du genre *Perdicium*, se trouveroit exclus de ce genre, et devroit recevoir un nom tout nouveau.

Nous remarquons que les noms spécifiques de *semiflosculare* et de *radiale* ont été appliqués tout-à-fait à contre-sens aux deux plantes dont il s'agit. En effet, le vrai *Perdicium*, qui est de la tribu des Mutisiées, et qui a la calathide réellement radiée, eût été mieux nommé *radiale;* et le nom de *semiflosculare* auroit mieux convenu au *Trixis*, qui, étant de la tribu des Nassauviées, a la calathide seulement radiatiforme, comme les Lactucées ou semi-flosculeuses.

Remarquons aussi que M. De Candolle, qui admet le *Perdicium semiflosculare* dans ses Labiatiflores non douteuses, avoit oublié que cette plante habite le cap de Bonne-Espérance, lorsqu'il a dit que toutes les Labiatiflores bien constatées sont originaires du nouveau continent. Si cependant, ajoute-t-il, les genres *Denekia, Disparago* et *Leria*, que j'indique avec doute à la fin de cette famille, y sont définitivement conservés, cette observation géographique cesseroit d'être générale. Nous avons démontré (tom. XIII, pag. 65 et 348) que les *Denekia* et *Disparago* ne sont ni des Mutisiées ni des Nassauviées. Quant au genre *Leria*, qui appartient sans aucun doute à la tribu des mutisiées, toutes ses espèces habitent les iles de l'Amérique et même le continent américain. M. De Candolle n'a donc pu y voir une exception, que parce qu'il admettoit dans ce genre le *Tussilago sarmentosa* de Persoon, qui a été trouvé non-seulement en Amérique, près de Montevideo, mais encore dans l'ile de Tristan d'Acugna, moins éloignée de l'Afrique que de l'Amérique. Cette plante n'étant point du tout congénère des *Leria*, et constituant notre genre *Chevreulia* (t. VIII, p. 516), de la tribu des Inulées, n'auroit point fait exception, non plus que les *Denekia* et *Disparago*, à la loi géographique de M. De Candolle, qui se trouve d'ailleurs évidemment infirmée par les *Perdicium, Gerberia, Leibnitzia*, etc.

Le genre *Perdicium* s'éloigne du *Leria* par plusieurs caractères, et ne se trouve placé immédiatement après lui, que parce que, les corolles de sa couronne ayant une petite languette intérieure bidentée, il paroît devoir accompagner notre genre *Leibnitzia*, qui nous semble terminer très-convenablement la série des mutisiées.

En effet, ce genre *Leibnitzia*, relégué dans la Sibérie, tandis que toutes les autres plantes de la même tribu habitent en grand nombre l'Amérique équinoxiale ou méridionale, en moindre nombre l'Afrique australe, en petit nombre l'Amérique septentrionale, prépare, on ne peut mieux, la transition des Mutisiées aux Tussilaginées qui les suivent, et qui sont presque toutes des plantes européennes, se plaisant pour la plupart dans les régions froides. Remarquez qu'au contraire toutes les Mutisiées-Prototypes habitent, avec les Nassauviées qui les précèdent, l'Amérique méridionale ou équinoxiale. Ces dispositions géographiques méritent d'être prises en considération pour la classification naturelle des végétaux, lorsqu'elles ne sont pas en contradiction avec les caractères de la structure, qui sont le fondement de cette classification.

Depuis la publication de notre article LEIBNITZIE (t. XXV, pag. 420), nous avons été averti que M. R. Brown avoit attribué l'*Anandria* au genre *Perdicium*. Cette attribution remarquable avoit jusque-là échappé à notre attention, parce que, ne possédant pas l'*Hortus kewensis*, nous ne l'avions encore parcouru qu'une seule fois, légèrement et rapidement, dans une bibliothèque publique, pour prendre note des genres nouveaux de la Syngénésie. C'est donc de bien bonne foi que nous avons cru avoir observé le premier la labiation des corolles de l'*Anandria*, que M. Brown avoit indiquée avant nous. Réclamons pour ce cas, et pour beaucoup d'autres, l'indulgence que mérite notre position. N'ayant ni livres, ni herbier, ni jardin, continuellement détourné de notre étude favorite par d'austères fonctions, vivant dans un isolement presque absolu, ne communiquant que rarement avec le très-petit nombre de botanistes qui nous accordent quelque bienveillance, n'étant aidé ni encouragé par personne, nous avons eu l'imprudence d'entreprendre, et nous avons encore la témérité de poursuivre opiniâtrement, un travail général et approfondi sur une immense classe de plantes, au milieu des dégoûts, des mépris et des injustices que certains botanistes nous ont libéralement prodigués. Dans une telle position, et malgré les soins les plus laborieux, nous ne pouvons pas éviter de commettre fréquemment des fautes nombreuses et de toute espèce.

Dans l'*Hortus kewensis*, le genre *Perdicium* ne présente qu'une seule espèce, l'*Anandria*, et il est ainsi défini : *Recep-*

taculum nudum, pappus pilosus, corollulæ bilabiatæ. Cette vague définition, empruntée du *Systema vegetabilium* de Linné, et qui seroit applicable à la plupart des genres de Labiatiflores, est bien insuffisante pour nous faire connoître dans quelles limites M. Brown entend renfermer le genre *Perdicium*, dont les caractères et la composition sont encore un sujet de controverse entre les botanistes. Mais, en admettant que, sur ce point, M. Brown s'accorde avec M. Lagasca, ce qui est la supposition la plus favorable, est-il bien certain que l'*Anandria* soit exactement congénère du *Perdicium semiflosculare* de Linné? Quoique nous n'ayons point vu celui-ci, son association générique avec l'*Anandria* nous paroît peu fondée, ou du moins bien hasardée. Linné, qui a décrit les caractères du genre *Perdicium* sur l'espèce dite *semiflosculare*, lui attribue des fruits obovoïdes (*semina obovata*), ce qui ne s'accorde guères avec les fruits de l'*Anandria*, alongés, oblongs, amincis aux deux bouts, comprimés ou obcomprimés, à partie supérieure formant un large col vide. Ajoutons que, dans l'*Anandria*, le péricline est supérieur aux fleurs et les cache entièrement; que les corolles de la couronne ont la languette extérieure très-courte, l'intérieure presque nulle; que les corolles du disque n'ont point du tout la lèvre extérieure étalée, imitant le limbe des corolles de Lactucées, et que les étamines sont extrêmement petites. Remarquons enfin que le *Perdicium semiflosculare* habite le cap de Bonne-Espérance, tandis que l'*Anandria* se trouve en Sibérie.

Il y a des analogies notables entre le *Leibnitzia* et le *Lieberkuhna;* car, dans ces deux genres, le péricline est très-supérieur aux fleurs de la couronne : cette couronne féminiflore est simple et subunisériée, les fruits sont prolongés en un col qui n'est point ou presque point distinct extérieurement de la partie séminifère.

La fleuraison étant déjà opérée depuis quelque temps dans les individus de *Leibnitzia cryptogama* sur lesquels nous avons fait la description insérée dans ce Dictionnaire, nous n'avions pas pu bien observer leurs étamines fort délicates et flétries, en sorte que nous n'osions pas alors affirmer avec une entière assurance que ces individus fussent pourvus d'organes mâles propres à féconder les organes femelles. (Voyez tom. XXV, pag. 427.) L'année suivante, nous avons examiné d'abord une calathide en état de préfleuraison très-peu avancée, et nous avons cru découvrir du pollen dans les anthères, qui étoient encore trop jeunes pour y bien reconnoître cette substance : mais, ayant ensuite observé une autre calathide récemment fleurie, nous avons trouvé très-certainement du pollen dans les anthères, et surtout sur les stigmatophores du disque et de la couronne. Il ne peut donc plus nous rester aucun doute sur l'erreur de Siegesbeck, qui est pourtant assez excusable à raison des difficultés de cette observation. Nous avons reconnu aussi que l'appendice apicilaire des anthères, qui nous avoit paru aigu sur les étamines desséchées, étoit réellement obtus; et nous avons vérifié de nouveau que la couronne féminiflore est unisériée, et composée de corolles ayant une petite languette intérieure divisée jusqu'à sa base en deux dents.

Le *Plazia* de Ruiz et Pavon, que nous n'avons point vu et qui est peu connu, appartient peut-être à la tribu des Mutisiées, et à la section des Mutisiées-Prototypes : cependant nous préférons le rapporter avec doute aux Nassauviées, pour des motifs qui seront exposés dans notre article sur cette tribu.

En terminant celui-ci, qui contient le tableau méthodique des genres composant la tribu des Mutisiées, nous indiquons au lecteur les autres tableaux déjà présentés dans ce Dictionnaire, pour qu'il puisse y recourir au besoin, et y trouver des renseignemens utiles à l'intelligence de celui-ci, mais que nous n'avons pas dû répéter. Voyez nos tableaux des Inulées (tom. XXIII, pag. 560), des Lactucées (tom. XXV, pag. 59), des Adénostylées et des Eupatoriées (tom. XXVI, pag. 226), ceux des Ambrosiées et des Anthémidées insérés dans l'article MAROUTE, celui des Arctotidées inséré dans l'article MÉLANCHRYSE, et celui des Calendulées inséré dans l'article MÉTÉORINE. (H. CASS.)

MUTU ou MUTOU. (*Ornith.*) Voyez MOYTOU. (CH. D.)

MUTUCHI, Gm. (*Bot.*) Voyez MOUTOUCHI. (LEM.)

MUTYLUS. (*Malacoz.*) Quelques auteurs écrivent ainsi le nom latin du genre MOULE. (DE B.)

MUWAHYRIA. (*Bot.*) L'*euphorbia tiru-calli* porte ce nom dans l'île de Ceilan, suivant Hermann. (J.)

MUXOEIRA. (*Bot.*) Espèce de graminée cultivée sur la côte orientale d'Afrique, vers Mozambique : ses graines servent de nourriture. Loureiro la nomme *phleum africanum*, mais il est possible que ce soit un *panicum*. (LEM.)

MUYS-HOND. (*Mamm.*) Levaillant (Second voyage dans l'intérieur de l'Afrique, tome 3, page 292) rapporte que ce nom, qui signifie *chien-souris*, donné généralement, par les Hollandois du cap de Bonne-Espérance, à tous les petits quadrupèdes carnassiers, est celui par lequel les Hottentots distinguent un petit animal qui paroît se rapprocher du furet et du putois. Sa taille est celle d'un chat de six mois : son museau est pointu, très-prolongé et mobile ; ses pieds de devant ont quatre ongles arqués et très-pointus ; ceux de derrière en ont cinq courts et émoussés ; son pelage est en-dessus rayé transversalement de brun sur un fond brun clair mêlé de blanc, et en-dessous d'un blanc roussâtre ; la queue, très-charnue, ayant plus des deux tiers de la longueur du corps, est noire à son extrémité et d'un brun mêlé de blanc sur tout le reste.

Cet animal se creuse des terriers profonds, d'où il ne sort que la nuit. La forme de ses dents et la sorte de sa nourriture n'étant pas indiquées, il est impossible même de conjecturer à quel genre de mammifères on doit le rapporter. La disposition de ses couleurs en lignes transversales, l'alongement de son museau et ses habitudes nocturnes, semblent seulement le rapprocher des mangoustes et des suricates. (DESM.)

MUYS-VOOGEL (*Ornith.*) Les habitans du cap de Bonne-Espérance donnent ce nom, qui signifie *oiseau-souris*, aux colious, *colius*, Gm., suivant Levaillant, Afr., t. 6, p. 25. (CH. D.)

MUYTHONDEN. (*Ichthyol.*) En Frise on donne ce nom à la tanche. Voyez CYPRIN et TANCHE. (H. C.)

MUZARRUBA. (*Bot.*) Arbrisseau qui croît sur la côte de Zanguebar ; c'est le *botrya africana*, Lour. (LEM.)

MUZO. (*Ichthyol.*) Un des noms de pays du MERLAN. Voyez ce mot. (H. C.)

MWEY-CHU. (*Bot.*) L'abrégé du Recueil des voyages fait mention d'un arbre de ce nom en Chine qui fleurit au commencement de l'hiver, et donne un petit fruit aigre recherché par les femmes et les enfans : séché et mariné, il se vend comme un remède pour aiguiser l'appétit. (J.)

MWYR - COK. (*Ornith.*) Nom anglois de la gélinotte d'Écosse, variété du lagopède proprement dit, *tetrao lagopus*, Linn. (Сн. D.)

MYACANTHOS. (*Bot.*) La plante que Théophraste nomme ainsi, est, selon C. Bauhin, la chaussetrape, *centaurea calcitrapa* de Linnæus, qui est maintenant le type du *calcitrapa*, genre distinct : Daléchamps dit que les Grecs donnoient le même nom au Corruda (voyez ce mot), qui est une asperge sauvage. (J.)

MYAGROÏDES. (*Bot.*) Barrelier figure sous ce nom, pl. 816 de ses *Icones*, le *draba muralis*, Linn. (Lem.)

MYAGROS (*Bot.*) Selon Pline, on donne ce nom à une herbe férulacée, *herba ferulacea*, haute de trois pieds, ayant les feuilles de garance, et dont la graine fournit une huile employée pour les ulcères de la bouche. Cette courte indication ne suffit pas pour prouver que notre *myagrum* est celui des anciens. On ne connoît pas plus certainement le *myagros* de Dioscoride, nommé aussi par lui *melampyron*, dont il dit la graine semblable à celle du fénu-grec, et que, selon C. Bauhin, quelques autres comparent au sésame. (J.)

MYAGRUM. (*Bot.*) Voyez Caméline, tom. VI, p. 291. (L. D.)

MYCASTRUM. (*Bot.*) Genre de champignons intermédiaire entre les *Lycoperdon* et les *Geastrum*, établi par Rafinesque-Schmaltz, qui le caractérise ainsi : Sessile, sans volva; péridium étoilé, plane; fructification en poussière, située intérieurement dans le centre de la partie supérieure, qui se déchire irrégulièrement. Une seule espèce le compose, c'est le *M. siculum*. Ce champignon est brun-noirâtre; son pourtour a cinq ou neuf divisions ou rayons ovales; il est convexe en-dessus, glabre, à poussière brune. Il croît sur un terrain siliceux, près de Pasco, à sept milles de Palerme en Sicile.

« Ce genre, ajoute Rafinesque, a la plus grande affinité avec mon genre *Astrycum*, qui n'en diffère que par son indéhiscence, et tous les deux avec mon sous-genre *Piemycus*, distingué par sa forme comprimée, » etc. (Lem.)

MYCEDIUM. (*Polyp.*) Browne (Hist. nat. de la Jamaïque,

p. 392) et Hill avoient donné ce nom générique aux polypiers dont M. de Lamarck a fait son genre MÉANDRINE et que l'on appelle quelquefois champignons de mer. M. Oken a de nouveau proposé ce nom pour une subdivision qu'il fait parmi les méandrines du zoologiste françois, et qui en diffèrent par les caractères suivans : Polypiers pédiculés en forme de choux, formés de feuillets minces, ondés, sillonnés longitudinalement et stellifères du côté interne seulement. Les espèces que M. Oken place dans ce genre sont partagées en deux sections, suivant qu'elles sont sillonnées en dedans et longitudinalement, ou que les sillons sont crépus : dans la première sont les *M. elephantotus* et *cucullanum;* dans la seconde , le *M. ampliatum.* Ainsi ce genre correspond à celui que M. de Lamarck a nommé AGARICE. (DE B.)

MYCÉLIDE, *Mycelis.* (*Bot.*) Ce nouveau genre de plantes, que nous proposons, appartient à l'ordre des Synanthérées, à la tribu naturelle des Lactucées, et à notre section des Lactucées-Prototypes, dans laquelle nous le plaçons immédiatement après le genre *Lactuca.* Voici ses caractères :

Calathide incouronnée, radiatiforme, quinquéflore, fissiflore, androgyniflore. Péricline inférieur aux fleurs, cylindracé, formé de cinq squames subunisériées, se recouvrant par les bords , égales, appliquées, planes, oblongues, obtuses au sommet, foliacées, membraneuses sur les bords, un peu carenées sur le dos ; la base du péricline entourée de quelques squamules surnuméraires, inégales, appliquées, subcordiformes. Clinanthe petit, plan, nu. Fruits pédicellulés, comprimés ou obcomprimés, obovales, striés, à côtes nombreuses, un peu pubescentes, prolongés supérieurement en un col extrêmement court pendant la fleuraison, devenant ensuite long à peu près comme le tiers de la partie séminifère, terminé par un bourrelet apicilaire très-saillant, ayant son bord supérieur entouré d'une couronne de poils très-courts, qui ceignent la base de l'aigrette ; aigrette longue, très-blanche, composée de squamellules très-nombreuses, inégales, filiformes, extrêmement fines, cassantes, striées, comme articulées, munies de barbellules à peine saillantes. Corolles portant une touffe de longs poils très-fins autour du sommet du tube et de la base du limbe.

Nous ne connoissons qu'une espèce de ce genre.

Mycélide a feuilles anguleuses : *Mycelis angulosa*, H. Cass.; *Prenanthes muralis*, Linn., *Sp. pl.*, édit. 3, pag. 1121; *Chondrilla ruralis*, Gærtn., *De fr. et sem. pl.*, tom. 2, p. 363, tab. 158. Une racine vivace, oblique, épaisse, cylindrique, garnie de fibres descendantes, produit de son sommet une tige dressée verticalement, simple, grêle, cylindrique, finement striée, garnie de feuilles inférieurement, paniculée supérieurement, haute d'environ un pied et demi, glabre comme tout le reste de la plante; les feuilles sont distantes, alternes, sessiles, embrassantes, minces, membraneuses, vertes en-dessus, glauques en-dessous; les inférieures longues de près de six pouces, larges de près de trois pouces, très-profondément lyrées, à partie inférieure étroite, pétioliforme, dentée, élargie à la base, qui est échancrée en cœur; la division terminale est très-grande, profondément échancrée à sa base, découpée à peu près en trois lobes, qui sont euxmêmes découpés sur les bords par des sinus plus ou moins profonds, formant quelques angles saillans, inégaux, mais très-symétriques, terminés chacun par une petite dent; les divisions latérales de la feuille, ordinairement au nombre de quatre, sont dirigées obliquement en arrière, d'une figure irrégulière, à bords anguleux; les feuilles supérieures sont graduellement plus petites et moins divisées; les calathides ne sont point pendantes ou penchées, comme celles des *Prenanthes;* elles sont nombreuses, et disposées en une panicule terminale, divariquée, à ramifications longues, grêles, accompagnées de bractées foliacées, inégales; le péricline est étroit, long de cinq lignes; les corolles sont jaunes. Cette plante habite les environs de Paris, où on la trouve dans les lieux ombragés, et où elle fleurit entre les mois de Juin et de Septembre. La plupart des auteurs la disent annuelle: mais nous pensons, comme Smith (*Fl. brit.*, p. 821), qu'elle est réellement vivace, parce que la tige de l'individu sur lequel nous avons fait la description qu'on vient de lire, naissoit de l'extrémité d'une souche rampant obliquement dans le sein de la terre, et garnie de racines.

La Mycélide, associée aux *Prenanthes* par Linné, et aux

Chondrilla par Lamarck, Gærtner, Mœnch, De Candolle,
n'appartient certainement ni à l'un ni à l'autre de ces deux
genres. En effet, l'existence d'un col très-manifeste et très-
distinct sur le sommet du fruit l'exclut évidemment du
genre *Prenanthes*, comme on l'a déjà reconnu avant nous;
et elle n'est pas mieux placée dans le genre *Chondrilla*, qui
a pour type la *Chondrilla juncea*, dont le fruit n'est point
du tout aplati, mais obovoïde-oblong, hérissé au sommet
d'excroissances laminées fort remarquables, imitant un calice,
et surmonté d'un long col.

Notre genre *Mycelis*, solidement fixé parmi les Lactucées-
Prototypes, par ses fruits aplatis et par ses rapports naturels, se distingue de tous les autres genres de cette section
par son péricline de squames unisériées, entouré à la base
de squamules surnuméraires; et il est très-convenablement
placé entre le genre *Lactuca*, auquel il ressemble par ses
fruits, mais dont il diffère par son péricline, et le genre
Lampsana commençant la série de nos Lactucées-Crépidées,
auxquelles il ressemble par le péricline, mais dont il diffère
par les fruits. Ainsi le *Mycelis* terminera fort bien notre
première section, dont nous excluons désormais les *Chondrilla* et *Prenanthes*, que nous y avions rangés mal à propos,
puisque leurs fruits ne sont ni aplatis ni tétragones. (Voyez
tom. XXV, pag. 6o et 61.)

Le genre *Prenanthes* sera transféré parmi les Lactucées-
Hiéraciées, pour des motifs que nous ferons connoître dans
l'article NABALUS. Le genre *Chondrilla* fera partie des Lactucées-Crépidées et commencera la série des Crépidées à aigrette barbellulée, en sorte qu'il se trouvera placé entre le
Koelpinia et le *Zacintha.* (Voyez tom. XXV, pag. 61 et 62.)
Ce genre *Chondrilla*, ayant pour type la *Chondrilla juncea*,
présente les caractères suivans.

CHONDRILLA. Calathide incouronnée, radiatiforme, pau-
ciflore (huit ou dix), fissiflore, androgyniflore. Péricline
inférieur aux fleurs, cylindracé, formé de huit squames
unisériées, contiguës par les bords, égales, appliquées,
oblongues, obtuses, foliacées, canaliculées, embrassantes;
la base du péricline entourée de quelques squamules surnuméraires, irrégulièrement disposées, petites, appliquées.

ovales. Clinanthe petit, plan, nu. Fruits obovoïdes-oblongs (non comprimés, ni obcomprimés, ni tétragònes), munis de cinq larges côtes triples, hérissées en bas de petites aspérités spinuliformes, plus haut de quelques grandes écailles transversales, arrondies, et terminées par cinq excroissances encore plus fortes, laminées, demi-lancéolées, imitant un calice, du milieu duquel s'élève un col, très-court pendant la fleuraison, mais devenant ensuite plus long que la partie séminifère, filiforme, cylindrique, à cinq côtes lisses; aigrette longue, très-blanche, composée de squamellules plurisériées, très-nombreuses, très-inégales, filiformes, très-fines, foiblement barbellulées. Corolles à tube hérissé sur sa moitié supérieure de poils très-courts, spinuliformes, à limbe non fendu à sa base.

En comparant les caractères génériques du *Mycelis* et du *Chondrilla*, décrits dans le présent article, on reconnoît facilement les différences notables qui les distinguent, et qui ne permettront plus aux botanistes exacts de confondre ces deux genres appartenant à deux divers groupes naturels. Dans le *Mycelis*, les squames du péricline sont planes et se recouvrent par les bords; tandis que, dans le *Chondrilla*, elles sont canaliculées, embrassantes, et contiguës par les bords, comme dans la plupart des Crépidées. Les fruits du *Mycelis* ont la forme aplatie propre aux Lactucées-Prototypes, et le col beaucoup plus court que la partie séminifère: ceux du *Chondrilla* ne sont point du tout aplatis ni tétragones, mais analogues aux fruits des Crépidées; leur col est beaucoup plus long que la partie séminifère, et celle-ci est hérissée d'excroissances qui ont des rapports avec celles du *Koelpinia*. Enfin, tandis que la corolle du *Mycelis* offre, entre le tube et le limbe, la touffe de poils longs et fins qui caractérise ordinairement les Lactucées-Prototypes, celle du *Chondrilla* ne présente que des poils très-courts, spinuliformes, disposés sur la moitié supérieure du tube, comme dans les *Lampsana*.

Dans la *Chondrilla juncea* le col du fruit semble extérieurement être articulé par sa base sur le sommet de la partie séminifère, car on observe une sorte d'articulation ruptile séparant la base du col d'une protubérance conique qui surmonte les cinq écailles caliciformes ; cependant nous croyons avoir aperçu que la cavité de la partie séminifère se continuoit dans l'axe du col. Nous avons aussi remarqué que la *Chondrilla juncea* avoit très-souvent les feuilles tordues à la base et verticales. Il y a donc, entre les genres *Chondrilla* et *Lactuca*, certains rapports fondés sur le col du fruit et sur les feuilles, mais qui ne doivent pas prévaloir sur les motifs graves qui nous déterminent à retirer le genre *Chondrilla* de la section des Lactucées-Prototypes ; et d'ailleurs cette nouvelle disposition n'éloigne pas beaucoup le *Chondrilla* des *Lactuca*. (H. Cass.)

MYCENA, du grec Μυκες, *Champignon*. (*Bot.*) Section du genre *Agaricus*, Pers. (voyez FONGE), qui comprend soixante espèces dans le *Systema mycologicum* de Fries, et que cet auteur caractérise ainsi : Stipes très-fistuleux, grêles, presque cartilagineux, distincts du chapeau, velus à la base, le plus souvent radicant, jamais bulbeux. Chapeau membraneux, conique (dans les jeunes individus presque globuleux), ensuite campanulé, rarement très-étendu, un peu strié, glabre (excepté dans deux espèces), sans écailles, plus ou moins diaphane ; feuillets inégaux, presque secs, ascendans, aigus postérieurement ; sporidies blanches, en amas distincts ; couleur variable. Champignons petits, même fluets, grêles, assez persistans, la plupart réunis en groupe ou en touffe, et point en usage comme alimens. La plupart ont une odeur forte, déterminée dans l'espèce, et cependant peu propre à établir des subdivisions, etc. (LEM.)

MYCES. (*Bot.*) Le docteur Paulet propose de réunir sous ce nom les champignons des genres *Amanita*, *Agaricus*, *Boletus*, *Hydnum*, *Leotia*, *Helotium*, *Merulius* et *Battarea* de Persoon, qui se distinguent par leur chair un peu ferme et plus ou moins cassante ou sectile, toujours plus épaisse au centre qu'aux bords ou à la circonférence, d'une saveur particulière, qui est celle des champignons ordinaires, etc. Paulet regarde cette réunion comme un genre naturel, ce qui est loin d'être notre pensée. (LEM.)

MYCETES. (*Mamm.*) Nom générique donné par Illiger aux alouattes ou singes hurleurs, déjà distingués par M. Geoffroy sous celui de STENTOR. (DESM.)

MYCÉTOBIES ou FONGIVORES. (*Entom.*) Nous avons désigné sous cette dénomination une petite famille d'insectes coléoptères, à cinq articles aux tarses des pattes antérieures et moyennes, et à quatre seulement aux pattes postérieures. Ces insectes hétéromérés sont particulièrement caractérisés par leurs élytres durs, non soudés, et par la conformation de leurs antennes, qui sont en masse alongée, formées d'articles grenus, dont le nombre varie.

Nous avons fait figurer une espèce de chacun des huit genres qui composent cette famille à la planche 15 de l'atlas de ce Dictionnaire, auquel nous renvoyons le lecteur.

Voici comment on peut distinguer les insectes de cette famille de tous ceux qui appartiennent au même sous-ordre des hétéromérés : d'abord les épispastiques, comme les méloës et les cantharides, ont les élytres mous, flexibles, et non durs et coriaces; ensuite, dans les ornéphiles et les sténoptères, qui diffèrent entre eux par la largeur comparée des élytres sur leur longueur, les antennes sont en fil et non en masse; dans les photophyges ou lucifuges il n'y a point d'ailes sous les élytres, qui sont soudés ou réunis par la suture; enfin, dans les lygophiles ou ténébricoles, la masse des antennes est alongée, tandis qu'elle est arrondie et courte dans les mycétobies.

Nous avons emprunté ce nom de mycétobies, de deux mots grecs, dont l'un, Μύκης-ητος (ыycès-étos), signifie Champignon, moisissure, et l'autre βίᾶς (bious), correspond à *vivant de, se nourrissant de.* On trouve, en effet, la plupart de ces insectes, sous l'état parfait et sous celui de larves, dans les lieux humides, et surtout au milieu des moisissures et de petits champignons qui vivent sur les vieux bois et sous les écorces.

Voici l'indication synoptique des genres qui forment cette famille, dont les caractères sont tirés de l'examen comparatif du nombre des articles qui composent la masse de leurs antennes.

COLÉOPTÈRES FONGIVORES OU MYCÉTOBIES.

Car. Hétéromérés, à antennes grenues en masse arrondie, à élytres durs.

Articles de la masse des antennes au nombre de	3. Corselet large, arrondi; élytres hémisphériques		4. *Agathidie.*	
	4. A corselet	concave en devant; corps bombé	7. *Tétratome.*	
		plat, couvrant la tête; corps très-plat	8. *Cossiphe.*	
	5. Corselet rebordé, plus étroit en-dessous		3. *Anisotome.*	
	6. Sternum avancé en pointe aiguë; tête petite.		6. *Cnodalon.*	
	7. Antennes	comme brisées	1. *Bolétophage.*	
		droites, corps alongé, linéaire.	2. *Hypophlée.*	
	8. Corps très-bombé en-dessus, plat en-dessous		5. *Diapère.*	

La famille des mycétobies a été désignée sous le nom de taxicornes par M. Latreille. Il y a beaucoup de rapports entre les insectes de cette famille et ceux que nous avons rangés avec les planiformes ou omaloïdes; mais ces derniers n'ont que quatre articles à tous les tarses. M. Latreille a cru devoir rapporter à ce groupe, qu'il désigne improprement comme seconde section de la famille des xylophages, le genre *Agathidie*, d'Illiger. (C. D.)

MYCÉTODÉENS, *Mycetodei*. (*Bot.*) Cinquième série du deuxième ordre (voyez Gastromycéens), de la famille des champignons dans la méthode de Link. Ces champignons sont fermes, sans stipes ou pédicules, à sporanges ou conceptacles, point fugaces, simples. Un grand nombre de genres composent cette série; ce sont les suivans : *Spumaria, Æthalium, Pittocarpium, Lignydium, Strongylium* (voyez Arongylium), *Dermodium, Lycogala, Licea, Didymium, Physarum, Trichia, Stemonitis, Arcyria, Dictydium, Cribraria, Craterium, Calicium, Onygena, Tulostoma, Lycoperdon, Scleroderma, Diploderma, Bovista, Geastrum, Sterrebeckia, Sphærobolus* et *Asterophora* (voyez Stellifera). (Lem.)

MYCÉTODÉES, *Mycetodeæ*. (*Bot.*) Huitième série du premier ordre (*mucedines*) de la famille des champignons dans la méthode de Link. Il offre des champignons floconneux et vésiculeux, en tête ou rameux, à filamens conceptaculifères.

Deux genres rentrent dans cette série, Cephalotrichum et Isaria. Voyez ces mots. (Lem.)

MYCÉTOLOGIE. (*Bot.*) Synonyme de Mycologie. Voyez cet article. (Lem.)

MYCÉTOPHAGE, *Mycetophagus.* (*Entom.*) Nom d'un genre d'insectes coléoptères, à quatre articles à tous les tarses, et de la famille des omaloïdes ou planiformes, ainsi nommés à cause de l'excessif aplatissement de leur corps, et qui ont en outre les antennes en masse, non portées sur un bec ou prolongement du front.

Ce genre, établi par Fabricius et adopté par la plupart des entomologistes, est caractérisé par la *forme ovale* du corps, qui est légèrement *bombée en-dessus;* par les *élytres rebordés,* et, enfin, par la disposition des *antennes,* qui sont *courtes, en massue très-alongée.*

Les mycétophages diffèrent par ces diverses particularités des lyctes et des colydies, dont le corps est linéaire; des trogosites et des cucujes ou uléiotes, dont le corselet est très-aplati; des hétérocères, qui ont les jambes antérieures dentelées ou épineuses, et, enfin, des ips, dont la masse des antennes est très-distincte.

On trouve les mycétophages dans les lieux humides, sous les mousses des bois, sous les écorces; de là leur nom, tiré de deux mots grecs, dont l'un, Μυκης-ητος (*mycès-étos*), indique les mousses, moisissures, champignons, et l'autre φαγος (*phagus*), mangeur, *edens* en latin.

On n'a point encore observé les larves de ces insectes.

Geoffroy les a rangés parmi les dermestes. Nous avons fait figurer sur la planche 7 de l'atlas de ce Dictionnaire et sous le n.° 6, une espèce de ce genre; c'est

1. Le MYCÉTOPHAGE QUATRE-TACHES., *M. quadrimaculatus.* Il est d'un roux brun, à corselet et élytres noirs, et ceux-ci portent chacun deux taches rouges.

Geoffroy le décrit sous les numéros 16 et 17 du genre Dermeste, tome I.ᵉʳ, page 106.

2. MYCÉTOPHAGE MULTIPONCTUÉ, *M. multipunctatus* (Thunb.). Il est roux, à élytres noirs, striés en long et avec beaucoup de points roux.

Ces deux espèces sont communes sur les arbres dont la sève s'écoule par quelques caries. (C. D.)

MYCÉTOPHILE, *Mycetophila.* (*Entom.*) M. Meigen a donné ce nom (qui a été adopté par M. Latreille) à un genre de diptères dont les espèces ont été rapportées par Fabricius

à celui des *Sciara*, lequel comprend des hirtées et des rha-
gions. M. Latreille y réunit les anisopes, les molobres et les
macrocères, et les range dans la famille des tipules qu'il
nomme némocères. Voyez HYDROMYES, tome XXII de ce
Dictionnaire, page 245, alinéa C, Tipulaires fongivores.
(C. D.)

MYCOBANCHE. (*Bot.*) Nom proposé par M. Persoon
pour remplacer celui de *sepedonium*, donné par Link à un
genre de champignons parasites qui vit aux dépens des bolets charnus. Voyez SEPEDONIUM. (LEM.)

MYCODERMA. (*Bot.*) Genre établi par Persoon, et qu'il
place le premier dans la section des *tremelloïdes*, qui commencent le second ordre dans la famille des champignons,
d'après sa méthode; il est suivi par les genres *Auricularia* et
Tremella. Il est caractérisé ainsi : Champignons orbiculaires,
semblables à une peau d'abord molle, un peu brillante, puis
endurcie, homogène dans toutes ses parties. Ces champignons,
de la nature des moisissures, croissent sur le vin, les con-
serves, etc., renfermés dans des bouteilles ou contenus dans
des pots. Ils paroissent d'une telle simplicité que M. Persoon
se demande s'ils ne sont pas privés de séminules.

1. MYCODERMA DES CRUCHES ; *M. ollare*, Persoon, *Mycol.
Eur.*, 1, p. 96. D'un brun châtain, grand, marqué des deux
côtés de plis épais, rugueux, devenant fragile. Il se trouve
dans les pots et les cruches où l'on conserve de l'oseille
cuite.

2. M. MÉSENTÉRIFORME ; *M. mesentericum*, Pers., *l. c.* Un
peu épais, blanc, presque visqueux, plissé et ondulé en-
dessus et en-dessous, et imitant ainsi le mésentère, membrane qui enveloppe les intestins. Il a été observé sur une
bouteille encore pleine de vin, dont le goulot avoit été
cassé ; il étoit couvert d'eau, charnu et visqueux au toucher.

3. M. DES BOUTEILLES ; *M. lagenæ*, Pers., *l. c.* Rouge, orbiculaire, presque en forme de bouclier, lisse, obscurément rugueux en-dessous. Il se rencontre dans les mêmes circonstances que les précédens.

4. M. DU PARCHEMIN ; *M. pergameneum*, Pers., *l. c.* Orbiculaire, blanc, très-mince, à surface rude. Il a été observé sur

du jus de cerises conservé dans une bouteille; il y formoit une peau de deux à trois pouces d'étendue. (Lem.)

MYCOGONE. (*Bot.*) Genre de la famille des champignons, établi par Link, qui fait partie de sa division des *mucedines* et de la série des *byssoïdées*, et qu'il caractérise ainsi : Champignons formés par des filamens entrelacés, étalés, qui produisent des sporidies (conceptacles) globuleuses, brillantes, portées sur des espèces de pédicelles courts et globuleux.

Le genre Mycogone, très-voisin du *Sepedonium*, Link, est placé près du *Geotrichum* par Persoon; il paroit avoir, par ses sporidies pédicellées, plus d'analogie avec la famille des *mucor*. Il renferme trois espèces qui croissent sur les champignons pourris, et dont le port est celui des byssus. Ce genre a été adopté par MM. Ditmar, Persoon, etc.

1. M. incarnat; *Mycogone incarnata*, Persoon, *Mycol. Eur.*, 1, p. 26. Il est compacte, opaque et d'une couleur de chair tendant au roux; il forme sur les agarics en putréfaction un tapis épais, qui pénètre dans leur intérieur, et qui répand une odeur fétide, analogue à celle qu'exhale la lèpre, à laquelle ce champignon ressemble aussi par sa couleur.

Le *mycogone rosea*, Link, type du genre, est une variété rose du *M. incarnata*, Pers.

2. M. blanc; *M. alba*, Pers., *Myc.*, *l. c.* D'une contexture plus lâche; entièrement blanc. Il est commun sur les agarics pourris, et peut-être est-ce le même que le précédent, plus jeune.

3. M. fauve; *M. cervina*, Ditm., *Fung.*, tab. 53. Étalé, épais, de couleur fauve. Il naît sur le *Peziza macropus*. (Lem.)

MYCOLOGIE. (*Bot.*) La famille des champignons, l'une des plus nombreuses et des plus variées du règne végétal, est certainement, parmi la cryptogamie, une de celles où il reste encore le plus à faire sous le point de vue de la structure intime des végétaux qu'elle renferme. L'ancienne famille des algues, c'est-à-dire, les plantes que Linné réunissoit sous le nom de conferves, de fucus et d'ulves, peuvent seules être mises au même rang sous le rapport de l'obscurité qui règne encore sur leur organisation et sur leur développement. Les fougères, les mousses, les hépatiques, etc., sont maintenant généralement bien connues ; on en peut dire presque autant des lichens : mais, quant au vaste groupe des champignons, malgré les nombreux travaux dont il a été l'objet depuis une trentaine d'années, il reste encore une quantité de lacunes à remplir, non pas dans la distinction des genres et des espèces (les travaux de ce genre n'ont été que trop multipliés), mais sous le point de vue de la classification naturelle, qui ne peut elle-même être fondée que sur des observations très-délicates, et presque toujours microscopiques, des organes de la fructification.

Cependant les progrès que cette partie de la botanique a faits depuis quelques années (progrès qui nous obligent à revenir dans cet article sur plusieurs sujets traités en partie à l'article *Champignon* de ce Dictionnaire), doivent nous faire espérer que d'ici à peu de temps ces lacunes se rempliront successivement.

Les premières observations exactes sur la famille des champignons sont dues à Michéli. Dans cette étude, comme dans celle de la plupart des autres parties de la botanique, il a surpassé non-seulement tous ses devanciers, mais même tous les botanistes qui l'ont suivi pendant long-temps. Ses descriptions et ses observations sont pour cette époque un modèle d'exactitude et de précision dont n'approchent pas les autres auteurs qui s'occupoient vers le même temps de la cryptogamie, tels que Vaillant, Battara, Dillen, etc. Linné, en embrassant par son vaste génie toute l'étendue des sciences naturelles, ne put donner à chaque partie le soin qu'elle exigeait ; on ne sauroit donc lui reprocher de n'avoir pas tiré plus de secours des travaux de Michéli : ne pouvant pas, en général, les vérifier par lui-même, il les a négligés, et a réuni dans ses genres les objets les plus différens, que ce dernier avoit séparés avec raison.

Depuis cette époque jusqu'aux travaux d'Hedwig, de Bulliard et de Persoon, l'étude des végétaux de cette famille resta presque stationnaire. Quelques auteurs, suivant servilement les divisions de Linné, ajoutèrent seulement des espèces, les distinguèrent mieux, et en donnèrent de bonnes figures : tels sont Schæffer et les divers auteurs de la *Flora*

Danica. La fin du dernier siècle a amené dans cette branche de la botanique, comme dans presque toutes les siences, des changemens bien marqués. Hedwig , par des observations microscopiques exactes ; Bulliard, par d'excellentes figures et de bonnes distinctions génériques, et Persoon, par une méthode précise et en se dégageant des liens par lesquels Linné paroissoit avoir enchaîné ses successeurs, ont donné une nouvelle face à cette partie de la botanique. Le *Synopsis fungorum* de ce dernier auteur forme ainsi une époque remarquable dans l'histoire de la mycologie. Depuis, de nombreux travaux sont venus éclaircir cette science ; et chaque année en voit paroître de nouveaux. Les plus remarquables sont : les observations de M. Link [1] ; le Système des champignons, par M. Nées d'Ésenbeck [2] ; les Observations mycologiques de M. Fries [3], et le *Systema mycologicum* [4] du même auteur, dont deux volumes seulement ont paru jusqu'à présent ; la mycologie européenne de Persoon. [5]

On trouve encore des observations précieuses sur cette famille dans la Flore françoise, par M. de Lamarck et M. De Candolle, dans les derniers volumes de la *Flora Danica*, dans la *Scottish cryptogamic Flora* de M. Greville, dans la *Flora cryptogamica Erlangensis* de M. Martius, enfin, dans une infinité de Dissertations ou de Flores publiées surtout en Allemagne, mais qu'il seroit trop long d'énumérer ici et qui se trouveront en partie citées dans l'énumération des genres qui terminent cet article.

La classification naturelle des végétaux cryptogames est peut-être une des parties les moins avancées de la botanique : on doit l'attribuer principalement à ce que les auteurs qui se sont occupés anciennement de cette classe de végétaux, étoient presque tous étrangers aux principes des méthodes

1 Link, *Observationes in ordines naturales, Dissert.* 1 — 11, *in Magazin naturforschender Freunde zu Berlin;* 1809 et 1815.

2 C. G. Nées von Esenbeck, *Das System der Pilze und Schwämme.* Wurzbourg, 1817.

3 Fries, *Observationes mycologicæ, pars* 1 et 2. *Hafniæ,* 1815—1818.

4 Fries, *Systema mycologicum, vol.* 1 et 2. *Gryphiswaldiæ,* 1821—1823.

5 Persoon, *Mycologia europæa, vol.* 1. *Erlangæ,* 1822.

naturelles, et à ce que le plus grand nombre d'entre eux, s'étant bornés à l'étude d'une seule famille, n'ont pas cherché à embrasser d'un même coup d'œil l'ensemble du règne végétal et à établir dans ses diverses parties des coupes et des divisions analogues.

C'est ainsi que pendant long-temps, et encore dans la plupart des ouvrages qui se publient, on donne le nom d'Algues à toute plante cryptogame aquatique, sans remarquer qu'il existe beaucoup plus de différence entre certains genres de cette famille qu'entre plusieurs autres familles établies et admises par tous les botanistes, telles que les hépatiques et les mousses, les fougères et les lycopodiacées, etc. La même observation s'applique aux champignons : on a réuni sous ce nom tous les végétaux cryptogames dépourvus de fronde ou d'expansions foliacées et croissant hors de l'eau. On n'a pas observé, en admettant une famille aussi vaste, qu'on réunissoit ainsi des plantes beaucoup plus différentes par leur structure que quelques-unes de ces plantes ne le sont elles-mêmes des autres familles voisines. Ainsi il existe certainement une distance bien plus grande entre les lycoperdons, trichia, etc., et les agarics, pézizes, etc., qu'entre ces dernières et certains genres de Lichens; il y a également des différences bien plus tranchées entre les *byssus*, *botrytis*, etc., et les vrais champignons, qu'il n'y en a entre les premiers et plusieurs genres voisins des conferves.

M. De Candolle fut frappé de ces différences, lorsqu'il admit la nouvelle famille des hypoxylons; mais, outre qu'il plaça dans cet ordre des plantes qui nous paroissent devoir rester parmi les lichens, tels que les Opégraphes, etc., nous sommes étonnés que les mêmes principes qui l'ont engagé à séparer ces plantes des autres champignons, ne l'aient pas décidé à couper le reste de la même famille en deux ou trois familles. Link a très-bien senti qu'il n'existoit pas de caractères communs à l'ordre des champignons, tel qu'il étoit admis jusqu'alors; et il l'a divisé en quatre familles, qui diffèrent peu de celles que nous adoptons ici. Cependant les botanistes allemands et suédois qui, plus que tous les autres, se sont occupés de l'étude de la cryptogamie, n'ont regardé en général ces coupes que comme de simples subdivisions de ce vaste groupe de végétaux. Si l'on admettoit cette classification, il faudroit n'établir dans toutes les cryptogames que quatre ou cinq familles, et réunir en une seule les mousses et les hépatiques; dans une autre les fougères, les lycopodes, les équisétacées et les marsiléacées. Mais si on conserve, comme cela nous paroit préférable, ces familles comme autant d'ordres distincts, on doit, pour être conséquent, subdiviser les algues et les champignons en plusieurs familles, qui seront alors du même ordre à peu près que celles que nous venons de citer.

C'est ce mode de division que nous nous proposons d'exposer ici. Nous avons déjà dit que, sous le nom de champignons, on avoit réuni jusqu'à présent tous les végétaux cryptogames, non aquatiques, dépourvus de toute espèce de fronde ou expansion foliacée, et dont les organes de la fructification composoient la plus grande partie.

Ces végétaux présentent des modifications telles dans leurs organes, qu'il est presque impossible d'en donner une description plus détaillée, sans entrer dans des spécialités qui ne s'appliqueroient qu'à quelques-uns d'entre eux. Cette impossibilité de presque rien dire de général sur cette famille, annonce déjà la nécessité d'y établir plusieurs coupes. En effet, en admettant dans ces végétaux cinq familles distinctes, chacune sera clairement définie; et des caractères communs s'appliqueront alors à tous les genres qu'elles renfermeront. Quelques genres seulement, par leurs formes extraordinaires, paroitront se refuser à nos classifications; d'autres établiront des passages d'une de ces familles à l'autre: mais ces exceptions existent dans toutes les classifications naturelles; et, loin de nous détourner de les admettre, elles doivent être un aiguillon pour nous exciter à éclaircir ces genres douteux, qui par de nouvelles recherches se rattacheront aux familles déjà connues, ou deviendront le type de nouveaux ordres.

Les cinq formes principales que présente le vaste groupe des champignons, forment pour nous les familles des Urédinées, des Mucédinées, des Lycoperdacées, des Champignons et des Hypoxylons. Cette dernière se lie par plusieurs genres avec la plupart des familles précédentes, et d'un autre côté forme le passage aux lichens, qui, malgré quelques variations dans l'organisation , sont une des familles les plus naturelles de la cryptogamie et qui ne nous paroît pas susceptible de nouvelles divisions ordinales. Quant aux algues, les diverses familles qui les composent maintenant ne se lient pas avec la première des familles que nous venons d'énumérer; mais elles marchent plutôt de front avec elle, en passant de même d'une organisation très-simple à une organisation plus compliquée, par des degrés analogues et en devenant d'autant plus différentes que leur organisation se complique davantage.

C'est ainsi qu'il existe des points de contact évidens entre les Urédinées et les Chaodinées de M. Bory de Saint-Vincent, entre les Mucédinées et les Conferves ou Céramiaires; tandis qu'on n'en trouve que très-peu entre les Lycoperdacées et les Ulves, entre les Champignons et les Fucacées. Au milieu de ces familles les Tremelles seules viennent encore se rattacher par plusieurs caractères à quelques genres des Chaodinées d'une part, et aux Ulves de l'autre.

§. 1.er *De l'organisation des plantes rapportées à la famille des Champignons.*

Avant d'examiner successivement les diverses familles que forment les végétaux rapportés jusqu'à présent au vaste groupe des champignons, nous devons exposer les principales modifications que présente la fructification de ces végétaux cryptogames, et faire connoître les termes employés pour les distinguer, termes dont nous aurons souvent occasion de nous servir dans cet article.

Sous le nom de sporules ou de séminules nous entendons les semences ou corps reproducteurs des cryptogames, dépouillés de toute espèce d'enveloppe. Ces sporules, en général de formes phérique, ovoïde ou oblongue, naissent toujours, soit dans l'intérieur de conceptacles ou capsules, tantôt minces et transparentes, tantôt plus épaisses et opaques, soit dans l'intérieur de filamens continus ou cloisonnés; mais, dans tous les cas, elles sont libres par tous les points de leur surface et nagent dans le fluide qui remplit ces conceptacles, sans leur adhérer par aucun moyen. Cette organisation s'observe très-bien dans les conceptacles membraneux des vrais champignons, tels que les pézizes, les clavaires, etc., dans les vésicules membraneuses des vrais mucors et des genres voisins.

Ces sporules peuvent être réunies plusieurs dans un même conceptacle, auquel on donne alors le nom de *sporidies* (*sporidia*), lorsqu'ils sont libres ou irrégulièrement disposés, et celui de *thèques* (*thecæ, asci*), lorsqu'ils sont placés avec régularité à côté les uns des autres et fixés par leur base à la surface d'une même membrane; ou bien chaque sporule peut être renfermée dans une capsule monosporée : dans ce cas, la membrane très-mince qui forme cette capsule ou ce conceptacle, se confondant avec la surface de la sporule, on a indiqué leur ensemble sous le nom de sporules. Ce cas nous paroit celui de plusieurs mucédinées, telles que les genres *Oideum*, *Geotrichum*, *Acrosporium*, dont les filamens se séparent en articles qui forment autant de conceptacles monosporés ; dans d'autres cas, les sporules, renfermées en grand nombre dans les filamens d'une mucédinée, s'échappent par leur extrémité et se groupent au dehors sans adhérer à ces filamens. Ce sont alors de vraies sporules nues, libres, mais sorties des filamens ou conceptacles dans lesquelles elles s'étoient développées.

Nous pensons, en effet, qu'il n'existe pas plus de sporules nues parmi les cryptogames, que de graines nues parmi les phanérogames; de même que parmi ces dernières, tout ce qu'on avoit nommé graines nues n'est que des graines soudées ou confondues avec le péricarpe, ou bien, dans quelques cas, des graines dont le péricarpe s'est rompu long-temps avant la maturation, et qui par là ont été mises à découvert[1] ; de même dans les cryptogames et particulièrement dans les familles qui nous occupent, ce qu'on a nommé des sporules nues, nous semble être des sporules confondues avec la membrane du conceptacle, ou des sporules déjà échappées de ce conceptacle, dans lequel elles s'étoient développées.

Ainsi nous verrons que les urédinées ont de vraies sporidies mono- ou polysporées, uniloculaires ou cloisonnées. Ces

---

[1] Voyez le Mém. de Robert Brown, sur les fruits du *Leontice*, dans les *Transact. Linn.*, T.

dernières se rapprochent déjà des filamens des mucédinées : dans celles-ci les sporules sont tantôt contenues dans des tubes, dont on ne les voit pas sortir ; tantôt elles sont chacune renfermées dans les articles d'un filament moniliforme, qui se séparent en autant de capsules monosporées qu'on a désignées à tort sous le nom de sporules. Dans d'autres elles sont renfermées dans les extrémités renflées des filamens, soit qu'il n'y en ait qu'une seule dans chaque filament, soit qu'elles y soient réunies en grand nombre, comme dans les mucors ; ou bien, enfin, elles s'échappent de ces filamens pour se répandre comme une poussière fine à leur surface, et dans ce cas seulement elles sont réellement nues.

Dans les lycoperdacées, leur structure et leur manière de se développer est très-mal connue ; on ne sait pas si elles sont sorties des filamens qui remplissent le péridium, ou si chaque graine est un conceptacle monosporé qui étoit inséré sur ces filamens. De nouvelles observations faites sur ces plantes avant leur maturité complète, sont nécessaires pour éclaircir leur structure. Quant aux vrais champignons et aux hypoxylons, l'organisation de leurs sporules est bien connue. On sait que dans presque tous les genres de ces deux familles les sporules sont renfermées en nombre défini et constant dans des *thèques* ou conceptacles membraneux, alongés, fixés par une de leurs extrémités, et à côté les unes des autres, à la surface d'une membrane qui couvre ou tapisse en partie le champignon.

Nous allons maintenant examiner successivement l'organisation des diverses familles qui composent le vaste groupe désigné jusqu'à présent sous le nom de champignons, et nous ferons ensuite connoître les genres qui s'y rapportent.

1. Des Urédinées.

Les Urédinées nous présentent l'organisation la plus simple qu'un végétal puisse offrir, ce sont de simples sporidies ou conceptacles souvent uniloculaires et presque globuleux, contenant des séminules d'une ténuité extrême. Les sporidies des urédinées peuvent être considérées comme des filamens très-courts ; la manière dont un grand nombre d'entre elles sont cloisonnées et dont elles sont alors fixées par une de leurs extrémités, donne beaucoup de poids à cette opinion. Ainsi, dans les genres *Phragmidium*, *Conoplea*, *Coryneum*, *Phragmotrichum*, *Antennaria*, cette analogie entre les sporidies des urédinées, et les filamens cloisonnés et renfermant les sporules de beaucoup de mucédinées, devient évidente. La seule différence, c'est que dans les mucédinées ces filamens prennent en général plus d'extension et laissent échapper les sporules avant leur destruction ; tandis que dans les urédinées la sporidie ou le filament tout entier se détache du lieu où il a cru, avant de se rompre, pour répandre les séminules qu'il renferme. Ces capsules, dans les vraies urédinées, se développent sous l'épiderme des végétaux vivans ; elles paroissent y être tantôt libres sans être unies par aucun point au tissu du végétal; tantôt, au contraire, elles sont portées sur un court filament. Quelquefois ces capsules, plus alongées, sont divisées en plusieurs loges par des cloisons ou diaphragmes transversaux. En général, leur présence dans le parenchyme des végétaux sur lesquels elles sont parasites, produit dans le tissu de l'organe sur lequel elles croissent, un épaississement, un changement de structure, qui détermine autour des groupes de ces capsules la formation d'une sorte d'involucre qu'on a comparé au péridium des lycoperdons, mais qui en diffère infiniment, puisqu'il ne fait pas partie de la plante cryptogame elle-même, mais du végétal sur lequel elle s'est fixée.

Les autres urédinées se développent toutes sur les végétaux morts, et cette considération, quoique paroissant étrangère à leur organisation, est liée d'une manière intime à leur mode de développement et devient par là d'une grande importance. On a long-temps été dans le doute sur la manière dont se propageoient ces singuliers végétaux parasites. Quelques auteurs les ont regardés comme de simples modifications de structure, ou des maladies du végétal qui leur servoit de support. Mais une étude plus approfondie a bientôt détruit cette supposition. Admettant ensuite ces êtres pour de véritables végétaux parasites, on a cherché à concevoir comment leurs séminules pouvoient se trouver portées dans le tissu même des végétaux. Deux hypothèses se présentoient : ou les séminules extrêmement fines de ces cryptogames étoient

introduites par les pores corticaux, et se développoient dans
le point même de la surface du végétal sur lequel elles s'é-
toient fixées; ou bien, après avoir été absorbées par les racines et portées avec les sucs nourriciers dans les divers organes
du végétal, elles se fixoient dans celui qui, par son tissu,
étoit propre à faciliter leur développement. Des expériences
nombreuses paroissent avoir mis hors de doute cette dernière opinion. Des graines de graminées, mêlées avec de
la poussière de l'*Uredo carbo* (*charbon* des agriculteurs), ont
toujours produit des plantes attaquées par cette parasite. Au
contraire, les céréales provenues de graines bien nettoyées
et chaulées de manière à détruire complétement ces séminules, et placées dans de la terre prise à une profondeur
telle qu'elle ne pût pas contenir de poussière d'*Uredo*, n'ont
jamais été exposées à cette espèce de parasite. Des poiriers
jusqu'alors sains et dépourvus de l'*Æcidium cancellatum*, qui
les attaque si souvent, en ont été couverts lorsqu'on les a
plantés dans de la terre prise au pied d'arbres qui portoient
beaucoup de cet *Æcidium*. Des observations récentes publiées
par M. Bauer, dans les Transactions philosophiques, sur l'inoculation de la carie (*Uredo fœtida*, *Uredo caries*, Dec., Fl. fr.,
Suppl.) prouvent évidemment ce mode de développement.

Plusieurs autres faits, qu'il seroit trop long d'énumérer ici,
confirment ce mode de propagation et prouvent que les séminules des vraies urédinées sont portées dans la circulation
avant de se fixer sur le point du végétal qu'elles doivent attaquer. Il ne paroit pas en être ainsi des urédinées qui se
développent sous l'épiderme des végétaux morts. En effet,
leurs séminules ne peuvent pas avoir été portées par la circulation dans l'intérieur de ces végétaux après leur mort.
On pourroit, il est vrai, supposer qu'elles y ont été introduites durant la vie du végétal, et qu'elles n'ont commencé
à s'y développer qu'après sa mort. Cette opinion, quoique
ayant quelques faits en sa faveur, ne paroit cependant pas
vraisemblable, en ce qu'il faudroit supposer que, dans les
végétaux vivaces et arborescens qui servent en général
d'habitation à ces sortes de cryptogames, il existe durant
toute leur vie des germes ou semences différentes d'une
infinité de cryptogames, tels que des *Stilbospora*, *Conopla*,

Sphæria, etc., qui restent pendant des années sans prendre d'accroissement, et qui attendent la mort du végétal qui les renferme pour se développer. Cette manière d'expliquer la croissance de ces plantes, quoique n'étant pas impossible, ne nous paroît pas vraisemblable ; et, aucune observation directe ne la prouvant, il nous semble plus naturel d'admettre que leurs séminules sont introduites, après la mort du végétal, sous son épiderme par les pores corticaux avec l'humidité qu'ils absorbent à cette époque. Aussi remarque-t-on que ces sortes de cryptogames ne se montrent sur les végétaux morts que lorsqu'ils sont placés dans des lieux humides ; tandis que les *Uredo*, *Æcidium*, etc., qui croissent sur les végétaux vivans, ne paroissent dépendre de ces circonstances de localité ou de l'état de l'atmosphère que d'une manière très-secondaire.

Ces considérations nous paroissent donner de l'importance à la division des urédinées en deux divisions, selon qu'elles naissent sur les végétaux vivans ou morts. La seconde de ces divisions peut elle-même former trois tribus.

La première, ou celle des *Fusidiées*, comprend les urédinées dont les sporidies sont uniloculaires, non cloisonnées et indéhiscentes ; dans ces cryptogames chaque sporidie ne renferme probablement qu'une sporule. Leur manière de croître varie beaucoup ; tantôt ils sortent de dessous l'épiderme, tantôt ils se développent à sa surface ; quelquefois ils font naître sur le végétal qui les nourrit un tubercule plus ou moins saillant, arrondi, fibreux ou solide, dont la surface porte les sporidies. Ce tubercule, nommé par les cryptogamistes allemands *stroma*, et auquel nous donnerons le nom de *base* dans nos descriptions, nous paroît souvent indépendant de la plante cryptogame. Elle n'est, selon nous, comme le faux péridium des *Æcidium*, qu'un développement du parenchyme de la plante qui la supporte. C'est par cette raison que nous avons éloigné des urédinées, pour les reporter à la fin des mucédinées, les genres *Tubercularia*, *Calicium* et *Atractium*, que plusieurs botanistes avoient placés à la fin des urédinées, mais qui diffèrent des genres d'urédinées dans lesquels cette base est le plus développée, en ce que, dans les genres que nous venons de citer, le tubercule très-saillant et rétréci à sa base, qui porte les sporidies, fait évidemment partie de la plante cryptogame et non du végétal qui la nourrit, et se rapproche, par sa texture filamenteuse, des *Stilbum*, *Isaria*, etc. , auprès desquels nous les avons rangés. La troisième tribu des urédinées ou la seconde de celles qui croissent sur les végétaux morts, ne renferme que quelques genres encore très - imparfaitement connus : ces genres sont caractérisés par des sporidies assez grosses, opaques, uniloculaires, déhiscentes, et donnant issue à des sporules très-ténues. Quelques caractères font ressembler ces plantes à de très-petites Sphéries ; mais elles en diffèrent en ce que les conceptacles très-petits qui les composent, paroissent être de vraies sporidies, renfermant des sporules nues, et non des péridium contenant des sporidies à plusieurs sporules, comme dans les hypoxylons. Dans une dernière section nous avons rangé les urédinées qui croissent sur les végétaux morts et dont les sporidies sont cloisonnées et indéhiscentes. Ces sporidies, qui dans les derniers genres sont alongées, droites et fixées par leur base, se rapprochent déjà des filamens souvent cloisonnés des mucédinées à sporules internes : elles présentent les mêmes modifications dans leur mode de développement que les genres de la deuxième tribu, c'est-à-dire qu'elles naissent tantôt au-dessous et tantôt au-dessus de l'épiderme, et qu'elles donnent aussi quelquefois naissance à un tubercule saillant qui leur sert de base.

2. Des Mucédinées.

Les Mucédinées qui, dans l'ordre successif des perfectionnemens de structure , suivent les urédinées, sont formées de filamens ordinairement libres, quelquefois unis assez intimement, transparens et souvent cloisonnés dans les premières tribus, continus et opaques dans les dernières.

La manière dont les sporules se développent dans ces plantes, paroît présenter assez de variations et mérite d'être étudiée avec plus de soin qu'on ne l'a fait jusqu'à présent ; il est probable que, lorsqu'on suivra avec attention leur développement, on verra que toutes sont d'abord renfermées dans l'intérieur des filamens. Cette disposition est évidente dans les deux premières tribus, les *Phylllériées* et les *Mu-*

cores; dans ces dernières surtout on voit les filamens transparens et cloisonnés, qui les composent, se renfler à leur extrémité, de sorte que la dernière cellule forme une vésicule ordinairement sphérique. Cette vésicule est d'abord remplie d'un liquide laiteux, qui bientôt devient grumeleux et forme les sporules, ou dans lequel du moins les sporules se développent à peu près comme l'embryon se forme dans l'intérieur du fluide qui remplit la graine avant la fécondation.

Les sporules sont parfaitement libres dans l'intérieur de ces vésicules, aucun filament ne les fait communiquer avec les parois de ce tube; bientôt la vésicule membraneuse qui les renferme se rompt, et les sporules se répandent au dehors: dans ce cas les sporules ainsi échappées de l'intérieur de la vésicule sont évidemment nues; aucune partie de la plante qui les a produites ne les recouvre. Outre la vésicule terminale dont nous venons de décrire le développement, il existe dans quelques genres, tels que les *Thamnidium*, *Thelactis*, etc., des filamens secondaires, beaucoup plus petits que le filament principal qui porte la vésicule : ces filamens se renflent également à leur extrémité; mais, au lieu de former une grosse vessie arrondie, ils ne présentent qu'un petit renflement, qui ne paroît renfermer qu'une seule sporule.

On diroit que, dans ce cas, toute la force végétative s'étant portée sur le filament principal, ceux-ci n'ont pu recevoir qu'un développement beaucoup moins considérable. Le même mode de formation se présente dans plusieurs genres de la section suivante ou dans les vraies mucédinées : ainsi, dans les genres *Acremonium*, *Verticillium*, etc., les rameaux se renflent à leur sommet et forment une petite vésicule, qui ne paroît renfermer qu'une seule sporule, et qui se détache des filamens principaux en entrainant avec elle le filament dans lequel elle s'est développée. Dans ce cas, cette sporule doit être recouverte par les parois très-minces du tube dans l'intérieur duquel elle s'est formée et qui est resté adhérent à sa surface, lorsqu'elle s'est détachée de la plante mère. C'est ainsi que, parmi les végétaux phanérogames, lorsque l'ovaire est monosperme, il est presque toujours indéhiscent, et enveloppe la graine, même après qu'elle est séparée de la plante qui l'a produite. Dans plusieurs genres, tels que les

Fusisporium, *Epochnium*, *Cladobotrium*, etc., on n'a pas vu aussi bien ce développement; cependant il est probable que les sporidies ne sont que des rameaux latéraux, renfermant une ou peut-être quelquefois plusieurs sporules, qui se sont séparées de la plante qui les a produites. Dans d'autres genres ce n'est pas seulement le dernier article des filamens qui se renfle et dans lequel il se développe une sporule; chaque article, ou du moins tous ceux qui sont vers les extrémités des filamens, se renflent, s'arrondissent, et le filament prend l'aspect moniliforme : il se développe une sporule dans chacun de ces articles, qui bientôt se séparent et forment autant de sporules distinctes, recouvertes par la membrane qui composoit les tubes du filament. Ce mode de formation s'observe dans les genres *Acrosporium*, *Geotrichum*, *Oideum*, etc. Il est probable qu'il existe également dans un grand nombre de genres où on a vu seulement des sporules libres et éparses à la surface des filamens, sans qu'on ait pu étudier leur mode de développement : tel est le genre *Sporotrichum*. Dans un petit nombre de genres de cette famille ce ne sont point des articles simples qui se détachent de la plante mère, mais des petits rameaux cloisonnés et renflés, dont chaque loge renferme probablement une ou plusieurs sporules. On observe très-clairement cette structure dans le genre *Dactylium* : il est probable que la même chose a lieu dans les genres à sporidies biloculaires, tels que les genres *Scolicotrichum* et *Trichothecium*.

Enfin, dans quelques genres où les sporules sont plus petites que les filamens et sont en général réunies au sommet des rameaux, il paroîtroit que ces sporules sont sorties de l'intérieur de ces filamens, comme celles des Mucors. Ces plantes ne différeroient de ce dernier genre qu'en ce que les filamens ne se renflent pas en général au sommet, et n'ont pas encore offert aussi distinctement les sporules dans leur intérieur : tels sont les genres *Aspergillus*, *Botrytis*, etc.

Ces différences dans le mode de développement et de dissémination des sporules auroient pu certainement fournir de très-bons caractères pour subdiviser le groupe nombreux des vraies mucédinées; mais malheureusement on manque trop souvent d'observations à cet égard pour pouvoir se servir de ces caractères, et nous avons été obligés de suivre la division adoptée par M. Nées, et fondée uniquement sur le port de ces plantes : dans les unes les filamens sont droits, et en général lâches et assez espacés; dans les autres, ils sont décumbens et entrecroisés.

Quoique cette division forme deux groupes assez faciles à distinguer, nous sentons qu'ils sont fondés sur des caractères bien légers; il est même probable que, lorsqu'on aura mieux étudié le développement des sporules, on réunira ensemble quelques genres placés dans ces deux divisions : ainsi le genre *Acremonium* et le genre *Verticillium* nous paroissent avoir les plus grands rapports entre eux.

Dans la tribu suivante ou des *Byssacées*, les filamens sont en général plus forts, plus solides, persistans, opaques ou peu transparens et le plus souvent non cloisonnés. Dans un grand nombre de genres qui font partie de cette tribu on n'a jamais observé de sporules, soit que quelques-uns de ces genres ne fussent que des ébauches imparfaites d'autres champignons, comme on l'a présumé pour les genres *Byssus*, *Himantia*, *Dematium*, *Racodium*, *Ozonium*, soit faute d'observations assez suivies; soit, enfin, que leurs sporules ne sortent des filamens qui constituent ces plantes que par suite de leur décomposition. Dans plusieurs des genres de cette section on observe cependant des sporules : tantôt ces sporules paroissent simples et globuleuses, et il est alors difficile d'établir, si ce sont des sporules nues sorties des filamens de ces byssus, ou si ce sont des sporidies à une seule sporule; tantôt elles sont renfermées dans des sporidies transparentes et cloisonnées, ressemblant beaucoup à celles de certaines urédinées, et qui ne paroissent être que des rameaux différemment développés et renfermant les séminules. Un dernier groupe de cette tribu présente une structure analogue à celle des genres *Acrosporium*, *Oideum*, etc., de la tribu précédente. Les filamens, de même moniliformes, se séparent par articles, qui forment autant de sporidies : c'est ce qu'on voit dans les genres *Torula*, *Monilia*, *Alternaria*, etc. Mais rien ne prouve dans ces plantes que ces sporidies soient monosporées : il paroîtroit même plus probable qu'elles renfermassent plusieurs sporules.

En général, dans cette tribu, lorsque les sporules paroissent libres, elles sont d'un diamètre beaucoup moindre que les filamens, tandis que dans les mucédinées elles paroissent presque égales aux filamens de la plante qui les produit.

La dernière tribu des mucédinées forme le passage de cette famille à celle des lycoperdacées d'une part, et à celle des vrais champignons de l'autre. Jusqu'à présent nous avons vu les cryptogames, que nous étudions, formés de filamens simples ou rameux, mais toujours libres et non réunis entre eux; dans quelques genres seulement, tels que les *Racodium*, ils sont très entre-croisés, mais sans être soudés en une masse d'une forme régulière. Dans les lycoperdacées nous verrons ces filamens se réunir pour former un péridium fibreux, qui renferme les sporules : dans les vrais champignons ces filamens, plus intimement soudés, se terminent, vers la surface extérieure du champignon, par des sacs membraneux alongés, qui renferment les sporules.

Dans le groupe des *Isariées*, qui nous occupe maintenant et qui termine la famille des mucédinées, les filamens, analogues à ceux des autres genres de cette famille, sont réunis soit en membrane, soit en un capitule arrondi, simple ou rameux, sessile ou porté sur un pédicule ou col, également formé par les filamens entre-croisés : ces filamens, soudés plus ou moins complétement, deviennent en général libres vers la périphérie, et sont couverts de sporules libres, très-fines, ou de sporidies monosporées ; car on n'a jamais vu comment ces sporidies se développent, et on n'a pu déterminer si elles sont fixées aux filamens, ou si ce sont de simples sporules qui se sont échappées de leur intérieur: la première opinion paroît cependant plus vraisemblable.

Dans le dernier genre de cette tribu la structure filamenteuse disparoît entièrement; le pédicelle semble plutôt charnu, et porté à son sommet une réunion de sporules. Ce genre, qui ne diffère des vrais champignons que par la disposition irrégulière des sporules ou sporidies qui terminent leur pédicule sous la forme d'une tête arrondie, seroit peut-être mieux placé parmi les champignons anomaux, auprès des tremelles.

Ce dernier groupe des mucédinées se lie donc d'une part

avec les lycoperdacées ; il n'en diffère qu'en ce que les filamens se dirigent en divergeant de manière que les sporules sont éparses à la surface extérieure, tandis que dans les lycoperdacées les filamens extérieurs sont stériles et forment, par leur entre-croisement, un péridium qui enveloppe les filamens intérieurs et les sporules que ces filamens supportent. D'un autre côté il se rapproche des champignons anomaux ou trémelloïdes, qui sont privés de thèques. Ces champignons, dans lesquels les sporules se trouvent éparses à la surface ou immédiatement sous l'épiderme, ne diffèrent de quelques-uns des genres du groupe des Isariées que par l'absence complète de toute structure fibreuse; le genre *Athelia* ressemble même tellement aux théléphores par son port, et au genre Auriculaire par sa fructification, que les espèces qui le composent avoient été placées anciennement dans le premier de ces genres.

3. Des Lycoperdacées.

Nous avons déjà indiqué le caractère principal des Lycoperdacées : c'est l'existence d'un péridium, ou enveloppe fibreuse, formé par un tissu de filamens, qui enveloppe complétement des sporidies ou des sporules, ordinairement placées sur les filamens qui remplissent l'intérieur de ce péridium.

Le mode de développement des sporules n'a encore été bien étudié dans aucun des genres de cette famille, de manière qu'on ne sait pas si on doit les regarder comme des sporidies à une seule sporule, qui étoient d'abord fixées sur les filamens qui remplissent le péridium, ou si on doit les regarder comme des sporules échappées de l'intérieur des sporidies, qui se seroient détruites à la maturité du champignon : on sait seulement que les plantes de cette famille commencent, en général, par être presque liquides à l'époque de leur accroissement, qui est ordinairement très-rapide, et qu'elles se dessèchent et se solidifient pour ainsi dire plus tard, pour passer ensuite à l'état pulvérulent lors de la dissémination des sporules.

Peut-être même dans quelques genres existe-t-il des sporidies à plusieurs sporules bien distinctes : ainsi Dittmar a figuré dans le *Licea strobilina* des sporidies ovoïdes, renfermant des sporules globuleuses très-petites ; il a observé une structure à peu près analogue dans le genre *Polyangium*. Ehrenberg en a figuré de semblables dans quelques *Erysiphe*.

Si un jour on a des observations microscopiques assez nombreuses sur l'organisation des séminules de cette famille, peut-être pourra-t-on employer ce caractère comme fournissant la première division des lycoperdacées ; mais en attendant nous devrions peut-être nous contenter d'un caractère qui est assez d'accord avec l'aspect général de ces plantes, et diviser cette famille en deux groupes : le premier renfermant celles dont le péridium fibreux s'ouvre à la maturité, pour laisser échapper les sporules ; le second comprenant les genres dont le péridium, dur, spongieux et à peine distinct de la masse compacte que forment les sporules, ne s'ouvre jamais, de sorte que les sporules ne paroissent se répandre au dehors que par la destruction même de la plante qui les a produites : tels sont les genres *Sclerotium*, *Xyloma*, *Rhizoctonia*, etc.

Ces lycoperdacées anomales, dont la structure est encore très-mal connue, ont été placées en partie, par Fries, parmi les vrais champignons auprès des tremelles : il n'admet dans la famille des lycoperdacées que les genres doués d'un vrai péridium fibreux et déhiscent ; il regarde les autres comme ayant des sporules éparses à leur surface. Rien ne prouve cette opinion ; au contraire, on passe des lycoperdacées aux espèces de *sclerotium* par les genres *Tuber* et *Rhizoctonia*, et le premier offre tant de caractères qui le rapprochent des *Scleroderma*, *Polysaccum*, etc., qu'il est difficile de ne pas le regarder comme voisin des lycoperdacées. Telles sont les raisons qui nous engagent à regarder les *Sclerotium* et autres genres voisins comme une tribu des lycoperdacées.

Dans ces genres la structure fibreuse ou filamenteuse a presque complétement disparu ; ils forment, comme les trémellinées parmi les vrais champignons, un groupe de genres anomaux. C'est auprès de ces genres que nous croyons que doit se placer le genre *Xyloma*, qui paroît jouer dans cette famille le même rôle que les autres genres qui croissent sur les plantes vivantes, jouent dans les autres familles, c'est-à-dire qu'ils présentent toujours l'organisation la plus

simple et la moins développée que la famille à laquelle ils
se rapportent puisse offrir : c'est ce qu'on remarque pour les
uredo et *œcidium* parmi les urédinées, pour les *erineum* parmi les
mucédinées, pour les *xyloma* parmi les lycoperdacées. Dans
les familles plus complètes nous n'observons plus de vrais
parasites sur les feuilles vivantes, excepté parmi les hypoxylons, où ils ne paroissent différer de ceux qui croissent sur
les plantes mortes que par une taille et un développement
moins considérables.

Dans le premier groupe, ou parmi les lycoperdacées à péridium fibreux et déhiscent, on peut distinguer trois tribus :
les deux premières, quoiqu'assez différentes par leur port,
ont une structure presque semblable ; la troisième offre ce
caractère remarquable, que le péridium général renferme
un ou plusieurs péridium secondaires membraneux, paroissant presque semblables à ceux des mucors et renfermant les
sporules.

Quant aux divisions secondaires à établir parmi les vraies
lycoperdacées, nous n'en parlerons pas ici, parce qu'elles n'ont
aucune importance physiologique, ces divisions n'étant fondées que sur des caractères peu importans et plutôt extérieurs
qu'en rapport avec l'organisation de ces plantes; ce qui dépend
de l'uniformité de structure essentielle qu'elles présentent.

4. Des Champignons proprement dits.

Des lycoperdacées nous passons aux Champignons proprement
dits, caractérisés par leurs organes reproducteurs placés à la
surface d'une masse charnue qui forme le corps du champignon.

Dans la plupart de ces plantes on ne distingue plus aucune
trace de structure filamenteuse; elles paroissent en général
formées d'un tissu spongieux ou aréolaire : quelquefois seulement ces cellules, s'alongeant, ressemblent à des fibres
placées à côté les unes des autres; mais jamais ce ne sont
des filamens entre-croisés comme dans les lycoperdacées.

Les plantes que nous rapportons à cette famille, offrent
trois structures très-différentes dans les organes de la fructification, qui permettent de les diviser en trois groupes très-
naturels, qu'on devroit peut-être regarder comme trois familles.

La première, ou celle des TRÉMELLINÉES, est un des groupes les plus ambigus du règne végétal; comme tous les êtres d'une organisation très-simple, ces végétaux ont des points de contact avec une infinité d'autres : ainsi beaucoup de caractères les rapprochent des plantes placées anciennement dans la vaste famille des algues, et particulièrement des chaodinées de M. Bory de Saint-Vincent et des ulvacées.

D'un autre côté, elles ont quelque analogie avec les urédinées à base très-développée, telles que les genres *Gymnosporangium*, *Fusarium*, etc.

Cependant, l'absence de filamens distincts, la disposition des sporules vers la surface, nous paroissent les rapprocher davantage des vrais champignons, parmi lesquels elles forment un passage assez naturel entre les lycoperdacées, dont elles ont les sporules nues ou du moins dépourvues de thèques, et les champignons, dont elles ont la structure charnue.

Les genres de cette tribu présentent une masse charnue, gélatineuse, qui ressemble par sa structure à certaines Pézizes, aux *Leotia*, etc. Cette masse, ordinairement irrégulière, est quelquefois claviforme, et présente dans quelques cas une sorte de chapeau; mais la membrane qui la recouvre, au lieu de porter des thèques régulières comme dans les vrais champignons, n'offre que des sporules éparses et nues, formant quelquefois une couche assez épaisse à la surface de ces champignons. La ressemblance extérieure de quelques-uns des genres de cette tribu avec plusieurs de ceux compris parmi les vrais champignons, ainsi des *Auricularia* de Link et des *Thelephora*, des *næmatelia* de Fries, et des *burcardia* et autres pézizes gélatineuses, nous paroît prouver la nécessité de laisser cette section avec les vrais champignons, malgré la différence considérable que présente leur mode de fructification.

La seconde tribu est celle des vrais champignons. Ils sont caractérisés par la présence d'une membrane fructifère (*hymenium*), c'est-à-dire, portant des thèques régulières, qui couvre une partie de leur surface. Ces thèques sont de petits conceptacles membraneux, cylindriques ou fusiformes, fixés par une de leurs extrémités sur le corps du champignon et serrés à côté les uns des autres, comme les fils qui hérissent le velours. Ces conceptacles renferment , en général, plusieurs sporules, de trois à dix ou douze, disposées en une seule série longitudinale ; dans quelques cas on en observe plusieurs séries dans chaque conceptacle, comme Link l'a observé dans les Agarics de la section des *coprinus*. Le plus souvent ces thèques s'ouvrent au sommet pour laisser sortir les sporules, qui se répandent sous forme d'une poussière colorée très-fine. Quelquefois ce sont les thèques elles-mêmes qui se détachent, ou qui sont lancées au dehors, comme on l'a observé dans le genre *Ascobolus*.

Du reste, cette structure est très-uniforme dans tous les genres de cette famille, qui ne diffèrent que par leur forme et la disposition de la membrane fructifère. On retrouve exactement la même organisation, pour les parties essentielles de la fructification, dans la famille des hypoxylons. Les diverses sections qu'on a tracées parmi les vrais champignons sont très-naturelles ; elles sont fondées sur la forme générale du champignon et sur la disposition de la membrane fructifère. La première, ou celle des Pézizées, renferme tous les genres dont le corps est en forme de cupule ou forme un chapeau rabattu comme un capuchon, et dont la membrane fructifère ne couvre que la surface supérieure.

La seconde section, ou celle des Clavariées, comprend tous les genres qui sont en forme de massue ou qui se divisent en rameaux redressés, et dont la membrane fructifère recouvre toute la surface ou du moins la plus grande partie.

Enfin, dans la dernière ou dans les Agaricées, cette membrane ne s'étend qu'à la face inférieure d'un chapeau étendu horizontalement en forme de parasol ou de demi-cercle, et présentant sur cette face les formes les plus variées, tels que des veines, des lames, des tubes, des pointes, etc.

La dernière tribu de la famille des champignons proprement dits, ou celle des Clathroïdées, diffère beaucoup des autres par la structure des organes de la fructification ; elle mériteroit peut-être de former une famille particulière, si son organisation intime étoit mieux connue. Mais ces champignons, qui nous paroissent présenter le degré le plus élevé d'organisation parmi les plantes cryptogames que nous avons examinées jusqu'à présent, étant propres, en général, aux pays chauds, dans lesquels l'étude de la cryptogamie n'a fait que peu de progrès, n'ont été observés que superficiellement, c'est-à-dire, sous le rapport de leurs formes extérieures, et non sous celui de la structure de leurs organes reproducteurs. Aussi leur position est-elle encore restée incertaine, de sorte que quelques auteurs, tels que Fries et Link, les placent parmi les lycoperdacées; tandis que d'autres, tels que Persoon et Nées d'Ésenbeck, les rangent parmi les champignons hyménothèques. Cette dernière opinion nous paroît la plus naturelle. En effet, la nature charnue et non filamenteuse de ces champignons, l'analogie du sac qui les renferme avant leur développement complet, avec la volva des *Amanita* plutôt qu'avec le péridium fibreux et sec des lycoperdacées; enfin, la manière dont leurs sporules paroissent renfermées dans des sacs membraneux analogues aux thèques des vrais champignons, nous engagent à les placer auprès de ces derniers, plutôt qu'à la suite des lycoperdacées. Elles diffèrent des premiers, et spécialement des morilles et des helvelles, dont elles ont un peu l'aspect et avec lesquelles Linné les avoit en partie réunies, par la manière dont leurs sporules sont réunies en une couche épaisse à la surface, ou dans les fossettes qui couvrent la surface du chapeau de ces champignons. Cette couche, en général d'une couleur très-différente du reste de la plante, est formée de cellules membraneuses très-minces, aux parois desquelles les sporules paroissent fixées. Mais comment ces sporules sont-elles enveloppées? sont-elles nues et libres dans ces cellules, ou sont-ce des sporidies, ou mêmes des thèques fixées à leurs parois? C'est ce que nous ignorons. Lorsque ces champignons ont acquis leur développpement complet, les membranes qui forment ces cellules, et peut-être aussi celles qui composent les sporidies, se résolvent en une matière mucilagineuse dans laquelle ces sporules se trouvent mêlées et qui répand une odeur infecte. Cette substance mucilagineuse ne paroît résulter, comme celle qui remplit les loges des sphéries, que de la destruction des membranes qui enveloppoient les sporules avant leur maturité. Il reste donc à vérifier si, dans les champignons encore peu développés et longtemps avant leur sortie de la volva, les sporules sont reufermées dans des sporidies membraneuses, ou si elles sont simplement éparses dans les cellules composant la couche épaisse qui recouvre le chapeau ou remplit ses cavités. Dans le premier cas ces champignons seroient très-voisins des vrais champignons : dans le second ils se rapprocheroient davantage des champignons anomaux, tels que les tremelles, et devroient être placés entre eux et les lycoperdacées.

S'il existe des genres de ce groupe qui soient dépourvus de volva, comme cela paroît être le cas pour le genre *Ædycia* de M. Rafinesque et le *Clathrus campana* de Loureiro, il seroit prouvé que cette enveloppe ne peut en aucune manière être comparée au péridium des lycoperdacées, qui est une partie essentielle de ces plantes.

5. DES HYPOXYLÉES.

La dernière famille qui nous reste à examiner, celle des HYPOXYLÉES, n'a que très-peu de rapports avec les genres précédens ; mais elle en a de très-intimes avec un autre groupe de la famille des Champignons. Ces rapports sont même si grands que, sans leur aspect et leur manière de croître très-différente, peut-être devroit-on intercaler les genres de cette famille auprès des Pézizes. L'ensemble de leurs caractères en forme cependant une famille très-naturelle, mais qui devroit, si on pouvoit éviter les séries linéaires, n'être qu'un rameau latéral, naissant de la section des Pézizées pour aller s'unir d'une autre part aux Lichens.

Un grand nombre de ces végétaux présentent en effet, comme les Pézizes, un réceptacle cupulifome, portant à sa surface supérieure des thèques fixées régulièrement. La seule différence consiste dans la consistance dure et ligneuse de ce réceptacle, et dans la manière dont ses bords se recourbent pour former un péridium entièrement fermé dans sa jeunesse et qui s'ouvre ensuite, soit en plusieurs valves, soit par un pore terminal, soit par une sorte d'opercule.

Dans un autre groupe de la même famille on a également observé des thèques, mais libres à l'intérieur du péridium et semblables plutôt à des sporidies ; mais cette différence tient probablement à ce qu'on a observé ces plantes trop avancées et à ce que les thèques se détachent plutôt dans ces plantes que dans les autres. Enfin, dans une dernière section, qui a plusieurs points de contact avec les premiers genres que nous avons examinés, avec les Urédinées, on ne trouve dans le péridium que des sporules ou des sporidies opaques très - petites et qui paroissent ne renfermer qu'une seule sporule. En général, cette famille, renfermant des plantes extrêmement petites et dont l'organisation est très-difficile à étudier, est une de celles sur lesquelles il reste le plus de doute, et en même temps une de celles où on a établi un grand nombre de genres connus très-imparfaitement.

L'analogie de ces plantes avec les vrais Champignons plutôt qu'avec les Lycoperdacées, est prouvée par la ressemblance de structure des Phacidiées et des Pézizes. Cette ressemblance est telle que plusieurs auteurs ont placé quelques-uns de ces genres auprès des Pézizes, et qu'anciennement ces Sphéries à base charnue et alongée étoient réunies avec les Clavaires. Au contraire, on n'observe dans aucune de ces plantes cette structure filamenteuse qui caractérise les Lycoperdacées, auprès desquelles Persoon les avoit placées.

A la suite de ces cinq familles nous placerons quelques genres tellement ambigus ou si mal connus, que nous n'avons pas cru devoir les ranger dans aucune des familles précédentes.

Si nous comparons entre elles les diverses modifications de structure que nous venons d'indiquer dans les différens végétaux qui composent ces familles, nous verrons que dans la plupart d'entre eux, peut-être dans tous, le tissu qui les forme peut se réduire à des filamens analogues à ceux des conferves, simples ou cloisonnés, transparens ou rarement opaques, libres ou plus ou moins entre-croisés, dans l'intérieur desquels on voit se développer des sporules qui deviennent libres plus tard, soit en s'échappant de l'intérieur de ces filamens, soit en entraînant avec elles la partie de ces tubes qui les recouvre.

La famille des Mucédinées sert de type et, pour ainsi dire, de centre à ce mode d'organisation; aussi est-elle la plus intéressante à étudier pour bien connoître la structure des familles voisines.

Dans ces végétaux toutes les parties sont à peu près également développées, et elles ne sont pas réunies ou soudées entre elles, de manière à rendre difficile l'examen de leurs diverses parties; aussi est-ce sur elles qu'on doit chercher à observer les divers modes de développement et de dissémination des sporules, et ensuite la manière dont les sporules s'accroissent, pour donner lieu à un nouvel être semblable.

Cet examen éclairera beaucoup la structure des autres familles : on verra en effet que les Urédinées ne sont que des filamens de Mucédinées, réduits à leur moindre développement et soumis à certaines circonstances particulières qui ont modifié leur structure. L'analogie des sporidies des *Puccinies*, *Conoplea*, *Stilbospora*, avec les rameaux fertiles et également changés en sporidies des genres *Dactylium*, *Helmisporium*, etc., parmi les Mucédinées, prouvera ce rapport entre les sporidies des Urédinées et des filamens peu développés.

La tribu des Isariées explique la structure des Lycoperdacées, et prouve que ces dernières ne sont que le résultat de l'entrecroisement de filamens analogues à ceux des Mucédinées de cette tribu ; et l'examen de ces végétaux, dans un état de développement moins avancé, prouvera probablement que les sporules se forment toujours dans l'intérieur des filamens qui remplissent le péridium, et ne s'en détachent plus tard que par suite de leur accroissement, comme on l'observe dans les Mucédinées. L'analogie des Champignons proprement dits et des Mucédinées, c'est-à-dire, l'organisation filamenteuse des végétaux analogues aux Bolets, aux Agarics, etc., est plus difficile à prouver ; cependant il suffit d'examiner la manière dont ces cryptogames se développent, pour qu'elle devienne presque évidente. Les sporules de ces végétaux, mises dans des circonstances propres à leur germination, s'alongent irrégulièrement sous forme d'un ou de deux filamens ; ces filamens s'entrecroisent, forment une sorte de byssus, qui est peut-être même formé par les filamens nés de plusieurs sporules, et ce n'est que de l'entrecroisement de ces filamens que naît le vrai champignon, qui lui-même paroit souvent composé de fibres entrecroisées, comme on peut l'observer dans plusieurs Théléphores, dans quelques Agarics, surtout dans les espèces fistuleuses ; tandis que dans d'autres genres, tels que les

Pézizes, les Bolets, etc., il paroît d'une structure réellement
celluleuse ou spongieuse. Enfin, les thèques qui couvrent
leur membrane fructifère ressemblent, sous beaucoup de
rapports, aux vésicules qui terminent les filamens des mucors; ce ne sont peut-être que les terminaisons des fibres
qui forment le corps du champignon. Dans les Hypoxylées
cette structure filamenteuse devient encore moins sensible;
on en a cependant quelques indices dans les filamens, qui
partent souvent de la base de leur péridium pour pénétrer dans le bois, dans les genres Asteroma et dans les
Rhizomorphes, qui peut-être appartiennent à cette famille.
Mais ces végétaux paroîtroient être formés par des filamens
plus denses; on diroit que ce sont des Byssacées entrecroisées
et soudées, tandis que les vrais champignons seroient formés
par des filamens analogues à ceux des véritables Mucédinées.

Nous avons vu ainsi, depuis les Urédinées jusqu'aux Hypoxylées, tous les divers degrés de développement et d'union
des filamens auxquels paroissent se réduire les végétaux de
ces diverses familles : cette opinion, qui fait des vrais
champignons, des Lycoperdacées, etc., des êtres pour ainsi
dire composés, a été exposée pour la première fois, avec beaucoup de talens, par M. Ehrenberg[1], et paroît très-juste,
lorsqu'on ne la regarde que comme une manière de rendre
le mode singulier de développement de ces grands champignons. Il est certain, en effet, que les séminules de ces
cryptogames ne donnent jamais lieu, par leur germination,
à un champignon semblable à celui qui les a produits; mais
seulement à des filamens, de la réunion desquels naît le
véritable champignon, qui n'est pour ainsi dire que la fructification de ces filamens, auxquels les cryptogamistes modernes donnent le nom de Rhizopodes (*Rhizopodia*).

La préexistence de ces Rhizopodes long-temps avant le
développement du champignon proprement dit, peut expliquer en partie la croissance si rapide de ces végétaux.
Il suffit, en effet, pour les produire au dehors, que l'humidité et d'autres causes locales déterminent l'alongement et

---

1 EHRENBERG, *de Mycetogenesi, in Nova acta Acad. Cæs. Leop.
natur. curios. X. p.* 161.

le gonflement des filamens, dont la réunion forme sur ces Rhizopodes un tubercule qui renferme en lui tous les élémens de ce champignon.

Autant cette manière d'expliquer la structure de ces végétaux et de la réduire à des élémens plus simples, qui permettent de les comparer avec plus de précision aux familles voisines, nous paroît juste et exacte, autant il seroit faux d'exagérer cette idée, et de considérer ces végétaux comme de véritables êtres composés.

§. 2. *Énumération des genres compris dans l'ancienne famille des champignons.*

Après avoir fait connoître d'une manière abrégée, il est vrai, les principales modifications de structure que présentent les végétaux compris jusqu'à présent par les botanistes dans la vaste famille des champignons, et avoir cherché à faire sentir les points de ressemblance qui lient ces végétaux entre eux, et les caractères importans qui permettent cependant d'en former plusieurs familles aussi distinctes que la plupart de celles adoptées en botanique, nous allons présenter maintenant une énumération méthodique des genres qui se rapportent à cette grande division du règne végétal.

Dans ce travail nous avons eu pour but plutôt de réunir et de disposer dans un ordre naturel les genres fondés par un grand nombre de botanistes étrangers, que de discuter avec critique l'importance des caractères sur lesquels ces genres sont fondés. Nous avons indiqué comme distincts presque tous ceux que d'autres auteurs avoient déjà établis, notre projet étant plutôt de faire connoître ce qui est fait sur ce sujet et de le présenter avec ordre, que d'offrir notre propre opinion au sujet de ces genres. Beaucoup de genres, surtout dans la famille des Urédinées, des Mucédinées et dans les premières tribus des Lycoperdacées, nous paroissent fondés sur des caractères très-légers, et nous croyons qu'il seroit plus convenable d'en réunir souvent plusieurs en un seul, ou de ne les regarder que comme de simples sections; mais, pour introduire de semblables changemens dans la science, il faudroit avoir pu examiner presque tous ces genres par soi-même, et ne pas s'en rapporter aux descriptions d'autres observateurs, qui n'ont souvent pas examiné les objets dans le même but. Dans cette position il nous a paru préférable de laisser séparé ce que d'autres avoient distingué, pourvu que les genres les plus voisins, qu'on devra peut-être réunir un jour, fussent placés à côté les uns des autres.

Nous nous sommes contentés d'indiquer, à la suite des genres qui nous ont paru fondés sur des caractères trop légers, ceux auxquels nous pensons qu'on devroit les réunir.

Cependant, dans un petit nombre de cas, lorsque les caractères différentiels nous paroissoient si peu importans qu'il nous a semblé impossible de les admettre, nous les avons réunis, en faisant connoître en quoi les genres que nous réunissions différoient, suivant les auteurs qui les avoient établis.

Nous avons placé à la suite des cinq familles qui nous occupent, quelques genres dont la position est si incertaine, que nous avons préféré ne pas les classer, plutôt que de les rapprocher de genres avec lesquels ils n'ont que des rapports très-éloignés.

Enfin, le point de doute placé avant le nom du genre indique nos doutes sur la place que doit occuper ce genre que nous ne connoissons qu'imparfaitement, mais dont l'analogie avec une famille est cependant trop marquée pour que nous puissions le rejeter à la fin.

URÉDINÉES.

(*Coniomycètes*, Nées, Frics. — *Epiphytæ*, Link.)

Sporidies simples ou cloisonnées, libres ou portées sur un pédicelle court et simple, naissant dessous ou dessus l'épiderme des végétaux vivans ou morts, environnées par un faux péridium, formé par le développement de cet épiderme, ou supportées sur une base charnue ou fibreuse, produite par l'épaississement du parenchyme de la plante.

Obs. Ces sporidies sont plus ou moins développées : dans le premier cas elles paroissent monosporées et sont toujours indéhiscentes; dans le second elles sont polysporées et souvent déhiscentes.

Cette famille diffère de la suivante par l'absence de vrais filamens servant de supports aux sporules ; les traces qu'on en aperçoit dans quelques genres, ne paroissent dues qu'au développement des fibres du végétal qui les nourrit.

1.re *TRIBU*. **URÉDINÉES VRAIES**. *Sporidies se développant sous l'épiderme des plantes vivantes et généralement des parties herbacées.*

1. URÉDO, Pers. (*Cæomæ v. Hypodermii spec.*, Link, Nées).
Sporidies uniloculaires, unies, sans étranglement, très-rarement pédicellées, rompant irrégulièrement l'épiderme, qui ne forme pas de rebord saillant autour d'elles.

Link avoit réuni ce genre avec le suivant en un seul, d'abord sous le nom de *Cæoma*, et ensuite sous celui d'*Hypodermium;* ce grand genre étoit subdivisé en plusieurs sous-genres, dont les suivans appartiennent au genre Urédo.

Ustilago, Link. Sporidies parfaitement globuleuses, libres, très-petites, ordinairement de couleur noire ou violette foncée.

Les espèces de ce sous-genre croissent presque toutes sur les diverses parties des organes de la fructification : c'est ici que se rangent les Urédo, connus sous le nom de Charbon, de Carie, qui naissent dans les fruits des graminées et des cypéracées, l'Urédo des anthères, des réceptacles, etc. La structure plus délicate et plus homogène des parties dans lesquelles ils se développent, est peut-être la cause de la régularité plus grande de leurs sporidies.

Uredo, Link. Sporidies presque globuleuses ou oblongues, généralement jaunes ou d'un brun rouge.

C'est à ce sous-genre qu'appartient le plus grand nombre des espèces.

Cæomurus, Link. (*Uromyces*, Link, Suppl.) Sporidies presque globuleuses, portées sur un court pédicelle.

Toutes les Puccinies à une loge, de la Flore françoise, rapportées dans le Supplément aux Urédo, appartiennent à ce sous-genre.

2. ÆCIDIUM, Pers. (*Cæoma v. Hypodermii spec.*, Link, Nées.)
Sporidies uniloculaires, libres, globuleuses ou ovoïdes, non cloisonnées, réunies en amas réguliers et entourées par un rebord plus ou moins saillant de l'épiderme.

On peut distinguer parmi les *Æcidium* les sous-genres suivans.

Æcidium, Link. Épiderme ne produisant autour des amas de sporidies qu'un rebord peu saillant, en forme de cupule.

Peridermium, Link (*Sphærotheca* Desv.). Épiderme se soulevant et se détachant tout autour des groupes de sporidies, comme une sorte d'opercule.

C'est à ce sous-genre qu'appartiennent les *Æcidium pini*, *abietinum*, etc.

Ræstelia, Link. Épiderme formant autour des groupes de sporidies un rebord très-saillant, en forme de tube.

Tels sont les *Æcidium cornutum*, *amelanchieris*, *rhamni*, etc.

Cancellaria. Épiderme se soulevant en forme de vésicules et produisant un faux péridium, qui s'ouvre latéralement par une infinité de petites fentes.

Le type de ce sous-genre est l'*Æcidium cancellatum*, espèce très-commune sur les feuilles du poirier. Link l'avoit rapportée au sous-genre précédent, dont elle nous paroît cependant assez différente pour former un sous-genre distinct.

3. Puccinia, Link (*Dicæoma*, Nées). Sporidies pédicellées, oblongues, séparées en deux loges par une cloison transversale, réunies en groupes, qui soulèvent irrégulièrement l'épiderme.

Les sporidies sont en général d'un brun foncé ou même d'un noir violet : les seules espèces qui appartiennent à ce genre sont les Puccinies à capsules biloculaires ; les autres se rangent ou parmi les Urédo dans le sous-genre *Cæomurus*, ou dans le genre suivant.

4. Phragmidium, Link. (*Puccinia*, Nées; *Aregma*, Fries.) Sporidies partagées en trois ou en un plus grand nombre de loges par des cloisons transversales, portées sur un pédicelle souvent élargi à sa base et inséré sur l'épiderme.

Ce genre, qui diffère beaucoup des puccinies par sa manière de croître sur l'épiderme et non dessous, s'en rapproche tellement qu'il est difficile de l'en éloigner; peut-être cependant seroit-il mieux placé auprès du genre *Septaria* : il a pour type le *Puccinia mucronata*. On doit y rapporter également le *Puccinia potentillæ*, Pers., et quelques espèces décrites par Strauss et par Fries sous le nom d'*Aregma*.

Le genre Spilocœa de Fries (*Novitiæ Suecicæ*, V, p. 79) est rangé par cet auteur entre les genres *Puccinia* et *Phragmidium* (*Syst. mycol.*, introd., 40); mais il nous est connu trop imparfaitement pour que nous puissions en tracer les caractères : il a pour type une cryptogame qui forme de grandes taches noires sur les pommes sauvages.

5. Podisoma, Link. (*Gymnosporangii spec.*, Decand.)

Sporidies oblongues, cloisonnées, sortant de dessous l'épiderme et portées sur de longs pédicelles, soudés par leur base en une masse charnue.

Ce genre est fondé sur le *Gymnosporangium fuscum*, Dec., ou *Puccinia juniperi*, Pers. : le *Gymnosporangium clavariæforme*, Dec., paroit également en faire partie.

6. Gymnosporangium, Link. (*Gymnosporangii spec.*, Decand.)

Sporidies divisées en deux loges par une cloison transversale, portées sur de longs pédicelles et s'insérant sur une base gélatineuse irrégulière, qui sort de dessous l'épiderme.

Le type de ce genre est le *Gymnosporangium juniperinum* de Link ou *Tremella juniperina* de Linné : cette espèce diffère des précédentes par la forme irrégulière et plissée de la base gélatineuse qui la supporte, et par sa couleur d'un beau jaune.

2.ᵉ Tribu. Fusidiées. *Sporidies non cloisonnées, indéhiscentes, naissant dessus ou dessous l'épiderme des végétaux morts.*

§. 1.ᵉʳ *Sporidies se développant sous l'épiderme des plantes mortes, et particulièrement des jeunes branches ; base nulle ou peu développée.*

7 Melanconium, Link.

Sporidies libres, non cloisonnées, presque globuleuses, sortant de dessous l'épiderme sous forme pulvérulente.

La seule espèce connue de ce genre, le *M. atrum*, croît sur les rameaux, particulièrement sur ceux du hêtre. Link dit qu'il existe une base charnue peu apparente sous les sporidies.

8. Cryptosporium, Kunze.

Sporidies fusiformes, réunies par groupes sous l'épiderme, qui ne se rompt jamais.

On ne connoît qu'une seule espèce de ce genre, le *C. atrum*, qui naît sur les feuilles et les tiges des graminées, sur lesquelles elle forme de petites taches noires, nombreuses et alongées, qui renferment des sporidies fusiformes et en général légèrement arquées.

9. NEMASPORA, Ehrenberg.

Sporidies mêlées à une substance mucilagineuse, se développant sous l'épiderme des végétaux morts ou malades, et sortant souvent sous forme de spirales gélatineuses.

Le genre *Nemaspora* renferme des plantes très-différentes; celles qui sont dépourvues de péridium, et qui naissent simplement sous l'épiderme, appartiennent seules à ce genre, et se rapportent à cette famille; les autres forment le genre *Cytispora* dans la famille des HYPOXYLÉES.

§. 2. *Sporidies se développant sur l'épiderme des plantes mortes; base nulle.*[1]

10. ACHITONIUM, Nées.

Sporidies globuleuses, transparentes, réunies par groupes.

On ne connoît qu'une seule espèce de ce genre, l'*Achitonium acicola*, Nées; elle croît sur les feuilles du pin sauvage, sur lesquelles elle forme de petites taches orangées, presque globuleuses.

11. FUSIDIUM, Link.

Sporidies fusiformes, libres, rapprochées par groupes.

Link, dans la seconde partie de ses observations, a réuni les genres *Fusidium*, *Fusarium* et *Fusisporium* en un seul; mais, malgré leur affinité, si on adopte les bases de sa classification, ils doivent rester séparés.

12. CYLINDROSPORIUM, Greville.

Sporidies cylindriques, tronquées, non cloisonnées, nues, libres, réunies en amas sur l'épiderme des feuilles vivantes.

---

1 La description incomplète que Persoon a donnée de son genre *Fumago* (*Myc. europ.*, p. 9) ne permet pas de fixer exactement sa place. Il paroît cependant se rapprocher de ce groupe : il se présente sous la forme de taches noires très-étendues et pulvérulentes sur les feuilles vivantes de divers arbres, tels que les érables, les tilleuls, les ormes, les pommiers, les orangers, etc.

Ce genre ne diffère du précédent que par la forme tronquée des sporidies; peut-être seroit-il plus convenable de les réunir. Une seule espèce a été observée par M. Greville.

§. 3. *Sporidies éparses à la surface d'une base charnue ou fibreuse saillante.*

13. Ægerita, Pers.

Sporidies globuleuses, éparses à la surface d'une base sessile arrondie.

L'*ægerita candida* de Persoon est le type de ce genre; les autres espèces sont encore mal connues et doivent peut-être s'en éloigner.

14. Epicoccum, Link.

Sporidies globuleuses, distinctes, adhérentes à une base solide arrondie.

Ce genre, qui ne diffère du précédent que par ses sporidies plus adhérentes à la base qui les supporte, nous paroîtroit devoir lui être réuni.

15. Dermosporium, Link.

Sporidies globuleuses, serrées et couvrant exactement, comme une sorte de membrane, la base sphérique et solide qui les supporte.

C'est auprès de ce genre que doit se placer le genre *Psilonia* de Fries (*Novit. Suec.*, V, p. 78), qui a pour type le *Tubercularia buxi* de De Candolle (Fl. franc., Suppl., pag. 110), mais dont le caractère distinctif ne nous est pas encore bien connu.

16. Illosporium, Martius.

Sporidies presque globuleuses, colorées, éparses à la surface d'une membrane granuleuse et en forme de vésicule.

Cette plante, qui croit sur le thallus de divers lichens, n'est encore connue que très-imparfaitement, et seroit peut-être mieux placée auprès des genres de la section suivante: sa couleur est d'un rouge assez vif.

17. Fusarium, Link.

Sporidies fusiformes, diffluentes, éparses à la surface d'une base charnue, sessile, arrondie ou irrégulière.

On connoît deux espèces de ce genre, dont la base charnue est remarquable par sa couleur rose dans l'une (*F. ro-*

seum, Link) et orangée dans l'autre (*F. lateritium*, Nées) : la première croît sur les tiges mortes des malvacées, l'autre sur les branches d'arbres.

3.ᵉ *Tribu*. BACTRIDIÉES. *Sporidies uniloculaires, opaques, fixées ou rarement éparses, renfermant dès sporules nombreuses extrémement ténues, qui en sortent à la maturité.*

18. CONISPORIUM, Link.

Sporidies ovales ou oblongues, opaques, couvertes extérieurement de grains très-petits.

Ce n'est qu'avec doute que nous plaçons ici ce genre, qui n'a été observé que par Link; nous suivons en cela l'opinion de Fries. La seule espèce connue, le *C. olivaceum*, a été découverte en Portugal sur les tiges du pin maritime.

19. BACTRIDIUM, Kunze.

Sporidies nues, éparses à la surface de filamens rameux, articulés, tronqués au sommet : ces sporidies sont réunies par groupes; elles sont alongées, transparentes aux extrémités et remplies dans leur centre d'une matière pulvérulente.

On ne connoît qu'une espèce de ce genre, le *B. flavum* (Kunze); elle est d'un beau jaune et croît sur les branches d'arbres humides. La présence de filamens articulés, entremêlés avec les sporidies, paroîtroit éloigner ce genre des Urédinées; mais on ne peut cependant pas le séparer du genre suivant.

20. APIOSPORUM, Kunze.

Sporidies pyriformes, opaques, pulvérulentes, extérieurement fixées par leur base et rapprochées par groupes, renfermant des sporules globuleuses, transparentes, mêlées à une substance gélatineuse.

Ce genre seroit peut-être mieux placé près des *Sphæria*; la matière gélatineuse qui est mêlée aux sporules, peut le faire présumer. Kunze en décrit deux espèces, qui croissent l'une sur l'écorce du saule, et l'autre sur celle du sapin.

21. SCLEROCOCCUM, Fries.

Sporidies globuleuses, non cloisonnées, réunies intimement entre elles et avec une base tuberculeuse charnue.

Le type de ce genre, encore mal connu, est le *Spiloma*

sphærale d'Acharius; nous le rapportons à cette section, d'après l'opinion de Fries.

4.ᵉ *Tribu*. Stilbosporées. *Sporidies cloisonnées, libres ou fixées, naissant dessus ou dessous l'épiderme des végétaux morts.*

§. 1.ᵉʳ *Sporidies libres, cloisonnées, sortant de dessous l'épiderme des plantes mortes ou malades.*

22. Didymosporium, Nées.

Sporidies alongées, séparées en deux par une cloison transversale naissant sous l'épiderme, à la surface d'une base peu saillante, et se répandant sous forme de poussière.

La seule espèce connue, le *Didymosporium complanatum* de Nées, vient sur les branches mortes, sur lesquelles elle forme des taches noires entourées par l'épiderme.

Le genre *Bullaria* de la Flore françoise ne paroit pas, d'après la description, différer de celui-ci.

23. Septaria, Fries.

Sporidies cylindriques, transparentes, cloisonnées, sortant de dessous l'épiderme des feuilles, avec un mélange de matière gélatineuse.

Fries a formé ce genre sur le *Stilbospora Uredo* de M. De Candolle (*Mem. Mus. hist. nat. Par.*), qu'on avoit successivement placé parmi les *Sphæria* et les *Fusidium*. A cette espèce, qui croît sur l'orme, Kunze en a ajouté une nouvelle, qui habite sur les feuilles de l'aubépine, et qui en diffère par ses sporidies divisées en 8-12 loges par des cloisons transversales.

24. Stilbospora, Link.

Sporidies ovales ou oblongues, cloisonnées, sortant de dessous l'écorce des arbres en amas irréguliers.

25. Asterosporium, Kunze.

Sporidies étoilées, cloisonnées, sortant sous forme d'amas irréguliers de dessous l'épiderme des végétaux morts.

Ce genre a été formé par Kunze aux dépens des *Stilbospora*; il ne renferme jusqu'à présent que le *Stilbospora asterospora* de Persoon : peut-être ne diffère-t-il pas suffisamment du précédent.

26. Prostemium, Kunze.

Sporidies fusiformes, cloisonnées, réunies deux ou trois par la base avec quelques filamens courts et également cloisonnés, divergeant comme une étoile et sortant de dessous l'épiderme.

On ne connoît qu'une seule espèce de ce genre, très-voisin des Stilbospores et surtout de l'*Asterosporium* : les filamens cloisonnés, qui sont réunis avec les vraies sporidies, ressemblent tellement à celles-ci par la grandeur, la forme et la disposition des cloisons, qu'ils ne paroissent que des sporidies avortées ou déjà dépourvues des sporules qui les remplissent ordinairement.

§. 2. *Sporidiés oblongues, cloisonnées, fixées par une de leurs extrémités.*

27. Coryneum, Nées.

Sporidies fusiformes, cloisonnées, opaques, pédicellées, droites, sortant de dessous l'épiderme et insérées sur une base granuleuse peu saillante.

Ces plantes ressemblent beaucoup, pour la manière de se développer, aux Puccinies et aux Phragmidium ; mais elles croissent sur les tiges mortes. Kunze a ajouté plusieurs espèces de ce genre à celle déjà décrite par Nées.

28. Exosporium, Link. (*Conoplea ?* Pers.)

Sporidies oblongues ou linéaires, cloisonnées, insérées sur une base plus ou moins saillante, solide; naissant de dessous l'épiderme.

Link pense que son genre *Exosporium* ne diffère pas du genre *Conoplea* de Persoon, et doit être réuni avec lui. Cependant, d'après M. Ehrenberg, les vrais *Conoplea* seroient très-différens de ce genre, et appartiendroient à la tribu des Byssacées, auprès des *Chloridium*. (Voyez plus bas.)

29. Sporidesmium, Link.

Sporidies opaques, cloisonnées, pédicellées, droites, naissant par groupes sur l'épiderme des plantes mortes.

Ce genre diffère des deux précédens, en ce qu'il naît dessus et non dessous l'épiderme, et par l'absence de toute base distincte, qui, comme nous l'avons dit, en est une conséquence.

3o. Seiridium, Nées.

Sporidies opaques, oblongues, séparées en plusieurs loges par des étranglemens filiformes, insérées par leur base et par groupes sous l'épiderme, qu'elles soulèvent.

31. Antennaria, Link.

Sporidies de deux sortes; les unes sous forme de filamens moniliformes, les autres oblongues ou fusiformes, cloisonnées, sortant de dessous l'épiderme endurci, formant un faux péridium.

La seule espèce connue de ce genre croît sur les tiges et les feuilles vivantes des sapins. M. Nées la place parmi les Hypoxylons, auprès des *Hysterium;* mais elle nous paroît avoir plus d'analogie avec les Urédinées.

32. Phragmotrichum, Kunze.

Sporidies composées d'articles rhomboïdaux placés bout à bout, séparés par des étranglemens cylindriques, sortant de dessous l'épiderme par groupes et réunis par la base des pédicelles en une même masse.

La seule espèce qui compose ce genre a été décrite et figurée par Kunze, sous le nom de *P. Chailletii;* elle a été trouvée sur les cônes de sapin, dans le Jura, par M. Chaillet.

MUCÉDINÉES.

Sporidies simples, nues, portées sur des filamens simples ou rameux, continus ou cloisonnés, quelquefois renfermées dans leur intérieur et formant des sporidies monosporées ou rarement polysporées.

Obs. Ces plantes naissent quelquefois sur les plantes vivantes, mais plus souvent sur les végétaux morts et sur les substances en décomposition : elles sortent très-rarement de dessous l'épiderme ; mais elles sont, en général, fixées à la surface des corps sur lesquels elles croissent. Leur développement est très-rapide, et leur existence est presque toujours de peu de durée.

Cette famille, qui se lie à la précédente par sa première tribu, dont l'organisation ne diffère que peu de celle des derniers genres d'Urédinées, s'en distingue surtout par la présence de véritables filamens, qui renferment ou supportent des sporules ou des sporidies presque toujours simples, taudis que dans les Urédinées on observe le plus souvent des sporidies cloisonnées et polysporées. Elle diffère des Lycoperdacées, qui s'en rapprochent par leur structure filamenteuse, en ce que les filamens des Mucédinées sont presque toujours distincts, et, lorsqu'ils sont unis, ne forment jamais un péridium qui enveloppe les sporules. Enfin, on la distingue des vrais champignons par sa structure filamenteuse et par l'absence de ces sporidies polysporées et fixées par leur base, auxquelles on a donné le nom de thèques, et qui couvrent presque constamment une partie de la surface de ces champignons.

1.re *TRIBU.* PHYLLÉRIÉES. *Filamens simples, continus, contenant les sporules dans leur intérieur, naissant sur les feuilles vivantes.*

1. TAPHRIA, Fries.

Filamens courts, ovoïdes, granuliformes, non cloisonnés, rapprochés par groupes très-serrés à la surface des feuilles.

Ce genre a pour type l'*Erineum aureum*, Pers., qui croit sur les feuilles des peupliers, du tremble, etc. L'analogie dans la manière de se développer de cette plante l'a fait placer ici auprès des *Erineum*; car sa structure la rapprocheroit peut-être davantage des Urédinées, en regardant ce que nous nommons filamens comme des sporidies. L'*Erineum griseum* de Persoon et quelques espèces nouvelles, décrites par Kunze, appartiennent à ce genre.

2. ERINEUM, Fries, *Rubiginis spec.*, Link.

Filamens courts, simples, renflés au sommet en une sorte de vésicule ou de cupule irrégulière; rapprochés par groupes assez serrés sur les feuilles vivantes.

C'est dans ce genre que restent le plus grand nombre des espèces d'*Erineum* de Persoon, tels que les *E. acerivum*, Pers.; *betulæ*, Dec.; *betulinum*, Rebent.; *fagineum*, Pers.; *curtum* et *agariciforme* de Greville.

3. RUBIGO, Fries? *Rubiginis spec.*, Link.

Filamens rameux, difformes, renflés à leurs extrémités en tubercules irréguliers, rapprochés par groupes sur les feuilles vivantes.

33.   34

Fries, après avoir conservé le nom d'*Erineum* au genre *Rubigo* de Link, et avoir donné celui de *Phyllerium* aux *Erineum* de cet auteur, admet ces deux genres dans le tableau des genres qui est en tête de son *Systema mycologicum*, sans en donner les caractères. Il nous a paru que si on vouloit subdiviser le genre *Erineum*, l'espèce qui méritoit de former un genre distinct auquel le nom de *rubigo* convient très-bien, étoit l'*Erineum alneum*, auquel on doit, peut-être, joindre l'*E. populinum*, Pers. Leur forme irrégulière et leur couleur orangée les distinguent assez bien des espèces du genre précédent; mais, peut-être, seroit-il plus convenable de réunir en un seul genre, comme Persoon l'avoit fait, les trois genres que nous venons d'indiquer, ainsi que le suivant, qui en diffère cependant davantage. C'est ce qu'ont fait M. Kunze et M. Greville dans les deux monographies qu'ils ont publiées de ces genres.

4. PHYLLERIUM, Fries.

Filamens simples, contournés, cylindriques ou comprimés, non cloisonnés, amincis à leurs extrémités, rapprochés par groupes sur les feuilles vivantes.

A ce genre appartiennent les *Erineum tiliaceum*, Pers., *vitis*, Pers., *pyrinum*, Pers., *purpureum*, Dec., *ilicinum*, Dec., *tortuosum*, Greville, etc.

5. CRONARTIUM, Fries.

Filamens simples, non cloisonnés, cylindriques, atténués au sommet, renflés en un tubercule à leur base.

Ce genre, qui ne diffère au premier aspect du précédent que par ses filamens renflés inférieurement, a pour type l'*Erineum asclepiadeum*, Funk. Kunze en a donné une bonne figure et une excellente description. Suivant lui, ces filamens ne sont que des tubes analogues à ceux des *Rœstelia* parmi les *Æcidium*, et ce genre devroit être rangé parmi les Urédinées. Il a vu, en effet, les sporules contenues dans ces tubes se répandre au dehors, comme les sporidies des *Æcidium*. Ces observations confirment les rapports qui nous paroissent exister entre le groupe des Phylleriacées et les Urédinées, mais ne nous empêchent pas de regarder ce genre comme plus voisin des *Erineum* que des *Uredo*.

2.ᵉ *TRIBU.* MUCORÉES. *Filamens transparens, cloison-*
nés, fugaces, se renflant à l'extrémité en une vési-
cule membraneuse qui renferme les sporules.

6. PILOBOLUS, Pers.

Filamens simples, continus, renflés au sommet, et supportant une vésicule globuleuse qui se détache et est lancée avec
élasticité à la maturité.

7. DIAMPHORA, Martius.

Filamens cloisonnés, droits, bifides au sommet, et terminés
par deux vésicules membraneuses, operculées.

M. Martius a découvert ce genre remarquable sur les
fruits pourris du *joncquetia*, au Brésil, dans la province de
Para. Il forme de très-petites touffes, composées de filamens
droits, cloisonnés, transparens, simples inférieurement, ou
émettant de leur base quelques filamens divergens et rampans, bifides au sommet et dont chacun des rameaux se
termine par une vésicule cylindrique brune, attachée latéralement à ce rameau et s'ouvrant par un opercule arrondi
roux. Les sporules que renferment ces vésicules sont remarquables en ce qu'elles sont de deux formes; les unes assez
grosses, elliptiques et cloisonnées; les autres, qui paroîtroient
avortées, sont beaucoup plus petites et globuleuses.

8. DIDYMOCRATER, Martius.

Filamens droits, cloisonnés, simples; vésicules cylindriques,
géminées et sessiles au sommet de chaque filament, et s'ouvrant au sommet par un orifice arrondi.

Une des espèces de ce genre a été observée en Allemagne par M. Martius, qui l'a décrite dans sa Flore d'Erlang. Le même auteur en a découvert une nouvelle espèce
au Brésil, et il a donné d'excellentes figures de l'une et de
l'autre dans les Actes de l'Académie Cés. Léop. des curieux
de la nature, tome X; mais il n'indique pas exactement
comment ces vésicules s'ouvrent. La forme arrondie de l'orifice paroîtroit annoncer qu'il y a eu un opercule; dans ce
cas ce genre différeroit bien peu du précédent.

9. Mucor, Link; *Mucoris spec.*, Pers.; *Mucor et Rhizopus*, Ehrenb.

Filamens simples ou rameux, terminés par des vésicules membraneuses, à peu près sphériques.

Le genre *Rhizopus* d'Ehrenberg ne diffère que par ses filamens, naissant par faisceaux sur d'autres filamens rampans. On trouvera dans les Actes de l'Académie Cés. Léop. des curieux de la nature, tome X, des observations très-curieuses du même auteur sur le développement de cette espèce de Mucor. M. Martius a décrit et figuré dans le même ouvrage plusieurs espèces très-élégantes de ce genre, qu'il a observées au Brésil.

10. Ascophora, Tode.

Filamens simples ou rameux, terminés par une vésicule globuleuse, se renversant en forme de cloche après sa rupture.

11. Thelactis, Mart.

Filamens principaux simples, droits, portant à leur sommet une vésicule de forme variable, donnant naissance vers leur base à des filamens secondaires, verticillés, simples, terminés par de petites vésicules.

M. Martius a figuré plusieurs espèces très-élégantes de ce genre, qu'il a découvertes sur diverses plantes pourries au Brésil.

12. Thamnidium, Link.

Filamens principaux simples, droits, portant à leur sommet une vésicule membraneuse sphérique, pleine de sporules, et donnant naissance vers leur base à des filamens ramifiés, épars, terminés par des sporidies solitaires.

Peut-être devroit-on réunir le genre *Thelactis* au *Thamnidium*. Le caractère principal, qui consiste à présenter une vésicule terminale polysporée, et des rameaux secondaires terminées par de petites vésicules monosporées, existe dans tous les deux; la seule différence est, que dans le *Thamnidium* les filamens secondaires sont rameux et alternes sur le filament principal, tandis que dans le *Thelactis* ils sont simples et verticillés.

13. Aspergillus; *Aspergillus et Polyactis*, Link.

Filamens droits ou ascendans, simples ou rameux; rameaux

renflés au sommet; sporules globuleuses, d'abord renfermées dans l'intérieur des filamens et ensuite réunies par groupes serrés autour des extrémités des rameaux.

Le genre *Polyactis* de Link ne diffère de l'*Aspergillus* qu'en ce que chaque rameau, au lieu d'être simple à son extrémité, est divisé en plusieurs petits ramuscules courts et renflés qui portent les sporules; du reste ces deux genres se ressemblent tellement qu'il ne nous a pas paru possible de les séparer.

M. Ehrenberg a observé dans ce genre le même mode de développement des sporules que dans les vraies mucors, c'est-à-dire qu'il les a vues d'abord renfermées dans les extrémités renflées des rameaux, en sortir ensuite et rester en partie agglutinées à l'extrémité de ces rameaux. La même chose a lieu dans le genre *Zyzygites* de ce botaniste.

14. Zyzygites, Ehrenberg.

Vésicules insérées deux par deux latéralement sur les filamens.

Ce genre, que nous ne connoissons que par le peu que M. Ehrenberg en a dit dans ses *Sylvæ mycologicæ berolinenses*, ne diffère, suivant lui, de l'*Aspergillus*, que par les vésicules latérales et non terminales; mais il a observé en outre dans ces plantes une union des filamens analogue à celle des conjugées de Vaucher.

15. Eurotium, Link.

Filamens rameux, cloisonnés, rayonnans, rampans; vésicules sessiles, sphériques; sporules agglomérées.

Le type de ce genre est le *Mucor herbariorum* de Persoon. Plusieurs auteurs ont placé ce genre parmi les *Lycoperdacées* auprès des *trichia*, etc.; mais il nous semble mieux placé auprès des mucors, parce que l'enveloppe des sporules est membraneuse et non de structure fibreuse, comme le péridium des Lycoperdacées. Les filamens qui leur servent de support, nous paroissent aussi indiquer son analogie avec les Mucédinées.

3.ᵉ *TRIBU*. MUCÉDINÉES VRAIES. *Filamens distincts ou lâchement entre-croisés, transparens, fugaces, souvent cloisonnés ; sporules renfermées dans les derniers articles des filamens, qui se séparent à la maturité, ou éparses à la surface de ces filamens.*[1]

§. 1.ᵉʳ *Botrytidées.* Filamens redressés, sporidies ou sporules ordinairement réunies par groupes.

16. AEROPHYTON, Eschweiler.

Filamens rameux, articulés, renflés vers leurs extrémités, qui portent des groupes de sporidies polysporées.

Ce genre, qui a beaucoup du port et de l'aspect du genre *Aspergillus*, en diffère en ce qu'au lieu de porter à l'extrémité de ses rameaux des amas de sporidies monosporées ou des sporules nues, il présente des groupes de sporidies membraneuses, ovoïdes, renfermant des sporules globuleuses très-petites.

La seule espèce connue de ce genre a été observée par M. Eschweiler sur des feuilles conservées en herbier du *Casselia brasiliensis*, recueilli par le prince de Neuwied.

17. DACTYLIUM, Nées.

Filamens simples, droits, portant à leur sommet plusieurs sporidies oblongues ou fusiformes, cloisonnées transversalement.

Ce genre est le seul parmi les Mucédinées qui présente des sporidies divisées par des cloisons transversales nom-

---

1 Dans ce dernier cas elles paroissent tantôt être formées par de petits rameaux insérés sur différens points des filamens, et ne renfermant chacun qu'une seule sporule ; ces rameaux se détachent à l'époque de la dispersion des sporules, qui, dans ce cas, sont recouvertes par la membrane qui forme le filament : tantôt les sporules, d'abord renfermées en grand nombre dans l'intérieur des filamens, paroissent en être sorties et s'être répandues à leur surface ; dans ce dernier cas elles diffèrent à peine de la tribu précédente.

Cette différence de structure, qui pourroit donner de bons caractères pour distribuer les genres de cette famille, n'a malheureusement pas été observée avec assez d'exactitude pour qu'on puisse l'employer ; c'est ce qui nous oblige à avoir recours aux deux divisions artificielles que nous avons adoptées.

breuses, et qui paroissent évidemment n'être que des rameaux dans un état de développement différent.

18. PENICILLIUM, Link.

Filamens simples ou rameux, terminés par un faisceau de
rameaux couverts de sporules formant un capitule terminal.

19. BOTRYTIS, Link.

Filamens droits, entre-croisés à leur base, rameux; à rameaux en corymbe; sporules globuleuses, réunies vers les
extrémités des rameaux.

Il seroit peut-être convenable de réunir à ce genre les deux
suivans et le précédent, qui n'en diffèrent que par des caractères bien légers : c'est ce que Persoon a fait dans sa Mycologie européenne, et on devroit peut-être adopter son opinion à cet égard. Nous avons cependant préféré rapporter
les caractères de ces genres, qu'on pourra regarder comme
des sous-genres.

20. CLADOBOTRYUM, Nées.

Filamens ascendans, se divisant dès la base en corymbe;
sporules oblongues, éparses vers les sommets des rameaux.

21. STACHYLIDIUM, Link.

Filamens ascendans, entre-croisés à leur base; rameaux
verticillés, courts et obtus; sporidies globuleuses, réunies
autour des verticilles.

22. VERTICILLIUM, Nées.

Filamens droits, rameux, rapprochés par touffes; rameaux
verticillés; sporidies globuleuses, solitaires à l'extrémité des
rameaux.

Ce genre ne diffère absolument du genre *Acremonium* que
par sa tige dressée. Du reste, la forme et la disposition des
sporules sont exactement les mêmes.

23. VIRGARIA, Nées.

Filamens droits, rameux; à rameaux redressés et plusieurs
fois divisés; sporules globuleuses, éparses ou réunies vers les
extrémités.

De même que nous croyons qu'on pourroit réunir au *Botrytis* plusieurs des genres voisins, de même on devroit peut-
être réunir en un seul les genres *Virgaria*, *Haplaria* et *Acladium*, qui ont beaucoup du même aspect, et qui diffèrent
à peine par leurs caractères.

24. Haplaria, Link.

Filamens simples ou peu rameux, droits, épars; sporules globuleuses, réunies par groupes çà et là à la surface des filamens.

25. Acladium, Link.

Filamens simples, ou à rameaux dressés, rapprochés par touffes serrées; sporules ovales ou oblongues, réunies vers les extrémités des rameaux.

26. Polythrincium, Kunze.

Filamens droits, simples, composés d'articles très-nombreux et très-rapprochés; sporidies éparses à leur surface, divisées en deux loges par une cloison transversale.

Kunze place ce genre parmi les Urédinées, auprès du genre *Phragmidium* parce qu'il croit, comme lui, sur les feuilles des plantes vivantes; mais la structure, d'après la description qu'il en donne, nous paroit entièrement différente de celle de ces genres : il se rapproche plutôt des *Monilia* ou du genre *Acrosporium*, Nées. L'espèce décrite par Kunze est commune, suivant lui, sur les feuilles de diverses espèces de trèfle.

27. Acrosporium, Nées; *Alysidium*, Kunze.

Filamens simples, droits, moniliformes, réunis par touffes; articles se séparant sous forme de sporidies globuleuses ou ovales, et se répandant à la surface des autres filamens.

Ce genre est, parmi les mucédinées droites, l'analogue du genre *Oidium* parmi celles à filamens décumbens. Nous réunissons à ces plantes le genre *Alysidium* de Kunze, qui ne diffère de l'*Acrosporium* que par les sporules ovoïdes et non globuleuses.

§. 2. *Sporotrichées*. Filamens décumbens; sporidies ou sporules ordinairement éparses.

28. Oidium, Link.

Filamens rameux, cloisonnés, décumbens, entre-croisés, articulés vers les extrémités; articles ovoïdes, se séparant et se répandant à la surface des filamens.

Ce genre, qui diffère à peine du suivant, nous paroitroit devoir lui être réuni; il ne se distingue, en effet, que par ses articles ovoïdes et non tronqués : il croît sur le bois pourri et sur les fruits en décomposition. *Le Trichoderma aureum* de Persoon est, suivant Link, le type de ce genre ; mais Persoon assure que ce n'est pas la même plante.

29. Geotrichum, Link.

Filamens cloisonnés, rameux, décumbens, entre-croisés, se séparant vers les extrémités en articles tronqués aux deux extrémités qui se répandent à la surface des filamens.

La seule espèce de ce genre qu'on connoisse, croit sur la terre, dans les bruyères ; elle y forme des taches blanches, semblables à un léger duvet.

30. Sporotrichum, Link ; *Aleurisma, Collarium, Sporotrichum, Asporotrichum*, Link.

Filamens cloisonnés, rameux, décumbens ou redressés, entre-croisés ; sporules arrondies, éparses à leur surface.

Ce genre, auquel on devroit peut-être réunir plusieurs des suivans, est très-nombreux en espèces qui croissent sur les arbres pourris et sur les végétaux en décomposition ; elles varient beaucoup pour la couleur des sporidies et des filamens.

Link, après avoir distingué les genres *Sporotrichum, Asporotrichum, Aleurisma* et *Collarium*, les a lui-même réunis dans la monographie qu'il a donnée de ce genre dans les Annales de botanique. (*Jahrbücher der Gewächskunde, fasc.* 1, p. 163.)

31. Byssocladium, Link.

Filamens rameux, cloisonnés, décumbens, étendus en rayonnant ; sporules petites, globuleuses, éparses.

La disposition seule des filamens non entre-croisés distingue ce genre du précédent. La seule espèce connue vient sur les vitres humides, sur lesquelles elle forme de petites taches noires, arrondies, d'une ligne environ de diamètre. Cette plante paroît être la même que celle que Roth a décrite sous le nom de *Conferva fenestralis*, et paroît très-voisine du *Conferva dendritica* d'Agardh, dont Fries a formé son genre *Dendrina*. Dittmar, qui a figuré le *Byssocladium fenestrale* dans ses *Fungi germanici*, a réuni ce genre au *Sporotrichum*. Il nous semble cependant mériter d'être conservé, à cause de la structure et de la disposition de ses filamens.

32. Fusisporium, Link.

Filamens rameux, rapprochés par touffes, cloisonnés ; sporidies fusiformes, réunies par groupes vers le centre des touffes de filamens.

Le *Fusisporium aurantiacum*, Link, la seule espèce connue de ce genre, forme des plaques assez étendues sur les fruits des cucurbitacées qui commencent à se pourrir.

33. ARTHRINIUM, Kunze.

Filamens simples, décumbens, entre-croisés, transparens, cloisonnés; cloisons très-nombreuses, épaisses et opaques; sporidies fusiformes, presque opaques, beaucoup plus grosses que les filamens, et éparses parmi eux.

Kunze a découvert ce genre sur les feuilles sèches des Carex : il a quelque analogie avec les genres *Fusisporium* et *Epochnium* de Link par la forme de ses sporidies ; il en diffère cependant beaucoup par leur grosseur relativement aux filamens, par leur demi-opacité et par la structure de ces filamens qui ressemblent plus à certaines Conferves qu'aux filamens des Mucédinées.

Depuis il en a été découvert deux autres espèces, l'une sur le *Scirpus sylvaticus;* l'autre, qui croit aussi sur les Carex, a été décrite par M. De Candolle sous le nom de *Conoplea pucci-noides*, et par Fries sous celui de *Xyloma caricinum*. Cette dernière diffère beaucoup des deux précédentes par ses sporidies très-petites et anguleuses.

Enfin, une quatrième espèce a été découverte par M. Nées d'Ésenbeck, qui l'avoit indiquée comme un genre nouveau sous le nom de *Sporophleum* : elle croit sur les feuilles des graminées. Ses sporidies sont très-petites, comme celles de l'espèce précédente, mais fusiformes comme dans les deux premières.

34. SCOLICOTRICHUM, Kunze.

Filamens simples, décumbens, vermiformes, non cloisonnés ; sporidies oblongues, opaques, divisées en deux loges par une cloison transversale, entremêlées avec les filamens.

La seule espèce décrite de ce genre vient sur les rameaux du cerisier : elle est d'une couleur verdâtre, qui lui a fait donner le nom de *Scolicotrichum virescens*.

35. TRICHOTHECIUM, Link.

Filamens rameux, décumbens, cloisonnés, rapprochés par touffes; sporidies éparses à leur surface, ovoïdes, séparées en deux par une cloison transversale.

Le *Trichoderma roseum*, Pers., forme le type de ce genre,

auquel on devroit peut-être réunir le précédent, qui n'en diffère que par ses filamens simples et non cloisonnés.

36. Sepedonium, Link.

Filamens entre-croisés, se développant sur les champignons pourris; sporidies très-nombreuses, arrondies, entremêlées avec les filamens.

L'*Uredo mycophila* de Persoon est le type de ce genre : il paroît sortir de l'intérieur même des champignons, et particulièrement des Bolets qui commencent à se décomposer. Les filamens, qui sont mêlés avec les sporidies, ont été négligés par la plupart des auteurs ; ils sont cependant bien distincts du tissu du champignon qui les supporte.

Cette cryptogame est très-commune en automne : elle est d'un beau jaune.

37. Mycogone, Link.

Filamens entre-croisés, naissant sur les champignons en putréfaction; sporidies pédicellées, très-nombreuses.

Cette plante, qui n'a été décrite que par Link, nous paroît très-voisine du genre *Acremonium*, dont cet auteur ne paroît l'avoir distinguée que par la manière dont elle se développe sur les champignons en décomposition et par ses sporidies plus nombreuses.

La seule espèce connue est d'un rose tendre.

38. Epochnium, Link.

Filamens rapprochés par touffes, cloisonnés, rameux; sporidies oblongues, portées sur un court pédicelle filiforme, éparses sur les filamens.

Ce genre diffère très-peu du genre *Fusisporium*, et nous pensons qu'il seroit peut-être plus convenable de les réunir en un seul ; les sporidies de celui-ci se disposent souvent par série, comme dans les Monilies. Aussi l'espèce décrite par Link sous le nom d'*Epochnium moniloides*, est-elle, suivant cet auteur, la même que le *Monilia fructigena* de Persoon. Ce dernier affirme cependant que sa plante appartient au genre *Oideum*, ce que paroît prouver la description qu'en a donnée M. Ehrenberg. (Voy. *Nov. act. acad. Cæs. Leop. nat. cur.*, t. X.)

39. Acremonium, Link.

Filamens peu rameux, distincts, cloisonnés; sporidies solitaires, portées à l'extrémité de longs pédicelles.

Ces. plantes croissent sur les bois morts et les feuilles
sèches. On en connoît deux espèces : l'une *Acremonium ver-*
ticillatum, Link, présente à chaque articulation du filament
principal trois à quatre petits rameaux verticillés, terminés
par une sporidie; dans l'autre, *Acremonium alternatum*, Link,
les rameaux sont alternes.

4.e TRIBU. BYSSACÉES. *Filamens distincts, mais souvent*
très-entre-croisés, opaques, continus ou rarement
cloisonnés; sporidies éparses à la surface des fila-
mens ou formées par leurs articles.

§. 1.er *Chloridiées.* Filamens continus ou rarement cloisonnés;
sporidies éparses, extérieures.

40. ACTINOCLADIUM, Ehrenberg.

Filamens droits, roides, cylindriques, presque transparens,
cloisonnés, divisés en ombelle au sommet; sporules transparentes, éparses.

La seule espèce connue de ce genre forme des taches
rosées sur l'écorce des charmes. M. Ehrenberg l'a nommé *A.*
rhodospermum. Ses filamens sont noirs, courts, divisés en
trois rameaux; les sporules sont assez grosses et éparses, d'un
rose violet. Jamais M. Ehrenberg n'a pu observer leur insertion aux filamens.

41. CONOPLEA, Pers.

Filamens roides, simples ou peu rameux, rapprochés par
touffes arrondies; sporidies (sporules?) réunies en amas vers
la base des filamens.

Ce genre est resté long-temps un des plus douteux de
cette famille. Link avoit regardé son genre *Exosporium* comme
la même chose que le *Conoplea* de Persoon et l'avoit rapporté par cette raison aux Urédinées. M. Nées l'avoit entiè-
ment passé sous silence. Enfin, M. Ehrenberg, ayant observé le
Conoplea hispidula de Persoon, a prouvé que ce genre devoit
être distingué de l'Exosporium et devoit se placer auprès du
Chloridium.

42. CHLORIDIUM, Link.

Filamens simples ou peu rameux, redressés, opaques, con-

tinus, rapprochés par touffes; sporidies (sporules?) nombreuses, globuleuses, libres et éparses.

On connoît deux ou trois espéces de ce genre, qui croissent sur les bois pourris.

43. Campsotrichum, Ehrenberg.

Filamens droits, entre-croisés, rameux, flexueux, roides et
opaques; rameaux subdivisés, divariqués, courts et flexueux;
sporidies transparentes, fixées aux extrémités des rameaux.

Ehrenberg a décrit deux espèces de ce genre; l'une croît
sur les *Usnea*; ses filamens sont noirâtres et ses sporidies d'un
brun roux : l'autre, qui naît sur les feuilles d'un arbre de
l'île Sainte-Catherine au Brésil, ne diffère de la précédente
que par ses sporidies noires.

44. Myxotrichum, Kunze; *Oncidium*, Fr. Nées.

Filamens continus, très-rameux, entre-croisés; sporidies
nombreuses, presque globuleuses, demi-transparentes, réunies en amas, enveloppées d'une substance gélatineuse et fixées
sur les filamens.

Ce genre, très-voisin du *Campsotrichum*, dont il a tout-
à-fait l'aspect, mais dont il diffère par la disposition des
sporidies, renferme deux espèces : l'une croît sur les papiers moisis, l'autre sur les murs humides; toutes deux sont
noirâtres : dans la première les extrémités des rameaux sont
très-alongées et recourbées en crochet; dans la seconde elles
sont droites.

45. Circinotrichum, Nées.

Filamens décumbens, minces, entre-croisés et contournés
en spirale, opaques; sporidies fusiformes, transparentes,
éparses et entremêlées avec les filamens.

La seule espèce connue de ce genre croît sur les feuilles
mortes, sur lesquelles elle forme des taches arrondies, d'un
noir olivâtre. Ses filamens opaques et continus la rapprochent des Byssus, tandis que la forme de ses sporidies est
analogue à celle des mêmes organes dans les genres *Fusisporium*, *Epochnium*, etc.

46. Helicosporium, Nées.

Filamens droits, roides, presque simples, opaques; sporidies contournées en spirale, cloisonnées, se détachant de
bonne heure et restant entremêlées avec les filamens.

Ce genre ne diffère du genre *Helicomyces* que par ses filamens principaux, roides et continus, qui manquent dans l'*Hélicomyces*. Du reste, la plante entière de ce dernier genre ressemble complétement aux sporidies de celui-ci, et peut-être devroit-on rapporter ici le genre *Helicomyces*.

47. Helmisporium, Link ; *Helminthosporium*, Pers., *Myc. eur.*

Filamens droits, roides, peu rameux, opaques, continus, rapprochés ; sporidies cloisonnées? transparentes, éparses sur les filamens.

Doit-on dans ce genre et dans le suivant regarder les extrémités cloisonnées et caduques des filamens comme de vrais rameaux renfermant les sporules et se séparant de la tige à la maturité, de même que dans la section suivante les tiges tout entières se divisent en articles qui forment les sporules? Ou doit-on les regarder comme des capsules ou sporidies cloisonnées, éparses à la surface des filamens? Ces questions nous paroissent difficiles à résoudre ; cependant la première nous paroît la plus probable, les sporidies des mucédinées étant, en général, non cloisonnées et monosporées.

Les espèces connues du genre *Helmisporium* croissent sur le bois mort ou sur les tiges sèches, sur lesquels elles forment des taches noires ou olivàtres.

48. Spondylocladium, Martius.

Filamens droits, roides, simples ou peu rameux, opaques, presque moniliformes ; rameaux verticillés ; sporidies nulles, à moins qu'elles ne soient formées par les articulations des rameaux.

Ce genre, décrit par M. Martius dans sa Flore d'Erlang, a pour type le *Dematium verticillatum* d'Hoffmann : il croît sur les bois pourris.

La forme de ses filamens paroît indiquer que les articles qui les composent se séparent à la maturité.

§. 2. *Moniliées.* Filamens ou rameaux moniliformes, articles se séparant et se disséminant sous forme de sporidies.

49. ? Clisosporium, Fries.

Filamens moniliformes, composés d'articles globuleux, entremêlés de vésicules sessiles, éparses, sphériques, s'ouvrant au sommet et se retournant en forme de cloche.

Le type de ce genre est le *Conferva mucoroides* d'Agardh, parfaitement décrit et figuré par cet auteur dans les Actes de l'Académie de Stockholm pour 1814. Cette plante, qui, par sa structure et sa manière de croître sur les bois humides, paroît mieux placée parmi les mucédinées, a été établie comme genre distinct par Fries dans ses *Novitiæ floræ Suecicæ*, V, p. 80. Il réunit la structure des filamens des *Torula* à une vésicule assez semblable à celle du genre *Ascophora*.

50. CLADOSPORIUM, Link; *Dematii spec.*, Pers.

Filamens droits, simples ou peu rameux, légèrement transparens, rapprochés; rameaux terminaux moniliformes, se séparant par articles.

Ce genre conserve le port des vraies Byssinées avec le caractère des Monilies dans le mode de dissémination de ses sporules, caractère qui nous l'a fait placer en tête de cette section.

51. TORULA, Link.

Filamens décumbens, simples, opaques, composés d'articles globuleux qui se séparent facilement.

52. MONILIA, Link; *Monilia* et *Hormiscium*, Kunze.

Filamens droits, simples, opaques, persistans; articles ovales ou globuleux, se séparant difficilement.

Les articles sont ovales dans les vrais *Monilia* et globuleux dans le genre *Hormiscium* de Kunze. Ce caractère ne nous paroît que spécifique et non susceptible de former un genre particulier.

53. ALTERNARIA, Nées.

Filamens droits, épars, opaques, simples, formés d'articles ovales, éloignés les uns des autres et séparés par des espaces filiformes.

§. 3. *Byssinées*. Filamens continus ou cloisonnés, généralement décumbens et entre-croisés, dépourvus de sporidies extérieures, et ne se divisant pas par articles.

54. ? HÉLICOMYCES, Link.

Filamens simples, transparens, contournés en spirale, cloisonnés, surtout vers leur extrémité.

La seule espèce connue croît sur le bois mort, qu'elle couvre d'un léger duvet rose.

55. ? Herpotrichum , Fries.

Filamens simples, rampans, cloisonnés; articles pliés en zigzag.

Ce genre, formé par Fries et qui a pour type le *Conferva pteridis* d'Agardh , est encore à peine connu, et ce n'est qu'avec doute que nous le rapportons ici. La seule espèce qui le compose jusqu'à présent, croît sur le bas des tiges du *Pteris aquilina,* sur lequel elle forme une sorte de duvet roussâtre.

56. Byssus, Link; *Hypha*, Pers.; *Hyphasma*, Rebentisch.

Filamens rameux, décumbens, entre-croisés, non cloisonnés, demi-transparens, très-fugaces.

Presque toutes les espèces de ce genre croissent dans les mines et les souterrains. Elles ont été très-bien décrites par Hoffmann et par M. de Humboldt dans son *Specimen floræ fribergensis.* Le genre *Hypha* de Persoon appartient, sans aucun doute, à celui-ci.

57. Himantia , Pers.

Filamens rampans et adhérens aux corps sousjacens, rameux, peu entre-croisés, se divisant en rayonnant, non cloisonnés, opaques, persistans.

Plusieurs des plantes placées dans ce genre ne sont peut-être que d'autres champignons plus parfaits, encore incomplétement développés. Ainsi plusieurs Bolets, quelques Hydnes et un grand nombre de Théléphores commencent par se présenter sous une forme byssoïde, très-analogue à celle des *Himantia.* Le genre *Athelia* de Persoon forme un passage tellement insensible entre ce genre et les Théléphores, qu'on ne sait auprès duquel le placer. Sa position la plus naturelle nous paroit auprès des mucédinées agrégées, telles que les *Isaria.*

58. Dematium , Link, non Pers.

Filamens rameux, décumbens, entre-croisés, non cloisonnés, opaques, persistans.

Ce genre diffère des vrais byssus par la persistance de ses filamens. Il a pour type le *Racodium rupestre* de Persoon. Le genre auquel ce dernier auteur avoit donné le nom de *Dematium,* diffère beaucoup de celui-ci et correspond aux genres *Cladosporium, Chloridium, Helmisporium* de Link.

59. Racodium, Link; *Racodii spec.*, Pers.

Filamens rameux, décumbens, entre-croisés, non cloisonnés, persistans, couverts de granulations formées par de petits filamens moniliformes.

Link regarde le *Racodium cellare* de Persoon comme le type de ce genre. Il est probable que les filamens moniliformes qu'on observe sur les filamens principaux sont des séries de sporidies, à moins que ce ne soit une autre cryptogame parasite, analogue aux *Torula* ou aux *Monilia*; et, dans ce cas, ce genre ne différeroit pas sensiblement des *Dematium*.

60. Amphitrichum, Fréd. Nées.

Filamens rameux, décumbens et entre-croisés à leur base, simples et redressés à leurs extrémités, non cloisonnés.

Ce genre, encore peu connu, a été décrit par M. Fréd. Nées dans les Actes de l'Académie Cés. Léop. des curieux de la nature pour 1818.

61. ? Gliotrichum, Eschweiler.

Filamens simples, continus, mucilagineux, presque opaques, rampans, se réunissant ensuite par faisceaux redressés; sporules éparses?

M. Eschweiler n'a décrit qu'une espèce de ce genre, qui croît sur les feuilles du *Casselia brasiliensis*. Cette plante, extrêmement petite, a le port de quelques espèces du genre *Scytonema* d'Agardh. Quant aux sporidies que M. Eschweiler a vues éparses à leur surface, elles sont en si petite quantité qu'elles nous paroissent devoir être étrangères à ce byssus.

Une seconde espèce de ce genre croît sur l'écorce du bouleau, suivant le même auteur.

62. ? Haplotrichum, Eschweiler.

Filamens très-simples, continus, presque opaques, décumbens, entre-croisés; sporules globuleuses, éparses.

Ce genre, qui se rapproche du précédent par ses filamens simples et continus, présente, suivant M. Eschweiler, des sporidies ou plutôt des sporules qui paroissent sortir de l'intérieur des filamens.

Il croît sur la même plante que le précédent. Ne seroit-ce pas une autre époque de développement de la même plante?

63. Ozonium, Link.

Filamens rameux, décumbens, entre-croisés ; les principaux épais, non cloisonnés ; les secondaires plus minces et cloisonnés.

Ce genre, qui a le port des *Dematium*, a ses filamens principaux presque semblables à ceux des *Rhizomorpha*, tandis que ceux des extrémités diffèrent à peine de ceux des *Byssus*.

64. Acrotamnium, Nées.

Filamens décumbens, rameux, continus et opaques dans leurs parties inférieures, peu entre-croisés ; rameaux terminaux, plus minces, cloisonnés, redressés.

Ce genre ne diffère du précédent que par ses filamens lâches et à peine entre-croisés, tandis que dans les *Ozonium* ils sont serrés et forment une sorte de membrane ou de feutre par leur réunion.

65. Sarcopodium, Ehrenberg.

Filamens simples, alongés, cylindriques, cloisonnés, droits, mous, insérés sur une base celluleuse, molle, adhérente aux corps sousjacens.

La position de ce genre est assez embarrassante. Ces filamens ont assez l'aspect de ceux du genre *Helicomyces* et d'autres Byssinées ; mais ils ne sont pas aussi roides, et la base molle sur laquelle ils s'insèrent, les rapproche des Isariées. M. Ehrenberg n'en a décrit qu'une espèce, qui forme sur les bois pourris de petites taches d'une couleur jaune rosée ; ses filamens sont rapprochés, dressés et courbés au sommet.

5.ᵉ Tribu. Isariées. *Filamens réunis et soudés entre eux d'une manière régulière et constante ; sporules éparses à leur surface.*

66. Athelia, Pers.

Filamens entre-croisés, rayonnans, soudés vers le centre en une membrane mince, adhérente aux corps sousjacens, couverte de petites fibrilles entremêlées de sporules ; filamens libres à la circonférence.

Ces plantes, qui ont tout-à-fait l'aspect des Théléphores adhérentes, en diffèrent par leur structure plus fibreuse, filamenteuse vers la circonférence, et surtout par l'absence de ces thèques qui forment la membrane fructifère des vrais Champignons.

67. Epichysium, Tode.

Filamens entre-croisés et réunis en une membrane cyathiforme et formant à son intérieur des veines rameuses; sporules éparses aux extrémités des filamens.

Ce genre et le précédent forment le passage des Mucédidinées aux vrais Champignons. En effet, les genres de Champignons voisins des Tremelles et dépourvus de véritables thèques, tels que les Auriculaires, diffèrent à peine de ces genres.

68. Dacryomyces, Nées.

Filamens dressés, rapprochés et presque soudés, formant une masse arrondie, gélatineuse, sessile, entremêlée de sporules.

On ne connoît encore qu'une espèce de ce genre : elle a été décrite par M. Nées sous le nom de *Dacryomices stillatus*. Elle croit sur l'écorce des chênes morts, sur laquelle elle forme des tubercules orangés, sessiles, arrondis, presque gélatineux.

69. Ceratium, Alb. et Schweinitz.

Filamens réunis sous forme d'une membrane rameuse, plissée, couverte de filamens simples et courts qui portent les sporules.

Ce genre, très-voisin du suivant, en diffère seulement par son tissu plus membraneux, moins charnu, et par ses sporules beaucoup moins nombreuses; ce qui lui ôte cet aspect pulvérulent qu'ont les *Isaria*. Il a pour type l'*Isaria mucida* de Persoon, ou *Ceratium hydnoides* d'Albertini et Schweinitz, qui croit sur les bois morts.

70. Isaria, Pers.

Filamens formant par leur réunion un corps alongé, simple ou rameux, renflé vers ses extrémités, fibreux ou charnu, recouvert de fibrilles simples ou rameuses, entremêlées de sporules très-abondantes.

La plupart des espèces de ce genre naissent sur les insectes morts; quelques autres viennent sur les bois morts: elles sont en général blanches et assez fugaces.

71. Coremium, Link.

Filamens entre-croisés, formant un capitule pédicellé, couvert de toutes parts de petits filamens fasciculés et entre-mêlés de sporules.

Ce genre nous paroît à peine distinct des *Isaria*. Link en a décrit une espèce sous le nom de *Coremium glaucum*, qui croît sur les fruits cuits et gâtés. Il présume que le *Monilia penicillus* de Persoon appartient à ce genre.

72. Periconia, Tode.

Filamens intimement soudés en un pédicelle sec et roide, terminé par une tête arrondie, couverte de sporules.

Le *Periconia lichenoides* de Persoon est le type de ce genre, qui diffère à peine des *Cephalotrichum*, si ce n'est par ses filamens plus soudés et son capitule arrondi.

73. Cephalotrichum, Link.

Filamens formant par leur réunion un pédicelle cylindrique ou conique, simple, roide, terminé par un capitule ovale ou cylindrique, composé de fibres entre-croisées et mêlées de sporules globuleuses.

Ces plantes, qui croissent sur les bois morts, ont déjà beaucoup de l'aspect des cryptogames de la famille suivante, et surtout des *Trichia*, *Stemonitis*, etc.

Le *Periconia stemonitis* et probablement plusieurs espèces du même genre appartiennent aux *Cephalotrichum* de Link.

74. ? Stilbum, Pers.

Filamens complétement soudés en un pédicelle charnu, terminé par un capitule arrondi, mou, nu, composé de sporules très-petites, réunies en une masse gélatineuse.

La position de ce genre nous paroît très-douteuse ; cependant son port et sa manière de croître indiquent sa place auprès des genres précédens. Du reste, nous manquons encore d'observations bien exactes à son égard.

75. ? Tubercularia, Pers., Link.

Filamens réunis en une masse compacte, charnue, formant souvent un col plus étroit, couverte de sporules globuleuses très-petites et très-nombreuses.

La position de ce genre et des deux suivans nous paroît encore très-douteuse ; ils ont été successivement placés par les divers auteurs qui se sont occupés de cette famille, à la fin des Urédinées, auprès des Tremelles et parmi les Lycoperdacées.

76. ATRACTIUM, Link.

Filamens réunis en une masse globuleuse, stipitée, d'une structure fibreuse; sporules fusiformes, éparses sur la base.

Les deux espèces connues de ce genre croissent sur le bois mort. Link dit que l'une d'elles a les sporules cloisonnées ; ce qui prouveroit que ce sont de vraies sporidies, et non pas des sporules nues.

77. CALICIUM, Pers.

Filamens réunis en une masse stipitée, en forme de tête ou de cupule, d'une structure fibreuse, supportant des sporidies globuleuses.

La croûte qui environne la base de ces cryptogames et qui les a fait placer par plusieurs auteurs parmi les Lichens, paroît souvent leur être étrangère ; et, d'ailleurs, une croûte mince et pour ainsi dire membraneuse s'observe dans plusieurs plantes de la famille des Lycoperdacées, dont cette plante est très-voisine.

LYCOPERDACÉES.

Sporules ou sporidies renfermées dans l'intérieur d'un péridium ou conceptacle fibreux, formé par des filamens entrecroisés.

Obs. Ces cryptogames commencent presque toujours par être fluides intérieurement; et il n'y a presque aucun doute qu'à cette époque les sporules sont renfermées, soit dans l'intérieur des filamens qui remplissent le péridium, soit dans des vésicules qui en naissent. Mais on n'a pas encore pu bien l'observer; et plus tard, lorsque ces plantes ont atteint leur développement complet, on ne voit, en général, que des sporules libres ou agglomérées entre elles, qui paroissent dépourvues de toute espèce d'enveloppe. Dans les genres de la section des Tubérées, les sporules, outre le péridium général, sont contenues dans des vésicules arrondies qui paroitroient formées d'une membrane simple, comme les vésicules des Mucors.

Cette famille est tellement naturelle, qu'à l'exception des Sclérotiées, les tribus que nous avons admises sont fondées

sur des caractères très-légers, quoiqu'elles forment des groupes
assez naturels par leur aspect et leur manière de croître.

1.re TRIBU. FULIGINÉES. *Péridium sessile, irrégulier,
finissant par se détruire ou tomber entièrement en
poussière; ne renfermant que peu ou point de filamens mêlés aux sporules, et commençant par être
complétement fluide intérieurement.*

1. TRICHODERMA, Link; *Trichodermatis spec.*, Pers.

Péridium de forme irrégulière, simple, formé de filamens
lâches et distincts, finissant par se détruire vers le centre;
sporules très-petites, globuleuses, toujours pulvérulentes.

Le type de ce genre est le *Trichoderma viride* de Persoon,
espèce très-commune sur les écorces humides et en partie
détruites.

2. MYROTHECIUM, Tode, Link.

Péridium de forme irrégulière, simple, composé de filamens lâchement entre-croisés, se détruisant vers le centre;
sporules très-petites, globuleuses, d'abord à l'état fluide,
devenant ensuite solides et pulvérulentes.

Le *Myrothecium inundatum* de Tode doit être regardé comme
le type de ce genre; les autres espèces rapportées par le
même auteur à ce genre paroissent assez différentes.

3. ? DICHOSPORIUM, Nées.

Péridium déprimé, arrondi, membraneux, couvert d'une
couche de petits grains globuleux, renfermant des sporules
arrondies, agglomérées.

Ce genre ne nous paroît connu que très-imparfaitement.
En effet, doit-on regarder comme des sporules les grains
qui couvrent en grand nombre la surface de cette plante, et
dans ce cas sont-ce des sporulés sorties de son intérieur ou
se sont-elles développées dans cette place. Dans la seule espèce connue, que M. Nées a décrite sous le nom de *D. aggre-
gatum*, les grains extérieurs sont blancs et brillans; les grains
intérieurs, auxquels il donne le nom de sporules, mais qui
sont peut-être des sporidies, sont noirs et plus gros que les
premiers. Ceux-ci ne seroient-ils pas sortis des grains intérieurs pour se répandre à la surface extérieure de la plante?

4. **Amphisporium**, Link.

Péridium sessile, mince, renfermant des sporules de deux formes : les unes globuleuses, presque opaques, placées vers le centre ; les autres fusiformes et transparentes, placées vers la circonférence.

La seule espèce décrite par Link vient sur les oignons des Liliacées croissant dans l'eau pendant l'hiver ; elle forme à leur surface de petits tubercules d'une demi-ligne environ de diamètre, d'abord blancs, ensuite jaunes et qui finissent par devenir gris.

L'*Ægerita punctiformis* de M. De Candolle, qui se développe également sur les racines des oignons de hyacinthes, paroîtroit être la même plante.

5. **Strongilium**, Dittmar, Link.

Péridium de forme irrégulière, simple, membraneux, s'ouvrant vers son sommet, rempli de filamens rameux, droits, naissans de la base ; sporules agglomérées ?

Link décrit dans ce genre et dans le suivant les sporules comme réunis en masses cylindriques ; mais il paroît, d'après l'observation curieuse de M. Ehrenberg, que ces cylindres sont formés par les excrémens d'un insecte qui se nourrit de ces champignons, le *Lathridium rugosum*. Il s'est assuré de ce fait pour le *Licea effusa* ; et il est très-probable que c'est également le cas de ce genre et du *Dermodium*, et que naturellement les sporules sont libres ou irrégulièrement agglomérées.

Le *Trichoderma fuliginoides* de Persoon est le type de ce genre. C'est cette même plante que Bulliard a figurée sous le nom de *Reticularia Lycoperdon*.

6. **Dermodium**, Link.

Péridium irrégulier, simple, membraneux, mince et fugace ; filamens nuls ; sporules agglomérées ?

Ce genre diffère si peu du *Lycogala*, qu'il nous paroîtroit plus convenable de réunir ces deux genres. La plus grande persistance du péridium dans les *Lycogala* est le seul caractère qui, joint à un aspect assez différent, puisse servir à les distinguer.

7. **Diphterium**, Ehrenberg.

Péridium presque globuleux ou hémisphérique, membraneux, épais et solide, adhérent à une base semblable; filamens intérieurs dressés, naissant des parois du péridium, rameux, inégaux, flexueux, épais et renflés à leurs extrémités; sporules réunies par groupes à leur surface.

La seule espèce décrite de ce genre croit sur le bois mort. Elle est d'abord blanche et ensuite d'un brun jaune. Sa forme est globuleuse, souvent un peu irrégulière : elle atteint environ un pouce.

8. SPUMARIA, Pers.

Péridium irrégulier, simple, membraneux, celluleux, très-délicat et finissant par se détruire entièrement; sporules réunies par groupes dans les plis que présente le péridium à l'intérieur.

Ce genre diffère principalement du précédent par son péridium non filamenteux, et par les plis qu'il présente dans son intérieur, lesquels forment des sortes de saillies persistantes, auxquelles adhèrent les sporules.

9. FULIGO, Pers.; *Æthalium*, Link.

Péridium de forme irrégulière, double; l'externe fibreux, se détruisant promptement; l'interne membraneux et celluleux, finissant par tomber en poussière; sporules agglomérées.

10. PITTOCARPIUM, Link.

Péridium arrondi, plissé, simple, d'abord mou, ensuite friable, épais, celluleux à l'intérieur.

Ce genre diffère surtout du *Fuligo* par l'absence du péridium externe, et par l'épaisseur plus considérable de son péridium. Du reste il se développe de la même manière sur les herbes qui se pourrissent, et sur lesquelles il se présente sous forme de tubercules bruns extérieurement, jaunes à l'intérieur, remplis de sporules globuleuses également jaunes.

11. LYCOGALA, Pers.

Péridium globuleux ou irrégulier, simple, membraneux, se divisant au sommet et ne renfermant que quelques filamens très-peu nombreux; sporules agglomérées.

Ce genre diffère principalement du *Licea* par le mode de déhiscence de son péridium, qui est d'abord très-fluide; caractère qu'on retrouve dans la plupart des genres de cette division et même dans le plus grand nombre des Lycoperdacées.

12. Lignidium, Link.

Péridium globuleux, simple, membraneux, porté sur une base membraneuse, se rompant irrégulièrement au sommet; sporules agglomérées et fixées à des filamens qui remplissent l'intérieur du péridium.

La seule espèce connue de ce genre est remarquable par ses filamens dichotomes, dont les bifurcations sont très-dilatées et presque membraneuses, et qui remplissent son péridium. Elle croît sur les plantes à moitié pourries.

13. Licea, Link; *Liceæ spec.* et *Tubulina*, Pers.

Péridium de forme globuleuse, simple, membraneux, très-mince, s'ouvrant par une fente transversale comme un opercule, ne renfermant point ou peu de filamens; sporules agglomérées?

D'après les observations que nous avons déjà citées de M. Ehrenberg, les sporules seroient libres dans ce genre et peut-être dans plusieurs autres où on les a indiquées comme agglomérées.

Link, qui avoit d'abord distingué ce genre d'après l'absence des filamens, pense, et avec raison, que son mode de déhiscence en boîte à savonnette fournit un meilleur caractère pour le séparer des *Lycogala*. D'après cela, les *Licea strobilina* et *circumscissa* peuvent être regardées comme types de ce genre. Mais doit-on rapporter le *Licea tubulina* au genre *Lycogala*, ou sa forme cylindrique ne devroit-elle pas déterminer à rétablir le genre Tubuline?

2.ᵉ *Tribu.* Lycoperdacées vraies. *Péridium ordinairement pédicellé et d'une forme déterminée, s'ouvrant régulièrement, renfermant des filamens nombreux mêlés aux sporules.*

§. 1.ᵉʳ *Trichiacées.* Péridium très-mince, se rompant souvent irrégulièrement ou se détruisant même entièrement, naissant sur d'autres substances organisées, commençant par être entièrement fluide intérieurement.

14. Onygena, Persoon.

Péridium globuleux, simple, d'une texture fibreuse et celluleuse, se rompant à son sommet; sporules agglomérées.

Presque toutes les espèces de ce genre sont remarquables en ce qu'elles croissent, comme les *Isaria* et les *Stilbum*, sur les débris d'animaux morts, et particulièrement sur la corne et les os.

15. Physarum, Pers., Link.

Péridium globuleux ou irrégulier, simple, membraneux, se rompant au sommet et finissant par se détruire et tomber sous forme d'écailles; filamens attachés à son intérieur et vers sa base; columelle nulle; sporules agglomérées.

Ce genre est l'un des plus nombreux en espèces de ce groupe. Persoon en a décrit un grand nombre, et Link en a ajouté beaucoup de nouvelles dans la Dissertation que nous avons eu occasion de citer si souvent.

16. Cionium, Link.

Péridium globuleux ou irrégulier, simple, membraneux, se divisant vers son sommet et se détachant par écailles; filamens naissant du fond du péridium et d'une columelle peu saillante; sporules agglomérées.

La présence de la columelle est le seul caractère qui distingue ce genre des *Physarum*, avec lesquels on devroit probablement le réunir. Les *Didymium complanatum* et *farinaceum* de Schrader appartiennent à ce genre.

17. Diderma, Persoon.

Péridium globuleux ou irrégulier, double, composé de deux membranes minces, dont l'extérieure se détache souvent promptement par écailles; filamens insérés au fond du péridium; columelle nulle; sporules agglomérées.

18. Didymium, Schrader.

Péridium presque globuleux, double, tous les deux minces et fragiles, se rompant au sommet; filamens naissant du fond du péridium; columelle renfermée dans son intérieur; sporules agglomérées.

Ce genre ne diffère des *Diderma* que par la présence de la columelle. Ce caractère le rapproche des *Leangium*, dont il se distingue par son péridium double. Schrader a décrit et très-bien figuré plusieurs espèces de ce genre. Elles croissent, comme presque toutes celles des genres voisins, sur les bois morts et pourris.

19. **Trichia**, Persoon.

Péridium globuleux ou irrégulier, simple, membraneux, se rompant vers son sommet; filamens insérés vers le fond du péridium, repliés et s'étendant au dehors avec élasticité après sa rupture; sporules éparses à leur surface.

Ce genre, réduit maintenant à un petit nombre d'espèces par le grand nombre de genres qu'on en a séparés, se rapproche surtout des genres *Physarum* et *Cionium*, dont il diffère surtout par son péridium, qui ne devient pas pulvérulent et écailleux, et du genre *Leocarpus*, dont il n'a pas le péridium épais, fragile et presque crustacé. Enfin, ses sporules non agglomérées et ses filamens plus développés le distinguent de tous ces genres.

20. **Leocarpus**, Link.

Péridium globuleux ou irrégulier, simple, membraneux, fragile, se rompant irrégulièrement vers le sommet; filamens assez nombreux, naissant du fond du péridium et de ses parois; columelle nulle; sporules agglomérées.

Le *Diderma vermicosum* peut être regardé comme le type de ce genre, qui renferme des espèces en général stipitées, rarement sessiles, remarquables par l'aspect brillant de leur péridium, qui leur a fait donner le nom de *Leocarpus*.

21. **Leangium**, Link.

Péridium presque globuleux, simple, membraneux, sec et fragile, se rompant au sommet; filamens attachés dans son intérieur et vers sa base; columelle peu saillante, renfermée dans le péridium; sporules agglomérées.

Les *Diderma floriforme* et *stellare* de Persoon et quelques espèces nouvelles composent ce genre, qui ne diffère du précédent que par la présence de la columelle.

22. **Craterium**, Trentepohl.

Péridium elliptique, simple, fermé par un opercule, présentant intérieurement des membranes ou des filamens très-ténus, à la surface desquels les sporules sont éparses.

Ce genre, l'un des mieux caractérisés de ce groupe, ne renferme que quelques espèces extrêmement petites, qui croissent sur les feuilles mortes.

23. **Cribraria**, Schrader.

Péridium à peu près globuleux, simple, membraneux, se

détruisant dans sa moitié supérieure; filamens naissant de la moitié inférieure et persistante du péridium, et formant supérieurement un réseau qui renferme des sporules agglomérées.

24. DICTYDIUM, Schrader.

Péridium globuleux, simple, membraneux, finissant par se détruire et se réduire à un simple réseau filamenteux; sporules agglomérées.

Dans le genre *Arcyria*, le péridium tout entier se détruit et le réseau qui persiste est formé par les filamens qui remplissent son intérieur. Dans les *Dictydium*, au contraire, ee sont les filamens même du péridium qui en forment, pour ainsi dire, les nervures, qui persistent comme un grillage après la destruction du reste du tissu de ce péridium.

25. ARCYRIA, Persoon.

Péridium presque cylindrique, se détruisant dans sa partie supérieure, et formant une petite cupule, qui supporte un réseau filamenteux, dépourvu de columelle; sporules éparses dans ce réseau.

Ce genre, qui a l'aspect des *Stemonitis*, en diffère essentiellement par l'absence de la columelle, qui devient importante dans ce genre par son grand développement.

26. STEMONITIS, Persoon.

Péridium globuleux ou alongé et presque cylindrique, simple, membraneux, très-fugace; pédicelle se continuant en une columelle grêle qui traverse complétement ou en grande partie le péridium; filamens naissant de cette columelle et formant un réseau régulier qui conserve la forme du péridium; sporules éparses sur ce réseau.

27. CIRROLUS, Martius.

Péridium simple, globuleux, membraneux, se rompant irrégulièrement au sommet; columelle contournée en spirale et se développant élastiquement après la rupture du péridium; sporules très-petites, globuleuses.

Ce genre, découvert par Martius au Brésil, a été décrit et figuré par ce botaniste dans les *Nov. act. acad. nat. cur.*, t. X. La seule espèce connue croit sur les bois pourris. Ses péridium sont très-petits, sessiles, jaunâtres, et sa columelle est d'un rose foncé.

§. 2. *Lycoperdinées.* Péridium épais, souvent double, ayant presque toujours une déhiscence régulière, naissant ordinairement sur la terre; substance intérieure d'abord charnue et molle, mais moins fluide que dans les sections précédentes.

28. Asterophora, Dittmar; *Mycoconium*, Desv.

Péridium simple, hémisphérique, stipité, lamelleux en-dessous, se rompant irrégulièrement au sommet et donnant issue à des sporules anguleuses ou étoilées.

Ce genre, qui est fondé sur l'*Agaricus lycoperdoides*, Pers., est l'un des plus singuliers qu'on connoisse dans cette famille. Il joint aux caractères extérieurs des agarics, des sporules renfermées à l'intérieur d'un chapeau très-convexe, qui forme le péridium. Les lames qui existent à sa surface inférieure, comme dans les agarics, n'ont jamais offert de sporules à leur surface.

29. Tulostoma, Persoon.

Péridium globuleux, stipité, simple, membraneux, s'ouvrant au sommet par un trou arrondi, à bords entiers; sporules agglomérées et éparses sur les filamens, qui remplissent l'intérieur du péridium.

30. Lycoperdon, Persoon; *Lycoperdonis spec.*, Linn.

Péridium globuleux, porté sur un pédicule plus ou moins long, simple, membraneux, s'ouvrant irrégulièrement au sommet; sporules agglomérées et éparses sur les filamens, qui remplissent le péridium.

31. Podaxis. Desv.; *Schweinitzia*, Greville.

Péridium simple, épais, stipité, traversé par un axe central faisant suite au pédicule, s'ouvrant vers sa base.

Ce genre paroît devoir renfermer le *Scleroderma pistillare* et *carcinomale* de Persoon, et les *Lycoperdon axatum* et *transversarium* de Bosc. M. Desvaux avoit établi ce genre dans le Journal de botanique, en lui donnant pour type les deux espèces de lycoperdons que nous venons de citer. M. Greville, qui a indiqué de nouveau ce genre sous le nom de *Schweinitzia*, et qui paroit ne pas connoitre celui de M. Desvaux, y rapporte seulement les deux premières espèces; mais il est probable que ces quatre plantes ne doivent former

qu'un seul genre, qui aura besoin d'être examiné de nouveau, les espèces qui s'y rapportent étant toutes exotiques.

32. Bovista, Persoon.

Péridium globuleux, souvent stipité, double ; l'externe,
celluleux, se détruisant assez promptement ; l'interne, membraneux, s'ouvrant irrégulièrement au sommet ; sporules
éparses sur les filamens.

33. Actigea, Rafinesque.

Péridium simple, sessile, s'ouvrant en plusieurs lobes étoilés
à son sommet ; sporules réunies vers le centre et à la partie
supérieure du péridium.

Si le caractère que M. Rafinesque donne de ce genre est
bien exact, il diffère certainement des autres genres voisins des Lycoperdons ; mais sa description est si incomplète
qu'on ne peut avoir qu'une idée bien imparfaite de ces
plantes. Il en indique deux espèces, dont l'une habite les
États-Unis et l'autre la Sicile.

34. Geastrum, Persoon ; *Geastrum* et *Plecostoma*, Desv.

Péridium globuleux, double ; l'externe se divisant profondément en plusieurs lanières rayonnantes et très-ouvertes ;
l'interne s'ouvrant irrégulièrement au sommet ; sporules
éparses sur les filamens.

Le genre *Plecostoma*, établi par M. Desvaux, ne nous paroit
pas suffisamment distinct pour mériter d'être conservé. Suivant ce botaniste, il ne diffère des vrais *Geastrum* que par
son péridium extérieur, qui forme deux membranes, l'externe
coriace, l'interne mince, se séparant facilement et se divisant toutes deux en lobes étoilés ; mais ces deux membranes
sont souvent soudées entre elles, et dans les vrais *Geastrum*
on distingue quelquefois deux couches différentes dans ce
péridium externe, ce qui ôte beaucoup d'importance à ce
caractère.

35. Myriostoma, Desv.

Péridium globuleux, double : l'extérieur coriace, se divisant en plusieurs lobes inégaux ; l'interne porté sur plusieurs
pédicules distincts, courts et rapprochés, minces, membraneux, s'ouvrant vers le sommet par plusieurs trous arrondis.

Ce genre, établi par M. Desvaux, dans sa Révision des espèces de *Geastrum*, est remarquable par son péridium in-

terne, supporté par plusieurs pédicelles et s'ouvrant par plusieurs trous, et qui paroîtroit formé de plusieurs péridium greffés entre eux et renfermés dans un involucre commun, représenté par le péridium extérieur. La seule espèce connue de ce genre est le *Lycoperdon coliforme*, figuré par Dickson, Pl. crypt., tab. 3, fig. 4.

36. STEEREBECKIA, Link; *Actinodermium*, Nées.

Péridium globuleux, sessile, double : l'extérieur d'abord charnu, devenant ensuite dur et solide, se divisant en étoile; l'interne roide et coriace, se divisant également en plusieurs lobes profonds : sporules éparses sur les filamens.

Ce genre, qui ressemble par ses caractères au *Geastrum*, en diffère par sa structure plus dure et par son péridium interne, également divisé en plusieurs lobes étoilés.

Nées avoit changé le nom de *Steerebeckia*, parce que Schreber avoit déjà donné ce nom à un genre de plantes phanérogames; mais, le genre *Steerebeckia* de Schreber étant le même que le *Singana* d'Aublet, le nom de Link doit être conservé.

37. MITREMYCES, Nées.

Péridium double : l'extérieur globuleux, ayant son orifice fermé par une sorte de coiffe écailleuse et laciniée sur ses bords; l'interne arrondi, beaucoup plus petit, fixé supérieurement au pourtour de l'orifice du péridium externe : sporules dépourvues de filamens.

Le type de ce genre est le *Lycoperdon heterogeneum* de Bosc. M. de Schweinitz en a donné une excellente description et une figure très-détaillée dans son Histoire des champignons de la Caroline.

38. CALOSTOMA, Desv.

Péridium stipité, double ; l'externe, coriace, s'ouvrant au sommet par un orifice régulièrement denté ; l'interne, mince, se déchirant irrégulièrement : sporules éparses sur les filamens.

M. Desvaux a séparé sous ce nom le *Scleroderma calostoma*, décrit par Persoon dans le Journal de botanique, vol. II, p. 5, tab. II, fig. 2, qui a le péridium coriace des *Scleroderma*, mais une déhiscence régulière, qui n'existe pas dans ces derniers et qui le rapproche des *Geastrum*, dont il se distingue par son péridium externe, beaucoup moins profondément divisé, et par la manière irrégulière dont s'ouvre le péridium interne.

Le *calostoma cinnabarinum*, la seule espèce connue de ce genre, croît sur la terre aux États-Unis : il est globuleux, gros comme une noix, porté sur un pédicule cylindrique, court et épais. Le péridium est d'un rouge foncé.

39. DIPLODERMA, Link.

Péridium globuleux, sans pédicule, double : l'externe dur, ligneux, ne se divisant pas ; l'interne mince et membraneux : sporules éparses sur les filamens, libres.

Link ne décrit qu'une espèce de ce genre, qui croît dans les lieux sablonneux du Midi de l'Europe. Elle est arrondie, grosse comme une noix, d'un brun jaune et ressemble beaucoup par son aspect aux *Scleroderma*, dont elle diffère par son péridium double et ses sporules libres.

40. SCLERODERMA, Persoon.

Péridium globuleux, sessile ou stipité, simple, dur et verruqueux, filamenteux intérieurement, se divisant irrégulièrement ; sporules réunies par petits amas épars à la surface des filamens.

41. PISOCARPIUM, Link ; *Pisolithus*, Alb. et Schwein. ; *Polysaccum*, Dec., Fl. fr., Suppl.

Péridium épais, coriace, presque globuleux ou porté sur un large pédicule, renfermant dans son intérieur des péridium plus petits, très-nombreux, filamenteux et remplis de sporules agglomérées.

Ce genre, d'abord décrit sous le nom, déjà employé en histoire naturelle, de *Pisolithus*, a été décrit de nouveau et presque en même temps par M. De Candolle sous le nom de *Polysaccum* et par M. Link sous celui de *Pisocarpium*. Ce dernier, ayant été publié dans un travail général sur les champignons, a été adopté par tous les cryptogamistes étrangers. C'est ce qui nous engage à le préférer à celui de M. De Candolle.

3.ᵉ _Tribu_. Angiogastres. *Péridium renfermant un ou plusieurs autres péridium secondaires (péridioles), remplis de sporules sans mélange de filamens.*

§. 1.ᵉʳ *Carpobolées*, Fries. Péridium externe, ne renfermant qu'un seul péridiole, qu'il projette au dehors.

42. Thelebolus, Tode.

Péridium double, l'externe sessile, arrondi, urcéolé, chassant au dehors le péridium interne, qui est globuleux et rempli de sporules mucilagineuses.

Ce genre diffère surtout du *Sphærobolus* par son péridium externe, dont l'orifice est entier et non divisé en lobes étoilés.

43. Sphærobolus, Tode; *Carpobolus*, Willd.

Péridium globuleux, double, sessile, l'externe plus épais, se divisant en étoile au sommet et lançant au dehors l'interne, qui est mince et qui se rompt irrégulièrement; sporules agglomérées dans le milieu du péridium interne.

Cette petite cryptogame n'a de commun avec le genre *Pilobolus*, auprès duquel plusieurs auteurs l'ont placée, que la projection au dehors du péridium tout entier; mais dans le *Pilobolus* ce péridium est une vésicule simple et très-mince, portée sur un filament également simple, tandis que dans le *Sphærobolus* le péridium interne et l'externe sont fibreux, comme dans les vraies Lycoperdacées.

44. Atractobolus, Tode.

Péridium double; l'externe sessile, arrondi, cupuliforme, fermé par un opercule rond, convexe, caduc; l'interne oblong ou fusiforme, plein de sporules, lancé hors du péridium externe après la chute de l'opercule.

Ce genre n'est encore connu que par la description et la figure que Tode en a données (*Fungi Meckl.*, 1, p. 45, fig. 9). Quoique personne ne l'ait observé avec soin depuis, il paroît cependant mériter d'être conservé; il diffère du genre *Sphærobolus*, comme les *Cyathus* diffèrent des *Nidularia*, par son péridium operculé. La seule espèce connue est extrêmement petite; elle croît sur les bois humides.

35.   56

§. 2. *Nidulariées*, Fries. Péridium externe s'ouvrant régulièrement ou se détruisant promptement, renfermant plusieurs péridioles libres et distinctes.

45. Cyathus, Hall., Pers. (*Nidulariæ spec.*, Bull., Fries.)
Péridium coriace, filamenteux, cupuliforme, s'ouvrant
par un opercule ou épiphragme arrondi ; renfermant des
péridioles nombreux, arrondis, d'abord gélatineux et mous,
devenant ensuite secs et fibreux, de forme lenticulaire, et
portés sur un pédicelle central, remplis dans leur centre de
sporules agglomérées.

Ce genre ne diffère essentiellement du suivant que par la
déhiscence de son péridium externe : il nous paroît cependant mériter d'être distingué, si on adopte les autres genres
voisins. Les espèces les plus connues qui restent dans le genre
Cyathus, sont les *Cyathus striatus*, Pers. (*Nidularia striata*,
Bull.); *C. olla*, Pers. (*Nid. vernicosa*, Bull.); *C. crucibulum*,
Pers. (*Nid. lævis*, Bull.).

46. Nidularia, Fries, *Symb. gast.*

Péridium arrondi, coriace, membraneux, s'ouvrant irrégulièrement et sans opercule, renfermant des péridioles membraneux, sessiles et fixés par leur bord, remplis de sporules.

Les espèces de ce genre sont en général plus rares que
celles du genre précédent : le *Cyathus farctus* de Persoon et
le *Nidularia granulifera* d'Holmskiold sont les deux espèces
les mieux connues. Cette dernière est très-remarquable par
ses péridioles ovoïdes et d'un beau rouge.

47. Polyangium, Link.

Péridium arrondi, membraneux, mince, transparent, s'ou-
vant irrégulièrement, renfermant des péridioles peu nombreux, libres, sans mélange de filamens, remplis de sporules
inégales, grumeleuses.

Ce genre, dont M. Dittmar a donné une excellente figure
dans la Flore d'Allemagne de Sturm, ne renferme qu'une
seule espèce, extrêmement petite. Elle croit sur les bois
pourris : ses péridium ont à peine un demi-millimètre de
diamètre; ils sont arrondis, déprimés, d'un jaune pâle, transparent, et laissent voir dans leur intérieur cinq à six péridioles ovoïdes d'un jaune orangé.

48. **Myriococcum**, Fries.

Péridium irrégulier, filamenteux et pulvérulent, se détruisant promptement, renfermant des péridioles nombreux, mêlés aux filamens, globuleux, remplis de sporules agglomérées.

Ce genre, encore peu connu, a été observé en Suède par M. Fries. La seule espèce connue croît sur les bois pourris, sur les feuilles, etc.; elle naît par groupes arrondis, ses péridium sont blancs, filamenteux et renferment des péridioles d'un brun rouge.

49. **Arachnion**, Schweinitz (*Acinophora*, Rafin.).

Péridium double : l'externe mince, se détruisant promptement; l'interne subéreux, se divisant irrégulièrement, rempli de petits péridiums secondaires, globuleux, serrés les uns contre les autres, mais libres, renfermant des sporules très-fines.

Ce genre, décrit par M. de Schweinitz, dans son important travail sur les champignons de la Caroline, paroît très-voisin de celui que M. Rafinesque a observé dans la Pensylvanie et a indiqué sous le nom d'*Acinophora*; mais la description de ce dernier est si incomplète, que nous ne pouvons avoir que des présomptions à cet égard. La seule espèce décrite par M. de Schweinitz sous le nom d'*A. album* croît sur la terre par groupes; elle est grosse comme une petite noix, globuleuse, sessile : le péridium est glabre, soyeux, d'une couleur fauve; il est rempli de globules très-petits, à peine gros comme la tête d'une petite épingle, d'abord blancs, ensuite cendrés, non entremêlés de filamens, et qui renferment des sporules rousses très-fines et très-nombreuses. Le péridium dans sa jeunesse ressemble aux sacs pleins d'œufs des araignées, d'où M. de Schweinitz a tiré le nom qu'il a imposé à ce genre.

§. 3. *Tubérées.* Péridium épais, ne s'ouvrant pas régulièrement, rempli d'une substance charnue, mêlé de péridioles petits et peu distincts.

50. **Endogone**, Link.

Péridium globuleux, charnu, hérissé de filamens extérieurement, renfermant dans son intérieur une masse spongieuse entre-mêlée de petits péridium secondaires, globuleux, membraneux, remplis de sporules.

Ce genre ne diffère des Truffes que par sa structure moins compacte et par l'absence de ces veines noirâtres qui parcourent l'intérieur des Truffes : on n'en connoit qu'une espèce, décrite par Link; elle est grosse comme un pois et croît parmi les mousses dans les bois de sapins.

51. Polygaster, Frics.

Péridium arrondi, sessile, tuberculeux, se rompant irrégulièrement, charnu intérieurement, et formé par la réunion de péridioles assez gros, rapprochés, presque globuleux, renfermant des sporules agglomérées.

Ce genre, très-imparfaitement connu, ne renferme jusqu'à présent que le *Tuber sampadarium* de Rumph; il croit dans l'Inde et à la Cochinchine, sur les racines des vieux arbres.

52. Rhizopogon, Fries.

Péridium sessile, arrondi ou difforme, se rompant irrégulièrement, charnu intérieurement et traversé par des veines anastomosées nombreuses; péridium secondaires, membraneux, globuleux, épars sur les veines, visibles à l'œil nu, remplis de sporules.

Ce genre diffère des vraies truffes par ses péridioles plus gros, bien distincts, et par son péridium, qui se rompt à sa maturité. Il est très-voisin du genre *Endogone*, dont il se distingue par les veines qui parcourent l'intérieur du péridium; il a pour type la truffe blanche. (*Tuber album*, Bull. Champ., t. 404.)

53. Tuber, Persoon.

Péridium épais, compacte, charnu, indéhiscent, envoyant des ramifications dans son intérieur et renfermant d'autres petits péridium globuleux, membraneux, pellucides, épars entre les veines qui parcourent l'intérieur du péridium général.

L'analogie de ce genre avec les précédens doit faire présumer que les péridium membraneux que Link y a observés, renferment des sporules comme dans ces genres, quoique personne ne les ait encore observées.

4.ᵉ *Tribu*. **Sclérotiées**. *Péridium indéhiscent rempli d'une substance compacte, celluleuse, entremélée de sporules peu distinctes.*[1]

54. **Rhizoctonia**, Decand. (*Thanatophytum*, Nées).

Tubercules de forme variable, charnus ou cartilagineux, homogènes, recouverts par une écorce très-mince, adhérente et persistante, réunis les uns aux autres et fixés après les racines des végétaux vivans par des fibres radiciformes; fructification inconnue.

L'espèce la mieux observée de ce genre est celle connue sous le nom de mort-du-safran. Ce genre réunit les truffes aux *Sclerotium*.

55. **Pachyma**, Fries.

Péridium oblong ou arrondi, sans racine, épais, coriace, écailleux ou tuberculeux, renfermant une substance charnue ou subéreuse, sans sporules distinctes.

On ne connoît que deux espèces de ce genre, qui, par sa manière de croître sous terre, se rapproche des truffes et des *Rhizoctonia*, mais qui en diffère surtout par son écorce ou péridium distinct, très-épais et presque ligneux. L'une de ces espèces croit aux États-Unis, dans les bois de pins de la Caroline, surtout dans les lieux sablonneux : elle a la forme, la grosseur et l'aspect d'un Coco, et a été décrite par M. de Schweinitz sous le nom de *Sclerotium Cocos*. L'autre, le *P. tuber regium* de Fries, figuré sous ce dernier nom par Rumphius, croît dans les Moluques. Elle est un peu moins grosse que la précédente ; sa couleur extérieure est noirâtre ; sa substance interne est homogène, blanche et subéreuse.

Ces deux plantes paroissent jouir de propriétés analogues à celles de l'agaric de mélèze, et sont employées comme astringens contre les diarrhées.

---

1. La fructification des plantes de cette tribu est encore très-peu connue. Fries croit que les sporules sont répandues à la surface, et il place ces genres après les Tremelles, parmi les champignons dépourvus de thèques. Beaucoup d'auteurs pensent que les sporules sont mêlées dans la substance charnue qui compose l'intérieur de ces plantes : l'analogie que ces plantes ont par leur développement avec les Tubérées, et d'un autre côté avec certains genres d'Urédinées et d'Hypoxylons, nous paroît rendre cette opinion plus probable.

56. **Sclérotium**, Tode, Persoon, Fries.

Péridium arrondi ou irrégulier, cartilagineux, compacte, se distinguant à peine de la masse charnue et homogène qui remplit son intérieur, recouvert par un épiderme très-mince ; sporules sortant de son intérieur sous forme d'une poussière glauque qui couvre sa surface.

On n'a encore observé que très-imparfaitement la disposition des sporules dans ce genre et dans ceux qui en sont voisins : ainsi il est très-douteux si elles sont renfermées dans le parenchyme intérieur, dont elles ne sortiroient que par la destruction de la plante, ou si elles sont éparses à la surface, comme Fries le pense. Dans ce cas ces genres seroient mieux placés près des Tremelles, dont ils ne différeroient que par leur texture plus compacte.

Le genre *Coccopleum*, très-imparfaitement décrit par M. Ehrenberg, ne paroît différer des vrais *Sclerotium* que par ses sporules distinctes.

57. **Spermoedia**, Fries.

Substance charnue ou subéreuse, recouverte par une écorce adhérente, se développant dans les semences des végétaux.

Fries a établi ce genre pour le *Sclerotium clavus* de De Candolle, ou l'*Ergot* des cultivateurs. Il ne nous paroît différer des *Sclerotium*, et surtout des *Xyloma*, que par le lieu où il se développe.

58. **Xyloma**, Decand.

Substance homogène, charnue ou subéreuse, compacte, se développant sous l'épiderme des plantes vivantes et toujours recouvertes par elle, dans laquelle on n'observe pas de sporules distinctes.

Ce genre, l'un des plus imparfaits du règne végétal, et qui n'est peut-être qu'une maladie du parenchyme des végétaux, paroît cependant avoir plus d'analogie avec les *Sclerotium* qu'avec toute autre division des cryptogames ; mais il ne faut admettre, parmi les espèces qui en font partie, que celles qui ne présentent à aucune époque des loges séminifères distinctes, ces dernières devant être placées parmi les Hypoxylées.

59. **Periola**, Fries.

Tubercules sans racines, de forme arrondie ou irrégulière, homogènes, charnus ou gélatineux à l'intérieur, recouverts

d'une écorce mince, se changeant en une villosité persistante ;
sporules éparses vers la surface.

Ce genre, de même que le suivant, seroit peut-être mieux
placé auprès des Tremelles : il ne renferme que quelques
espèces, rapportées jusqu'à présent au genre *Sclerotium*, tels
que le *Sclerotium hirsutum*, figuré dans la *Flora Danica*,
tab. 1320, le *Sclerotium tomentosum* de Fries, etc.

Ces plantes croissent sur les parties de végétaux qui commencent à se putréfier.

60. Acinula, Fries.

Tubercules arrondis, sans racines, charnus, homogènes,
couverts par une écorce mince, distincte et de couleur différente, se changeant en une matière gélatineuse.

La seule espèce connue a été observée sur des feuilles
pourries ; la membrane est blanche et entoure un noyau
charnu et brun, comme la pulpe d'une baie entoure les
graines.

61. Pyrenium, Tode, Fries.

Péridium? arrondi, sessile, sans racines, lisse, glabre et
persistant, enveloppant une pulpe gélatineuse molle, qui
se change en une sorte de noyau de consistance cireuse.

La disposition des sporules est très-douteuse dans ce genre :
Tode et Persoon pensent qu'elles sont mêlées avec la pulpe
intérieure ; Fries, au contraire, pense qu'elles forment une
sorte de couche pulvérulente sur l'écorce extérieure, qu'il
regarde alors comme une membrane fructifère. Dans ce cas
ce genre seroit mieux placé dans la famille suivante, auprès
des Tremelles.

CHAMPIGNONS.

Sporules couvrant une partie de la surface des champignons,
rarement nues et éparses sur la membrane qui les recouvre ;
ordinairement renfermées dans des thèques ou conceptacles
membraneux, insérés à cette membrane.

Obs. La présence de ces conceptacles, d'une forme très-
remarquable et propre à cette famille, est un caractère
essentiel des vrais champignons : il manque cependant dans
la première tribu, qui fait le passage des Lycoperdacées aux
Champignons, dans les Tremellinées, qui présentent, comme

les Lycoperdacées des sporules nues ou du moins dépourvues de thèques, et cependant réunies vers la surface, comme dans les vrais Champignons. Dans la dernière tribu, celle des Clathracées, ces conceptacles n'ont pas encore été bien observées, et paroissent offrir une structure assez différente de celles qu'ils ont dans les vrais Champignons.

Nous avons adopté presque entièrement, dans cette famille et dans celle des Hypoxylons, les coupes établies par Fries; il nous eût été presque impossible de rien ajouter à un travail tout récent, et fait par un des botanistes qui a étudié cette famille avec le plus de profondeur et de philosophie.

1.re *Tribu*. **Tremellinées**. *Champignons moux, gélatineux, dépourvus de thèques, mais dont les sporules sont éparses à la surface de la membrane fructifère, ou sortent de dessous cette membrane.*

1. Hymenella, Fries.

Champignon sessile, adhérent, comprimé, lisse, très-mince, moux, gélatineux lorsqu'il est humide, coriace pendant la sécheresse; sporules éparses sous la membrane qui les recouvre.

Ce genre, encore peu connu, est fondé sur les *Tremella linearis* et *elliptica* de Persoon (*Myc. eur.*, p. 109) : ces champignons croissent sur les tiges des plantes mortes.

2. Dacrymyces, Nées. (*Tremellæ spec.*, Pers.)

Champignon gélatineux, homogène, d'une texture filamenteuse, déliquescent; sporules éparses vers la surface.

Les petits champignons qui composent ce genre, tels que les *Tremella deliquescens* de Bulliard (tab. 455, fig. 3), *fragiformis*, *violacea* et *urticæ* de Persoon, ont presque la texture filamenteuse des Mucédinées de la tribu des Isariées, mais ils forment une masse gélatineuse unie, entre les fibres de laquelle les sporules sont éparses. Nées, qui a créé ce genre et en a donné une très-bonne figure (*Syst.*, fig. 90), le place par cette raison parmi les Mucédinées. Nous avons cependant préféré suivre l'opinion de Fries, en le laissant auprès des Tremelles, dont il a tout-à-fait l'aspect.

3. Agyrium , Fries.

Champignon homogéne, gélatineux, compacte, sessile, sphé-rique , lisse , sans papilles , couvert de sporules éparses.

Ce genre a beaucoup du port des Tuberculaires, qu'on de-vroit peut-être rapporter ici ; la *Tremella stictis* de Persoon en est le type : les autres espéces décrites par Fries crois-sent également sur les bois morts, sur lesquels elles forment de petits tubercules arrondis, dont la couleur varie suivant les espèces.

4. Encephalium , Link. (*Nœmatelia* , Fries.)

Champignon de forme variable et irréguliére, charnu et compacte vers son centre , et recouvert d'une couche géla-tineuse qui renferme des sporules éparses.

Le type de ce genre est la *Tremella encephala* de Willdenow. Cette plante , qui a beaucoup de l'aspect des vraies Tre-melles et surtout de la *Tremella mesenteriformis* , en diffère par sa masse centrale, solide et charnue.

5. Acrospermum , Tode , Fries.

Champignon alongé, claviforme, souvent stipité, recouvert par une écorce membraneuse très-mince , homogéne ; charnu ou cartilagineux intérieurement ; sporules éparses à la sur-face vers l'extrémité.

Ce genre, réuni aux Clavaires par Persoon , a été rétabli par Fries, et placé auprès des *Sclerotium* par cet auteur : sa substance charnue et la disposition de ses sporules nous pa-roit le rapprocher davantage des Tremelles.

6. Tremella , Fries. (*Tremellæ spec.* , Pers.)

Champignon gélatineux , homogéne, de forme irréguliére ; sporules éparses à la surface d'une membrane unie et sans papille.

Fries réunit à ce genre celui que Nées avoit établi sous le nom de *Coryne,* et qui ne paroît différer des vraies Tremelles que par sa forme en massue lobée, un peu analogue à une Clavaire.

Dans un autre sous-genre, sous le nom de *Phyllopta ,* le même auteur a décrit quelques espèces dont les expansions plus solides sont presque foliacées.

Les Tremelles ont les plus grands rapports avec les Nostocs et autres genres voisins de la famille des Ulves et de celle des Chaodinées de M. Bory de Saint-Vincent.

7. **Exidia**, Fries.

Champignon mou, gélatineux, homogène, étendu horizontalement; surface inférieure velue, la supérieure couverte d'une membrane hérissée de papilles, ondulée; sporules sortant de tubes renfermés dans cette membrane.

Les espèces les plus connues, qui servent de type à ce genre, sont la *Tremella auricula Judææ*, Pers. (Bull., Champ., tab. 427, fig. 2), la *Peziza gelatinosa*, (Bull., tab. 460), et la *Tremella glandulosa* (Bull., tab. 420, fig. 1). La première avoit été rapportée par Link à son genre *Auricularia*; mais, suivant Fries, le genre *Auricularia*, qui doit rester parmi les vrais champignons auprès des Théléphores, est très-distinct de celui-ci, et a pour type l'*Auricularia mesenterica*, Link.

2.ᵉ **Tribu. Champignons proprement dits.** *Membrane fructifère, limitée et bien distincte; sporules presque toujours renfermées dans des thèques.*

1.ʳᵉ *Section.* **Helvellacées**, Fries.

Réceptacle en forme de cupule, ou d'ombrelle, ou de cloche; membrane fructifère couvrant sa surface supérieure, portant des thèques alongées, polysporées, ou quelquefois des sporules nues et éparses.

§. 1.ᵉʳ *Pézizées.* Réceptacle cupuliforme, d'abord plus ou moins fermé.

* *Membrane fructifère dépourvue de thèques; sporules nues et éparses.*

8. **Solenia**, Pers.

Réceptacle alongé, tubuleux, simple, membraneux, droit; terminé par un disque cupuliforme très-petit, dont l'orifice est rétréci et entier; point de membrane fructifère, distincte; sporules éparses, à peine visibles.

9. **Cyphella**, Fries.

Réceptacle presque membraneux, concave, oblique et incliné, de sorte que la membrane fructifère se trouve quelquefois presque inférieure; point de thèques; sporules globuleuses, éparses sous forme de poussière.

Ces champignons, très-petits, croissent sur les bois morts et sur les mousses; ils sont remarquables par leur cupule inclinée et dirigée inférieurement : le type de ce genre est le *Peziza digitalis* d'Albertini et Schweinitz.

** *Membrane fructifère portant des thèques qui renferment les sporules.*

10. STICTIS, Pers.

Réceptacle nul ou réduit à une membrane fructifère lisse, arrondie ou ovale, enfoncée dans le corps qui la porte, et même en partie recouverte par lui; thèques minces, fixées à cette membrane.

Ces petits champignons ont la plus grande analogie avec les Hypoxylons, tels que les *Hysterium*, les *Phacidium*, etc.; mais le péridium qui les entoure leur est étranger, et appartient à la plante qui les nourrit, tandis que dans les hypoxylons il fait partie essentielle de la plante cryptogame. Fries a distingué dans ce genre, sous les noms de *Stictis*, *Xylographa* et *Propolis*, trois sous-genres qui, par la suite, pourront former autant de genres distincts.

11. CENANGIUM, Fries.

Réceptacle d'abord exactement fermé, ensuite plus ou moins ouvert, entouré par un rebord de couleur différente; membrane fructifère lisse, persistante; thèques fixées, entremêlées de paraphyses, et contenant les sporules, qui en sortent à la maturité.

La cupule de ces plantes est souvent stipitée, et sort de dessous l'épiderme; elle est formée de deux substances, l'extérieure coriace, l'interne spongieuse.

Ce genre a la plus grande analogie par sa forme avec quelques genres d'Hypoxylées de la tribu des Phacidiées; sa structure interne en diffère très-peu, et il prouve les rapports intimes qui unissent ces deux familles. Fries a distingué dans ce genre quatre sous-genres, qui nous paroissent différer autant entre eux que la plupart des genres d'Hypoxylons, et mériter d'être élevés au rang de genres :

1. *Sclerroderris*. Réceptacle stipité, en forme de sphérie, s'ouvrant par un orifice arrondi entier.

2. *Triblidium*. Réceptacle s'ouvrant par plusieurs fentes rayonnantes.

3. *Clithris*. Réceptacle alongé, s'ouvrant par une fente longitudinale.

4. *Excipula.* Réceptacle sessile, corné, s'ouvrant par un orifice arrondi; disque mou, presque déliquescent.

12. Tympanis, Tode, Fries.

Réceptacle cyathiforme, bordé, corné extérieurement, recouvert supérieurement par un tégument membraneux; membrane fructifère d'abord couverte par le tégument, se détachant ensuite par portions, ainsi que les thèques qu'elle supporte.

Ces petits champignons ont l'aspect des tuberculaires ou des sphéries; ils sortent de dessous l'épiderme des jeunes branches, et sont particulièrement caractérisés par le tégument qui recouvre d'abord la membrane fructifère.

Les *Peziza Pyri*, Pers.; *Peziza alnea*, Pers., etc., sont les espèces les plus connues de ce genre.

13. Ditiola, Fries.

Réceptacle orbiculaire, patelliforme, bordé, jamais fermé, mais recouvert par un tégument membraneux très-fugace; membrane fructifère d'abord lisse et recouverte par le tégument, ensuite nue, gonflée, gélatineuse, déliquescente; thèques très-ténues, fixées, déliquescentes.

Ce genre, qui ne renferme que quelques espèces d'abord rapportées au genre *Peziza* ou *Helotium*, a pour type le *Peziza turbo*, Pers., ou *Helotium radicatum*, Alb. et Schw.

14. Bulgaria, Fries (*Burcardia Schmid.*).

Réceptacle orbiculaire, turbiné, renflé, entouré d'un rebord saillant, d'abord fermé, ensuite ouvert et aplati, de consistance gélatineuse, rugueux extérieurement; membrane fructifère lisse, glabre, nue, persistante; thèques grandes, d'abord plongées dans la membrane, en sortant ensuite élastiquement avec les sporules.

La *Peziza nigra* de Bulliard, ou *Peziza inquinans* de Persoon, espèce extrêmement commune sur les bois morts, est le type de ce genre, autour duquel viennent se grouper quelques autres espèces, remarquables par leur consistance gélatineuse.

15. Ascobolus, Pers.

Réceptacle orbiculaire, à disque patelliforme, entouré d'un léger rebord; membrane fructifère couvrant tout le disque, persistante; thèques grandes, claviformes, se détachant élastiquement de la membrane à la maturité.

Presque toutes les espèces de ce genre croissent sur le fumier, et sur les excrémens de divers animaux; la *Peziza stercoraria* de Bulliard, ou *Ascobolus furfuraceus* de Persoon, est l'espèce la plus anciennement rapportée à ce genre.

16. PATELLARIA, Fries (*non* De Candolle).

Réceptacle patelliforme, entouré d'un rebord saillant, toujours ouvert; membrane fructifère lisse, persistante, devenant pulvérulente par la destruction des thèques, qui sont unies entre elles et sans mélange de paraphyses.

Ce genre, très-voisin des vrais Pézizes, renferme un petit nombre d'espèces, parmi lesquelles on remarque les *Peziza coriacea*, Bull.. *Peziza patellaria*, Pers., etc.

17. PEZIZA, Dill., Fries. (*Pezizæ spec.*, Pers. et *auct.*)

Réceptacle cupuliforme, marginé, d'abord presque fermé, ensuite ouvert; membrane fructifère lisse, persistante, distincte; thèques grandes, libres, fixées par leur base, entremêlées de paraphyses, et renfermant des sporules qui se répandent au dehors avec élasticité.

Fries a réuni au *Peziza* le genre *Helotium*, qui a cependant un port tellement différent que nous pensons qu'on peut le conserver.

18. HELOTIUM, Pers.

Réceptacle stipité, d'abord ouvert et plat, bientôt réfléchi en forme de cloche; membrane fructifère, et thèques comme dans les Pézizes.

19. RHIZINA, Fries.

Réceptacle mince, étendu, ondulé, concave en-dessous, fixé par des fibrilles radicales, éparses ou marginales; membrane fructifère couvrant toute la surface supérieure, lisse, persistante; thèques fixées, grandes.

Ce genre, qui a pour type l'*Helvella acaulis*, Pers., et la *Peziza rhizophora*, Willd., réunit l'aspect des Théléphores aux caractères des Helvelles et des Pézizes; il croît sur la terre, dans les lieux sablonneux.

§. 2. *Helvellées.* Réceptacle en forme de cloche ou d'ombrelle, plus ou moins réfléchi sur le pédicule.

20. VIBRISSEA, Fries.

Réceptacle en tête, fixé par son centre sur le pédicule, adhérent d'abord par tout son contour au pédicule, mais s'en détachant bientôt; membrane fructifère couvrant la face supérieure, lisse, nue, persistante, prenant ensuite un aspect velouté, produit par les thèques qui se détachent de la membrane.

Fries a établi ce genre sur le *Leotia truncorum*, Albert. et Schwein., auquel il réunit le *Leotia clavus*, Pers., *Myc. eur.*, tab. 11, fig. 9.

21. LEOTIA, Hill.

Réceptacle orbiculaire, fixé par son centre au sommet du pédicule, enroulé en-dessous sur son bord; membrane fructifère lisse, ondulée, recouvrant la partie supérieure et le bord du chapeau, persistante; thèques fixées, cylindriques ou claviformes.

Fries a réuni à ce genre l'*Hygrometra* de Nées, que ce dernier avoit regardé comme un sous-genre des Tremelles, et qui avoit pour type le *Leotia lubrica*, Pers., une des espèces rapportées les premières à ce genre: le même auteur a séparé du genre *Leotia*, tel que Persoon l'avoit décrit dans sa Mycologie européenne, plusieurs espèces, qui forment les genres *Heyderia* et *Mitrula*.

22. VERPA, Swartz, Fries.

Réceptacle campanulé, charnu, attaché par le centre sur le pédicule; membrane fructifère couvrant toute la surface supérieure du chapeau, lisse ou légèrement ridée, persistante; thèques fixes.

Ce genre diffère des vraies Helvelles par la forme régulièrement campanulée de son chapeau: le *Leotia conica*, Pers., la *Morchella agaricoides*, Decand., et quelques espèces nouvelles, composent ce genre.

23. HELVELLA, Linn.

Réceptacle suborbiculaire, fixé par son centre sur le pédicule, ondulé, sinueux, couvert dans toute sa surface supérieure par la membrane fructifère, qui est lisse et persistante; thèques fixes.

Ce genre, comme Fries l'a indiqué, se divise en deux séries; les unes, qui ont pour type l'*Helvella mitra*, ont leur chapeau réfléchi, ondulé et sinueux, d'abord adhérent au pédicule; les autres, tels que l'*H. pezizoides*, l'*H. elastica*, etc., ressemblent presque à de grandes Pézizes, et ont leur chapeau étalé, toujours libre et à peine réfléchi.

24. Morchella, Dill. (Morille).

Réceptacle en forme de massue irrégulière, traversé par le pédicule, auquel il adhère; couvert extérieurement de veines plus ou moins saillantes, anastomosées; produisant à sa surface des cellules nombreuses et irrégulières; membrane fructifère couvrant toute la surface externe du chapeau, plissée et persistante; thèques fixes.

2.ᵉ *Section.* Clavariées, Fries.

Réceptacle dressé, claviforme, simple ou rameux, membrane fructifère couvrant une grande partie du réceptacle.

25. Pistillaria, Fries.

Réceptacle cylindrique, sans pédicule distinct; membrane fructifère, couvrant toute sa surface, mais ne portant de sporules que vers le sommet; thèques nulles ou presque oblitérées; sporules paroissant sortir de la membrane même.

Ce genre est fondé sur les *Clavaria micans*, Pers.; *ovata*, Pers.; *sclerotioides*, Decand., etc. : toutes sont parasites sur les tiges ou les feuilles de différentes plantes.

26. Phacorrhiza, Persoon.

Réceptacle en forme de massue, porté sur un pédicule plus étroit, qui sort d'un tubercule charnu en forme de volva.

Ce genre, décrit pour la première fois par Persoon, dans sa *Mycologia europæa*, paroît très-distinct de tous ceux du même groupe, s'il n'y a pas d'erreur sur la structure du tubercule d'où sort le pédicule, car un organe analogue existe dans plusieurs espèces de *Typhula*; mais ce n'est qu'un renflement, qui est continu au pédicule, bien loin de lui servir d'enveloppe.

27. Typhula, Fries.

Réceptacle cylindrique, couvert de toutes parts par la membrane fructifère, distinct du pédicule ; thèques à peine visibles.

Ce genre est fondé sur le *Clavaria gyrans*, Pers., et sur quelques autres espèces voisines. Son port est bien distinct de celui des clavaires, mais les caractères qui les séparent sont assez foibles.

28. Crinula, Fries.

Réceptacle droit, cylindrique, portant vers son extrémité une membrane fructifère, distincte, déliquescente.

Ce genre, décrit par Fries, n'a encore été observé qu'une seule fois par ce botaniste, qui l'a trouvé sur l'écorce morte du tilleul. La *Crinula* croît par groupes; elle est d'une consistance cornée, d'une couleur noirâtre; sa surface est lisse; elle atteint 3 à 5 lignes de longueur. Son pédicule est rond, rétréci vers le sommet, noir, creux et filamenteux intérieurement : la partie couverte par la membrane fructifère est petite, ovale, obtuse, et a, au plus, une ligne de long; elle est lisse, molle, olivâtre; dans les temps humides elle se ramollit, devient gélatineuse et déliquescente.

29. Mitrula, Fries.

Réceptacle ovoïde, lisse, adhérent de toutes parts au pédicule, mais en étant bien distinct, entièrement couvert par la membrane fructifère.

Ce genre, que Fries a séparé des *Leotia*, a plusieurs rapports avec elles, et forme le passage entre ces deux groupes; mais son réceptacle ne forme pas un chapeau indépendant du pédicule comme dans les Helvellées. Les *Leotia Ludwigii, Dicksonii, Bulliardi* et *Laricina* de Persoon, que Fries réunit en une seule espèce, forment le type de ce genre.

Dans ces plantes le pédicule et la massue qui le termine sont creux, tandis que dans le sous-genre *Heyderia* de Fries, qui renferme le *Leotia mitrula* de Persoon et le *Leotia pusilla* de Nées, l'un et l'autre sont pleins.

30. Spathularia, Pers.

Réceptacle dressé, comprimé, décurrent sur le pédicule, portant des thèques vers son sommet.

Ce genre, par sa forme comprimée, a plusieurs points de contact avec les Helvelles et autres genres de la tribu précédente.

31. Geoglossum, Pers.

Réceptacle droit, claviforme ou presque spatulé, porté sur un pédicule plus étroit; membrane fructifère couvrant la partie renflée du réceptacle, et ne se continuant pas sur le pédicule, portant des thèques alongées.

32. Clavaria, Pers.

Réceptacle droit, simple ou rameux, homogène et continu avec le pédicule; membrane fructifère lisse, couvrant toute sa surface, mais ne portant de thèques que vers les extrémités.

33. SPARASSIS, Fries.

Réceptacle charnu, très-rameux; rameaux dilatés, comprimés, lisses, formés de deux membranes appliquées les unes contre les autres, portant les thèques sur leurs deux faces.

Ce genre ne renferme jusqu'à présent qu'une seule espèce, décrite sous le nom de *Clavaria crispa*, par Wulfen, dans les *Miscellanea* de Jacquin, t. 14, fig. 1.

34. MERISMA, Pers.

Réceptacle rameux, à rameaux comprimés, dilatés et filamenteux vers leurs extrémités; membrane fructifère étendue sur leurs deux faces, mais portant les thèques particulièrement sur l'inférieure.

Il est difficile qu'un genre fasse mieux le passage entre deux autres genres que celui-ci entre les *Clavaria* et les *Thelephora*; cependant sa membrane fructifère, qui couvre les deux faces, nous paroît le rapprocher surtout des *Clavaria*, quoique Fries n'en ait fait qu'une section des *Thelephora*.

3.e Section. AGARICÉES.

Réceptacle charnu ou subéreux, étendu horizontalement; membrane fructifère couvrant sa face inférieure.

35. AURICULARIA.

Chapeau recouvert inférieurement par une membrane fructifère lisse ou légèrement ridée, presque gélatineuse, sans thèques, portant des sporules nues et éparses.

Ce genre, limité à l'*Auricularia mesenteriformis* de Link, vient se ranger auprès des *Thelephora*, dont elle a tout le port, malgré l'absence des thèques, qui caractérisent cette famille. Fries en a séparé plusieurs autres espèces, qui forment le genre *Exidia* parmi les Tremellinées.

36. THELEPHORA, Pers.

Chapeau couvert inférieurement par une membrane fructifère lisse ou hérissée de petites papilles arrondies; thèques petites, presque plongées dans la membrane.

Fries a réuni à ce genre les *Merisma* de Persoon; mais la grande différence qui existe entre ces deux genres, nous paroît nécessiter leur distinction, et nous laisserons les *Merisma*, comme Persoon l'a fait, auprès des *Clavaria*.

Le sous-genre *Lejostroma* de Fries devroit peut-être aussi être réuni aux *Auricularia*, dont il a le caractère principal, c'est-à-dire, l'absence de thèques.

37. PHLEBIA, Fries.

Chapeau présentant inférieurement des rides ou veines irrégulières, interrompues, droites ou flexueuses, recouvertes par la membrane fructifère, et continues à la substance même du chapeau.

Ce genre se rapproche surtout des *Merulius* et des *Thelephora* ; il ne contient qu'un petit nombre d'espèces, la plupart nouvelles.

38. SISTOTREMA, Fries ; *Sistotremœ spec.*, Pers.

Chapeau garni inférieurement de lamelles courtes, irrégulières, éparses, dentelées, en forme de crêtes, presque distinctes du reste du chapeau, couvertes par la membrane fructifère, et portant les thèques sur leurs deux faces.

Fries n'a laissé dans ce genre que le *Sistotrema confluens*, Pers.; il a rapporté les autres espèces au genre Hydne.

39. HYDNUM, Linn.

Chapeau hérissé inférieurement de pointes subulées, coniques, couvertes par la membrane fructifère, et portant les thèques vers leurs extrémités.

40. BOLETUS, Fries. (Bolet.)

Chapeau présentant inférieurement des tubes libres, indépendans les uns des autres, ou légèrement soudés entre eux, non continus à la substance du chapeau, et tapissés intérieurement par la membrane fructifère.

41. POLYPORUS, Michéli, Fries. (*Cladoporus*, Pers.)

Chapeau garni inférieurement de pores arrondis, réguliers, continus à la substance même du chapeau, et tapissés par la membrane fructifère.

42. DÆDALEA, Pers.

Chapeau subéreux, ordinairement sessile et unilatéral, présentant inférieurement des lames anastomosées, qui forment des cellules ou pores irréguliers d'une substance homogène à celle du chapeau, et recouvertes par la membrane fructifère.

43. Schizophyllum, Fries; *Scaphophorum*, Ehrenb.

Chapeau coriace, portant en-dessous des lamelles rayonnantes, dichotomes, non anastomosées, toutes partagées par un profond sillon longitudinal, et repliées en dehors; thèques insérées seulement sur leur bord externe.

Ce genre ne renferme que l'*agaricus alneus*, Linn., espèce extrêmement variable et qui se retrouve dans presque toutes les régions du globe.

44. Merulius, Hall., Fries; *Xylophaga*, Link.

Chapeau irrégulier, étendu, sessile; membrane fructifère garnie de plis ou de veines sinueuses, anastomosées, flexueuses, formant des cellules irrégulières et portant des thèques éparses.

Nées et Fries ont limité le genre *Merulius* aux espèces qui croissent sur les bois pourris, et dont la structure est très-différente de celle des autres espèces de *Merulius* rangées maintenant dans le genre *Cantharellus* : les *Merulius serpens, tremellosus, vastator, lacrymans*, etc., peuvent être regardés comme types de ce genre.

45. Cantharellus, Pers.

Chapeau garni inférieurement de plis rayonnans, presque parallèles, rarement anastomosés, recouverts, ainsi que toute la face inférieure du chapeau, par la membrane fructifère.

46. Agaricus, Pers.

Chapeau garni en-dessous de lamelles simples, rayonnantes; point de volva à la base du pédicule; membrane fructifère couvrant les lamelles.

Au milieu des nombreuses variations que présente ce vaste genre, la section des *Coprinus* mériteroit peut-être, par ses caractères en même temps microscopiques et extérieurs, de former un genre distinct. Ce sous-genre, presque seul dans toute la famille des champignons, présente des thèques très-espacées, assez grandes, et renfermant quatre rangs de sporules; si on joint à ce caractère de structure intime la déliquescence des lamelles de ces champignons, leur aspect et leur manière de croître, peut-être se décidera-t-on à les séparer des autres agarics.

47. Amanita, Pers.

Chapeau garni inférieurement de lamelles simples, rayonnantes, supportant la membrane fructifère; volva enveloppant complétement le champignon dans sa jeunesse.

Fries a réuni ce genre aux agarics; mais la présence de la volva paroît cependant fournir un caractère distinctif suffisant pour les séparer.

3.ᵉ *TRIBU*. CLATHRACÉES. *Sporules mêlées à une substance mucilagineuse, renfermées dans les cellules ou à la surface du champignon, qui est d'abord contenu dans une volva.*

§. 1.ᵉʳ *Phalloides*. Sporules contenues dans des cellules superficielles d'un chapeau pédiculé.

48. HYMENOPHALLUS, Nées. (*Dictyophora*, Desv.)

Volva arrondie; chapeau campanulé, libre inférieurement; pédicule percé au sommet et portant à sa partie supérieure une sorte de collerette pendante, plissée ou réticulée.

Le *Phallus indusiatus* de Ventenat, figuré dans l'atlas de ce Dictionnaire, et si remarquable par l'élégante collerette réticulée, qui tombe du haut de son pédicule jusque vers sa base, a servi de type à ce genre, ainsi que le *Phallus duplicatus* de Bosc, dans lequel cette collerette est entière et simplement plissée.

49. PHALLUS, Nées.

Volva arrondie, gélatineuse intérieurement; réceptacle campanulé ou conique, porté sur un pédicule fistuleux, ordinairement ouvert au sommet, couvert extérieurement d'un mucus épais, mêlé de sporules souvent contenues dans les cellules que présente le chapeau.

Ce genre présente deux sections très-distinctes, dont on fera peut-être un jour deux genres séparés : 1.° les vrais *Phallus*, dont le chapeau est libre et détaché du pédicule, et dans lesquels ce dernier organe est perforé au sommet; 2.° les *Cynophallus* de Fries, dont le chapeau est adhérent au pédicule, qui n'est pas perforé à son sommet : du reste, le mode de leur développement et leur port sont les mêmes.

50. ASEROE, Labillardière.

Volva gélatineuse, sillonnée; réceptacle stipité, divisé en plusieurs branches bifides, rayonnantes; pédicule creux et ouvert au sommet.

Ce genre, figuré par M. Labillardière dans son Voyage aux terres australes, croît à la Nouvelle-Hollande, à la terre de Van-Diémen ; il paroît avoir de grands rapports avec le *Lysurus*.

51. LYSURUS, Fries.

Volva sessile, arrondie ; réceptacle continu au pédicule et se divisant au sommet en plusieurs branches droites, égales, couvertes extérieurement d'un mucus mêlé de sporules, qui se dessèche et forme à leur surface une sorte de vernis.

Fries a formé ce genre aux dépens des Phallus, et y a placé le *Phallus mokusin* de Linné, champignon qui croît sur les racines des mûriers en Chine, où on lui attribue des propriétés médicales encore très-hypothétiques. (Voyez MOKUSIN.)

§. 2. *Clathroïdes.* Sporules contenues dans l'intérieur d'un réceptacle arrondi, percé de plusieurs ouvertures.

52. LATERNEA, Turpin.

Champignon formé de plusieurs branches simples, réunies vers leur sommet, sortant d'une volva simple, arrondie, portant au-dessous de leur point de réunion un réceptacle cupuliforme auquel sont attachées les sporules.

On ne connoît qu'une seule espèce de ce genre, décrite et figurée, pour la première fois, par M. Turpin, dans ce Dictionnaire (voyez LANTERNE), sous le nom de *Laternea triscapa*, et observée à Saint-Domingue par ce botaniste : elle diffère des vrais *Clathres* et du *Colonnaria* de Rafinesque, auprès duquel Fries l'a placée, par la position des sporules, seulement au-dessous du point de rencontre des trois branches du champignon.

53. CLATHRUS, Michéli.

Champignon sortant d'une volva simple ; réceptacle arrondi, formé de branches anastomosées, imitant un grillage, et renfermant une masse gélatineuse, entremêlée de sporules, qui s'écoule sous forme de liquide.

Genre ayant de l'affinité avec les Clathracées.

54. BATTAREA, Pers.

Volva double, remplie d'une substance gélatineuse ; pédicule fistuleux ; chapeau hémisphérique. couvert extérieurement d'une couche épaisse de sporules pulvérulentes.

La position de ce genre est encore très-douteuse : la nature de sa volva, son développement très-rapide, nous engagent à le placer près des *Phallus*, ainsi que Nées l'a fait ; mais ses sporules pulvérulentes et non renfermées dans un mucus fétide, l'éloignent de cette famille et le rapprochent, à quelques égards, des *Lycoperdacées*.

Le genre décrit par M. Liboschwitz sous le nom de *Dendromyces*, paroît avoir une grande affinité avec ce genre, dont il différeroit surtout par l'absence de volva, si toutefois l'absence de cet organe, dans sa figure, n'est pas accidentelle, et ne tient pas à la manière dont les échantillons ont été recueillis.

HYPOXYLÉES.

(*Pyrenomycetes*, Fries ; *Xylomyci*, Willd.)

Réceptacle coriace ou ligneux, renfermant des thèques ou rarement des sporules nues, qui s'échappent par son orifice sous la forme d'un mucilage ou rarement d'une poussière.

Obs. Cette famille diffère des Lycoperdacées, dont le péridium ressemble au réceptacle (*perithecium*) des Hypoxylées, par la structure compacte et celluleuse de cet organe, qui n'a jamais l'aspect fibreux du péridium des Lycoperdacées : sa structure a plus d'analogie avec celle des Pézizées parmi les vrais champignons ; mais les Hypoxylées en diffèrent par leur réceptacle plus compacte et par leurs thèques, qui, en général, s'échappent de son intérieur sous forme d'un mucilage épais, mêlé de sporules. Cependant on doit convenir qu'il y a une grande analogie entre certains *Phacidium* et quelques genres de Pézizées, tel que le *Cenangium*. Enfin, les derniers genres de cette famille viennent se rattacher d'une manière intime aux Urédinées, tellement qu'il est très-douteux à laquelle de ces deux familles on doit rapporter les genres *Actinothyrium* et *Phoma* : on voit par conséquent qu'il n'y a absolument que la famille des Mucédinées avec laquelle les Hypoxylées n'aient pas de rapport.

1.re **Tribu. Spæriacées.** *Réceptacle s'ouvrant par un pore ou une fente; thèques s'échappant par l'orifice.*

1. **Sphæria**, Haller.

Réceptacles arrondis, solitaires ou réunis par une base commune, charnue ou coriace, d'abord fermés, s'ouvrant ensuite par un orifice circulaire; thèques alongées, mêlées à une masse gélatineuse avec laquelle elles sortent.

2. **Depazea**, Fries; *Phyllosticta*, Pers.

Réceptacles simples, couverts par l'épiderme, décolorant les feuilles sur lesquelles elles croissent, s'ouvrant, soit par un pore, soit par un opercule; thèques peu développées, droites.

Toutes les sphéries réunies par M. De Candolle sous le nom de *Sphæria lichenoides* appartiennent à ce genre, que Fries n'a regardé que comme une dépendance des vraies sphéries, mais qui nous paroit cependant mériter d'en être distingué.

3. **Dothidea**, Fries.

Cellules solitaires ou agrégées dans une base charnue, sans réceptacle propre, s'ouvrant par un orifice simple et renfermant une masse formée de thèques fixes, mêlées de paraphyses.

Les plantes de ce genre, très-voisines des sphéries, et qui en offrent presque toutes les modifications, s'en distinguent particulièrement par l'absence d'un réceptacle propre à chaque loge ou cellule.

Les *Sphæria ribesia*, Pers., *S. sambuci*, Pers., et les plantes rangées par M. De Candolle dans les genres *Polystigma* et *Asteroma*, ainsi que plusieurs *Xyloma* du même auteur, appartiennent à ce genre.

Ces divers genres ne nous paroissent pas devoir être séparés les uns des autres, tant qu'on conservera le genre *Sphæria* dans son intégrité; car ces variations dans la végétation sont analogues à celles qu'on observe dans ce genre, qu'on n'a pas encore pu cependant se décider à diviser génériquement.

4. **Erysyphe**, Decand. (*Erysibe*, Ehrenb.; *Alphitomorpha*, Wallr.; *Podosphæra*, Kunze).

Péridium arrondi, mince, s'ouvrant irrégulièrement, donnant naissance, vers sa base, à des filamens rayonnans, de forme variable, renfermant des péridioles (thèques?) libres, polysporées.

Les observations de plusieurs mycologistes, et particuliérement de M. Ehrenberg, sur ce genre, prouvent qu'il n'a que peu d'analogie avec les *Sclerotium;* il nous paroît mieux placé parmi les Hypoxylées, auprès des Sphéries, dont son réceptacle a la structure et la couleur ordinaire: sa déhiscence irrégulière ou nulle, sa manière de croître sur l'épiderme et non dessous, sont les seuls caractères qui l'en éloignent.

Quant à la distinction des trois genres, *Erysiphe, Alphitomorpha* et *Podosphæra,* comme elle est fondée uniquement sur la structure des filamens qui naissent du péridium, nous n'avons pas cru devoir l'adopter.

5. CORYNELLA, Ach., Fries.

Réceptacles renflés à leur base, partagés en deux cavités; l'inférieure vide; la supérieure s'ouvrant par un orifice d'abord très-étroit et ensuite très-ouvert, rempli de thèques qui s'échappent sous forme de poussière.

Ce genre, établi par Fries, ne renferme qu'une espèce exotique, du cap de Bonne-Espérance, décrite par Acharius sous le nom de *Calicium colpodes,* et ensuite rapporté avec plus de raison par Persoon au genre *Sphæria,* sous le nom de *S. turbinata.* Les caractères qui le distinguent de ce dernier genre, ne paroissent consister essentiellement que dans l'absence de cette gelée qui sort avec les thèques des Sphéries.

6. EUSTEGIA, Fries.

Réceptacles arrondis, sessiles, cupuliformes, fermés par un opercule; thèques alongées, droites, couvrant le fond du réceptacle.

Ce genre est fondé sur une seule espèce nouvelle, qui croit sur les pins; mais le *sphæria complanata ilicis,* Moug. et Nestl., paroit lui appartenir.

7. LOPHIUM, Fries.

Réceptacles comprimés, presque membraneux, s'ouvrant par une fente longitudinale; thèques droites, s'échappant sous forme pulvérulente.

Ce petit genre, qui ne renferme encore que deux espèces, a pour type l'*Hysterium mytilinum,* Pers., ou *Hypoxylon ostracium* (Bull., Champ., p. 170, t. 444, fig. 4): il diffère des vrais *Hysterium* par ses thèques diffluentes qui sortent du réceptacle et qui ne périssent pas comme dans les *Hysterium*.

2.ᵉ *Tribu.* Phacidiacées. *Réceptacle s'ouvrant par plusieurs fentes ou valves; thèques fixées, persistantes.*

8. Hysterium, Tode. *Hysterium* et *Hypoderma*, Decand.

Réceptacles simples, sessiles, ovales ou alongés, s'ouvrant par une fente longitudinale; membrane fructifère, fixée au fond de sa cavité et couverte de thèques droites, alongées.

9. Phacidium, Fries.

Réceptacles simples, sessiles, arrondis, d'abord fermés, s'ouvrant ensuite en plusieurs valves rayonnantes; membrane fructifère couvrant le fond de la cavité, et présentant des thèques alongées, fixées.

Les espèces de ce genre, long-temps confondues avec les *Xyloma* et les *Hysterium*, en ont été séparées, avec raison, par Fries : les plus connues sont les *Xyloma pini*, Decand. ; *Xyloma multivalve*, Decand. ; *Xyloma pezizoides*, Pers. ; *Xyloma lichenoides*, Decand., etc.

10. Actidium, Fries.

Réceptacles sessiles, arrondis, d'abord fermés, charnus intérieurement, s'ouvrant par plusieurs fentes canaliculées, rayonnant du centre vers la circonférence; thèques fixées au fond de ces fentes.

Ce genre diffère des *Phacidium*, dont son caractère paroitroit le rapprocher, en ce que les fentes rayonnantes qu'il présente ne sont point les sutures de valves qui s'ouvrent pour découvrir un disque arrondi, mais paroissent être des ouvertures propres à autant de loges linéaires.

11. Glonium, Muhlenberg; *Solenarium*, Sprengel.

Réceptacle formé de lobes rayonnans, étendus, s'ouvrant par des fentes rameuses et également rayonnantes; thèques droites, minces, fixées au fond des loges du réceptacle.

Cette plante, propre à l'Amérique septentrionale, est remarquable en ce qu'elle unit à la structure des hypoxylées le port d'un Byssus; elle représente plusieurs branches rameuses, noires, sillonnées supérieurement et soutenues par une base byssoïde; elle croit sur les bois pourris.

12. Rhytisma, Fries ; *Placuntium*, Ehrenb.

Réceptacles simples, d'abord fermés, se divisant ensuite en plusieurs fentes flexueuses, transversales ou irrégulières; membrane fructifère charnue, couverte de thèques droites, fixées.

Un grand nombre de *Xyloma* se rangent dans ce genre : tels sont le *Xyloma acerinum*, le *Xyloma salicinum*, et plusieurs autres espèces, sur lesquelles on remarque des sillons très-distincts.

3.ᵉ *Tribu*. Cytisporées. *Réceptacle s'ouvrant par un orifice arrondi; thèques nulles; sporules nues ?*

13. Sphæronema, Fries.

Réceptacle alongé, presque cylindrique, percé d'un pore terminal, renfermant dans une poche membraneuse très-mince des sporules mucilagineuses très-ténues et qui s'échappent ensuite sous forme pulvérulente.

Ce genre comprend plusieurs Hypoxylées, qui ont un aspect très-analogue à celui des Sphéries, mais qui sont dépourvues de thèques : telles sont les *Sphæria subulata*, Pers.; *S. cylindrica*, Pers.; *S. conica*, Pers., etc.

14. Cytispora, Ehrenb.; Fries, *Syst.; Bostrychia*, Fries, *Act. Holm.*, 1818.

Réceptacles celluleux, composés de plusieurs cellules ou loges membraneuses, s'ouvrant toutes dans un tube et par un orifice commun; sporules dépourvues de thèques, s'échappant mêlées avec une substance mucilagineuse.

Ce genre renferme plusieurs plantes rapportées auparavant au genre *Nemaspora*, et qui diffèrent des vrais *Nemaspora* placés parmi les Urédinées, par la présence d'un réceptacle propre, analogue à celui des autres Hypoxylées, mais beaucoup plus mince et composé de plusieurs cellules.

Les *Nemaspora chrysosperma*, *leucosperma*, quelques *Sphæria*, et plusieurs espèces nouvelles, forment ce genre.

15. Pilidium, Kunze.

Réceptacle simple, sessile, hémisphérique, d'abord fermé, s'ouvrant ensuite par plusieurs fentes rayonnantes, et contenant une masse de sporules fusiformes.

Ce genre est dans la tribu des Cytosporées ce qu'est le

genre *Phacidium* dans la précédente. Kunze n'en décrit qu'une espéce, qui croit sur les feuilles d'érables.

16. LEPTOSTROMA, Fr. (*Sacidium?* Nées; *Schizoderma*, Ehr.)

Réceptacle comprimé, plongé en partie dans la plante qui lui donne naissance, s'ouvrant par un opercule discoïde et renfermant des sporules nues.

Toutes les espéces de ce genre forment sur les plantes qu'elles habitent des taches noires, très-petites, dont toute la partie extérieure se détache sous forme d'opercule, et laisse à découvert les sporules.

17. LEPTOTHYRIUM, Kunze.

Réceptacle en forme d'écusson, sillonné longitudinalement, recouvrant des sporidies fusiformes.

La seule espéce décrite par Kunze croit sur la Lunaire; par ses caractéres elle se rapproche beaucoup du genre *Leptostroma* de Fries et du genre *Actinothyrium* de Kunze.

18. ? ACTINOTHYRIUM, Kunze.

Réceptacle se détachant sous forme d'un opercule membraneux, rayonné et fibreux, couvrant des sporules fusiformes.

La place de ce genre est encore très-douteuse, et peut-être seroit-il mieux placé parmi les Urédinées, auprés des genres *Melanconium, Cryptosporium*, etc.; en le plaçant ici, nous avons suivi l'opinion du botaniste qui l'a établi et de Fries.

19. PHOMA, Fries.

Réceptacle nul; sporules (sporidies?) réunies en une masse farineuse et renfermées dans un faux péridium formé par la plante qui leur donne naissance.

Ce genre, par sa structure, devroit se placer parmi les Urédinées; mais son analogie avec les Hypoxylons est telle que presque toutes les espéces qui en font partie ont été placées parmi les Sphéries : c'est ce qui nous engage à le laisser auprés d'elles, ainsi que Fries l'a fait. Les *Xyloma salignum*, Pers., et *Sphæria pustula*, Pers., sont les espéces les plus connues de ce genre.

Genres rapportés à la famille des Champignons, mais dont la position et les caractères sont encore incertains.

XYLOSTROMA, Pers.
RHIZOMORPHA, Pers.

Phycomyces, Kunze (*Ulva nitens*, Agardh).

Enteridium, Ehrenb.

Mycodermia, Pers.

Thamnomyces, Ehrenb.

Plocaria, Ehrenb.

Lasiobotrys, Kunze. (Ad. Br.)

MYCONIA. (*Bot.*) Necker, sous ce nom, fait un genre des espèces de pyrètre ou matricaire, qui ont, selon lui, un périanthe simple et multifide. M. Lapeyrouse a employé le même nom pour désigner le *verbascum myconi* de Linnæus, qui est le *ramondia* des modernes. Voy. Ramondie. (J.)

MYCOSIA. (*Bot.*) Nom proposé par Rafinesque-Schmaltz pour désigner la classe des champignons. Le docteur Paulet, qui restreint beaucoup cette classe, l'indique par *Mycétologie;* mais le nom de Mycologie a prévalu (voyez ce mot). Tous ces noms dérivent de *myces* et *mycetes*, par lesquels les Grecs désignoient les champignons proprement dits, savoir les *agarious*, les *boletus*, les *morilles*, etc., et qui répond au *fungus* des Latins. Les anciens n'ont appelé spécialement *myces* aucune espèce ni aucun genre de champignons, de sorte qu'on ne peut pas penser avec Adanson qu'ils aient eu en vue les *agaricus* seulement; cependant on doit dire qu'il y comprenoient les champignons qu'on mange habituellement, lesquels rentrent en grande partie dans ce genre (Lem.)

MYCTERES, *Mycterus*. (*Entom.*) M. Clairville a indiqué sous ce nom, dans son Entomologie helvétique, et figuré à la planche 16, page 124, le becmare curculionoïde, figuré dans l'atlas de ce Dictionnaire, planche 16, n.° 2. Le mot μύκτηρ-ηρος, signifie *nez, narines*. Voyez Rhinomacre et Rhinocères. (C. D.)

MYCTERIA. (*Ornith.*) Nom générique donné par Linnæus aux jabyrus. (Ch. D.)

STRASBOURG, de l'imprimerie de F. G. Levrault, impr. du Roi.